Das neue Recht
der Künstlichen Intelligenz

Janine Wendt,
Domenik H. Wendt

Das neue Recht der Künstlichen Intelligenz

Artificial Intelligence Act (AI Act)

1. Auflage 2024

Herausgeber:
DIN Deutsches Institut für Normung e. V.

DIN Media GmbH
Nomos Verlagsgesellschaft mbH & Co. KG

Herausgeber: DIN Deutsches Institut für Normung e. V.

Am DIN-Platz
Burggrafenstraße 6
10787 Berlin

Telefon: +49 30 588 857 00-70
Internet: www.dinmedia.de
E-Mail: kundenservice@dinmedia.de

Waldseestr. 3-5
76530 Baden-Baden

Telefon: +49-7221-2104-222
Internet: www.nomos.de
E-Mail: service@nomos.de

Die im Werk enthaltenen Inhalte wurden von den Verfassenden und dem Verlag sorgfältig erarbeitet und geprüft. Eine Gewährleistung für die Richtigkeit des Inhalts wird gleichwohl nicht übernommen. Mit Ausnahme von Schäden, die aus Verletzung von Leib, Leben oder Gesundheit resultieren, haftet der Verlag nur für Schäden, die auf Vorsatz oder grobe Fahrlässigkeit des Verlages zurückzuführen sind. Für Verletzung von Leib, Leben oder Gesundheit haftet der Verlag nach gesetzlichen Vorschriften. Im Übrigen ist die Haftung ausgeschlossen.

Maßgebend für das Anwenden jeder in diesem Werk erläuterten oder zitierten Norm ist deren Fassung mit dem neuesten Ausgabedatum. Den aktuellen Stand zu jeder DIN-Norm können Sie im Webshop von DIN Media unter www.dinmedia.de abfragen. Dort finden Sie insbesondere etwaige Berichtigungen und Warnvermerke, welche bei der Anwendung der jeweiligen Norm unbedingt zu beachten sind.

Titelbild: KI-generiertes Bild. Tool: Midjourney

Satz: Nomos Verlagsgesellschaft, Baden-Baden

Druck: Verantwortung bei Nomos Verlagsgesellschaft mbH & Co.KG

Gedruckt auf säurefreiem, alterungsbeständigem Papier nach DIN EN ISO 9706

ISBN 978-3-410-38042-9
ISBN (E-Book) 978-3-410-38046-7

Geleitwort

Künstliche Intelligenz (KI) verändert das Wirtschaftsleben, den Alltag der Menschen und die Gesellschaft als Ganzes. Dies wurde spätestens im November 2022 klar, als das US-amerikanische Unternehmen OpenAI sein Sprachmodell ChatGPT veröffentlichte. ChatGPT gehört zur sog. Generativen Künstlichen Intelligenz, die neue Inhalte, wie Texte, Bilder, Videos oder auch Musik, erzeugen kann. Mittlerweile ist ein echter Innovationswettbewerb zwischen den Anbietern von Sprachmodellen entstanden: Neben den unterschiedlichen GPT-Varianten von OpenAI sind zurzeit Gemini von Google, Claude von Anthropic oder das Open-Source-Modell Llama von Meta führend. In der Chatbot Arena werden Sprachmodelle im Hinblick auf ihre Leistungsfähigkeit miteinander verglichen (chat.lmsys.org). Vorne stehen aktuell die genannten US-amerikanischen Anbieter, aus Europa erreicht lediglich der französische Anbieter Mistral AI einen mittleren Tabellenplatz.

Sprachmodelle haben sich in der letzten Zeit in großem Tempo weiterentwickelt. Bemerkenswert ist die sog. Multimodalität, die es ermöglicht, nicht nur Text, sondern auch Bilder, Videos und Audiodateien zu integrieren, zu verstehen und zu generieren. Dies eröffnet zum einen neue Möglichkeiten der KI-Nutzung. Verschiedene Studien ermitteln Produktivitätsvorteile zwischen 35 und 50 %, wenn Menschen mithilfe von Sprachmodellen Texte schreiben, Übersetzungen anfertigen, Social-Media-Kampagnen erstellen oder Software entwickeln. Zum anderen entstehen durch diese Innovationen aber auch neue Möglichkeiten des Missbrauchs, wie etwa die Erstellung von Fake News.

Um KI ranken sich viele Mythen, die zu überzogenen und zum Teil falschen Erwartungen führen. Einerseits geht es um fantastische Einsatzfelder, wenn eine Superintelligenz im Handumdrehen alle Probleme löst, an denen Menschen bislang scheitern. Noch dramatischer werden bisweilen die Gefahren der KI-Nutzung diskutiert. Dazu gehören zum Beispiel:

- gesellschaftlich unerwünschte Anwendungen, wie etwa Emotionserkennung am Arbeitsplatz oder in Schulen,
- düstere Prognosen über Arbeitsplatzverluste durch KI. Eine Studie der amerikanischen Investmentbank Goldman-Sachs errechnet einen angeblichen Verlust von bis zu 300 Millionen Arbeitsplätzen weltweit. Die Substanz dahinter: fraglich.
- Sorgen vor der Entstehung einer Superintelligenz, wie wir sie aus Science-Fiction-Filmen, etwa Blade Runner, Terminator oder Alien, kennen. Bei dieser Debatte müssen wir uns allerdings vor Augen halten, dass es keine KI mit Bewusstsein oder Empathie gibt. Die künstlichen neuronalen Netze, die hinter vielen KI-Anwendungen stehen, haben trotz aller Rechenpower in den Supercomputern der Anbieter nicht annähernd die Leistungsfähigkeit des menschlichen Gehirns.

Vor diesem Hintergrund hat die Europäische Union (EU) beschlossen, die Entwicklung und Nutzung von KI zu regulieren. Grundlage ist der sog. AI Act, der am 21.5.2024 vom Rat beschlossen wurde. Politikerinnen und Politiker der EU feiern die Verordnung als richtungsweisend und als weltweit erste umfassende Regulierung der KI. Kritiker bis hin zum französischen Staatspräsidenten Emmanuel Macron sind eher kritisch und sorgen sich um die Innovationsfähigkeit der europäischen Wirtschaft. Die Wahrheit liegt wohl irgendwo in der Mitte – der AI Act bewegt sich im Spannungsfeld zwischen Innovation und Regulierung.

Aber was sind überhaupt die Inhalte des AI Acts? Wen betrifft die Regulierung in welcher Form und was folgt daraus? Welche Anwendungen werden verboten? Was ist erlaubt und wenn, unter welchen Bedingungen? Wie werden KI-Anwendungen in Risikoklassen unterteilt? Welche Aufsichtsbehörden sind vorgesehen und welche Sanktionen drohen?

Antworten auf diese hochrelevanten Fragen finden Sie in diesem Handbuch von Janine und Domenik Wendt, das die Themen rund um den AI Act in kompakter Form verständlich und kompetent darstellt. Es eignet sich sowohl für Rechtswissenschaftlerinnen und -wissenschaftler als auch für juristische Laien, die einen Überblick über die Inhalte und mögliche Auswirkungen des Regelwerks erhalten wollen.

Ich habe beim Lesen des Buches viel gelernt und wünsche auch den Leserinnen und Lesern eine spannende und informative Lektüre.

Peter Buxmann

Prof. Dr. Peter Buxmann ist Universitätsprofessor für Wirtschaftsinformatik an der Technischen Universität Darmstadt. Zudem ist er Kolumnist und Podcaster für die Frankfurter Allgemeine Zeitung zum Thema Künstliche Intelligenz.

Vorwort

Mit der Verordnung (EU) 2024/1689 vom 13. Juni 2024 zur Festlegung harmonisierter Vorschriften für künstliche Intelligenz, kurz dem Artificial Intelligence Act (AI Act) wird erstmals ein Rechtsrahmen für die Entwicklung, das Inverkehrbringen und die Nutzung von Künstlicher Intelligenz (KI) in der Europäischen Union (EU) geschaffen. Die EU-Verordnung ist das weltweit erste umfassende Regelwerk, das versucht, die Anwendung von KI in produktsicherheitsrechtlichen und zugleich grundrechtssicheren Bahnen zu halten.

Grundidee des AI Acts ist ein horizontaler Regulierungsansatz. Mit ihm geht eine risikobasierte Differenzierung der Eingriffsintensität von KI-Systemen einher. Diese risikobasierte Differenzierung richtet sich grundsätzlich technologieneutral nach dem Einsatzgebiet eines KI-Systems aus. Je nach Risikogeneigtheit des Anwendungsszenarios greift ein viergestuftes Regelungsniveau, das zwischen einem unannehmbaren Risiko, einem hohen Risiko, einem Transparenzrisiko und einem nur minimalen Risiko unterscheidet. Insbesondere für Betreiber und Anbieter von sog. Hochrisiko-KI-Systemen normiert der AI Act zahlreiche Compliance-Anforderungen. Er formuliert zudem Maßstäbe für KI mit allgemeinem Verwendungszweck (General Purpose AI – GPAI).

Der AI Act ist auch Grundlage eines neuen Aufsichtsregimes, das auf ein Zusammenspiel zwischen Behörden auf EU Ebene und in den Mitgliedstaaten setzt. Dabei übernimmt die EU-Kommission mit dem angegliederten AI Office die Kontrolle für GPAI und formuliert Leitlinien für bestimmte Aspekte des AI Acts. Sonstige Aufsichtstätigkeiten werden von nationalen Behörden übernommen.

Ergänzt wird der AI Act durch harmonisierte Normen/Standards. Sie sollen bei der Umsetzung der Compliance-Anforderungen in KI-Systemen helfen. Die Entwürfe der harmonisierten Normen/Standards werden derzeit in den zuständigen Gremien (CEN/CENELEC) auf EU-Ebene erarbeitet bzw. liegen in Teilen bereits vor.

Die zeitliche Anwendbarkeit des AI Acts vollzieht sich in Stufen. Die ersten Regelungen, die nach dem Inkrafttreten der Verordnung am 1. August 2024 anwendbar werden, sind jene zu den verbotenen KI-Praktiken. Sie gelten ab dem 2. Februar 2025. Für den Hauptteil der Regelungen des AI Acts ist eine Übergangsfrist von 24 bzw. 36 Monaten nach Inkrafttreten des AI Acts vorgesehen. Diese Übergangszeiten können auch genutzt werden, um die KI-Kompetenz auszubilden, die der EU-Gesetzgeber nach Art. 4 AI Act von Anbietern und Betreibern von KI-Systemen bzw. gem. Art. 70 Abs. 3 AI Act von Behörden zukünftig erwartet.

Dieses Handbuch soll einen verständlichen und schnellen Zugang zu dem vielschichtigen neuen Regelsystem ermöglichen. Wir haben uns daher bemüht, die mitunter komplexen Vorgaben auf ein gut lesbares Maß herunterzubrechen. Vorrangiges Ziel ist es, ein Systemverständnis für das neue Regelgefüge zu vermitteln. Die detaillierte Auseinandersetzung mit den einzelnen Vorgaben des AI Acts ist nicht Anspruch dieses Buches.

Die vom AI Act geregelte Materie KI ist ebenfalls noch kein Alltagsthema. Daher werden zu Beginn dieses Buches technologische Grundlagen erörtert, soweit sie für das Verständnis der Vorgaben des AI Acts erforderlich sind.

Neben den Bestimmungen des AI Acts werden in diesem Handbuch in Grundzügen auch urheber- und haftungsrechtliche Aspekte skizziert, die bei dem Einsatz von KI-Systemen und -Modellen zu beachten sind.

Wir haben uns in Absprache mit dem Verlag dazu entschieden, den umfangreichen AI Act vollständig im Anhang abzubilden, einschließlich seiner Erwägungsgründe. Wir möchten damit einen direkten Zugriff auf die rechtlichen Vorgaben ermöglichen. Zudem haben wir den Kapiteln Literaturübersichten zur Vertiefung vorangestellt.

Danken möchten wir unserem Team, das uns bei der Recherche unterstützt hat, namentlich Martina Block, Philipp Busch, Johannes Heinlein, Thomas Härtel, Maximilian Lau, Leonid Nebessow sowie Elena Zech. Ebenso danken wir dem Nomos Verlag, hier insbesondere Herrn Dr. Marco Ganzhorn, der die Idee zu diesem Handbuch hatte. Zudem danken wir seinem Team, das uns bei der Umsetzung stets unterstützt hat.

Dies ist die erste Auflage des Handbuchs. Wir haben sie mit größtmöglicher Sorgfalt erstellt. Sollten bei der Lektüre Fehler auffallen, sind wir für hilfreiche Hinweise dankbar.

Janine und Domenik Wendt im Juli 2024

Inhaltsverzeichnis

Abkürzungsverzeichnis

Abs.	Absatz
ACIG	Applied Cybersecurity & Internet Governance (Zeitschrift)
ADCO	Administrative Cooperation
aF	alte Fassung
AG	Amtsgericht
AGI	Artificial General Intelligence
AI	Artificial Intelligence
AIGO	OECD-Sachverständigengruppe für künstliche Intelligenz
AILD	Artificial Intelligence Liability Directive
aM	andere Meinung
Anm.	Anmerkung
API	Application Programming Interface/ Anwendungsprogrammierschnittstellen
appliedAI Initiative	Initiative for Applied Artificial Intelligence
Arg.	Argumentation
ARP	Arbeitsschutz in Recht und Praxis (Zeitschrift)
Art.	Artikel
Aufl.	Auflage
ausf.	ausführlich
BAU	Beirut Arab University
Beil.	Beilage
BetrSichV	Betriebssicherheitsverordnung
BRuR	Betriebsrat und Recht (Zeitschrift)
bzgl.	bezüglich
bzw.	beziehungsweise
CEN	Europäisches Komitee für Normung
CENELEC	Europäisches Komitee für elektrotechnische Normung
CEO	Chief Executive Officer/Geschäftsführer
CG	Community Group
ChatGPT	Chat generative pre-trained transformer (Chatbot)
COD	Ordinary legislative procedure (Codecision)
COM	Europäische Kommission
CRP	Concept Relevance Propagation
DG CONNECT	Generaldirektion Kommunikationsnetze, Inhalte und Technologien
dh	das heißt
diesbzgl.	diesbezüglich
DL	Deep Learning
DSFA	Datenschutz-Folgenabschätzung

DSK	Datenschutzkonferenz/ Konferenz der unabhängigen Datenschutzbehörden des Bundes und der Länder
DS-GVO	Datenschutz-Grundverordnung
E	Entwurf
EAID	Europäische Akademie für Informationsfreiheit und Datenschutz
ECLI	European Case Law Identifier/ Europäischer Rechtsprechungs-Identifikator
EG	Europäische Gemeinschaft
ENISA	Agentur der Europäischen Union für Cybersicherheit
ErwG	Erwägungsgrund
ESZB	Europäische System der Zentralbanken
etc	et cetera (und so weiter)
ETSI	Europäisches Institut für Telekommunikationsnormen
EU	Europäische Union
EuG	Gericht erster Instanz der Europäischen Gemeinschaften
EuGH	Europäischer Gerichtshof
GU EuroHPC	Gemeinsames Unternehmen für europäisches Hochleistungsrechnen
evtl.	eventuell
EWG	Europäische Wirtschaftsgemeinschaft
f., ff.	folgende Seite bzw. Seiten
FAS	Frankfurter Allgemeine Sonntagszeitung
FAZ	Frankfurter Allgemeine Zeitung
FLOPs	Floating Point Operations
FRA	Agentur der EU für Grundrechte
G	Gesetz
gem.	gemäß
Custom-GenAI	Custom Generative Artificial Intelligence
ggf.	gegebenenfalls
GIS	Geographic Information System
GPAI	General Purpose Artificial Intelligence
GPDP	Garante per la Protezione dei Dati Personale (italienische Datenschutzaufsicht)
GPT	Generative Pre-Trained Transformer
grds.	Grundsätzlich
GRUR-RR	Gewerblicher Rechtsschutz und Urheberrecht Rechtsprechungs-Report (Zeitschrift)
HAVE	Haftung und Versicherung (Zeitschrift)
HLEG	High-Level-Expert Group
HR	Human Resources
Hrsg.	Herausgeber

hrsg.	herausgegeben
Hs.	Halbsatz
idF	in der Fassung
IEC	Internationale Elektrotechnische Kommission
IJCI	International Journal on Cybernetics & Informatics
IMCO	Ausschuss für Binnenmarkt und Verbraucherschutz
INI	Initiativbericht (Initiativrecht des Parlaments)
inkl.	inklusive
IPPR	Institute for Public Policy Research
iS	im Sinne
iSd	im Sinne des/der
ISO	Organisation für internationale Normung
iSv	im Sinne von
ITRE	Ausschuss für Industrie, Forschung und Energie des Europäischen Parlaments
iVm	in Verbindung mit
JCO	Journal of Clinical Oncology
JI	Justiz und Inneres
JURI	Rechtsausschuss des Europäischen Parlaments
KI	Künstliche Intelligenz
KMU	Kleine und mittlere Unternehmen
LIBE	Ausschuss für bürgerliche Freiheiten, Justiz und Inneres des Europäischen Parlaments
Lit.	Literatur
lit.	litera
LLC	Limited Liability Company (Rechtsform)
LLM	Large Language Model
LRZ	LEGAL REVOLUTIONary - E-Zeitschrift für Wirtschaftsrecht & Digitalisierung
mE	meines Erachtens
Mio.	Million(en)
MITPress	MIT Press, Universitätsverlag
ML	Machine Learning
MLOps	Machine Learning Operations
MPRA	Munich Personal RePEc Archive (Research Papers in Economics)
mwN	mit weiteren Nachweisen
NANDO	Datenbank der Europäischen Kommission
NLF	New Legislative Framework
NLMR	Newsletter Menschenrechte des Jan Sramek Verlages
Nr.	Nummer
NSBs	Nationale Normungsinstitute der Mitgliedstaaten

NZA-RR	Neue Zeitschrift für Arbeitsrecht Rechtsprechungs-Report
oÄ	oder Ähnliche/s
OECD	Organisation for Economic Co-operation and Development/ Organisation für wirtschaftliche Zusammenarbeit und Entwicklung
OEM	Original Equipment Manufacturer
PhD	Doctor of Philosophy
RL	Richtlinie
Rn.	Randnummer
S.	Seite(n), Satz
s.	siehe
s. auch	siehe auch
sog.	sogenannt
TDM	Text and Data Mining
TLJ	Transatlantic Law Journal
UAbs.	Unterabsatz
UAbs.	Unterabsatz
UK	United Kingdom
URL	Uniform Resource Locator (Webadresse)
Urt.	Urteil
US	United States
USD	US-Dollar
uU	unter Umständen
v.	vom, von
vgl.	vergleiche
VO	Verordnung
Vol., vol.	volume (Band)
vs.	versus
WTO	World Trade Organization (Welthandelsorganisation)
zB	zum Beispiel
ZEVEDI	Zentrum verantwortungsbewusste Digitalisierung
Ziff.	Ziffer

§ 1 Einführung

Literatur: *Altenburg, Nadia/Scherr, Julius*, Künstliche Intelligenz im Recht im Jahr 2024 – Quo vadis?, LTZ 2024, 34; *Ammann, Thorsten/Pohle, Jan*, KI-Verordnung – Was bisher geschah und jetzt zu tun ist, CB 5/2024, 137; *Antweiler, Dario/Beckh, Katharina/Chakraborty, Nilesh/Giesselbach, Sven/Klug, Katrin/Rüping, Stefan*, Natural Language Processing in der Medizin, Whitepaper Fraunhofer IAIS, April 2023; *Asenger, Hüveyda*, Künstliche Intelligenz im Strafverfahren und Fairness, InTeR 3/2023, 134; *Ashkar, Daniel/Schröder, Christian*, Das Gesetz über künstliche Intelligenz der Europäischen Union (KI-Verordnung), BB 2024, 771; *Bachgrund, Richard/Nesum, Long/Bernstein, Max/Burchard, Christoph* – Das Pro und Contra für Chatbots in Rechtspraxis und Rechtsdogmatik, CR 2/2023, 132; *Batista, Patricia*, ChatGPT versus Arbeitsrecht – Leistungserbringung mithilfe von Sprachmodellen, LTZ 2024, 118; *Baumgartner, Ulrich/Brunnbauer, Jonas H./Cross, Samuel*, Anforderungen der DS-GVO an den Einsatz von Künstlicher Intelligenz, MMR 2023, 543; *Becker, Daniel/Feuerstack, Daniel*: Der neue Entwurf des EU-Parlaments für eine KI-Verordnung, MMR 2024, 22; *Berz, Amelie/Engel, Andreas/Hacker, Philipp*: Generative KI, Datenschutz, Hassrede und Desinformation – Zur Regulierung von KI-Meinungen, ZUM 2023, 586; *Biermann, Friedrich G.*, Wissenszurechnung und Künstliche Intelligenz, 2022; *Binder, Nadja/Egli, Catherine*, Umgang mit Hochrisiko-KI-Systemen in der KI-VO, MMR 2024, 626; Birska, Sylwia/Röver, Timo: Künstliche Intelligenz in der Prävention, ARP 2024, 21; *Blasek, Katrin*: KI-Regulierung in der Volksrepublik China, RDi 2023, 557; *Bomhard, David/Siglmüller, Jonas*, AI Act – das Trilogergebnis, RDi 2024, 45; *Bomhard, David/Siglmüller, Jonas*, Europäische KI-Haftungsrichtlinie, RDi 2022, 506; *Borges, Georg*, Liability for AI Systems Under Current and Future Law, CRi 1/2023, 1; *Borges, Georg*, Der Begriff des KI-Systems. Tatbestandsmerkmale und Auslegungsansätze, CR 11/2023, 706; *Botta, Jonas*, (K)ein Recht auf Behandlung mit KI? – Zugang zu intelligenten Medizinprodukten, ZfPC 2024, 42; *Botta, Jonas*, Die Förderung innovativer KI-Systeme in der EU, ZfDR 2022, 391; *Brollo, Fernanda/Dabla-Norris, Era/de Mooij, Ruud/Garcia-Macia, Daniel/Hanappi, Tibor/Liu, Li/Nguyen, Anh. D. M.*, Broadening the Gains from Generative AI: The Role of Fiscal Policies, Studie des IWF vom 17.6.2024, SDNEA2024002; *Buchalik, Barbara/Gehrmann, Mareike Christine*, Von Nullen und Einsen zu Paragrafen: Der AI Act, ein Rechtscode für Künstliche Intelligenz, CR 3/2024, 145; *Burchardi, Sophie*, Risikotragung für KI-Systeme EuZW 2022, 685; *Busche, Daniel*, Einführung in die Rechtsfragen der künstlichen Intelligenz, JA 2023, 441; *Buxmann, Peter/Schmidt, Holger*, Grundlagen der Künstlichen Intelligenz und des Maschinellen Lernens, in Buxmann, Peter/Schmidt, Holger (Hrsg.), Künstliche Intelligenz, 2019; *Chibanguza, Kuuya/Steege, Hans*, Die KI-Verordnung – Überblick über den neuen Rechtsrahmen, NJW 2024, 1769; *Conrads, Markus/Schweitzer, Sascha*: Einsatz Künstlicher Intelligenz im Vertrags-, Wirtschafts- und Arbeitsrecht, NJW 2023, 2809; *Dix, Alexander/Seyerlein-Klug, Annegrit*, EAID: Exportschlager AI Act – Setzt die EU einen weltweiten Standard für die KI-Regulierung?, ZD-Aktuell 2024, 04506; *Ebert, Andreas/Busch, Philip/Spiecker gen. Döhmann, Indra/Wendt, Janine*, Roboter im Supermarkt, ZfPC 2023, 16; *Ensthaler, Jürgen*, Zum neuen Verhältnis zwischen Rechtswissenschaft und Technik, ZRP 2022, 55; *Ensthaler, Jürgen*, Künstliche Intelligenz (KI) – einige Gedanken zu den vorhandenen und geplanten Schutzmaßnahmen, InTeR 1/24, 2; *Feuerstack, Daniel/Becker, Daniel/Hertz, Nora*, Die Entwürfe des EU-Parlaments und der EU-Kommission für eine KI-Verordnung im Vergleich, ZfDR 2023, 421; *Frost, Yannick/Steiniger, Manuela/Vivekens, Sabrina*, Take the risk or lose the chance? Wesentliche Fragen, die Unternehmen im Bereich KI aus rechtlicher Sicht im Blick haben sollten, MPR 2024, 4; *Gaub, Daniela/Kadler, Mathias*, Die Beeinflussung von menschlichem Verhalten durch Künstliche Intelligenz – Chance oder Gefahr?, Rethinking Law 6.2022, 4; *Gengler, Eva*, Feministische Künstliche Intelligenz, Rethinking Law 6.2022, 32; *Gumpp, Tobias/Schneider, Marc Pierre*, Methoden der Künstlichen Intelligenz in der Rechtswissenschaft, ZfDR 2021, 155; *Haar, Tobias*, KI-Regulierung: Gelingt die Quadratur des Kreises?, MMR 2023, 397; *Hacker, Philipp*: Die Regulierung von ChatGPT et al. – ein europäisches Trauerspiel, GRUR 2023, 289; *Hacker, Philipp/Berz, Amelie*, Der AI Act der Europäischen Union – Überblick, Kritik und Ausblick, ZRP 2023, 226; *Hahn, Johanna*, Die Regulierung biometrischer Fernidentifizierung in der Strafverfolgung im KI-Verordnungsentwurf der EU-Kommission, ZfDR 2023, 142; *Hoeren, Thomas/Pinelli, Stefan*, Künstliche Intelligenz – Ethik und Recht, 2022; *Kerkmann, Christof/Scheuer, Stephan*, Das Microsoft-Prinzip,

Handelsblatt vom 14./15./16.7.2023, 42; *Krüger, Daniel/Wagner, Susan*, Das Phänomen „Künstliche Intelligenz" aus regulatorischer und haftungsrechtlicher Sicht, ZfPC 2023, 124; *Kühling, Jürgen*, Der Einsatz von Künstlicher Intelligenz durch Unternehmen und Aufsichtsbehörden bei der Bekämpfung von Hassrede, ZUM 2023, 566; *Kumkar, Lea Katharina/Rapp, Julian Philipp*, Deepfakes, ZfDR 2022, 199; *Martini, Mario*, Blackbox-Algorithmus, 2019; *Martini, Mario/Wiesehöfer, Christine*, Auf dem Weg zur Regulierung von General-Purpose-AI – eine erste Bestandsaufnahme und Kritik der Regelungsentwürfe, NVwZ 1/2024, 1; *Meckel, Miriam/Steinacker, Léa*, Alles überall auf einmal, 2024; *Möller-Klapperich, Julia*, ChatGPT und Co. – aus der Perspektive der Rechtswissenschaft, NJ 2023, 144; *Prange, Hans Michael*, Datenschutz- und lauterkeitsrechtliche Kernfragen des Einsatzes Künstlicher Intelligenz im Marketing, WRP 2024, 151; *Roth-Isigkeit, David*, Der risikobasierte Ansatz als Paradigma des Digitalverwaltungsrechts, MMR 2024, 621; *Russell, Stuart/Norvig, Peter*, Artificial Intelligence, 4. Aufl. 2021; *Schwartmann, Rolf/Keber, Tobias/Zenner, Kai*, KI-Verordnung. Leitfaden für die Praxis, 2024; *Schürmann, Kathrin*, Datenschutz-Folgenabschätzung beim Einsatz Künstlicher Intelligenz, ZD 2022, 316; *Wendt, Domenik/Jung, Constantin*, Europäischer Rechtsrahmen für Künstliche Intelligenz (Teil I), LRZ 2021, 34; *Wendt, Janine/Wendt, Domenik*, Einigung auf Rechtsrahmen für Künstliche Intelligenz in der EU, ZfPC 2024, 86.

I. KI als zu regelnde Universaltechnologie

1 In den vergangenen Jahren hat sich die KI zu einer **Universaltechnologie** entwickelt.[1] Sie hat begonnen, langsam aber unumkehrbar unser Alltags- und Wirtschaftsleben zu verändern. Vorangetrieben wird der Wandel durch das Versprechen **von Produktivitäts- und Effizienzsteigerungen** sowie Kostensenkungen.

2 Tatsächlich begegnen uns heute bereits an vielen Stellen KI-Anwendungen, die diese Zusage einhalten und unser Leben verbessern. Am markantesten zeigen sich die Umbrüche in entscheidenden Bereichen wie der Medizin.[2] Hier gelingt es mithilfe von KI, die Genauigkeit von **Vorhersagen** zu erhöhen[3] und damit bessere Entscheidungen zu treffen.[4] So kann eine KI namens Path-BigBird Pathologieberichte verarbeiten und nahezu in Echtzeit exakte Erkenntnisse über eine Krebserkrankung liefern.[5] Es liegt auf der Hand, dass diese und ähnliche KI-Anwendungen den **medizinischen Fortschritt** rasant beschleunigen werden.[6]

3 Aber auch im Alltag treffen wir zunehmend auf KI-Anwendungen. Hier dürfte etwa die von Apple vorgenommene **Integration** der generativen KI in Geräte wie dem Smartphone zu einer schnellen und umfassenden Einwirkung von KI auf tägliche Routinen im privaten und beruflichen Umfeld führen. Auch die von Microsoft angebotene Ein-

1 Roth-Isigkeit MMR 2024, 621 (621).
2 Antweiler/Beckh/Chakraborty/Giesselbach/Klug/Rüping, Natural Language Processing in der Medizin, Whitepaper Fraunhofer IAIS 2023, https://newsletter.fraunhofer.de/public/a_14338_S4Jdz/file/data/4410_Fraunhofer_IAIS_Whitepaper_Clinical_NLP_Web.pdf.
3 Bei der Auswertung medizinischer Bildaufnahmen überflügeln KI-Systeme den Menschen bereits, s. Botta ZfPC 2024, 42 (42).
4 Vgl. auch die Beispiele bei Schürmann ZD 2022, 316 (317) sowie Botta ZfDR 2022, 391 (394).
5 Chandrashekar/Lyngaas/Hanson/Gounley/Gao/Wu, JCO Clinical Cancer Informatics, https://doi.org/10.1200/CCI.23.00148.
6 Frost/Steininger/Vivekens MPR 2024, 4 (6).

bindung von generativer KI in Office-Lösungen verspricht faszinierende Fortschritte. Um das volle Potenzial der KI zu erschließen, bedarf es zwar noch weiterer Investitionen in Daten, Kompetenzen und digitalisierte Arbeitsabläufe. In vielen Unternehmen wird aber schon heute erfolgreich auf KI zurückgegriffen.[7] Bereits ein einfacher KI-Assistent wie der Chatbot der Klarna Bank AB führt in einem Monat etwa 2,3 Millionen Kundengespräche. Dies entspricht der Arbeit von 700 Vollzeit-Mitarbeitenden.[8] Dank der Genauigkeit der Antworten der KI soll die Zahl wiederholter Anfragen um 25 % zurückgegangen sein. Auch dauert ein durchschnittliches Gespräch nur noch knapp zwei Minuten – gegenüber elf Minuten, die zuvor ein menschlicher Mitarbeiter benötigte. Der Chatbot ist zudem rund um die Uhr in mehr als 35 Sprachen erreichbar.

Auch diesen erfolgreichen KI-Anwendungen ist gemein, dass sie allesamt noch am 4
Anfang ihrer Entwicklung stehen. Sie bergen das **Potenzial** zur Bewältigung globaler Herausforderungen sowie zur Steigerung von **Innovationsfähigkeit** und Wachstum.[9]

Zugleich löst der Aufschwung der KI **Ängste** aus.[10] Wie wirkt sich KI auf den Arbeits- 5
markt aus? Werden große Teile der arbeitenden Bevölkerung ihre Jobs verlieren?[11] Wie können wir die Entwicklung der KI in die richtigen Bahnen lenken? Wie begegnen wir den **Risiken**, den unerwünschten Nebeneffekten und **ethischen Dilemmata** – im Alltag, aber auch in der Wirtschaft? Wie gehen wir mit selbstfahrenden Autos um,[12] virtuellen medizinischen Assistenten oder **Fake News**?[13] Im Zentrum steht dabei die Frage nach der Vertrauenswürdigkeit von KI-Systemen.[14] Das Center for Countering Digital Hate[15] meldete bereits 2023 einen monatlichen Anstieg von 130 % bei KI-gesteuerten Falschmeldungen auf X, von denen ein erheblicher Prozentsatz im Zusammenhang mit Wahlen steht.[16] Es geht um die Gefahr einer **Verstärkung** bestehender unbewusster **Vorurteile** etwa in Bezug auf Geschlecht oder ethnische Herkunft,[17] der Verletzung von Menschenrechten oder Werten wie dem **Schutz der Privatsphäre**. Auch wächst die Besorgnis, dass KI-Systeme Ungleichheiten, **Marktkonzentrationen** und digitale Gräben verstärken.

Um richtige Antworten auf diese Fragen zu erhalten, bedarf es einer eingehenden 6
Befassung mit den Chancen und Risiken, die bei dem Einsatz von KI bestehen. Nötig **sind internationale Zusammenarbeit** und gemeinsame Lösungen, um die Entwicklung und Nutzung von KI so zu steuern, dass sie uns allen zugutekommt. Letztlich steht es in der **Verantwortung der Legislative**, klare Grenzen und Anforderungen zu formulieren, um die Nutzung einer menschenzentrierten, **vertrauenswürdigen KI** zu ermöglichen.

7 Bachgrund/Nesum/Bernstein/Burchard CR 2/2023, 132 (133).
8 Vgl. hierzu auch Batista LTZ 2024, 118 (118).
9 Botta ZfDR 2022, 391 (392 f.).
10 S. nur DIE ZEIT v. 14.3.2024, 12.
11 Brollo/Dabla-Norris/deMooij/Garcia-Macia/Hanappi/Liu/Nguyen, Broadening the Gains from Generative AI: The Role of Fiscal Policies, Studie des IWF v. 17.6.2024.
12 Botta ZfDR 2022, 391 (394).
13 Gaub/Kadler Rethinking Law 6.2022, 4 (5).
14 Bachgrund/Nesum/Bernstein/Burchard CR 2/2023, 132 (135).
15 S. https://counterhate.com.
16 Blog Election disinfo deepfakes are a growing problem, https://counterhate.com.
17 Feldkamp/Kappler/Poretschkin/Schmitz/Weiss ZfDR 1/2024, 60 (105, 112); Kuntz ZfPW 2022, 177 (178); Schürmann ZD 2022, 316 (321); Gaub/Kadler Rethinking Law 6.2022, 4 (6); Ibold GSZ 2024, 10 (13).

7 Dass die Europäische Union (EU) hier mit dem Artificial Intelligence Act (AI Act) vorangeht, ist mutig. Mit dem AI Act hat die EU das weltweit **erste umfassende Regelsystem für KI** auf den Weg gebracht.[18] Sie traut sich damit eine wegweisende Gesetzgebung zu, die sich auf die globale KI-Landschaft auswirken wird und im besten Fall eine als „**Brussels Effect**" bezeichnete Nachahmerwirkung nach sich zieht.[19] Bei aller Kritikwürdigkeit einzelner Regelungen verdient diese Tatkraft Respekt. Spätestens zu dem Zeitpunkt, zu dem KI in die Mitte der Gesellschaft vordringt, bedarf es wohlabgewogener Regeln. Der AI Act, dessen erste Bestimmungen angesichts des gestaffelten Geltungsbeginns (→ Rn. 65) bereits ab Februar 2025 Anwendung finden werden, hat diesen Moment noch gut getroffen.

II. Beschleunigung der Veränderung durch generative KI

8 Mit ChatGPT ist KI in der Mitte der Gesellschaft angekommen. OpenAI veröffentlichte am 30.11.2022 eine frühe Demo des Chatbots, der sich angesichts seiner vielen Einsatzmöglichkeiten rasend schnell in den sozialen Medien verbreitete. Als KI-System basierte **ChatGPT** damals auf dem KI-Modell GPT-3, das schon zweieinhalb Jahre zuvor entwickelt worden war. Aber erst die Veröffentlichung von ChatGPT bildete den entscheidenden „**iPhone-Moment**",[20] in dem auch der Allgemeinheit offenbar wurde, wie einflussreich diese Technologie werden kann.[21] So wie das iPhone mit seiner Einführung am 29.6.2007 die Revolution des mobilen Zugangs zu Informationen und Dienstleistungen möglich gemacht hat, markiert der Jahreswechsel 2022/2023 die Zeitenwende der KI.[22] Generative Anwendungen, für die sich ChatGPT beinahe schon als Gattungsname (Deonym) etabliert hat,[23] machten die Technologie der breiten Öffentlichkeit zugänglich. Es begann die Zeit, in der Menschen mit Maschinen sprechen können.[24]

9 Dabei gab es Chatbots bereits lange vor ChatGPT. Auch die in dem Chatbot genutzten **GPT-Modelle** existieren in ihren unterschiedlichen **Iterationen seit Juni 2018**.[25] Doch erst die Kombination von ChatGPT mit dem damaligen **KI-Modell GPT-3** ermöglichte es, gleichermaßen eine E-Mail, einen LinkedIn-Post oder auch einen ganzen Essay zu entwerfen, ein soeben abgehaltenes Meeting zusammenzufassen und ein Schulreferat im Stil Shakespeares umzuformulieren.[26] Endgültig große Aufmerksamkeit erregte die im März 2023 veröffentlichte verbesserte Version des in ChatGPT genutzten KI-Modells GPT-3,5.

18 Vgl. Wendt/Wendt ZfPC 2024, 86 (86); lediglich China hat ebenfalls ein KI-Gesetz verabschiedet, das allerdings nur einzelne Sektoren und generative KI erfasst, vgl. Hacker/Berz ZRP 2023, 226 (226); Blasek RDi 2023, 557 (557).

19 Haar MMR 2023, 397 (397); Frost/Steininger/Vivekens MPR 2024, 4 (4); Dix/Seyerlein-Klug ZD-Aktuell 2024, 04506.

20 Meckel/Steinacker, Alles überall auf einmal, 17.

21 Baumgartner/Brunnbauer/Cross MMR 2023, 543 (543).

22 Martini/Wiesehöfer NVwZ 2024, 137 (137).

23 Altenburg/Scherr LTZ 2024, 34 (34).

24 Möller-Klapperich NJ 2023, 144 (144).

25 S. hierzu auch die tabellarische Aufstellung bei Conrads/Schweitzer NJW 2023, 2809 (2811).

26 Meckel/Steinacker, Alles überall auf einmal, 17.

Die Nutzerzahlen für ChatGPT wuchsen in nur fünf Tagen auf eine Million Menschen an; nach zwei Monaten verwendeten bereits 100 Millionen Menschen das Tool.[27] Das ist der **rasanteste Anstieg des Zugriffs auf eine Anwendung** seit der Erfindung des Internets.[28] 10

III. Entwicklungen in und um OpenAI

Interessanterweise wird die Diskussion um die Veränderung durch generative KI nicht nur in den Medien und der Wissenschaft geführt, sondern auch in dem den „iPhone-Moment“[29] auslösenden Unternehmen selbst. Bei dem hinter ChatGPT stehenden US-amerikanischen Unternehmen **OpenAI** entspann sich ab dem Jahr 2023 eine Posse, die angesichts der hinter ihr stehenden Besorgnis an dieser Stelle kurz nachgezeichnet werden soll: Sam Altman, Ilya Sutskever, Elon Musk, Greg Brockman und einige andere gründeten 2015 die gemeinnützige Organisation „Offene Künstliche Intelligenz“ – Open AI. Ihr ursprüngliches Ziel war es, KI quelloffen in einer **Non-Profit-Organisation** zu entwickeln. Doch schon 2017 mussten sie feststellen, dass sich die finanziellen Ressourcen für die Entwicklung von KI-Systemen auf dem gemeinnützigen Weg nicht beschaffen ließen. Altmann veranlasste einen Strategiewechsel und gründete 2019 unter dem Dach von Open AI ein Unternehmen, das profitabel sein darf – die Open AI LLC. Altman wird Chief Executive Officer, Musk geht. Neue Investoren kommen dazu, vor allem Bill Gates. Microsoft finanziert die Arbeit von Altmann.[30] Altman ist es auch, der ChatGPT in die Öffentlichkeit bringt und damit fast im Alleingang einen **Hype** startet.[31] Gemeinsam mit Brockman wird Altman zum **Gesicht der (generativen) KI.** 11

Im Laufe des Sommers 2023 wendet sich das Blatt. Sutskever sieht in dem rasanten Fortschritt der künstlichen Intelligenz eine Gefahr. Er befürchtet, eine **Superintelligenz** könne die Menschheit entmachten. Zur Gegenwehr gründet Sutskever eine Alpha Taskforce und nennt sie Superalignment Team – es soll die **KI einhegen** und **an Regeln binden**. Nur lässt sich die Arbeit von Altmann nicht mehr einfangen. 12

Sutskever versammelt die ursprüngliche Riege von OpenAI hinter sich und **entlässt Altman** am 17.11.2023. In einer öffentlichen Begründung führt er an, dass dieser in seiner Kommunikation nicht offen gewesen sei. Als Reaktion tritt auch Brockman von seiner Rolle als Präsident von OpenAI zurück. Kurz darauf gibt Microsoft bekannt, dass Altman zu Microsoft, das zu dem Zeitpunkt mit mehr als 10 Milliarden USD in OpenAI investiert war, wechsele, um dort ein neues Team für die KI-Forschung zu leiten. Als auch knapp 800 Mitarbeiter von OpenAI drohen, ebenfalls zu **Microsoft** zu gehen, gibt Sutskever auf. OpenAI gibt bekannt, dass es gelungen sei, Altmann als CEO und Brockman als Präsident zurückzuholen. 13

Gute vier Monate später, zu der Zeit also, als sich die EU gerade final auf den AI Act einigte, setzt sich die Geschichte mit einem weiteren Kapitel fort. Am 1.3.2024 reicht Musk in den USA **Klage gegen OpenAI** sowie gegen Altman und Brockman wegen 14

27 Das Telefon benötigte für diese Zielmarke etwa 75 Jahre, WhatsApp immerhin noch dreieinhalb Jahre, also etwa 21-mal so lange, s. the world of statistics sowie Haar MMR 2023, 397 (397).

28 Haar MMR 2023, 397 (397).

29 Meckel/Steinacker, Alles überall auf einmal, 17.

30 Kerkmann/Scheuer, Handelsblatt v. 14./15./16.7.2023, 45 f.

31 Birska/Röver ARP 2024, 21 (21).

Vertragsbruchs und Verletzung der Treuepflicht ein. Musk bringt vor, dass OpenAI seine ursprüngliche Mission, künstliche Intelligenz zum Wohle der Menschheit zu entwickeln, aufgegeben habe. In der Gründungsvereinbarung sei OpenAI verpflichtet worden, seine Technologie quelloffen zugänglich zu machen. Stattdessen sei OpenAI zu einem gewinnorientierten Modell übergegangen und zu einer De-facto-Tochtergesellschaft von Microsoft verkommen. Die „Gründungsvereinbarung", auf die sich Musks Klage stützt, scheint jedoch kein formeller Vertrag zu sein, sondern eher eine Stimmung, die vor allem auf E-Mails basiert. In Erwiderung der Vorwürfe machte OpenAI öffentlich, dass Musk die Pläne zur Gründung des gewinnorientierten Unternehmens durchaus unterstützt hatte, er dieses sogar leiten und mit Tesla fusionieren wollte.

IV. Artificial General Intelligence (AGI)

15 Ein weiterer Angriffspunkt in Musks Klage betrifft die sog. **Artificial General Intelligence** (AGI)-Forschung.[32] Die Künstliche Allgemeine Intelligenz soll sich als eine sehr fortschrittliche Entwicklungsstufe Künstlicher Intelligenz dadurch auszeichnen, dass sie ähnliche **intellektuelle Fähigkeiten** zur Problemlösung aufweist wie ein Mensch.[33] Welche kognitiven Fähigkeiten der Begriff umfasst, ist allerdings keineswegs klar. Zuletzt stellte OpenAI ein fünfstufiges Klassifizierungssystem vor, das den Fortschritt in Richtung AGI abbildet: Auf Stufe 1 befinden sich Chatbots mit Konversationsfähigkeiten, auf Stufe 2 als Reasoners bezeichnete Problemlöser auf PhD-Niveau, auf Stufe 3 Agenten-Systeme, die Aktionen ausführen können, auf Stufe 4 die sog. Innovators-KI, die Dinge erfindet und auf Stufe 5 letztlich als AGI eine Organizer-KI, die die Arbeit einer ganzen Organisation übernehmen kann.[34] Die Klageschrift bezeichnet GPT-4 bereits als AGI, was wohl nur bei sehr weiter Auslegung der Definition entsprechen kann. Zwar setzt GPT-4 den Trend der exponentiellen Verbesserung gegenüber den früheren Versionen fort und bringt uns einer Zukunft näher, in der sich KI nahtlos in unser tägliches Leben integriert, aber die Realität ist wohl weniger spektakulär als in der Klage angeführt.

16 Auch **Q*** wird erwähnt, ein weiteres KI-Modell von OpenAI, das in der Lage sein soll, Mathematikaufgaben auf Grundschulniveau zu lösen, was für ein Sprachmodell immerhin nicht selbstverständlich ist.

17 Ob es sich bei GPT-4, Q* oder anderen Modellen tatsächlich schon um eine AGI handelt, müssen nun amerikanische Gerichte entscheiden. Liegt mit GPT-4 tatsächlich schon eine AGI vor, hätte OpenAI Microsoft darauf niemals Zugriff geben dürfen. Das Gründungsstatut von OpenAI sieht vor, dass AGIs der ganzen Menschheit zur Verfügung stehen sollen. Microsoft setzt GPT-4 ua in Bing Chat sowie in Copilot für Windows 365 ein.

18 Musk hat allerdings schon in der Vergangenheit mehrfach versucht, die Entwicklung von KI hinauszuzögern: Im März 2023 veröffentlichte er gemeinsam mit weiteren Grö-

32 S. hierzu auch Haar MMR 2023, 397 (398).

33 Vgl. Keber/Zenner/Hansen/Schwartmann in Schwartmann/Keber/Zenner 1. Teil 2. Kap. Rn 8.

34 Nach eigenen Angaben steht OpenAI gegenwärtig kurz vor Level 2, vgl. https://the-decoder.com/openai-unveils-five-level-ai-scale-aims-to-reach-level-2-soon/.

ßen der Tech-Branche einen offenen Brief, in dem sie eine Pause für die KI-Entwicklung forderten.[35] *„Fortgeschrittene KI kann eine tiefgreifende Veränderung in der Geschichte des Lebens auf der Erde darstellen. [Sie sollte] mit entsprechender Sorgfalt [geplant und verwaltet werden]"*, heißt es.[36] Dass sich zu der Besorgnis um die Menschheit auch der Wunsch gesellt hat, im Wettbewerb um wirtschaftlich erfolgreiche KI-Systeme Zeit zu gewinnen, wurde rasch unterstellt.[37] Tatsächlich soll Musk kurz nach Unterzeichnung des Briefes sein eigenes **Large Language Model** (**LLM**) vorangetrieben haben – den Chatbot Grok von xAI. Grok ist laut Musk ein Chatbot, der „based" bleibt. Er soll ausdrücklich keine nur politisch gewollten, also „woken" Antworten geben und OpenAI herausfordern.[38]

V. Gefahr der Desinformation

Unbestritten sind mit der Verwendung von KI – insbesondere im Kontext der **Chatbots** 19
und **Deepfakes** – Gefahren für die Menschheit verbunden.[39] Unter dem Titel „AI as a Public Good: Ensuring Democratic Control of AI in the Information Space" veröffentlicht das internationale Forum on Information and Democracy im Februar 2024 eine umfassende Studie,[40] die sich mit den **gesellschaftlichen Risiken von KI** befasst. Die fortschrittlicheren Fähigkeiten und die kommerzielle Verbreitung von Systemen wie ChatGPT zeigten deren „zunehmendes Potenzial, **demokratische Prozesse**, einschließlich des Informations- und Kommunikationsraums, **tiefgreifend zu beeinflussen**", heißt es. Daher stellten sie „erhebliche Herausforderungen" dar, die „große Aufmerksamkeit erfordern".

Die Forscherinnen *Viviana Padelli*, *Kaye Celine Palisoc* und *Lia Chkhetiani* stellten fest, 20
dass ein erheblicher Prozentsatz der KI-gesteuerten **Fehlinformationen** im Zusammenhang mit Wahlen steht.[41] Gerade hier gebe es noch zahlreiche Wissenslücken, etwa über die Nutzung von generativer KI für **Microtargeting** zwecks personalisierter Wählermanipulation.[42] Entsprechend ist KI-Unternehmen zu raten, unabhängige Forscher und zivilgesellschaftliche Akteure im Rahmen eines **„integrativen und partizipativen Prozesses"** einzubeziehen und Verfahren zur Risikominderung sowie zur systematischen Erfassung von Nutzerfeedback und Beschwerden einzurichten. Außerdem sollten sie mit „vertrauenswürdigen Hinweisgebern" kooperieren und **User über die Datennutzung informieren.**

Gesetzlich verpflichtet werden sollen KI-Entwickler laut den Empfehlungen der Studie 21
ua dazu, Informationen über die **Trainingsdatensätze** für eine öffentliche Überprüfung auf eine leicht zugängliche und verständliche Weise zur Verfügung zu stellen. Gesetzlich geregelt werden sollen zudem **regelmäßige Folgenabschätzungen** und eine

35 Krüger/Wagner ZfPC 2023, 124 (124).
36 Future of Life Institute v. 22.3.2023, https://futureoflife.org/open-letter/pause-giant-ai-experiments/.
37 Zellinger Der Standard v. 5.3.2023; Armbruster FAZ v. 29.3.2023.
38 Holtermann/Knees Handelsblatt v. 7.2.2024.
39 Vgl. Berz/Engel/Hacker ZUM 2023, 586 (588); Kumkar/Rapp ZfDR 2022, 199 (200).
40 Abrufbar unter: https://informationdemocracy.org/wp-content/uploads/2024/03/ID-AI-as-a-Public-Good-Feb-2024.pdf.
41 Vgl. auch die Studie von NewsGuard zu der Infiltration der Chatbots (ChatGPT von OpenAI, der Smart Assistant von You.com, Grok von xAI, Pi von Inflection, Le Chat von Mistral, Copilot von Microsoft, Meta AI, Claude von Anthropic, Gemini von Google und die Suchmaschine von Perplexity) durch russische Regierungspropaganda, https://www.axios.com/2024/06/18/ai-chatbots-russian-propaganda.
42 Vgl. hierzu auch Kühling ZUM 2023, 566 (567).

systematische Risikobewertung. Weitere Empfehlungen beinhalten die Festlegung von Standards zur Authentizität und Herkunft von Inhalten sowie **Transparenz- und Kennzeichnungspflichten.** Auch angeregt wird die Schaffung eines maßgeschneiderten **Zertifizierungssystems** für KI-Unternehmen.

22 Wie sich zeigen wird, deckt der AI Act all diese Empfehlungen bereits ab.

§ 2 KI – Versuche einer Begriffsbestimmung

Literatur: *Altenburg, Nadia/Scherr, Julius*, Künstliche Intelligenz im Recht im Jahr 2024 – Quo vadis?, LTZ 2024, 34; *Ammann, Thorsten/Pohle, Jan*, KI-Verordnung – Was bisher geschah und jetzt zu tun ist, CB 5/2024, 137; *Asenger, Hüveyda*, Künstliche Intelligenz im Strafverfahren und Fairness, InTeR 3/2023, 134; *Ashkar, Daniel/Schröder, Christian*, Das Gesetz über künstliche Intelligenz der Europäischen Union (KI-Verordnung), BB 2024, 771; *Bachgrund, Richard/Nesum, Long/Bernstein, Max/Burchard, Christoph* – Das Pro und Contra für Chatbots in Rechtspraxis und Rechtsdogmatik, CR 2/2023, 132; *Batista, Patricia*, ChatGPT versus Arbeitsrecht – Leistungserbringung mithilfe von Sprachmodellen, LTZ 2024, 118; *Baumgartner, Ulrich/Brunnbauer, Jonas H./Cross, Samuel*, Anforderungen der DS-GVO an den Einsatz von Künstlicher Intelligenz, MMR 2023, 543; *Becker, Daniel/Feuerstack, Daniel*: Der neue Entwurf des EU-Parlaments für eine KI-Verordnung, MMR 2024, 22; *Berz, Amelie/Engel, Andreas/Hacker, Philipp*: Generative KI, Datenschutz, Hassrede und Desinformation – Zur Regulierung von KI-Meinungen, ZUM 2023, 586; *Biermann, Friedrich G.*, Wissenszurechnung und Künstliche Intelligenz, 2022; *Birska, Sylwia/Röver, Timo*: Künstliche Intelligenz in der Prävention, ARP 2024, 21; *Blasek, Katrin*: KI-Regulierung in der Volksrepublik China, RDi 2023, 557; *Bomhard, David/Siglmüller, Jonas*, AI Act – das Trilogergebnis, RDi 2024, 45; *Bomhard, David/Siglmüller, Jonas*, Europäische KI-Haftungsrichtlinie, RDi 2022, 506; *Borges, Georg*, Liability for AI Systems Under Current and Future Law, CRi 1/2023, 1; *Borges, Georg*, Der Begriff des KI-Systems. Tatbestandsmerkmale und Auslegungsansätze, CR 11/2023, 706; *Bostrom, Nick*, Superintelligenz, 2016; *Botta, Jonas*, (K)ein Recht auf Behandlung mit KI? – Zugang zu intelligenten Medizinprodukten, ZfPC 2024, 42; *Botta, Jonas*, Die Förderung innovativer KI-Systeme in der EU, ZfDR 2022, 391; *Buchalik, Barbara/Gehrmann, Mareike Christine*, Von Nullen und Einsen zu Paragrafen: Der AI Act, ein Rechtscode für Künstliche Intelligenz, CR 3/2024, 145; *Burchardi, Sophie*, Risikotragung für KI-Systeme, EuZW 2022, 685; *Busche, Daniel*, Einführung in die Rechtsfragen der künstlichen Intelligenz, JA 2023, 441; *Buxmann, Peter/Schmidt, Holger*, Grundlagen der Künstlichen Intelligenz und des Maschinellen Lernens, in Buxmann, Peter/Schmidt, Holger (Hrsg.), Künstliche Intelligenz, 2019; *Conrads, Markus/Schweitzer, Sascha*: Einsatz Künstlicher Intelligenz im Vertrags-, Wirtschafts- und Arbeitsrecht, NJW 2023, 2809; *Dix, Alexander/Seyerlein-Klug, Annegrit*, EAID: Exportschlager AI Act – Setzt die EU einen weltweiten Standard für die KI-Regulierung?, ZD-Aktuell 2024, 04506; *Ebert, Andreas/Busch, Philip/Spiecker gen. Döhmann, Indra/Wendt, Janine*, Roboter im Supermarkt, ZfPC 2023, 16; *Ensthaler, Jürgen*, Zum neuen Verhältnis zwischen Rechtswissenschaft und Technik, ZRP 2022, 55; *Ensthaler, Jürgen*, Künstliche Intelligenz (KI) – einige Gedanken zu den vorhandenen und geplanten Schutzmaßnahmen, InTeR 1/24, 2; *Feuerstack, Daniel/Becker, Daniel/Hertz, Nora*, Die Entwürfe des EU-Parlaments und der EU-Kommission für eine KI-Verordnung im Vergleich, ZfDR 2023, 421; *Floridi, Luciano*, On the Brussels-Washington Consensus About the Legal Defnition of Artifcial Intelligence, Philos. Technol. 36, 87, 2023 https://doi.org/10.1007/s13347-023-00690-z; *Floridi, Luciano*, The European Legislation on AI: a Brief Analysis of its Philosophical Approach. Philos. Technol. 34, 215–222, 2021, https://doi.org/10.1007/s13347-021-00460-9; *Frost, Yannick/Steiniger, Manuela/Vivekens, Sabrina*, Take the risk or lose the chance? Wesentliche Fragen, die Unternehmen im Bereich KI aus rechtlicher Sicht im Blick haben sollten, MPR 2024, 4; *Gaub, Daniela/Kadler, Mathias*, Die Beeinflussung von menschlichem Verhalten durch Künstliche Intelligenz – Chance oder Gefahr?, Rethinking Law 6.2022, 4; *Gengler, Eva*, Feministische Künstliche Intelligenz, Rethinking Law 6.2022, 32; *Gumpp, Tobias/Schneider, Marc Pierre*, Methoden der Künstlichen Intelligenz in der Rechtswissenschaft, ZfDR 2021, 155; *Haar, Tobias*, KI-Regulierung: Gelingt die Quadratur des Kreises?, MMR 2023, 397; *Hacker, Philipp*: Die Regulierung von ChatGPT et al. – ein europäisches Trauerspiel, GRUR 2023, 289; *Hacker, Philipp/Berz, Amelie*, Der AI Act der Europäischen Union – Überblick, Kritik und Ausblick, ZRP 2023, 226; *Hahn, Johanna*, Die Regulierung biometrischer Fernidentifizierung in der Strafverfolgung im KI-Verordnungsentwurf der EU-Kommission, ZfDR 2023, 142; *Jin, Junqi/Song, Chengru/Li, Han/Gai, Kun*, Real-Time Bidding with Multi-Agent Reinforcement Learning in Display Advertising 2018, DOI:10.1145/3269206.3272021; *Kerkmann, Christof/Scheuer, Stephan*, Das Microsoft-Prinzip, Handelsblatt vom 14./15./16.7.2023, 42; *Martini, Mario*, Blackbox-Algorithmus, 2019; *Martini, Mario/Wiesehöfer, Christine*, Auf dem Weg zur

Regulierung von General-Purpose-AI – eine erste Bestandsaufnahme und Kritik der Regelungsentwürfe, NVwZ 1/2024, 1; *Meckel, Miriam/Steinacker, Léa*, Alles überall auf einmal, 2024; *Mühleis Niklas/Akinci, Nick*, Rechtsleitfaden KI im Unternehmen, 2024; *OECD*, Künstliche Intelligenz in der Gesellschaft, 2020; *Pesch, Paulina Jo/Böhme, Rainer*, Verarbeitung personenbezogener Daten und Datenrichtigkeit bei großen Sprachmodellen, MMR 2023, 917; *Polanyi, Michael*, The Tacit Dimension, 1966; *Prange, Hans Michael*, Datenschutz- und lauterkeitsrechtliche Kernfragen des Einsatzes Künstlicher Intelligenz im Marketing, WRP 2024, 151; *Russell, Stuart/Norvig, Peter*, Artificial Intelligence, 4. Aufl. 2021; *Schwartmann, Rolf/Keber, Tobias/Zenner, Kai*, KI-Verordnung. Leitfaden für die Praxis, 2024; *Schürrmann, Kathrin*, Datenschutz-Folgenabschätzung beim Einsatz Künstlicher Intelligenz, ZD 2022, 316; *Searle, John R.*, The Behavioral and Brain Sciences, Vol. 3/1980, 417; *Turing, Alan M.*, Computing Machinery and Intelligence, Mind 236/1950, 433; *Wendehorst, Christiane/Nessler, Bernhard/Aufreiter, Alexander/Aichinger, Gregor*, Der Begriff des „KI-Systems" unter der neuen KI-VO, MMR 2024, 605; *Wendt, Domenik/Jung, Constantin*, Europäischer Rechtsrahmen für Künstliche Intelligenz (Teil I), LRZ 2021, 34; *Wendt, Janine/Wendt, Domenik*, Einigung auf Rechtsrahmen für Künstliche Intelligenz in der EU, ZfPC 2024, 86.

I. Können Maschinen denken? Der Turing-Test

1 In Überblicksdarstellungen[1] setzt die Entwicklung des Begriffs der KI regelmäßig im Jahr 1950 mit dem **Turing-Test** ein. Mit ihm formulierte der britische Mathematiker Alan Turing im Jahr 1950 ein Vorgehen zur Feststellung, ob der Computer als Maschine ein dem **Menschen gleichwertiges Denkvermögen** aufweist.[2] Turing selbst nannte den Test „Imitation Game". Das Prozedere des Tests wurde im Laufe der Jahre, vor allem nach Turings frühem Tod im Jahr 1954, mehrfach modifiziert und vereinfacht, so dass es in seiner gängigsten Gestalt einem **simplen Aufbau** folgt: Ein menschlicher Fragesteller führt über eine Tastatur und einen Bildschirm, also ohne Sicht- und Hörkontakt, eine Unterhaltung mit zwei ihm unbekannten Gesprächspartnern. Der eine Gesprächspartner ist ein Mensch, der andere eine Maschine. Kann der Fragesteller nach intensiver Befragung nicht sagen, welcher von beiden die Maschine ist, hat die Maschine den Turing-Test bestanden und gilt als künstlich intelligent. Turing vermutete, dass es bis zum Jahr 2000 möglich sein werde, Computer so zu programmieren, dass ein durchschnittlicher Anwender eine höchstens 70 %ige Chance habe, Mensch und Maschine erfolgreich auseinanderzuhalten, nachdem er fünf Minuten mit ihnen „gesprochen" habe.[3] Die Probe aufs Exempel macht seit April 2023 die von dem Unternehmen AI21labs mit Sitz in Tel Aviv betriebene Plattform „**Human or not**", die sich selbst als „größten Turing-Test aller Zeiten" bezeichnet.[4] In einem browsergestützten Selbsttest, dem aktuelle Large Language Models wie GPT-4 oder Jurassic-2 zugrunde liegen, hat das Unternehmen 15 Millionen Unterhaltungen analysiert,

1 Buxmann/Schmidt, Künstliche Intelligenz, 3.
2 Turing, Computing Machinery and Intelligence, 433.
3 Turing, Computing Machinery and Intelligence, 442.
4 S. https://humanornot.so.

die auf der Webseite geführt wurden. 68 % der menschlichen Teilnehmer haben die Frage, ob sie mit einer KI oder einem Menschen kommuniziert haben, richtig beantwortet. Dass sich die Vorhersage von Turing damit nicht erfüllt hat, kann als Beleg für die Komplexität der Nachbildung menschlicher Intelligenz gelten.

II. Definitions matter: Ausbildung des Begriffs der Künstlichen Intelligenz auf der Darthmouth Konferenz

Auf den Turing-Test folgte schon in den 1950er Jahren eine Reihe weiterer Ereignisse in der Fortentwicklung des Begriffs KI. Hervorstechend ist die 1956 ausgerichtete **Dartmouth Konferenz**,[5] die als Geburtsstunde der Künstlichen Intelligenz als Forschungsgebiet gilt und den Begriff prägte:[6] Unter dem vollständigen Namen Dartmouth Summer Research Project on Artificial Intelligence fand sie im Sommer 1956 am Dartmouth College in Hanover, New Hampshire statt. Beantragt, geplant und durchgeführt wurde sie von John McCarthy, Marvin Minsky, Nathaniel Rochester (IBM) und Claude Shannon. In ihrem Proposal bei der Rockefeller Foundation, in dem sie im August 1955 eine Förderung in Höhe von 13.500 USD beantragten, formulierten sie erstmals die **Kernelemente** eines KI-Forschungsvorhabens: 2

> *„Wir schlagen vor, im Laufe des Sommers 1956 über zwei Monate ein Seminar zur künstlichen Intelligenz mit zehn Teilnehmern am Dartmouth College durchzuführen. Das Seminar soll von der Annahme ausgehen, dass grundsätzlich alle Aspekte des Lernens und anderer Merkmale der Intelligenz so genau beschrieben werden können, dass eine Maschine zur Simulation dieser Vorgänge gebaut werden kann. Es soll versucht werden, herauszufinden, wie Maschinen dazu gebracht werden können, Sprache zu benutzen, Abstraktionen vorzunehmen und Konzepte zu entwickeln, Probleme von der Art, die zurzeit dem Menschen vorbehalten sind, zu lösen, und sich selbst weiter zu verbessern. Wir glauben, dass in dem einen oder anderen dieser Problemfelder bedeutsame Fortschritte erzielt werden können, wenn eine sorgfältig zusammengestellte Gruppe von Wissenschaftlern einen Sommer lang gemeinsam daran arbeitet.“*[7]

Konkret sollten ua bereits die folgenden Unterthemen bearbeitet werden: 3

Wie muss ein **Computer** programmiert werden, um eine **Sprache** zu benutzen? Welche Anforderungen sind an **neuronale Netzwerke** und ihre Fähigkeit zum **autonomen Lernen** zu stellen? Welche Überlegungen zum Umfang einer Rechenoperation sind relevant? Wie geht das System mit **Zufälligkeit** und **Kreativität** um? 4

Jede dieser Fragen spielte auch 65 Jahre später im Entwurf zum AI Act (AI Act-E) noch eine Rolle. 5

Dazwischen lagen viele Jahre, in denen sich die technischen Grundlagen der KI grundlegend veränderten. Auf die sog. symbolische KI[8] und ihre dem menschlichen Denken nachempfundenen, logikbasierten Systeme folgte in den 1970er Jahren zunächst 6

5 Busche JA 2023, 441 (441).
6 S. zur Entwicklungsgeschichte nur Buxmann/Schmidt, Künstliche Intelligenz, 3.
7 McCarthy et al, Förderantrag 1955, 1.
8 Keber/Zenner/Hansen/Schwartmann in: Schwartmann/Keber/Zenner, KI-Verordnung, 1. Teil 2. Kap. Rn. 2 f.

eine Phase der Ernüchterung, der **„KI-Winter“**.[9] In den 1990er Jahren brachte der Schachcomputer **Deep Blue** KI wieder in Erinnerung. Ab 2011 konnten schließlich maßgebliche Fortschritte beim **maschinellen Lernen** erzielt werden, einem auf einem statistischen Ansatz beruhenden Teilbereich der KI (→ Rn. 24). Mit der zunehmenden Ausgereiftheit der Modellierungstechnik des maschinellen Lernens verbesserte sich die Fähigkeit von Systemen, aus historischen Daten Prognosen abzuleiten. Der Begriff der **„neuronalen Netze“** etablierte sich; er ging mit dem Erfordernis größerer Datensätze und Rechenkapazitäten einher.[10]

III. Erste moderne Definition der künstlichen Intelligenz durch die OECD

7 Als wesentlicher weiterer Meilenstein auf dem Weg zum AI Act erwies sich die Definition Künstlicher Intelligenz durch die **OECD**. Gestützt auf die Ergebnisse der OECD-Konferenz „AI: Intelligent Machines, Smart Policies“ aus Oktober 2017 sowie darauf aufbauende Diskussionen entwickelte die Arbeitsgruppe AI Group of Experts@the OECD (AIGO) eine Definition für KI, die **verständlich**, technisch korrekt sowie **technologieneutral** ist und **auf lange Sicht Gültigkeit** beanspruchen kann:

> Ein KI-System, so die Definition der AIGO, ist ein maschinenbasiertes System, das für bestimmte von Menschen definierte Ziele Vorhersagen anstellen, Empfehlungen abgeben oder Entscheidungen treffen kann. Es nutzt maschinelle und/oder von Menschen generierte Inputs, um ein reales und/oder virtuelles Umfeld zu erfassen, davon ausgehend (automatisch, zB mithilfe von maschinellem Lernen oder manuell) Modelle zu erstellen und mittels Modellinferenz Informations- oder Handlungsoptionen zu ermitteln. KI-Systeme können mit einem unterschiedlichen Grad an **Autonomie** ausgestattet sein.[11]

Diese Definition ist bewusst zukunftsoffen gestaltet.[12]

IV. Definition der Künstlichen Intelligenz im AI Act

8 In ihrem Entwurf für den AI Act vom 21.4.2021 (im Folgenden AI Act-E) hat sich die EU-Kommission dagegen zunächst für eine **sehr weit gefasste Definition** des Begriffes KI entschieden: Nach Art. 3 Abs. 1 des AI Act-E galt auch bereits eine **Software**, die mit einer oder mehreren der in Anhang I aufgeführten Techniken und Konzepte entwickelt worden ist und im Hinblick auf eine Reihe von Zielen, die vom Menschen festgelegt werden, Ergebnisse wie Inhalte, Vorhersagen, Empfehlungen oder Entscheidungen hervorbringen kann, die das Umfeld beeinflussen, mit dem sie interagieren, als ein **KI-System**.[13]

9 Anhang I, der die Techniken und Konzepte der KI auflistet, bezog neben den unter a) genannten Konzepten des **maschinellen Lernens**, mit beaufsichtigtem, unbeaufsichtigtem und bestärkendem Lernen unter Verwendung einer breiten Palette von Methoden,

9 OECD, Künstliche Intelligenz in der Gesellschaft, 20.
10 S. auch Berz/Engel/Hacker ZUM 2023, 586 (587).
11 OECD, Künstliche Intelligenz in der Gesellschaft, 15.
12 Altenburg/Scherr LTZ 2024, 34 (38); Pesch/Böhme MMR 2023, 917 (919).
13 Vgl. Borges CR 11/2023, 706 (706); Hacker/Berz ZRP 2023, 226 (227).

einschließlich des tiefen Lernens (**Deep Learning**), unter b) auch bereits logik- und wissensgestützte Konzepte, einschließlich Wissensrepräsentation, induktiver (logischer) Programmierung, Wissensgrundlagen, Inferenz- und Deduktionsmaschinen, (symbolischer) Schlussfolgerungs- und Expertensysteme mit ein sowie schließlich sogar unter c) **statistische Ansätze**, Bayessche Schätz-, Such- und Optimierungsmethoden.

Diese weite Öffnung des Begriffes KI-System zog zu Recht **Kritik** auf sich und wurde 10
im weiteren Gesetzgebungsprozess deutlich eingegrenzt, so dass am Ende eine begrüßenswerte Annäherung an die im November 2023 aktualisierte Definition der OECD und ein Abstellen auf selbstlernende Fähigkeiten, die als Autonomie und Anpassungsfähigkeit (autonomy and adaptiveness) bezeichnet werden, erfolgte.[14]

Als KI-System gilt in der finalen Fassung des AI Acts sohin „ein **maschinengestütztes** 11
System, das für einen in unterschiedlichem Grade **autonomen Betrieb** ausgelegt ist und das nach seiner Betriebsaufnahme **anpassungsfähig** sein kann und das aus den erhaltenen Eingaben für explizite oder implizite Ziele ableitet, wie Ausgaben wie etwa Vorhersagen, Inhalte, Empfehlungen oder Entscheidungen erstellt werden, die physische oder virtuelle Umgebungen beeinflussen können," Art. 3 Ziff. 1 AI Act.

Begriffsbildend sind hierbei insbesondere die Aspekte **Autonomie** und **Anpassungsfä-** 12
higkeit. Der Begriff der Autonomie grenzt das KI-System von einfachen „Wenn-Dann-Systemen" ab, die nur erzeugen, was Menschen zuvor durch Regeln festgelegt haben.[15] Ergänzend klärt Erwägungsgrund 12, dass der KI-Begriff ausdrücklich **keine Software** umfasse, die auf Grundlage von Menschen aufgestellter Regeln eine Aufgabe automatisch ausführt. KI-Systeme agieren vielmehr zumindest bis zu einem gewissen Grad unabhängig von menschlichem Zutun. Damit sind zumindest einfache Softwaremodelle jedenfalls ausgenommen.[16]Hingegen stellt der Begriff der Anpassungsfähigkeit ausweislich Erwägungsgrund 12 auf die Lernfähigkeit eines Systems ab, die es ihm ermöglicht, sich während seiner Verwendung zu verändern. Die Anpassungsfähigkeit besteht freilich bei den gegenwärtig auf dem Markt befindlichen KI-Modellen ausschließlich während des Trainingsprozesses des Modells. Als KI-System besitzen sie nach ihrem Inverkehrbringen regelmäßig keine Fähigkeit, auf Basis neuer Daten weiterhin die eigenen Parameter anzupassen, weil die entsprechenden Optimierungsfunktionen im KI-System nicht enthalten sind.[17]

Parallel definiert der Gesetzgeber **KI-Systeme mit allgemeinem Verwendungszweck** 13
(**General Purpose AI, GPAI**). Dies sind KI-Systeme, die auf einem **KI-Modell mit allgemeinem Verwendungszweck** (**GPAI-Modell**) basieren (→ § 10 Rn. 7) und die Fähigkeit besitzen, eine Vielzahl von Zwecken zu erfüllen, sowohl für die direkte Nutzung als auch für die Integration in andere KI-Systeme (Art. 3 Ziff. 66 AI Act).

Die Orientierung an der etablierten Definition der OECD erhöht die **internationale** 14
Anschlussfähigkeit des AI Acts.[18] Auf der anderen Seite wirft die Definition nach

14 Wendehorst/Nessler/Aufreiter/Aichinger MMR 2024, 605 (606).
15 Birska/Röver ARP 2024, 21 (21).
16 Ausf. Wendehorst/Nessler/Aufreiter/Aichinger MMR 2024, 605 (607).
17 Ausf. Wendehorst/Nessler/Aufreiter/Aichinger MMR 2024, 605 (608).
18 Wendehorst/Nessler/Aufreiter/Aichinger MMR 2024, 605 (606).

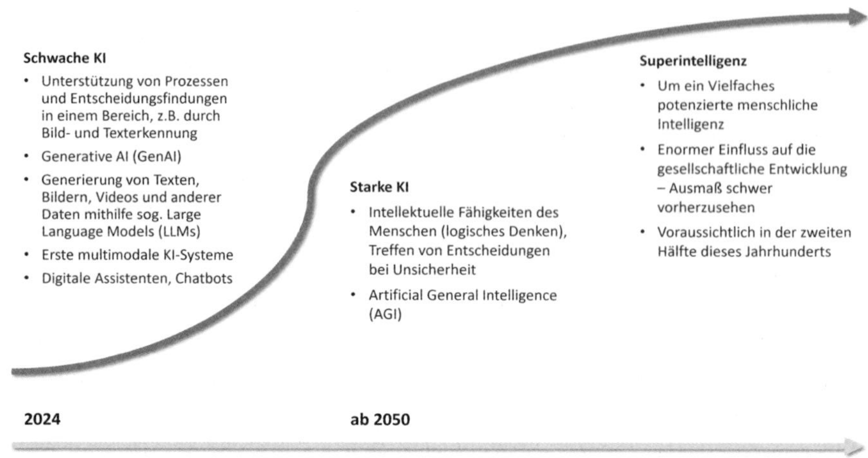

Abbildung 1: Entwicklung KI

wie vor Fragen auf,[19] die zumindest vorübergehend eine erhebliche Rechtsunsicherheit auslösen und von der EU-Kommission in den noch ausstehenden **Leitlinien** (→ § 12 Rn. 30) zu klären sind.[20] Zu diesen Fragen zählt die in der Definition angesprochene Abstufung der „Grade autonomen Betrieb(s)"; ebenso auslegungsbedürftig ist die Formulierung „nach seiner Betriebsaufnahme anpassungsfähig".

V. Weitere Entwicklung

15 Unter Bezugnahme auf den oben erwähnten Turing-Test werden gemeinhin drei **Entwicklungsstufen** Künstlicher Intelligenz unterschieden:[21] Gegenwärtig befinden wir uns in der Phase der **schwachen KI.**[22] Weil der schwachen KI lediglich eine Abstraktionsfähigkeit zukommt, wird sie vor allem in spezifischen Anwendungsfeldern eingesetzt. Es gelingt ihr noch nicht, außerhalb ihres Kontexts zu agieren.[23] Dennoch ist sie schon in der Lage, den Menschen bei seiner Entscheidungsfindung zu unterstützen. Schwache KI hat bereits die Fähigkeit zur Mustererkennung. Sprach- oder Gesichtserkennungssysteme, mit denen wir etwa das Smartphone entsperren (1:1-Abgleich), funktionieren zuverlässig. Auch arbeiten wir an zahlreichen Stellen bereits gut mit digitalen Assistenten sowie Chatbots zusammen.[24]

16 Für rund um das Jahr 2050 wird dann ein merkbarer Sprung hin zu einer **starken KI** erwartet. Diese soll sich dadurch auszeichnen, dass sie an die intellektuellen Fähigkeiten

19 Chibanguza/Steege NJW 2024, 1769 (1770).
20 Wendehorst/Nessler/Aufreiter/Aichinger MMR 2024, 605 (605).
21 Die Unterscheidung zwischen „schwacher" und „starker" KI geht auf Searle, Behavioral and Brain Sciences, 417, zurück, der sie allerdings wenig ausdifferenzierte.
22 Kuntz ZfPW 2022, 177 (183); anders Keber/Zenner/Hansen/Schwartmann in: Schwartmann/Keber/Zenner, KI-Verordnung, 1. Teil 2. Kap. Rn 8.
23 Schürmann ZD 2022, 316 (316).
24 Hahn ZfDR 2023, 142 (142); Schürmann ZD 2022, 316 (316).

des Menschen heranreicht, insbesondere hinsichtlich der Fähigkeiten zum logischen Denken und dem Treffen von Entscheidungen unter Unsicherheit.[25] Auch soll es der starken KI möglich sein, in natürlicher Sprache derart mit dem Menschen zu kommunizieren, dass mit Blick auf den Turing-Test keine Unterscheidung von Mensch und Maschine mehr gelingt.

Ob die Weiterentwicklung der starken KI wiederum tatsächlich in der von Sutskever adressierten Gefahr einer **Superintelligenz** gipfelt, die der Menschheit intellektuell überlegen ist, ein eigenes Bewusstsein entwickelt und uns unterjochen oder gar auslöschen könnte, ist fraglich. Musk prognostizierte im April 2024, dass KI spätestens 2026 intelligenter als der intelligenteste Mensch sein wird.[26] Diese Prognose blieb nicht unwidersprochen.[27] 17

Unstreitig ist aber, dass die generative KI in den letzten Jahren einen kometenhaften Aufstieg hingelegt hat. Wie weit sie entwickelt ist, untersucht seit 2017 jährlich der **AI Index Report** der Universität Stanford.[28] Der im April 2024 veröffentlichte neueste Bericht zeigt, dass Künstliche Intelligenz den Menschen bereits in vielen grundlegenden Fähigkeiten schlägt. In Feldern wie höherer Mathematik, **visuellem Denken**, das **logische Begründungen** einschließt, sowie bei **Planungsaufgaben** hinkt die KI noch hinterher. „Die derzeitige KI-Technologie kann nicht zuverlässig mit Fakten umgehen, komplexe Überlegungen anstellen oder ihre Schlussfolgerungen erklären", erläutert der Bericht in seinem zweiten Kapitel (Technical Performance).[29] 18

Wenn die Ankündigungen ua von OpenAI und Meta stimmen, wird es einem Bericht der Financial Times zufolge aber nicht mehr lange dauern, bis auch diese Schwelle übertreten wird:[30] Die nächste Generation an KI-Modellen wie Metas Lllama 3 oder auch OpenAIs GPT-5 soll **komplexe Aufgaben** – insbesondere die Fähigkeit zu planen und die **Abschätzung von Konsequenzen** – deutlich raffinierter als bisher erledigen können. 19

Nick Bostrom hat die Herausforderungen, die eine **Superintelligenz** mit sich bringen würde, bereits 2016 eindringlich als die **größte** und ggf. letzte **Aufgabe, der** die **Menschheit** je gegenüberstand, geschildert.[31] 20

VI. Polanyi Paradox

Insgesamt lässt sich festhalten, dass KI-basierte Systeme bereits heute **exzellente autonom Lernende** sind, die in der Lage sind, die Fähigkeiten von Menschen zumindest in eng umschriebenen Aufgabenstellungen zu übertreffen. Zugleich aber begrenzt das sog. Polanyi Paradox die Erwartungshaltung gegenüber den Fähigkeiten der KI. Das **Polanyi Paradox**, das nach dem britisch-ungarischen Physiker Michael Polanyi benannt 21

25 Asenger InTeR 3/2023, 134 (135).
26 Krichmayr, Der Standard v. 18.4.2024.
27 S. zusammenfassend Holzki/Bomke, Dumm wie Code? Wie viel Intelligenz wirklich in KI steckt, Handelsblatt v. 29.6.2024; vgl. auch Keber/Zenner/Hansen/Schwartmann in: Schwartmann/Keber/Zenner, KI-Verordnung, 1. Teil 2. Kap. Rn 8.
28 S. https://aiindex.stanford.edu/report/.
29 S. https://aiindex.stanford.edu/wp-content/uploads/2024/04/HAI_AI-Index-Report-2024_Chapter2.pdf.
30 Murgia/Criddle, OpenAI and Meta ready new AI models capable of „reasoning", Financial Times v. 9.4.2024.
31 Bostrom, Superintelligenz, 9.

ist,[32] lautet einfach ausgedrückt: Menschen wissen mehr, als sie sagen können. Unsere eigenen Fähigkeiten liegen weitgehend jenseits unseres expliziten Verständnisses. Vollständiger ausgedrückt lautet es: Viele unserer Aufgaben beruhen auf stillschweigendem, **intuitivem Wissen**, das sich nur **schwer automatisieren** lässt. Polanyis Paradoxon kommt folglich immer dann ins Spiel, wenn eine Person etwas beherrscht, aber nicht beschreiben kann, auf welche Weise sie vorgeht.

22 Polanyi unterscheidet damit zwischen einem **intuitiven Wissen** und einem abstrakten Wissen. Nur das **abstrakte Wissen** ist regelgebunden und wiederholbar. Das stillschweigende Wissen lässt sich nur schwer formell ausdrücken, weil die Menschen die Fähigkeiten, die es ausmachen, evolutionär entwickelt haben. Daher ist es bislang kaum möglich, KI für die Ausführung von Aufgaben zu trainieren, die **stillschweigendes Wissen** erfordern.

23 Zugleich wird das **Polanyi Paradox** von Wirtschaftswissenschaftlern verwendet, um zu erklären, warum nicht alle menschlichen Berufe von Maschinen übernommen wurden. Wäre die Automatisierung nicht auf den abstrakten Bereich des Wissens beschränkt, hätten Maschinen alle menschlichen Aufgaben übernommen und die Zahl der Arbeitsplätze wäre seit den 1980er Jahren stark zurückgegangen. Die Automatisierung hat jedoch nicht zu diesem Ergebnis geführt, denn sie erfordert die Festlegung genauer Regeln, um Computern mitzuteilen, welche Aufgaben sie ausführen sollen.

VII. Teilbereiche der KI

24 Sowohl die OECD als auch die EU stellen bei ihren Definitionen der Künstlichen Intelligenz auf das Element der **Autonomie**, also des selbstlernenden Verhaltens der KI ab. Dieses wird durch die Technologien des maschinellen Lernens (= **Machine Learning** oder ML) und hier insbesondere des tiefen Lernens (= **Deep Learning** oder DL) ermöglicht.[33]

32 Polanyi, The tacit dimension.
33 Vgl. hierzu Altenburg/Scherr LTZ 2024, 34 (36); Dienes MMR 2024, 456 (459).

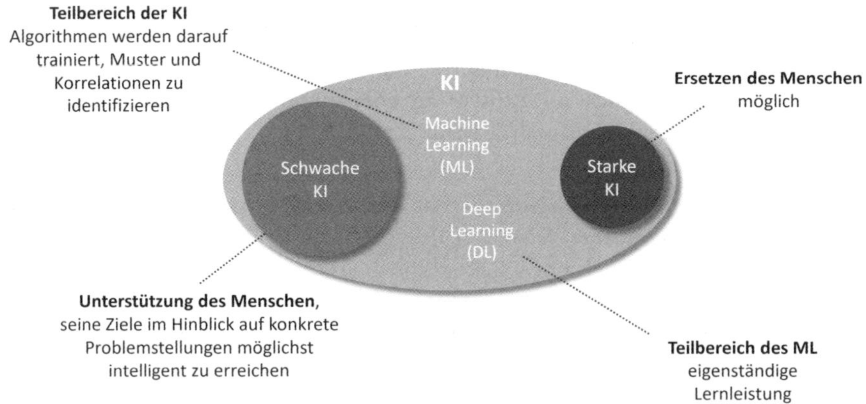

Abbildung 2: Schwache und starke KI, ML und DL

Beide Begriffe bilden Teilmengen der Künstlichen Intelligenz, wobei das **Deep Learning** wiederum eine Unterkategorie des **Machine Learning** darstellt. Dem Machine Learning und dem Deep Learning ist gemein, dass die KI Daten verarbeitet und sich mit zunehmender Erfahrung verbessert, ohne explizit programmiert zu werden.[34] Die Algorithmen für maschinelles Lernen ermöglichen es der KI, Daten nicht nur zu verarbeiten, sondern so zu verwenden, dass die KI dazulernt. Sie ist damit in der Lage, genauere Ergebnisse zu liefern und wird in der Wahrnehmung zunehmend „intelligenter".[35] 25

1. Machine Learning

Machine Learning beschreibt dabei einen Ansatz, in dem Algorithmen darauf trainiert werden, **Muster und Korrelationen** in großen Datensätzen **zu finden** und auf Basis dieser Analyse Entscheidungen und Vorhersagen zu treffen. Entsprechend des **sich selbst** immer weiter **verbessernden Ansatzes** werden die Anwendungen für maschinelles Lernen mit fortlaufender Nutzung, konkreter mit zunehmender Verfügbarkeit von Daten, typischerweise immer präziser. 26

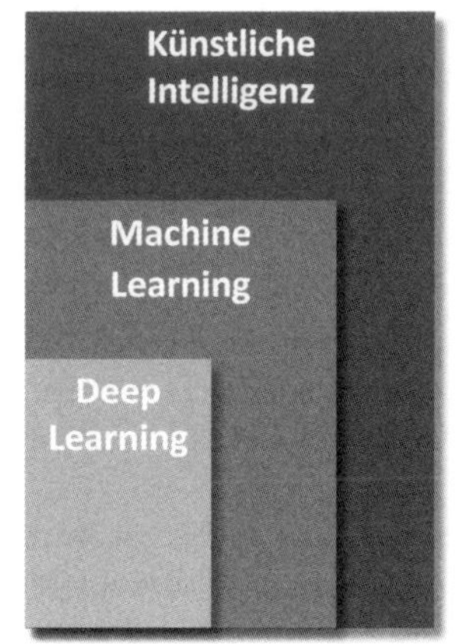

Abbildung 3: KI, ML und DL

Anwendungen des maschinellen Lernens sind bereits sehr weit verbreitet; sie finden in unseren Haushalten Anwendung, in unseren Warenkörben von Online-Shops, in den Unterhaltungsmedien und auch im Gesundheitswesen. Die Algorithmen können einzeln oder kombiniert eingesetzt werden, um bei komplexen und unvorhersehbaren Daten die bestmögliche Genauigkeit zu erzielen. 27

34 Kuntz ZfPW 2022, 177 (185).
35 Gumpp/Schneider ZfDR 2021, 155 (158).

28 Innerhalb der Kategorie des **Machine Learning** werden dabei verschiedenen Arten von maschinellen Lernmodellen unterschieden, die verschiedene algorithmische Techniken verwenden.[36] Abhängig von der Art der Daten und dem gewünschten Ergebnis können drei Lernmodellen differenziert werden: a) das **überwachte Lernen**, b) das **nicht-/teilüberwachte Lernen** sowie c) das **bestärkende Lernen**.

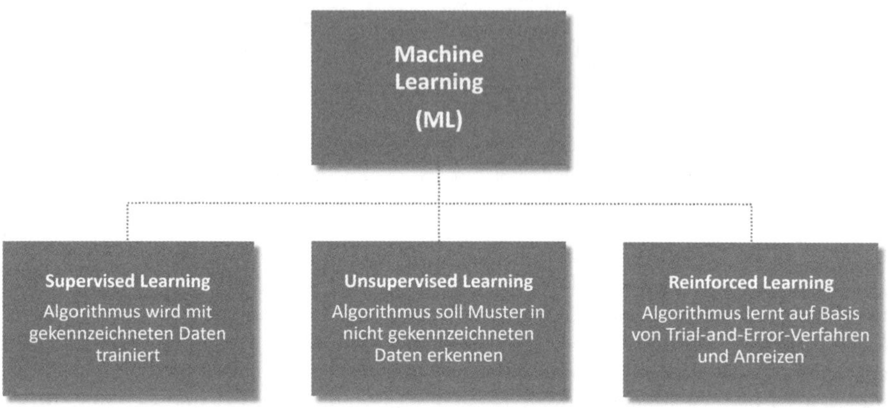

Abbildung 4: ML – Supervised, Unsupervised und Reinforced Learning

a) Überwachtes Lernen

29 Das **überwachte Lernen** zeichnet sich dadurch aus, dass die KI anhand von markierten Input- und Output-Datenpaaren lernt, um die Beziehung zwischen den Eingaben und den Ausgaben nachvollziehbar zu machen.[37] Der **Output**, also das Ergebnis wird mit einem **gewünschten Wert** bezeichnet.[38] Angenommen, das Ziel besteht darin, dass die KI den Unterschied zwischen den beiden Hunderassen Dalmatiner und französische Bulldogge erkennt.[39] Ein binäres Input-Datenpaar enthält in diesem Fall sowohl ein Bild eines Dalmatiners als auch ein Bild einer französischen Bulldogge. Das gewünschte Ergebnis für dieses bestimmte Paar ist der Dalmatiner, so dass das richtige Ergebnis identifiziert ist.[40]

30 Über einen Algorithmus sammelt die KI nun im Laufe der Zeit Trainingsdaten und beginnt mit der Ermittlung korrelativer Ähnlichkeiten, Unterschiede und anderer Logikpunkte, bis sie die Antworten auf die Frage nach der Hunderasse schließlich selbst ermitteln kann.[41] Überwachte Lernmodelle finden sich in vielen Anwendungen, mit denen wir jeden Tag interagieren, beispielsweise in **Empfehlungsdiensten für Produkte**, aber auch in **Verkehrsanalyse-Apps**, welche die schnellste Strecke zu verschiedenen Tageszeiten vorhersagen.

36 Vgl. auch Wendehorst/Nessler/Aufreiter/Aichinger MMR 2024, 605 (609, 611).
37 Russell/Norvig, 67; Dienes MMR 2024, 456 (459).
38 Dienes MMR 2024, 456 (459).
39 Grüße gehen an Pepe und Samson.
40 Russell/Norvig, 67.
41 Pesch/Böhme MMR 2023, 917 (918 ff.); Kuntz ZfPW 2022, 177 (183); Altenburg/Scherr LTZ 2024, 34 (36).

b) Nicht/teilüberwachtes Lernen

Beim **nicht-überwachten Lernen** wird **kein Antwortschlüssel** verwendet: Die KI untersucht die Eingabedaten, die regelmäßig unstrukturiert sind und beginnt selbstständig mit der Erkennung von Mustern und Korrelationen.[42] Damit ist das nicht-überwachte Lernen in vielerlei Hinsicht der menschlichen Wahrnehmung ähnlich. Auch wir Menschen nutzen Intuition und Erfahrung, um Kategorien zu bilden und einzelne Dinge zusammenzufassen. Je mehr Beispiele wir durch unser Erleben sammeln, desto präziser wird unsere Fähigkeit, zu kategorisieren und zu identifizieren. Für die KI lässt sich die gesammelte Erfahrung mit der Menge an Daten gleichsetzen, die eingegeben und zur Verfügung gestellt wird. Gängige Beispiele für Anwendungen des nicht überwachten Lernens sind Methoden der **Gesichtserkennung** und der Gensequenzanalyse. Ebenso wird das nicht-überwachte Lernen aber auch in der **Marktforschung** und zur Cybersicherheit eingesetzt. 31

Das ähnliche **teilüberwachte Lernen** bezeichnet ein Machine Learning-Modell, das große Mengen unstrukturierter Daten mit der Eingabe kleiner Mengen von beschrifteten Daten kombiniert, um **Datensets aufzuwerten**. Die wenigen beschrifteten Daten dienen der KI gewissermaßen als Starthilfe und können die **Lerngeschwindigkeit** und Genauigkeit erheblich verbessern. Ein teilüberwachter Lernalgorithmus weist die KI an, die beschrifteten Daten nach korrelativen Eigenschaften zu analysieren, die auf die unbeschrifteten Datensätze und Rohdaten angewendet werden können. 32

Insbesondere das teilüberwachte Lernen birgt jedoch Risiken, die sich daraus ergeben, dass **Fehler in den beschrifteten Datensätzen** vom System erlernt und repliziert werden.[43] Daher ist es hier besonders wichtig, Best-Practice-Protokolle zu implementieren. Teilüberwachtes Lernen wird verstärkt in **Sprach- und linguistischen Analysen**, in der **medizinischen Forschung**, wie etwa der Kategorisierung von Proteinen, eingesetzt.[44] 33

c) Bestärkendes Lernen

Während die KI beim überwachten Lernen den Antwortschlüssel erhält und lernt, indem sie Korrelationen zwischen allen richtigen Ergebnissen findet, liefert das bestärkende Lernen keinen Antwortschlüssel mit, sondern gibt eine Reihe von **zulässigen Aktionen, Regeln und potenziellen Endzuständen** vor. Ist das gewünschte Ziel des Algorithmus fest oder binär, ist die KI in der Lage, anhand von Beispielen zu lernen. In Fällen, in denen das gewünschte Ergebnis veränderbar ist, muss das Modell durch Erfahrung und Belohnung lernen. Bei den Modellen für bestärkendes Lernen ist die „Belohnung“ numerisch und in den Algorithmus als etwas programmiert, das das System „erfassen“ möchte. Mithilfe der **Belohnungsfunktion** erkennt die KI, welchen Wert eine bestimmte Aktion besitzt. Damit ahmt sie beim bestärkenden Lernen den Lernprozess eines Menschen nach: So lässt sich das Modell etwa damit vergleichen, einer anderen Person das Schachspielen beizubringen. Vermutlich wäre es nicht möglich, jeden potenziellen Zug zu zeigen. Stattdessen erklären Menschen typischerweise 34

42 Kuntz ZfPW 2022, 177 (185) mwN.
43 S. https://www.molgen.mpg.de/3659531/MITPress--SemiSupervised-Learning.pdf.
44 Antweiler/Beckh/Chakraborty/Giesselbach/Klug/Rüping, Natural Language Processing in der Medizin, Whitepaper Fraunhofer IAIS 2023, https://newsletter.fraunhofer.de/public/a_14338_S4Jdz/file/data/4410_Fraunhofer_IAIS_Whitepaper_Clinical_NLP_Web.pdf.

die Regeln, und die Lernenden verbessern ihre Fähigkeiten durch Übung. Die Belohnung besteht nicht nur darin, das Spiel zu gewinnen, sondern auch die Figuren des Gegners zu erobern.

35 Anders als beim überwachten Lernen benötigt die KI beim Reinforced Learning im Vorfeld keine Daten. Die Bildung der Datenbasis erfolgt durch ausführliche **Trial-and-Error-Abläufe** innerhalb des Simulationsszenarios selbst.

2. Deep Learning

36 Überraschenderweise sind die Anwendungsgebiete für diese fortgeschrittene KI-Technik durchaus praxisnah: Zu den **Anwendungen für bestärkendes Lernen** gehören automatisierte Preisangebote für Käufer von Online-Werbung (etwa im Bieterverfahren für die Display Werbung beim chinesischen Internetriesen Alibaba)[45], die Entwicklung von Computerspielen und der Börsenhandel mit hohen Einsätzen. Auch wird das Reinforced Learning genutzt, um Ampelschaltungen zu optimieren.[46]

37 Das Deep Learning bezeichnet eine kleinere Teilmenge innerhalb der Kategorie des maschinellen Lernens. Diese Art von maschinellem Lernen wird als „deep" (tief) bezeichnet, da sie viele Schichten des **neuronalen Netzes** und große Mengen komplexer und unterschiedlicher Daten umfasst.[47] Um Deep Learning zu ermöglichen, nutzt die KI mehrere Schichten in einem künstlichen neuronalen Netz und extrahiert zunehmend höherwertige Ausgaben. Das künstliche neuronale Netzwerk ist den Neuronen in einem menschlichen Gehirn nachempfunden.[48] Die künstlichen Neuronen werden als **Knoten** bezeichnet und sind in mehreren Schichten gruppiert, die parallel arbeiten. Empfängt ein künstliches Neuron ein numerisches Signal, verarbeitet es dieses und sendet Signale an die weiteren mit ihm verbundenen Neuronen. So simulieren neuronale Netze Lernprozesse und entwickeln sich fort, indem sie ihre internen Parameter während eines Trainings immer wieder anpassen, um Vorhersagen oder Entscheidungen zu treffen. Wie im menschlichen Gehirn führt die neuronale Verstärkung zu einer verbesserten Mustererkennung, Fachkenntnis und allgemeinem Lernen. Die künstlichen neuronalen Netze finden Verwendung, um Texte zu deuten, Cluster zu bilden und Objekte auf Bildern zu klassifizieren.

38 Hierzu wird ein Deep-Learning-Modell, das Naturbilder verarbeitet und etwa nach einem Tricolor-Dalmatiner sucht, in der ersten neuronalen Schicht ein Tier erkennen. Während es sich durch die neuronalen Schichten bewegt, identifiziert es zunächst einen Hund, dann einen Dalmatiner und schließlich einen Tricolor-Dalmatiner. Selbstverständlich sind diese Vorstellungen der Arbeitsweise einer KI sehr stark vereinfacht: Während ein einfaches künstliches neuronales Netz aus einer **Eingangsschicht** (dem **Input-Layer**), mehreren **verdeckten Schichten** (den **Hidden Layer**) sowie einer **Ausgangsschicht** (dem **Output-Layer**) besteht,[49] sind künstliche, neuronale Netze in der

45 Jin/Song/Li/Gai, 2018, DOI:10.1145/3269206.3272021.
46 Vgl. Fraunhofer Gesellschaft v. 1.2.2022, https://www.fraunhofer.de/de/presse/presseinformationen/2022/februar-2022/kuenstliche-intelligenz-steuert-ampelanlagen.html.
47 Vgl. zur Nutzung in der Bildverarbeitung Meding in: Schwartmann/Keber/Zenner, KI-Verordnung, 1. Teil 4. Kap. Rn. 3.
48 Dienes MMR 2024, 456 (460); Russell/Norvig, 67.
49 Vgl. auch Kuntz ZfPW 2022, 177 (184).

Realität äußerst komplex, was die Interpretation der einzelnen Entscheidungen der KI schwer nachvollziehbar macht.[50] In tiefen neuronalen Netzen gilt es als nahezu unmöglich zu verstehen, wie das Modell eine Entscheidung getroffen hat.

Für die Undurchdringlichkeit und fehlende Transparenz hat sich das Schlagwort **Blackbox** herausgebildet.[51] Es steht dem Grundsatz der Transparenz entgegen, den nicht zuletzt der AI Act für eine vertrauenswürdige KI als notwendig ansieht. Diesen Konflikt aufzulösen, ist das Ziel der sog. **Explainable AI** (**XAI**). Die erklärbare KI versucht, Entscheidungsprozesse nachvollziehbar zu machen.

Ein Meilenstein ist Ende 2023 geglückt. Erstmals gelang es einem Forschungsteam vom Fraunhofer Heinrich-Hertz-Institut (HHI), der Technischen Universität Berlin und dem Berlin Institute for the Foundations of Learning and Data (BIFOLD Institut), Entscheidungen der KI in der Bilderkennung auf die wichtigsten Faktoren zurückzuführen, die zur Erkennung beigetragen haben – etwa beim Dalmatiner das Fell, die Augen oder die Schnauze. **Heatmaps** zeigen auf, wo das Modell Konzepte erkennt und wie es diese gewichtet. Beim Hund ist das Fell am relevantesten.

Die **Concept Relevance Propagation** (CRP)[52] benannte Methode fragt zugleich: „Wohin blickt die KI?" und „Was sieht sie dort?" Mit ihr lässt sich auch überprüfen, ob die KI unerwünschte Konzepte verwendet, um ein Bild zu erkennen – ob sie also schummelt. Manche KI-Modelle erkennen etwa nur dann ein Boot in einem Bild, wenn am unteren Ende Wasser zu sehen ist. Sie nutzen die Kluger-Hans-Methode – benannt nach dem Pferd, das angeblich in der Lage war, Rechenaufgaben zu lösen, stattdessen aber auf Impulse seines Besitzers reagierte.

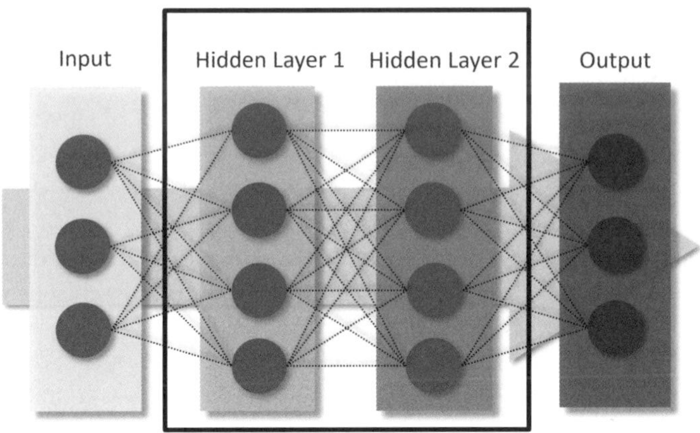

Abbildung 5: DL – Prinzip der Blackbox

50 Dienes MMR 2024, 456 (459); Martini, Blackbox, 23 f.
51 Martini, Blackbox, 44.
52 https://www.hhi.fraunhofer.de/en/departments/ai/technologies-and-solutions/concept-relevance-propagation.html.

39 Beispiele für Deep-Learning-Anwendungen finden sich neben der Bildklassifizierung in der Spracherkennung sowie auch in pharmazeutischen Analysen.[53]

53 Antweiler/Beckh/Chakraborty/Giesselbach/Klug/Rüping, Natural Language Processing in der Medizin, Whitepaper Fraunhofer IAIS 2023, https://newsletter.fraunhofer.de/public/a_14338_S4Jdz/file/data/4410_Fraunhofer_IAIS_Whitepaper_Clinical_NLP_Web.pdf.

§ 3 AI Act

Literatur: *Altenburg, Nadia/Scherr, Julius*, Künstliche Intelligenz im Recht im Jahr 2024 – Quo vadis?, LTZ 2024, 34; *Ammann, Thorsten/Pohle, Jan*, KI-Verordnung – Was bisher geschah und jetzt zu tun ist, CB 5/2024, 137; *Asenger, Hüveyda*, Künstliche Intelligenz im Strafverfahren und Fairness, InTeR 3/2023, 134; *Ashkar, Daniel/Schröder, Christian*, Das Gesetz über künstliche Intelligenz der Europäischen Union (KI-Verordnung), BB 2024, 771; *Bachgrund, Richard/Nesum, Long/Bernstein, Max/Burchard, Christoph* – Das Pro und Contra für Chatbots in Rechtspraxis und Rechtsdogmatik, CR 2/2023, 132; *Batista, Patricia*, ChatGPT versus Arbeitsrecht – Leistungserbringung mithilfe von Sprachmodellen, LTZ 2024, 118; *Baumgartner, Ulrich/Brunnbauer, Jonas H./Cross, Samuel*, Anforderungen der DS-GVO an den Einsatz von Künstlicher Intelligenz, MMR 2023, 543; *Becker, Daniel/Feuerstack, Daniel*: Der neue Entwurf des EU-Parlaments für eine KI-Verordnung, MMR 2024, 22; *Berz, Amelie/Engel, Andreas/Hacker, Philipp*: Generative KI, Datenschutz, Hassrede und Desinformation – Zur Regulierung von KI-Meinungen, ZUM 2023, 586; *Biermann, Friedrich G.*, Wissenszurechnung und Künstliche Intelligenz, 2022; *Birska, Sylwia/Röver, Timo*: Künstliche Intelligenz in der Prävention, ARP 2024, 21; *Blasek, Katrin*: KI-Regulierung in der Volksrepublik China, RDi 2023, 557; *Bomhard, David/Siglmüller, Jonas*, AI Act – das Trilogergebnis, RDi 2024, 45; *Bomhard, David/Siglmüller, Jonas*, Europäische KI-Haftungsrichtlinie, RDi 2022, 506; *Borges, Georg*, Liability for AI Systems Under Current and Future Law, CRi 1/2023, 1; *Borges, Georg*, Der Begriff des KI-Systems. Tatbestandsmerkmale und Auslegungsansätze, CR 11/2023, 706; *Botta, Jonas*, (K)ein Recht auf Behandlung mit KI? – Zugang zu intelligenten Medizinprodukten, ZfPC 2024, 42; *Botta, Jonas*, Die Förderung innovativer KI-Systeme in der EU, ZfDR 2022, 391; *Buchalik, Barbara/Gehrmann, Mareike Christine*, Von Nullen und Einsen zu Paragrafen: Der AI Act, ein Rechtscode für Künstliche Intelligenz, CR 3/2024, 145; *Burchardi, Sophie*, Risikotragung für KI-Systeme, EuZW 2022, 685; *Busche, Daniel*, Einführung in die Rechtsfragen der künstlichen Intelligenz, JA 2023, 441; *Buxmann, Peter/Schmidt, Holger*, Grundlagen der Künstlichen Intelligenz und des Maschinellen Lernens, in Buxmann, Peter/Schmidt, Holger (Hrsg.), Künstliche Intelligenz, 2019; *Conrads, Markus/Schweitzer, Sascha*: Einsatz Künstlicher Intelligenz im Vertrags-, Wirtschafts- und Arbeitsrecht, NJW 2023, 2809; *Dettling, Heinz-Uwe/Krüger, Stefan*, Erste Schritte im Recht der Künstlichen Intelligenz, MMR 2019, 211; *Dettlinger, Heinz-Uwe/Krüger, Stefan*, Erste Schritte im Recht der Künstlichen Intelligenz: Entwurf der „Ethik-Leitlinien für eine vertrauenswürdige KI", MMR 2019, 211; *Dix, Alexander/Seyerlein-Klug, Annegrit*, EAID: Exportschlager AI Act – Setzt die EU einen weltweiten Standard für die KI-Regulierung?, ZD-Aktuell 2024, 04506; *Ebert, Andreas/Busch, Philip/Spiecker gen. Döhmann, Indra/Wendt, Janine*, Roboter im Supermarkt, ZfPC 2023, 16; *Ensthaler, Jürgen*, Zum neuen Verhältnis zwischen Rechtswissenschaft und Technik, ZRP 2022, 55; *Ensthaler, Jürgen*, Künstliche Intelligenz (KI) – einige Gedanken zu den vorhandenen und geplanten Schutzmaßnahmen, InTeR 1/24, 2; *Feldkamp, Jakob/Kappler, Quirin/Poretschkin, Maximilian/Schmitz, Anna/Weiss, Erik*, Rechtliche Fairnessanforderungen an KI-Systeme und ihre technische Evaluation – Eine Analyse anhand ausgewählter Kreditscoring-Systeme unter besonderer Berücksichtigung der zukünftigen europäischen KI-Verordnung, ZfDR 1/2024, 60; *Feuerstack, Daniel/Becker, Daniel/Hertz, Nora*, Die Entwürfe des EU-Parlaments und der EU-Kommission für eine KI-Verordnung im Vergleich, ZfDR 2023, 421; *Frost, Yannick/Steiniger, Manuela/Vivekens, Sabrina*, Take the risk or lose the chance? Wesentliche Fragen, die Unternehmen im Bereich KI aus rechtlicher Sicht im Blick haben sollten, MPR 2024, 4; *Gaub, Daniela/Kadler, Mathias*, Die Beeinflussung von menschlichem Verhalten durch Künstliche Intelligenz – Chance oder Gefahr?, Rethinking Law 6.2022, 4; *Gengler, Eva*, Feministische Künstliche Intelligenz, Rethinking Law 6.2022, 32; *Gumpp, Tobias/Schneider, Marc Pierre*, Methoden der Künstlichen Intelligenz in der Rechtswissenschaft, ZfDR 2021, 155; *Haar, Tobias*, KI-Regulierung: Gelingt die Quadratur des Kreises?, MMR 2023, 397; *Hacker, Philipp*: Die Regulierung von ChatGPT et al. – ein europäisches Trauerspiel, GRUR 2023, 289; *Hacker, Philipp/Berz, Amelie*, Der AI Act der Europäischen Union – Überblick, Kritik und Ausblick, ZRP 2023, 226; *Hahn, Johanna*, Die Regulierung biometrischer Fernidentifizierung in der Strafverfolgung im KI-Verordnungsentwurf der EU-Kommission, ZfDR 2023, 142; *Ibold, Victoria*, Künstliche Intelligenz im Sicherheitsrecht – Begründungsgebot quo vadis?, GSZ 2024, 10; *Kerkmann, Christof/Scheuer,*

Stephan, Das Microsoft-Prinzip, Handelsblatt vom 14./15./16.7.2023, 42; *Martini, Mario*, Blackbox-Algorithmus, 2019; *Kilian, Matthias*, Weißer Rauch in Brüssel, EuZW 2024, 145; *Lachmayer, Konrad*, Grundrechtliche Implikationen von Videoaufzeichnungen im öffentlichen Raum, NLMR 2023, 203; *Martini, Mario/Wiesehöfer, Christine*, Auf dem Weg zur Regulierung von General-Purpose-AI – eine erste Bestandsaufnahme und Kritik der Regelungsentwürfe, NVwZ 1/2024, 1; *Meckel, Miriam/Steinacker, Léa*, Alles überall auf einmal, 2024; *Möslein, Florian*, Die normative Kraft des Ethischen – Ein Fallbeispiel zur Effektivität von Leitlinien für Künstliche Intelligenz, RDi 2020, 34; *Mühleis, Niklas/Akinci, Nick*, Rechtsleitfaden KI im Unternehmen 2024; *Orssich, Irina*, Das europäische Konzept für vertrauenswürdige Künstliche Intelligenz, EuZW 2022, 254; *Prange, Hans Michael*, Datenschutz- und lauterkeitsrechtliche Kernfragen des Einsatzes Künstlicher Intelligenz im Marketing, WRP 2024, 151; *Rudkowski, Lena/Wendt, Domenik/Block, Martina/Wettlaufer, Kai*, Einsatz Künstlicher Intelligenz bei der Begründung des Arbeitsverhältnisses, FA 2024, 126; *Russell, Stuart/Norvig, Peter*, Artificial Intelligence, 4. Aufl. 2021; *Schürrmann, Kathrin*, Datenschutz-Folgenabschätzung beim Einsatz Künstlicher Intelligenz, ZD 2022, 316; *Schwartmann, Rolf/Keber, Tobias/Zenner, Kai*, KI-Verordnung. Leitfaden für die Praxis, 2024; *Wendt, Domenik/Jung, Constantin*, Europäischer Rechtsrahmen für Künstliche Intelligenz (Teil I), LRZ 2021, 34; *Wendt, Janine/Wendt, Domenik*, Einigung auf Rechtsrahmen für Künstliche Intelligenz in der EU, ZfPC 2024, 86; *Zenner, Kai*, KI-Regulierung: ein Trilog unter großem Zeitdruck, RDV 2023, 340; *Zenner, Kai*, Die Ergebnisse der Trilog-Verhandlungen zur KI-Verordnung, RDV 2024, 58.

I. Ausgangslage

1 Am 2.2.2024 veröffentlichte das deutsche Bundesministerium für Justiz eine Pressemitteilung: „Die Mitgliedstaaten der Europäischen Union haben die Verordnung zur Festlegung harmonisierter Vorschriften für Künstliche Intelligenz einstimmig gebilligt." Diesem Satz gingen fast **drei Jahre Verhandlungen**, aufwendige Verfahren und juristische Textarbeit an einem herausfordernden Gegenstand voraus.[1]

2 Während der AI Act von den einen als herausragende Leistung gefeiert wird, die gerade noch rechtzeitig kam, sehen andere in ihm einen **gesetzgeberischen Eingriff**, der eine in Europa ohnehin zu wenig dynamische Entwicklung in ungünstiger Weise verformt oder sogar **hemmt** – mit dem Ergebnis, dass die KI-Entwicklung künftig erst recht von Staaten ohne Regulierung dominiert werden wird.[2]

1 Vgl. zur Entwicklung auch den ZEVEDI-Podcast „Digitalgespräch" Folge 48, abrufbar unter https://zevedi.de/digitalgespraech-048-domenik-wendt/; Buchalik/Gehrmann CR 3/2024, 145 (145).

2 Hacker GRUR 2023, 289 (289); vgl. auch Zenner in: Schwartmann/Keber/Zenner, 2. Teil 1. Kap. Rn. 1: „Überregulierung".

Interessant sind vor allem die Wendepunkte, die der ursprüngliche Entwurf aus dem April 2021 nahm, bis jene Fassung vorlag, auf die sich die EU-Mitgliedstaaten im Winter 2023/2024 schließlich geeinigt haben. Noch offen ist, ob der finale Gesetzestext das Potenzial hat, auch international eine **Vorreiterrolle** in der Regulierung der Künstlichen Intelligenz einzunehmen. 3

II. Weg zum AI Act

Abbildung 6: Zeitstrahl – Entwicklung des AI-Acts

1. Allgemeines

Der Gesetzgebungsprozess auf EU-Ebene weist Ähnlichkeiten zum nationalen Gesetzgebungsprozess in Deutschland auf: In beiden Fällen sind im Wesentlichen **drei Akteure** beteiligt. In Deutschland sind dies die Bundesregierung, der Bundestag und der Bundesrat. Auf EU-Ebene sind es die EU-Kommission, das EU-Parlament und Rat der Europäischen Union. Ein gewichtiger Unterschied besteht darin, dass auf EU-Ebene das Initiativrecht allein bei der **EU-Kommission** liegt. Nur sie kann daher den Gesetzgebungsprozess durch Vorlage eines konkreten Vorschlags für einen Rechtsakt in Form einer Richtlinie oder Verordnung anstoßen. In der Regel wird der Rechtsakt in mehreren Stufen von der EU-Kommission vorbereitet, beispielsweise durch Mitteilungen und ein Weißbuch. Mit Vorlage des konkreten Vorschlags beginnt dann das eigentliche Gesetzgebungsverfahren. 4

2. Vorarbeiten

a) EU-Parlament

Auf Seiten des EU-Parlaments ist hier zunächst ein früher Bericht mit Empfehlungen zu zivilrechtlichen Regelungen im Bereich der Robotik aus dem Jahr 2017[3] zu erwähnen. In diesem vielbeachteten, aber auch vielkritisierten Report fand sich ua der Vorschlag für den Status einer **elektronischen Person** für Roboter, um „langfristig einen speziellen rechtlichen Status für Roboter zu schaffen […]", die als eigenständige fiktive Person 5

3 Bericht mit Empfehlungen an die EU-Kommission zu zivilrechtlichen Regelungen im Bereich Robotik, (2015/2103(INL)) vom 27.1.2017, Rn. 59 lit. f; vgl. auch P8_TA(2017)0051 Zivilrechtliche Regelungen im Bereich Robotik – Entschließung des EU-Parlaments mit Empfehlungen an die Kommission zu zivilrechtlichen Regelungen im Bereich Robotik (2015/2103(INL)) vom 16.2.2017, Rn. 59 lit. f.

für den Ausgleich sämtlicher von ihr verursachten Schäden verantwortlich wäre.[4] Dieser Vorschlag hat zu Recht **keine Zustimmung** erfahren. Weder lässt er sich aus dem Rechtsträgermodell ableiten, das die Existenz von Menschen hinter einer juristischen Person impliziert, noch lässt er sich in Einklang zu den Grundrechten in der Union bringen. Der Bericht ist daher richtigerweise – bezogen auf die dort vorgeschlagene „E-Person" – heute nur noch eine **Anekdote**.

6 Seitens des EU-Parlaments folgten in den Jahren 2019 und 2020 einige weitere Entschließungen, in denen es Regelungsbedarf feststellt und diesen auch priorisiert. Zu erwähnen sind insbesondere die Entschließung zur umfassenden europäischen Industriepolitik in Bezug auf Künstliche Intelligenz und Robotik aus Februar 2019,[5] sowie drei Entschließungen mit Empfehlungen an die EU-Kommission aus Oktober 2020, erstens zu dem Rahmen für die **ethischen Aspekte** von künstlicher Intelligenz, Robotik und damit zusammenhängenden Technologien,[6] zweitens für eine Regelung der **zivilrechtlichen Haftung** beim Einsatz künstlicher Intelligenz[7] und drittens zu den Rechten des **geistigen Eigentums** bei der Entwicklung von KI-Technologien.[8]

b) EU-Kommission

7 Wie üblich hat auch die EU-Kommission ihren Verordnungsvorschlag über die Jahre durch verschiedene Mitteilungen und Konsultationsverfahren vorbereitet.[9]

8 Zu den relevanten Mitteilungen zählt insbesondere jene vom 25.4.2018,[10] in der die EU-Kommission die Ziele der europäischen KI-Initiative skizziert und sich an einer **ersten Definition eines KI-Systems** versucht. Von den seinerzeit angeführten Zielen, zu denen die Förderung der technologischen Leistungsfähigkeit der EU, die Vorbereitung auf sozioökonomische Veränderungen im Zusammenhang mit KI und die Gewährleistung eines geeigneten ethischen und rechtlichen Rahmens zählten, fanden sich viele auch im späteren Entwurf des AI Acts (AI Act-E) wieder.

9 Unter Bezugnahme auf die Gewährleistung eines geeigneten ethischen und rechtlichen Rahmens hat die EU-Kommission zudem im Jahr 2018 eine **High-Level-Expert Group (HLEG)** ins Leben gerufen, die **Ethik-Leitlinien** für eine vertrauenswürde KI erstellt hat.[11] In einer der Leitlinien stellt die HLEG sieben Anforderungen an vertrauenswür-

4 Vgl. hierzu Ensthaler ZRP 2022, 55 (56).

5 Legislative Entschließung des EU-Parlaments zur umfassenden europäischen Industriepolitik in Bezug auf Künstliche Intelligenz und Robotik (2018/2088(INI)) vom 12.2.2019, ABlEU C 449 vom 23.12.2020, S. 37.

6 Legislative Entschließung des EU-Parlaments zu dem Rahmen für die ethischen Aspekte von künstlicher Intelligenz, Robotik und damit zusammenhängenden Technologien (2020/2012(INL)) vom 20.10.2020, ABlEU C 404 vom 6.10.2021, S. 63.

7 Legislative Entschließung des EU-Parlaments zu Regelung der zivilrechtlichen Haftung beim Einsatz künstlicher Intelligenz (2020/2014(INL)) vom 20.10.2020, ABlEU C 404 vom 6.10.2021, S. 107.

8 Legislative Entschließung des EU-Parlaments zu den Rechten des geistigen Eigentums bei der Entwicklung von KI-Technologien (2020/2015(INI) vom 20.10.2020, ABlEU C 404 vom 6.10.2021, S. 129; vgl. hierzu Becker/Feuerstack MMR 2024, 22 (22).

9 Vgl. etwa Mitteilung der EU-Kommission: Künstliche Intelligenz für Europa COM(2018) 237 final vom 25.4.2018; Mitteilung der EU-Kommission: Koordinierter Plan für Künstliche Intelligenz, COM(2018) 795 final vom 7.12.2018.

10 Mitteilung der EU-Kommission: Künstliche Intelligenz für Europa COM(2018) 237 final vom 25.4.2018.

11 Vgl. Hochrangige Expertengruppe der Europäische Kommission für Künstliche Intelligenz, Entwurf Ethik-Leitlinien für eine vertrauenswürdige KI, vom 18.12.2018; hierzu Dettling/Krüger MMR 2019, 211 (211); Hochrangige Expertengruppe der Europäische Kommission für Künstliche Intelligenz, Ethik-Leitlinien für eine vertrauenswürdige KI, vom 8.4.2019; hierzu Möslein RDi 2020, 34 (35).

dige KI heraus, die bei der Entwicklung, Einführung und Nutzung von KI-Systemen berücksichtigt werden sollten:

1) Vorrang menschlichen Handelns und menschliche Aufsicht,
2) technische Robustheit und Sicherheit,
3) Schutz der Privatsphäre und Datenqualitätsmanagement,
4) Transparenz,
5) Vielfalt, Nichtdiskriminierung und Fairness,
6) gesellschaftliches und ökologisches Wohlergehen sowie
7) Rechenschaftspflicht.

Diese Arbeitsergebnisse der HLEG fanden auch im **KI-Weißbuch**[12] Berücksichtigung. 10 Das KI-Weißbuch enthielt bereits einen grundsätzlichen Plan, wie KI reguliert werden sollte. Insbesondere finden sich im Weißbuch wesentliche Grundgedanken für den risikobasierten Regulierungsansatz.[13] Die **Ethik-Leitlinien** werden auch im späteren AI Act etwa im Bereich der **Verhaltenskodizes** in Bezug genommen (→ § 13 Rn. 1 ff.).

3. Verordnungsvorschlag

Der schließlich erarbeitete Verordnungsvorschlag (AI Act-E)[14] datiert auf den 21.4.2021. 11 Er ist der Grundstein für den folgenden rechtspolitischen Dialog und enthält bereits eine Vielzahl der in der finalen Fassung geregelten Aspekte. Der ursprüngliche Entwurf der Verordnung umfasste **85 Artikel, 89 Erwägungsgründe und neun Anhänge**.

4. Trilog-Verhandlungen

Der nächste maßgebliche Meilenstein im Gesetzgebungsverfahren nach dem Verord- 12 nungsentwurf war der Beginn der sog. **Trilog-Verhandlungen.**[15]

a) Allgemeines

Der **Trilog**, den die EU selbst als **informelle interinstitutionelle Verhandlungen** be- 13 zeichnet, hat sich als Möglichkeit etabliert, das aufwendige Gesetzgebungsverfahren auf EU-Ebene, das sich aus drei Lesungen und dem Hin- und Herleiten von Standpunkten innerhalb bestimmter Fristen zusammensetzt, abzukürzen. Im Trilog kommen Vertreter von **EU-Kommission** und **EU-Parlament** (Berichterstatter) mit **Vertretern des Rates** (also der Mitgliedstaaten) zusammen, um sich auf einen für die Beteiligten tragbaren Rechtstext zu einigen.

Ein **Trilog** kann in jeder Phase des Gesetzgebungsverfahrens abgehalten werden, um 14 offene Fragen zu klären. Den Vorsitz führt jener Mitgesetzgeber, der die Sitzung ausrichtet. Die Rolle der **EU-Kommission** besteht darin, zwischen den Parteien zu vermitteln, wobei diese Rolle nicht mit dem Einsatz des Vermittlungsausschusses verwechselt werden darf, der einen formellen Schritt des ordentlichen Gesetzgebungsverfahrens

---

12 EU-Kommission, Weißbuch: Zur Künstlichen Intelligenz – ein europäisches Konzept für Exzellenz und Vertrauen, COM(2020) 65 final; ferner etwa Feuerstack/Becker/Hertz ZfDR 2023, 421 (421).

13 Grundlegend hierzu Roth-Isigkeit MMR 2024, 621 (621).

14 Vorschlag für eine Verordnung zur Festlegung harmonisierter Vorschriften für Künstliche Intelligenz (Gesetz über Künstliche Intelligenz, COM/2021/206 final; vgl. hierzu etwa Orssich EuZW 2022, 254 (255 f.); Buchalik/Gehrmann CR 3/2024, 145 (145).

15 Ashkar/Schröder BB 2024, 771 (772).

nach der zweiten Lesung bildet. In beiden Fällen sind alle drei oben genannten Organe vertreten, mit dem Ziel, sich auf einen gemeinsamen Text zu verständigen.

15 Weil der AI Act als **horizontale Regulierungsinitiative** für viele EU-Parlamentarier von hohem Interesse war, wurde im EU-Parlament zunächst darüber verhandelt, welcher Ausschuss an den Verhandlungen im Trilog beteiligt sein sollte. Konkret wurde diskutiert, ob der Binnenmarktausschuss (IMCO – Binnenmarkt und Verbraucherschutz) oder der Freiheitsrechteausschuss (LIBE – Bürgerliche Freiheiten, Justiz und Inneres), der Rechtsausschuss (JURI – Recht), der Industrieausschuss (ITRE – Industrie, Forschung und Energie) oder weitere Ausschüsse in den Verhandlungen federführend sein sollten. Am Ende einigte sich das **EU-Parlament** auf ein **Viererteam**: Der Industrie- und der Rechtsausschuss wurden beratend tätig, der Binnenmarktausschuss und der Freiheitsrechteausschuss übernahmen seitens des EU-Parlaments die Führung im **Trilog**.

b) Komplikationen

16 In die Verhandlungen zum AI Act spielten als zusätzliche Komplikationen zum einen das **Zeitmoment** hinein, das mit den Wahlen zum EU-Parlament zusammenhing und keine Verzögerungen erlaubte.[16] Das Ziel jedes Gesetzgebers dürfte es sein, innerhalb einer **Legislaturperiode** ein einmal als Initiative gestartetes Rechtsetzungsverfahren auch zu beenden. Das war auch beim AI Act der Wunsch.

17 Zum anderen war während der laufenden Verhandlungen die Komplexität der rechtspolitischen Fragestellung deutlich angestiegen. Wie bereits ausgeführt, musste der Gesetzgeber während der schon weit fortgeschrittenen Trilog-Verhandlungen auf das jähe Aufkommen von **KI-Modellen mit allgemeinem Verwendungszweck** und darauf aufbauende Systeme wie ChatGPT reagieren[17] (→ § 10 Rn. 2).

18 Großer Diskussionsbedarf bestand zudem bei Anwendungen wie der **biometrischen Echtzeit-Fernidentifizierung** in öffentlich zugänglichen Räumen zu Zwecken der Strafverfolgung.[18] Der Begriff der biometrischen Fernidentifizierung kennzeichnet nach Art. 3 Ziff. 41 AI Act zunächst allgemein KI-Systeme, die dem Zweck dienen, natürliche Personen ohne ihre aktive Einbeziehung und in der Regel aus der Ferne durch einen Abgleich ihrer biometrischen Daten mit den in einer Referenzdatenbank gespeicherten Daten zu identifizieren.[19] Die Identifizierung erfolgt meist anhand des Gesichts einer Person (**facial recognition**), aber auch durch ein Wiedererkennen des Gangbildes (**gait recognition**).[20] Geschehen die Erfassung, der Abgleich und die Identifizierung ohne Verzögerung, liegt eine biometrische Echtzeit-Fernidentifizierung nach Art. 3 Ziff. 42 AI Act vor.

19 Chancen und Risiken der biometrischen Identifizierung wurden nicht nur im EU-Parlament, sondern auch unter den Mitgliedstaaten kontrovers diskutiert.[21] Liberale und

16 Zenner RDV 2023, 340 (340).
17 Haar MMR 2023, 397 (398); Hacker/Berz ZRP 2023, 226 (226).
18 Frost/Steininger/Vivekens MPR 2024, 4 (9).
19 Hierzu grundlegend Lachmayer, NLMR 2023, 203 (204).
20 Hahn ZfDR 2023, 142 (145).
21 Martini NVwZ 2022, 30 (31); Ammann/Pohle CB 5/2024, 137 (139).

konservative Strömungen im EU-Parlament hatten sich schon während der innerparlamentarischen Verhandlungen strikt für ein vollständiges Verbot eingesetzt. Lediglich die **ex-post-Verwendung** zur Aufklärung besonders schwerer Straftaten sollte erlaubt sein.[22]

Einige **europäische Regierungen** hingegen wollten sich – auch mit Blick auf Großveranstaltungen wie die Olympischen Sommerspiele – die Nutzung dieser KI-Systeme vorbehalten, um die Sicherheit der Teilnehmer zu gewährleisten. 20

Der **Kompromiss**, der im Trilog gefunden werden konnte, sieht nun ein grundsätzliches Verbot der biometrischen Echtzeit-Fernidentifizierung vor, das allerdings von einigen Ausnahmen durchbrochen wird.[23] Hierunter fällt etwa die gezielte Suche nach Opfern von Entführung, Menschenhandel und sexueller Ausbeutung sowie die Lokalisierung von vermissten Personen. Darüber hinaus ist die Verwendung solcher Systeme zur Abwehr einer konkreten, erheblichen und unmittelbaren Gefahr für das Leben oder die körperliche Unversehrtheit natürlicher Personen oder zur Abwehr einer tatsächlichen und gegenwärtigen oder absehbaren Gefahr eines terroristischen Angriffes gestattet, Art. 5 Abs. 1 lit. h AI Act. Die Mitgliedstaaten haben die Möglichkeit, weitergehende Ausnahmen, aber auch Verschärfungen des Verbots, zuzulassen. 21

c) Politische Einigung

Die politische Einigung konnte nach zähen Verhandlungen und intensiven vorbereitenden Verhandlungsschritten schließlich im letzten geplanten Zeitfenster im Jahr 2023 erreicht werden.[24] 22

In der berühmt gewordenen **Marathonsitzung**, in der vom 6.12.2023 bis in die Nacht zum 9.12.2023 bis zu 22 Stunden am Stück über den Rechtsakt diskutiert wurde, haben die genannten Ausschüsse, zwei Kommissare und die spanische Ratspräsidentschaft, die repräsentativ für die Mitgliedstaaten verhandelte, inklusive einer größeren Menge an Mitarbeitenden versucht, sich bei 21 noch offenen strittigen Punkten zumindest politisch auf eine Richtung zu einigen.[25] Bei vielen dieser 21 Punkte ist es gelungen, im Trilog einen finalen Text zu erzielen und schriftlich festzuhalten. Bei einigen Punkten lag zunächst nur eine verbale Einigung, ein sog. Agreement vor. Entsprechend wurde der getroffene Kompromiss auch als **Handschlags-Deal** bezeichnet. Es gab zum Zeitpunkt der Einigung noch **kein finales Dokument**; dieses wurde in Teilen erst anschließend aus den unterschiedlichen Kompromisstexten zusammengestellt. 23

Im Trilog noch so gut wie gar nicht verhandelt wurden die **Erwägungsgründe** zum AI Act. Den ursprünglich 85 Artikeln der Verordnung vorangestellt waren zu Beginn 89 Erwägungsgründe, welche die Ziele der Verordnung näher erläutern und die europarechtskonforme Auslegung der Vorschriften erleichtern sollten. 24

22 Ammann/Pohle CB 5/2024, 137 (139).
23 Hahn ZfDR 2023, 142 (145).
24 Vgl. auch Zenner RDV 2024, 58 (58).
25 Kilian EuZW 2024, 145 (145).

d) Anschließende technische Verhandlungen

25 Dementsprechend relevant waren die anschließenden **technischen Verhandlungen**. Auf technischer Ebene musste ausformuliert und klarstellt werden, was politisch entschieden worden ist. So wurde der finale Text am 19.1.2024 zwischen der EU-Kommission, dem Europäischen Parlament und dem Rat abgestimmt.[26] Das EU-Parlament stimmte der vorläufig finalen Fassung am 13.3.2024 zu. Nach einer ersten Korrektur des Rechtsaktes erfolgte der Beschluss des Rates am 21.5.2024. Der finale Rechtstext enthält nun **113 Artikel, 180 Erwägungsgründe und 13 Anhänge**.

26 Bomhard/Siglmüller RDi 2024, 45 (45).

Neues Regelsystem für KI-Systeme mit neuer Aufsichtsstruktur

GPAI
Transparenzpflichten
Innovationsförderung
Leitungsstrukturen
Datenbank Hochrisiko-KI-Systeme
AI Office
Überwachung
Hochrisiko-KI-Systeme
AI Act Wesentliche Regelungsinhalte
Verhaltenskodizes
Verbotene Praktiken
Erweiterte Verbotsliste
Allgemeine Bestimmungen
Abschlussbestimmungen
Befugnisübertragung
Sanktionen

Erweiterte Liste von Hochrisiko-KI-Systemen

\+

13 Anhänge

- ~~Techniken und Konzepte der Künstlichen Intelligenz~~
- Liste Harmonisierungsvorschriften
- **Liste der in Art. 5 genannten Straftaten**
- Hochrisiko-KI-Systeme
- Techn. Dokumentation
- EU-Konformitätserklärung
- Konformitätsbewertungsverfahren
- Konformität/Qualitätsmanagement/ Techn. Dokumentation
- Bei Registrierung erforderliche Informationen
- **Bei Registrierung erforderliche Informationen bzgl. Reallabore**
- Unionsvorschriften über IT-Großsysteme
- **Techn. Unterlagen für GPAI-Modelle**
- **Informationen für GPAI-Systeme**
- **Kriterien für GPAI-Modelle mit systemischem Risiko**

\+

Leitlinien der EU-Kommission

- zu Anforderungen und Pflichten bei Hochrisiko-KI-Systemen
- zu wesentlichen Veränderungen
- zu verbotenen Praktiken
- zu Transparenzpflichten
- zum Verhältnis von AI Act und Anhang I
- zur Definition des KI-Systems

\+

Technische Standards/Normen

von CEN-CENELEC (CEN/CLC/JTC 21), z.B.

- CEN/CLC ISO/IEC/TR 24027:2023 (WI=JT021017) vom 20.12.2023
- CEN/CLC ISO/IEC/TR 24029-1:2023 (WI=JT021018) vom 20.12. 2023
- EN ISO/IEC 22989:2023 (WI=JT021004) vom 28.26.2023
- EN ISO/IEC 23053:2023 (WI=JT021005) vom 28.06.2023
- EN ISO/IEC 23894:2024 (WI=JT021016) vom 21.02.2024
- EN ISO/IEC 8183:2024 (WI=JT021020) vom 12.06.2024

Abbildung 7: Wesentliche Regelungsinhalte des AI Acts

III. Zielsetzung des AI Acts

1. Stärkung des Vertrauens in KI

26 Der AI Act folgt der Zielsetzung, die **Akzeptabilität** von KI zu fördern. In der Idealvorstellung soll die risikobasierte Regulierung das **Vertrauen** der Menschen in KI stärken, was zu einer gesteigerten Nachfrage nach KI-Anwendungen führt. Durch die gesteigerte Nachfrage erhalten die Anbieter Zugang zu größeren Märkten.[27]

27 Hierzu stellt der AI Act im Wesentlichen **produktsicherheitsrechtliche Vorgaben** für KI-Systeme, die in der EU genutzt werden, auf.[28] Anbieter, Entwickler, Hersteller und Betreiber von KI-Systemen sollen bereits vor Einführung des Systems Anforderungen erfüllen müssen, damit die Systeme nach Markteinführung beherrschbar funktionieren oder bei zu hohen Risiken gar nicht erst eingeführt werden.

28 Dabei folgt der AI Act einem **anthropozentrischen Ansatz**, der den Menschen in den Mittelpunkt rückt und der KI die Aufgabe zuweist, ihn zu unterstützen. Diesem Ansatz liegt die Annahme zugrunde, dass KI dem Menschen zahlreiche Vorteile bringt, aber auch Gefahren bergen kann. So muss sichergestellt werden, dass KI-Systeme vertrauenswürdig und menschenzentriert sind.

2. Wahrung der Grundrechte und der Transparenz

29 Der Einsatz von KI wirft ethische Fragen auf. Im Mittelpunkt der Regulierung müssen daher die **Achtung der Menschenrechte** und der demokratischen Werte stehen. Insbesondere die KI-Merkmale **Opazität, Komplexität, Datenabhängigkeit** sowie **autonomes Verhalten** können zu einer Verletzung von Grundrechten führen. Diese Gefahren sollen durch den AI Act verringert oder gar ausgeschlossen werden.[29]

30 Auch ist dem Risiko zu begegnen, dass Voreingenommenheit bzw. verzerrte Wahrnehmungen, sog. **Biases**, aus der analogen in die digitale Welt übertragen werden.[30] Die Entscheidungsfindung durch KI-Systeme ist regelmäßig komplex, so dass ihre Wege nicht transparent und rückverfolgbar sind. Hier ist es von zentraler Bedeutung, Systeme zu entwickeln, über deren Ergebnisse Rechenschaft abgelegt werden kann.

3. Investitionsförderung

31 Es bedarf nationaler Maßnahmen zur Förderung vertrauenswürdiger KI-Systeme, einschließlich **Anreizen für Investitionen** in verantwortungsvolle Forschung und Entwicklung im KI-Bereich. Zusätzlich zu Technologielösungen und großen Rechenkapazitäten benötigt KI enorme Datenmengen. Dringend notwendig ist daher ein digitales Umfeld, das den Zugriff auf Daten ermöglicht, zugleich aber ein hohes Maß an **Datenschutz** und Schutz der Privatsphäre gewährleistet. KI-freundliche Rahmenbedingungen können außerdem kleine und mittlere Unternehmen bei der Einführung von KI unterstützen und für ein wettbewerbsorientiertes Umfeld sorgen.

---

27 Ammann/Pohle CB 5/2024, 137 (137).
28 Buchalik/Gehrmann CR 3/2024, 145 (145).
29 Vgl. hierzu kritisch Keber/Zenner in: Schwartmann/Keber/Zenner, 2. Teil 1. Kap. Rn. 17.
30 Feldkamp/Kappler/Poretschkin/Schmitz/Weiss ZfDR 1/2024, 60 (105, 112); Kuntz ZfPW 2022, 177 (178); Schürmann ZD 2022, 316 (321); Gaub/Kadler Rethinking Law 6.2022, 4 (6); Ibold GSZ 2024, 10 (13).

4. Begleitung des Wandels in der Arbeitswelt

Doch nicht nur die Undurchschaubarkeit der KI-Technologie selbst löst bei den Menschen Ängste aus, denen die Regulierung begegnen muss. Auch der mit KI einhergehende Wandel der Arbeitswelt besorgt viele, da KI menschliche Arbeitsleistungen verändern und vielfach sogar ersetzen kann.[31] 32

Eine Studie des Institute for Public Policy Research (IPPR)[32] vom 27.3.2024 prognostiziert, dass der Einsatz von KI in den kommenden drei bis fünf Jahren zunächst Einstiegsjobs und **administrative Tätigkeiten** wie das Verwalten von Datenbanken oder typische Sekretariatsaufgaben gefährde. Dies betreffe in Großbritannien etwa 11 % der 22.000 unterschiedlichen Jobprofile in der Volkswirtschaft.[33] Mit fortschreitender Entwicklung der KI könne sich dieser Anteil auf 59 % erhöhen, wenn die KI zunehmend auch **komplexere Tätigkeiten** erlernt.[34] Von dieser zweiten Welle wären sodann auch Tätigkeiten betroffen, die keine Routinetätigkeiten beinhalten. Dazu gehört das Erstellen von Datenbanken, das **Schreiben von Texten** oder das Generieren von Grafiken. In diesem Szenario würden allein in Großbritannien acht Millionen Jobs obsolet werden.[35] 33

Diesem Szenario stellt die Untersuchung allerdings auch eine optimistischere Prognose gegenüber: Danach würde KI die Unternehmen bereichern, es würden keine Jobs verloren gehen und das Bruttoinlandsprodukt um 4 % wachsen.[36] *Carsten Jung*, Ökonom beim IPPR, wird in dem Artikel mit der Aussage zitiert, dass die bereits existierende generative KI den Arbeitsmarkt gewaltig verändern werde und zu einem starken Wirtschaftswachstum beitragen könne. Regierungen, Arbeitgeber und Gewerkschaften müssten nur […] *dafür Sorge tragen, dass die Technologie korrekt eingesetzt wird*.[37] 34

Exakt mit diesem Ziel ist der AI Act angetreten. 35

IV. Regulierungsansatz des AI Acts

1. Horizontal

Der AI Act enthält im Wesentlichen **produktsicherheitsrechtliche Vorgaben** für KI-Systeme, die in der EU genutzt werden.[38] Die Idee dahinter ist, dass insbesondere Anbieter, Entwickler, Hersteller und Betreiber von KI-Systemen bereits vor Einführung des Systems Anforderungen erfüllen, damit die Systeme nach Markteinführung möglichst beherrschbar funktionieren oder bei zu hohen Risiken gar nicht erst auf den Markt gelangen. Hierzu basiert der AI Act auf einem horizontalen Regulierungsansatz.[39] Bereits 36

31 Brollo/Dabla-Norris/deMooij/Garcia-Macia/Hanappi/Liu/Nguyen, Broadening the Gains from Generative AI: The Role of Fiscal Policies, Studie des IWF v. 17.6.2024.

32 Jung/Srinivasa Desikan, Transformed by AI – how generative artificial intelligence could effect work in the UK, verfügbar unter https://ippr-org.files.svdcdn.com/production/Downloads/Transformed_by_AI_March24_2024-03-27-121003_kxis.pdf.

33 Jung/Srinivasa Desikan, Transformed by AI, 6, 15.

34 Jung/Srinivasa Desikan, Transformed by AI, 7, 15.

35 Jung/Srinivasa Desikan, Transformed by AI, 7.

36 Jung/Srinivasa Desikan, Transformed by AI, 25.

37 Jung/Srinivasa Desikan, Transformed by AI, 28.

38 S. nur Orssich EuZW 2022, 254 (256).

39 Vgl. hierzu etwa Wendt/Wendt ZfPC 2024, 86 (86).

dem Vorschlag der EU-Kommission (AI Act-E) lag die Vorstellung zugrunde, dass die Verordnung **sektorübergreifend** wirkt und nicht nur einzelne Branchen erfasst.[40]

37 Dieser Ansatz ist in der Praxis nicht unproblematisch, weil der Einsatz von KI in den verschiedenen **Sektoren** überaus divers und **unterschiedlich risikogeneigt** ist: Im Verkehrssektor etwa versprechen autonome Fahrzeuge mit virtuellen Fahrersystemen, HD-Karten und optimierten Verkehrsrouten Vorteile im Hinblick auf Zugänglichkeit, Sicherheit, Lebensqualität und Umwelt. Im Gesundheitsbereich erleichtern KI-Systeme die Diagnose von Krankheiten sowie die Entwicklung von Therapien und Arzneimitteln. In digitalen Sicherheitsanwendungen werden KI-Systeme zunehmend in Echtzeit zur automatisierten Erkennung und Abwehr von Bedrohungen genutzt. In der Landwirtschaft überwachen KI-Anwendungen die Pflanzen- und Bodengesundheit und liefern Prognosen über den Ernteertrag. Auf dem Finanzmarkt wird KI zur Betrugsaufdeckung, Kreditwürdigkeitsbewertung, Senkung der Kosten der Kundenbetreuung und Automatisierung des Handels eingesetzt. In Marketing und Werbung unterstützt KI bei der Beurteilung des Kundenverhaltens, um Werbung, Produkte und Preise zu personalisieren.[41]

2. Risikobasiert

38 Entsprechend geht mit dem horizontalen Ansatz notwendigerweise der zweite bestimmende Grundgedanke des AI Acts einher, nämlich, dass nicht alle Einsatzfelder von KI gleichermaßen risikobehaftet sind. Tatsächlich wird von der überwiegenden Anzahl der gegenwärtig auf dem Markt befindlichen KI-Systeme nur ein geringes oder gar kein Risiko ausgehen.

39 Um hier die Verhältnismäßigkeit zu wahren und im Sinn der **Better Regulation** nur dort einzugreifen, wo Regulierung unbedingt erforderlich ist, schreibt der AI Act kein einheitliches Regulierungsniveau vor. Stattdessen etabliert er ein **durchgestuftes System**, das sich an der Höhe des Risikos der konkreten Anwendung ausrichtet und die gestellten Anforderungen auf dieses ausrichtet.

40 **Risiko** wird in Art. 3 Ziff. 2 im AI Act als Kombination aus der Wahrscheinlichkeit des Auftretens eines Schadens und seiner Schwere definiert. Der Gesetzgeber stellt in den Erwägungsgründen und Art. 1 AI Act ausdrücklich klar, dass er die Einführung menschenzentrierter und vertrauenswürdiger KI fördern möchte und zugleich die **Grundrechte** (anhand der **Charta der Grundrechte der EU**), die **Gesundheit** sowie die **Sicherheit** der Unionsbürger schützen und eine **demokratische Kontrolle** ermöglichen will. Wenn man das zusammenführt, könnte man sagen: Risiko im Sinne des AI Acts meint die Wahrscheinlichkeit einer Verletzung dieser wesentlichen Rechte und Schutzgüter in der EU sowie den möglichen Schaden für Unionsbürger.

41 Der **risikobasierte Regulierungsansatz**[42] lässt sich damit als **Verknüpfung von Vorgabenintensität und Risikohöhe** beschreiben. Je höher das Risiko, das mit der Nutzung oder dem Inverkehrbringen eines KI-Systems verbunden ist, desto höher gestalten sich

40 Orssich EuZW 2022, 254 (256).
41 Prange WRP 2024, 151 (151).
42 Vgl. hierzu etwa Schwartmann/Köhler in: Schwartmann/Keber/Zenner, 2. Teil 1. Kap. Rn. 51; Wendt/Wendt ZfPC 2024, 86 (86).

die Anforderungen an dieses System, ua hinsichtlich der Produktsicherheit, Dokumentation und menschlichen Überwachung.

Konkret stellt sich das durchgestufte System als eine **Pyramide** (→ § 4 Rn. 1) dar, die vier Risikostufen kennt. An der **Spitze** der Pyramide stehen die verbotenen KI-Systeme nach Art. 5 AI Act. Dies sind KI-Anwendungen, die der Gesetzgeber als so riskant einstuft, dass ihr Risiko für die EU unannehmbar ist. Zu ihnen zählen ua die Bewertung des sozialen Verhaltens für öffentliche und private Zwecke (social scoring),[43] die individuelle vorausschauende polizeiliche Überwachung (predictive policing) oder etwa die Emotionserkennung am Arbeitsplatz[44] und in Bildungseinrichtungen, die nur zu medizinischen oder sicherheitstechnischen Zwecken erlaubt ist. 42

Der größte Teil der Vorgaben des AI Acts adressiert die **zweithöchste Risikostufe** der sog. Hochrisiko-KI-Systeme. Damit den Unternehmen die Einschätzung leichter fällt, ist dem AI Act selbst eine Liste von KI-Systemen mit hohem Risiko beigefügt. Diese Liste bestehend aus Regelbeispielen kann von der EU-Kommission überarbeitet werden, um sie an aktuelle Entwicklungen anzupassen. 43

In die Hochrisiko-Kategorie kann nicht nur **Stand-alone-KI** fallen. Auch KI-Systeme, die zB als Sicherheitskomponente eines Produkts fungieren, das seinerseits von produktsicherheitsrechtlichen sektoralen Rechtsvorschriften der Union erfasst wird, können vom AI Act als hochriskant eingestuft werden. Bei der Bewertung folgt der AI Act insofern den sektoralen Rechtsvorschriften des Produkts, in das die KI verbaut wurde, als er der KI-Anwendung automatisch ein hohes Risiko zuweist, wenn das beherbergende Produkt gem. der sektoralen Rechtsvorschrift einer Konformitätsbewertung durch Dritte zu unterziehen ist.[45] 44

Auf der dritten Stufe der Risikopyramide greifen für die KI-Anwendungen mit **Transparenzrisiko** Offenlegungspflichten, auf der vierten Stufe keine Pflichten, sondern lediglich eine Aufforderung zur **freiwilligen Selbstbindung**. 45

Der **Grundgedanke** des horizontalen und risikobasierten Regulierungsansatzes ist bis zum Schluss weiterverfolgt und **erhalten** worden. 46

3. Technologieneutral

Der AI Act verfolgt zudem einen **technologieneutralen Ansatz**.[46] Nicht das KI-System, sondern das **Gefahrenpotenzial der konkreten Anwendung** eines KI-Systems wird in den Blick genommen.[47] 47

Dieser an sich überzeugende Regulierungsansatz stößt bei den **KI-Systemen und -Modellen mit allgemeinem Verwendungszweck** an seine Grenzen. Hier lässt sich der Natur der Sache nach gerade **kein konkretes Anwendungsszenario** ausmachen (→ § 10 Rn. 7). 48

43 Orssich EuZW 2022, 254 (257).
44 Vgl. hierzu Rudkowski/Wendt/Block/Wettlaufer FA 2024, 126 (132 f.).
45 Orssich EuZW 2022, 254 (258).
46 Wendt/Wendt ZfPC 2024, 86 (86).
47 Vgl. auch Hacker GRUR 2023, 289 (290): „Es muss ja auch nicht jede Schraube den Sicherheitsstandards für Space Shuttles genügen, wenn sie nur für das nächste Ikea-Bett genutzt wird".

V. Anwendungsbereich

1. Persönlicher Anwendungsbereich

49 Der AI Act gilt gem. Art. 2 Abs. 1 AI Act zuvorderst für **Anbieter** (**Provider**), die in der EU KI-Systeme oder KI-Modelle mit allgemeinem Verwendungszweck in Verkehr bringen, unabhängig davon, ob sie in der Union oder in einem Drittland niedergelassen sind. Darüber hinaus gilt die Verordnung für **Betreiber** (**Deployer**) von KI-Systemen, die ihren Sitz in der Union haben oder sich hier befinden.

50 Als **Anbieter** gelten nach Art. 3 Ziff. 3 AI Act natürliche oder juristische Personen, Behörden, Einrichtungen oder sonstige Stellen, die ein KI-System bzw. Modell **entwickeln** oder entwickeln lassen und es unter eigenem Namen oder ihrer Handelsmarke in Verkehr bringen oder in Betrieb nehmen, sei es entgeltlich oder unentgeltlich. Als **Betreiber** nach Art. 3 Ziff. 4 AI Act gelten dagegen natürliche oder juristische Personen, Behörden, Einrichtungen oder sonstige Stellen, die ein KI-System in eigener Verantwortung für ihre **berufliche Tätigkeit verwenden.**[48]

51 Für die Einordung als Anbieter ist somit eine **Nähe zum KI-System** erforderlich; es wird eine Mitwirkung am Entwicklungsprozess vorausgesetzt. Hierfür reicht es allerdings bereits aus, wenn Personen, Behörden, Einrichtungen oder sonstige Stellen ein KI-System für sich entwickeln lassen und es anschließend unter eigenem Namen in Verkehr bringen oder in Betrieb nehmen. Wer nicht am Entwicklungsprozess beteiligt ist und ein KI-System zu beruflichen Zwecken nutzt, gilt als **Betreiber**. Unter den Voraussetzungen des Art. 25 AI Act werden Betreiber ausnahmsweise als Anbieter behandelt.[49] KI-Systeme, die im Rahmen einer **privaten**, also nicht-beruflichen **Tätigkeit** genutzt werden,[50] erfasst die Verordnung nach Art. 2 Abs. 10 AI Act nicht.[51]

52 Zusätzlich zu den **Anbietern** und **Betreibern** gilt der AI Act auch für **Einführer** und **Händler** von KI-Systemen sowie für **Produkthersteller**, die KI-Systeme zusammen mit ihrem Produkt unter ihrem eigenen Namen oder ihrer Handelsmarke in Verkehr bringen oder in Betrieb nehmen, sowie für Bevollmächtigte von Anbietern, die nicht in der Union niedergelassen sind.

2. Räumlicher Anwendungsbereich

53 Die Regelung in Art. 2 Abs. 1 lit. a AI Act manifestiert das sog. **Marktortprinzip**, die Bestimmung in Art. 2 Abs. 1 lit. b AI Act das sog. **Niederlassungsprinzip**.[52] Die weitreichendste Einbeziehung nimmt Art. 2 Abs. 1 lit. c AI Act vor, der auch Anbieter und Betreiber erfasst, die ihren Sitz in einem **Drittstaat** haben, wenn das KI-System selbst in der EU genutzt wird oder der Output in der EU verwendet wird. Ziel dieser **extraterritorialen Wirkung** ist es, dass auch Anbieter und Betreiber wie OpenAI die Regeln des AI Acts einhalten.[53]

---

48 Zu möglichen Abgrenzungsproblemen vgl. Keber/Zenner in: Schwartmann/Keber/Zenner, 2. Teil 1. Kap. Rn. 20.

49 Noch zum AI Act-E: Frank/Heine NZA 2023, 1281 (1283).

50 Vgl. Frank/Heine NZA 2023, 1281 (1283).

51 S. hierzu auch Block/Jung/Wendt CRi 2023, 97 (102).

52 So auch Keber/Zenner in Schwartmann/Keber/Zenner, 2. Teil 1. Kap. Rn. 25 unter Hinweis auf die Bestimmungen in Art. 3 Abs. 1 und 2 DS-GVO.

53 Buchalik/Gehrmann CR 3/2024, 145 (147).

Besonders spannend dürften in diesem Zusammenhang KI-Anwendungen sein, die den EU-Markt gar nicht adressieren. Hier stellen sich evidente Fragen, auch im Zusammenhang mit der **Durchsetzbarkeit** von etwaigen Sanktionen.[54] Die nationalen Aufsichtsbehörden können nur innerhalb des Mitgliedstaates tätig werden, die EU-Kommission nur innerhalb der EU. Der Weg kann daher derzeit nur über **Handelsverträge**, Schiedsgerichte und einen **bilateralen Austausch** zwischen der EU-Kommission und der jeweiligen Regierung laufen. 54

Erzeugt etwa das KI-System eines amerikanischen Unternehmens, das weder in Europa tätig ist noch hier Produkte oder Services verkauft, in der EU über Datenaktivitäten einen Output, der auf irgendeine Weise Einfluss auf die Bevölkerung oder aber auch nur auf einzelne Personen nimmt, wird es auf diesem Weg in den Anwendungsbereich des AI Acts einbezogen. Damit gilt der AI Act auch für öffentliche und private Akteure außerhalb der EU, sofern Menschen von der Verwendung des KI-Systems betroffen sind. 55

Der Anknüpfungspunkt für dieses Prinzip der **extraterritorialen Wirksamkeit** des AI Acts liegt im Kern bereits außerhalb der KI-Regulierung: Möchte ein Anbieter auf dem europäischen Binnenmarkt tätig werden, benötigt er in Europa eine sog. Anlaufstelle, also einen Vertreter des Unternehmens, der von den nationalen Aufsichtsbehörden, aber auch von der EU-Kommission kontaktiert werden kann. Auch der AI Act sieht vor, dass Drittanbieter einen **Bevollmächtigten** in der Europäischen Union für die Einhaltung dieser Vorschriften benennen. Dieser Bevollmächtigte übernimmt verschiedene Aufgaben, ua die Überprüfung der technischen Unterlagen und die Zusammenarbeit mit dem AI Office und den nationalen Behörden. Stellt er fest, dass der Anbieter die Vorschriften des AI Acts nicht einhält, muss er das AI Office informieren und sein Mandat beenden. 56

Angesichts der extraterritorialen Wirkung muss jedes Unternehmen, gleichgültig, ob europäischer Herkunft oder nicht, das ein KI-System in Europa auf den Markt bringt oder in Betrieb setzt, den AI Act vollständig erfüllen. Der AI Act orientiert sich insoweit an der DS-GVO, deren Wirkung ebenfalls über die europäischen Grenzen hinausgeht. Kommt das Unternehmen der Pflicht nicht nach, darf es seine Produkte und Services – zumindest in letzter Konsequenz – auf dem europäischen Binnenmarkt nicht anbieten. Gerade für internetbasierte Services sind die **Konsequenzen** der extraterritorialen Wirkung des AI Acts herausfordernd, weil sie auch Anbieter trifft, die den europäischen Markt gar nicht aktiv adressieren. Diese Unternehmen bieten etwa Software-as-a-Service-Lösungen auf ausschließlich englischsprachigen Webseiten an, werden aber dennoch natürlich auch von Kunden aus Europa gefunden, die den Service dann abonnieren und etwa mit PayPal oder Kreditkarte bezahlen. Über welchen Hebel können diese Anbieter die Wirkung des AI Acts ausschließen? Dürfen sie letztlich keine Kreditkartenzahlungen von Personen mit einer europäischen Kreditkarte akzeptieren? Werden umgekehrt Unternehmen außerhalb Europas blockiert? Denkbar wäre es, den **Zugang** zu bestimmten Plattformen **zu sperren**. Nur letztlich ist jedem bewusst, dass sich über einfache Umwege, wie etwa einen VPN-Client, die Seiten dennoch erreichen lassen. Die Vorstellung einer vollständigen Blockade ist damit wenig realitätsnah. 57

54 Buchalik/Gehrmann CR 3/2024, 145 (147).

58 Dies zeigte sich auch im Nachgang zu der Entscheidung der Garante per la Protezione dei Dati Personale (GPDP), also der italienischen Datenschutzaufsicht, vom 31.3.2023 Sie hatte OpenAI den **Betrieb von ChatGPT in Italien untersagt**. OpenAI hat hierauf mit einer Zugangssperre für italienischen Nutzern zugewiesene IP-Adressen reagiert. Die Nachfrage nach die geografische Herkunft kaschierenden VPN-Diensten soll in Italien in der Folge Rekordhöhen erreicht haben.[55]

59 Einige der großen Anbieter aus dem Bereich der generativen KI haben auf die extraterritoriale Wirkung des AI Acts bereits reagiert: Open AI, aber auch Google DeepMind und Antrophic haben erklärt, dass sie dem **europäischen Markt** bestimmte **Produkte** dann gar **nicht** erst **zur Verfügung** stellen werden.[56] Ob diese Erklärungen als ein taktisches Vorgehen abgetan werden können oder ob die Unternehmen letztlich tatsächlich auf 450 Millionen potenzielle europäische Kunden verzichten, wird zu beobachten sein.

60 Ein ähnliches Vorgehen zeichnete sich zuletzt im Zusammenhang mit dem Digital Markets Act (DMA) ab: Apple verschob die Einführung KI-basierter Funktionen wie Apple Intelligence, iPhone Mirroring und SharePlay Screen Sharing in Europa mit dem Argument, dass die Einhaltung der Interoperabilitätsanforderungen des DMA zu Sicherheitsrisiken für die Nutzerdaten führt.[57] Bemerkenswert ist jedenfalls, dass die Europäische Union hier sehr selbstbewusst agiert und ihren **Aktionsraum** mittels der Extraterritorialität **deutlich vergrößert** hat.

61 Insgesamt ist aber jede Regulierung dann am wirksamsten, wenn sie auch **international** abgestimmt ist oder zumindest **mitgetragen** wird. Hier muss sich noch zeigen, wie sich die **Akzeptanz** des AI Acts entwickelt.

3. Sachlicher Anwendungsbereich

62 Vom AI Act erfasst sind KI-Systeme und KI-Modelle (→ § 2 Rn. 11 ff.).

63 Ausgenommen von der Anwendbarkeit des AI Acts sind nach Art. 2 Abs. 3 UAbs. 2 AI Act KI-Systeme, die mit oder ohne Änderungen ausschließlich für **militärische Zwecke**, Verteidigungszwecke oder Zwecke der **nationalen Sicherheit** in Verkehr gebracht, in Betrieb genommen oder verwendet werden. Zudem sind nach Art. 2 Abs. 6 AI Act auch KI-Systeme und KI-Modelle vom Anwendungsbereich ausgenommen, die ausschließlich zur **wissenschaftlichen Forschung** entwickelt und in Betrieb genommen werden. Die Ausnahme erstreckt sich auf die **Prototyp-Entwicklung**, die der Markteinführung vorausgeht, Art. 2 Abs. 8 AI Act.

64 Nach Art. 2 Abs. 12 Hs. 1 AI Act gelten die Vorgaben des AI Acts zudem nicht für KI-Systeme, die unter **freien** bzw. **quelloffenen Lizenzen** zur Verfügung stehen. Diese KI-Systeme werden nach der **Rückausnahme** in Art. 2 Abs. 12 Hs. 2 AI Act nur dann vom AI Act erfasst, wenn sie als Hochrisiko-KI-System, als verbotene Praktik (Art. 5 AI

---

55 Nach Nachbesserungen von OpenAI im Bereich des Datenschutzes konnte die IP-Sperre letztlich nach etwa einem Monat wieder aufgehoben werden, s. Haar MMR 2023, 397 (398).

56 Vgl. Lawler The Verge v. 21.6.2024.

57 Zu dem eingetretenen Brussels Effect des DMA vgl. Grzanna Tagesspiegel v. 28.6.2024.

Act) oder als KI-System mit Transparenzrisiken (Art. 50 AI Act) in Verkehr gebracht oder in Betrieb genommen werden.[58]

4. Zeitlicher Anwendungsbereich

Den **zeitlichen Anwendungsbereich** regelt Art. 113 AI Act. Danach werden die Regelungen des AI Acts **in Stufen anwendbar**. Während die verbotenen KI-Praktiken nach Art. 113 Satz 3 lit. a AI Act bereits ab dem 2.2.2025, also sechs Monate nach dem Inkrafttreten der Verordnung gelten, und die Verpflichtungen für KI-Systeme mit allgemeinem Verwendungszweck gem. Art. 113 Satz 3 lit. b AI Act am 2.8.2025, also nach zwölf Monaten anwendbar werden, ist für den Hauptteil der Verordnung einschließlich der Hochrisikosysteme, die in Anhang III geführt sind, eine Übergangsfrist von 24 Monaten vorgesehen, Art. 113 Satz 2 AI Act. Der Großteil des AI Acts tritt damit am 2.8.2026 in Geltung. Wiederum ein Jahr später, also nach 36 Monaten, werden dann abschließend auch die Verpflichtungen für Hochrisikosysteme nach Anhang I anwendbar, für die bereits ein anderweitiges Harmonisierungsrecht auf EU-Ebene besteht, Art. 113 Satz 3 lit. c AI Act. 65

Abbildung 8: Zeitlicher Anwendungsbereich des AI Acts

58 Vgl. auch Keber/Zenner in: Schwartmann/Keber/Zenner, 2. Teil 1. Kap. Rn. 32.

§ 4 Risikostufen

Literatur: Block, Martina/Jung, Constantin/Wendt, Domenik, Requirements for "Legal Tech AI Systems" — Reflections on the negotiated AI Act with regard to Legal Technology using AI, CRi 2023, 97; *Brandão, Rodrigo/Arbix, Glauco*, Artificial Intelligence, Ethics and Public Policy – The Use of Facial Recognition Systems in Public Transport in the Largest Brazilian Cities, Journal of Service Science and Management, 2022, 15, 551; *Czaplicki, Kamil*, Use of Artificial Intelligence in Remote Biometric Identification Systems, GIS Odyssey Journal, 2023 3(2), 107; *Hahn, Johanna*, Die Regulierung biometrischer Fernidentifizierung in der Strafverfolgung im KI-Verordnungsentwurf der EU-Kommission, ZfDR 2023, 142; *Korte, Kai*, EU-Parlament: Für ein Verbot der automatisierten Gesichtserkennung, ZD-Aktuell 2021, 05531; *Martini, Mario*, Gesichtserkennung im Spannungsfeld zwischen Sicherheit und Freiheit, NVwZ 2022, 30; *Mobilio, Giuseppe*, Your face is not new to me – Regulating the surveillance power of facial recognition technologies, Internet Policy Review, 2023 12(1); *Mund, Dorothea*, Das Recht auf menschliche Entscheidung – die Vorgaben des Grundgesetzes angesichts des Einsatzes Künstlicher Intelligenz bei der vollziehenden Gewalt, LTZ 2023, 85; *Paal, Boris/Hüger, Jakob*, Die KI-VO und das Recht auf menschliche Entscheidung, MMR 2024, 540; *Schindler, Stephan*, EU-Kommission: Verordnungsentwurf zur Regulierung von KI das Ende polizeilicher Gesichtserkennung im öffentlichen Raum?, ZD-Aktuell 2021, 05221; *Schwartmann, Rolf/Keber, Tobias/Zenner, Kai*, KI-Verordnung. Leitfaden für die Praxis, 2024; *Simmler, Monika/Canova, Giulia*, Gesichtserkennungstechnologie: Die «smarte» Polizeiarbeit auf dem rechtlichen Prüfstand, Sicherheit & Recht, (3) 2021, 105; *Tschorr, Sophie*, Regulierung der auf Biometrie basierenden KI-Systeme, MMR 2024, 304; *Wendt, Janine/Wendt, Domenik*, Einigung auf Rechtsrahmen für Künstliche Intelligenz in der EU, ZfPC 2024, 86.

1 Der AI Act regelt **vier Risikokategorien**, die sich **technologieneutral** am Einsatzzweck der KI orientieren und die bekannte Risikopyramide bilden.[1]

1 Vgl. Wendt/Wendt ZfPC 2024, 86 (86).

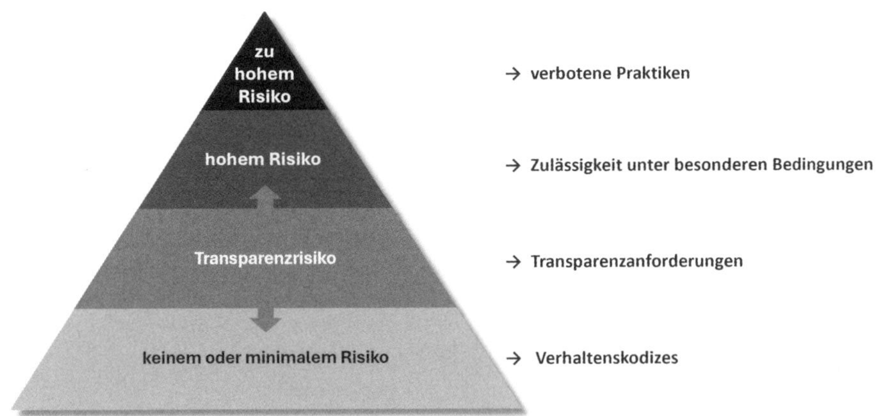

Abbildung 9: KI-System – Risikopyramide

Die fünfte Kategorie der **KI-Systeme und -Modelle mit allgemeinem Verwendungszweck** steht außerhalb dieser Hierarchie. Sie lässt sich auf Modellseite wiederum unterteilen in jene KI-Modelle, die angesichts ihres Wirkungsgrads mit einem **systemischen Risiko** behaftet sind und jene, für die das nicht gilt. 2

I. Verbotene Praktiken

An der Spitze der Risikopyramide stehen die verbotenen Praktiken. So bezeichnet der europäische Gesetzgeber KI-Systeme, die **unannehmbare Risiken** bergen und entsprechend in der EU **nicht in Verkehr gebracht**, in Betrieb genommen oder verwendet **werden dürfen**.[2] 3

1. Unterschwellige Beeinflussung

Hierzu zählen nach Art. 5 Abs. 1 lit. a AI Act KI-Systeme, die unterschwellig beeinflussen bzw. täuschen, um menschliches Verhalten wesentlich zu beeinflussen. Die **Manipulation** der KI-Systeme zielt darauf ab, dass eine Person Entscheidungen trifft, die sie andernfalls nicht getroffen hätte, und die ihr oder einer anderen Person erheblichen Schaden zufügen können. 4

2. Ausnutzung der Schutzbedürftigkeit

Ebenso in die Kategorie der verbotenen Praktiken fallen KI-Systeme, die die Schwäche oder **Schutzbedürftigkeit einer Person** etwa aufgrund ihres Alters, einer Behinderung oder einer sozialen oder wirtschaftlichen Situation **ausnutzen**, Art. 5 Abs. 1 lit. b AI Act. Auch diese Gruppe der KI-Systeme wird verboten, weil sie menschliches Verhalten wesentlich beeinflusst und dadurch zumindest mit hinreichender Wahrscheinlichkeit erheblichen Schaden zufügt. 5

2 Ammann/Pohle CB 5/2024, 137 (139).

3. Social Scoring

6 Verboten ist ferner das sog. **Social Scoring**, Art. 5 Abs. 1 lit. c AI Act. Als solches wird das Inverkehrbringen, die Inbetriebnahme oder die Verwendung von KI-Systemen bezeichnet, die eine Einstufung menschlichen Verhaltens auf Grundlage ihres sozialen Handelns oder persönlicher Eigenschaften vornehmen und diese „**soziale Bewertung**" zum Kriterium einer Benachteiligung machen, die in keinem Zusammenhang mehr zu den Umständen steht, unter denen sie erfasst wurde (Variante i), oder die im Hinblick auf das soziale Verhalten ungerechtfertigt oder unverhältnismäßig ist (Variante ii).

7 Die Vorschläge des EU-Parlaments und des Rates hatten das Verbot des Social Scorings zunächst auf Behörden und Privatakteure beschränkt, die im behördlichen Auftrag handeln. Diese Einschränkung wurde nicht in die finale Fassung des AI Acts übernommen.[3]

4. Predictive Policing

8 In der EU untersagt ist ferner die Verwendung eines KI-Systems zur Durchführung von Risikobewertungen natürlicher Personen, um die **Wahrscheinlichkeit der Begehung einer Straftat** bzw. der Beteiligung an einer kriminellen Aktivität vorherzusagen, Art. 5 Abs. 1 lit. d AI Act. Verboten ist mit anderen Worten das **Profiling** natürlicher Personen auf Grundlage ihrer persönlichen Eigenschaften. Diese individuell vorausschauende polizeiliche Überwachung wird als Predictive Policing bezeichnet; sie ist aus Filmen wie Minority Report bekannt.

9 Dieses Verbot erstreckt sich nicht auf KI-Systeme, die verwendet werden, um gewissermaßen eine **zweite Meinung** zu **einer** von einem Menschen bereits durchgeführten **Bewertung** einzuholen. Die schon erfolgte menschliche Bewertung muss dabei auf objektiven und überprüfbaren Tatsachen beruhen, die mit der kriminellen Aktivität im Zusammenhang stehen.

5. Ungezieltes Auslesen von Gesichtsbildern

10 Unter die verbotenen Praktiken fällt auch die Verwendung von KI-Systemen, die durch das ungezielte Auslesen von Gesichtsbildern aus dem Internet oder von Überwachungsaufnahmen **Datenbanken zur Gesichtserkennung** erstellen oder erweitern, Art. 5 Abs. 1 lit. e AI Act.

6. Emotionserkennung am Arbeitsplatz und in Bildungseinrichtungen

11 Eine weitere verbotene Praktik betrifft KI-Systeme zur **Ableitung von Emotionen** einer natürlichen Person am **Arbeitsplatz** und in **Bildungseinrichtungen**, Art. 5 Abs. 1 lit. f AI Act. Das Verbot der Emotionserkennung greift nur dann nicht, wenn es zu medizinischen oder sicherheitstechnischen Zwecken erforderlich ist – etwa zur Überwachung der Müdigkeit eines Piloten.[4]

3 Chibanguza/Steege NJW 2024, 1769 (1771).
4 Zu dem Vorfall der zeitgleich schlafenden Piloten bei Batik Air vgl. FAZ v. 11.3.2024.

7. Biometrische Fernidentifikation

Nach eingehender Diskussion verboten wurden zudem KI-Systeme, die zur **biometrischen Kategorisierung** eingesetzt werden, Art. 5 Abs. 1 lit. g AI Act. Sie ordnen natürliche Personen auf Grundlage ihrer biometrischen Daten Gruppen zu, um Rückschlüsse auf ihre Rasse, politischen Einstellungen, Gewerkschaftszugehörigkeit, religiösen oder weltanschaulichen Überzeugungen oder ihre sexuelle Ausrichtung zu ziehen. Das Filtern von Datensätzen anhand biometrischer Daten im Bereich der **Strafverfolgung** ist allerdings weiterhin zulässig. 12

Das umstrittenste Verbot, für das auch im Trilog nur schwer ein **Kompromiss** gefunden werden konnte, betraf die Verwendung biometrischer Echtzeit-Fernidentifizierungssysteme im öffentlich zugänglichen Raum zu Strafverfolgungszwecken, Art. 5 Abs. 1 lit. h AI Act.[5] 13

Die Lösung des Konflikts lag schließlich in der Öffnung des Verbots für zusätzliche **Ausnahmen auf nationaler Ebene**, Art. 5 Abs. 5 AI Act. Hierzu legen die Mitgliedstaaten die Voraussetzungen für die Beantragung und Erteilung der erforderlichen Genehmigungen sowie für die entsprechende Beaufsichtigung fest. Die EU-Kommission wird über sämtliche Ausnahmebestimmungen informiert. Umgekehrt dürfen die Mitgliedstaaten auch strengere Rechtsvorschriften für die Verwendung biometrischer Fernidentifizierungssysteme erlassen, Art. 5 Abs. 5 Satz 5 AI Act. 14

Der AI Act selbst sieht in einer **vermittelnden Position** in Art. 5 AI Act ein grundsätzliches Verbot des Einsatzes biometrischer Echtzeit-Fernidentifizierung zu Strafverfolgungszwecken vor. Ein Einsatz dieser KI-Systeme darf nur dann **ausnahmsweise** erfolgen, wenn er im Hinblick auf eines von drei Zielen unbedingt erforderlich ist: Zu den drei Zielen zählt als Variante i) die gezielte Suche nach Opfern von **Entführung**, Menschenhandel oder sexueller Ausbeutung sowie die **Suche nach vermissten Personen**, Variante ii) das Abwenden einer konkreten, erheblichen und **unmittelbaren Gefahr für das Leben** oder die körperliche Unversehrtheit natürlicher Personen oder der zumindest vorhersehbaren Gefahr eines **Terroranschlags**; Variante iii) das Aufspüren oder **Identifizieren einer verdächtigen Person** zu strafrechtlichen Ermittlungen, der Verfolgung oder der Vollstreckung einer Strafe für näher bestimmte Straftaten, die im betreffenden Mitgliedstaat mit zumindest vier Jahren Freiheitsentzug bedroht sind. 15

Die drei Ausnahmen vom Verbot sind an weitere Voraussetzungen[6] gebunden, zu denen ua die Einschätzung der Wahrscheinlichkeit und des Ausmaßes des Schadens zählt, der entstehen würde, wenn das KI-System keinen Einsatz findet, Art. 5 Abs. 2 AI Act. Diese Folgen sind in einer **Gesamtabwägung** den Folgen der Verwendung des Systems für die Rechte und Freiheiten aller betroffenen Personen gegenüberzustellen. Auch setzen die Ausnahmen **verhältnismäßige Schutzvorkehrungen** voraus. Schließlich darf die Verwendung biometrischer Echtzeit-Fernidentifizierungssysteme in öffentlich zugänglichen Räumen nur nach Vornahme einer **Grundrechte-Folgenabschätzung** nach Art. 27 AI Act genehmigt werden. 16

5 S. hierzu Kilian EuZW 2024, 145 (146); zudem ausf. Hahn ZfDR 2023, 142 (147).
6 Vgl. Ganter/Rembold in: Schwartmann/Keber/Zenner, 2. Teil 1. Kap. Rn. 110 ff.

17 Die vorherige **Genehmigung** erfolgt je nach Mitgliedstaat über eine **Justiz- bzw. unabhängige Verwaltungsbehörde** auf begründeten Antrag, Art. 5 Abs. 3 Satz 1 AI Act. Die Entscheidung ist bindend. Nur ausnahmsweise kann in hinreichend begründeten dringenden Fällen mit der Verwendung des KI-Systems schon ohne Genehmigung begonnen werden, sofern der Antrag unverzüglich – spätestens binnen von 24 Stunden – nachgeholt wird, Art. 5 Abs. 3 Satz 2 AI Act. Bei einer Ablehnung des Antrags ist die Verwendung sofort einzustellen, alle Daten und Resultate sind zu löschen, Art. 5 Abs. 3 Satz 3 AI Act.

18 Jede Verwendung eines biometrischen Echtzeit-Fernidentifizierungssystems in öffentlich zugänglichen Räumen zu Strafverfolgungszwecken ist der zuständigen **Marktüberwachungsbehörde** und der nationalen **Datenschutzbehörde** mitzuteilen, Art. 5 Abs. 4 AI Act.

19 Die nationalen Marktüberwachungsbehörden und die Datenschutzbehörden der Mitgliedstaaten, denen gem. Abs. 4 die Verwendung biometrischer Echtzeit-Fernidentifizierungssysteme in öffentlich zugänglichen Räumen zu Strafverfolgungszwecken mitgeteilt wurde, legen der **EU-Kommission** Jahresberichte über diese Verwendung vor. Zu diesem Zweck stellt die EU-Kommission den Mitgliedstaaten und den nationalen Marktüberwachungs- und Datenschutzbehörden ein **Muster** zur Verfügung, das Angaben über die Anzahl der Entscheidungen der zuständigen Justizbehörden bzw. unabhängigen Verwaltungsbehörden, deren Entscheidung über Genehmigungsanträge gem. Art. 5 Abs. 3 AI Act bindend ist, und deren Ergebnis enthält.

20 Die EU-Kommission **veröffentlicht Jahresberichte** über die Verwendung biometrischer Echtzeit-Fernidentifizierungssysteme in öffentlich zugänglichen Räumen zu Strafverfolgungszwecken, die auf aggregierten Daten aus den Mitgliedstaaten auf der Grundlage der in Art. 5 Abs. 6 AI Act genannten Jahresberichte beruhen, Art. 5 Abs. 7 AI Act. Die Jahresberichte dürfen keine sensiblen operativen Daten im Zusammenhang mit den damit verbundenen Strafverfolgungsmaßnahmen enthalten, Art. 5 Abs. 7 Satz 2 AI Act.

II. Hochrisiko KI-Systeme

21 Unterhalb der Stufe der KI-Systeme mit unannehmbarem Risiko liegen die **KI-Systeme mit hohem Risiko**. Ihnen widmet sich der AI Act hauptsächlich. Hierbei soll es sich in der Praxis um eine begrenzte Anzahl von KI-Systemen handeln, die sich potenziell nachteilig auf die Sicherheit der Menschen oder ihre Grundrechte auswirken. Die EU-Kommission schätzte in ihrem Verordnungsentwurf (AI Act-E), dass **5–15 % der Anwendungen hochriskant** sind.[7] Eine von Applied AI im März 2023 veröffentlichte Studie über 106 KI-Systeme in Unternehmen ergab, dass innerhalb der befragten Gruppe 18 % ein hohes Risiko aufwiesen.[8] In einer damit zusammenhängenden Umfrage

---

7 Vgl. Impact Assessment Accompanying the Proposal for a Regulation of the European Parliament and of the Council, abrufbar unter https://eur-lex.europa.eu/legal-content/EN/TXT/?uri=CELEX%3A52021SC0631.

8 Vgl. Studie: AI Act: Klassifizierung von KI-Anwendungen aus der Praxisperspektive, S. 12, abrufbar unter https://www.appliedai.de/assets/files/AIAct_WhitePaper_DE-1_2024-03-04-123021_uwgf.pdf.

unter 113 **KI-Start-ups** waren 33 % der Start-ups der Überzeugung, dass ihre KI-Systeme als hochriskant einzustufen wären.[9]

Da an die Eingruppierung als Hochrisiko-KI weitreichende Folgen geknüpft sind, stellt Art. 6 AI Act zunächst **Einstufungsvorgaben** für Hochrisiko-KI-Systeme auf. Die Beantwortung der Frage, ob ein Hochrisiko-KI-System vorliegt, gestaltet sich im konkreten Fall oft komplex. Der Gesetzgeber hat sich nämlich gegen eine leicht handhabbare Legaldefinition und für ein **dynamisches System zur Klassifizierung** von Hochrisiko-KI-Systemen entschieden. 22

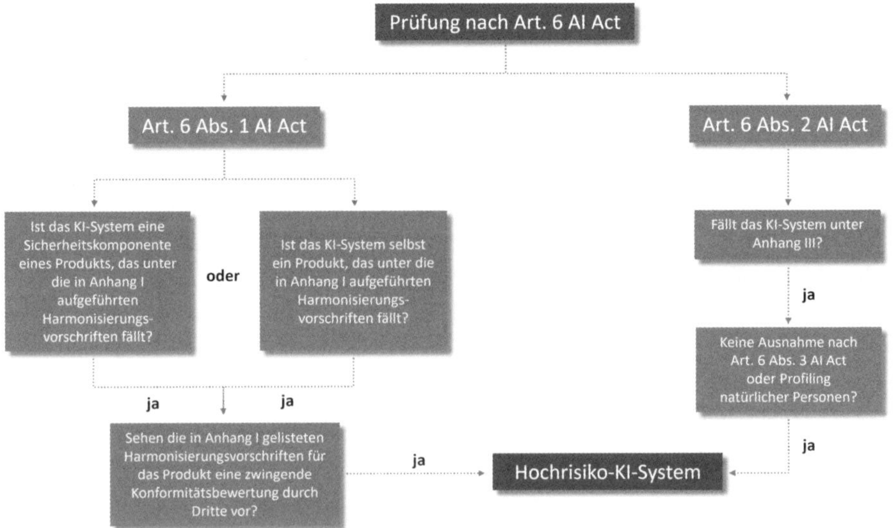

Abbildung 10: Hochrisiko-KI-Systeme – Prüfung nach Art. 6 AI Act

1. Produktsicherheitsrechtliche Einstufung (Verweis auf Anhang I)

Erfasst werden gem. Art. 6 Abs. 1 AI Act zunächst KI-Systeme, die als Sicherheitskomponente für ein Produkt dienen, das bereits Regelungsgegenstand eines in Anhang I Abschnitt A aufgeführten EU-Rechtsakts nach dem produktsicherheitsrechtlichen New Legislative Framework ist (→ § 8 Rn. 15), oder die selbst als ein solches Produkt gelten, Art. 6 Abs. 1 lit. a AI Act.[10] Hierzu zählen ua Maschinen, Spielzeug und Medizinprodukte, aber auch Aufzüge, Druckgeräte und Funkanlagen. Das Produkt, dessen Sicherheitskomponente das KI-System ist, oder das KI-System selbst müssen zusätzlich einer Konformitätsbewertung durch Dritte im Hinblick auf das Inverkehrbringen oder die Inbetriebnahme gem. den in Anhang I aufgeführten Harmonisierungsrechtsvorschriften der Union unterzogen werden, Art. 6 Abs. 1 lit. b AI Act. 23

9 AI Act Impact Survey, appliedAI Initiative, 2022, https://www.appliedai.de/hub/ai-act-impact-survey.
10 Ausf. hierzu Binder/Egli MMR 2024, 626 (627).

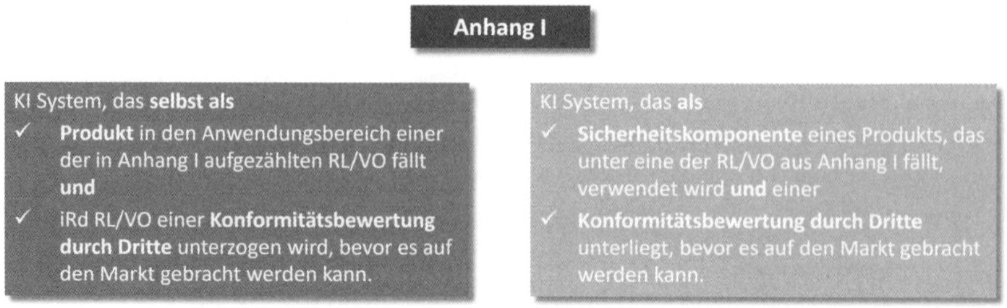

Abbildung 11: Hochrisiko-KI-Systeme – Anhang I

2. Eigenständige Einstufung (Verweis auf Anhang III)

24 Da jedoch nicht alle problematischen Anwendungsfelder von KI-Systemen dem europäischen Produktsicherheitsrecht unterliegen, listet Art. 6 Abs. 2 AI Act über einen Verweis auf Anhang III zusätzlich bestimmte Anwendungsbereiche auf, die ebenso eine Klassifizierung als Hochrisiko-KI-System bedingen. Diese zweite Gruppe von KI-Systemen **stuft der AI Act** über Anhang III aufgrund ihres sensiblen Anwendungsbereichs **eigenständig** als Hochrisiko-KI-Systeme **ein.**

25 Der Anhang unterteilt hierzu unterschiedliche Bereiche, in denen die KI-Systeme Anwendung finden, namentlich:

- Biometrie, soweit ihr Einsatz nach einschlägigem Unionsrecht oder nationalem Recht zugelassen ist, Ziff. 1,
- Kritische Infrastruktur, Ziff. 2,
- Allgemeine und berufliche Bildung, Ziff. 3,
- Beschäftigung, Personalmanagement und Zugang zur Selbstständigkeit, Ziff. 4,
- Zugänglichkeit und Inanspruchnahme grundlegender privater und grundlegender öffentlicher Dienste und Leistungen, Ziff. 5,
- Strafverfolgung, soweit ihr Einsatz nach einschlägigem Unionsrecht oder nationalem Recht zugelassen ist, Ziff. 6,
- Migration, Asyl und Grenzkontrolle, soweit ihr Einsatz nach einschlägigem Unionsrecht oder nationalem Recht zugelassen ist, Ziff. 7 und
- Rechtspflege und demokratische Prozesse, Ziff. 8.

Anhang III

KI-Systeme, die genutzt werden für
- Biometrie
- Kritische Infrastruktur
- Allgemeine und berufliche Bildung
- Beschäftigung, Personalmanagement und Zugang zur Selbstständigkeit
- Zugänglichkeit und Inanspruchnahme grundlegender privater und grundlegender öffentlicher Dienste und Leistungen
- Strafverfolgung
- Migration, Asyl und Grenzkontrolle
- Rechtspflege und demokratische Prozesse

KI-Systeme stellen **erhebliches Risiko** dar für die
- Gesundheit
- Sicherheit oder
- Grundrechte (einschließlich Demokratie Rechtsstaatlichkeit und Umweltschutz)

Die EU-Kommission darf Anhang III durch das Anfügen und Abändern von Anwendungsfällen aktualisieren (Art. 7 Abs. 1 AI Act).

Abbildung 12: Hochrisiko-KI-Systeme – Anhang III

3. Ausnahme/Rückausnahme

Abweichend von Art. 6 Abs. 2 AI Act gilt ein KI-System nicht als hochriskant, wenn es kein erhebliches Risiko der Beeinträchtigung in Bezug auf die Gesundheit, Sicherheit oder Grundrechte natürlicher Personen birgt, indem es ua das Ergebnis einer **Entscheidungsfindung nicht wesentlich beeinflusst**, Art. 6 Abs. 3 Satz 1 AI Act. 26

Dies ist der Fall, wenn eine oder mehrere der folgenden Bedingungen erfüllt sind: Das KI-System ist nur dazu bestimmt, 27

- eine eng gefasste Verfahrensaufgabe durchzuführen,
- das Ergebnis einer zuvor abgeschlossenen menschlichen Tätigkeit zu verbessern,
- Entscheidungsmuster oder Abweichungen von früheren Entscheidungsmustern zu erkennen, und ist nicht dazu gedacht, die zuvor abgeschlossene menschliche Bewertung ohne eine angemessene menschliche Überprüfung zu ersetzen oder zu beeinflussen; oder
- eine vorbereitende Aufgabe für eine Bewertung durchzuführen, die für die Zwecke der in Anhang III aufgeführten Anwendungsfälle relevant ist, Art. 6 Abs. 3 Satz 2 AI Act.

Die oben genannten Einschränkungen gehen auf das **EU-Parlament** und den **Rat** zurück, die sich damit im **Trilog** durchgesetzt haben.[11] Der ursprüngliche Entwurf der EU-Kommission hatte noch alle unter Anhang III des AI Acts genannten KI-Systeme als hochriskant eingestuft.[12] Im Sinne einer Gegenausnahme gilt ein in Anhang III aufgeführtes KI-System dann doch als hochriskant, wenn es ein **Profiling** natürlicher Personen vornimmt, Art. 6 Abs. 3 Satz 3 AI Act. Den Begriff des Profilings definiert der AI Act unter Rückgriff auf die DS-GVO als jede Art der automatisierten Verarbeitung personenbezogener Daten, die diese verwendet, um persönliche Aspekte zu analysieren, zu bewerten oder vorherzusagen. Zu den persönlichen Aspekten zählen insbesondere die Arbeitsleistung, wirtschaftliche Lage, Gesundheit, Zuverlässigkeit sowie das Verhal- 28

11 Vgl. auch Schwartmann/Köhler in: Schwartmann/Keber/Zenner, 2. Teil 1. Kap. Rn. 126, 129 (Rat).
12 Ashkar/Schröder BB 2024, 771 (773).

ten, der Aufenthaltsort oder bevorstehende Ortswechsel, Art. 3 Ziff. 52 AI Act iVm Art. 4 Ziff. 4 DS-GVO.[13]

29 Kommt ein **Anbieter** nach diesen Kriterien zu der **Auffassung**, dass sein in Anhang III aufgeführtes KI-System dennoch **nicht hochriskant** ist, muss er seine Bewertung dokumentieren und der nationalen Aufsichtsbehörde auf Aufforderung übermitteln, Art. 6 Abs. 4 Satz 1 und 3 AI Act. Erst im Anschluss an die Dokumentation darf er das System in Verkehr bringen bzw. in Betrieb nehmen. Zudem unterliegt er der **Registrierungspflicht** nach Art. 49 Abs. 2 AI Act.

4. Leitlinien

30 Die EU-Kommission soll nach Art. 6 Abs. 5 AI Act nach Konsultation des Europäischen Gremiums für Künstliche Intelligenz (→ § 12 Rn. 22) spätestens 18 Monate nach Inkrafttreten des AI Acts Leitlinien sowie eine umfassende Liste an **Regel- und Gegenbeispielen** für eine **rechtssichere Einstufung der KI-Systeme** zur Verfügung stellen. Art. 6 Abs. 5 AI Act rekurriert hierbei auf die Vorgaben des Art. 96 AI Act, der die Leitlinien-Kompetenz der EU-Kommission regelt (→ § 12 Rn. 6). Leitlinien in dem hier genannten Sinne werden dort zumindest nicht ausdrücklich genannt.

5. Delegierte Rechtsakte

31 Zudem erhält die EU-Kommission in Art. 6 Abs. 6 und 7 AI Act die Befugnis, **delegierte Rechtsakte** im Sinne des Art. 97 AI Act zur Änderung der aktuellen Einstufungsbedingungen zu erlassen.

32 Nach Art. 6 Abs. 6 AI Act kann die EU-Kommission auf diesem Wege die Regelungen in Art. 6 Abs. 3 UAbs. 2 AI Act durch neu hinzugefügte oder geänderte Voraussetzungen anpassen. Nach Art. 6 Abs. 7 AI Act besteht die **Möglichkeit zur Streichung** bislang festgelegter Bedingungen.

33 Der Erlass der delegierten Rechtsakte hat nach Art. 6 Abs. 8 AI Act den **Marktentwicklungen** und dem **technologischen Fortschritt** Rechnung zu tragen und darf das gegenwärtige **Schutzniveau** in Bezug auf Gesundheit, Sicherheit und Grundrechte in der EU **nicht senken**.

34 Art. 7 Abs. 1 AI Act ermächtigt die EU-Kommission zudem dazu, den Katalog der Lebenssachverhalte bzw. Anwendungsbereiche in Anhang III um weitere Anwendungsfälle zu ergänzen bzw. die bestehende Liste zu ändern. So kann die EU-Kommission bei Bedarf flexibel auf den **technologischen Fortgang** reagieren.[14]

III. KI-Systeme mit Transparenzrisiko

35 Unterhalb der Stufe der KI-Systeme mit hohem **Risiko** sind in der **Risikopyramide** die KI-Systeme mit **Transparenzrisiko** verortet. Dieses Risiko erkennt der europäische Gesetzgeber bei KI-Systemen, die **direkt mit Menschen interagieren**.

13 Vgl. zu den Anforderungen des AI Acts und der DSG-VO insb. Paal/Hüger MMR 2024, 540 (542).
14 Vgl. auch Schwartmann/Köhler in: Schwartmann/Keber/Zenner, 2. Teil 1. Kap. Rn. 146.

Das Transparenzrisiko, dem Art. 50 AI Act entgegentritt, wird in der Pyramide, die den risikobasierten Regulierungsansatz typischerweise illustriert, regelmäßig unterhalb der Pflichten für Hochrisiko-KI-Systeme dargestellt und häufig synonym als **moderates oder beschränktes Risiko** bezeichnet.[15] Diese Darstellung ist insofern irreführend, als dass sich die Pflichten für Hochrisiko-KI-Systeme und die Transparenzpflichten **nicht** notwendigerweise **ausschließen**: Auch Anbieter und Betreiber von Hochrisiko-KI-Systemen müssen sicherstellen, dass Systeme, die mit Menschen in Kontakt treten, ihre KI-Beschaffenheit eindeutig offenlegen. Diese Information ist nach Art. 50 Abs. 5 AI Act spätestens zum **Zeitpunkt der ersten Interaktion** in klarer und eindeutiger Sprache möglichst barrierefrei zu geben. 36

Von dem Transparenzrisiko betroffen sind etwa (KI-)**Chatbots**. Sie sind im Sinne des Art. 50 Abs. 1 AI Act als KI-System für die direkte Interaktion mit natürlichen Personen bestimmt (→ § 9 Rn. 3). Erfasst sind zudem **Deepfakes** – also durch KI manipulierte Bild-, Audio- oder Videoinhalte, die existierenden Personen, Objekten oder Ereignissen ähneln und einer Person fälschlicherweise als wahrheitsgetreu erscheinen (→ § 9 Rn. 5).[16] 37

IV. KI-Systeme mit keinem oder minimalem Risiko

Auf der untersten Stufe der Risikopyramide befinden sich KI-Systeme mit keinem oder höchstens **minimalem Risiko**. Die große Mehrzahl der KI-Systeme, die derzeit und künftig in der EU Verwendung findet, soll sich innerhalb dieser Risikostufe bewegen.[17] Typische Beispiele sind **KI-basierte Videospiele** oder **Spamfilter**. Auch Legal Tech AI Systems dürften in der Regel KI-Systeme mit minimalen Risiken sein.[18] Für sie können Anbieter freiwillige Verhaltenskodizes (→ § 13 Rn. 152) entwickeln und einhalten. 38

V. KI-Systeme mit allgemeinem Verwendungszweck (GPAI)

Im Zuge des Trilogs hat sich mit KI-Systemen mit allgemeinem Verwendungszweck (General Purpose AI – GPAI) eine weitere Risikokategorie herausgebildet.[19] Als GPAI-System gilt ein **KI-System, das auf einem KI-Modell mit allgemeinem Verwendungszweck** (GPAI-Modell) **beruht** und in der Lage ist, einer **Vielzahl von Zwecken** sowohl für die direkte Verwendung als auch für die Integration in andere KI-Systeme zu dienen (Art. 3 Ziff. 66 AI Act). Was ein GPAI-Modell ist, definiert Art. 3 Ziff. 63 AI Act. Die Pflichten von Anbietern dieser Modelle regelt Art. 53 AI Act. Bei GPAI-Modellen ist zu überprüfen, ob sie ein **systemisches Risiko** gem. Art. 51 Abs. 1 AI Act aufweisen. In diesem Fall treffen Anbieter weitere Pflichten aus Art. 55 AI Act. 39

GPAI-Modelle können systemische Risiken bergen, wenn sie eine **außergewöhnlich hohe Wirkkraft besitzen** oder eine weite Verbreitung finden. Als besonders hohe Wirkkraft bezeichnet Art. 3 Ziff. 64 AI Act Fähigkeiten, die den fortschrittlichsten KI-Modellen mit allgemeinem Verwendungszweck entsprechen oder diese übersteigen. 40

15 Chibanguza/Steege NJW 2024, 1769 (1773).
16 Bock, Deepfakes, 25; Kumkar/Rapp ZfDR 2022, 199 (223).
17 Ammann/Pohle CB 5/2024, 137 (137).
18 Vgl. Block/Jung/Wendt CRi 2023, 97 (102 f.).
19 Vgl. auch Ammann/Pohle CB 5/2024, 137 (142).

Besonders wirkkräftige Modelle etwa können für weitreichende Cyberangriffe missbraucht werden.

41 Angesichts ihres zunächst unspezifischen Einsatzgebietes war lange nicht klar, wie man diese Modelle überhaupt regeln möchte. Letztlich war ein **abgestuftes System** kompromissfähig, das anhand des **Wirkungsgrads** zwischen GPAI-Modellen mit geringerem und solchen mit einem größeren Risiko unterscheidet. Anbieter dieser KI-Modelle sind mit weiteren Pflichten belegt (Art. 53 und Art. 55 AI Act).

42 Hinsichtlich der Differenzierung Wirkkraft entschied man sich für die Zugrundelegung von **Gleitkommaoperationen**, in der englischen Fassung **Floating Point Operations (FLOPs)**. Wird die Schwelle von 10^{25} FLOPs überschritten, gelten die Modelle als Modelle mit systemischem Risiko und werden zusätzlichen Anforderungen unterworfen, Art. 51 Abs. 2 AI Act

Das Abstellen auf die Gleitkommaoperationen führte zu Irritationen und daran anschließender Kritik. Diese war aber zumindest zum Teil darauf zurückzuführen, dass die Begriffe **FLOPs** für Gleitkommaoperationen bzw. Floating Point Operations und **FLOPS** für Gleitkommaoperationen pro Sekunde bzw. Floating Point Operations per Second durcheinandergerieten: Der Begriff FLOPS kennzeichnet mit der Anzahl der Gleitkommaberechnungen pro Sekunde die Leistung eines Computersystems – je mehr Leistung ein Computer aufweist, desto mehr Berechnungen schafft er pro Sekunde.

Der AI Act hingegen bezieht sich bei der Einstufung der GPAI-Modelle auf die Floating Point Operations (FLOPs). Er stellt also darauf ab, wie viele Berechnungen zum Training des GPAI-Modells herangezogen wurden. Wie leistungsfähig der Computer ist, der dafür eingesetzt wurde, also wie viele FLOPS dieser aufweist, ist zunächst irrelevant. Ein schwächerer Computer braucht nur (sehr viel) länger zur Durchführung der gewünschten Anzahl an Berechnungen für das Training.

In der Literatur wird im Zusammenhang mit der Klassifizierung der GPAI-Modelle aber oftmals die Bezeichnung FLOPS verwendet und auf die Rechenleistung der Computer verwiesen. Darauf baut die Kritik auf, dass kaum Computer mit 10^{25} FLOPS auf dem Markt sind.[20] Relevanter Faktor für die Grenze zum systemischen Risiko ist aber allein die Anzahl an Berechnungen, die für das Training des GPAI-Modells herangezogen wurden. Die Leistungskraft des ausführenden Computers, also der zeitliche Faktor, spielt für den AI Act keine Rolle.

43 Modelle, die unter dieser Wirkkraft bleiben, unterliegen keinen zusätzlichen Anforderungen. Dies dürfte insbesondere für die in der EU aktuell entwickelten Systeme relevant sein; zu denken wäre hier etwa an Mistral AI in Frankreich und AlephAlpha aus Heidelberg. Insbesondere Frankreich hat im Trilog ausdauernd darum gekämpft, die Regulierung von GPAI auf einem Maß zu halten, das Mistral AI in seiner Wettbewerbsfähigkeit nicht behindert.[21] Entsprechend groß war die Überraschung, als **Mistral AI**

20 S. https://www.top500.org.
21 Vgl. Kilian EuZW 2024, 145 (146); Ammann/Pohle CB 5/2024, 137 (142).

Anfang März 2024 eine mehrjährige Partnerschaft mit Microsoft ankündigte, um sein neues Sprachmodell Mistral Large über die Azure Cloud des Konzerns zu vertreiben.[22]

Für Diskussion sorgte dabei insbesondere Microsofts Investment in Höhe von 15 Millionen EUR, das die Partnerschaft begleiten wird. Der Deal mündete einmal wieder in der Debatte, ob es in Europa (nicht zuletzt angesichts der Regulierung) überhaupt möglich ist, eigene Tech-Giganten hervorzubringen. Dahinter steht die Sorge, dass US-amerikanische Großkonzerne vielversprechende Unternehmen aus Europa übernehmen und Europa Gefahr läuft, im KI-Zeitalter noch schneller und weiter als zuvor **hinter die USA und Asien zurückzufallen.**[23] 44

22 S. https://azure.microsoft.com/de-de.

23 Die Studie „Große KI-Modelle für Deutschland" der Akademie für Künstliche Intelligenz im KI-Bundesverband, aus dem Jahr 2022 zeigt, dass seit 2017 73 % der großen Basismodelle von US-amerikanischen Unternehmen veröffentlicht werden, 15 % entfallen auf China, vgl. S. 56 der Studie; Hacker/Berz ZRP 2023, 226 (226 f.).

§ 5 Anforderungen an Hochrisiko-KI-Systeme

Literatur: *Biermann, Friedrich*, Wissenszurechnung und Künstliche Intelligenz, 2022; *Bombard, David/Merkle, Marieke*, Regulation of Artificial Intelligence, EuCML 2021, 257; *Brockman, John*, Was sollen wir von Künstlicher Intelligenz halten?, 2017; *Casper, Anna Felicitas*, Rechtliche Chancen und Grenzen der automatisierten Entscheidungsunterstützung und Entscheidungsfindung in der Medizin, 2024; *Daute, Ingvar/Sütthoff, Alicia*, Vereinbarkeit von Produktbeobachtungspflicht und Datenschutz beim autonomen Kraftfahrzeug, EuZW 2023, 500; *Denga, Michael*, Konformitätsbewertung von KI-Systemen, ZfPC 2023, 154; *Denga, Michael*, Unternehmenshaftung für KI – zur Konformitätsbewertung in Permanenz, CR 2023, 277; *Dienes, Jennifer*, Anforderungen an die menschliche Aufsicht über Künstliche Intelligenz, MMR 2024, 456; *Frank, Justus/Heine, Maurice*, Arbeitsrechtliche Dimension der KI-Verordnung, NZA 2024, 433; *Fuderer, Markus*, Doppelte Konformitätsbewertung bei KI-basierten Medizinprodukten?, MPR 2022, 121; *Gassner, Ulrich*, Menschliche Aufsicht über intelligente Medizinprodukte, MPR 2023, 5; *Gengler, Eva*, Feministische Künstliche Intelligenz, Rethinking Law 6.2022, 32; *Heil, Maria*, Die neue KI-Verordnung (E) – Regulatorische Herausforderungen für KI-basierte Medizinprodukte-Software, MPR 2022, 1; *Knappertsbusch, Inka*, Innovative HR-Lösungen durch KI: Potenziale und rechtliche Rahmenbedingungen, LTZ 2024, 40; *Krüger, Daniel/Wagner, Susan*, Das Phänomen „Künstliche Intelligenz“ aus regulatorischer und haftungsrechtlicher Sicht, ZfPC 2023, 124; *Lachenmann, Matthias*, EU-Rat stimmt KI-Verordnung zu – neue Pflichten für Unternehmen, MMR-Aktuell 2024, 01359; *Lang, Flavia/Reinbach, Hubertus:* Künstliche Intelligenz im Arbeitsrecht, NZA 2023, 1273; *Langenbucher, Katja*, Diskriminierung bei der Vergabe von Verbraucherkrediten?, BKR 2023, 205; *Lingaht, Felix*, Organisationspflichten des AG-Vorstands beim Einsatz von KI-Systemen, JURA 2023, 940; *Malgieri, Gianclaudio/Pasquale, Frank*, Licensing high-risk artificial intelligence: Toward ex ante justification for a disruptive technology, Computer Law & Security Review, Volume 52, 2024, 105899; *Martini, Mario*, Blackbox Algorithmus – Grundfragen einer Regulierung Künstlicher Intelligenz, 2019; *Roos, Philipp/Weitz, Casper Alexander*, Hochrisiko-KI-Systeme im Kommissionsentwurf für eine KI-Verordnung, MMR 2021, 844; *Schwartmann, Rolf/Keber, Tobias/Zenner, Kai*, KI-Verordnung. Leitfaden für die Praxis, 2024; *Schulz-Große, Stefanie/Genske, Anna*, Auswirkungen der neuen KI-Verordnung auf den Behandlungsalltag – Datenschutzrechtliche Anforderungen und Sorgfaltspflichten der Behandelnden beim Einsatz von künstlicher Intelligenz zu Behandlungszwecken, GuP 2023, 81; *Ströbel, Lukas/Grau, Robert*, KI-gestützte Medizin-Apps. Rechtliche Herausforderungen eines interdisziplinären Produkts, ZD 2022, 599; *Thiermann, Arne/Böck, Nicole*, Künstliche Intelligenz in Medizinprodukten, RDi 2022, 333; *Veale, Michael/Zuiderveen Borgesius, Frederik*, Demystifying the Draft EU Artificial Intelligence Act, CRi (4)2021, 97.

1 Im **Zentrum des AI Acts** stehen die Hochrisiko-KI-Systeme. Der Pflichtenkatalog für Anbieter dieser KI-Systeme ist umfangreich. Die meisten Anforderungen sind bereits vor Inverkehrbringen oder Inbetriebnahme des Systems zu erfüllen:

2 So müssen Anbieter bereits vor Markteinführung des KI-Systems nach Art. 16 AI Act sicherstellen, dass ihre KI-Systeme die in Art. 8–15 AI Act festgelegten Anforderungen erfüllen. Ausschlaggebend ist nach dem technologieneutralen Ansatz des AI Acts dabei stets die konkrete **Zweckbestimmung** des KI-Systems.[1] Parallel hat der Anbieter dem

1 Schürmann ZD 2022, 316 (317).

allgemein anerkannten Stand der Technik in Bezug auf KI-bezogene Technologien Rechnung zu tragen, Art. 8 Abs. 1 AI Act.

Oftmals sind KI-Systeme allerdings nicht als eigenständige (**Stand-alone-**) **KI-Systeme** konzipiert, sondern werden in ein Produkt **eingebettet**. Wird das KI-System auf diesem Weg Bestandteil eines Produkts, das unter eine produktsicherheitsrechtliche Vorschrift nach dem New Legislative Framework fällt, müssen die Anbieter sicherstellen, dass ihr Produkt alle geltenden Anforderungen vollständig erfüllt: **Compliance** ist sowohl hinsichtlich der Vorgaben des AI Acts herzustellen als auch hinsichtlich der parallel greifenden Normen des jeweiligen Produktsicherheitsrechts – etwa der Vorgaben zur Sicherheit von Spielzeug (Anhang I Abschnitt A Ziff. 2) oder Medizinprodukten (Anhang I Abschnitt A Ziff. 11).[2] 3

Um den Aufwand für die Anbieter zu verringern und **Kohärenz** in den Testverfahren und der Dokumentation herzustellen, erlaubt der AI Act die Integration der von ihm verlangten Tests und Aufzeichnungen in jene Verfahren, die das jeweilige sektorspezifische Produktsicherheitsrecht vorgibt (→ Rn. 28). 4

Zu den Pflichten, die der AI Act für Hochrisiko-KI-Systeme aufstellt, zählen im „Anforderungen an Hochrisiko-KI-Systeme" genannten **zweiten Abschnitt** zunächst 5

- die Einrichtung eines **Risikomanagementsystems**, das anzuwenden, zu dokumentieren und aufrechtzuerhalten ist (Art. 9 AI Act),
- die Einhaltung einer **Daten-Governance** (Art. 10 AI Act),
- das Erstellen einer **technischen Dokumentation** (Art. 11 AI Act),
- die Ermöglichung der **automatischen Aufzeichnung von Ereignissen** (Art. 12 AI Act),
- die Einhaltung der **Transparenzanforderungen** und Erstellung von **Betriebsanleitungen** (Art. 13 AI Act),
- die Ermöglichung einer wirksamen **menschlichen Aufsicht** (Art. 14 AI Act) sowie schließlich die Pflicht,
- ein angemessenes Maß an **Genauigkeit, Robustheit und Cybersicherheit** (Art. 15 AI Act) einzuhalten.

Mit Art. 16 beginnt dann der **dritte Abschnitt**, der Pflichten für Anbieter und Betreiber von Hochrisiko-KI-Systemen sowie andere Beteiligte vorsieht. Zu den Pflichten der Anbieter zählt, 6

- den eingetragenen **Handelsnamen** bzw. die eingetragene Handelsmarke und ihre **Kontaktanschrift** anzugeben (Art. 16 AI Act),
- über ein **Qualitätsmanagementsystem** zu verfügen (Art. 17 AI Act),
- die **Dokumentation** und (Art. 18 AI Act)
- die **automatisch erzeugten Protokolle** aufzubewahren (Art. 19 AI Act),
- sicherzustellen, dass das KI-System einem **Konformitätsbewertungsverfahren** unterzogen wird (Art. 43 AI Act),
- eine **EU-Konformitätserklärung** auszustellen (Art. 47 AI Act),

2 Frost/Steininger/Vivekens MPR 2024, 4 (12).

- die **CE-Kennzeichnung** anzubringen (Art. 48 AI Act) und
- den **Registrierungspflichten** nachzukommen (Art. 49 AI Act).

I. Risikomanagement

7 Für Hochrisiko-KI-Systeme ist nach Art. 9 AI Act ein **Risikomanagementsystem** einzurichten, zu nutzen und während der **gesamten Lebensdauer des KI-Systems** aufrecht zu erhalten. Der Gesetzgeber versteht unter einem Risikomanagementsystem einen **kontinuierlichen, iterativen Prozess**, der regelmäßig überprüft und verbessert wird.[3] Das Risikomanagementsystem soll es dem Anbieter erleichtern, die Risiken abzuschätzen, die sich aus der Nutzung des KI-Systems typischerweise ergeben. Der Betrachtungshorizont erstreckt sich dabei zunächst auf die Verwendung des KI-Systems entsprechend seiner **Zweckbestimmung**. Das Risikomanagementsystem nimmt damit jene Risiken in den Blick, die innerhalb der Zweckbestimmung des Hochrisiko-KI-Systems bekannt oder zumindest vorhersehbar sind und die Gesundheit, Sicherheit oder Grundrechte betreffen. Zugleich sind aber auch vernünftigerweise **erwartbare Fehlanwendungen** des KI-Systems zu berücksichtigen, jene Anwendungen also, die sich aus einem vorhersehbaren menschlichen Verhalten oder einer Interaktion auch mit anderen Systemen ergeben können, Art. 3 Ziff. 13 AI Act.

Vorgaben zu der **konkreten Ausgestaltung** und Prüfung des Risikomanagementsystems trifft der AI Act nicht. Diese festzulegen, obliegt den **harmonisierten Normen** (→ § 8 Rn. 1). Sie werden von den für die EU-Normung zuständigen Organisationen CEN (Europäisches Komitee für Normung) und CENELEC (Europäisches Komitee für elektrotechnische Normung) erarbeitet und für Ende 2025 erwartet. Insgesamt soll es etwa 20 Standards geben, wobei jene für das Risiko- und Qualitätsmanagement eine übergreifende Funktion einnehmen werden.

8 Dabei bezieht das Risikomanagementsystem auch die **Produktbeobachtungspflicht** des Anbieters mit ein: Anbieter sind nach Art. 72 AI Act verpflichtet, ihr Hochrisiko-KI-System auch nach dem Inverkehrbringen im Blick zu behalten. Hierzu müssen sie eine Compliance-Struktur einrichten, die dem Hochrisiko-KI-System adäquat ist.

9 Insgesamt adressiert Art. 9 AI Act damit jene Risiken, die sich vermeiden lassen, indem sie optimalerweise bereits bei der Entwicklung des Hochrisiko-KI-Systems (**Compliance by design**) mitbedacht wurden oder spätestens während der Nutzung des KI-Systems durch die Bereitstellung ausreichender technischer Informationen gemindert oder behoben werden können.

II. Daten-Governance

10 Hochrisiko-KI-Systemen liegen regelmäßig Modelle zugrunde, die mit **Daten trainiert, validiert und getestet** werden. Diese Daten müssen **Qualitätskriterien** erfüllen, die Art. 10 AI Act konkretisiert.

11 Um sicherzustellen, dass die Datensätze den Anforderungen entsprechen, durchlaufen sie ein sog. Daten-Governance bzw. Datenverwaltungsverfahren. Dessen konkrete Aus-

3 Hansen in: Schwartmann/Keber/Zenner, 2. Teil 1. Kap. Rn. 282.

gestaltung muss der **Zweckbestimmung** und damit der Risikoneigung des KI-Systems adäquat sein.

Jedenfalls in dem Datenverwaltungsverfahren abzubilden sind die **konzeptionellen Entscheidungen**, die hinsichtlich der verwendeten **Trainings-, Validierungs- und Testdaten** getroffen wurden. Da zumindest die Entscheidungen über die Trainings- und Validierungsdatensätze bereits auf Modellebene erfolgen, greifen hier die Daten-Governance-Pflichten des KI-Systemanbieters und jene des KI-Modellanbieters ineinander. Auch hinsichtlich der Herkunft der Daten, ihrer Erhebungsverfahren, Eignung sowie der durchlaufenen Datenaufbereitungsvorgänge, zu denen ua die **Kommentierung, Kennzeichnung, Bereinigung und Aggregierung** zählen, ist der Anbieter des KI-Systems auf die **Informationen des Modellanbieters** angewiesen. Dieser ist im Gegenzug verpflichtet, sie zu liefern. Bei Verwendung von personenbezogenen Daten muss der ursprüngliche Zweck der Datenerfassung vermerkt werden. 12

Liegt einem Hochrisiko-KI-System ausnahmsweise kein trainiertes KI-Modell zugrunde, gelten die nachstehenden Anforderungen nur für Testdatensätze, Art. 10 Abs. 6 AI Act. 13

Wurden auf Grundlage der Daten **Annahmen formuliert**, sind diese ebenfalls anzuführen. 14

Wichtiger Bestandteil der Beurteilung der Eignung eines Datensatzes ist die Untersuchung, inwiefern der Datensatz mögliche **Verzerrungen (Biases) abbildet und reproduziert.**[4] Kritisch sind insbesondere jene Biases, welche die Gesundheit und Sicherheit von Personen beeinträchtigen, sich negativ auf die Grundrechte auswirken[5] oder zu einer verbotenen Diskriminierung führen können.[6] Die Beurteilung ist umso relevanter, als die Datenoutputs weiterverwendet werden und künftige Anwendungen beeinflussen.[7] 15

Neben der reinen Feststellung verlangt der Gesetzgeber daher Maßnahmen zur **Verhinderung und Abschwächung ermittelter Verzerrungen**, die Ermittlung relevanter **Datenlücken** oder Mängel, die der Einhaltung des AI Acts entgegenstehen, und Überlegungen, wie diese Lücken und Mängel behoben werden können. 16

Jedenfalls müssen die Trainings-, Validierungs- und Testdatensätze im Hinblick auf die Zweckbestimmung relevant, **hinreichend repräsentativ** und **so weit wie möglich fehlerfrei** und vollständig sein. Die Anforderung „so weit wie möglich fehlerfrei" wurde im Trilog auf Bestreben des EU-Parlaments eingefügt, da die ursprüngliche Forderung der EU-Kommission nach gänzlicher Fehlerfreiheit als realitätsfern eingestuft werden musste.[8] 17

Um den erforderlichen Grad der Fehlerlosigkeit zu erreichen, sind im Vorfeld geeignete statistische Merkmale heranzuziehen. Dabei müssen die Datensätze die **typischen geo-** 18

4 Guijarro Santos ZfDR 1/2023, 23 (30).
5 Guijarro Santos ZfDR 1/2023, 23 (31).
6 Vgl. Langenbucher BKR 2023, 205 (206); Gengler Rethinking Law 6.2022, 32 (34); Knappertsbusch LTZ 2024, 40 (40); Lang/Reinbach NZA 2023, 1273 (1274).
7 Wachter/Mittelstadt/Russell, Why fairness cannot be automated: Bridging the gap between EU non-discrimination law and AI, https://ssrn.com/abstract=3547922.
8 S. hierzu ausf. Feldkamp/Kappler/Poretschkin/Schmitz/Weiss ZfDR 1/2024, 60 (103).

grafischen, kontextuellen, verhaltensbezogenen oder funktionalen Rahmenbedingungen, in denen das KI-System konkret zum Einsatz kommen wird, **widerspiegeln.**

19 Soweit dies für die Erkennung und Korrektur von Biases unabdingbar ist, dürfen die Anbieter ausnahmsweise einzelne Kategorien personenbezogener Daten verarbeiten, sofern sie angemessene Schutzvorkehrungen zugunsten der Grundrechte und Grundfreiheiten treffen. Insbesondere ist begründet darzulegen, warum **künstliche oder anonymisierte Daten** zur Erkennung und **Korrektur der Verzerrungen** nicht effektiv eingesetzt werden können.

20 Zudem sind die Kategorien der personenbezogenen Daten technischen Beschränkungen inklusive Sicherheits- und **Datenschutzmaßnahmen** unterworfen. Hierunter fallen **Zugriffsbeschränkungen und Dokumentationspflichten** gem. der DS-GVO,[9] der Richtlinie zum Datenschutz in Strafsachen[10] sowie der Datenschutzverordnung.[11]

21 Sobald das Ziel der Korrektur einer Verzerrung oder das Ende der Speicherfrist für die personenbezogenen Daten erreicht wurde, sind die **Daten zu löschen.**

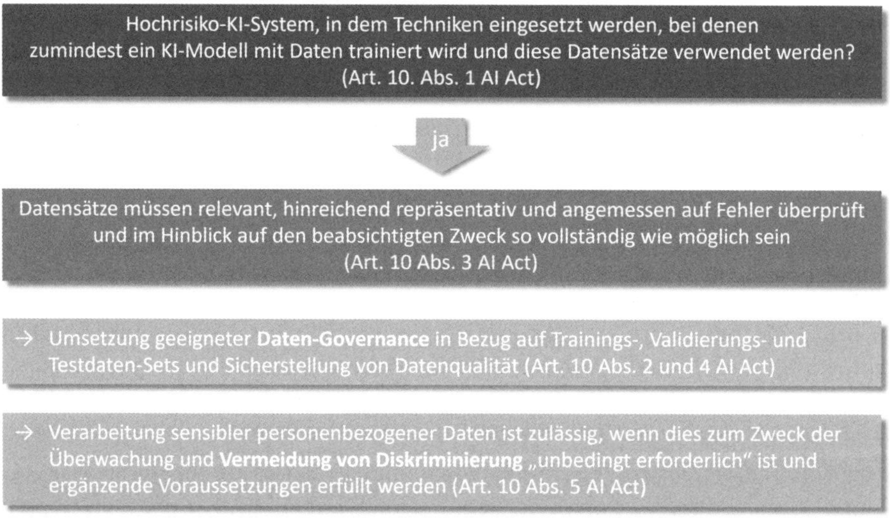

Hochrisiko-KI-System, in dem Techniken eingesetzt werden, bei denen zumindest ein KI-Modell mit Daten trainiert wird und diese Datensätze verwendet werden? (Art. 10. Abs. 1 AI Act)

Datensätze müssen relevant, hinreichend repräsentativ und angemessen auf Fehler überprüft und im Hinblick auf den beabsichtigten Zweck so vollständig wie möglich sein (Art. 10 Abs. 3 AI Act)

→ Umsetzung geeigneter **Daten-Governance** in Bezug auf Trainings-, Validierungs- und Testdaten-Sets und Sicherstellung von Datenqualität (Art. 10 Abs. 2 und 4 AI Act)

→ Verarbeitung sensibler personenbezogener Daten ist zulässig, wenn dies zum Zweck der Überwachung und **Vermeidung von Diskriminierung** „unbedingt erforderlich" ist und ergänzende Voraussetzungen erfüllt werden (Art. 10 Abs. 5 AI Act)

Abbildung 13: Daten-Governance

III. Technische Dokumentation

22 Art. 11 AI Act macht Vorgaben zu der **technischen Dokumentation** eines Hochrisiko-KI-Systems. Mittels der technischen Dokumentation können Anbieter und Betreiber des Systems den Nachweis erbringen, dass das KI-System die Compliance-Anforderungen erfüllt. Dieser Nachweis ist gegenüber der nationalen Aufsichtsbehörde[12] zu erbringen, aber auch die notifizierten Stellen benötigen die Information.

9 VO (EU) 2016/679.
10 RL (EU) 2016/680.
11 VO (EU) 2018/1725.
12 Vgl. auch Hansen in: Schwartmann/Keber/Zenner, 2. Teil 1. Kap. Rn. 309.

Erstmals wird die technische Dokumentation erstellt, **bevor** das KI-System **in Verkehr gebracht** wird. Während des laufendes Betriebs ist sie auf dem **aktuellen Stand** zu halten. Zu den inhaltlichen Anforderungen gibt Art. 11 AI Act vor, dass die technische Dokumentation zumindest die in Anhang IV genannten Angaben in klarer und verständlicher Form enthalten muss. Der Verweis auf Anhang IV führt zu sehr detailreichen Vorgaben, die sich überblicksartig in **vier Grundkategorien** einteilen lassen. So verlangt der Anhang **zunächst** eine allgemeine Beschreibung des KI-Systems, zu der Angaben zu seiner Zweckbestimmung und wie das KI-System in Betrieb genommen werden kann, gehören. Ist das KI-System Bestandteil eines Produkts, sind dessen äußere Merkmale abzubilden. 23

Als **zweite Kategorie** fordert Anhang IV eine detaillierte Beschreibung der Bestandteile des KI-Systems. Hierzu zählen auch die Methoden und Schritte zur Entwicklung der KI, ggf. unter Einsatz von vortrainierten Systemen. Auch die allgemeine Logik des KI-Systems sowie eine Beschreibung der erwarteten Qualität des Outputs fallen hierunter. 24

Die **dritte Kategorie** des Anhangs IV verlangt nach ausführlichen Informationen über die Überwachung, Funktionsweise und Kontrolle des KI-Systems, insbesondere in Bezug auf seine Fähigkeiten und Leistungsgrenzen. Abschließend verlangt Anhang IV umfangreiche Darlegungen zur Eignung der Leistungskennzahlen für das spezifische KI-System. 25

Die EU-Kommission darf Anhang IV per delegiertem Rechtsakt aktualisieren, um sicherzustellen, dass die technische Dokumentation stets dem technologischen Fortschritt folgt. 26

Da die Anforderungen an die technische Dokumentation durchaus umfassend sind, kommen **kleine und mittlere Unternehmen** (KMU), zu denen auch **Start-ups** zählen, in den Genuss von Erleichterungen. Sie dürfen die Informationen in vereinfachter Weise liefern. Allerdings müssen sie bei Inanspruchnahme der **Privilegierung** zwingend ein Formular nutzen, das die EU-Kommission bereitstellen wird. Dessen Verwendung schafft erwünschte Synergieeffekte, da es auch von den notifizierten Stellen für die Konformitätsbewertung akzeptiert wird. 27

Erleichterungen bestehen zudem für Hochrisiko-KI-Systeme, die nach Anhang I Abschnitt A AI Act in ein Produkt eingebettet sind, das nach dem **New Legislative Framework** (→ § 8 Rn. 15) produktsicherheitsrechtlich reguliert ist. Anbieter eines solchen Hochrisiko-KI-Systems haben nur eine **einzige technische Dokumentation** zu erstellen, die dann alle vom AI Act verlangten sowie sonstigen produktsicherheitsrechtlich erforderlichen Informationen abdeckt. 28

IV. Aufzeichnungspflichten

Die Aufzeichnungspflichten nach Art. 12 AI Act verlangen eine **automatisierte Aufzeichnung** bestimmter Ereignisse: In einem Ausmaß, das der Zweckbestimmung des KI-Systems adäquat ist, hat dieses alle **Situationen zu protokollieren**, die ein **Risiko** 29

für die Gesundheit, die **Sicherheit** oder die **Grundrechte** von Personen[13] bergen. Ebenso müssen alle Geschehnisse aufgezeichnet werden, die zu einer **wesentlichen Änderung des KI-Systems** führen.

30 Um den Anbietern von Hochrisiko-KI-Systemen die Erfüllung ihrer Pflichten aus Art. 72 AI Act zu erleichtern, bezieht Art. 12 AI Act auch die **Marktbeobachtung** der KI-Systeme nach ihrem Inverkehrbringen in die Aufzeichnungspflicht ein. Art. 72 AI Act verpflichtet Anbieter von Hochrisiko-KI-Systemen nicht nur zur Marktüberwachung ihrer im Verkehr befindlichen Systeme, sondern auch zur **Dokumentation** der Monitoring-Aktivitäten.

31 Art. 12 AI Act nimmt aber nicht nur die Anbieter in die Pflicht, sondern bezieht über Art. 26 Abs. 6 AI Act auch die **Betreiber** von KI-Systemen mit ein. Auch sie haben die von ihrem Hochrisiko-KI-System **automatisch erzeugten Protokolle** für einen angemessenen Zeitraum von zumindest sechs Monaten aufzubewahren.

32 Ausdrücklich behandelt werden **biometrische Fernidentifizierungssysteme**: Ihre Protokollierungsfunktionen müssen zumindest die Aufzeichnung jedes Zeitraums der Verwendung des Systems inkl. des Datums und der Uhrzeit des Beginns und des Endes jeder Verwendung erfassen. Zudem ist die **Referenzdatenbank** anzugeben, mit der das System die Eingabedaten abgleicht. In diesem Zusammenhang müssen auch die Eingabedaten erfasst werden, mit denen die Abfrage zu einer Übereinstimmung geführt hat, sowie die Identität jener Personen, die das Ergebnis überprüften (→ Rn. 53).

V. Transparenz und Bereitstellung von Informationen für Betreiber

33 Art. 13 AI Act schafft mit seinen Vorgaben jene **Rahmenbedingungen, die Betreiber benötigen**, um ihre Pflichten aus Abschnitt 3 des AI Acts zu erfüllen. Schließlich brauchen Betreiber eine Reihe von Informationen, um die Ergebnisse des von ihnen genutzten KI-Systems interpretieren und verwenden zu können.

34 Hierzu sind sie **auf den Anbieter** des KI-Systems **angewiesen**, der eben von Art. 13 AI Act zu Transparenz und der Bereitstellung von Informationen verpflichtet wird: Anbieter haben Hochrisiko-KI-Systeme bereits so **transparent zu entwickeln**, dass Betreiber in die Lage versetzt sind, die Ergebnisse der KI bewerten zu können. Transparenz ist auf geeignete Art herzustellen.

35 Konkret erwähnt Art. 13 AI Act **Betriebsanleitungen**, die der Anbieter regelmäßig **digital**, jedenfalls aber **barrierefrei**, zur Verfügung stellen muss. Die Betriebsanleitung soll die relevanten Informationen vollständig, präzise, korrekt und eindeutig enthalten.

36 Diese abstrakte Anforderung umfasst zumindest den **Namen und die Kontaktdaten des Anbieters** sowie ggf. seines Bevollmächtigten. Hinsichtlich des KI-Systems sind die **Merkmale, Fähigkeiten** und **Leistungsgrenzen** anzuführen.

37 Zu den **Merkmalen** zählt die Zweckbestimmung, zu den Fähigkeiten das Maß an Genauigkeit unter Angabe diesbzgl. Kennzahlen. Für die Bestimmung der **Leistungs-**

---

13 ISd Art. 3 Nr. 19 der Verordnung (EU) 2019/1020 vom 20.6.2019 über Marktüberwachung und die Konformität von Produkten sowie zur Änderung der Richtlinie 2004/42/EG und der Verordnungen (EG) Nr. 765/2008 und (EU) Nr. 305/2011.

grenzen sind die Robustheit und Cybersicherheit, die für das System getestet und validiert wurden, zu nennen, sowie alle zumindest vorhersehbaren Umstände, die das erwartete Maß beeinflussen könnten. Der Betrachtungshorizont hat neben der bestimmungsgemäßen Verwendung des Hochrisiko-KI-Systems erneut die vorhersehbare Fehlanwendung miteinzubeziehen – zumindest, wenn sie Risiken für die Gesundheit, Sicherheit oder die Grundrechte birgt.

Sofern die Informationen benötigt werden, um die Ergebnisse des Hochrisiko-KI-Systems interpretieren zu können, hat die Betriebsanleitung auch auf die **technischen Fähigkeiten** sowie die verwendeten **Trainings-, Validierungs- und Testdatensätze** Bezug zu nehmen. Ebenso zu nennen sind erforderliche Rechen- und Hardware-Ressourcen, die erwartete Lebensdauer des Hochrisiko-KI-Systems und alle erforderlichen Wartungs- und Pflegemaßnahmen. Hierunter fallen auch **Software-Updates**. 38

Steht zum Zeitpunkt der ersten Konformitätsbewertung schon fest, dass das Hochrisiko-KI-System und seine Leistung **spätere Änderungen** erfahren werden, muss der Anbieter diese in der Betriebsanleitung bereits angeben. 39

Schließlich hat die Betriebsanleitung darüber zu informieren, welche Maßnahmen zu treffen sind, damit das KI-System von natürlichen **Personen wirksam beaufsichtigt** werden kann. 40

VI. Menschliche Aufsicht

Hochrisiko-KI-Systeme müssen einer wirksamen menschlichen Aufsicht zugänglich sein, Art. 14 AI Act. Diese Anforderung ist bereits bei ihrer Entwicklung zu beachten und adressiert damit vorrangig den Anbieter. 41

Die menschliche Aufsicht dient der **Risikominderung** bzw. im besten Fall der **Prävention**, Art. 14 Abs. 2 AI Act. Sie soll gewissermaßen als letztes Bollwerk vor allem jene Risiken für Gesundheit, Sicherheit und Grundrechte abfangen, die trotz der Einhaltung der anderen oben genannten Anforderungen an Hochrisiko-KI-Systeme fortbestehen. 42

Erwägungsgrund 27 führt aus, dass bereits die **Ethikleitlinien der hochrangigen Expertengruppe** für künstliche Intelligenz aus dem Jahr 2019 die Anforderung einer menschlichen Aufsicht enthielten. Menschliches Handeln und menschliche Aufsicht bedeute, dass ein KI-System entwickelt und als Instrument verwendet wird, das den Menschen dient, die Menschenwürde und die persönliche Autonomie achtet und so funktioniert, dass es **von Menschen angemessen kontrolliert** und überwacht **werden kann.** Der letzte Halbsatz dürfte im Hinblick auf die inhaltlichen Anforderungen an die menschliche Aufsicht das Kernelement des vom Gesetzgeber geforderten Verständnisses der Aufsichtsperson über das KI-System adressieren, Art. 14 Abs. 4 lit. a AI Act.[14] 43

Nach Art. 14 Abs. 3 AI Act richtet sich das erforderliche **Ausmaß** menschlicher Aufsicht risikobasiert nach dem **Grad der Anpassungsfähigkeit bzw. Autonomie** und dem konkreten **Einsatzbereich** des Hochrisiko-KI-Systems. Neben dem bestimmungsgemäßen Gebrauch des KI-Systems muss der Anbieter bei der Bemessung des Risiko- 44

14 S. hierzu Dienes MMR 2024, 456 (456): „Die gesetzgeberische Befürchtung entspricht wohl in etwa dem Zitat zweier KI-Informatiker: „Wir bauen sie zwar, aber wir verstehen sie nicht", unter Verweis auf Brockman/Kleinberg/Mullainathan, Künstliche Intelligenz, 96 sowie Martini, Blackbox, 44.

horizonts auch vernünftigerweise vorhersehbare Fehlanwendungen miteinkalkulieren, Art. 14 Abs. 2 AI Act.

45 Technisch gesehen kann die menschliche Aufsicht durch **unterschiedliche Vorkehrungen** erfolgen. Diese können nach Art. 14 Abs. 3 lit. a AI Act direkt in das Hochrisiko-KI-System eingebaut werden. Bietet sich eine **Mensch-Maschine-Schnittstelle** nicht an, hat der Anbieter jene Vorkehrungen, die die menschliche Aufsicht möglich machen, zumindest vorzusehen, Art. 14 Abs. 3 lit. b AI Act. Die Umsetzung erfolgt dann auf der nächsten Stufe der Wertschöpfungskette **durch den Betreiber** des KI-Systems. Hierzu muss bereits der Anbieter das Hochrisiko-KI-System so vorbereiten, dass der späteren Aufsichtsperson die Beaufsichtigung möglich ist, Art. 14 Abs. 4 Satz 1 AI Act.

46 Die **Umsetzung** der vom Anbieter getroffenen Vorbereitungen erfolgt dann durch den **Betreiber**, Art. 14 Abs. 3 lit. b AI Act. Er hat geeignete technische und organisatorische Maßnahmen zu ergreifen, um die Nutzung des Hochrisiko-KI-Systems in Übereinstimmung mit der beigefügten Betriebsanleitung und weiteren Verpflichtungen sicherzustellen sowie eine natürliche Person mit der Überwachung der KI zu beauftragen.[15] Dabei muss er gewährleisten, dass die von ihm benannte Aufsichtsperson über die erforderliche **KI-Kompetenz** verfügt, um die ihr übertragenen Aufgaben zu erfüllen, Art. 26 Abs. 2, Art. 4 AI Act iVm Erwägungsgrund 91. Als KI-Kompetenz gilt nach Art. 3 Ziff. 56 AI Act *„die Fähigkeiten, die Kenntnisse und das Verständnis, die es Anbietern, Betreibern und Betroffenen unter Berücksichtigung ihrer jeweiligen Rechte und Pflichten im Rahmen dieser Verordnung ermöglichen, KI-Systeme sachkundig einzusetzen sowie sich der Chancen und Risiken von KI und möglicher Schäden, die sie verursachen kann, bewusst zu werden"*. Dazu gehören notwendiger Weise auch Kenntnisse über die regulatorischen Rahmenbedingungen für KI-Systeme in der EU.

47 Die **Anforderungen** an das erforderliche KI-Verständnis wurden im Laufe des Gesetzgebungsprozesses **reduziert**:[16] Während der ursprüngliche Entwurf der EU-Kommission noch vorsah, dass die Aufsichtsperson letztlich in der Lage sein muss, die Fähigkeiten und Grenzen des Hochrisiko-KI-Systems „vollständig zu verstehen",[17] hatte der Ratsentwurf das Adverb bereits gestrichen. Er verlangte nur noch ein „Verstehen" der Fähigkeiten und Grenzen des Hochrisiko-KI-Systems, um dessen Betrieb ordnungsgemäß zu überwachen.[18] Das EU-Parlament senkte den Verständnisumfang in seiner Entwurfsfassung[19] noch weiter ab und forderte, dass die Aufsichtsperson unter Wahrung der Verhältnismäßigkeit die relevanten **Fähigkeiten und Grenzen** des Hochrisiko-KI-Systems **„kennen und hinreichend verstehen"** soll. Die sukzessive Verringerung des geforderten Verständnisumfangs vollzog sich also von einem „vollständig verstehen"

15 Dienes MMR 2024, 456 (458).

16 Vgl. ausf. Dienes MMR 2024, 456 (459).

17 Art. 14 Abs. 4 lit. a des Entwurfs der Europäischen Kommission, Vorschlag für eine Verordnung zur Festlegung harmonisierter Vorschriften für Künstliche Intelligenz, v. 21.4.2021, COM(2021), 206 final.

18 Art. 14 Abs. 4 lit. a des Entwurfs des Rates der Europäischen Union, Allgemeine Ausrichtung zum Vorschlag für eine Verordnung zur Festlegung harmonisierter Vorschriften für Künstliche Intelligenz, v. 6.12.2022, 2021/0106(COD).

19 Art. 14 Abs. 4 lit. a des Entwurfs des Europäischen Parlaments, Abänderungen zu dem Vorschlag für eine Verordnung zur Festlegung harmonisierter Vorschriften für Künstliche Intelligenz, v. 14.6.2023, P9_TA(2023)0236, abrufbar unter: https://www.europarl.europa.eu/doceo/document/TA-9-2023-0236_DE.pdf.

über ein (einfaches) „verstehen“ bis zu einem (lediglich) „kennen und hinreichend verstehen“.[20]

Im Ergebnis verlangt der AI Act heute, dass dem Betreiber das KI-System so zur Verfügung zu stellen ist, dass die **Aufsichtspersonen angemessen und verhältnismäßig** in der Lage sind, die einschlägigen Fähigkeiten und Grenzen des Hochrisiko-KI-Systems **angemessen zu verstehen und zu überwachen**, Art. 14 Abs. 4 lit. a AI Act. Wie wichtig dem Gesetzgeber die pragmatische Einschränkung auf ein angemessenes Maß ist, zeigt sich in der gleich doppelten Verwendung des Adverbs. 48

Auch das angemessene Verstehen verlangt jedoch nach einer **KI-Kompetenz** gem. Art. 4 AI Act (→ Rn. 46). Unter dieser ist ein **entsprechendes Fachwissen** zu verstehen, das die technischen Kenntnisse, die Erfahrung, die Ausbildung und Schulung sowie den Kontext, in dem das KI-System eingesetzt werden soll und die Personen(gruppen), bei denen es zum Einsatz kommen soll, berücksichtigt. Die erforderliche Kompetenz bemisst sich dabei nach der Komplexität des KI-Systems. Schließlich muss die überwachende Person ua dessen Fähigkeiten und Grenzen verstehen, etwa **um Fehlfunktionen, Anomalien und unerwartete Leistung erkennen und ggf. sogar beheben zu können**, Art. 14 Abs. 4 lit. a AI Act. 49

Die benötigten Kenntnisse könnten durch eine auf die eingesetzte KI zugeschnittene, spezielle Ausbildung bzw. **Schulungen** erlangt werden.[21] Eine übergreifende Qualifikation, etwa in Gestalt eines Informatikstudiums, erfüllt die Anforderung freilich ebenso, wird aber nicht vorauszusetzen sein. Die benötigten Kenntnisse können auch durch ein **Zusammenwirken** mehrerer, in unterschiedlichen Feldern ausgewiesener Personen sichergestellt werden. 50

Zudem müssen sich die beaufsichtigenden Personen über etwaige **Automatisierungsbiases** im Klaren sein. Sie müssen mit anderen Worten ein Bewusstsein darüber ausgebildet haben, ob sie zu einem **übermäßigen Vertrauen** in vom KI-System hervorgebrachte Ergebnisse neigen, Art. 14 Abs. 4 lit. b AI Act.[22] Dies ist umso wichtiger, wenn Hochrisiko-KI-Systeme Informationen oder Empfehlungen ausgeben, auf deren Grundlage natürliche Personen Entscheidungen treffen.[23] 51

Um die Ergebnisse eines KI-Systems richtig interpretieren zu können, sollte die beaufsichtigende Person Kenntnis über **aktuelle Interpretationsinstrumente und -methoden** haben und diese einsetzen, Art. 14 Abs. 4 lit. c AI Act. Natürlich kann die Aufsichtsperson auch zu dem Ergebnis gelangen, das Hochrisiko-KI-System in einer bestimmten Situation nicht zu verwenden oder das Ergebnis außer Acht zu lassen, außer Kraft zu setzen oder gar rückgängig zu machen, Art. 14 Abs. 4 lit. d AI Act. Hierzu muss sie die Möglichkeit haben, in den Betrieb des Hochrisiko-KI-Systems einzugreifen und ihn mittels einer „Stopptaste“ oä zu unterbrechen und das System zu einem **sicheren Stillstand** zu bringen, Art. 14 Abs. 4 lit. e AI Act. 52

Für Hochrisiko-KI-Systeme zur **biometrischen Fernidentifizierung** macht Art. 14 53
Abs. 5 AI Act gesonderte Vorgaben zur menschlichen Aufsicht: Sie müssen so gestal-

20 Dienes MMR 2024, 456 (459).
21 Dienes MMR 2024, 456 (458).
22 Vgl. ausf. Guijarro Santos ZfDR 1/2023, 23 (28).
23 Für markante Beispiele s. Guijarro Santos ZfDR 1/2023, 23 (28).

tet sein, dass der Betreiber **keine Entscheidungen allein aufgrund** des vom System hervorgebrachten **Identifizierungsergebnisses** trifft. Vielmehr ist die Identifizierung von zumindest zwei natürlichen Personen getrennt **zu prüfen** und zu bestätigen. Beide Personen müssen hierzu die notwendige Kompetenz, Ausbildung und Befugnis mitbringen. Als Gegenausnahme gilt die Anforderung einer separaten Überprüfung durch zumindest zwei Personen nicht für jene KI-Systeme zur biometrischen Echtzeitidentifizierung, die in der Strafverfolgung, Migration, Grenzkontrolle oder im Asyl Anwendung finden, wenn dies nach europäischem oder nationalem Recht unverhältnismäßig erscheint.

VII. Genauigkeit, Robustheit und Cybersicherheit

54 Hochrisiko-KI-Systeme sind so entwickeln, dass sie ein angemessenes Maß an **Genauigkeit, Robustheit und Cybersicherheit** erreichen und dieses während ihres **gesamten Lebenszyklus** beständig halten, Art. 15 AI Act.

55 Für die Bestimmung des angemessenen Maßes an Genauigkeit wird die EU-Kommission **Benchmarks und Messmethoden** entwickeln und bekanntgeben. Dies geschieht in Zusammenarbeit mit einschlägigen Interessenträgern und Organisationen. Als ausgewiesene Organisationen kommen insbesondere Metrologie- und Benchmarking-Behörden in Betracht. Die ermittelten Genauigkeitskennzahlen sind in die **Betriebsanleitungen** der KI-Systeme aufzunehmen.

56 Die **Robustheit** eines Hochrisiko-KI-Systems bezieht sich auf seine **Widerstandsfähigkeit gegenüber Fehlern, Störungen oder Unstimmigkeiten**. Diese können innerhalb des Systems auftreten, aber auch in der Interaktion mit natürlichen Personen oder anderen Systemen. Robustheit kann über technische und organisatorische Maßnahmen erzielt werden. Zu nennen ist hier vor allem die sog. technische Redundanz, die regelmäßig Sicherungs- oder Störungssicherheitspläne umfasst.

57 Bei Hochrisiko-KI-Systemen, die nach der Inbetriebnahme **dazulernen**, ist in der Entwicklung bereits das Risiko von **verzerrten Rückkopplungsschleifen** zu adressieren. Diese müssen von angemessenen und geeigneten Risikominderungsmaßnahmen begleitet werden.

58 Die Anforderung der **Cybersicherheit** verlangt, Hochrisiko-KI-Systeme widerstandsfähig gegenüber Angriffen Dritter zu konzipieren. Das Risiko, dass Systemschwachstellen bestehen, die von böswilligen Dritten als Sicherheitslücke genutzt werden, um die Verwendung, Ergebnisse oder die Leistung des KI-Systems zu verändern, ist möglichst gering zu halten.

59 Zu den technischen Lösungen für den Umgang mit KI-spezifischen Schwachstellen gehört die Abwehr von Angriffen, die auf eine Manipulation des Trainingsdatensatzes (**Datenvergiftung**) oder vortrainierter Komponenten (**Modellvergiftung**) zielen.

60 Ebenso können Angriffe über **manipulierte Eingabedaten** erfolgen, die das Modell zu Fehlern verleiten sollen (feindliche Beispiele oder Modellumgehung). Auch hier gilt es zunächst, präventive Maßnahmen zu ergreifen, um Angriffe auf vertrauliche Daten oder Modellmängel zu verhindern bzw. laufende Angriffe zu erkennen, auf sie zu reagieren und sie letztlich zu kontrollieren und zu beseitigen.

Die technischen Lösungen zur Gewährleistung der Cybersicherheit von Hochrisiko-KI-Systemen müssen den jeweiligen Umständen und Risiken angemessen sein. Für Hochrisiko-KI-Systeme, die gem. dem Rechtsakt zur Cybersicherheit[24] zertifiziert wurden oder für die eine entsprechende **Konformitätserklärung** erstellt wurde, greift die Vermutung, dass sie damit zugleich alle von Art. 15 AI Act verlangten Cybersicherheitsanforderungen erfüllen, Art. 42 Abs. 2 AI Act. 61

24 VO (EU) 2019/881 des Europäischen Parlaments und des Rates vom 17.4.2019 über die ENISA (Agentur der Europäischen Union für Cybersicherheit) und über die Zertifizierung der Cybersicherheit von Informations- und Kommunikationstechnik und zur Aufhebung der Verordnung (EU) Nr. 526/2013 (Rechtsakt zur Cybersicherheit), ABlEU L 151, S. 15 vom 7.6.2019.

§ 6 Pflichten bei Hochrisiko-KI-Systemen

Literatur: *Biermann, Friedrich*, Wissenszurechnung und Künstliche Intelligenz, 2022; *Bomhard, David/Merkle, Marieke*, Regulation of Artificial Intelligence, EuCML 2021, 257; *Brockman, John*, Was sollen wir von Künstlicher Intelligenz halten?, 2017; *Casper, Anna Felicitas*, Rechtliche Chancen und Grenzen der automatisierten Entscheidungsunterstützung und Entscheidungsfindung in der Medizin, 2024; *Daute, Ingvar/Sütthoff, Alicia*, Vereinbarkeit von Produktbeobachtungspflicht und Datenschutz beim autonomen Kraftfahrzeug, EuZW 2023, 500; *Denga, Michael*, Konformitätsbewertung von KI-Systemen, ZfPC 2023, 154; *Denga, Michael*, Unternehmenshaftung für KI – zur Konformitätsbewertung in Permanenz, CR 2023, 277; *Dienes, Jennifer*, Anforderungen an die menschliche Aufsicht über Künstliche Intelligenz, MMR 2024, 456; *Frank, Justus/Heine, Maurice*, Arbeitsrechtliche Dimension der KI-Verordnung, NZA 2024, 433; *Fuderer, Markus*, Doppelte Konformitätsbewertung bei KI-basierten Medizinprodukten?, MPR 2022, 121; *Gassner, Ulrich*, Menschliche Aufsicht über intelligente Medizinprodukte, MPR 2023, 5; *Heil, Maria*, Die neue KI-Verordnung (E) – Regulatorische Herausforderungen für KI-basierte Medizinprodukte-Software, MPR 2022, 1; *Krüger, Daniel/Wagner, Susan*, Das Phänomen „Künstliche Intelligenz" aus regulatorischer und haftungsrechtlicher Sicht, ZfPC 2023, 124; *Lachenmann, Matthias*, EU-Rat stimmt KI-Verordnung zu – neue Pflichten für Unternehmen, MMR-Aktuell 2024, 01359; *Lang, Flavia/Reinbach, Hubertus:* Künstliche Intelligenz im Arbeitsrecht, NZA 2023, 1273; *Lingaht, Felix*, Organisationspflichten des AG-Vorstands beim Einsatz von KI-Systemen, JURA 2023, 940; *Malgieri, Gianclaudio/Pasquale, Frank*, Licensing high-risk artificial intelligence: Toward ex ante justification for a disruptive technology, Computer Law & Security Review, Volume 52, 2024, 105899; *Martini, Mario*, Blackbox Algorithmus – Grundfragen einer Regulierung Künstlicher Intelligenz, 2019; *Roos, Philipp/Weitz, Casper Alexander*, Hochrisiko-KI-Systeme im Kommissionsentwurf für eine KI-Verordnung, MMR 2021, 844; *Schulz-Große, Stefanie/Genske, Anna*, Auswirkungen der neuen KI-Verordnung auf den Behandlungsalltag – Datenschutzrechtliche Anforderungen und Sorgfaltspflichten der Behandelnden beim Einsatz von künstlicher Intelligenz zu Behandlungszwecken, GuP 2023, 81; *Schwartmann, Rolf/Keber, Tobias/Zenner, Kai*, KI-Verordnung. Leitfaden für die Praxis, 2024; *Ströbel, Lukas/Grau, Robert*, KI-gestützte Medizin-Apps. Rechtliche Herausforderungen eines interdisziplinären Produkts, ZD 2022, 599; *Thiermann, Arne/Böck, Nicole*, Künstliche Intelligenz in Medizinprodukten, RDi 2022, 333; *Veale, Michael/Zuiderveen Borgesius, Frederik*, Demystifying the Draft EU Artificial Intelligence Act, CRi (4)2021, 97; *Wendt, Domenik*, Der AI Act: Compliance-Anforderungen für Anbieter und Betreiber von KI-Systemen, uj 2/2024, 42; *Witteler, Michael/Moll, Lucas*, Künstliche Intelligenz am Arbeitsplatz – Datenschutz und Rechte des Betriebsrats, NZA 2023, 327.

Im Unterschied zum zweiten Abschnitt stellt der dritte Abschnitt des AI Acts nicht mehr allein auf das Vorliegen eines Hochrisiko-KI-Systems ab, sondern differenziert zwischen den Personenkategorien Anbieter, Betreiber und weitere Beteiligte. Im Vordergrund stehen die Anbieter und Betreiber. Da sie unterschiedlich weitgehenden Pflichten unterliegen, ist die rechtssichere Zuordnung zu einer der beiden Personengruppen für die praktische Anwendung der Vorgaben wichtig. 1

I. Pflichten der Anbieter

Anbieter ist nach Art. 3 Ziff. 3 AI Act eine natürliche oder juristische Person, Behörde, Einrichtung oder sonstige Stelle, die ein **KI-System** oder ein KI-Modell mit allgemeinem Verwendungszweck **entwickelt** oder entwickeln lässt und es **unter eigenem Namen in Verkehr bringt** oder in Betrieb nimmt. Der AI Act unterscheidet hier nicht zwischen entgeltlichen und unentgeltlichen Anbietern. 2

Art. 16 AI Act gibt einen aufzählenden Überblick über die Pflichten der Anbieter von Hochrisiko-KI-Systemen. Um eine Zuordnung des Hochrisiko-KI-Systems zum Anbieter zu ermöglichen, verpflichtet Art. 16 AI Act diese, ihren **Namen** bzw. die **Firma** und eine **Kontaktanschrift** auf dem KI-System selbst oder, falls dies nicht möglich ist, auf seiner Verpackung oder in der beigefügten Dokumentation **anzugeben**. 3

Im Anschluss listet Art. 16 AI Act jene **Pflichten für Anbieter** auf, die in den nachfolgenden Art. 17–19, 43, 47 und 49 AI Act enthalten sind.[1] 4

1. Compliance-by-Design-Ansatz

Der Pflichtenkatalog für Anbieter dieser KI-Systeme ist umfangreich. Einige der Regelungen fordern ausdrücklich, dass Hochrisiko-KI-Systeme auf eine bestimmte Art und Weise konzipiert und entwickelt werden müssen (vgl. insbesondere Art. 13–15 AI Act). Damit adressiert der AI Act den bekannten **Compliance-by-Design**-Ansatz.[2] Das Produkt – in diesem Fall das Hochrisiko-KI-System – ist also so zu konzipieren, dass Compliance-Verstöße nicht oder nur mit reduzierter Wahrscheinlichkeit auftreten. 5

2. Qualitätsmanagementsystem

Zu den Pflichten der Anbieter zählt nach Art. 17 AI Act die Einrichtung eines Qualitätsmanagementsystems. Für das **Qualitätsmanagementsystem** bestehen Mindestanforderungen, die ua ein Compliance-Konzept auch hinsichtlich des Konformitätsbewertungsverfahrens und des Managements von Änderungen an dem KI-System vorsehen. Unverzichtbarer Bestandteil sind zudem Untersuchungs-, Test- und Validierungsverfahren vor, während und nach der Entwicklung des KI-Systems. 6

Falls die einschlägigen produktsicherheitsrechtlichen Vorschriften für das konkrete KI-System nicht alle Anforderungen aus dem zweiten Abschnitt des AI Acts abdecken, muss das Qualitätsmanagementsystem erläutern, wie stattdessen gewährleistet wird, dass das Hochrisiko-KI-System diese Anforderungen erfüllt. 7

---

1 Überblick bei Kremer/Haar in: Schwartmann/Keber/Zenner, 2. Teil 1. Kap. Rn. 366.
2 Wendt uj 2/2024, 42 (43).

8 Mit Blick auf die Trainings-, Validierungs- und Testdaten sind zudem die Systeme und Verfahren für das **Datenmanagement** anzuführen, die im Vorfeld und für die Zwecke des Inverkehrbringens des Hochrisiko-KI-Systems Verwendung finden. Zu ihnen zählen ua die Datengewinnung, Erfassung, Analyse, Kennzeichnung, Speicherung, Filterung, Auswertung und Aggregation.

9 Schließlich sind auch **Risikomanagementsysteme** gem. Art. 9 AI Act sowie die **Marktbeobachtung** gem. Art. 72 AI Act Bestandteile des Qualitätsmanagements. In diese Reihe gehört auch das Verfahren zur Meldung eines schwerwiegenden Vorfalls, Art. 73 AI Act. Die Zusammengehörigkeit spiegelt sich auch auf Ebene der **harmonisierten Normen** (→ § 8 Rn. 8) wider, die zukünftig Vorgaben zur konkreten Ausgestaltung des Qualitätsmanagementsystems enthalten werden. Die harmonisierten Normen für das Risiko- und Qualitätsmanagement sollen eine übergreifende Funktion einnehmen.

10 Ein weiterer Bestandteil des Qualitätsmanagementsystems ist die Handhabung der **Kommunikation** etwa mit den nationalen **Aufsichtsbehörden, notifizierten Stellen**, anderen Akteuren, Kunden oder generell interessierten Kreisen.

11 Für die Umsetzung der inhaltlichen Anforderungen gibt Art. 17 AI Act einen **abgestuften Rahmen** vor, der sich an der Größe der Organisation des Anbieters orientiert. Die Anforderungen an das Qualitätsmanagementsystem bauen damit auf einer **Verhältnismäßigkeitsprüfung** auf. Als unterste Grenze ist jenes Schutzniveau einzuhalten, das erforderlich ist, um die Übereinstimmung der Hochrisiko-KI-Systeme mit dieser Verordnung sicherzustellen.

12 Unterhält der Anbieter des Hochrisiko-KI-Systems **bereits ein Qualitätsmanagement** nach sektorspezifischen Rechtsvorschriften, können die vom AI Act verlangten Inhalte Bestandteil des bestehenden Qualitätsmanagementsystems werden.

13 Ist der Anbieter des Hochrisiko-KI-Systems ein **Finanzinstitut**, das bereits Anforderungen in Bezug auf die interne Unternehmensführung unterliegt, gilt die Pflicht zur Einrichtung eines Qualitätsmanagementsystems als erfüllt, Art. 17 Abs. 4 AI Act. Finanzinstitute in diesem Sinne sind Versicherungsunternehmen und Kreditinstitute, die auch in Anhang III Ziff. 5 lit. b und c AI Act erfasst werden. Lediglich ein **Risikomanagementsystem** nach Art. 9 AI Act, ein **Monitoring-System** nach dem Inverkehrbringen gem. Art. 72 AI Act sowie ein **Verfahren zur Meldung schwerwiegender Vorfälle** gem. Art. 73 AI Act sind zusätzlich einzurichten.

3. Aufbewahrung der Dokumentation

14 Art. 18 AI Act verpflichtet Anbieter von Hochrisiko-KI-Systemen, betreffende **Unterlagen** für einen **Zeitraum von zehn Jahren** ab Inverkehrbringen bzw. der Inbetriebnahme aufzubewahren und für die zuständigen Behörden **bereitzuhalten**.

15 Zu den Unterlagen zählen die von Art. 11 AI Act geforderte **technische Dokumentation**, ferner jene zum Qualitätsmanagementsystem nach Art. 17 AI Act; ebenso die Dokumentation über etwaige von notifizierten Stellen genehmigte Änderungen einschließlich der ggf. ausgestellten Entscheidungen und sonstigen Dokumente. Schließlich ist auch die **Konformitätserklärung** aufzubewahren.

Für den Fall, dass ein Anbieter oder sein niedergelassener Bevollmächtigter vor Ende des Aufbewahrungszeitraums in **Konkurs** geht oder seine Tätigkeit aufgibt, legt jeder Mitgliedstaat eigenständig fest, unter welchen Bedingungen die Dokumentation für die nationalen Behörden weiterhin bereitgehalten wird. 16

Handelt es sich bei dem Anbieter um ein **Finanzinstitut** (→ Rn. 13), das bereits außerhalb des AI Acts Anforderungen in Bezug auf die interne Unternehmensführung unterliegt, darf er die Dokumentationen zusammenfügen. 17

4. Automatisch erzeugte Protokolle

Ebenfalls vom Anbieter **aufzubewahren** sind nach Art. 19 AI Act die von ihren Hochrisiko-KI-Systemen **automatisch erzeugten Protokolle** gem. Art. 12 Abs. 1 AI Act. Dies gilt, soweit die Protokolle der Kontrolle der Anbieter unterliegen. 18

Die Protokolle sind für einen angemessenen Zeitraum aufzubewahren, der **zumindest sechs Monaten** umfasst. Die Angemessenheit bemisst sich nach der **Zweckbestimmung** des Hochrisiko-KI-Systems. Resultieren aus anderweitigen EU-Vorschriften oder Vorgaben der Mitgliedstaaten längere Aufbewahrungsfristen, insbesondere zum **Schutz personenbezogener Daten**, gehen diese vor. 19

Ist der Anbieter des Hochrisiko-KI-Systems ein **Finanzinstitut**, das bereits Rechtsvorschriften in Bezug auf die **interne Unternehmensführung** unterliegt, können die automatisch erzeugten Protokolle erneut gemeinsam mit der restlichen Dokumentation aufbewahrt. 20

5. Korrekturmaßnahmen und Informationspflicht

Ist der Anbieter eines Hochrisiko-KI-Systems der Auffassung oder hat er zumindest Grund zur Annahme, dass ein von ihm in Verkehr gebrachtes oder in Betrieb genommenes Hochrisiko-KI-System nicht den Vorgaben des AI Acts entspricht, muss er gem. Art. 20 AI Act unverzüglich **Korrekturmaßnahmen** ergreifen, um die **Konformität** des KI-Systems **herzustellen**. 21

Gelingt dies nicht, ist das System **vom Markt zurückzurufen** und zu deaktivieren. Hierzu hat der Anbieter die Händler des betreffenden KI-Systems sowie ggf. bestehende Betreiber, den Bevollmächtigten und die Einführer zu informieren. 22

Birgt das Hochrisiko-KI-System ein **Risiko für die Gesundheit, Sicherheit oder die Grundrechte** von Personen und ist sich der Anbieter dieses Risikos bewusst, hat er ohne Zögern – ggf. gemeinsam mit dem Betreiber – eine Untersuchung der Ursachen vorzunehmen und die nationalen Behörden sowie ggf. die notifizierte Stelle, die eine Bescheinigung nach Art. 44 AI Act für das Hochrisiko-KI-System ausgestellt hat, über die Art der Nichtkonformität und über bereits ergriffene relevante Korrekturmaßnahmen zu informieren. 23

6. Zusammenarbeit mit zuständigen Behörden

Art. 21 AI Act verpflichtet Anbieter eines Hochrisiko-KI-Systems, der **zuständigen Behörde auf begründete Anfrage** sämtliche Informationen und Dokumentation zu übermitteln, die erforderlich sind, um die Konformität des Hochrisiko-KI-Systems mit 24 den im zweiten Abschnitt des AI Acts festgelegten Anforderungen nachzuweisen. Der Nachweis hat in einer Sprache zu erfolgen, die für die Behörde leicht verständlich ist (→ Rn. 62 f.) und bei der es sich um eine der Amtssprachen der Institutionen der EU handelt.

25 Zu den zu übermittelnden Informationen können bei begründeter Anfrage einer zuständigen nationalen Behörde auch die **automatisch erzeugten Protokolle** des Hochrisiko-KI-Systems gem. Art. 12 Abs. 1 AI Act gehören, zumindest soweit diese der Kontrolle des Anbieters unterliegen.

26 Alle Informationen, die eine **notifizierte Stelle** erhält, sind nach Art. 78 AI Act **vertraulich** zu behandeln.

7. Bevollmächtigte der Anbieter von Hochrisiko-KI-Systemen

27 **Anbieter aus Drittländern** müssen vor der Bereitstellung eines Hochrisiko-KI-Systems auf dem Unionsmarkt einen **Bevollmächtigten** benennen, der in der EU über eine Niederlassung verfügt. Der Bevollmächtigte fungiert neben oder anstelle des Anbieters als Ansprechpartner für die zuständigen Behörden.

28 Sein Aufgabenbereich umfasst generell alle Fragen, die die Einhaltung des AI Acts betreffen. Konkret nimmt der Bevollmächtigte seine Aufgaben entsprechend dem vom Anbieter erhaltenen **Auftrag** wahr; der Anbieter muss es dem Bevollmächtigten umgekehrt **ermöglichen**, die Aufgaben wahrzunehmen.

29 Zu **Transparenzzwecken** ist der **Auftrag** auch den Marktüberwachungsbehörden auf Anfrage vorzulegen. Gegenstand des Auftrags sind zumindest die Überprüfung der EU-**Konformitätserklärung** einschließlich der Angemessenheit des Konformitätsbewertungsverfahrens und die technische Dokumentation gem. Art. 11 AI Act.

30 Für einen Zeitraum von **zehn Jahren ab dem Inverkehrbringen** bzw. der Inbetriebnahme des Hochrisiko-KI-Systems muss der Bevollmächtigte die **Kontaktdaten** des Anbieters, von dem er ernannt wurde, bereithalten. Ebenso bereitzuhalten hat er ein Exemplar der Konformitätserklärung, der technischen Dokumentation und ggf. der von der notifizierten Stelle ausgestellten Bescheinigung für die zuständigen nationalen Behörden bzw. Stellen.

31 Bei begründeter **Anfrage** einer zuständigen **nationalen Behörde** hat der Bevollmächtigte ihr alle Informationen und Dokumente zu übermitteln, die erforderlich sind, um die **Konformität** eines Hochrisiko-KI-Systems **nachzuweisen**. Dies kann auch die automatisch erzeugten Protokolle beinhalten, sofern sie der Kontrolle des Anbieters unterliegen.

32 Generell hat der Bevollmächtigte mit den zuständigen Behörden zusammenzuarbeiten, wenn diese im Zusammenhang mit dem Hochrisiko-KI-System **Maßnahmen ergreifen**, etwa um die von ihm ausgehenden **Risiken zu verringern**.

33 Schließlich kann es auch zu den Aufgaben des Bevollmächtigten gehören, die **Registrierungspflichten** nach Art. 49 Abs. 1 AI Act zu erfüllen, oder, falls die Registrierung vom Anbieter selbst vorgenommen wird, zumindest die **Richtigkeit** der Informationen **sicherzustellen**.

Hat der Bevollmächtigte Grund zu der Annahme, dass der Anbieter gegen Pflichten aus dem AI Act verstößt, hat er den **Auftrag zu beenden** und unverzüglich die **Marktüberwachungsbehörde** des Mitgliedstaates zu informieren, in dem er sich befindet oder niedergelassen ist. Ggf. ist auch die betreffende **notifizierte Stelle** über die Beendigung des Auftrags und deren Gründe in Kenntnis zu setzen. 34

II. Pflichten der Betreiber

Ein **Betreiber** ist nach Art. 3 Ziff. 4 AI Act eine natürliche oder juristische Person, Behörde, Einrichtung oder sonstige Stelle, die ein **KI-System in eigener Verantwortung verwendet. Ausgenommen** sind persönliche, also **nicht berufliche Tätigkeiten**. 35

1. Anwendung entsprechend der Betriebsanleitung

Die Pflichten für Betreiber von Hochrisiko-KI-Systemen sind gegenüber jenen der Anbieter **deutlich reduziert**: Art. 26 Abs. 1 AI Act verpflichtet sie lediglich, über technische und organisatorische Maßnahmen sicherzustellen und laufend zu überprüfen, dass das KI-System ausschließlich unter Beachtung seiner **Betriebsanleitung** und nach den Vorgaben des AI Acts verwendet wird, Art. 26. Abs. 5 AI Act. 36

37

Muss der Betreiber befürchten, dass auch die Verwendung entsprechend den Vorgaben der Betriebsanleitung ein **Risiko** für die **Gesundheit, Sicherheit** oder die **Grundrechte** von Personen birgt, hat er nach Art. 72 AI Act unverzüglich den Anbieter, den Händler und die zuständige **Marktüberwachungsbehörde** in Kenntnis zu setzen und darf das System einstweilen nicht länger verwenden.

2. Meldung bei schwerwiegendem Vorfall

Auch bei einem **schwerwiegenden Vorfall** ist zuerst der **Anbieter** und sind in einem zweiten Schritt der Einführer, Händler und die Marktüberwachungsbehörde zu informieren. Kann der Betreiber den Anbieter nicht erreichen, geht der Kommunikationsweg nach Art. 73 AI Act direkt an die **Marktüberwachungsbehörde**. Von dieser Pflicht ausgenommen sind nur Strafverfolgungsbehörden hinsichtlich sensibler operativer Daten. 38

Handelt es sich beim Betreiber um ein **Finanzinstitut** (→ Rn. 13, 17), das Regelungen der **internen Unternehmensführung** unterliegt, vermeidet der AI Act eine Dopplung und sieht die Überwachungspflicht bereits als erfüllt an, wenn die einschlägigen Vorschriften für Finanzdienstleistungen eingehalten werden. 39

3. Menschliche Aufsicht

Weitere Vorgaben macht Art. 26 Abs. 2 AI Act zur **menschlichen Aufsicht**: Sie darf der Betreiber nur an Personen übertragen, die über die erforderliche **KI-Kompetenz** gem. Art. 4 AI Act verfügen. Ihnen muss er jede erforderliche Unterstützung zukommen lassen. Das Erfordernis einer KI-Kompetenz ergibt sich bereits aus der Pflicht zur Anwendung des KI-Systems nach den Vorgaben der Betriebsanleitung gem. Art. 26 40

Abs. 1 und Abs. 5 AI Act. Ein bloßes „Abnicken"[3] der Ergebnisse des KI-Systems im Zuge einer oberflächlich bleibenden Plausibilitätsprüfung wird der Anforderung an eine Überwachung nach Art. 26 Abs. 5 AI Act nicht gerecht.[4]

41 Soweit die Eingabedaten in das KI-System ihrer Kontrolle unterliegen, haben die Betreiber sicherzustellen, ausschließlich **Eingabedaten** zu verwenden, die der **Zweckbestimmung** des **KI-Systems** entsprechen und **ausreichend repräsentativ** sind.

4. Aufbewahrung automatisiert erzeugter Protokolle

42 Betreiber von Hochrisiko-KI-Systemen sind zudem verpflichtet, die von dem KI-System **automatisch erzeugten Protokolle** für einen Zeitraum von zumindest **sechs Monaten aufzubewahren**, soweit sie Zugriff auf diese haben, Art. 26 Abs. 6 AI Act. Stehen der Aufbewahrung Rechtsvorschriften zum **Schutz personenbezogener Daten** entgegen, gehen diese vor. Betreiber, die als Finanzinstitute Anforderungen der internen Unternehmensführung unterliegen (→ Rn. 13, 17), bewahren die Protokolle als Teil dieser Dokumentation auf, Art. 26 Abs. 6 UAbs. 2 AI Act.

5. Weitere Pflichten

43 Vor der Verwendung eines Hochrisiko-KI-Systems am **Arbeitsplatz** haben Arbeitgeber sowohl die Arbeitnehmervertreter als auch die betroffenen Arbeitnehmer zu informieren.[5] Ein Anwendungsfall der **Mitbestimmung** nach § 87 Abs. 1 Nr. 6 BetrVG liegt nach einer ersten arbeitsrechtlichen Entscheidung zumindest beim Einsatz von ChatGPT und vergleichbaren generativen KI-Systemen nicht sogleich vor. Das Arbeitsgericht (ArbG) Hamburg hat am 16.1.2024 per Beschluss entschieden, dass der Einsatz von KI-Systemen über einen privaten Account auf freiwilliger Basis und ggf. eigene Kosten nicht mitbestimmungspflichtig ist. Zwar zeichne der Anbieter des KI-Systems Daten der Arbeitnehmer auf. Der dadurch entstehende **Überwachungsdruck** gehe aber nicht vom Arbeitgeber aus; er kann auf die gewonnenen Informationen nicht einmal zugreifen. Entsprechend wies das ArbG Hamburg das Mitbestimmungsrecht des Betriebsrates wegen der Besonderheiten des Falls zurück. Schon geringfügige Abwandlungen des Sachverhalts werden aber vermutlich zu abweichenden Entscheidungen führen.[6] So kommt dem Betriebsrat etwa ein Mitbestimmungsrecht zu, wenn der Arbeitgeber die Systeme auf eigenen Rechnern einführt oder Zugriff auf die eingegebenen Daten erhält.[7]

44 Ist der Betreiber ein Organ oder sonstige **Einrichtung der EU**, ist die **Registrierung** in der neuen europaweiten **Datenbank** nach Art. 49 AI Act vorzunehmen. Stellt der Betreiber fest, dass das Hochrisiko-KI-System nicht in der EU-Datenbank für die in Anhang III aufgeführten Hochrisiko-KI-Systeme nach Art. 71 AI Act registriert wurde, hat er von der Verwendung abzusehen und den Anbieter oder Händler entsprechend zu informieren.

---

3 Paal/Hüger MMR 20204, 540 (542).
4 Paal/Hüger MMR 20204, 540 (542).
5 Ausf. Kössel DB 2024, 1069 (1070 ff.); Batista LTZ 2024, 118 (118); Frank/Heine NZA 2024, 433 (433).
6 Kössel DB 2024, 1069 (1073); s. auch Lang/Reinbach NZA 2023, 1273 (1276); Witteler/Moll NZA 2023, 327 (331).
7 Kössel DB 2024, 1069 (1072).

Die Betreiber von Hochrisiko-KI-Systemen verwenden die nach Art. 13 AI Act bereitgestellten Informationen, um ihrer Pflicht zur Durchführung einer **Datenschutz-Folgenabschätzung** gem. Art. 35 DS-GVO[8] bzw. Art. 27 der Richtlinie zum Datenschutz in Strafsachen[9] nachzukommen. Die speziellen Regeln zum **Schutz personenbezogener Daten**, insbesondere die Regelungen der DS-GVO, bleiben im Zusammenhang mit der Verarbeitung personenbezogener Daten vom AI Act unberührt (Art. 2 Abs. 7 AI Act). 45

Schließlich enthält Art. 27 AI Act auch Vorgaben für Betreiber, die das KI-System zur **nachträglichen biometrischen Fernidentifizierung** (post-remote by automatic identification) nutzen. Diese darf zur gezielten Suche einer Person eingesetzt werden, die verdächtig ist oder verurteilt wurde, eine Straftat begangen zu haben. Der Einsatz setzt die **Genehmigung einer Justizbehörde** oder einer Verwaltungsbehörde voraus, deren Entscheidung wiederum einer gerichtlichen Überprüfung unterliegen muss. Die Genehmigung hat vor bzw. bei Einsatz des KI-Systems vorzuliegen – spätestens binnen 48 Stunden. Eine Ausnahme von diesem schmalen Zeitfenster greift, wenn die KI zur erstmaligen Identifizierung eines potenziellen Verdächtigen auf Basis objektiver, nachprüfbarer Tatsachen genutzt wird, die in unmittelbarem Zusammenhang mit der Straftat stehen. Jede Verwendung ist auf das für die Ermittlung einer bestimmten Straftat unbedingt **erforderliche Maß** beschränkt. 46

Wird die beantragte **Genehmigung abgelehnt**, ist die Verwendung des Systems zur nachträglichen biometrischen Fernidentifizierung mit sofortiger Wirkung einzustellen. Bereits erhobene **personenbezogene Daten** werden **gelöscht**. 47

Bei diesen Vorgaben zur nachträglichen biometrischen Fernfernidentifizierung zeigt sich eine **überraschende Wertung** des AI Acts: Während Rat und EU-Parlament im Trilog anhaltend um Für und Wider des kategorischen Verbots der biometrischen Echtzeit-Fernidentifizierung (real-time-remote by automatic identification) stritten (→ § 3 Rn. 18), stand die Einstufung der nachträglichen biometrischen Fernidentifizierung als schlichte Hochrisiko-KI nicht zur Diskussion. Während also die biometrische Echtzeit-Fernidentifizierung letztlich als nicht vertretbar erklärt und weitestgehend verboten wurde, ist die nachträgliche biometrische Fernidentifizierung erlaubt.[10] 48

Der AI Act begründet die Differenzierung in Erwägungsgrund 32 damit, dass die Verwendung von KI-Systemen zur biometrischen Echtzeit-Fernidentifizierung natürlicher Personen in öffentlich zugänglichen Räumen zu Strafverfolgungszwecken „*besonders in die Rechte und Freiheiten der betroffenen Personen ein[greife], da sie die Privatsphäre eines großen Teils der Bevölkerung beeinträchtigt, ein Gefühl der ständigen Überwachung weckt und indirekt von der Ausübung der Versammlungsfreiheit und anderer Grundrechte abhalten kann.*" 49

8 Verordnung (EU) 2016/679 des Europäischen Parlaments und des Rates vom 27. April 2016 zum Schutz natürlicher Personen bei der Verarbeitung personenbezogener Daten, zum freien Datenverkehr und zur Aufhebung der Richtlinie 95/46/EG (Datenschutz-Grundverordnung), ABl. L 119 S. 1.

9 Richtlinie (EU) 2016/680 des Europäischen Parlaments und des Rates vom 27. April 2016 zum Schutz natürlicher Personen bei der Verarbeitung personenbezogener Daten durch die zuständigen Behörden zum Zwecke der Verhütung, Ermittlung, Aufdeckung oder Verfolgung von Straftaten oder der Strafvollstreckung sowie zum freien Datenverkehr und zur Aufhebung des Rahmenbeschlusses 2008/977/JI des Rates, ABl. L 119 S. 89.

10 Hierzu ausf. Hahn ZfDR 2023, 142 (144).

50 Dies ist sicherlich korrekt, wird aber auch für die nachträgliche Fernidentifizierung gelten.[11] Schließlich dürfte diese in der Praxis die KI-Technik sein, welche die Sicherheitsbehörden zur Terrorismusabwehr tatsächlich verwenden. Das Kinobild, in dem unzählige Beamte vor Monitoren sitzen und über zigtausende Kameras alles in Echtzeit überwachen, stimmt mit der Realität ja kaum überein. Eher wird die KI die Bilder nachträglich auswerten, **Bewegungs- oder Persönlichkeitsprofile bilden**, systematische Zusammenhänge herstellen, so dass diese Kategorie auch aus der **Perspektive des Datenschutzes bedrohlicher** erscheint.[12]

51 Dennoch stuft der AI Act das nachträgliche Verwerten von Echtzeitdaten nur als Hochrisiko-KI ein, während die biometrische Echtzeit-Fernidentifizierung mit wenigen Ausnahmen unter die verbotenen Praktiken fällt. Die **nachträgliche biometrische Fernidentifizierung** ist also unter Beachtung des Datenschutzrechts und unter Durchführung eines Risikoassessments und Vornahme einer technischen Dokumentation sowie unter Aufsicht von ein oder zwei natürlichen Personen **zulässig.**

52 Zwar bestehen für die Verwendung der Ergebnisse aus der nachträglichen biometrischen Fernidentifizierung die genannten zusätzlichen Anforderungen, der **Richtervorbehalt** sowie andere **prozessuale Safeguards**. Trotz dieser Einschränkungen ist der Unterschied zwischen dem rigorosen Verbot der einen Praktik und der Erlaubnis unter Auflagen der anderen Praktik aber eine unerwartete Differenzierung des AI Acts. Dem entspricht, dass der AI Act es den Mitgliedstaaten überlässt, **ggf. strengere Rechtsvorschriften** für die Verwendung von Systemen zur biometrischen Echtzeit-Fernidentifizierung zu erlassen (→ § 3 Rn. 21).

53 Gänzlich untersagt ist eine Nutzung von KI-Systemen zur nachträglichen biometrischen Fernidentifizierung nur in nicht zielgerichteter Weise und ohne **Zusammenhang mit einer Straftat, einem Strafverfahren,** der bestehenden oder vorhersehbaren Gefahr einer Straftat oder der **Suche nach einer vermissten Person**. Auch muss stets sichergestellt sein, dass die Strafverfolgungsbehörden keine Entscheidungen zulasten einer Person treffen, die ausschließlich auf einer nachträglichen biometrischen Fernidentifizierung beruhen. Diese Vorgabe gilt parallel zu Art. 9 DS-GVO[13] zur Verarbeitung besonderer Kategorien personenbezogener Daten und Art. 10 der Richtlinie zum Datenschutz in Strafsachen[14] für die Verarbeitung biometrischer Daten.

54 Jede Verwendung eines KI-Systems zur nachträglichen biometrischen Fernidentifizierung ist in der Polizeiakte zu **dokumentieren** und der zuständigen **Marktüberwachungsbehörde und** der nationalen **Datenschutzbehörde** auf Anfrage zur Verfügung zu stellen. Hiervon ausgenommen ist nur die Offenlegung sensibler operativer Daten im Zusammenhang mit einer Strafverfolgung.

11 Hahn ZfDR 2023, 142 (155).
12 Hahn ZfDR 2023, 142 (155 f.).
13 Verordnung (EU) 2016/679 des Europäischen Parlaments und des Rates vom 27. April 2016 zum Schutz natürlicher Personen bei der Verarbeitung personenbezogener Daten, zum freien Datenverkehr und zur Aufhebung der Richtlinie 95/46/EG (Datenschutz-Grundverordnung), ABl. L 119 S. 1.
14 Richtlinie (EU) 2016/680 des Europäischen Parlaments und des Rates vom 27. April 2016 zum Schutz natürlicher Personen bei der Verarbeitung personenbezogener Daten durch die zuständigen Behörden zum Zwecke der Verhütung, Ermittlung, Aufdeckung oder Verfolgung von Straftaten oder der Strafvollstreckung sowie zum freien Datenverkehr und zur Aufhebung des Rahmenbeschlusses 2008/977/JI des Rates, ABl. L 119 S. 89.

Zusätzlich zu der anlassbezogenen Berichtspflicht haben die Betreiber den zuständigen **Marktüberwachungs-** sowie den **Datenschutzbehörden Jahresberichte** über die Nutzung von Systemen zur nachträglichen biometrischen Fernidentifizierung vorzulegen. Auch hiervon ist die Offenlegung sensibler operativer Daten, die im Zusammenhang mit einer Strafverfolgung stehen, ausgenommen. Die Berichte werden typischerweise eine **Zusammenfassung** mehrerer Einsätze enthalten. 55

Parallel zu den Transparenzpflichten aus Art. 50 AI Act enthält auch Art. 27 AI Act Informationspflichten: Betreiber von in Anhang III aufgeführten Hochrisiko-KI-Systemen müssen natürliche **Personen darüber in Kenntnis setzen**, sobald ein **KI-System Entscheidungen fällt, die sie betreffen.** Dies gilt auch bereits dann, wenn das KI-System bei solchen Entscheidungen lediglich Unterstützung leistet. Für Hochrisiko-KI-Systeme, die zu Strafverfolgungszwecken eingesetzt werden, gilt Art. 13 der Richtlinie zum Datenschutz in Strafsachen.[15] Die Betreiber sind zudem verpflichtet, mit den nationalen Behörden bei allen Maßnahmen zusammenzuarbeiten, die diese im Zusammenhang mit dem Hochrisiko-KI-System ergreifen. 56

III. Pflichten der Einführer

Die Wertschöpfungsketten für KI-Systeme sind regelmäßig komplex. Um Rechtssicherheit auf allen Ebenen der Kette zu gewährleisten, bezieht der AI Act neben dem Anbieter und dem Betreiber weitere Akteure in seinen Adressatenkreis ein.[16] Die Pflichten der Einführer sind in Art. 23 AI Act zu finden. Ein Einführer ist nach Art. 3 Ziff. 6 AI Act eine in der EU befindliche bzw. niedergelassene natürliche oder juristische Person, die ein **KI-System aus einem Drittland in der EU in Verkehr bringt**. 57

Einführer eines Hochrisiko-KI-Systems haben nach Art. 23 AI Act vor dessen Inverkehrbringen sicherzustellen, dass Anbieter der von ihnen importierten Hochrisiko-KI-Systeme ihre Verpflichtungen aus dem AI Act eingehalten haben. Zu überprüfen sind insbesondere die Durchführung der **Konformitätsbewertung** gem. Art. 43 AI Act, die Erstellung der **technischen Unterlagen** nach Art. 11 iVm Anhang IV AI Act, die Vornahme der **CE-Kennzeichnung** und Erklärung sowie das Beifügen einer Betriebsanleitung, Art. 23 Abs. 1 lit. a-c AI Act. Zudem ist ein bevollmächtigter, in der EU ansässiger **Vertreter zu benennen**, der den zuständigen Behörden sämtliche erforderlichen Informationen über die Konformität des KI-Systems zur Verfügung stellen kann, Art. 23 Abs.1 lit. d AI Act. Andernfalls ist das KI-System vom Markt fernzuhalten, Art. 23 Abs. 2 AI Act.[17] 58

Birgt das KI-System ein **Risiko** im Sinne von Art. 79 Abs. 1 AI Act, dh eine Gefahr für die Gesundheit, Sicherheit oder Grundrechte von Personen, hat der Einführer den **bevollmächtigten Vertreter** sowie die zuständige **Marktüberwachungsbehörde zu unterrichten.** 59

15 Richtlinie (EU) 2016/680 des Europäischen Parlaments und des Rates vom 27. April 2016 zum Schutz natürlicher Personen bei der Verarbeitung personenbezogener Daten durch die zuständigen Behörden zum Zwecke der Verhütung, Ermittlung, Aufdeckung oder Verfolgung von Straftaten oder der Strafvollstreckung sowie zum freien Datenverkehr und zur Aufhebung des Rahmenbeschlusses 2008/977/JI des Rates, ABl. L 119 S. 89.

16 Vgl. ErwG 83 AI Act.

17 S. auch Ammann/Pohle CB 5/2024, 137 (141).

60 Darüber hinaus sind **Kontaktdaten** des Einführers (Name, eingetragener Handelsname, Handelsmarke, Anschrift) auf den Hochrisiko-KI-Systemen selbst oder, wenn nicht möglich, auf der Verpackung oder den Begleitunterlagen **anzugeben**, Art. 23 Abs. 3 AI Act.

61 Einführer haben die **ordnungsgemäße Lagerung** sowie den ordnungsgemäßen **Transport** der in ihrer Verantwortung befindlichen KI-Systeme sicherzustellen, Art. 23 Abs. 4 AI Act. **Konformitätsaufzeichnungen** sind zehn Jahre ab Inverkehrbringen oder Inbetriebnahme des betreffenden KI-Systems aufzubewahren, Art. 23 Abs. 5 AI Act und auf Anfrage der zuständigen Behörde in verständlicher Sprache vorzulegen, Art. 23 Abs. 6 AI Act. Auch darüber hinaus besteht eine generelle Pflicht zur **Zusammenarbeit** mit den zuständigen **Behörden**, Art. 23 Abs. 7 AI Act.

62 Die Anforderung der **Kommunikation in leicht verständlicher Sprache** findet sich in mehreren Artikeln des AI Acts, ua in Art. 21 Abs. 1 AI Act zur Zusammenarbeit mit den zuständigen Behörden, in Art. 44 Abs. 1 AI Act zu den von notifizierten Stellen ausgestellten Bescheinigungen gem. Anhang VII sowie in Art. 47 Abs. 2 AI Act zur EU-Konformitätserklärung.

63 Hierzu führt Erwägungsgrund 143 aus, dass die Mitgliedstaaten für die einschlägige Dokumentation der Anbieter und für die Kommunikation mit den Akteuren eine Sprache wählen sollen, die von einer **größtmöglichen Zahl auch grenzüberschreitender Betreiber verstanden** wird. Von den 24 Amtssprachen der EU wird diese Anforderung sicher auf die drei Verfahrenssprachen der EU – Französisch, Englisch und Deutsch – zutreffen, die auch statistisch von den meisten Menschen innerhalb der EU beherrscht werden.[18]

64 In bestimmten Situationen **überschneiden sich die Rollen der Akteure**. So ist es denkbar, dass ein Einführer gleichzeitig als Händler auftritt. In diesem Fall ist er verpflichtet, alle **Pflichten,** die mit diesen Rollen verbunden sind, **kumulativ zu erfüllen.**[19]

IV. Pflichten der Händler

65 Art. 24 AI Act verpflichtet **Händler** zu **überprüfen**, ob das Hochrisiko-KI-System mit der erforderlichen **CE-Kennzeichnung** versehen ist,[20] eine Kopie der **Konformitätserklärung** sowie **Betriebsanleitung** beigefügt sind und ob der Anbieter bzw. ggf. der Einführer des Systems seine Pflichten erfüllt hat. Erst nach positiver Kontrolle darf das System auf den Markt.

66 Hat der Händler Grund zu der Annahme, dass das KI-System den Anforderungen des AI Acts nicht entspricht, ist er verpflichtet, es solange **zurück zu halten**, bis die Konformität mit den Anforderungen sichergestellt wurde.

---

18 Englisch ist seit dem Brexit zwar nur noch Muttersprache von 13 % der EU-Bürger; etwa die Hälfte der Europäer (47 %) beherrscht Englisch aber als Fremd- oder Zweitsprache. Nach Englisch sind Deutsch (Muttersprache 20 %, Fremdsprache 10 %) und Französisch (Muttersprache 12 %, Fremdsprache 11 %), die am häufigsten beherrschten Sprachen in der EU. S. https://europa.eu/eurobarometer/surveys/detail/2979.

19 Vgl. ErwG 83 AI Act.

20 S. König/Schanz RDG 2017, 208 (209).

Solange sich das Hochrisiko-KI-System in seiner Verantwortung befindet, gewährleistet der Händler, dass die **Lagerungs- oder Transportbedingungen** die Konformität des Systems nicht beeinträchtigen. 67

Hat der Händler zumindest Grund zu der Annahme, dass ein von ihm auf dem Markt bereitgestelltes Hochrisiko-KI-System nicht den Anforderungen des AI Acts entspricht, muss er die erforderlichen **Korrekturmaßnahmen** ergreifen, um Konformität herzustellen. Kann er diese selbst nicht leisten, hat er den Anbieter, den Importeur oder ggf. jeden anderen relevanten Akteur, der dazu in der Lage ist, aufzufordern, die Korrekturen vorzunehmen. Scheitert auch dieser Versuch, ist das System vom Markt **zurückzurufen**. 68

Birgt das KI-System gar ein **Risiko für die Gesundheit, Sicherheit oder Grundrechte** von Personen, hat der Händler den Anbieter bzw. Importeur des Systems sowie die zuständigen **Behörden** jener Mitgliedstaaten zu **informieren**, in denen er das System bereitgestellt hat. Der Benachrichtigung sind ausführliche Angaben, insbesondere zur Nichtkonformität und zu bereits ergriffenen Korrekturmaßnahmen, beizufügen. 69

Auf Nachfrage hat der Händler den zuständigen nationalen Behörden die **Konformität** des KI-Systems **nachzuweisen**. Ergreifen die Behörden Maßnahmen, um vom System ausgehende Risiken abzumildern, ist der Händler zur Zusammenarbeit verpflichtet. 70

V. Verantwortlichkeiten entlang der KI-Wertschöpfungskette

KI wird nur selten von einem einzelnen Unternehmen entwickelt und von ihm direkt auf den Markt gebracht.[21] In der Regel sind weitere Unternehmen beteiligt, die das allgemeine Modell passgenau für konkrete Anwendungen adaptieren. Dieses **Gefüge aus** mehreren **Intermediären** muss der Gesetzgeber berücksichtigen. Er legt idealerweise stets jenem Akteur Pflichten auf, der am effektivsten und kostengünstigsten Einfluss nehmen kann.[22] 71

Der AI Act bildet diese Stufen entlang der Wertschöpfungskette ab. Er unterscheidet bei der Festlegung der Pflichten zwischen den verschiedenen Akteuren und legt ihnen in **unterschiedlichem Ausmaß Pflichten** auf. Die umfassendsten Anforderungen stellt Art. 16 AI Act dabei an Anbieter (→ Rn. 2). 72

Nur in besonderen Konstellationen müssen auch die weiteren Akteure in der Wertschöpfungskette **Anbieterpflichten erfüllen**, werden also Betreiber, Händler, Importeure und sonstige Dritte wie Anbieter behandelt, Art. 25 Abs. 1 AI Act. Dies ist der Fall, wenn sie ein bereits in Verkehr gebrachtes oder in Betrieb genommenes Hochrisiko-KI-System **mit ihrem Namen bzw. ihrer Handelsmarke versehen** oder vertraglich eine entsprechende Pflichtenverteilung vereinbaren, Art. 25 Abs. 1 lit. a AI Act.[23] 73

Ebenso unterliegen sie den Anbieterpflichten, wenn sie eine **wesentliche Änderung** an einem Hochrisiko-KI-System vornehmen oder die Zweckbestimmung eines KI-Systems, das zuvor nicht als hochriskant eingestuft wurde, so verändern, dass es dadurch zu 74

21 Hacker/Berz ZRP 2023, 226 (228).
22 Hacker/Berz ZRP 2023, 226 (228).
23 Ammann/Pohle CB 5/24, 137 (141).

einem Hochrisiko-KI-System wird, Art. 25 Abs. 1 lit. b und c AI Act. In diesen Fällen gilt der Anbieter, der das KI-System ursprünglich in Verkehr gebracht oder in Betrieb genommen hatte, nicht länger als solcher iSd AI Acts, Art. 25 Abs. 2 AI Act. Er ist allerdings verpflichtet, eng mit den „**neuen Anbietern**" zusammen zu arbeiten und ihnen alle benötigten Informationen zur Verfügung zu stellen, Art. 25 Abs. 2 AI Act.[24]

Für Betreiber ist es somit bedeutsam, die Schwelle der substanziellen Änderung nicht zu überschreiten, da sie andernfalls den umfassenderen Anbieterpflichten ausgesetzt sind. Als wesentliche Änderung definiert Art. 3 Ziff. 23 AI Act jede Modifikation des KI-Systems nach dessen Inverkehrbringen bzw. Inbetriebnahme, die zu einer **Änderung der Zweckbestimmung** führt, für die das KI-System bewertet wurde und insofern eine **neue Konformitätsprüfung** erfordert. Eine genauere Ausfüllung dieser für Betreiber äußerst wichtigen Begriffsbestimmung wird über die Leitlinien der EU-Kommission erfolgen, die im Lauf des Jahres 2025 erwartet werden.

75 Schließlich verfügt keiner der Akteure in der Wertschöpfungskette über alle Kenntnisse, die er zur Erfüllung der Pflichten aus dem AI Act braucht: Der Anbieter weiß als Entwickler nicht, wie das Modell später konkret genutzt werden wird. Die Betreiber, Händler und Importeure wiederum haben keine spezifischen Informationen etwa zu den Trainingsdaten.[25] Daher schließt der **Auskunftsanspruch** nach Art. 25 Abs. 2 Satz 2 AI Act auch einen technischen Zugang und jegliche sonstige Unterstützung mit ein, die für die Compliance mit dem AI Act, insbesondere für die Konformitätsbewertung, erforderlich sind.

76 Der **Erstanbieter kann** allerdings **festlegen**, dass sein **KI-System nicht in** ein **Hochrisiko-KI-System integriert bzw. umgewandelt** werden darf. Auf diesem Weg befreit er sich von der Pflicht zur Kooperation nach Art. 25 Abs. 2 AI Act. Auch muss er seine Dokumentation nicht übergeben, Art. 25 Abs. 2 letzter Satz AI Act.

77 Die **spiegelbildliche Problemlage** adressiert Art. 25 Abs. 4 AI Act: Stellt ein Dritter für ein Hochrisiko-KI-System Instrumente, Dienste, Verfahren oder Komponenten bereit, muss wiederum der Anbieter des Hochrisiko-KI-Systems in die Lage versetzt werden, die im AI Act festgelegten Pflichten zu erfüllen. Zu diesem Zweck setzt er gemeinsam mit dem Dritten eine Vereinbarung auf, aus der nach dem **anerkannten Stand der Technik** die Informationen, Fähigkeiten und der technische Zugang zu den integrierten Instrumenten, Komponenten, Diensten und Verfahren hervorgehen. Benötigt der Anbieter darüberhinausgehende Unterstützung, ist auch dies festzuhalten, Art. 25 Abs. 4 Satz 1 AI Act.

78 Für die Erstellung der Vereinbarung zwischen dem Anbieter und dem Dritten kann das AI Office **freiwillige Mustervertragsbedingungen** ausarbeiten bzw. empfehlen, welche auch allfällige vertragliche Anforderungen einzelner Sektoren berücksichtigen, Art. 25 Abs. 4 Satz 3 AI Act. Die freiwilligen Mustervertragsbedingungen werden kostenlos und elektronisch zur Verfügung gestellt, Art. 25 Abs. 4 letzter Satz AI Act.

79 Von der Pflicht, eine Vereinbarung mit dem Anbieter zu schließen, befreit sind Dritte, die Instrumente, Dienste, Verfahren oder Komponenten **open source** zugänglich ma-

24 Ammann/Pohle CB 5/24, 137 (142).
25 Hacker/Berz ZRP 2023, 226 (228).

chen, es sei denn, es handelt sich um KI-Modelle mit allgemeinem Verwendungszweck, Art. 25 Abs. 4 Satz 2 AI Act.

Unbestreitbar steht der Anspruch auf Information in einem Spannungsverhältnis zu Rechten des **geistigen Eigentums** und **vertraulichen Geschäftsinformationen**. Diese sind nach Art. 25 Abs. 5 AI Act zu schützen. Hier wird der Weg über Verschwiegenheitsvereinbarungen und Wettbewerbsverbotsklauseln sowie ggf. Schutzanordnungen von Gerichten verlaufen müssen.[26] 80

Handelt es sich bei dem Hochrisiko-KI-System um keine Stand-alone-KI, sondern um die **Sicherheitskomponente eines Produkts**, ist fraglich, ob der Hersteller des Produkts zugleich als Anbieter des KI-Systems gilt. Dies ist bei Produkten, die von einer der zwölf Richtlinien und Verordnungen des New Legislative Framework nach Anhang I Abschnitt A des AI Acts erfasst werden (→ § 8 Rn. 15), dann der Fall, wenn das **Produkt und das KI-System eine Einheit bilden** und **gemeinsam vermarktet** werden. Ob das KI-System und das Produkt zeitgleich gemeinsam in Verkehr gebracht werden oder erst das Produkt auf den Markt kommt und das KI-System nachträglich in Betrieb genommen wird, ist nicht entscheidend, solange beide unter dem Namen oder der Marke des Produktherstellers laufen, Art. 25 Abs. 3 AI Act. 81

VI. Grundrechte-Folgenabschätzung für Hochrisiko-KI-Systeme

Literatur: *Ashkar, Daniel*, Wesentliche Anforderungen der DS-GVO bei Einführung und Betrieb von KI-Anwendungen, ZD 2023, 523; *Baumgartner, Ulrich/Brunnbauer, Jonas H./Cross, Samuel*, Anforderungen der DS-GVO an den Einsatz von Künstlicher Intelligenz, MMR 2023, 543; *Buck-Heeb, Petra*: Rechtsrisiken bei automatisierter Kreditwürdigkeitsprüfung und Kreditvergabe, BKR 2023, 137; *Frank, Justus/Heine, Maurice*, KI-Einsatz im Betrieb unter der KI-Verordnung, NZA 2023, 1281; *Hessel, Stefan/Dillschneider, Jeanne*, Datenschutzrechtliche Herausforderungen beim Einsatz von Künstlicher Intelligenz, RDi 2023, 458; *Horstmann, Jan*, KI-VO und Datenschutz: Überblick und ausgewählte Fragen, ZD-Aktuell 2024, 01580; *Janssen, Heleen/Sengh Ah Lee, Michelle/Singh, Jatinder*, Practical fundamental rights impact assessments, International Journal of Law and Information Technology, Volume 30, Issue 2, 200; *Prange, Hans Michael*, Datenschutz- und lauterkeitsrechtliche Kernfragen des Einsatzes Künstlicher Intelligenz im Marketing, WRP 2024, 151; *Roßnagel, Alexander/Geminn, Christian/Johannes, Paul*, Datenschutz-Folgenabschätzung im Zuge der Gesetzgebung, ZD 2019, 435; *Schmitz, Barbara/von Dall'Arm, Jonas*, Datenschutz-Folgenabschätzung – verstehen und anwenden, ZD 2017, 57; *Schultze-Melling, Jyn*, Notwendigkeit einer intelligenten Regulation der KI, ZD 2021, 289; *Schulz-Große, Stefanie/Genske, Anna*, Auswirkungen der neuen KI-Verordnung auf den Behandlungsalltag – Datenschutzrechtliche Anforderungen und Sorgfaltspflichten der Behandelnden beim Einsatz von künstlicher Intelligenz zu Behandlungszwecken, GuP 2023, 81; *Schürrmann, Kathrin*, Datenschutz-Folgenabschätzung beim Einsatz Künstlicher Intelligenz, ZD 2022, 316; *Schwartmann, Rolf/Keber, Tobias/Zenner, Kai*, KI-Verordnung. Leitfaden für die Praxis, 2024.

Der AI Act bekennt sich zu einem auf den Menschen ausgerichteten Regulierungsansatz. KI-Anwendungen müssen mit den europäischen Werten und Rechtsvorschriften zum Schutz der Grundrechte in Einklang stehen. Gerade der Einsatz von Hochrisiko-KI-Systemen kann Auswirkungen auf die Grundrechte entfalten. Zudem stehen die Komplexität und Undurchsichtigkeit der meisten KI-Anwendungen dem Anspruch an 82

26 Hacker/Berz ZRP 2023, 226 (228).

Transparenz und Rechenschaft entgegen. Um diesem Konflikt gerade beim Einsatz von KI-Systemen mit hohem Risiko zu begegnen, schreibt der AI Act vor, dass **Betreiber, die Einrichtungen des öffentlichen Rechts** sind, aber auch **private Betreiber, die öffentliche Dienstleistungen erbringen**, sowie **Betreiber von bestimmten Hochrisiko-KI-Systemen** eine Folgenabschätzung in Bezug auf die Grundrechte durchführen müssen. Ziel dieser sog. Grundrechte-Folgenabschätzung ist es ausweislich Erwägungsgrund 96, dass der Betreiber eines KI-Systems die spezifischen Risiken, die sich zulasten der Rechte auch einzelner Personen auswirken können, vorab bemisst und **vorausschauend Maßnahmen** bestimmt, die im Falle des Eintretens der Risiken ergriffen werden. Zu diesen können Compliance-Strukturen zählen, Regelungen für die **menschliche Aufsicht** gem. den **Betriebsanleitungen** oder Verfahren für die **Bearbeitung von Beschwerden.**[27]

83 Die Grundrechte-Folgenabschätzung wurde erst **im Zuge des Trilogs** auf Wunsch des EU-Parlaments in den AI Act aufgenommen. Kritiker der Regelung sahen in ihr eine Anforderung ohne Mehrwert.[28] Schließlich fordert Art. 9 AI Act ohnedies eine allgemeine Risikobewertung, die auch grundrechtliche Aspekte abdeckt. Zudem ist nach Art. 35 DS-GVO bei personenbezogenen Daten in kritischen Szenarien eine **Datenschutz-Folgenabschätzung** vorzunehmen.

1. Adressaten

84 Adressaten der Pflicht zur Durchführung der Grundrechte-Folgenabschätzung sind nur **ausgesuchte Betreiber von Hochrisiko-KI-Systemen**, nämlich Einrichtungen des öffentlichen Rechts sowie private Einrichtungen, die öffentliche Dienste erbringen. Über einen Verweis auf Anhang III sind zudem **Banken und Versicherungen** erfasst, wenn sie Hochrisiko-KI-Systeme zur **Kreditwürdigkeitsprüfung** (Anhang III Nr. 5 lit. b AI Act) oder für die **Risikobewertung und Preisbildung** in Bezug auf natürliche Personen im Fall von **Kranken- und Lebensversicherungen** (Anhang III Nr. 5 lit. c AI Act) betreiben.[29]

85 Der Begriff des öffentlichen Dienstes ist nicht mit hoheitlichen Leistungen gleichzusetzen. Gemeint sind vielmehr Dienstleistungen, die mit **Aufgaben im öffentlichen Interesse** verknüpft sind,[30] dabei aber durchaus privatrechtlicher Natur sein können. Das Verständnis ist sehr weit gefasst; Erwägungsgrund 96 nennt etwa die Sektoren **Bildung, Gesundheitsversorgung, Sozialdienste, Wohnungswesen und Justizverwaltung** und inkludiert damit etwa auch Leistungen von Krankenhäusern.

86 So wie die Pflicht zur Grundrechte-Folgenabschätzung ausschließlich bestimmte Betreiber betrifft, beschränkt sie sich auch inhaltlich nur auf die Hochrisiko-KI-Systeme des Art. 6 Abs. 2 iVm Anhang III AI Act:

- Biometrik (Ziff. 1)
- Allgemeine und berufliche Bildung (Ziff. 3)

27 S. Dienes MMR 2024, 456 (456).
28 Hacker/Berz ZRP 2023, 226 (228).
29 Buck-Heeb BKR 2023, 137 (137); vgl. auch ErwG 96 AI Act.
30 ErwG 96 AI Act.

- Beschäftigung, Personalmanagement und Zugang zur Selbstständigkeit (Ziff. 4)
- Zugang zu grundlegenden privaten und öffentlichen Leistungen (Ziff. 5)
- Strafverfolgung (Ziff. 6)
- Migration, Asyl und Grenzkontrolle (Ziff. 7)
- Rechtspflege und demokratische Prozesse (Ziff. 8).

Der Bereich **kritische Infrastruktur** (Ziff. 2) ist von der Pflicht zur Grundrechte-Folgenabschätzung gem. Art. 27 Abs. 1 AI Act **sachlich ausdrücklich ausgenommen**. 87

2. Inhalte der Folgenabschätzung

Inhaltlich hat die Grundrechte-Folgenabschätzung zunächst eine **Beschreibung der Verfahren**, in denen das Hochrisiko-KI-System nach seiner Zweckbestimmung Verwendung findet, inkl. der **Angabe des Zeitraums** und der **Häufigkeit des Einsatzes** zu beinhalten. 88

Zudem sind Kategorien natürlicher Personen(-gruppen) anzuführen, die von seiner Verwendung betroffen sein könnten. Mit Blick auf diese **spezifischen Personengruppen** sind sodann die **Schadensrisiken zu ermitteln**. Als Grundlage hierfür dienen die vom Anbieter dem Betreiber nach Art. 13 AI Act bereitzustellenden Informationen sowie die menschliche Aufsicht nach Vorgabe der Betriebsanleitung. 89

Konkret muss die Grundrechte-Folgenabschätzung gem. Art. 27 Abs. 1 Satz 2 AI Act folgende Punkte umfassen: 90

- Beschreibung der Verfahren, bei denen das Hochrisiko-KI-System bestimmungsgemäß verwendet wird (lit. a),
- Beschreibung des Zeitraums und der Häufigkeit innerhalb dessen bzw. mit der jedes Hochrisiko-KI-System verwendet werden soll (lit. b),
- Kategorien der natürlichen Personen und Personengruppen, die von seiner Verwendung im spezifischen Kontext betroffen sein könnten (lit. c),
- die spezifischen Schadensrisiken, die sich auf die gem. lit. c ermittelten Kategorien von Personen oder Personengruppen auswirken könnten, unter Berücksichtigung der vom Anbieter gem. Art. 13 AI Act bereitgestellten Informationen (lit. d),
- Beschreibung der Umsetzung von Maßnahmen der menschlichen Aufsicht entsprechend den Betriebsanleitungen (lit. e),
- Maßnahmen, die bei Eintreten dieser Risiken zu ergreifen sind, einschließlich der Regelungen für die interne Unternehmensführung und Beschwerdemechanismen (lit. f).

Zeitlich ist die Grundrechte-Folgenabschätzung vor der Inbetriebnahme durchzuführen.[31] Die Ergebnisse sind der Marktüberwachungsbehörde zu übermitteln. Hierfür kann der **Fragebogen** verwendet werden, dessen Muster das **AI Office** nach Art. 27 Abs. 5 AI Act gegenwärtig erarbeitet. Er soll den Betreibern die **Berichtspflichten erleichtern**. 91

Wurden vor der ersten Verwendung des Hochrisiko-KI-Systems bereits Grundrechte-Folgenabschätzungen (vom Anbieter oder Betreiber) vorgenommen, dürfen diese her- 92

31 Kremer/Haar in: Schwartmann/Keber/Zenner, 2. Teil 1. Kap. Rn. 444.

angezogen werden. Das setzt allerdings voraus, dass das KI-System in der Zwischenzeit **keine Veränderungen** erfuhr oder die bestehende Grundrechte-Folgeneinschätzung den **aktuellen Stand** aus anderen Gründen **nicht mehr abbildet**. In diesen Fällen ist sie zu wiederholen.

93 Parallel zu der Befreiung vom Konformitätsbewertungsverfahren nach Art. 46 Abs. 1 AI Act kann der Betreiber die Marktüberwachungsbehörde aus außergewöhnlichen Gründen der öffentlichen Sicherheit, des Schutzes des Lebens und der Gesundheit von Personen, des Umweltschutzes oder des Schutzes wichtiger Industrie- und Infrastrukturanlagen um **Befreiung von der Grundrechte-Folgenabschätzung** ersuchen.

3. Zusammenspiel mit Datenschutz-Folgenabschätzung

94 Besteht bereits die Pflicht zu einer **Datenschutz-Folgenabschätzung** (**DSFA**) nach der DS-GVO oder der Richtlinie zum Datenschutz in Strafsachen, ermöglicht es der AI Act, beide **Folgenabschätzungen zu verbinden**: Die Datenschutz-Folgenabschätzung wurde durch Art. 35 DS-GVO als neues Instrument eingeführt. Noch vor Beginn einer Datenverarbeitung soll deren erwartbares Risiko bemessen werden, um rechtzeitig geeignete Maßnahmen treffen und der Verantwortung für die Datenverarbeitung nachkommen zu können.[32] Zusammen mit Art. 32 und Art. 36 DS-GVO bildet Art. 35 DS-GVO einen **dreistufigen Mechanismus zur Risikoeindämmung**.[33] Zuvor bestanden mit §§ 9 und 4d Abs. 5 BDSG aF nur deutlich weniger detaillierte Vorgängerregelungen,[34] die Anforderungen an technische und organisatorische Maßnahmen sowie Meldepflichten vorsahen.[35]

95 Art. 35 DS-GVO arbeitet ähnlich dem AI Act mit einem **risikobasierten Regulierungsansatz**.[36] Anknüpfungspunkt sind allerdings nach dem Wortlaut die **Rechte und Freiheiten natürlicher Personen**,[37] nicht die Gesundheit, Sicherheit oder Grundrechte. Inhaltliche Überschneidungen dürften jedoch naheliegen. Wie sich die unterschiedliche Formulierung der Risikoabstufung – „erhebliches Risiko" nach dem AI Act und „voraussichtlich hohes Risiko" im Wortlaut der DS-GVO – materiell auswirkt, ist nicht weiter konkretisiert. Nach der Wortlautauslegung scheint die Risikoschwelle der DS-GVO etwas niedriger angesetzt.

96 Die Verpflichtung zur Durchführung einer Datenschutz-Folgenabschätzung trifft in persönlicher Hinsicht den **Verantwortlichen**, der Daten verarbeitet. Nicht in den Anwendungsbereich fallen damit **Auftragsverarbeiter** und **Hersteller**. Verantwortlicher ist gem. Art. 4 Nr. 7 DS-GVO grds. die natürliche oder juristische Person, Behörde, Einrichtung oder andere Stelle, die über die Zwecke und Mittel der Verarbeitung von personenbezogenen Daten entscheidet.

97 Sachlich ist eine Datenschutz-Folgenabschätzung dann durchzuführen, wenn eine Form der Verarbeitung stattfindet, die voraussichtlich ein hohes Risiko für die Rechte

32 BeckOK DatenschutzR/Hansen DS-GVO Art. 35 Rn. 1.
33 Ehmann/Selmayr/Baumgartner, Art. 35 Rn. 1.
34 Roßnagel/Geminn/Johannes ZD 2019, 435 (435).
35 Schmitz/von Dall'Armi ZD 2017, 57 (57).
36 Schmitz/von Dall'Armi ZD 2017, 57 (59).
37 Roßnagel/Geminn/Johannes ZD 2019, 435 (439).

und Freiheiten natürlicher Personen birgt.[38] Abstrakt führt Art. 35 Abs. 1 DS-GVO dazu aus, dass dieses hohe Risiko insbesondere aus der **Verwendung neuer Technologien**, der Art, des Umfangs, der Umstände und der Zwecke der Verarbeitung resultiert. KI wird in diesem Zusammenhang jedenfalls als „neue Technologie" zu verstehen sein.[39]

Die Ermittlung des wahrscheinlichen Risikos erfolgt über ein **zweistufiges Verfahren**: 98
Im ersten Schritt ist vorbereitend zu prüfen, ob eine DSFA überhaupt erforderlich ist. Die Einschätzung, ob ein hohes Risiko gegeben ist, erfordert zunächst eine Schwellenwertanalyse. Diese stellt eine Art grobe Datenschutz-Folgenabschätzung im Hinblick auf sämtliche Datenverarbeitungsvorgänge dar, die Aufschluss darüber geben soll, ob ein voraussichtlich hohes Risiko vorliegt, welches im zweiten Schritt eine vollständige Folgenabschätzung notwendig macht.[40] Wann allerdings ein hohes Risiko für die Rechte und Freiheit natürlicher Personen vorliegt, ist in der DS-GVO nicht definiert. Um die Entscheidung zu erleichtern, ob ein konkreter Verarbeitungsvorgang eine Datenschutz-Folgenabschätzung erfordert, wurden von den Aufsichtsbehörden nach Art. 35 Abs. 4 und 5 DS-GVO sog. **Positiv- und Negativlisten** erstellt.[41] Findet sich ein Verarbeitungsvorgang auf einer der beiden Listen, kann anhand dieser unmittelbar entschieden werden. Ist der Verarbeitungsvorgang hingegen auf keiner Liste geführt, sollen die **Regelbeispiele** aus Art. 35 Abs. 3 DS-GVO die Entscheidung erleichtern. Ist auch hier keine Bezugnahme möglich, muss der Verantwortliche die Entscheidung über das „Ob" einer Datenschutz-Folgenabschätzung eigenverantwortlich treffen,[42] also im konkreten Einzelfall evaluieren, ob ein hohes Risiko für die Rechte und Freiheiten natürlicher Personen besteht.

Das Verständnis der Gefahr für Rechte und Freiheiten natürlicher Personen ist zunächst 99
iSd europäischen Individualgrundrechte zu interpretieren.[43] Ein **Risiko** iSd DS-GVO lässt sich definieren als „das Bestehen der Möglichkeit des Eintritts eines Ereignisses, das selbst einen Schaden (einschließlich ungerechtfertigter Beeinträchtigung von Rechten und Freiheiten natürlicher Personen) darstellt oder das zu einem weiteren Schaden für eine oder mehrere natürliche Personen führen kann".[44] Der Interpretation dienlich sind die Erwägungsgründe 71, 75, 76, 89 und 90 DS-GVO.

Danach sind **zwei Dimensionen** zu berücksichtigen: **Eintrittswahrscheinlichkeit** und 100
Schwere eines möglichen Schadens. Erwägungsgrund 75 zählt einige Schadensbilder beispielhaft auf (ua, wenn die Verarbeitung zu einer Diskriminierung, einem Identitätsdiebstahl oder -betrug, einem finanziellen Verlust führt[45]). Es ist im Rahmen von Art. 35 DS-GVO aber jedenfalls erforderlich, dass das konkrete Risiko im Einzelfall über die allgemeinen Gefahren hinausgeht.[46] Ein solches hohes Risiko kann sich gem. Art. 35 Abs. 1 S. 1 DS-GVO aus der Art, dem Umfang, den Umständen und dem Zweck einer Verarbeitung ergeben, insbesondere wenn neue Technologien verwendet werden.

38 Schürmann ZD 2022, 316 (320).
39 Kelber, Artificial Intelligence and AI Act, S. 12.
40 BeckOK DatenschutzR/Hansen DS-GVO Art. 35 Rn. 12.
41 Beispielhaft die Liste der DSK idF v. 18.7.2018 (sog. „Muss-Liste").
42 Ehmann/Selmayr/Baumgartner DS-GVO Art. 35 Rn. 5.
43 BeckOK DatenschutzR/Hansen DS-GVO Art. 35 Rn. 14.
44 DSK Kurzpapier Nr. 18, S. 1.
45 S. nur Langenbucher BKR 2023, 205 (206) zu der Vergabe von Verbraucherkrediten.
46 Sydow/Sassenberg/Schwendemann DS-GVO Art. 35 Rn. 10.

101 Aus Erwägungsgrund 91 lässt sich schließen, dass eine Datenschutz-Folgenabschätzung immer dann erforderlich sein soll, wenn eine **große Menge Daten von einer Vielzahl von Personen** und **unter Einsatz neuer Technologien verarbeitet** werden soll und dies aufgrund der **Sensibilität der Daten** ein potenziell hohes Risiko birgt. Praktisch wird dies etwa im Banken- und Versicherungssektor relevant sein, wenn hier KI zum Einsatz kommt.[47] Eine für die Praxis dienliche Auslegungshilfe bieten die Leitlinien des Europäischen Datenschutzausschusses.[48]

102 Kommt der Verantwortliche zu dem Ergebnis, dass der Verarbeitungsvorgang „voraussichtlich ein hohes Risiko für die Rechte und Freiheiten natürlicher Personen" zur Folge hat und eine Datenschutz-Folgenabschätzung daher erforderlich ist, muss diese im zweiten Schritt mit dem folgenden Mindestinhalt gem. Art. 35 Abs. 7 DS-GVO erstellt werden:

- systematische Beschreibung der geplanten Verarbeitungsvorgänge und der Zwecke der Verarbeitung, ggf. einschließlich der von dem Verantwortlichen verfolgten berechtigten Interessen, lit. a,
- Bewertung der Notwendigkeit und Verhältnismäßigkeit der Verarbeitungsvorgänge in Bezug auf den Zweck, lit. b,
- Bewertung der Risiken für die Rechte und Freiheiten der betroffenen Personen, lit. c,
- die zur Bewältigung der Risiken geplanten Abhilfemaßnahmen, lit. d.

103 Die Datenschutz-Folgenabschätzung ist umfassend zu **dokumentieren**, wobei die konkrete Methode zur Erstellung frei gewählt werden kann. Beispiele für EU-weit anerkannte Methoden finden sich zB im Anhang I der Leitlinien des Europäischen Datenschutzausschusses.[49]

104 Für mehrere Verarbeitungsvorgänge mit ähnlich hohen Risiken kann eine einzige Abschätzung vorgenommen werden. Zudem ist gem. Art. 35 Abs. 2 DS-GVO bei der Durchführung der Rat des Datenschutzbeauftragten einzuholen. Geht aus einer Datenschutz-Folgenabschätzung hervor, dass eine Verarbeitung ein hohes Risiko zu Folge hätte, sofern der Verantwortliche keine Maßnahmen zur Eindämmung des Risikos trifft, hat er gem. Art. 36 Abs. 1 DS-GVO vor der Verarbeitung die Aufsichtsbehörde zu konsultieren und ihr ua die Datenschutz-Folgenabschätzung zur Verfügung zu stellen. Die Aufsichtsbehörde ist dann befugt, Empfehlungen auszusprechen oder Maßnahmen zu treffen.

105 Die von dem Erfordernis zur Durchführung einer Grundrechte-Folgenabschätzung erfassten **Betreiber von KI-Hochrisiko-Systemen** iSv Art. 6 Abs. 2 AI Act können gleichzeitig als **Verantwortliche iSd DS-GVO** qualifiziert werden, weil sie regelmäßig Daten verarbeiten. Insbesondere wird KI als „neue Technologie" iSv Art. 35 DS-GVO zu verstehen sein.[50] Damit erfordert eine im Zusammenhang mit dem Betrieb eines KI-Hochrisiko-Systems stehende Datenverarbeitung regelmäßig gleichzeitig eine Datenschutz-Folgenabschätzung nach Art. 35 Abs. 1 DS-GVO, welche dann ebenfalls vom Betreiber durchzuführen ist. Für diesen Fall sieht Art. 27 Abs. 4 AI Act allerdings vor, dass

47 Vgl. Laue/Nink/Kremer § 10 Rn. 42.
48 Leitlinien zur DSFA idF v. 4.10.2017.
49 Leitlinien zur DSFA idF v. 4.10.2017.
50 Kelber, Artificial Intelligence and AI Act, S. 12.

die nach dem AI Act vorzunehmende Grundrechte-Folgenabschätzung die nach der DS-GVO notwendige Datenschutz-Folgenabschätzung lediglich zu ergänzen hat, wenn der Verantwortliche die Pflichten der Grundrechte-Folgenabschätzung bereits in der Datenschutz-Folgenabschätzung erfüllt. Daraus ergibt sich, dass nach der legislativen Konzeption ein **doppelter Erfüllungsaufwand** für Betreiber **vermieden** werden soll und er beide Vorgänge zumindest in einer einheitlichen Dokumentation führen kann. So ist vorstellbar, dass der Verantwortliche konkrete Verarbeitungsvorgänge innerhalb des KI-Systems beschreibt und die damit verbundene Risikoeinschätzung einheitlich vornimmt. Da es sich bei den in Art. 35 Abs. 7 DS-GVO aufgezählten Inhalten lediglich um Mindestinhalte handelt, ist eine entsprechende Ergänzung um besondere Inhalte der KI-Risikobeurteilung auch nach der DS-GVO ausdrücklich zulässig. Eine praktische Schwierigkeit könnte sich im Einzelfall aus den im Wortlaut unterschiedlichen Risikoabstufungen des AI Acts und der DS-GVO ergeben.

Insgesamt kann das Erfordernis der Grundrechte-Folgenabschätzung für Betreiber 106
einen hohen Aufwand bedeuten, da diese häufig nicht zugleich Anbieter sind und das KI-System nicht entwickelt haben. Um die konkreten Risiken einschätzen zu können, bedarf es daher einer umfangreichen **Zusammenarbeit zwischen Anbietern und Betreibern**. Gleichzeitig werden einige Betreiber aber auch bereits über Compliance-Strukturen zur Durchführung der Datenschutz-Folgenabschätzung verfügen und an diesen ansetzen können.

§ 7 Notifizierung

Literatur: *Ashkar, Daniel/ Schröder, Christian*, Das Gesetz über künstliche Intelligenz der Europäischen Union (KI-Verordnung), BB 2024, 771; *Schwartmann, Rolf/Keber, Tobias/Zenner, Kai*, KI-Verordnung. Leitfaden für die Praxis, 2024.

1 Art. 28 AI Act leitet den Abschnitt über **notifizierende Behörden** und **notifizierte Stellen** ein. Während der Begriff der Notifizierung allgemein ein Verfahren beschreibt, in dem die Mitgliedstaaten die EU-Kommission (und in einigen Fällen auch die Mitgliedstaaten) über einen Rechtsakt in Kenntnis setzen müssen, bevor dieser als nationale Vorschrift Geltung entfalten kann, bezieht sich die Notifizierung im Kontext des AI Acts auf die in den Mitgliedstaaten **einzurichtenden Konformitätsbewertungsstellen.** Konformitätsbewertung bezeichnet nach Art. 3 Ziff. 20 AI Act das Verfahren der Bewertung, ob die Anforderungen des AI Acts (speziell jene in Titel III, Abschnitt 2) an ein Hochrisiko-KI-System erfüllt werden.[1]

I. Notifizierende Behörden

2 Nach Art. 3 Ziff. 19 AI Act sind jene **nationalen Behörden** „notifizierend", die für das Verfahren zur Bewertung, Benennung und Notifizierung von Konformitätsbewertungsstellen und deren Überwachung zuständig sind. Weil notifizierende Behörden **Teil des durch den AI Act begründeten Aufsichtssystems** sind, werden sie an späterer Stelle eingehend behandelt (→ § 12 Rn. 54).

II. Notifizierte Stellen

3 Eine **notifizierte Stelle** ist nach Art. 3 Ziff. 22 AI Act eine Konformitätsbewertungsstelle, die nach dem AI Act und weiteren einschlägigen europäischen Harmonisierungsrechtsvorschriften notifiziert wurde. Ihr kommt die Aufgabe zu, die **Konformität von Hochrisiko-KI-Systemen** nach dem in Art. 43 AI Act festgelegten Konformitätsbewertungsverfahren **zu überprüfen**, Art. 34 Abs. 1 AI Act.

4 Notifizierte Stellen unterliegen hierbei **Anforderungen an die Ressourcenausstattung**, die **Cybersicherheit**, ihre **Governance** inkl. Zuweisung von Zuständigkeiten und Berichtslinien sowie das **Qualitätsmanagement**, Art. 31 AI Act. Es muss zu jeder Zeit gewährleistet sein, dass die Funktionsweise der notifizierten Stelle das Vertrauen in ihre Leistung und in die Ergebnisse der durchgeführten Konformitätsbewertungen rechtfertigt, Art. 31 Abs. 3 AI Act.

5 Hierzu gehört, dass die notifizierten Stellen ihre Aufgaben mit höchster **beruflicher Integrität** und **Fachkompetenz** ausführen. Jede notifizierte Stelle muss über ausreichende Kenntnisse nicht nur in Bezug auf die Anforderungen des AI Acts, sondern auch hinsichtlich einschlägiger KI-Systeme sowie administratives, technisches, juristisches und wissenschaftliches Personal verfügen, Art. 31 Abs. 11 AI Act.

6 Diese Anforderung erstreckt sich auch auf Dritte – insbesondere **Unterauftragnehmer** oder **Zweigstellen** – die im Auftrag und in Verantwortung der notifizierten Stelle tätig

1 Ashkar/Schröder BB 2024, 771 (774).

werden, Art. 31 Abs. 10 AI Act. Die Weitergabe eines Auftrags an eine Zweigstelle oder einen Unterauftragnehmer setzt die Zustimmung des Anbieters voraus, Art. 33 Abs. 3 AI Act.

Insbesondere ist zu gewährleisten, dass die notifizierten Stellen von dem Anbieter des Hochrisiko-KI-Systems, dessen Konformität sie bewerten, **unabhängig** sind. Die Unabhängigkeit muss auch hinsichtlich aller weiteren Akteure, die ein wirtschaftliches Interesse an dem zu bewertenden KI-System haben, gegeben sein. Hierzu zählen auch **Konkurrenten des Anbieters.** Auch dürfen weder die Konformitätsbewertungsstelle selbst, ihre oberste Leitungsebene noch die für die Erfüllung ihrer Konformitätsbewertungsaufgaben zuständigen Mitarbeiter direkt am Entwurf, der Entwicklung, Vermarktung oder Verwendung eines Hochrisiko-KI-Systems beteiligt sein oder an diesen Tätigkeiten beteiligte Parteien vertreten. Generell dürfen sie keine Tätigkeiten ausüben, die ihre Objektivität bei der Beurteilung oder ihre Integrität beeinträchtigen könnten. Dies gilt insbesondere bei **Beratungsdienstleistungen**, Art. 31 Abs. 5 AI Act. 7

Nicht ausgeschlossen ist allerdings, dass die Konformitätsbewertungsstelle **von ihr bewertete KI-Systeme selbst verwendet**, wenn diese für ihre Tätigkeit erforderlich sind. Auch die Verwendung von zu prüfenden KI-Systemen **zum persönlichen Gebrauch** ist nicht untersagt, Art. 31 Abs. 4 AI Act. 8

Die notifizierten Stellen arbeiten mit **internen Verfahrensrichtlinien**. Die Richtlinien berücksichtigen die Komplexität des zu prüfenden KI-Systems, die Größe des Betreibers, den Sektor, in dem dieser tätig ist, sowie seine Unternehmensstruktur. 9

Es muss jederzeit sichergestellt sein, dass die **Vertraulichkeit aller Informationen**, die im Rahmen einer Konformitätsbewertung in ihre Sphäre gelangen, gem. Art. 78 AI Act gewahrt wird. Diese Pflicht umschließt alle Mitarbeiter, Zweigstellen und Unterauftragnehmer der notifizierten Stelle sowie Mitarbeiter externer Einrichtungen. 10

Für die erforderliche **Transparenz** legen die notifizierten Stellen ein **Verzeichnis ihrer Zweigstellen** an und veröffentlichen dieses. Die Unterlagen über die Bewertung der Qualifikation eines Unterauftragnehmers oder einer Zweigstelle und die von ihnen ausgeführten Arbeiten werden für einen Zeitraum von fünf Jahren ab dem Datum der Beendigung der Unterauftragsvergabe aufbewahrt und ggf. **der notifizierenden Behörde ausgehändigt**. 11

Die notifizierte Stelle muss nach Art. 33 Abs. 1 AI Act sicherstellen, dass die Zweigstelle oder der Unterauftragnehmer die **Anforderungen aus Art. 31 AI Act erfüllen**. Ihr kommt diesbzgl. eine **Prüffunktion** zu; sie **haftet** auch für jene Arbeiten, die sie Dritten übertragen hat. 12

Entsprechend sind die notifizierten Stellen verpflichtet, eine angemessene **Haftpflichtversicherung** abzuschließen, Art. 31 Abs. 9 AI Act. Wird die Haftpflicht aufgrund des nationalen Rechts direkt von dem Mitgliedstaat gedeckt oder ist der Mitgliedstaat selbst unmittelbar für die Konformitätsbewertung zuständig, entfällt diese Pflicht. 13

Zwischen den notifizierten Stellen und der notifizierenden Behörde soll nach Art. 45 AI Act ein **reger Informationsaustausch** bestehen: Die notifizierten Stellen müssen die notifizierenden Behörde über alle Unionsbescheinigungen über die Bewertung der technischen Dokumentation, etwaige Ergänzungen dieser Bescheinigungen und Ge- 14 nehmigungen von Qualitätsmanagementsystemen in Kenntnis setzen. Ebenso haben sie vice versa über Verweigerungen, Einschränkungen, Aussetzungen oder Rücknahmen von Unionsbescheinigungen zu informieren, Art. 45 Abs. 1 AI Act. Generell sind alle Umstände, die Folgen für den Anwendungsbereich oder die Bedingungen der Notifizierung haben, mitteilungsbedürftig – nicht nur im Verhältnis zu der notifizierenden Behörde, sondern auch gegenüber anderen notifizierten Stellen, Art. 45 Abs. 2 AI Act. Sofern andere notifizierte Stellen Konformitätsbewertungen für vergleichbare KI-Systeme übernehmen, übermittelt sie diesen einschlägige Informationen über negative – und auf Anfrage auch – positive Konformitätsbewertungsergebnisse, Art. 45 Abs. 3 AI Act. Dabei ist **Vertraulichkeit** gegenüber Dritten zu gewährleisten, Art. 28 Abs. 6 iVm Art. 78 AI Act.

15 Um die **Zusammenarbeit** und **Einheitlichkeit in der Bewertung** darüber hinaus zu fördern, sind die notifizierten Stellen aufgefordert, sich an den von Art. 38 AI Act genannten Koordinierungstätigkeiten zu beteiligen (→ Rn. 22). Sie sollen unmittelbar oder mittelbar an der **Arbeit der europäischen Normungsorganisationen mitwirken** (→ § 8 Rn. 2) und müssen sicherstellen, dass sie stets über den Stand der einschlägigen Normen informiert sind.

16 Die notifizierten Stellen sollen bei der Durchführung ihrer **Konformitätsprüfung** die **Größe des Anbieters**, den **Sektor**, in dem er tätig ist, seine **Struktur** sowie die **Komplexität** des betreffenden Hochrisiko-KI-Systems gebührend **berücksichtigen**, um den Verwaltungsaufwand und die Kosten für Kleinst- und kleine Unternehmen inkl. Start-ups gering zu halten.[2] Es gilt, den richtigen Grad zu finden, um durchgehend die Strenge und das **Schutzniveau** zu **gewährleisten**, das für die Konformität des Hochrisiko-KI-Systems mit den Anforderungen des AI Acts erforderlich ist und gleichzeitig unnötige Belastungen für die Anbieter zu vermeiden, Art. 34 Abs. 2 AI Act.

17 **Bestätigt** die notifizierte Stelle die **Konformität eines KI-Systems**, stellt sie die **Bescheinigung** nach Anhang VII in einer Sprache aus, die für die einschlägigen Behörden des Mitgliedstaats, in dem die notifizierte Stelle niedergelassen ist, verständlich ist, Art. 44 Abs. 1 AI Act.

18 Die Bescheinigung enthält eine **Gültigkeitsdauer**. Sie darf **fünf Jahre** für unter Anhang I (= Liste der EU-Harmonisierungsrechtsvorschriften) fallende KI-Systeme und **vier Jahre** für unter Anhang III (= Hochrisiko-KI-Systeme gem. Art. 6 Abs. 2 AI Act) fallende KI-Systeme nicht überschreiten. Der Anbieter kann eine Verlängerung beantragen. Eine solche würde sich auch auf etwaige Ergänzungen, die der Bescheinigung beigefügt sind, erstrecken, Art. 44 Abs. 2 AI Act.

19 Stellt eine notifizierte Stelle fest, dass ein KI-System die Anforderungen des AI Acts nicht mehr erfüllt, kann sie die ausgestellte Bescheinigung **aussetzen**, **widerrufen** oder **einschränken**, sofern geeignete Korrekturmaßnahmen des Anbieters nicht innerhalb einer angemessenen Frist greifen. Die Entscheidung der notifizierten Stelle ist zu begründen. Der Anbieter kann gegen alle Entscheidungen der notifizierten Stellen, auch

2 Im Sinne der Empfehlung der Kommission vom 6. Mai 2003 betreffend die Definition der Kleinstunternehmen sowie der kleinen und mittleren Unternehmen (2003/361/EG), ABl. Nr. L 124 S. 36.

gegen jene über ausgestellte Konformitätsbescheinigungen, **Einspruch** einlegen, Art. 44 Abs. 3 AI Act.

Bestehen begründete **Zweifel** an der **Kompetenz** oder **Pflichterfüllung** einer notifizierten Stelle, ist zunächst die notifizierende Behörde aufgerufen, den Sachverhalt zu untersuchen. Die notifizierte Stelle erhält die Möglichkeit zur Stellungnahme. Ergibt die Untersuchung tatsächlich eine Pflichtverletzung, schränkt die notifizierende Behörde je nach Schwere des Vorfalls die Benennung ein, setzt sie aus oder widerruft sie. Zudem muss überprüft werden, ob die von der notifizierten Stelle in der Vergangenheit ausgestellten Bescheinigungen noch vorschriftsmäßig sind. Nicht ordnungsgemäß ausgestellte Konformitätsbescheinigungen werden ausgesetzt oder widerrufen, Art. 36 Abs. 4 AI Act. 20

Von dem Vorgehen sind die EU-Kommission und die anderen Mitgliedstaaten in Kenntnis zu setzen. Das ist auch deshalb erforderlich, weil die **Kompetenz zur Untersuchung von Pflichtverletzungen** notifizierter Stellen erforderlichenfalls auf die EU-Kommission übergeht, Art. 37 AI Act. Daher muss die notifizierende Behörde der EU-Kommission auf Anfrage alle Informationen über die betreffende notifizierte Stelle zur Verfügung stellen. Kommt die EU-Kommission – ggf. abweichend von dem Ergebnis des Mitgliedstaates – zu der Einschätzung, dass eine notifizierte Stelle die Anforderungen des AI Acts nicht (mehr) erfüllt, fordert sie den Mitgliedstaat auf, Abhilfemaßnahmen zu ergreifen – etwa in Form einer **Aussetzung oder eines Widerrufs der Notifizierung.** Kommt der Mitgliedstaat dieser Aufforderung nicht nach, kann die EU-Kommission über einen Durchführungsrechtsakt selbst die Benennung aussetzen, einschränken oder widerrufen. Der Durchführungsrechtsakt ist nach Art. 98 Abs. 2 AI Act zu erlassen. 21

Um eine Einheitlichkeit im Ablauf der **Konformitätsbewertungsverfahren** sicherzustellen und bewährte Verfahren zu etablieren, fördert die EU-Kommission eine **unionsweite Zusammenarbeit notifizierter Stellen.** Diese sollen Gruppen bilden, die für den Aufbau spezifischer Expertise sektoral organisiert sind. Jede notifizierende Behörde hat dafür Sorge zu tragen, dass sich die von ihr notifizierten Stellen direkt oder über Vertreter an der Arbeit in den Gruppen beteiligen, Art. 38 AI Act. 22

Auch Konformitätsbewertungsstellen, die **nach dem Recht eines Drittlands errichtet** wurden, können ermächtigt werden, als notifizierte Stelle tätig zu sein, wenn ein entsprechendes Abkommen mit der EU besteht und das gleiche Maß an Konformität gewährleistet ist, Art. 39 AI Act. 23

§ 8 Harmonisierte Normen und Konformitätsbewertung

Literatur: *Abend, Kerstin*, Neues Unionsrecht für die Vermarktung von Bauprodukten, EuZW 2013, 611; *von Czettritz*, Peter, Zur Bedeutung der CE-Zertifizierung in wettbewerbsrechtlichen Verfahren – zugleich eine Anmerkung zu Landgericht Hamburg, Urteil vom 19.9.2019, 403 HKO 43/19 und Oberlandesgericht Hamburg, Urteil vom 12.12.2019, 3 U 14/19, MPR 2020, 14; *De la Roza, Rafael*, „Private Labelling" von Medizinprodukten: Fallstricke und Hinweise zur rechtssicheren Vertragsgestaltung zwischen Inverkehrbringer und OEM-Hersteller, MPR 2008, 70; *Frank, Lucia*, Digitale Barrierefreiheit von Produkten und Dienstleistungen, ZfPC 2024, 21; *Gerdemann, Simon*, Harmonisierte Normen und ihre Bedeutung für die Zukunft der KI, MMR 2024, 614; *Hartmannsberger, Roland/Herzig, Andreas*, Wettbewerbsrechtliche Folgen von Verstößen gegen formale Produktanforderungen, GRUR-RR 2016, 433; *Irmer, Franziska*, CE-Kennzeichnung und die Auswirkung einer Unternehmenstransaktion, MPR 2011, 109; *König, Walter/Schanz, Michael*, Die CE-Kennzeichnung – ein genauer Blick lohnt sich, RDG 2017, 208; *Lachenmann, Mattias*, EU-Rat stimmt KI-Verordnung zu – neue Pflichten für Unternehmen, MMR-Aktuell 2024, 01359; *Lötzsch, Markus/Fifka, Matthias*, Einführung einer CE-Kennzeichnung zum vorbeugenden Schutz von Menschenrechten in Wertschöpfungsketten, EuZW 2020, 179; *Schucht, Carsten*, Der Händler im Produktsicherheitsrecht – Rolle, Pflichten, Rechtsrisiken, CCZ 2020, 322; *Schucht, Carsten*, Produkt-Zertifikate beim Warenvertrieb – Risikosteuerung und Rechtspflicht, NJW 2019, 1335; *Schucht, Carsten*, Produktsicherheit durch Kennzeichnung, DÖV 2018, 431; *Schwartmann, Rolf/Keber, Tobias/Zenner, Kai*, KI-Verordnung. Leitfaden für die Praxis, 2024; *Voigt, Paul/Falk, Lucas*, Der Cyber Resilience Act, MMR 2023, 88; *Wagner, Gerhard*, Schadensersatz wegen Verletzung von Unionsrecht – Luxemburg locuta, causa aperta, NJW 2023, 1761; *Wiebe, Gerhard/Daelen, Johannes*, Der Cyber Resilience Act aus produktsicherheitsrechtlicher Perspektive, EuZW 2023, 257; *Wiebe, Gerhard*, Produktsicherheitsrechtliche Betrachtung des Vorschlags für eine KI-Verordnung, BB 2022, 899; *Wilrich, Thomas*, Kein „nachträgliches CE" des Betreibers, sondern nur Compliance mit der BetrSichV bei rechtswidrigen Altmaschinen, CCZ 2020, 294; *Wilrich, Thomas*, Maschinen ohne CE-Kennzeichnung und die Betreiberverantwortung, ARP 2020, 223.

I. Zusammenspiel mit europäischen Normungsorganisationen

1 Der AI Act bildet nur einen Baustein in dem neuen System zur Regulierung von KI. Einen großen weiteren Baustein bildet die Standardsetzung mittels sog. harmonisierter Normen, die Art. 40 AI Act regelt. Während harmonisierte Normen im Digitalrecht noch vergleichsweise unbekannt sind, stellen sie im Produktsicherheitsrecht ein bereits seit Jahren erprobtes Mittel dar, das Regulierungskompetenzen faktisch auf die Europäischen Normungsorganisationen überträgt. Ihnen kommt die Aufgabe zu, die mitunter vage bleibenden abstrakten Anforderungen des AI Acts durch die Entwicklung von Standards in ein für die Praxis handhabbares Set aus konkreten technischen Anforderungen zu überführen, das über das Zusammenwirken mit weltweit tätigen Schwes-

terorganisationen zugleich international anschlussfähig ist.[1] Zwar kommt den Europäischen Normungsorganisationen keine eigene demokratische Legitimation zu, so dass die harmonisierten Normen keinen rechtlichen Normcharakter besitzen, ihre praktische Bedeutung kann aber kaum überschätzt werden.[2] Dies hängt mit der in Art. 40 Abs. 1 AI Act geregelten Konformitätsvermutung zusammen, nach der die Einhaltung der gesetzlichen Anforderungen vermutet wird, wenn und soweit die Ausgestaltung und Kontrolle eines Hochrisiko-KI-Systems den Standards der harmonisierten Normen entspricht. Die freiwillige Befolgung der harmonisierten Normen erscheint dadurch die rechtssicherste und zugleich kostengünstigste Vorgehensweise zu sein, die eigenen technischen Lösungen regelmäßig überlegen ist.[3]

Die harmonisierten Normen zum AI Act werden von dem Komitee JTC 21 erarbeitet, 2
das von den europäischen Normungsorganisationen **CEN** (Europäisches Komitee für Normung) und **CENELEC** (Europäisches Komitee für elektrotechnische Normung) gemeinsam einberufen wurde.[4] Den Auftrag zur Erstellung der harmonisierten Normen gem. Art. 10 der Verordnung zur europäischen Normung[5] gab die EU-Kommission bereits im Mai 2023. Inhaltlich prägt der Auftrag die Tätigkeit des Komitees aber nicht, die Normungsorganisationen arbeiten unabhängig. Die harmonisierten Normen werden für Ende 2025 erwartet, um den Unternehmen noch ausreichend Zeit zu geben, sich vor dem hauptsächlichen Geltungsbeginn des AI Acts am 2.6.2026 auf die konkreten Anforderungen einzustellen.

Der **Normungsauftrag** der EU-Kommission zum AI Act enthält nach Art. 40 Abs. 2 AI 3
Act Einzelheiten zum Anwendungsbereich, zu den Fristen und zu den rechtlichen Anforderungen, die die Normen erfüllen müssen. Dies stellt sicher, dass die entwickelten Normen direkt den im AI Act festgelegten Anforderungen entsprechen. Zudem gab die EU-Kommission vor, dass die Normen klar und konsistent sein müssen. Diese Anforderung bezieht sich insbesondere auf die Widerspruchsfreiheit zu den sektoralen Vorgaben für Produkte.

Zusätzlich verlangt wurden Dokumente zu den **Berichterstattungs- und Dokumenta-** 4
tionsverfahren im Hinblick auf die Verbesserung der Ressourcenleistung von KI-Systemen – etwa zu der energieeffizienten Entwicklung von KI-Modellen mit allgemeinem Verwendungszweck.

Beim Entwurf der Normen durch die europäischen Normungsorganisationen stellen 5
auch die **Normungsinstitute der Mitgliedstaaten** (NSB)[6] technische Expertise zur Verfügung. Sie fließt in die Arbeit des Komitees JTC 21 ein, dem auch eine Auswahl von Interessengruppen als Beobachter angehört.

1 Ausf. Gerdemann MMR 2024, 614 (615).
2 Gerdemann MMR 2024, 614 (615).
3 So Gerdemann MMR 2024, 614 (615).
4 Guijarro Santos ZfDR 1/2023, 23 (32).
5 Verordnung (EU) Nr. 1025/2012 des Europäischen Parlaments und des Rates vom 25. Oktober 2012 zur europäischen Normung, zur Änderung der Richtlinien 89/686/EWG und 93/15/EWG des Rates sowie der Richtlinien 94/9/EG, 94/25/EG, 95/16/EG, 97/23/EG, 98/34/EG, 2004/22/EG, 2007/23/EG, 2009/23/EG und 2009/105/EG des Europäischen Parlaments und des Rates und zur Aufhebung des Beschlusses 87/95/EWG des Rates und des Beschlusses Nr. 1673/2006/EG des Europäischen Parlaments und des Rates, ABl. L 316 S. 12.
6 Eine Aufstellung der Mitglieds-NSBs von CEN kann hier abgerufen werden: https://standards.cencenelec.eu/dyn/www/f.?p=CEN:5.

6 Das Komitee JTC 21 versteht sich als Arbeitsgruppe aus Experten der Normungsinstitute der Mitgliedstaaten und Beobachtern.. Der Gruppe muss nicht unbedingt ein Experte pro Land angehören; das Komitee **kann seine Zusammensetzung frei wählen**. Es erstellt einen Entwurf auf der Grundlage eines **Konsenses.**

7 In der Regel orientieren sich die europäischen Normungsorganisationen an den **internationalen Normen der Organisation für internationale Normung (ISO)** oder der **Internationalen Elektrotechnischen Kommission (IEC)**, soweit diese verfügbar sind. Dies entspricht Art. 40 Abs. 3 AI Act, der die Stärkung der weltweiten Zusammenarbeit bei der Normung und die Berücksichtigung bestehender internationaler Normen im Bereich der KI zum Ziel erklärt, soweit diese mit den Werten, Grundrechten und Interessen der EU im Einklang stehen. Die internationale Zusammenarbeit ist ein wichtiger Bestandteil des WTO-Abkommens über technische Handelshemmnisse, das Länder daran hindert, den internationalen Handel durch Normen zu behindern. Sie dient der Gewährleistung der internationalen Konsistenz und soll auch die Multi-Stakeholder-Governance verbessern, indem sie eine wirksame Beteiligung aller relevanten Interessenträger fördert.[7]

8 Die **harmonisierten Normen** übernehmen mehrere Aufgaben. Zum einen schaffen sie einen größeren **Detailgrad** und unterstützen damit ein besseres Verständnis des AI Acts. Gleichzeitig **erleichtern sie die Konformitätsbewertungsverfahren**, da sie in Art. 42 AI Act eine Vermutungsregelung etablieren, die bei Übereinstimmung mit den harmonisierten Normen greift. Ihre Einhaltung begründet die „**Vermutung der Konformität**" mit den grundlegenden Anforderungen: Bei Hochrisiko-KI-Systemen oder KI-Modellen mit allgemeinem Verwendungszweck, die mit harmonisierten Normen oder Teilen davon, deren Fundstellen im Amtsblatt der EU (ABlEU) veröffentlicht wurden, übereinstimmen, wird eine Konformität mit den Anforderungen des AI Acts vermutet, soweit diese von den Normen abgedeckt sind, Art. 40 Abs. 1 AI Act.

9 Hätte keine der europäischen Normungsorganisationen den Auftrag der EU-Kommission angenommen, **harmonisierte Normen** für die im AI Act festgelegten Anforderungen und Pflichten zu erarbeiten, hätte die EU-Kommission die Möglichkeit gehabt, selbst **Durchführungsrechtsakte zur Festlegung gemeinsamer Spezifikationen** zu erlassen, Art. 41 AI Act. Dasselbe gilt, wenn CEN und CENELEC die harmonisierten Normen nicht fristgerecht fertigstellen oder gegenüber dem Ergebnis inhaltliche Bedenken insbesondere mit Blick auf die Grundrechtskonformität bestehen oder das Ergebnis schlicht nicht den Auftrag erfüllt. Ein unmittelbares Handeln der EU-Kommission setzt weiters voraus, dass bis dahin noch keine Fundstellen zu harmonisierten Normen bzgl. des AI Acts im ABlEU veröffentlicht worden sind. Zudem darf auch nicht zu erwarten sein, dass die harmonierten Normen in angemessener Zeit veröffentlicht werden. Vor dem Verfassen der gemeinsamen Spezifikationen müsste die EU-Kommission das in Art. 67 AI Act genannte Beratungsforum (→ § 12 Rn. 30) zu Rate ziehen.

10 Auch die Mitgliedstaaten können **Kritik an den gemeinsamen Spezifikationen** üben: Ist ein Mitgliedstaat der Auffassung, dass eine gemeinsame Spezifikation die Anforderungen und Pflichten des AI Acts nicht widerspiegelt, hat er seine Bedenken ausführ-

7 Kritisch Guijarro Santos ZfDR 1/2023, 23 (32).

lich zu erläutern. Die EU-Kommission bewertet die Kritik und ändert den Durchführungsrechtsakt ggf.

Die bei Befolgung harmonisierter Normen geltende **Konformitätsvermutung** mit den Anforderungen bzw. Pflichten des AI Acts erstreckt sich nach Art. 41 Abs. 3 AI Act auch auf gemeinsame Spezifikationen: Entsprechen Hochrisiko-KI-Systeme und KI-Modelle mit allgemeinem Verwendungszweck gemeinsamen Spezifikationen, wird Konformität mit allen Anforderungen und Pflichten vermutet, die von diesen abgedeckt sind.[8] Umgekehrt gilt, dass Anbieter von Hochrisiko-KI-Systemen oder KI-Modellen mit allgemeinem Verwendungszweck, welche die gemeinsamen Spezifikationen nicht befolgen, nachweisen müssen, dass ihre technischen Lösungen dennoch und in gleichem Maße die Anforderungen und Pflichten des AI Acts erfüllen, Art. 41 Abs. 5 AI Act. 11

Wird eine harmonisierte Norm später von einer der europäischen Normungsorganisationen ausgearbeitet und die Fundstelle im Amtsblatt der EU veröffentlicht, sind etwaige Durchführungsrechtsakte, die zwischenzeitlich von der EU-Kommission erstellt worden waren, aufzuheben, Art. 41 Abs. 4 AI Act. 12

II. Konformitätsbewertung

Konformitätsbewertung heißt das Verfahren zur Überprüfung, ob die an ein Hochrisiko-KI-System gestellten Anforderungen erfüllt worden sind.[9] Der AI Act sieht verschiedene Formen der Konformitätsbewertung vor. Im Vordergrund stehen die **interne Konformitätsbewertung** (**interne Kontrolle**) und die **externe Konformitätsbewertung** (**Drittkonformitätsbewertung**). Welches Konformitätsbewertungsverfahren zur Anwendung kommt, richtet sich nach der Art des Hochrisiko-KI-Systems. 13

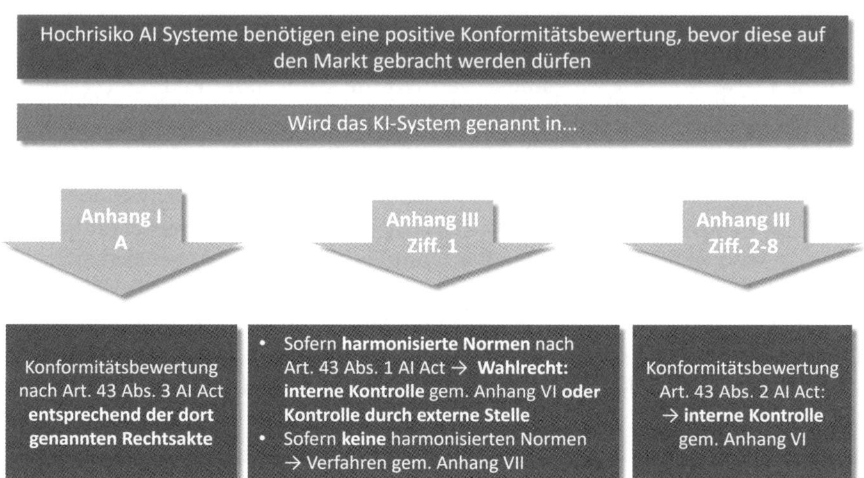

Abbildung 14: Konformitätsbewertung

8 Guijarro Santos ZfDR 1/2023, 23 (33).
9 Fuderer MPR 2022, 121 (121).

1. Hochrisiko-KI-Systeme nach Anhang I Abschnitt A AI Act

14 Für Hochrisiko-KI-Systeme, die unter Anhang I Abschnitt A fallen, gilt jeweils das Konformitätsbewertungsverfahren der dort angeführten Richtlinie bzw. Verordnung, Art. 43 Abs. 3 AI Act. Regelmäßig sehen diese eine **Drittkonformitätsbewertung** vor.[10] Ausnahmsweise ist eine **interne Konformitätsbewertung zulässig**, wenn bestimmte technische Anforderungen eingehalten werden.[11] Dieses Vorgehen entspricht dem Regelungsansatz des „New Approach".[12] Anhang I Abschnitt A bezeichnet die zwölf Richtlinien und Verordnungen entsprechend als „Liste der Harmonisierungsrechtsvorschriften der Union auf der Grundlage des neuen Rechtsrahmens" (New Legislative Framework).

15 Der **New Legislative Framework** setzt sich aus Richtlinien und Verordnungen des europäischen Produktsicherheitsrechts zusammen. Er wurde 2015 als sog. „neuer einheitlicher Rechtsrahmen" für die Konformitätsgesetzgebung bei Non-Food-Produkten eingeführt und löst die Vorgängerversion aus 2010 ab. Die Novellierung verfolgte das Ziel, die Wettbewerbsbedingungen auf dem Binnenmarkt noch stärker anzugleichen und den Schutz und die Sicherheit der Verbraucher zu erhöhen. Der New Legislative Framework reguliert die Stakeholder und ihre Verpflichtungen innerhalb der Lieferkette sowie die Position der Marktaufsichtsbehörden.

16 Die nach den Rechtsakten aus dem New Legislative Framework notifizierten Stellen dürfen die Konformität von Hochrisiko-KI-Systemen mit den Anforderungen des AI Acts nur dann mitprüfen, wenn sie die Anforderungen gem. Art. 31 Abs. 4, 5, 10 und 11 AI Act erfüllen. Sie müssen also insbesondere ihre **Unabhängigkeit** nachweisen (Abs. 4), dürfen **keinen Interessenkonflikten unterliegen** (Abs. 5), die erforderliche **Fachkenntnis** haben (Abs. 10) und über ausreichende administrative, technische, juristische und wissenschaftliche **Personalressourcen** verfügen (Abs. 11).

17 Ermöglicht es eine der zwölf Richtlinien und Verordnungen in Anhang I Abschnitt A dem Hersteller des Produkts, auf eine **Konformitätsbewertung durch Dritte zu verzichten**, sofern er **alle harmonisierten Normen anwendet** und diese wiederum alle einschlägigen Anforderungen abdecken, darf der Hersteller von dieser Möglichkeit nur Gebrauch machen, wenn auch die harmonisierten Normen nach Art. 41 AI Act Berücksichtigung finden, Art. 43 Abs. 3 AI Act.

2. Hochrisiko-KI-Systeme nach Anhang I Abschnitt B AI Act

18 KI-Systeme, die unter die in Anhang I Abschnitt B AI Act gelisteten harmonisierten Rechtsvorschriften fallen, sind nicht vom Anwendungsbereich des AI Acts erfasst, Art. 2 Abs. 2 AI Act.[13] Die hier aufgeführten Rechtsakte betreffen die **zivile Luftfahrt** (Ziff. 1, 7), **Kraftfahrzeuge** (Ziff. 2, 3, 6), die **Schifffahrt** (Ziff. 4) und den **Eisenbahnverkehr** (Ziff. 5).

19 Für die unter diese Vorschriften fallenden KI-Systeme ist lediglich Art. 84 AI Act anwendbar, der die Bewertung und Überarbeitung der Verordnung regelt. Im Unterschied

10 Fuderer MPR 2022, 121 (121).
11 Denga ZfPC 2023, 154 (155).
12 Denga ZfPC 2023, 154 (155).
13 Binder/Egli MMR 2024, 626 (627).

zu Anhang I Abschnitt A folgt Abschnitt B dem **alten Regelungsrahmen**, der eine konkrete und ausdifferenzierte Regulatorik vorsieht, die schon grundsätzlich mit dem Regelungsansatz des AI Acts nicht übereinpasst.[14] Die entsprechenden Konformitätsbewertungen sind ihm daher auch nicht zuzurechnen.[15]

3. Hochrisiko-KI-Systeme nach Anhang III Ziff. 1 AI Act

Für **Systeme zur biometrischen Fernidentifizierung** sieht Art. 43 Abs. 1 AI Act eine eigene Regelung vor. Die Konformitätsbewertung erfolgt entweder durch eine interne Konformitätsbewertung gem. Anhang VI AI Act oder eine Drittkonformitätsbewertung durch eine notifizierte Stelle gem. Anhang VII AI Act. Dies gilt aber nur, wenn der Anbieter des Systems bestehende harmonisierte Normen oder gemeinsame Spezifikationen eingehalten hat, Art. 43 Abs. 1 Satz 1 AI Act. Ist das nicht der Fall, etwa weil es solche noch nicht gibt, greift automatisch das Drittkonformitätsverfahren gem. Anhang VII, Art. 43 Abs. 1 Satz 2, 3 AI Act.[16] 20

Welche notifizierte Stelle die Konformitätsbewertung nach Anhang VII vornimmt, entscheidet der Anbieter; bei der Auswahl kann die **NANDO-Datenbank** der EU-Kommission herangezogen werden.[17] 21

Lediglich für Hochrisiko-KI-Systeme, die von Strafverfolgungs-, Einwanderungs- oder Asylbehörden oder von Organen, Einrichtungen oder sonstigen Stellen der EU genutzt werden, legt der AI Act in Art. 74 Abs. 8 und 9 fest, dass die Marktüberwachungsbehörde die Funktion der notifizierten Stelle übernimmt. 22

4. Hochrisiko-KI-Systeme nach Anhang III Ziff. 2–8 AI Act

Für KI-Systeme, die in besonders grundrechtssensiblen Bereichen eingesetzt werden, steht den Anbietern nur die Konformitätsbewertung auf Grundlage der **internen Kontrolle** offen. Die Beteiligung einer notifizierten Stelle ist hier nicht vorgesehen. Die Bestimmung der besonders sensiblen Bereiche nimmt Art. 43 Abs. 2 AI Act über Anhang III Ziff. 2-8 vor. Aufgeführt werden hier die Sektoren kritische Infrastrukturen; Bildung; Personalmanagement und Zugang zur Selbstständigkeit; Inanspruchnahme öffentlicher Dienste und Leistungen; Strafverfolgung; Migration, Asyl und Grenzkontrolle sowie Rechtspflege und demokratische Prozesse. 23

5. Wiederholung der Konformitätsbewertung

Ein Konformitätsbewertungsverfahren ist zu **wiederholen**, wenn das Hochrisiko-KI-System eine **wesentliche Änderung** erfährt.[18] Dies gilt unabhängig davon, ob es noch weiter in Verkehr gebracht oder lediglich vom derzeitigen Betreiber weitergenutzt werden soll. 24

Änderungen des Systems und seiner Leistung, die sich das System **selbstlernend erarbeitet**, **gelten grundsätzlich nicht als wesentlich** und lösen entsprechend keine 25

14 Binder/Egli MMR 2024, 626 (627).
15 Denga ZfPC 2023, 154 (156).
16 Denga ZfPC 2023, 154 (155).
17 S. https://webgate.ec.europa.eu/single-market-compliance-space/#/notified-bodies.
18 Denga ZfPC 2023, 154 (155).

Pflicht zur neuerlichen Konformitätsbewertung aus. Dies gilt unter der Einschränkung, dass die potenzielle Änderung vom Anbieter bereits in der technischen Dokumentation nach Anhang IV Nr. 2 Ziff. f AI Act enthalten ist.

26 Um die **Zukunftsfähigkeit** der Bestimmungen zu sichern, darf die EU-Kommission per delegiertem Rechtsakt die Anhänge VI und VII dem technologischen Fortschritt anpassen.

27 Sie darf per delegiertem Rechtsakt auch Art. 43 Abs. 1 und 2 AI Act selbst anpassen. Auf diesem Weg kann die EU-Kommission (nach Anhang III Ziff. 2–8) in sensiblen Sektoren eingesetzte KI-Systeme dem Konformitätsbewertungsverfahren unterwerfen, das auf das Qualitätsmanagement und die technische Dokumentation nach Anhang VII abstellt.

28 Beim Erlass delegierter Rechtsakte hat die EU-Kommission die **Wirksamkeit der Konformitätsbewertung** hinsichtlich der Vermeidung bzw. Verringerung von Risiken für die Gesundheit, Sicherheit und den Schutz der Grundrechte sowie die Kapazitäten der notifizierten Stellen in Ansatz zu bringen, Art. 43 Abs. 6 AI Act.

6. Genehmigung durch Marktüberwachungsbehörde

29 Liegen **außergewöhnliche Umstände** vor, welche die öffentliche Sicherheit, den Schutz des Lebens und der Gesundheit, den Umweltschutz oder den Schutz wichtiger Industrie- und Infrastrukturanlagen betreffen, kann ein Hochrisiko-KI-System ausnahmsweise auch zunächst von einer **Marktüberwachungsbehörde** genehmigt werden.[19]

30 Die **Genehmigung** durch die Marktüberwachungsbehörde soll die Konformitätsbewertung nach Art. 43 AI Act nicht ersetzen, sondern nur einen rascheren Einsatz des KI-Systems ermöglichen. Art. 46 AI Act **schließt** insofern die **zeitliche Lücke**, bis das reguläre Bewertungsverfahren beendet ist. Entsprechend erfolgen die Genehmigungen durch die Marktüberwachungsbehörde stets eng befristet; bei der Bemessung der Frist sind die Gründe für die Ausnahme maßgeblich. Die Marktüberwachungsbehörde informiert die EU-Kommission und die anderen Mitgliedstaaten über alle Genehmigungen, die sie erteilt hat. Legen weder die EU-Kommission noch ein anderer Mitgliedstaat binnen 15 Kalendertagen einen Einwand ein, gilt die Genehmigung als gerechtfertigt, Art. 46 Abs. 4 AI Act. Erfolgt ein Einwand, entscheidet die EU-Kommission nach Konsultationen mit dem betreffenden Mitgliedstaat. Sie richtet ihren Beschluss an den betroffenen Mitgliedstaat und die Akteure. Sieht die EU-Kommission die Genehmigung als ungerechtfertigt an, muss sie von der Marktüberwachungsbehörde des betreffenden Mitgliedstaates zurückgenommen werden, Art. 46 Abs. 6 AI Act.

7. Inbetriebnahme ohne Konformitätsprüfung

31 In noch drängenderen Fällen dürfen Strafverfolgungs- oder Katastrophenschutzbehörden ein Hochrisiko-KI-System sogar gänzlich **ohne Genehmigung** (auch einer Marktüberwachungsbehörde) in Betrieb nehmen. Zu diesen **Ausnahmefällen** zählen konkre-

19 Allein Hochrisiko-KI-Systeme nach Anhang I Abschnitt A können diese Ausnahme nicht in Anspruch nehmen, sondern werden auf die Ausnahmevorschriften in ihren sektoralen Harmonisierungsrechtsvorschriften verwiesen, Art. 46 Abs. 7 AI Act.

te, erhebliche und unmittelbare Gefahren für das Leben oder die körperliche Unversehrtheit natürlicher Personen oder Gefährdungen der öffentlichen Sicherheit. Das Genehmigungsverfahren ist auch hier unverzüglich nachzuholen und bereits während der Verwendung oder im Anschluss daran zu beantragen. Wird die Genehmigung abgelehnt, darf das KI-System nicht länger genutzt werden, sämtliche Ergebnisse werden verworfen, Art. 46 Abs. 2 AI Act.

III. Konformitätserklärung

Am Ende des Konformitätsbewertungsverfahrens steht die Konformitätserklärung nach 32 Art. 47 AI Act. Mit ihr bestätigt der Anbieter die Übereinstimmung des Hochrisiko-KI-Systems mit den Vorgaben des AI Acts. Die Erklärungen sind schriftlich und maschinenlesbar zu erstellen. Mit seiner physischen oder elektronischen Unterschrift übernimmt der Anbieter die Verantwortung für die Erfüllung der Anforderungen, speziell aus Abschnitt II.

Jedes Hochrisiko-KI-System verlangt nach einer eigenen Konformitätserklärung. Der 33 Anbieter muss die Erklärungen **zehn Jahre** ab Inverkehrbringen bzw. Inbetriebnahme des KI-Systems **aufbewahren und laufend aktuell halten**. Die nationale Aufsichtsbehörde kann die Übermittlung jederzeit verlangen.

Der genaue **Inhalt** der Konformitätserklärung ergibt sich aus Anhang V. Der EU-Kom- 34 mission steht es offen, den Anhang per delegiertem Rechtsakt zu ändern und ihn – etwa durch Erweiterungen – dem technologischen Fortschritt anzupassen, Art. 47 Abs. 4 AI Act.

Unterliegt das Hochrisiko-KI-System **parallel sektorspezifischen produktsicherheits-** 35 **rechtlichen Vorgaben** und setzen auch diese eine Konformitätserklärung voraus, muss nur eine Erklärung ausgestellt werden, die alle für das Hochrisiko-KI-System geltenden Rechtsvorschriften in der EU abdeckt.

IV. CE-Kennzeichnung

Während die Konformitätserklärung die Übereinstimmung des Hochrisiko-KI-Systems 36 mit den Vorgaben des AI Acts ausführlich darstellt und als Nachweis gegenüber den Aufsichtsbehörden dient, adressiert die **CE-Kennzeichnung** den Endverbraucher: Er soll rasch und unmittelbar erkennen können, dass das KI-System vom Anbieter geprüft wurde und alle Anforderungen des AI Acts sowie ggf. sektorspezifisch einschlägige Vorschriften erfüllt.[20]

Entsprechend ist die CE-Kennzeichnung **gut sichtbar, leserlich und dauerhaft** auf 37 dem Hochrisiko-KI-System anzubringen. Lässt die Art des Systems dies nicht zu, darf der Anbieter ausnahmsweise die Verpackung bzw. beigefügte Dokumentation kennzeichnen. Für rein digital bereitgestellte KI-Systeme stellt Art. 48 Abs. 2 AI Act auch eine **digitale CE-Kennzeichnung** zur Verfügung. Deren Verwendung setzt allerdings voraus, dass die Kennzeichnung über eine Schnittstelle oder über einen leicht zugänglichen maschinenlesbaren Code oÄ erfolgen kann. Wurde ein Hochrisiko-KI-System

20 Vgl. zu Medizinprodukten etwa König/Schanz RDG 2017, 208 (209).

in ein Produkt integriert, ist nach Erwägungsgrund 129 eine doppelte physische und digitale CE-Kennzeichnung wünschenswert.

38 Die CE-Kennzeichnung ist **Pflicht** für alle weltweit hergestellten Produkte, die **in der EU vermarktet** werden. Für die CE-Kennzeichnung von KI-Systemen gelten die in Art. 30 der Verordnung über die Vorschriften für die Akkreditierung und Marktüberwachung im Zusammenhang mit der Vermarktung von Produkten[21] festgelegten Grundsätze, die den allgemeinen Rechtsrahmen für die Überwachung der Sicherheit von Produkten in der EU bilden. Fällt ein Hochrisiko-KI-System neben dem AI Act unter weitere EU-Rechtsvorschriften, die eine CE-Kennzeichnung vorsehen, bringt diese zum Ausdruck, dass das KI-System auch die Anforderungen dieser anderen Rechtsvorschriften erfüllt, Art. 48 Abs. 5 AI Act.

39 Erfolgte die Konformitätsbewertung des KI-Systems durch eine notifizierte Stelle, ist der CE-Kennzeichnung deren Identifizierungsnummer hinzuzufügen. Sie ist auch in jeglichem Werbematerial anzugeben, das die CE-Kennzeichnung zeigt.

V. Aufnahme in Hochrisiko-Datenbank

40 Im Zusammenwirken mit den Mitgliedstaaten erstellt und pflegt die EU-Kommission eine EU-weite barrierefreie **Datenbank für Hochrisiko-KI-Systeme**, Art. 72 AI Act. Die dort enthaltenen Informationen sollen benutzerfreundlich und maschinenlesbar öffentlich verfügbar sein, Art. 49 Abs. 4 AI Act. Zu beachten ist die Ausnahme nach Art. 60 Abs. 4 lit. c AI Act. Auf die gem. Art. 60 AI Act registrierten Informationen können nur Marktüberwachungsbehörden und die EU-Kommission zugreifen, es sei denn, der (zukünftige) Anbieter hat seine Zustimmung zur Veröffentlichung erteilt. Von der allgemeinen Zugänglichkeit ausgenommen bleiben Informationen über KI-Systeme, die in den Bereichen Strafverfolgung, Migration, Asyl und Grenzkontrolle eingesetzt werden. Für sie verfügt die Datenbank über einen separaten Bereich, auf den nur die EU-Kommission und die nationalen Aufsichtsbehörden zugreifen können, Art. 49 Abs. 4 iVm Art. 74 Abs. 8 AI Act. Die Verantwortung für die Datenbank trägt die EU-Kommission. Sie ist aufgefordert, Anbietern, zukünftigen Anbietern und Betreibern technische und administrative Unterstützung bei der Registrierung zur Verfügung zu stellen, Art. 49 Abs. 6 AI Act.

41 Eingetragen werden KI-Systeme, die unter Anhang III fallen – mit Ausnahme jener, die als Sicherheitsbauteile im Rahmen der Verwaltung und des Betriebs einer kritischen digitalen Infrastruktur des Straßenverkehrs oder der Wasser-, Gas-, Wärme- oder Stromversorgung Einsatz finden, Art. 49 Abs. 1 AI Act. Ebenso einzutragen sind KI-Systeme nach Anhang III, deren Anbieter sich entschlossen hat, die Opting-out-Klausel nach Art. 6 Abs. 4 AI Act zu nutzen und das System nicht als hochriskant einstufen zu lassen, Art. 49 Abs. 2 AI Act (→ § 4 Rn. 29).

42 Welche **Informationen** die Datenbank enthalten wird, bestimmt Anhang VIII: Der Anbieter hat über seine Kontaktdaten sowie über einen etwaigen Bevollmächtigten

21 Verordnung (EG) Nr. 765/2008 des Europäischen Parlaments und des Rates vom 9. Juli 2008 über die Vorschriften für die Akkreditierung und zur Aufhebung der Verordnung (EWG) Nr. 339/93, ABl.L 218 S. 30.

Auskunft zu geben. Dies sind nach Art. 49 Abs. 5 AI Act die einzigen **personenbezogenen Daten**, die für die Datenbank bereitzustellen sind.

Zudem werden von ihm bzw. dem Bevollmächtigten ausführliche **Angaben über das KI-System** selbst gefordert. Zu diesen gehören der Handelsname des Systems und ggf. weitere Identifizierungsmerkmale, die eine zweifelsfreie Zuordnung und Rückverfolgbarkeit ermöglichen. Auch eine Beschreibung der Zweckbestimmung und der durch das KI-System unterstützten Komponenten und Funktionen wird verlangt; ebenso eine grundlegende, wenn auch knappe Beschreibung der vom System verwendeten Informationen und seiner Betriebslogik. Ebenso wird eine elektronische Betriebsanleitung beigefügt. Auch der Status des KI-Systems – befindet sich in Betrieb, ist nicht mehr in Betrieb, wurde zurückgerufen – ist anzugeben, einschließlich der Information, in welchen Mitgliedstaaten sich das KI-System im Verkehr befindet. 43

Hinsichtlich der Konformitätsprüfung sind die Art, die Nummer und das Ablaufdatum der Bescheinigung zu nennen sowie ggf. der Name oder die Identifizierungsnummer der notifizierten Stelle. Auch eine gescannte Kopie der EU-Konformitätserklärung ist in der Datenbank zu hinterlegen. 44

Anbieter, die sich der **Opting-out-Klausel** des Art. 6 Abs. 3 AI Act bedienen und ihr System als nicht hochriskant einstufen lassen (→ § 4 Rn. 29), müssen nach Anhang VIII Abschnitt B in einer knappen Zusammenfassung zusätzlich ihre Gründe darlegen, Art. 49 Abs. 2 AI Act. 45

Neben den Anbietern sind auch bestimmte Betreiber für Eintragungen in der Datenbank zuständig, nämlich Behörden und Organe, Einrichtungen oder sonstige Stellen der EU oder in ihrem Namen handelnde Personen. Sie müssen Hochrisiko-KI-Systeme gem. Anhang III – wiederum mit Ausnahme der KI-Systeme für kritische Infrastrukturen – registrieren lassen, Art. 49 Abs. 3 AI Act. Allerdings haben sie im Vergleich zu Anbietern deutlich weniger Informationen für die Datenbank bereitzustellen. Anhang VIII verlangt in seinem Abschnitt C lediglich die Kontaktdaten des Betreibers sowie der Person, von der er die Informationen erhielt. Zusätzlich ist die Webadresse (URL) des Eintrags des KI-Systems in der EU-Datenbank durch seinen Anbieter anzuführen. Bedeutsam ist, dass auch eine Zusammenfassung der Ergebnisse der durchgeführten Grundrechte-Folgenabschätzung nach Art. 27 AI Act in die Datenbank aufgenommen wird. 46

Bei der erstmaligen Einrichtung der Datenbank zieht die EU-Kommission Sachverständige zurate, speziell bei der Festlegung der Funktionsspezifikationen. Für spätere Aktualisierungen kann sie dann das AI Board (→ § 12 Rn. 22) konsultieren, das zwischenzeitlich seine Arbeit aufgenommen hat. 47

§ 9 Transparenzpflichten für Anbieter und Betreiber

Literatur: *Block, Martina*, Deepfakes und Recht, 2023; *Chesney Robert/Citron, Danielle K.*; A Looming Challenge for Privacy, Democracy and National Security, California Law Review Vol. 107:1753; *Hacker, Philipp*, KI und DMA – Zugang, Transparenz und Fairness für KI-Modelle in der digitalen Wirtschaft, GRUR 2022, 1278; *Hinderks, Tobias*, Die Kennzeichnungspflicht von Deepfakes, ZUM 2022, 110; *Höch, Dominik/Kahl, Jonas*, Anforderungen an eine Kennzeichnungspflicht für KI-Inhalte, K&R 2023, 396; *Johannisbauer, Christoph*, ChatGPT im Rechtsbereich – erste Erfahrungen und rechtliche Herausforderungen bei der Verwendung künstlich generierter Texte, MMR-Aktuell 2023, 455537; *Kalbfus, Michael/Schöberle, Andreas*, Arbeitsrechtliche Fragen beim Einsatz von KI am Beispiel von ChatGPT, ArbRAktuell 2023, 251; *Kalbhenn, Jan Christopher*, Designvorgaben für Chatbots, Deepfakes und Emotionserkennungssysteme: Der Vorschlag der Europäischen Kommission zu einer KI-VO als Erweiterung der medienrechtlichen Plattformregulierung, ZUM 2021, 275; *Keber, Tobias/Schwartmann, Rolf*, ChatGPT – Wie reguliert man eine Weltmaschine?, MMR-Aktuell 2023, 457196; *King, Christopher*, Complex Contracts in the Era of Chat GPT and Other Generative AI – A German – American View, TLJ 2023, 29; *Konertz, Roman*, Urheberrechtliche Fragen der Textgenerierung durch Künstliche Intelligenz: Insbesondere Schöpfungen und Rechtsverletzungen durch GPT und ChatGPT, WRP 2023, 796; *Krone, Felix*, Urheberrechtlicher Schutz von ChatGPT-Texten?, RDi 2023, 117; *Kühling, Jürgen*, Der Einsatz von Künstlicher Intelligenz durch Unternehmen und Aufsichtsbehörden bei der Bekämpfung von Hassrede, ZUM 2023, 566; *Kumkar, Lea Katharina*, Deepfakes – Risiken und Regulierung im europäischen Verordnungsentwurf für künstliche Intelligenz, K&R Beilage 2023, 32; *Kumkar, Lea Katharina/Rapp, Julian Philipp*, Deepfakes, ZfDR 2022, 199; *Labuz, Mateusz*, Regulating Deepfakes in the Artificial Intelligence Act, ACIG 2023, 2(1); *Lantwin, Tobias*, Deep Fakes – Düstere Zeiten für den Persönlichkeitsschutz?, MMR 2019, 574; *Lennartz, Jannis*, „Digitale Puppenspieler" – die Nachbildung von Körper und Stimme durch KI, NJW 2023, 3543; *Linhart, Andrea/Schumacher, Pablo/Zech, Herbert*, Schutz trainierter KI vs. Transparenzpflichten – Ein Spannungsverhältnis, ZUM 2024, 237; *Molavi Vasse'i, Ramak*, Transparenzanforderungen an Künstliche Intelligenz, K&R Beilage 2022, 8; *Rößling, Fabian*, Regulierung von Deep Fakes – Manipulierte Medien in AI Act, DS-GVO und allgemeinem Persönlichkeitsrecht, ZfDR 2024, 187; *Siegel, Dennis*/Kaetzer, *Christian/Seidlitz, Stefan/Dittmann, Jana*, Media Forensic Considerations of the Usage of Artificial Intelligence Using the Example of DeepFake Detection, J. Imaging 2024, 10, 46; *Song, Xiaokang*, A Study of Ethical Dilemmas and Regulation of AI Chatbots, Journal of Theory and Practice of Social Science 3 (9), 8; *Thiel, Markus*, "Deepfakes" – Sehen heißt glauben, ZRP 2021, 202; *Wach, Krzysztof* et al., The dark side of generative artificial intelligence: A critical analysis of controversies and risks of ChatGPT, Entrepreneurial Business and Economics Review, 11(2), 7; *Wendt, Domenik*, Der AI Act: Compliance-Anforderungen für Anbieter und Betreiber von KI-Systemen, uj 2024, 42.

I. Compliance-by-Design-Ansatz

1 Das vierte Kapitel regelt in Art. 50 AI Act **Transparenzpflichten.** Konkret müssen Anbieter von KI-Systemen, die für die direkte Interaktion mit natürlichen Personen bestimmt sind, diese so konzipieren und entwickeln, dass die betreffenden natürlichen

Personen informiert werden, dass sie mit einem KI-System interagieren, Art. 50 Abs. 1 AI Act. Damit adressiert der AI Act den **Compliance-by-Design-Ansatz.**[1]

Nur in den wenigen Fällen, in denen bereits der **Kontext der Nutzung** keinen anderen Schluss zulässt, als dass es sich um eine KI handelt, ist die Transparenzpflicht aufgehoben, Art. 50 Abs. 1 Satz 1 AI Act. Abgestellt wird hierbei stets auf einen angemessen informierten, aufmerksamen und verständigen Adressatenkreis. 2

II. Chatbots

Besondere Bedeutung erhalten die Transparenzpflichten des Art. 50 AI Act vor dem Hintergrund der **Entwicklung lebensechter Dialogsysteme.**[2] Bereits der Launch von ChatGPT zeigte, dass die Entwicklung bereits Ende 2022 schon weiter fortgeschritten war, als viele ahnten. Dass dieser Fortschritt nicht ohne Risiko ist, liegt auf der Hand: KI-Systemen gelingt es mehr noch als natürlichen Personen, Einfluss auf die Ansichten von Menschen zu nehmen und diese zu manipulieren.[3] Ein KI-System kann Daten sammeln und uns über Tage und Wochen mit individuell maßgeschneiderten Interaktionen beeinflussen. Ein solches Vorgehen kann stets schwerwiegende Folgen haben, insbesondere aber, wenn böswillige Akteure die KI nutzen, um Wählerstimmen im großen Maßstab einzusammeln.[4] 3

Von dem Transparenzrisiko betroffen sind daher **Chatbots.** Sie sind im Sinne des Art. 50 Abs. 1 AI Act als KI-System für die direkte Interaktion mit natürlichen Personen bestimmt. Kunden, die direkt mit einem Chatbot kommunizieren, der als KI-System im Sinne des AI Acts zu werten ist, müssen zukünftig hierüber informiert werden. Diese Pflicht ist aus Sicht des EU-Gesetzgeber verzichtbar, wenn die Interaktion mit dem KI-System für eine angemessen informierte, aufmerksame und verständige Person offensichtlich ist, Art. 50 Abs. 1 Satz 1 AI Act. 4

III. Deepfakes

Erfasst sind zudem **Deepfakes** – also durch KI manipulierte Bild-, Audio- oder Videoinhalte, die existierenden Personen, Objekten oder Ereignissen ähneln und einer Person fälschlicherweise als wahrheitsgetreu erscheinen.[5] Von ihnen geht eine große Manipulationsgefahr aus, gerade in Wahljahren zulasten der Demokratie.[6] Im Jahr 2024 wählen über vier Milliarden Menschen in 64 Ländern neue Regierungschefs oder Parlamente; das entspricht annähernd der Hälfte der Weltbevölkerung.[7] 5

Die **Gefahr der Verfälschung von Medieninhalten** ist zwar nicht neu – bereits seit vielen Jahren ist bekannt, dass zumindest Bilder durch verschiedene Methoden leicht manipuliert werden können.[8] Lange Zeit aber war es zumindest noch aufwendig, dyna- 6

1 Wendt uj 2/2024, 42 (44).
2 Kumkar/Rapp ZfDR 2022, 199 (200).
3 Ausf. zu filter bubbles, Echokammern und ähnl. Manipulationen: Kühling ZUM 2023, 566 (567).
4 Kühling ZUM 2023, 566 (567); vgl. zudem Der Standard v. 27.5.2024.
5 Kumkar/Rapp ZfDR 2022, 199 (223); Bock, Deepfakes, 5.
6 Ausf. Kühling ZUM 2023, 566 (567); Lantwin MMR 2019, 574 (575).
7 FAS v. 18.2.2024; DIE ZEIT Dossier v. 6.6.2024, 13.
8 S. bereits Lantwin MMR 2019, 574 (575).

mische Medien, wie Videos oder Audiomitschnitte qualitativ hochwertig zu verändern. Erst die rasant voranschreitende generative KI ermöglicht es, auch bewegte Fälschungen mit wenig Aufwand und Expertise in hoher Qualität zu erzeugen. Weil hierbei **tiefe neuronale Netze genutzt** werden, hat sich für diese Verfahren der Begriff „Deepfakes" etabliert.[9] Der AI Act selbst definiert Deepfakes in Art. 3 Ziff. 60 AI Act als durch KI erzeugte oder manipulierte Bild-, Ton- oder Videoinhalte, die wirklichen Personen, Gegenständen, Orten, Einrichtungen oder Ereignissen ähneln und einer Person fälschlicherweise als echt oder wahrheitsgemäß erscheinen. Damit stellt der AI Act auf die heute schon hohe und weiter zunehmende Qualität der Deepfakes ab: Transparenzpflichten sind erforderlich, weil sich synthetische Audio-, Bild-, Video- oder Textinhalte selbst mit geschultem Auge zu häufig nicht mehr von realen Medieninhalten unterscheiden lassen.

7 Entsprechend verpflichtet Art. 50 Abs. 2 AI Act Anbieter von KI-Systemen sowie von GPAI-Systemen, die **synthetische Audio-, Bild-, Video- oder Textinhalte** erzeugen, diese Ergebnisse als künstlich erzeugt oder manipuliert zu kennzeichnen. Dabei haben die Anbieter dafür Sorge zu tragen, dass ihre technischen Lösungen dem anerkannten Stand der Technik entsprechend wirksam, interoperabel, belastbar und zuverlässig sind. Was der anerkannte Stand der Technik jeweils verlangt, lässt sich unter Berücksichtigung der aktuellen technischen Normen ermitteln. Hierbei sind aus Gründen der Verhältnismäßigkeit zusätzlich die Besonderheiten und Beschränkungen der verschiedenen Medienarten und die Umsetzungskosten in Anschlag zu bringen.

8 Um der Gefahr durch Deepfakes gerecht zu werden, nimmt Art. 50 AI Act auch die **Betreiber** in die Pflicht: Ebenso wie die Anbieter müssen sie nach Art. 50 Abs. 4 AI Act offenlegen, wenn Inhalte durch ein KI-System künstlich erzeugt oder manipuliert wurden. Dies betrifft auch KI-Systeme, die **Texte von öffentlichem Interesse** erzeugen oder verändern, es sei denn, eine natürliche Person übernimmt die Endredaktion und Verantwortung für die Veröffentlichung der Inhalte. Alternativ kann die Verantwortung für die manipulierten Inhalte auch bei einer juristischen Person liegen, Art. 50 Abs. 4 Satz 5 AI Act.

9 Die Pflicht entfällt nur dann, wenn das KI-System lediglich eine **unterstützende Funktion für Standardbearbeitungen** ausführt oder die Eingabedaten nicht wesentlich verändert, Art. 50 Abs. 2 letzter Satz AI Act.

IV. Emotionserkennung

10 Transparenzpflichten unterliegen zudem Betreiber von **Emotionserkennungssystemen** oder **Systemen zur biometrischen Kategorisierung**, Art. 50 Abs. 3 AI Act. Als Emotionserkennungssystem werden nach Art. 3 Ziff. 39 AI Act KI-Systeme bezeichnet, die aus biometrischen Daten Gefühle und letztlich Absichten natürlicher Personen ableiten. Systeme zur biometrischen Kategorisierung sind demgegenüber KI-Systeme, die eine Kategorisierung natürlicher Personen auf Grundlage ihrer biometrischen Daten vornehmen. Bei der Kategorisierung muss es sich nach Art. 3 Ziff. 40 AI Act um

9 Neologismus aus Deep learning und Fake, s. Kumkar/Rapp ZfDR 2022, 199 (200).

eine Nebenfunktion eines kommerziellen Dienstes handeln, die aus objektiven, also technischen Gründen unbedingt erforderlich ist.

Betreiber von Emotionserkennungssystemen oder Systemen zur biometrischen Kategorisierung sind verpflichtet, Betroffene über den Betrieb ihres Systems und der verarbeiteten personenbezogenen Daten zu informieren. Da Art. 50 Abs. 6 AI Act parallele Transparenzpflichten aus dem Unionsrecht oder dem nationalen Recht unberührt lässt, verweist Abs. 3 für die genauere **Ausgestaltung der Informationspflichten** auf die DS-GVO,[10] die Verordnung zur Verarbeitung personenbezogener Daten durch die Organe, Einrichtungen und sonstigen Stellen der Union[11] sowie die Richtlinie zum Schutz natürlicher Personen bei der Verarbeitung personenbezogener Daten durch die zuständigen Behörden zum Zwecke der Verhütung, Ermittlung, Aufdeckung oder Verfolgung von Straftaten oder der Strafvollstreckung.[12] Ausgenommen sind erneut Emotionserkennungssysteme bzw. KI-Systeme zur biometrischen Kategorisierung, die der Aufdeckung, Verhütung oder Ermittlung von Straftaten dienen. Es müssen allerdings Vorkehrungen zum Schutz der Rechte und Freiheiten Dritter getroffen werden. 11

V. Inhalte in kreativen, satirischen, künstlerischen oder fiktionalen Werken

Sofern die Einhaltung der Transparenzpflicht mit dem in der Charta garantierten **Recht auf Freiheit der Kunst und Wissenschaft** sowie ggf. dem **Recht auf freie Meinungsäußerung** kollidiert, gelten besondere Vorgaben. Inhalte, die offensichtlich Bestandteil eines kreativen, satirischen, künstlerischen oder fiktionalen Werks oder Programms sind und geeigneten Schutzvorkehrungen für die Rechte und Freiheiten Dritter unterliegen, können **von der Kennzeichnungspflicht befreit** werden, Art. 50 Abs. 4 Satz 3 AI Act. In diesen Fällen beschränkt sich die Transparenzpflicht für Deepfakes darauf, das Vorhandenseins manipulierter Inhalte in einer Weise offenzulegen, die die Darstellung oder den Genuss des Werks nicht beeinträchtigt und dessen Qualität aufrechterhält.[13] 12

VI. Informationen von öffentlichem Interesse

Gesondert angesprochen hat der EU-Gesetzgeber schließlich durch KI geschaffene oder veränderte Texte, welche über **Angelegenheiten von öffentlichem Interesse** informieren. Betreiber eines KI-Systems, das einen solchen Text erzeugt oder manipuliert, müssen offenlegen, dass dieser künstlich erzeugt oder manipuliert wurde, Art. 50 Abs. 4 Satz 4 AI Act. Ob diese Kennzeichnungspflicht dem Schutzzweck bereits gerecht wird, 13

---

10 VO (EU) 2016/679 des Europäischen Parlaments und des Rates vom 27.4.2016 zum Schutz natürlicher Personen bei der Verarbeitung personenbezogener Daten, zum freien Datenverkehr und zur Aufhebung der Richtlinie 95/46/EG (Datenschutz-Grundverordnung) ABlEU L 119 vom 4.5.2016, S. 1.

11 VO (EU) 2018/1725 des Europäischen Parlaments und des Rates vom 23.10.2018 zum Schutz natürlicher Personen bei der Verarbeitung personenbezogener Daten durch die Organe, Einrichtungen und sonstigen Stellen der Union, zum freien Datenverkehr und zur Aufhebung der Verordnung (EG) Nr. 45/2001 und des Beschlusses Nr. 1247/2002/EG, ABlEU L 295 vom 21.11.2018, S. 39.

12 RL (EU) 2016/680 des Europäischen Parlaments und des Rates vom 27.4.2016 zum Schutz natürlicher Personen bei der Verarbeitung personenbezogener Daten durch die zuständigen Behörden zum Zwecke der Verhütung, Ermittlung, Aufdeckung oder Verfolgung von Straftaten oder der Strafvollstreckung sowie zum freien Datenverkehr und zur Aufhebung des Rahmenbeschlusses 2008/977/JI des Rates, ABlEU L 119 vom 4.5.2016, S. 89.

13 S. Beispiele bei Kumkar/Rapp ZfDR 2022, 199 (201 f.).

ist zweifelhaft. Schließlich kommen gerade dann, wenn der gesellschaftliche Diskurs beeinflusst werden soll, kaum Klarnamen zum Einsatz.[14]

VII. Ausnahmen

14 Ausgenommen sind lediglich jene KI-generierten oder manipulierten Texte, die zur Aufdeckung, Verhinderung, Untersuchung und Verfolgung von Straftaten Verwendung finden, Art. 50 Abs. 4 Satz 5 1. Hs. AI Act. Diese **Ausnahme** setzt allerdings voraus, dass der Schutz der Rechte und Freiheiten Dritter auf anderem Wege gewahrt wird. Noch stärker privilegiert werden KI-Systeme, die der Öffentlichkeit zur Anzeige einer Straftat zur Verfügung stehen; sie fordern keine anderweitigen Schutzvorkehrungen. Ebenfalls von der Offenlegung befreit sind durch KI erzeugte Inhalte, die vor Veröffentlichung einer menschlichen redaktionellen Kontrolle unterzogen wurden, für die eine natürliche oder juristische Person die Verantwortung trägt, Art. 50 Abs. 4 Satz 5 2. Hs. AI Act.[15]

VIII. Umsetzung und Konkurrenzen

15 Der AI Act enthält wenig Aussagen dazu, wie diese Transparenzpflichten erfüllt werden können.[16] Gem. Art. 50 Abs. 5 AI Act müssen die Informationen der betroffenen natürlichen Person in einer **klaren und eindeutigen Weise** spätestens **zum Zeitpunkt der ersten Interaktion oder Aussetzung** bereitgestellt werden.

16 Die Transparenzpflicht nach dem AI Act lässt andere unionsrechtliche Transparenzpflichten unberührt, Art. 50 Abs. 6 AI Act.

IX. Praxisleitfäden

17 Um eine wirksame Umsetzung der Pflichten in Bezug auf die Feststellung und Kennzeichnung künstlich erzeugter oder manipulierter Inhalte zu erleichtern, kündigt Art. 50 Abs. 7 AI Act die Ausarbeitung von **Praxisleitfäden** durch das AI Office (→ § 12 Rn. 13) an. Die Leitfäden sollen eine unionsweit **einheitliche Auslegung der Transparenzvorschriften** sicherstellen, die Art. 50 AI Act allein mangels Detailtiefe nicht leisten kann. Zur Genehmigung dieser Praxisleitfäden erlässt die EU-Kommission Durchführungsrechtsakte nach dem in Art. 98 Abs. 2 AI Act festgelegten Verfahren, Art. 56 Abs. 6 AI Act. Hält die EU-Kommission einen Praxisleitfaden für nicht angemessen, kann sie gem. Art. 50 Abs. 7 Satz 3 AI Act stattdessen einen Durchführungsrechtsakt nach dem in Art. 98 Abs. 2 AI Act genannten Prüfverfahren erlassen und gemeinsame Vorschriften für die Umsetzung dieser Pflichten festsetzen.

---

14 Chibanguza/Steege NJW 2024, 1769 (1773).
15 ErwG 134 AI Act.
16 Vgl. Engelmann/Brunotte/Lütkens RDi 2021, 317 (321); Kumkar/Rapp ZfDR 2022, 199 (224).

§ 10 KI mit allgemeinem Verwendungszweck – GPAI

Literatur: *Ara, Aftab/Ara, Affreen*, Exploring the Ethical Implications of Generative AI, 2024; *Batista, Patricia*, ChatGPT versus Arbeitsrecht – Leistungserbringung mithilfe von Sprachmodellen, LTZ 2024, 118; *Baumann, Malte*, Generative KI und Urheberrecht – Urheber und Anwender im Spannungsfeld, NJW 2023, 3673; *Bayern, Shawn/Burri, Thomas/Grant, Thomas/Häusermann, Daniel/Möslein, Florian/Williams, Richard*, Company Law and Autonomous Systems: A Blueprint for Lawyers, Entrepreneurs, and Regulators, 9 Hastings Science and Technology Law Journal 2 (Summer 2017), 135; *Berge, Torsten*, IT and more: Generative Künstliche Intelligenz, WPg 2023, 607; *Berz, Amelie/Engel, Andreas/Hacker, Philipp*, Generative KI, Datenschutz, Hassrede und Desinformation – zur Regulierung von KI-Meinungen, ZUM 2023, 586; *Bombard, David*, Text und Data Ming auf Grundlage von Webcrawling und Webscraping, InTeR 2023, 174; *Borges, Georg*, Der Begriff des KI-Systems, CR 2023, 706; *Botta, Jonas*, Die Förderung innovativer KI-Systeme in der EU, ZfDR 2022, 391; *Buck-Heeb, Petra/Oppermann, Bernd*, Automatisierte Systeme, 2022; *Burri, Thomas/Trusilo, Daniel*, Ethical Artificial Intelligence: An Approach to Evaluating Disembodied Autonomous Systems, 2021, *Liivoja, Rain/Valjataga, Ann* (Hrsg.), Autonomous Cyber Capabilities in International Law, 2021; *Burri, Thomas/Wildhaber, Isabelle*, Introduction to the Special Issue of the European Journal of Risk Regulation: The Man and the Machine – When Systems Take Decisions Autonomously, EJRR 2, 2016, 295; *Chibanguza, Kuuya/Kuß, Christian/Steege, Hans* (Hrsg.), Künstliche Intelligenz: Recht und Praxis automatisierter und autonomer Systeme, 2022; *Christen, Markus/Burri, Thomas/Chapa, Joseph/Salvi, Raphael/Santoni de Sio, Filippo/Sullins, John*, An Evaluation Schema for the Ethical Use of Autonomous Robotic Systems in Security Applications, University of Zurich Digital Society Initiative White Paper Series, no. 1, 2017; *De la Durantaye, Katharina*, »Garbage in, garbage out« – Die Regulierung generativer KI durch Urheberrecht, ZUM 2023, 645; *Denga, Michael*, Konformitätsbewertung von KI-Systemen, ZfPC 2023, 154; *Drapatz, Roland/Kureljusic, Marko*, Einsatz von generativen Sprachmodellen („Large Language Models") in Mergers and Acquisitions, WPg 2024, 391; *Ebers, Martin*, Standardisierung Künstlicher Intelligenz und KI-Verordnungsvorschlag, RDi 2021, 588; *Fuderer, Markus*, Doppelte Konformitätsbewertung bei KI-basierten Medizinprodukten?, MPR 2022, 121; *Gerecke, Martin*, Social Media und Recht: Einige urheberrechtliche Gedanken zu generativen KI-Modellen, GRUR-Prax 2023, 381; *Glauner, Patrick*, Technical foundations of generative AI models, LTZ 2024, 24; *Hacker, Philipp*, KI und DMA – Zugang, Transparenz und Fairness für KI-Modelle in der digitalen Wirtschaft, GRUR 2022, 1278; *Heine, Robert*, Generative KI: Nutzungsrechte und Nutzungsvorbehalt, GRUR-Prax 2024, 87; *Hofmann, Franz*, Retten Schranken Geschäftsmodelle generativer KI-Systeme?, ZUM 2024, 166; *Käde, Lisa*, Do You Remember? – Enthalten KI-Modelle Vervielfältigungen von Trainingsdaten, lassen sich diese gezielt rekonstruieren und welche Implikationen hat das für das Urheberrecht?, ZUM 2024, 174; *Kainer, Friedemann/Förster, Lydia*, Autonome Systeme im Kontext des Vertragsrechts, ZfPW 2020, 275; *Kalbhenn, Jan Christopher*, Designvorgaben für Chatbots, Deepfakes und Emotionserkennungssysteme: Der Vorschlag der Europäischen Kommission zu einer KI-VO als Erweiterung der medienrechtlichen Plattformregulierung, ZUM 2021, 663; *Kästner, Lena/Schomäcker, Astrid*, KI-Systeme in der modernen Gesellschaft: Potenziale und Grenzen, ZUM 2023, 558; *Klindt, Thomas*, „Fluides" Genehmigungsrecht bei selbstlernenden Systemen?, ZRP 2022, 169; *Kögel, Daniel*, Urheberrechtliche Implikationen bei der Verwendung kreativer und generativer künstlicher Intelligenz, InTeR 2023, 179; *Konertz, Roman/Schönhoff, Raoul*, Vervielfältigungen und die Text- und Data-Mining-Schranke beim Training von (generativer) Künstlicher Intelligenz, WRP 2024, 289; *Konertz, Roman/Schönhoff, Raoul*, Rechtsfolgen der Urheberrechtsverletzung bei generativer Künstlicher Intelligenz: Über die Möglichkeit des „Vergessens“ in neuronalen Netzen, WRP 2024, 534; *Lobinger, Simon*, (Chat-)GPT in der juristischen Leistungserbringung – Möglichkeiten und Grenzen, LTZ 2023, 187; *Lucchi, Nicola*, ChatGPT: A Case Study on Copyright Challenges for Generative Artificial Intelligence Systems, European Journal of Risk Regulation (2023), 1; *Luckett, Jonathan*, Regulating Generative AI: A Pathway to Ethical and Responsible Implementation, International Journal on Cybernetics & Informatics (IJCI) Vol. 12, No. 5, 2023; *Maamar, Niklas*, Urheberrechtliche Fragen beim Einsatz von generativen KI-Systemen, ZUM 2023, 481; *Möllenkamp, Olaf*, ArbG Hamburg: Mitbestimmung bei Anwendung von ChatGPT mit Anm. Möllenkamp, NZA-RR 2024, 137; *Möller-Klapperich, Julia*, ChatGPT und Co. – aus der Perspektive der Rechtswissenschaft, NJ 2023, 144; *Mohn, Matthias*, Dürfen Arbeitnehmer ChatGPT zur Erledigung ihrer Aufgaben einsetzen?, NZA 2023, 538; *Moreno, Anna*, KI-gestützte Systeme – Zur Notwendigkeit von Systemsicht, Evaluation und Interdisziplinarität, GuP 2023, 54; *Müller, Ferdinand/Kirchner, Elsa/Schüßler, Martin*, Ein „KI-TÜV" für Europa? – Eckpunkte einer horizontalen Regulierung algorithmischer Entscheidungssysteme, Intelligente Systeme, Intelligentes Recht, 2021; *Nickl, Afra*, ChatGPT als Rechtsdienstleister, MMR 2023, 328; *Nordemann, Jan*, Generative Künstliche Intelligenz: Urheberrechtsverletzungen und Haftung, GRUR 2024, 1; *Oschinski, Matthias*, Assessing the Impact of Artificial Intelligence on Germany's Labor Market: Insights from a ChatGPT Analysis, MPRA Paper No. 118300, 2023; *Pesch, Paulina/Böhme, Rainer*, Artpocalypse now? – Generative KI und die Vervielfältigung von Trainingsbildern, GRUR 2023, 997; *Raue, Benjamin*, Kreativität im Zeitalter ihrer technischen Reproduzierbarkeit: Generative KI als Totengräberin des Urheberrechts? Eine Gedankenskizze, ZUM 2024, 157; *Saidakhrarovich Gulyamov, Said*, Ethische und rechtliche Dimensionen der Regulierung von Quantum Artificial Intelligence-Systemen, MMR 2024, 26; *Schubert, Jens*, Anm. zu ArbG Hamburg: Mitbestimmung beim Einsatz von ChatGPT und anderer Systeme der künstlichen Intelligenz, BRuR 2024, 98; *Schwartmann, Rolf/Keber, Tobias/Zenner, Kai*, KI-Verordnung. Leitfaden für die Praxis, 2024; *Shi, Yuzhuo*, Study on security risks and legal regulations of generative artificial intelligence, Science of Law Journal Vol. 2 Num. 11, 2023; *Spies, Axel*, ChatGPT & Co. – Keine Insellösungen, MMR 2023, 469; *Strowel, Alain*, ChatGPT and Generative AI Tools: Theft of Intellectual Labour?, IIC 2023, 491; *Teichmann, Fabian*, Das Hinweisgeberschutzgesetz (HinSchG) im Kontext generativer künstlicher Intelligenz – eine experimentelle Untersuchung möglicher Missbrauchsmöglichkeiten und ihre dogmatischen Implikationen, NZWiSt 2023, 289; *Veale, Michael/Zuiderveen Borgesius, Frederik*, Demystifying the Draft EU Artificial Intelligence Act, CRi 4/2021, 97; *von Welser, Marcus*, ChatGPT und Urheberrecht, GRUR-Prax 2023, 57; *von Welser, Marcus*, Generative KI und Urheberrechtsschranken, GRUR-Prax 2023, 516; *Wagner, Kristina*, Generative KI: Eine „Blackbox" urheberrechtlicher Haftungsrisiken? Balanceakt zwischen Innovationsförderung und effektivem Rechtsschutz für Werke Dritter, MMR 2024, 298; *Werry, Susanne*, Generative KI-Modelle im Visier der Datenschutzbehörden, MMR 2023, 911; *Woerlein, Andreas*, ChatGPT – „Fortschritt" durch Künstliche Intelligenz auf Kosten des Datenschutz- und Urheberrechts, ZD-Aktuell 2023, 01205; *Wunner, Katharina*, Generative K.I. und das Urheberrecht – eine komplizierte Beziehung, ZUM 2024, 19; *Zhao, Yuan*, The Infringement Risk and Legal Regulation of Generative AI Works, Science of Law Journal Vol. 2 Num. 7, 2023.

1 Der Aufstieg des Chatbots ChatGPT des Unternehmens OpenAI markiert rund um den Jahreswechsel 2022/2023 eine entscheidende Wende in der Entwicklung der Künstlichen Intelligenz. Abrupt wurde die breite Öffentlichkeit mit der Erkenntnis konfrontiert, wie fortgeschritten und alltagstauglich die **generative KI** bereits ist. Der Begriff ChatGPT war in dieser Phase so allgegenwärtig, dass er als Gattungsname mitunter

stellvertretend für generative Anwendungen im Allgemeinen verwendet wurde (→ § 1 Rn. 8).[1]

Das jähe Aufkommen der generativen KI warf aber nicht nur für den einzelnen Nutzer Fragen auf, sondern auch für den europäischen Gesetzgeber. Der AI Act hatte generative Anwendungen bislang schlicht nicht mitbedacht. Nun waren die Arbeiten am Gesetzestext einerseits bereits zeitlich fortgeschritten, zum anderen passten die generativen Systeme als Allzweck-KI nicht in sein Regulierungssystem, das ja die konkrete Anwendung und nicht die Technologie als solche erfassen sollte (→ § 3 Rn. 47). 2

I. Funktionsweise

Generative KI-Systeme bauen derzeit insb. auf großen Sprachenmodellen auf, sog. **Large Language Models (LLM)**. Mithilfe großer Mengen universeller Daten lernen die Modelle, Wort- und Satzmuster zu erkennen. Sie werden mithilfe verschiedener Methoden – wie überwachtem, unüberwachtem und bestärkendem Lernen (→ § 2 Rn. 29 ff.) – darauf trainiert, basierend auf Wahrscheinlichkeiten den jeweils passenden nächsten Token zu finden.[2] Token sind kleine Zeichengruppen, in die Worte und Texte zerlegt werden, mit denen das Sprachmodell arbeitet. Als Faustregel kann gelten, dass ein Wort in der der englischen Sprache etwa 1,3 Token entspricht, in der deutschen Sprache sind es etwa 1,8 Token.[3] Obwohl die Large Language Models kein inhaltliches Verständnis der Sprache erwerben, sind sie in der menschlichen Wahrnehmung in der Lage, in einem Dialog das jeweilige Folgewort zu liefern und insofern mit uns zu sprechen bzw. zu schreiben.[4] Ebenso können sie mit kontinuierlich zunehmender Qualität Fachfragen aller Disziplinen beantworten, Social Media Posts, wissenschaftliche Paper, schulische und studentische Hausarbeiten oder Verträge entwerfen, Musik komponieren oder programmieren. Die Lernfähigkeit der Modelle bringt es mit sich, dass sie universell einsetzbar sind – nicht nur in einem vordefinierten Sektor, für den sie konzipiert und trainiert wurden, sondern auch in Bereichen, an die eingangs niemand auch nur gedacht hat. 3

1 Martini/Wiesehöfer NVwZ 2024, 137 (137).
2 Vgl. ErwG 97 AI Act.
3 Buxmann FAZ v. 17.5.2024.
4 Martini/Wiesehöfer NVwZ 2024, 137 (138).

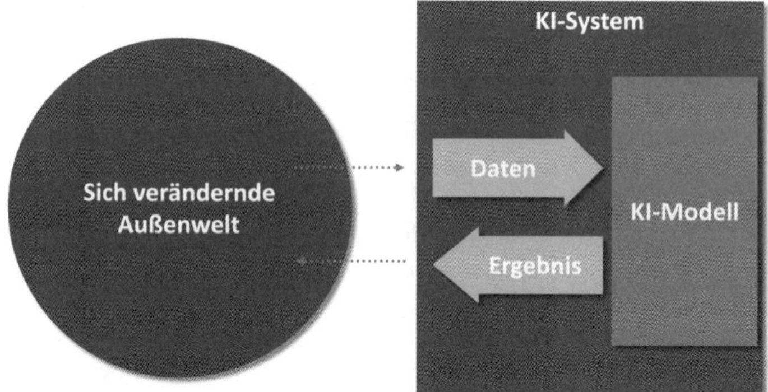

Abbildung 15: General Purpose AI – GPAI in Anlehnung an OECD Framework for classifying AI Systems

II. Begriffsbestimmung

4 Da die Modelle selbst unerwartete Aufgaben kompetent erledigen, werden sie als **General Purpose AI (GPAI)**, **Basismodelle** bzw. **KI mit allgemeinem Verwendungszweck bezeichnet.**[5] Der AI Act verwendet den Terminus der „**KI-Modelle mit allgemeinem Verwendungszweck**" und fordert dazu auf, diese klar und bestimmt vom Begriff der sonstigen KI-Systeme abzugrenzen.[6]

5 Der Begriff der generativen KI fällt demgegenüber lediglich in den Erwägungsgründen 99 und 105: Generative KI-Modelle sollen als ein **typisches Beispiel** für ein **KI-Modell mit allgemeinem Verwendungszweck** gelten, da sie eine flexible Erzeugung von Inhalten ermöglichen – etwa in Form von Text-, Audio-, Bild- oder Videoinhalten, die ein weites Spektrum unterschiedlicher Aufgaben umfassen können. Erwägungsgrund 105 verwendet den Begriff der generativen KI in ganz ähnlicher Weise. Er appelliert an die Verantwortung der Anbieter von KI-Modellen mit allgemeinem Verwendungszweck, insbesondere jener großer generativer KI-Modelle, die Text, Bilder und andere Inhalte erzeugen können. Diese begründen zwar einzigartige Innovationsmöglichkeiten, aber auch Herausforderungen für Künstler, Autoren und andere Kreative sowie die kreativen Inhalte selbst. Auch hier wird die generative KI als Paradeanwendung der KI-Modelle mit allgemeinem Verwendungszweck gesehen.

6 Tatsächlich sind die Definitionen der einzelnen Begriffe noch unscharf. Trotz inhaltlicher Schnittmengen unterscheiden sich die Bedeutungen mitunter, so dass die Begriffe nicht gänzlich synonym verwendet werden können.

III. Abgrenzung GPAI-Modelle und GPAI-Systeme

7 Der AI Act enthält spezifische Vorschriften für KI-Modelle mit allgemeinem Verwendungszweck (GPAI-Modelle). Zu KI-Systemen mit allgemeinem Verwendungszweck (GPAI-Systemen) stellt Art. 3 Ziff. 66 AI Act nur fest, dass dies KI-Systeme sind, die auf

5 Vgl. ErwG 97 AI Act sowie Martini/Wiesehöfer NVwZ 2024, 137 (138).
6 ErwG 97 AI Act.

einem KI-Modell mit allgemeinem Verwendungszweck beruhen und in der Lage sind, einer Vielzahl von Zwecken sowohl für die direkte Verwendung als auch für die Integration in andere KI-Systeme zu dienen. Eine wichtige **Trennlinie** verläuft damit zwischen den vom AI Act adressierten KI-Modellen mit allgemeinem Verwendungszweck und entsprechenden KI-Systemen.

Erwägungsgrund 100 definiert, dass ein KI-System mit allgemeinem Verwendungszweck 8
aufgrund der Integration des entsprechenden Modells in der Lage ist, in unterschiedlichen Szenarien Einsatz zu finden. Obwohl das KI-Modell eine wesentliche Komponente des KI-Systems bildet, stellt es für sich genommen noch kein KI-System dar: Damit ein KI-Modell zu einem KI-System wird, ist die Hinzufügung weiterer Komponenten, etwa einer Nutzerschnittstelle, erforderlich.[7] Umgekehrt ist ein KI-Modell mit allgemeinem Verwendungszweck regelmäßig in ein KI-System integriert und somit Teil dessen.

Der Weg vom Modell zum System, also das Inverkehrbringen des Modells, vollzieht 9
sich dabei über Bibliotheken, **Anwendungsprogrammierschnittstellen** (**API**), durch direktes Herunterladen oder (selten) über eine physische Kopie.[8]

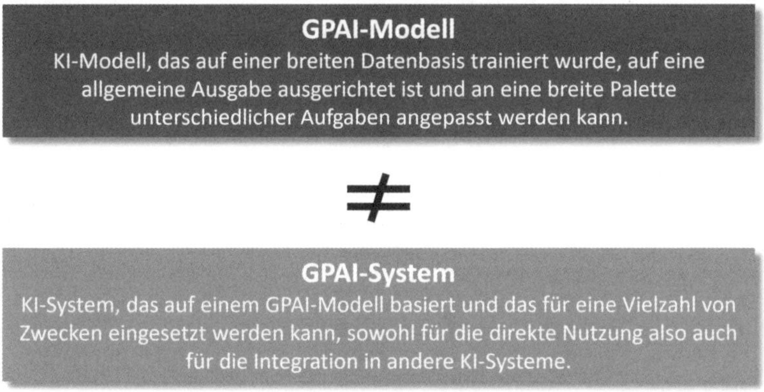

GPAI-Modell

KI-Modell, das auf einer breiten Datenbasis trainiert wurde, auf eine allgemeine Ausgabe ausgerichtet ist und an eine breite Palette unterschiedlicher Aufgaben angepasst werden kann.

GPAI-System

KI-System, das auf einem GPAI-Modell basiert und das für eine Vielzahl von Zwecken eingesetzt werden kann, sowohl für die direkte Nutzung also auch für die Integration in andere KI-Systeme.

Abbildung 16: Differenzierung GPAI-Modell und GPAI-System

Wie das finale KI-System, das ein KI-Modell mit allgemeinem Verwendungszweck als 10
Baustein enthält, schließlich reguliert wird, richtet sich – dem Regulierungsansatz des AI Acts entsprechend – nach seinem individuellen Einsatzgebiet: KI-Systeme mit allgemeinem Verwendungszweck können wahlweise unmittelbar eingesetzt oder in andere KI-Systeme integriert werden.[9] Damit kann das KI-System mit allgemeinem Verwendungszweck auch in einem Hochrisiko-Sektor Verwendung finden, als eigenständiges Hochrisiko-KI-System oder als Komponente eines solchen.[10]

Damit der Anbieter des finalen Hochrisiko-KI-Systems seine umfassenden Pflichten 11
aus dem AI Act erfüllen kann, ist er auf die **Informationen und Mitwirkung** des

7 So ErwG 97 AI Act.
8 ErwG 97 AI Act.
9 ErwG 100 AI Act.
10 ErwG 85 AI Act.

Anbieters des KI-Modells mit allgemeinem Verwendungszweck angewiesen. Entsprechend ruft der AI Act hier zu einer engen Zusammenarbeit und gerechten Verteilung der Verantwortlichkeiten entlang der KI-Wertschöpfungskette auf.[11] In dieser kommt den Anbietern von KI-Modellen mit allgemeinem Verwendungszweck eine besondere Verantwortung zu, da auf ihren Modellen häufig nachgelagerte Systeme aufbauen, die Drittanbietern zugerechnet werden. Die Drittanbieter müssen ein gutes Verständnis der Modelle und ihrer Fähigkeiten besitzen – zum einen, um die Modelle in ihre Produkte integrieren zu können, aber auch, um ihre Pflichten im Rahmen des AI Acts oder anderer Gesetze zu erfüllen. Die nachgelagerten Anbieter sind daher auf eine gewisse Transparenz der Modelle angewiesen, einschließlich der Erstellung der technischen Dokumentation. Die Mindestinhalte dieser Dokumentation wird die EU-Kommission im Wege delegierter Rechtsakte vor dem Hintergrund des technologischen Fortschritts festsetzen.[12] Viele KI-Systeme mit allgemeinem Verwendungszweck werden aber auch außerhalb eines Hochrisiko-Einsatzes Verwendung finden. Nicht zuletzt werden sie bereits in zahlreichen Branchen eingesetzt, um zB als Chatbot die Kommunikation mit Kunden zu übernehmen und Kosteneinsparungen zu ermöglichen.

12 Wird ein KI-System mit allgemeinem Verwendungszweck als **Chatbot** genutzt, ist die Gefahr von Desinformationen groß – zumal diese ja auch absichtlich zB in Suchmaschinen als Fake News verbreitet werden können.[13] Hier greifen die Transparenzpflichten des Art. 50 AI Act.

IV. Markt für GPAI-Systeme

13 Mit dem Ziel, Effizienzgewinne zu erreichen, setzen bereits heute viele Unternehmen KI-Systeme mit allgemeinem Verwendungszweck ein. In der Regel erwerben die Unternehmen hierzu ein KI-Modell mit allgemeinem Verwendungszweck, das sie den eigenen Ansprüchen entsprechend in ein KI-System integrieren (**Custom-GenAI**). Die Lizensierung des KI-Modells kann über eine Abonnement-Lösung oder nutzungsabhängig abgerechnet werden.[14]

14 Der Vorteil der **nutzungsunabhängigen Lizensierung** besteht in der Transparenz der Kosten: Eine OpenAI Team-Lizenz, die für die Nutzung des Modells GPT-4 benötigt wird, beträgt circa 20 USD pro Monat und Nutzer. In diesem Fall ist auch der KI-Bildgenerator DALL·E Bestandteil der Lizenz. In einer vergleichbaren preislichen Größenordnung liegen die Lizenzen für den Microsoft Copilot für Office 365.

15 Eine Alternative ist die **Abrechnung per Zugriff**. Sie ermöglicht es, über eine API-Schnittstelle Anfragen an die Sprachmodelle direkt aus unternehmenseigenen Softwarelösungen abzusenden und den Output zu empfangen. Die Abrechnung erfolgt regelmäßig auf Basis der Länge des ein- und ausgegebenen Textes bzw. auf Grundlage der Anzahl an Token. So betragen bei der Nutzung von GPT-4 die Kosten für eine Million eingegebener Token rund 60 EUR, für ausgegebene etwa 120 Euro.

---

11 S. ErwG 85 und 101 AI Act.
12 ErwG 101 AI Act.
13 Martini/Wiesehöfer NVwZ 2024, 137 (139).
14 Buxmann, Künstliche Intelligenz in Unternehmen – die betriebswirtschaftliche Perspektive, FAZ v. 26.5.2024.

Hinzu kommen in beiden Varianten die Kosten für die **Schulung der Beschäftigten.** Diese Kosten sind aber jedenfalls überschaubar und lassen sich gut einschätzen. Die Planbarkeit ist damit deutlich besser und einfacher als in individuellen Anwendungsfällen. 16

V. Regulierung von GPAI-Modellen

Der Launch von ChatGPT und die daran anschließende durchgreifende Verbreitung der KI-Modelle mit allgemeinem Verwendungszweck machten es erforderlich, in die bereits fortgeschrittenen Verhandlungen zum AI Act einzugreifen und diese ebenfalls der Regulierung zu unterwerfen. Hierfür musste der risikobasierte Regulierungsansatz, der den konkreten Einsatz der KI zum Ausgangspunkt der Risikoevaluierung macht, angepasst werden. Schließlich weisen KI-Modelle mit allgemeinem Verwendungszweck gerade **keinen vordefinierten Anwendungsbereich** auf, sind aber dennoch zu wirkmächtig, um sie unreguliert auf den Markt zu lassen. 17

Entsprechend einigten sich die EU-Kommission, das EU-Parlament und der Rat im Trilog nach langen Verhandlungen darauf, den Wirkungsgrad der KI-Modelle mit allgemeinem Verwendungszweck zum Ausgangspunkt der Regulierung zu nehmen und jene Modelle normativ einzuhegen, die ein systemisches Risiko aufweisen. 18

Hier zeigt sich der grundlegende Systembruch, den die KI-Modelle mit allgemeinem Verwendungszweck erforderlich machten: Während sich das Risiko von KI-Systemen über den gesamten AI Act hinweg stets anhand des konkreten Einsatzbereichs bemisst, stand dieser Maßstab für KI-Modelle mit allgemeinem Verwendungszweck gerade nicht zur Verfügung. Stattdessen musste der europäische Gesetzgeber ein **neues Kriterium** bestimmen, an dem sich der Risikograd eines KI-Modells festmachen lässt. 19

Dieses Kriterium ist nach Art. 51 AI Act die **Wirkkraft des KI-Modells**: KI-Modelle mit allgemeinem Verwendungszweck weisen nach der Wertung des Gesetzgebers dann ein **systemisches Risiko** auf, wenn sie entweder bestimmte Indikatoren und Benchmarks treffen, die für Fähigkeiten mit hohem Wirkungsgrad stehen (Abs. 1a) oder wenn die EU-Kommission in einer Einzelfallentscheidung von einem entsprechenden hohen Wirkungsgrad ausgeht (Abs. 1b). Als systemisch wird das Risiko bezeichnet, dass die spezifischen Fähigkeiten des w KI-Modells zB aufgrund seiner Reichweite tatsächliche oder vorhersehbare negative Folgen für die öffentliche Gesundheit, die Sicherheit, die Grundrechte oder die Gesellschaft insgesamt entfalten, die sich auch über die gesamte Wertschöpfungskette hinweg verbreiten können.[15] 20

Während Art. 51 Abs. 1a AI Act also auf eine generelle Bewertung mithilfe geeigneter technischer Instrumente und Methoden sowie Indikatoren und Benchmarks abstellt, ermöglicht Abs. 1b eine **Ad-hoc-Lückenschließung** durch die EU-Kommission. Unter Bezugnahme auf in Anhang XIII ausgeführte Kriterien darf die EU-Kommission von Amts wegen oder anlässlich einer Warnung des wissenschaftlichen Gremiums einem KI-Modell mit allgemeinem Verwendungszweck individuell einen hohen Wirkungsgrad zuweisen, sofern das Modell Fähigkeiten aufweist, die Abs. 1a entsprechen, Art. 52 Abs. 4 AI Act. 21

15 ErwG 65 AI Act.

22 Die inhaltliche Ausfüllung des abstrakten Kriteriums **„hoher Wirkungsgrad“** übernimmt sodann Art. 51 Abs. 2 AI Act: Er bestimmt, dass ein solcher anzunehmen ist, wenn die kumulierte Menge der für das Training verwendeten Berechnungen, gemessen in **Gleitkommaoperationen**, mehr als 10^{25} beträgt. Als besonders wirkkräftig gelten damit KI-Modelle, bei denen für das Training eine kumulierte Menge an Berechnungen von mehr als 10^{25} Gleitkommaoperationen (Floating Point Operations – FLOPs) genutzt wurde (→ § 4 Rn. 42).

23 Da sich dieser Wert im Zuge des technologischen Fortschritts – etwa durch algorithmische Verbesserungen oder erhöhte Hardwareeffizienz – fortlaufend ändern wird, darf die EU-Kommission den **Schwellenwert** sowie die entsprechenden Benchmarks und Indikatoren per delegiertem Rechtsakt nach Art. 97 AI Act abändern; Art. 51 Abs. 3 AI Act.

24 Die EU-Kommission veröffentlicht eine **Liste** von KI-Modellen mit allgemeinem Verwendungszweck und systemischem Risiko und hält diese Liste unter Beachtung etwaiger Rechte des geistigen Eigentums und/oder vertraulicher Geschäftsinformationen oder Geschäftsgeheimnissen stets aktuell, Art. 52 Abs. 6 AI Act.

25 Sowohl der Bezugsrahmen der erfolgten Berechnungen (in Gleitkommaoperationen bzw. Floating Point Operations – FLOPs) als auch die konkrete Höhe des Schwellenwerts für KI-Modelle mit allgemeinem Verwendungszweck mit „systemischen Risiken“ waren im Trilog sehr umstritten. Die USA, die als erste einen Grenzwert definiert haben, legten 10^{26} FLOPs fest. Weil diesen Wert bislang noch kein KI-Modell erreicht, sprach sich das EU-Parlament für einen geringeren Grenzwert, konkret 10^{24} FLOPs, aus. Dieser würde die gegenwärtig wirkkräftigsten Modelle erfassen. Der Rat hingegen sprach sich für den höheren US-Wert aus. Er argumentierte, dass die Regeln erst zeitverzögert greifen und jedenfalls zu erwarten sei, dass die dann stärksten KI-Modelle die Schwelle überschreiten werden. Letztlich einigte man sich auf den Wert dazwischen.[16]

26 Insgesamt ist die Entwicklung rasant: Noch im Jahr 2010 verwendeten Modelle für maschinelles Lernen durchschnittlich etwa 1^{15} Gleitkommaoperationen; der Anstieg auf 1^{25} FLOPs entspricht damit einer Steigerung um das Zehnmilliardenfache. Die Steigerung der Modellleistung vollzieht sich dabei meist über Skalierung. Der Interim International Scientific Report on the Safety of Advanced AI prognostiziert bis Ende 2026 zumindest einige KI-Modelle mit allgemeinem Verwendungszweck, die mit 40- bis 100-mal mehr Rechenleistung trainiert werden als heutige Modelle.[17] Hinzu kommen neue Trainingsmethoden, die diese Rechenleistung drei- bis 20-mal effizienter nutzen.

27 Ob das Abstellen auf die Menge der Berechnungen der richtige Ansatz ist, potenziell problematische Entwicklungen frühzeitig im Blick zu behalten, bleibt umstritten und vorerst offen.[18] Das AI Office wird beobachten, ob der Schwellenwert des AI Acts anzupassen ist.

16 Zenner/Schwartmann/Hansen in: Schwartmann/Keber/Zenner, 2. Teil 1. Kap. Rn. 494.

17 S. https://www.gov.uk/government/publications/international-scientific-report-on-the-safety-of-advanced-ai, S. 23.

18 Computing Power and the Governance of Artificial Intelligence“, den ua Lennart Heim vom Centre for the Governance of AI in Oxford, Girish Sastry von Open AI und Experte Bengio.

VI. Pflicht zur Beibringung von Informationen

Erfüllt ein KI-Modell mit allgemeinem Verwendungszweck (GPAI-Modell) die Anforderungen an das systemische Risiko, ist der Anbieter des Modells verpflichtet, die EU-Kommission unverzüglich zu informieren; Art. 52 Abs. 1 AI Act. Der Begriff „unverzüglich“ bedeutet „ohne schuldhaftes Zögern“, so dass der Anbieter die **Information** liefern muss, sobald das KI-Modell den Schwellenwert erreicht bzw. dem Anbieter dies bekannt wird. Um individuelle Argumentationen und Spitzfindigkeiten zu vermeiden, gibt der AI Act direkt eine maximale Kulanzphase von zwei Wochen vor („in jedem Fall jedoch innerhalb von zwei Wochen“). Die Mitteilung an die EU-Kommission muss substanziiert erfolgen und Nachweise enthalten. Erhält die EU-Kommission auf anderem Weg Kenntnis von einem KI-Modell mit allgemeinem Verwendungszweck, das systemische Risiken birgt, entscheidet sie über die Einstufung als Modell mit systemischen Risiken, Art. 52 Abs. 1 AI Act. 28

VII. Opting-out

Ist der Anbieter eines KI-Modells mit allgemeinem Verwendungszweck, das den Wirkungsgrad für ein systemisches Risiko erfüllt, der Ansicht, dass es dieses aufgrund seiner besonderen Merkmale ausnahmsweise doch nicht birgt, kann er die EU-Kommission in seiner Mitteilung versuchen zu überzeugen, Art. 52 Abs. 2 AI Act. Die EU-Kommission muss seiner Argumentation nicht folgen und kann das KI-Modell nach wie vor als KI-Modell mit allgemeiner Zweckbestimmung und systemischem Risiko werten, Art. 52 Abs. 3 AI Act. 29

Hat die EU-Kommission die Einstufung als KI-Modell mit allgemeinem Verwendungszweck und systemischem Risiko von Amts wegen bzw. nach einer Warnung des wissenschaftlichen Gremiums (→ § 12 Rn. 38) vorgenommen, kann der Anbieter frühestens nach sechs Monaten eine **Neubewertung** beantragen. Er muss objektiv und detailliert darlegen, was sich seit der Entscheidung verändert hat. Berücksichtigt die EU-Kommission den Antrag, wird sie erneut prüfen, ob das KI-Modell unverändert die in Anhang XIII festgelegten Kriterien erfüllt und nach wie vor ein systemisches Risiko aufweist. Bleibt die EU-Kommission bei ihrer Einschätzung, kann der Anbieter wiederum nach frühestens sechs Monaten eine erneute Bewertung beantragen, Art. 52. Abs. 5 AI Act. 30

VIII. Pflichten für Anbieter von GPAI-Modellen ohne systemisches Risiko

Der Aufteilung in KI-Modellen mit allgemeinem Verwendungszweck mit und ohne systemisches Risiko folgt auch der Pflichtenkatalog für die Anbieter der Modelle: Während Art. 53 AI Act zunächst als Abschnitt 2 die Pflichten für Anbieter von KI-Modellen mit allgemeinem Verwendungszweck aufführt, folgen mit Art. 55 AI Act als Abschnitt 3 sodann die Pflichten für Anbieter von KI-Modellen mit allgemeinem Verwendungszweck und systemischem Risiko. 31

So sind Anbieter von KI-Modellen mit allgemeinem Verwendungszweck verpflichtet, eine **technische Dokumentation** ihres Modells zu erstellen und aktuell zu halten. Die Dokumentation muss die Trainings- und Testverfahren sowie die Ergebnisse der Bewertung, zumindest aber alle in Anhang XI aufgeführten Informationen enthalten, 32 damit sich das AI Office und die nationalen Aufsichtsbehörden bei Bedarf ein Bild machen können.

33 Die verlangte Dokumentation dient aber nicht nur dem Ziel, erforderlichenfalls **Rechenschaft** gegenüber den Aufsichtsbehörden ablegen zu können. Die Informationen sind zugleich für Anbieter von KI-Systemen gedacht, die beabsichtigen, das KI-Modell mit allgemeinem Verwendungszweck in ihr System zu integrieren. Die Anbieter von KI-Systemen benötigen ein basales Verständnis der Fähigkeiten und Grenzen des KI-Modells mit allgemeinem Verwendungszweck, um die eigenen Pflichten aus dem AI Act erfüllen zu können. Zu diesem Zweck müssen die in der Dokumentation enthaltenen Informationen zumindest die in Anhang XII genannten Elemente abdecken.

IX. Urheberrechtskonformes Training von GPAI-Modellen

34 Art. 53 Abs. 1c AI Act adressiert schließlich das heikle Thema des **Urheberrechts**: Jeglicher Output, den ein KI-System mit allgemeinem Verwendungszweck wie ChatGPT liefert, basiert auf einem vorherigen Training des inhärenten KI-Modells, das mit einer unermesslichen Menge an Daten stattgefunden hat. Dabei lernt das Modell, in den Daten Muster zu erkennen und auf deren Grundlage etwa neue Texte zu generieren.[19] Zu den Trainingsdaten zählen vorrangig öffentlich zugängliche Texte aus dem Internet.[20] Ihre umfassende Verwendung setzt die Anbieter der Modelle dem Vorwurf aus, bei der Auswahl der Trainingsdaten keine Rücksicht auf einen etwaigen Urheberrechtsschutz der herangezogenen Werke zu legen.[21] Die KI-Modelle lesen per automatisiertem Prozess schlicht alles, worauf sie zugreifen können. Dies beinhaltet eine große Bandbreite an Texttypen aus verschiedensten Bereichen, darunter Bücher, Journale, Blogs, Foren, beliebige Webseiten und andere schriftliche Materialien, zu denen durchaus auch urheberrechtlich geschützte Werke zählen können.

35 Zwar sichern Modellanbieter wie OpenAI zu, nach Möglichkeit Texte zu verwenden, die gemeinfrei sind, für die eine Rechtsklärung stattgefunden hat oder deren Verwendung unter das US-amerikanische „fair use"-Prinzip fällt, dieses Prinzip aber ist dem deutschen Urheberrecht fremd.[22] Im Grunde verlangt das deutsche Urheberrecht für die Verwendung urheberrechtlich geschützter Werke die Erlaubnis des Urhebers. Diese jeweils einzuholen, ist bei den enormen Datenmengen, die in KI-Modelle einfließen, nicht umsetzbar. Daher eröffnet das Urheberrechtsgesetz für das sog. Text- und Data-Mining – also für die automatisierte Analyse von digitalen bzw. digitalisierten Werken zur Informationsgewinnung – eine Schranke:[23] § 44b Abs. 2 UrhG erlaubt den Zugriff auf urheberrechtlich geschützte Inhalte für Zwecke des Text- und Data-Mining, solange die verwendeten Werke rechtskonform zugänglich sind. Demnach dürfen die Anbieter eines KI-Modells dieses mit frei zugänglichen, digitalen Daten trainieren.[24]

19 Für eine instruktive Schilderung des Trainingsvorgangs s. Käde ZUM 2024, 174 (175 f.).
20 Wagner MMR 2024, 298 (298).
21 Kögel InTeR 2023, 179 (180).
22 De la Durantaye ZUM 2023, 645 (648).
23 Baumann NJW 2023, 3673 (3673); Konertz/Schönhof WRP 2024, 289 (294).
24 Wagner MMR 2024, 298 (299).

Rechteinhaber haben jedoch die Möglichkeit, einen sog. **Nutzungsvorbehalt** zu erklären.[25] Dieser ist bei online zugänglichen Werken nach § 44b Abs. 3 UrhG in maschinenlesbarer Form zu erklären. Als maschinenlesbare Form des Nutzungsvorbehalts könnte der seit 1999 etablierte Robots Exclusion Standard gelten, der Webscraper per „robots.txt"-Datei informiert, dass sie auf der Seite unerwünscht sind. Da die Lösung über robots.txt mitunter unerwünschte negative Auswirkungen auf Suchmaschinenscraper entfaltet,[26] empfiehlt sich alternativ die Umsetzung des neuen TDM Reservation Protocols, das von einer eigenen Community Group vorgeschlagen wurde[27] – und damit (noch) kein W3C-Standard ist.[28] 36

Im Einklang mit diesen Rahmenbedingungen verlangt Art. 53 Abs. 1c AI Act, dass Anbieter von KI-Modellen mit allgemeinem Verwendungszweck eine **Strategie zur Einhaltung des Urheberrechts** der EU und damit zusammenhängender Rechte entwerfen. Insbesondere hat diese das Ziel zu verfolgen, auch mittels modernster Technologien sicherzustellen, dass ein nach Art. 4 Abs. 3 der Richtlinie über das Urheberrecht und die verwandten Schutzrechte im digitalen Binnenmarkt[29] geltend gemachter Rechtsvorbehalt gewahrt bleibt.[30] 37

In diesem Zusammenhang haben die Anbieter von KI-Modellen auch eine hinreichend detaillierte **Zusammenfassung** der für das Training des KI-Modells mit allgemeinem Verwendungszweck verwendeten Inhalte zu erstellen und zu veröffentlichen. Um diese zu erleichtern und zu vereinheitlichen, stellt das AI Office eine entsprechende Vorlage zur Verfügung, Art. 53 Abs. 1d AI Act. 38

Art. 53 Abs. 1c und 1d AI Act waren letztlich ein im Trilog gefundener Kompromiss zu der strittigen Frage, ob urheberrechtliche Fragen überhaupt Bestandteil des AI Acts werden sollten. Die eine Seite argumentierte, dass die Verletzungen des Urheberrechts ein gewichtiger Aspekt der Regulierung von KI-Modellen mit allgemeinem Verwendungszweck seien. Die gegnerische Ansicht vertrat, dass das Thema zweifelsohne gewichtig, aber eben auch groß und eigenständig und der AI Act ein schlechter Standort für urheberrechtliche Debatten sei. Zudem lag das Training der großen KI-Modelle zum Zeitpunkt des Trilogs ja bereits in der Vergangenheit; die urheberrechtlich geschützten Rechte waren schon missachtet worden. Eine Regelung hätte lediglich noch Forderungen entstehen lassen können. Daher fiel im Trilog schließlich die Entscheidung, bei den Regelungen zu KI-Modellen mit allgemeinem Verwendungszweck mit Art. 53 Abs. 1c und 1d AI Act nur einen **Verweis auf das Urheberrecht** aufzunehmen und die Anbieter der Modelle zu verpflichten, eine Strategie zur Einhaltung des Urheberrechts sowie eine Übersicht über die für das Training des KI-Modells mit allgemeinem Verwendungszweck verwendeten Inhalte zu erstellen und zu veröffentlichen. Weitergehende Regelungen sollen in einer Novelle des Urheberrechts verortet werden, die für die neue europäische Legislaturperiode vorgesehen ist. 39

25 Kögel InTeR 2023, 179 (181); Bomhard InTeR 2023, 174 (177).
26 Bomhard InTeR 2023, 174 (178).
27 S. https://www.w3.org/community/reports/tdmrep/CG-FINAL-tdmrep-20240202/.
28 Bomhard InTeR 2023, 174 (179).
29 Richtlinie (EU) 2019/790 des Europäischen Parlaments und des Rates vom 17. April 2019 über das Urheberrecht und die verwandten Schutzrechte im digitalen Binnenmarkt und zur Änderung der Richtlinien 96/9/EG und 2001/29/EG, ABl. L 130 S. 92.
30 Vgl. hierzu umfassend Raue ZUM 2024, 157 (157).

X. Privilegierung quelloffener GPAI-Modelle

40 Art. 53 Abs. 2 AI Act sieht eine **Privilegierung quelloffener KI-Modelle mit allgemeinem Verwendungszweck** vor. Sie sind von den Dokumentationspflichten nach Art. 53 Abs. 1a) und b) AI Act sowie von der Pflicht, einen Bevollmächtigten innerhalb der EU zu bestellen, befreit. Voraussetzung ist, dass sie im Rahmen einer freien und quelloffenen Lizenz bereitgestellt werden, die den Zugang, die Nutzung, die Änderung und die Verbreitung des Modells ermöglicht und deren Parameter, einschließlich Gewichte, Informationen über die Modellarchitektur und Informationen über die Modellnutzung, öffentlich zugänglich gemacht werden.

41 Auf quelloffene KI-Modelle mit allgemeinem Verwendungszweck, die ein systemisches Risiko bergen, findet die Privilegierung keine Anwendung; sie bilden die Gegenausnahme.

XI. Praxisleitfäden für Anbieter von GPAI-Modellen

42 Um ua den Anbietern von KI-Modellen mit allgemeinem Verwendungszweck die Anwendung und Einhaltung des AI Acts zu erleichtern und die Vorgaben der Verordnung handhabbarer zu gestalten, bereiten die Standardisierungsorganisationen CEN und CENELEC derzeit **Industriestandards** vor. Im Zusammenwirken mit der EU-Kommission werden diese letztlich als harmonisierte europäische Normen veröffentlicht werden (→ § 8 Rn. 8). Die Einhaltung einer harmonisierten europäischen Norm begründet für die Anbieter die Vermutung der Konformität – zumindest insoweit die in Bezug genommene Norm die konkrete Verpflichtung abdeckt.

43 Bis zu der Veröffentlichung der harmonisierten europäischen Normen können sich die Anbieter von KI-Modellen mit allgemeinem Verwendungszweck auf **Praxisleitfäden** nach Art. 56 AI Act stützen (→ § 12 Rn. 13), um mit ihrer Hilfe die Einhaltung der Dokumentations- und Informationspflichten sowie die Wahrung der urheberrechtlichen Anforderungen nachzuweisen. Nach Art. 56 Abs. 9 AI Act müssen die Praxisleitfäden spätestens neun Monate nach Inkrafttreten der Verordnung vorliegen.

44 Die Praxisleitfäden werden vom AI Office und den nationalen Aufsichtsbehörden entworfen. Um sie nicht dem **Vorwurf der Praxisferne** auszusetzen, lädt Art. 56 Abs. 3 AI Act die Industrie, die Wissenschaft, Organisationen der Zivilgesellschaft und andere einschlägige Interessenträger wie nachgelagerte Anbieter und unabhängige Sachverständige ein, den Prozess der Erstellung zu unterstützen. Allgemeine Gültigkeit erlangt ein Praxisleitfaden schließlich durch die Genehmigung der EU-Kommission, die hierzu einen Durchführungsrechtsakt nach Art. 98 Abs. 2 AI Act erlässt, Art. 56 Abs. 6 AI Act.

45 Die Befolgung eines genehmigten Praxisleitfadens begründet ebenso wie die Einhaltung einer harmonisierten europäischen Norm den **Anschein der Konformität**. Sie befreit die Anbieter von der Mühe, das AI Office als Aufsichtsbehörde mit individuell entwickelten Verfahren von der Einhaltung der Pflichten überzeugen zu müssen. Umgekehrt entlasten die Praxisleitfäden auch die Aufsichtsbehörden, die bei einem einheitlichen Vorgehen deutlich effizienter arbeiten können.

46 Entsprechend unterstützt das AI Office die Ausarbeitung von Praxisleitfäden und ersucht die Anbieter, diese zu befolgen, Art. 56 Abs. 1 und 7 AI Act.

Die Praxisleitfäden werden zunächst vorrangig die **Pflichten der Anbieter** von KI-Modellen mit allgemeinem Verwendungszweck – mit und ohne systemisches Risiko – abdecken. Sie sollen den Anbietern eine **konkrete Orientierung** geben, wie verhältnismäßig abstrakte Pflichten rechtssicher erfüllt werden können. Zu diesen im AI Act eher vage formulierten Anforderungen zählt etwa die Pflicht der Anbieter, die von ihnen gem. Art. 53 Abs. 1 lit. a und b geforderten Informationen vor dem Hintergrund von Marktentwicklungen und technologischem Fortschritt stets auf dem neuesten Stand zu halten. Ebenso konkretisierungsbedürftig ist etwa die „angemessene Detailgenauigkeit" bei der Zusammenfassung der für das Training verwendeten Inhalte. 47

Für Anbieter von KI-Modellen mit allgemeinem Verwendungszweck und systemischem Risiko sollen die Praxisleitfäden schließlich auch das Risikomanagement spezifizieren. Der AI Act führt an dieser Stelle schließlich lediglich aus, dass die Maßnahmen in einem angemessenen Verhältnis zu den Risiken stehen und ihrer Schwere und Wahrscheinlichkeit Rechnung tragen müssen. Die Risiken sind dabei vor dem Hintergrund ihrer Entstehung und ihres Eintretens entlang der KI-Wertschöpfungskette zu sehen. 48

Dies lässt Raum für Klärung, den die Praxisleitfäden ausfüllen sollen. Zu diesem Zweck sollen die Leitfäden nicht nur die Ziele, Verpflichtungen und Maßnahmen konkretisieren, sondern ggf. sogar **Leistungsindikatoren** festlegen, die den Anbietern eine klare Orientierung bieten, wo sie gegenwärtig stehen, Art. 56 Abs. 4 AI Act. Werden Leistungsindikatoren eingeführt, sollen diese ebenso wie Berichtspflichten den Größen- und Kapazitätsunterschieden zwischen den verschiedenen Anbietern Rechnung tragen. 49

Ob die Praxisleitfäden diese Ziele erreichen, evaluiert das AI Office gemeinsam mit dem AI Board (→ § 12 Rn. 22). Die Ergebnisse der Bewertung der Praxisleitfäden werden veröffentlicht. 50

XII. Bevollmächtigte der Anbieter von GPAI-Modellen

Nur wenige GPAI-Modelle stammen derzeit von Anbietern innerhalb der EU. Bekannt sind Aleph Alpha (Deutschland) mit dem Model Luminous und Mistral AI (Frankreich) mit dem Modell Mistral Large. Diesem Fakt trägt Art. 54 AI Act Rechnung. Er verlangt, dass Anbieter aus Drittländern, die ein KI-Modell mit allgemeinem Verwendungszweck auf dem EU-Markt platzieren wollen, zuvor schriftlich einen **Bevollmächtigten** benennen. Der Bevollmächtigte muss in der EU niedergelassen sein. Er dient den Aufsichtsbehörden – neben oder anstelle des Anbieters – als **Ansprechpartner „vor Ort"**, Art. 54 Abs. 4 AI Act. 51

Gegenüber dem Anbieter des KI-Modells selbst steht der Bevollmächtigte in einem Auftragsverhältnis. Die Aufgaben, die der Auftrag umfasst, sind schriftlich festzuhalten und dem AI Office auf Nachfrage zu übermitteln, Art. 54 Abs. 3 AI Act. Der Anbieter ist verpflichtet, dem Bevollmächtigten die Erfüllung seiner Pflichten zu ermöglichen. 52

Zu den Aufgaben des Bevollmächtigten zählt es, zu prüfen, ob die technische Dokumentation nach Anhang XI erstellt wurde und der Anbieter alle Pflichten aus Art. 53 AI Act – sowie bei systemischem Risiko zusätzlich Art. 55 AI Act – erfüllt. Eine Kopie der technischen Dokumentation ist aufzubewahren und gemeinsam mit den Kontaktdaten des Anbieters dem AI Office oder den nationalen Behörden auf Nachfrage zur Verfügung zu stellen. 53

54 Liegt ein begründeter Antrag vor, ist der Bevollmächtigte verpflichtet, das AI Office und die nationalen Aufsichtsbehörden bei allen Maßnahmen zu unterstützen, die diese im Zusammenhang mit einem KI-Modell mit allgemeinem Verwendungszweck ergreifen. Dies gilt auch dann, wenn das KI-Modell nur in KI-Systeme integriert wurde, die in der Union in Verkehr gebracht oder in Betrieb genommen werden.

55 Kommt der Bevollmächtigte zu dem Schluss oder muss er annehmen, dass der Anbieter seine Pflichten verletzt, ist er verpflichtet, das Auftragsverhältnis aufzulösen und das AI Office entsprechend zu informieren, Art. 54 Abs. 5 AI Act.

56 Von der Pflicht, einen Bevollmächtigten zu benennen, sind Anbieter von quelloffenen KI-Modellen befreit, sofern sie auch deren Parameter, einschließlich Gewichte, Informationen über die Modellarchitektur und Informationen über die Modellnutzung öffentlich zugänglich machen. Die Gegenausnahme erfasst erneut KI-Modelle mit allgemeinem Verwendungszweck und systemische Risiken; sie benötigen einen Bevollmächtigten, Art. 54 Abs. 6 AI Act.

XIII. Pflichten der Anbieter von GPAI-Modellen mit systemischem Risiko

57 Anbieter von KI-Modellen mit allgemeinem Verwendungszweck, die über Fähigkeiten mit **hohem Wirkungsgrad** verfügen, die einem **systemischen Risiko** gleichgesetzt werden, müssen zusätzliche Pflichten erfüllen. Die Pflichten greifen auch dann, wenn die Modelle mit allgemeinem Verwendungszweck und mit systemischem Risiko in ein KI-System integriert oder ein Teil von diesem sind. Als hohe Wirkkraft werden Fähigkeiten bezeichnet, die den gegenwärtig fortschrittlichsten KI-Modellen mit allgemeinem Verwendungszweck entsprechen oder diese sogar übersteigen.[31]

58 Die zusätzlichen Pflichten ergeben sich aus Art. 55 AI Act. Zu ihnen zählt die Durchführung einer **Modellbewertung** mit **standardisierten Protokollen** und **Instrumenten, die dem aktuellen Stand der Technik** entsprechen. Im Rahmen der Modellbewertung sollen auch Angriffstests am Modell erfolgen und dokumentiert werden. Sie dienen dem Ziel, systemische Risiken zu erkennen und hintanzuhalten bzw. zu reduzieren.

59 Die Erfassung möglicher systemischer Risiken, die aus der Entwicklung, dem Inverkehrbringen oder der Verwendung des KI-Modells resultieren, muss nicht nur auf nationaler Ebene erfolgen, sondern die gesamte Union in Bezug nehmen. Erhalten die Anbieter einschlägige **Informationen über schwerwiegende Vorfälle**, sind diese ebenso wie mögliche Abhilfemaßnahmen zu erfassen und dem AI Office sowie ggf. auch den zuständigen nationalen Behörden unverzüglich mitzuteilen.

60 Schließlich sind die Anbieter von KI-Modellen mit allgemeinem Verwendungszweck und systemischem Risiko auch verpflichtet, ein angemessenes Maß an **Cybersicherheit** und die physische Infrastruktur des Modells zu gewährleisten.

61 Bei der Ausfüllung der unbestimmten Rechtsbegriffe wie „angemessenes Maß an Cybersicherheit" können auch die Anbieter von KI-Modellen mit allgemeinem Verwendungszweck und systemischem Risiko bis zur Veröffentlichung einer entsprechenden

31 ErwG 111 AI Act.

harmonisierten Norm die Praxisleitfäden nach Art. 56 AI Act heranziehen (→ § 12 Rn. 13). Auch für sie gilt, dass Einhaltung der harmonisierten europäischen Norm die Vermutung der Konformität begründet, sofern die Norm die jeweilige Verpflichtung abdeckt. Anbieter von KI-Modellen mit allgemeinem Verwendungszweck und systemischem Risiko, die einen genehmigten Praxisleitfaden oder die entsprechende harmonisierte europäische Norm nicht befolgen, müssen die Einhaltung über ein geeignetes alternatives Verfahren beweisen.

§ 11 Maßnahmen zur Innovationsförderung

Literatur: *Bombard, David/Merkle, Marieke*, Regulation of Artificial Intelligence, EuCML 2021, 257; *Buocz, Thomas/Pfotenhauer, Sebastian/Eisenberger, Iris*, Regulatory sandboxes in the AI Act: reconciling innovation and safety?, Law, Innovation and Technology, 15:2 (2023), 357; *Gonzalez Torres, Ana Paula/Sawhney, Nítin*, Role of Regulatory Sandboxes and MLOps for AI-Enabled Public Sector Services, Rev Socionetwork Strat 17 (2023), 297; *Haar, Tobias*, KI-Regulierung: Gelingt die Quadratur des Kreises?, MMR 2023, 397; *Micklitz, Hans*, AI Standards, EU Digital Policy Legislation and Stakeholder Participation, EuCML 2023, 212; *Muttach, Jan-Philipp/Link, Hendrik*, Verarbeitung personenbezogener Daten in KI-Reallaboren nach dem KI-VO-E, CR 2023, 725; *Orssich, Irina*, Das europäische Konzept für vertrauenswürdige Künstliche Intelligenz, EuZW 2022, 254; *Philipp, Otmar*, Digitales: Gesetz über künstliche Intelligenz, EuZW 2023, 635; *Rostalski, Frauke/Weiss, Erik*, Der KI-Verordnungsentwurf der Europäischen Kommission, ZfDR 2021, 329; *Spindler, Gerald/Büning, Felix*, Einsatz von Reallaboren (Regulatory Sandboxes) – insbesondere im Recht der Künstlichen Intelligenz und der Finanzmärkte, JZ 2023, 799; *Truby, John/Drown, Rafael/Ibrahim, Imad/Parellada, Oriol*, A Sandbox Approach to Regulating High-Risk Artificial Intelligence Applications, EJRR 2022, vol. 13, Iss. 2, 270; *Valta, Matthias/Vasel, Johann*, Kommissionsvorschlag für eine Verordnung über Künstliche Intelligenz, ZRP 2021, 142.

1 Der AI Act ist dem Vorwurf ausgesetzt, technische Innovationen und neue Geschäftsmodelle abzuwürgen und insbesondere kleine Unternehmen einschließlich Start-ups übermäßig zu belasten.[1] Dem lassen sich die Vorschriften in Kapitel 6 entgegenhalten, die **Maßnahmen zur Innovationsförderung** festlegen. Der EU-Gesetzgeber hat im Blick,[2] dass KI als sich rasant entwickelnde Technologie Freiräume für Erprobung benötigt. Diese Räume sollen über sog. **Reallabore** eröffnet werden. KI-Reallabore sind von den zuständigen nationalen Behörden geschaffene privilegierte Rahmenbedingungen, Art. 57 Abs. 11 AI Act, die Anbietern von KI-Systemen für einen begrenzten Zeitraum unter regulatorischer Aufsicht zugestanden werden. Sie sollen es vor allem kleinen Unternehmen wie Start-ups erleichtern,[3] innovative KI-Systeme zu entwickeln, zu trainieren, zu validieren und – ggf. unter Realbedingungen – zu testen, Art. 3 Ziff. 55 AI Act. Letztlich ist ein Reallabor damit eine kontrollierte Versuchs- und Testumgebung für die Entwicklungsphase und die dem Inverkehrbringen vorgelagerte Phase eines KI-Systems, Art. 57 Abs. 5 AI Act.[4] Reallabore können physisch, digital oder hybrid eingerichtet werden.

I. Zielsetzung

2 Ihren Ursprung haben Reallabore als sog. **Regulatory Sandboxes** in der Informationstechnik (IT). Hier werden sie im Zuge der Softwareentwicklung dazu eingesetzt, neue potenziell unsichere Codes zunächst in einem abgegrenzten Rahmen zu testen, um das

1 Haar MMR 2023, 397 (398); Frost/Steininger/Vivekens MPR 2024, 4 (12); Ashkar/Schröder BB 2024, 771 (773).
2 Vgl. ErwG 138 AI Act.
3 Vgl. ErwG 139.
4 Ammann/Pohle CB 5/2024, 137 (143).

Risiko für Nutzer bei Neueinführung auf dem Gesamtmarkt zu minimieren.[5] Ebenso finden sich Reallabore in der Energieindustrie und in der Medizin. Allen Branchen gemein ist die Idee, Innovationen vor Markteinführung unter definierten Grenzen zu testen, um potenzielle Risiken und Regulierungsprobleme frühzeitig erkennen zu können.[6] Ziel ist es, dass Innovator und Aufsichtsbehörde Zeit haben, sich aneinander anzupassen und evidenzbasiert voneinander zu lernen: Innerhalb des Reallabors hat die Aufsichtsbehörde die Freiheit, bei der Anwendung der geltenden Rechtsvorschriften einen Ermessensspielraum zu nutzen, Art. 57 Abs. 11 AI Act. Dies eröffnet ihr die Chance, ihre Aufsichtspraxis an bis dahin unbekannte Möglichkeiten, Risiken und Auswirkungen der KI-Nutzung anzupassen. Der Anbieter wiederum erhält Rechtssicherheit hinsichtlich der regulatorischen Erwartungen, Art. 57 Abs. 6, 7 und 9 AI Act, und kann seinen Marktzugang entsprechend beschleunigen, Art. 57 Abs. 9e AI Act. Im besten Fall befördern Reallabore die Aufsichtsbehörde von der Stellung eines rein reaktiven Beobachters hin zu einem präventiven Mitgestalter.

II. Pflicht zur Einrichtung von Reallaboren

Art. 57 AI Act verpflichtet jeden **Mitgliedstaat, zumindest ein KI-Reallabor** einzurichten, das zwei Jahren nach Inkrafttreten des AI Acts einsatzbereit sein muss. Die Mitgliedstaaten können dieser Pflicht auch nachkommen, indem sie sich an bereits bestehenden Reallaboren beteiligen oder ein Reallabor mit den zuständigen Behörden eines oder mehrerer Mitgliedstaaten gemeinsam einrichten. Dabei ist sicherzustellen, dass die Beteiligung eine gleichwertige nationale Abdeckung für die teilnehmenden Mitgliedstaaten bietet. Im Interesse einer einheitlichen Umsetzung in der EU und der Erzielung von Größenvorteilen werden gemeinsame Vorschriften für die Umsetzung von KI-Reallaboren und Rahmenvereinbarungen für die Zusammenarbeit zwischen den beteiligten Behörden angeregt.[7] Die Beteiligung an einem von einem Mitgliedstaat eingerichteten KI-Reallabor wird gegenseitig anerkannt und besitzt in der gesamten Union eine einheitliche Rechtswirkung, Art. 58 Abs. 2g AI Act. 3

Auf Wunsch stellt die EU-Kommission **technische Unterstützung, Beratung** und **Instrumente** für die Einrichtung und den Betrieb eines KI-Reallabors zur Verfügung. Zudem richtet sie eine eigene Schnittstelle ein, die alle relevanten Informationen zu den KI-Reallaboren enthält, Art. 57 Abs. 17 AI Act. Eine jeweils aktuelle Liste aller geplanten und bestehenden Reallabore führt auch das AI Office. 4

III. Zugang zum Reallabor

Um einer Zersplitterung innerhalb der EU vorzubeugen, gibt die EU-Kommission über Durchführungsrechtsakte detaillierte Regelungen für die Einrichtung, Entwicklung, Umsetzung, den Betrieb und die Beaufsichtigung der KI-Reallabore vor. Insbesondere gilt es, in den Durchführungsrechtsakten das Verfahren für die **Antragstellung** und die vom Anbieter zu erfüllenden Voraussetzungen transparent und fair festzulegen und dabei die begrenzten rechtlichen und administrativen Kapazitäten von KMU einschließ- 5

5 Global Financial Innovation Network, Consultation document, 2018, 17.
6 Vgl. Ringe/Ruof, Regulating Fintech, 3.
7 S. ErwG 139 AI Act.

lich Start-ups im Blick zu behalten. Der Zugang zu KI-Reallaboren ist **grundsätzlich kostenfrei** zu gewähren. Lediglich außergewöhnliche Kosten können uU verhältnismäßig auf den Anbieter umgelegt werden.

6 Die EU-Kommission muss gewährleisten, dass die KI-Reallabore allen Anbietern offenstehen, die die Kriterien erfüllen, Art. 58 Abs. 2 AI Act. Die KI-Reallabore sollen einen breiten und **gleichberechtigten Zugang** ermöglichen, dazu müssen sie mit der Nachfrage Schritt halten.

7 Die Entscheidung über den Zugang zum Reallabor trifft die zuständige nationale Behörde. Sie hat den Anbieter binnen drei Monaten nach Antragstellung zu informieren.

IV. Durchführung des Reallabors

8 Neben dem Verfahren für die Antragstellung sind in den Durchführungsrechtsakten auch detaillierte Vorgaben zu der **Durchführung des Reallabors**, der **Überwachung** sowie dem **Ausstieg** und der **Beendigung** zu treffen, Art. 58 Abs. 1 AI Act.

9 Die Ziele, die Bedingungen, der Zeitrahmen, die Methodik und die Anforderungen an die im Reallabor vorgenommenen Tätigkeiten werden zwischen dem Anbieter und der zuständigen Aufsichtsbehörde individuell als sog. **Plan für das Reallabor** festgelegt, Art. 3 Ziff. 54 AI Act.

10 Der Zeitraum der Beteiligung an dem KI-Reallabor soll sich dabei an der Komplexität und dem Umfang des Projekts ausrichten, er kann von der nationalen Behörde verlängert werden, Art. 58 Abs. 2 lit. h AI Act.

11 Soweit erforderlich dürfen weitere Akteure innerhalb des KI-Ökosystems einbezogen werden – etwa Normungsorganisationen, notifizierte Stellen oder Forschungslabore, Art. 57 Abs. 4 AI Act.[8]

12 Alle **erheblichen Risiken**, die sich bei der Entwicklung und Erprobung neuer KI-Systeme zeigen, müssen **Risikominderungsmaßnahmen** nach sich ziehen. Ggf. ist der Erprobungsprozess vorübergehend auszusetzen. Stellt sich heraus, dass ein Testverfahren keine wirksame Risikominderung ermöglicht, muss die Aufsichtsbehörde die Beteiligung des KI-Anbieters am Reallabor dauerhaft beenden, Art. 57 Abs. 11 AI Act. Das AI Office wird über zeitweise und endgültige Aussetzungen informiert.

V. Haftung im Reallabor

13 Ein am Reallabor beteiligter Anbieter haftet nach nationalem Recht für Schäden, die einem Dritten aus einer Erprobung im Reallabor entstehen. Allerdings entfallen etwaige Geldbußen für Verstöße gegen den AI Act, sofern der Anbieter den Plan und die Bedingungen für die Beteiligung am Reallabor beachtet hat und der Anleitung durch die Aufsichtsbehörde in gutem Glauben folgte, Art. 57 Abs. 12 AI Act.

VI. Erleichterung der Konformitätsbewertung

14 Auf Wunsch stellt die Aufsichtsbehörde dem KI-Anbieter einen **Nachweis** für die im Reallabor erfolgreich durchgeführten Tätigkeiten zur Verfügung. In jedem Fall legt sie

8 ErwG 139 AI Act.

einen Abschlussbericht vor, der zusätzlich die Ergebnisse und gewonnenen Erkenntnisse ausweist. Die Nachweise und den **Abschlussbericht** können Anbieter **nutzen**, um im **Konformitätsbewertungsverfahren** oder gegenüber einer Marktüberwachungstätigkeit nachzuweisen, dem AI Act zu entsprechen, Art. 57 Abs. 7 AI Act.

Die Marktüberwachungsbehörden und die notifizierten Stellen (→ § 7 Rn. 16) werden aufgefordert, die Beibringung des Abschlussberichts im Hinblick auf eine **Beschleunigung der Konformitätsbewertung** angemessen positiv zu werten. 15

VII. Tests unter Realbedingungen

Sofern die nationale Aufsichtsbehörde zustimmt, können im KI-Reallabor **Tests unter Realbedingungen** durchgeführt werden, Art. 57 Abs. 5 AI Act.[9] Hierzu vereinbart die Aufsichtsbehörde mit den Beteiligten die Bedingungen für die Tests und geeignete **Schutzvorkehrungen** für die Grundrechte, Gesundheit und Sicherheit aller Beteiligten. 16

Anbietern von Hochrisiko-KI-Systemen eröffnet Art. 60 AI Act zusätzlich die Möglichkeit, den Prozess der **Entwicklung** ihrer Systeme durch Tests unter Realbedingungen zu **beschleunigen, ohne** sich an einem **KI-Reallabor** beteiligen zu müssen. Naturgemäß sind hierfür gewisse Voraussetzungen zu erfüllen: Zu diesen zählt die informierte Einwilligung aller natürlichen Personen in die Beteiligung an den Tests unter Realbedingungen. Ebenso erwartbar verlangt der AI Act, die Risiken so weit wie möglich zu minimieren. 17

Ua muss der Anbieter gewährleisten, dass der **Test unter menschlicher Aufsicht** durchgeführt wird und die beaufsichtigenden Personen auf dem betreffenden Gebiet **adäquat qualifiziert** sind, Art. 60 Abs. 4 lit. j AI Act. Zudem darf das zu testende KI-System nur Vorhersagen, Empfehlungen oder Entscheidungen treffen, die effektiv rückgängig gemacht und außer Acht gelassen werden können, Art. 60 Abs. 4 lit. k AI Act. 18

Im Vorfeld muss der Anbieter der Marktüberwachungsbehörde einen **Plan für den Test unter Realbedingungen vorlegen**. In ihm sind die Ziele, die Methodik, der geografische und zeitliche Umfang sowie die Überwachung und die Durchführung der Tests zu erläutern, Art. 3 Ziff. 53 AI Act. Der Zeitraum bemisst sich nach der erforderlichen Dauer für die Erfüllung der Zielsetzung. Er darf aber keinesfalls mehr als sechs Monate betragen. Der Zeitraum kann einmalig verlängert werden, Art. 60 Abs. 4 lit. f. AI Act. 19

Die **Marktüberwachungsbehörde** des jeweiligen Mitgliedstaates hat den Test unter Realbedingungen und den dazugehörigen **Plan zu genehmigen**. Sie ist während der Testphase berechtigt, von den Anbietern zusätzliche Informationen einzuholen und sich erforderlichenfalls auch vor Ort unangekündigt von der sicheren Durchführung der Tests zu überzeugen, Art. 60 Abs. 6 AI Act. 20

Kommt es während eines Tests unter Realbedingungen zu einem **schwerwiegenden Vorfall**, muss der Anbieter **Sofortmaßnahmen** zur Schadensbegrenzung setzen und 21

9 Ammann/Pohle CB 5/2024, 137 (143).

die Marktüberwachungsbehörde informieren. Ein schwerwiegender Vorfall kann eine **Fehlfunktion des KI-Systems** sein, die den **Tod** oder **gravierende gesundheitliche Folgen** einer Person nach sich zieht. Als schwerwiegender Vorfall zählen aber auch tiefgreifende Störungen etwa kritischer Infrastrukturen oder Sach- und Umweltschäden sowie die Verletzung von Vorschriften zum Schutz der Grundrechte, Art. 3 Ziff. 49 AI Act.

22 Bei einem schwerwiegenden Vorfall hat der Anbieter den **Test** so lange **auszusetzen**, bis eine **Schadensbegrenzung** geglückt ist. Muss er den Tests unter Realbedingungen endgültig abbrechen, ist ein sofortiger **Rückruf** des KI-Systems einzuleiten, Art. 60 Abs. 7 AI Act. Die Anbieter sind für Schäden haftbar, Art. 60 Abs. 9 AI Act.

23 Jeder Testteilnehmer kann seine Teilnahme jederzeit durch **Widerruf** beenden und die unverzügliche und dauerhafte Löschung seiner personenbezogenen Daten verlangen, ohne dass ihm daraus Nachteile entstehen und er dies in irgendeiner Weise begründen muss. Sind Personen beteiligt, die schutzbedürftigen Gruppen angehören, sind zusätzliche Schutzmaßnahmen zu treffen.

24 Auch für die Tests unter Realbedingungen gilt, dass die **Details** von der EU-Kommission **per Durchführungsrechtsakt** festgelegt werden.

§ 12 Aufsichtssystem

Literatur: *Novelli, Claudio/Hacker, Philipp/Morley, Jessica/Trondal, Jarle/Floridi, Luciano*, A Robust Governance for the AI Act: AI Office, AI Board, Scientific Panel, and National Authorities, 2024; *Schwartmann, Rolf/Keber, Tobias/Zenner, Kai*, KI-Verordnung. Leitfaden für die Praxis, 2024; *Wendt, Janine/Wendt, Domenik*, Einigung auf Rechtsrahmen für Künstliche Intelligenz in der EU, ZfPC 2024, 86.

Der AI Act sieht für KI-Systeme ein neues **Aufsichtssystem** vor.[1] Der AI Act spricht von einem „**Governance-Rahmen**", „der sowohl die Koordinierung und Unterstützung der Anwendung dieser Verordnung auf nationaler Ebene als auch den Aufbau von Kapazitäten auf Unionsebene und die Integration von Interessenträgern im Bereich der KI ermöglicht."[2] Dieser neue Governance-Rahmen setzt sich zusammen aus der EU-Kommission und neuen Einrichtungen auf EU-Ebene sowie noch zu bestimmenden zuständigen Behörden auf nationaler Ebene. Die so ge- und beschaffene Struktur neuer Aufsichtsakteure ist branchenübergreifend und stellt sich damit in Teilen **neben bereits etablierte Aufsichtssysteme** in den regulierten Märkten. 1

I. Regelungsgrundlagen und Aufsichtsakteure

Bestimmungen zum neuen Aufsichtssystem für KI-Systeme finden sich vorrangig in den Art. 64 ff. AI Act. Diese Vorgaben sind insbesondere im Zusammenhang mit dem Beschluss der EU-Kommission vom 24.1.2024 zur Einrichtung des Europäischen Amts (sic!)[3] für künstliche Intelligenz (Beschluss C/2024/1459) zu sehen.[4] 2

1 Wendt/Wendt ZfPC 2024, 86 (87).
2 S. ErwG 148 AI Act.
3 In der deutschen Sprachfassung des Beschlusses heißt es „Amt", die englische Sprachfassung spricht im Einklang mit den Begrifflichkeiten im AI Act von „Office", gemeint ist daher das „AI Office" im Sinne des Art. 64 AI Act.
4 S. Beschluss C/2024/1459, ABlEU v. 14.2.2024.

3 Der AI Act spricht zudem von **zuständigen nationalen Behörden** (Art. 70 AI Act), regelt hierzu aber kaum Einzelheiten. Die vorgenannten Bestimmungen auf EU-Ebene müssen daher auf nationaler Ebene durch Vorgaben ergänzt werden, die die zuständigen nationalen Behörden benennen und deren Kompetenzen regeln.

II. EU-Kommission

1. Befugnisübertragung

4 Die **EU-Kommission** überträgt gem. Art. 88 Abs. 1 AI Act die Befugnis zur Beaufsichtigung und Durchsetzung der Regelungen in Art. 51–56 AI Act, also der Vorgaben für GPAI (→ § 10 Rn. 31 ff.), an das **AI Office** (→ Rn. 9). Damit ist die EU-Kommission als Organ der EU unmittelbar insbesondere für die Erstellung bzw. Aktualisierung der delegierten Rechtsakte (vgl. Art. 97 AI Act) und der Leitlinien (vgl. Art. 96 AI Act) zuständig.

2. Delegierte Rechtsakte

5 In Art. 97 AI Act wird der EU-Kommission die Befugnis zum Erlass sog. **delegierter Rechtsakte** übertragen. Sie erhält damit die Kompetenz, außerhalb des ordentlichen Gesetzgebungsverfahrens weitere Rechtsakte zu erlassen. Die Anhänge zum AI Act sind diese delegierten Rechtsakte.[5] Das EU-Parlament und der Rat können die Befugnisübertragung nach Art. 97 Abs. 3 AI Act jederzeit widerrufen. Zudem tritt ein delegierter Rechtsakt gem. Art. 97 Abs. 6 AI Act nur in Kraft, wenn EU-Parlament oder Rat innerhalb einer Frist von drei Monaten (kann um drei Monate verlängert werden, vgl. Art. 97 Abs. 6 Satz 2 AI Act) nach Übermittlung des Rechtsakts durch die EU-Kommission kein Veto hiergegen eingelegt haben. Gegen die aktuellen Anhänge des AI Acts ist kein Veto erklärt worden.

3. Leitlinien

6 In Art. 96 Abs. 1 UAbs. 1 AI Act wird der EU-Kommission die Befugnis zur **Erarbeitung** und **Herausgabe** von **Leitlinien** erteilt. Diese Leitlinien sollen die praktische Umsetzung des AI Acts erleichtern. Sie sollen sich beziehen auf:

- die Anwendung der in den Art. 8–15 AI Act und in Art. 25 AI Act genannten Anforderungen und Pflichten, lit. a,
- die in Art. 5 AI Act genannten verbotenen Praktiken, lit. b,
- die praktische Durchführung der Regelungen über wesentliche Veränderungen (vgl. hierzu etwa Art. 25 Abs. 1 lit. b AI Act), lit. c,
- die praktische Umsetzung der Transparenzpflichten gem. Art. 50 AI Act, lit. d,
- detaillierte Informationen über das Verhältnis des AI Acts zu den in Anhang I aufgeführten Harmonisierungsrechtsvorschriften sowie zu anderen einschlägigen Rechtsvorschriften der EU, lit. e,
- die Anwendung der Definition eines KI-Systems gem. Art. 3 Ziff. 1, lit. f.

5 Vgl. auch Zenner in: Schwartmann/Keber/Zenner, 3. Teil 1. Kap. Rn. 6.

Die EU-Kommission erhält damit durch Art. 96 Abs. 1 UAbs. 1 AI Act die Kompetenz, besonders relevante Aspekte des AI Acts durch ergänzende Leitlinien-Bestimmungen zu erörtern. Sie kann damit einen bedeutsamen **Orientierungsrahmen** für die Auslegung und die Anwendung der Vorgaben des AI Acts festlegen. Im Hinblick auf die Bindungswirkung entsprechender Veröffentlichungen der EU-Kommission sind insbesondere die vom Gerichtshof festgesetzten Grenzen zu beachten.[6] 7

Die in Art. 96 Abs. 1 AI Act aufgeführte Liste ist nicht abschließend („insbesondere"). Sollte die EU-Kommission zu weiteren Aspekten des AI Acts Leitlinien erstellen wollen, müssten diese Aspekte allerdings von vergleichbarer Relevanz wie die in Art. 96 Abs. 1 UAbs. 1 lit. a–f AI Act genannten Regelbeispiele sein. Andernfalls würde die EU-Kommission ihre durch den AI Act gesetzten Leitlinien-Kompetenzen überschreiten. Eine **allgemeine Leitlinien-Kompetenz** ist in Art. 96 AI Act gerade **nicht vorgesehen**. 8

III. Büro für Künstliche Intelligenz (AI Office)

Nach Art. 64 Abs. 1 Act entwickelt die EU-Kommission über das **AI Office** die **Sachkenntnis und Fähigkeiten** der EU auf dem Gebiet der KI. Dem AI Office kommt damit eine zentrale Rolle im neuen Aufsichtssystem zu.[7] Zudem überträgt die EU-Kommission gem. Art. 88 Abs. 1 AI Act die Befugnis zur Beaufsichtigung und Durchsetzung der Regelungen in Art. 51–56 AI Act an das AI Office. 9

1. Zusammensetzung und Organisation

Das AI Office ist mit Wirkung zum 21.2.2024 eingerichtet worden, vgl. Art. 1 und 9 Beschluss C/2024/1459. Es soll Teil der Verwaltungsstruktur der Generaldirektion Kommunikationsnetze, Inhalte und Technologien (DG CONNECT) sein und ihrem jährlichen Managementplan unterliegen.[8] Das AI Office ist ein Europäisches Amt[9] iSv Art. 2 Nr. 26 der Verordnung (EU, Euratom) 2018/1046.[10] Es gilt daher als eine von der EU-Kommission geschaffene Verwaltungsstruktur, die spezifische bereichsübergreifende Aufgaben wahrnimmt. Diese Aufgaben ergeben sich ua aus Art. 2 Beschluss C/2024/1459. 10

Das AI Office soll mehr als 140 Mitarbeiter beschäftigen. Zu den Mitarbeitern sollen Technologiespezialisten, Verwaltungsassistenten, Juristen und weitere Experten wie Ökonomen gehören.[11] Seit dem 16.6.2024 besteht die **Organisationsstruktur** des AI Office aus fünf Referaten und zwei Beratern,[12] namentlich: 11

6 Vgl. etwa EuGH Urt. v. 13.12.2012 – C-226/11 (Rn. 27 ff.), ECLI:EU:C:2012:795; EuGH Urt. v. 14.6.2011 – C-360/09 (Rn. 21 f.), ECLI:EU:C:2011:389; EuG Urt. v. 20.5.2010 – T-258/06 (Rn. 28), ECLI:EU:T:2010:214.

7 Novelli/Hacker/Morley/Trondal/Floridi, 2024.

8 Vgl. ErwG 6 Beschluss C/2024/1459.

9 ErwG 7 Beschluss C/2024/1459.

10 Verordnung (EU, Euratom) 2018/1046 des Europäischen Parlaments und des Rates vom 18.7.2018 über die Haushaltsordnung für den Gesamthaushaltsplan der Union, zur Änderung der Verordnungen (EU) Nr. 1296/2013, (EU) Nr. 1301/2013, (EU) Nr. 1303/2013, (EU) Nr. 1304/2013, (EU) Nr. 1309/2013, (EU) Nr. 1316/2013, (EU) Nr. 223/2014, (EU) Nr. 283/2014 und des Beschlusses Nr. 541/2014/EU sowie zur Aufhebung der Verordnung (EU, Euratom) Nr. 966/2012, ABlEU L 193 vom 30.7.2018, S. 1–222.

11 Vgl. Pressemitteilung der EU Kommission „Commission establishes AI Office to strengthen EU leadership in safe and trustworthy Artificial Intelligence, v. 29.5.2024.

12 S. https://digital-strategy.ec.europa.eu/de/policies/ai-office.

- Referat „Exzellenz in KI und Robotik“,
- Referat „Regulierung und Einhaltung“,
- Referat „KI-Sicherheit“,
- Referat „KI-Innovation und Politikkoordinierung“,
- Referat „KI für das Gemeinwohl“,
- der leitende wissenschaftliche Berater und
- der Berater für internationale Angelegenheiten.

2. Aufgaben für die Zwecke der Durchführung und Durchsetzung des AI Acts

a) Aufgaben in Bezug auf KI-Modelle mit allgemeinem Verwendungszweck

12 Gem. Art. 2 Abs. 1 Beschluss C/2024/1459 nimmt das AI Office für die Zwecke der Durchführung und Durchsetzung des AI Acts zunächst die in Art. 3 Abs. 1 Beschluss C/2024/1459 genannten Aufgaben wahr. Diese Vorgaben beziehen sich ausdrücklich allein auf KI-Modelle mit allgemeinem Verwendungszweck (GPAI-Modelle). Die diesbzgl. Aufgaben umfassen

- die Entwicklung bestimmter Instrumente, Methoden und Vergleichsmaßstäbe, lit. a,
- die Beobachtung der Umsetzung und Einhaltung von Vorgaben sowie des Auftretens unvorhergesehener Risiken, lit. b und c, unterstützt durch ein wissenschaftliches Gremium unabhängiger Sachverständiger,[13]
- die Untersuchung möglicher Verstöße gegen Vorschriften, lit. d,
- die Gewährleistung koordinierter Überwachung und Durchsetzung, lit. e und
- die Unterstützung der Umsetzung von Vorschriften in Bezug auf verbotene KI-Praktiken und Hochrisiko-KI-Systeme, lit. f.

13 Die vorgenannten Aufgaben werden beispielsweise durch die in Art. 56 AI Act geregelten Kompetenzen konkretisiert. Hiernach hat das AI Office die **Ausarbeitung von Praxisleitfäden** zu fördern und zu erleichtern, Art. 56 Abs. 1 AI Act. Diese Praxisleitfäden sollen zur ordnungsgemäßen Anwendung des AI Acts beitragen und dabei auch internationale Ansätze berücksichtigen. Gem. Art. 56 Abs. 6 Satz 1 und 2 AI Act überwacht und bewertet das AI Office gemeinsam mit dem AI Board die „Verwirklichung der Ziele der Praxisleitfäden“, insbesondere im Hinblick auf die in Art. 53 und 55 AI Act vorgesehenen Pflichten. In der Erwägungsgründen 116 und 117 werden die Praxisleitfäden im Zusammenhang mit Verhaltenskodizes für Anbieter von GPAI genannt (→ § 10 Rn. 43 f.). Diese Verhaltenskodizes sind zu unterscheiden von den Kodizes, die Art. 95 AI Act für KI-Systeme mit keinem oder höchstens minimalem Risiko vorsieht.

14 Zudem kann das AI Office die in Art. 89 AI Act geregelten **Überwachungsmaßnahmen** ergreifen. Art. 89 Abs. 1 AI Act spricht von „erforderlichen Maßnahmen“. Diese allgemeine Befugnis wird konkretisiert für

- sog. qualifizierten Warnungen, Art. 90 AI Act,
- Anforderung von Dokumentation und Information, Art. 91 AI Act,
- Durchführung von Bewertungen, Art. 92 AI Act,
- Aufforderung zu Maßnahmen, Art. 93 AI Act.

13 ErwG 151 AI Act.

Dabei sind nach Art. 94 AI Act jeweils sinngemäß die Verfahrensrechte nach Art. 18 VO 2019/1020 zu beachten. 15

b) Weitere Aufgaben

Darüber hinaus wird das AI Office im Hinblick auf die wirksame Durchführung des AI Acts gem. Art. 2 Abs. 1 iVm Art. 3 Abs. 2 Beschluss C/2024/1459 damit beauftragt, die Kommission 16

- bei der Ausarbeitung einschlägiger Kommissionsbeschlüsse sowie von Durchführungsrechtsakten und delegierten Rechtsakten zu unterstützen, lit. a,
- die einheitliche Anwendung des AI Acts zu erleichtern, lit. b, was insbesondere im systematischen Zusammenhang mit der nachstehenden Befugnis zu sehen sein dürfte,
- bei der Ausarbeitung von Orientierungshilfen und Leitlinien sowie bei der Entwicklung unterstützender Instrumente zu unterstützen, lit. c,
- bei der Ausarbeitung von Normungsaufträgen, der Bewertung bestehender Normen und der Ausarbeitung gemeinsamer Spezifikationen für die Durchführung der künftigen Verordnung zu unterstützen, lit. d.

Zudem hat das AI Office 17

- zur Bereitstellung von technischer Unterstützung, Beratung und Instrumenten für die Einrichtung und den Betrieb von KI-Reallaboren und deren Koordinierung beizutragen, lit. e,
- Bewertungen und Überprüfungen durchzuführen sowie Berichte im Zusammenhang mit der künftigen Verordnung auszuarbeiten, lit. f,
- die Einrichtung eines wirksamen Governance-Systems zu koordinieren, lit. g,
- das Sekretariat für den KI-Ausschuss und seine Untergruppen sowie administrative Unterstützung für das Beratungsforum und ggf. das wissenschaftliche Gremium bereitzustellen, lit. h, sowie
- die Ausarbeitung von praktischen Verfahrensregeln und Verhaltenskodizes auf Unionsebene zu fördern und zu überwachen, lit. i.

Die vorgenannten Aufgaben werden insbesondere durch die in Art. 95 AI Act geregelten Kompetenzen konkretisiert. 18

3. Sonstige Aufgaben

Gem. Art. 2 Abs. 2 Beschluss C/2024/1459 hat das AI Office weitere Aufgaben; es leistet 19

- einen Beitrag zu dem strategischen, kohärenten und wirksamen Herangehen der Union an internationale KI-Initiativen gem. Art. 7 in Abstimmung mit den Mitgliedstaaten und im Einklang mit den Standpunkten und Strategien der EU, lit. a,
- einen Beitrag zur Förderung von Maßnahmen und Strategien in der Kommission, die die gesellschaftlichen und wirtschaftlichen Vorteile von KI-Technik gem. Art. 5 AI Act nutzbar machen, lit. b,
- Unterstützung bei der beschleunigten Entwicklung, Einführung und Verwendung vertrauenswürdiger KI-Systeme und -Anwendungen, die gesellschaftlichen und wirtschaftlichen Nutzen bringen und zur Wettbewerbsfähigkeit und zum Wirtschaftswachstum in der Union beitragen. Insbesondere fördert das Amt Innovationsöko-

systeme, indem es mit einschlägigen öffentlichen und privaten Akteuren und der Start-up-Gemeinschaft zusammenarbeitet, lit. c,
- Beobachtung der Entwicklung der KI-Märkte und -Technologien, lit. d.

4. Zusammenwirken mit anderen Einrichtungen

a) Überblick

20 Bei der Wahrnehmung der vorgenannten Aufgaben soll das AI Office nicht alleine handeln, sondern mit unterschiedlichen **Einrichtungen und Interessengruppen zusammenwirken**. Art. 3 Abs. 3 Beschluss C/2024/1459 spricht von „sucht [...] die Zusammenarbeit" mit

- Interessenträgern, insbesondere Sachverständigen aus der Wissenschaft und KI-Entwicklern, Art. 3 Abs. 3 lit. a Beschluss C/2024/1459,
- den einschlägigen Generaldirektionen und Dienststellen der Kommission, Art. 3 Abs. 3 lit. b Beschluss C/2024/1459,
- allen einschlägigen Organen, Einrichtungen und sonstigen Stellen der Union, einschließlich des Gemeinsamen Unternehmens für europäisches Hochleistungsrechnen (GU EuroHPC), Art. 3 Abs. 3 lit. c Beschluss C/2024/1459, sowie
- mit Behörden und sonstigen Einrichtungen der Mitgliedstaaten im Namen der EU-Kommission, Art. 3 Abs. 3 lit. d Beschluss C/2024/1459.

b) Nebeneinander von Befugnissen

21 Die vorgenannten Regelungen lassen sonstige Befugnisse und Zuständigkeiten nationaler Behörden, Organe, Einrichtungen und sonstiger Stellen der EU aus dem AI Act und aus sektorspezifischen Vorgaben unberührt;[14] sie bestehen somit daneben. Bei der Wahrnehmung der Aufgaben soll das AI Office aber **Überschneidungen vermeiden**.[15] In diesem Zusammenhang ist zu beachten, dass die Mitgliedstaaten dem AI Office die übertragenen Aufgaben erleichtern sollen, Art. 64 Abs. 2 AI Act. Diese Vorgabe dürfte auch als Erwartung des EU-Gesetzgebers zu verstehen sein, auf mitgliedstaatlicher Ebene sowohl ausreichend strukturelle als auch inhaltliche Unterstützung auf Behördenebene zu leisten.

IV. Europäisches Gremium für Künstliche Intelligenz (AI Board)

22 Nach Art. 65 Abs. 1 AI Act wird neben dem AI Office ein **Europäisches Gremium für Künstliche Intelligenz** (im Folgenden „**AI Board**") errichtet. Ein Errichtungsbeschluss wie beim AI Office ist nicht vorgesehen. Legitimationsgrundlage ist damit allein Art. 65 Abs. 1 AI Act.

1. Zusammensetzung und Organisation

23 Das AI Board setzt sich gem. Art. 65 Abs. 2 Satz 1 AI Act aus **einem Vertreter je Mitgliedstaat** zusammen. Diese Vertreter werden für einen Zeitraum von drei Jahren mit einmaliger Verlängerungsmöglichkeit benannt, Art. 65 Abs. 3 Satz 1 AI Act. Die

14 Vgl. ErwG 7 Beschluss C/2024/1459.
15 Vgl. ErwG 7 Beschluss C/2024/1459.

Benennung erfolgt gem. Art. 65 Abs. 3 Satz 1 AI Act durch die Mitgliedstaaten selbst. Diese Vertreter können Personen sein, die öffentlichen Einrichtungen angehören.[16] Die öffentlichen Einrichtungen sollten jedoch über einschlägige Zuständigkeiten und Befugnisse verfügen.[17]

Nach Art. 65 Abs. 4 AI Act haben die Mitgliedstaaten dafür zu sorgen, dass die Vertreter über **Kompetenzen und Befugnisse** verfügen, um zu der Bewältigung der zugewiesenen Aufgaben aktiv beitragen zu können und als zentrale Ansprechpartner tätig zu sein, vgl. Art. 65 Abs. 4 lit. a und b AI Act. Die Vertreter sollen gem. Art. 65 Abs. 4 lit. c AI Act zudem ermächtigt werden, auf die Kohärenz und die Abstimmung zwischen den zuständigen nationalen Behörden in ihrem Mitgliedstaat bei der Durchführung des AI Acts hinzuwirken. Hier sollen die Vertreter für die Zwecke der Erfüllung ihrer Aufgaben im AI Board auch einschlägige Daten und Informationen erheben dürfen. Letzteres setzt mit Blick auf das in Art. 66 AI Act definierte Aufgabenspektrum das Vorhandensein einer hierauf ausgerichteten Infrastruktur voraus. 24

Das Gremium tagt in **Sitzungen**. Wie oft und in welchem Umfang getagt werden soll, 25 gibt der AI Act nicht vor. Dies kann aber durch Geschäftsordnung geregelt werden (arg. ex Art. 65 Abs. 5 Satz 1 und 2 AI Act). Durch Geschäftsordnung sollen nach Art. 65 Abs. 5 Satz 2 AI Act ebenfalls („insbesondere") geregelt werden:

- die Vorgehensweise für das Auswahlverfahren,
- die Dauer des Mandats,
- die Aufgaben des Vorsitzes,
- die Abstimmungsregelungen,
- die Organisation der Tätigkeiten des KI-Gremiums und seiner Untergruppen.

Dabei müssen auch die in Art. 65 Abs. 7 und 8 AI Act geregelten Aspekte umgesetzt 26 werden. An Sitzungen des AI Boards nehmen auch der/die **Europäische Datenschutzbeauftragte** als Beobachter bzw. Beobachterin und das AI Office ohne Stimmrecht teil, vgl. Art. 65 Abs. 2 Satz 2 und 3 AI Act. Im Bedarfsfall können nach Art. 65 Abs. 2 Satz 4 AI Act auch andere Behörden oder Stellen der Mitgliedstaaten der EU oder Sachverständige in Sitzungen geladen werden. Das AI Board muss zumindest **zwei ständige Untergruppen** (für Marktüberwachung[18] und für Notifizierung) einrichten, Art. 65 Abs. 6 AI Act. Diese sollen den nationalen Marktüberwachungsbehörden und den nationalen notifizierenden Behörden den gezielten Austausch zu tätigkeitsrelevanten Fragen ermöglichen.[19] Weitere zweckmäßige (ständige oder nichtständige)[20] Untergruppen sind nach Art. 65 Abs. 6 UAbs. 3 AI Act möglich.

16 Vgl. ErwG 149; vgl. Zenner in: Schwartmann/Keber/Zenner, 3. Teil 1. Kap. Rn. 7: nationale Aufsichtsbehörde oder zuständiges nationales Ministerium.

17 Vgl. ErwG 149.

18 Soll gem. Art. 65 Abs. 6 UAbs. 2 AI Act als Gruppe für die Verwaltungszusammenarbeit (ADCO-Gruppe) im Sinne des Artikels 30 der Verordnung (EU) 2019/1020 fungieren; vgl. hierzu auch ErwG 149, der vorsieht, dass die EU-Kommission im Einklang mit Artikel 33 der Verordnung (EU) 2019/1020 die Tätigkeiten der ständigen Untergruppe für Marktüberwachung durch die Durchführung von Marktbewertungen oder -untersuchungen unterstützen sollte.

19 Vgl. ErwG 149 AI Act.

20 ErwG 149 AI Act.

2. Aufgaben

27 Nach Art. 66 AI Act berät und unterstützt das AI Board die EU-Kommission und die Mitgliedstaaten. Ziel ist es, die einheitliche und wirksame Anwendung des AI Acts zu erleichtern. Hierfür kann das AI Board zahlreiche in Art. 66 lit. a–o AI Act aufgeführten Maßnahmen ergreifen.[21] Die dort genannten Handlungsoptionen sind nicht abschließend („insbesondere“).

28 Nach Art. 66 lit. k AI Act soll das AI Board ausdrücklich auch das AI Office unterstützen. Aufgaben, wie etwa die Zusammenarbeit der nationalen zuständigen Aufsichtsbehörden zu koordinieren (lit. a) und zu einer einheitlichen Verwaltungspraxis in den Mitgliedstaaten beizutragen (lit. d), dürften ein gemeinsames Format des Austausches erfordern.

29 Die Aufgabe gem. Art. 66 lit. e AI Act, auch auf Anfrage der EU-Kommission Empfehlungen und schriftliche Stellungnahmen zu verfassen, etwa zur Entwicklung und Anwendung von Verhaltenskodizes und Praxisleitfäden oder zu delegierten Rechtsakten und Durchführungsrechtsakten sowie zum AI Act selbst (Änderung des Anhangs III oder Überarbeitung des Art. 5 AI Act), zeigen beispielhaft die hohe Bedeutung des AI Boards im neuen Aufsichtssystem.

V. Beratungsforum (Advisory Forum)

30 Nach Art. 67 Abs. 1 AI Act wird zudem ein **Beratungsforum** (**Advisory Forum**) eingerichtet.

1. Zusammensetzung und Organisation

31 Das Advisory Forum setzt sich gem. Art. 67 Abs. 2 Satz 1 AI Act zusammen aus **Interessenvertretern der Industrie, Start-up-Unternehmen, KMU, der Zivilgesellschaft und der Wissenschaft**. Bei der Zusammensetzung soll gem. Art. 67 Abs. 2 Satz 2 AI Act auf ein ausgewogenes Verhältnis zwischen wirtschaftlichen und nicht wirtschaftlichen Interessen geachtet werden. Das könnte zB durch ein Vertreterverhältnis von 50 % wirtschaftlichen und 50 % nicht wirtschaftlichen Interessen erreicht werden. Zudem soll innerhalb der Kategorie der wirtschaftlichen Interessen auf ein ausgewogenes Verhältnis zwischen KMU und anderen Unternehmen geachtet werden. Weil Art. 67 Abs. 2 Satz 1 AI Act im Hinblick auf Vertreter wirtschaftlicher Interessen bereits zwischen Industrie, Start-up-Unternehmen und KMU differenziert, könnte eine Beteiligung zu je 1/3 (innerhalb der 50 %) zielführend sein.

32 Benannt werden die Vertreter nach Art. 67 Abs. 4 1. Hs. AI Act durch die EU-Kommission für einen **Zeitraum von zwei Jahren**, der nach Art. 67 Abs. 4 2. Hs. AI Act **einmalig um zwei weitere Jahre verlängert** werden kann.

33 **Ständige Mitglieder** des Advisory Forums sind gem. Art. 67 Abs. 5 AI Act zudem

- die Agentur der EU für Grundrechte (FRA),
- die Agentur der EU für Cybersicherheit (ENISA),
- das Europäische Komitee für Normung (CEN),

21 Überblick bei Zenner in: Schwartmann/Keber/Zenner, 3. Teil 1. Kap. Rn. 9 ff.

- das Europäische Komitee für elektrotechnische Normung (CENELEC) und das
- Europäische Institut für Telekommunikationsnormen (ETSI).

Alle Mitglieder des Advisory Forums wählen nach Art. 67 Abs. 6 AI Act **zwei Co-Vorsitzende** für eine **Amtszeit** von **zwei Jahren**; die Amtszeit kann einmal (also um weitere zwei Jahre) verlängert werden. Bei der Wahl sind die in Art. 67 Abs. 2 AI Act geregelten Kriterien zu beachten. Gemeint sein kann nur das ausgewogene Verhältnis zwischen wirtschaftlichen und nicht wirtschaftlichen Interessen. Damit muss der Vorsitz durch je einen Vertreter wirtschaftlicher und nicht-wirtschaftlicher Interessen übernommen werden. Ein Vorsitz durch ständige Vertreter im Sinne von Art. 67 Abs. 5 AI Act scheidet aus. 34

Das Advisory Forum tagt nach Art. 67 Abs. 7 Satz 1 AI Act in **Sitzungen** zumindest zweimal im Jahr. Die Ladung von Sachverständigen und Interessenvertretern zu den Sitzungen ist nach Art. 67 Abs. 7 Satz 2 AI Act möglich. Näheres, auch die Rahmenbedingungen für **ständige oder zeitweilige Untergruppen** (vgl. Art. 67 Abs. 9 AI Act) kann gem. Art. 67 Abs. 6 AI Act per Geschäftsordnung geregelt werden. 35

2. Aufgaben

Das Advisory Forum soll **technisches Fachwissen bereitstellen** und AI Board sowie EU-Kommission **beraten**, Art. 67 Abs. 1 AI Act. Das AI Office wird in Art. 67 Abs. 1 AI Act nicht ausdrücklich benannt, dürfte als Einrichtung der EU-Kommission aber zumindest mittelbar vom technischen Fachwissen des Advisory Forums profitieren. 36

Nach Art. 67 Abs. 9 AI Act kann das Advisory Forum auf Ersuchen des AI Boards oder der EU-Kommission **Stellungnahmen, Empfehlungen** und **schriftliche Beiträge** ausarbeiten. Es hat nach Art. 67 Abs. 10 AI Act einen jährlichen Tätigkeitsbericht zu erstellen und zu veröffentlichen. 37

VI. Wissenschaftliches Gremium (Scientific Panel)

Die Regelungen in Art. 68 AI Act befassen sich mit dem sog. **„wissenschaftlichen Gremium“** (**Scientific Panel**). Bestimmungen über die Einrichtung des Gremiums hat die EU-Kommission im Wege eines Durchführungsrechtsakts im Sinne des Art. 291 AEUV festzulegen, denn Art. 68 Abs. 1 Satz 2 AI Act verweist auf Art. 98 Abs. 2 AI Act, der wiederum auf Art. 5 VO (EU) Nr. 182/2011 verweist, der auf Durchführungsrechtsakte im Sinne des Art. 291 AEUV Anwendung findet. Gem. Art. 68 Abs. 5 AI Act soll der Durchführungsrechtsakt ua detaillierte Regelungen enthalten, nach denen das Scientific Panel und seine Mitglieder Warnungen ausgeben dürfen. Zudem soll der Rechtsakt gem. Art. 68 Abs. 5 AI Act regeln, wie das Gremium das AI Office um Unterstützung bei der Wahrnehmung seiner Aufgaben ersuchen kann. Im Durchführungsrechtsakt sind zudem Struktur und Höhe der Gebühren sowie Umfang und Struktur erstattungsfähiger Kosten zu regeln, die von den Mitgliedstaaten bei Hinzuziehung von Sachverständigen zu entrichten sind, vgl. Art. 69 Abs. 2 Satz 1 und 2 AI Act. 38

1. Zusammensetzung und Organisation

Das Scientific Panel setzt sich gem. Art. 68 Abs. 2 Satz 1 AI Act aus Sachverständigen zusammen, die von der EU-Kommission ausgewählt werden. Die Anzahl der Sachver- 39 ständigen hat die EU-Kommission in Absprache mit dem AI Board festzulegen. Dabei sind die jeweiligen Erfordernisse zu beachten. Zudem hat die EU-Kommission für eine **ausgewogene Geschlechterverteilung** und eine „**gerechte geographische Verteilung**" zu sorgen. Die Auswahl der Sachverständigen soll auf der „Grundlage aktueller wissenschaftlicher oder technischer Fachkenntnisse auf dem Gebiet der KI", die zur Erfüllung der in Art. 68 Abs. 3 AI Act genannten Aufgaben erforderlich sind. Art. 68 Abs. 2 Satz 1 lit. a–c sieht vor, dass Nachweise über bestimmte Fähigkeiten zu erbringen sind; dies sind namentlich:

- besondere Fachkenntnisse und Kompetenzen sowie über wissenschaftliches oder technisches Fachwissen auf dem Gebiet der KI, lit. a,
- die Unabhängigkeit von Anbietern von KI-Systemen oder GPAI-Modellen, lit. b,
- die Fähigkeit, Tätigkeiten sorgfältig, präzise und objektiv auszuführen, lit. c.

40 Nach dem Wortlaut der Vorgabe („es") sind die **Nachweise** auf das „wissenschaftliche Gremium" bezogen. Damit muss das **Gremium als Ganzes** die geforderten Nachweise erbringen können. Im Hinblick auf die verlangten Fähigkeiten können sich die einzelnen Sachverständigen ergänzen. Alle Sachverständigen müssen jedoch unabhängig von Anbietern von KI-Systemen oder GPAI-Modellen sein (vgl. hierzu auch Art. 68 Abs. 4 AI Act); dem dürfte etwa ein Anstellungsverhältnis bei einem solchen Anbieter oder bei Verbänden der Anbieter entgegenstehen.

2. Aufgaben

41 Das Gremium soll gem. Art. 68 Abs. 1 AI Act die im Rahmen des AI Acts geregelten Durchsetzungstätigkeiten unterstützen. Diese Vorgabe wird durch Art. 68 Abs. 3 AI Act konkretisiert. Danach berät und unterstützt das Scientific Panel ausdrücklich allein das AI Office, soll aber zugleich auch Behörden auf nationaler Ebene behilflich sein (vgl. aber Art. 68 Abs. 3 lit. b und c AI Act). Die Regelungen in Art. 68 Abs. 3 lit. a AI Act beziehen sich auf GPAI-Modelle und -Systeme. Insoweit soll das Gremium

- vor möglichen systemischen Risiken von KI-Modellen mit allgemeinem Verwendungszweck auf Unionsebene warnen, i),
- einen Beitrag zur Entwicklung von Instrumenten und Methoden für die Bewertung der Fähigkeiten von GPAI-Modellen und -Systemen, auch durch Benchmarks, leisten, ii),
- Beratung über die Einstufung von GPAI-Modellen mit systemischem Risiko anbieten, iii),
- Beratung über die Einstufung verschiedener KI-Modelle und -Systeme mit allgemeinem Verwendungszweck anbieten, iv) und
- zur Entwicklung von Instrumenten und Mustern beitragen, v).

42 Nach Art. 68 Abs. 3. lit. d AI Act soll das Gremium das AI Office zudem bei der Wahrnehmung seiner Aufgaben im Rahmen des in Art. 81 AI Act geregelten **Schutzklauselverfahrens der Union** unterstützen. Dieses Verfahren kann durchgeführt werden, wenn gegen Maßnahmen (insbesondere Verbote oder Einschränkungen) der nationalen Marktüberwachungsbehörden vorgegangen werden soll (vgl. hierzu auch Art. 79 Abs. 5 AI Act). Bemerkenswert ist, dass Art. 81 AI Act und – soweit ersichtlich – auch der

Beschluss C/2024/1459 in diesem Verfahren keine Beteiligung des AI Office vorsehen, sondern allein die EU-Kommission als handelnden Akteur auf EU-Ebene benennen.

Anders als die einleitende Formulierung in Art. 68 Abs. 3 AI Act erwarten lässt, soll das Gremium nach Art. 68 Abs. 3 lit. b und c AI Act neben dem AI Office auch die **Arbeit der Marktüberwachungsbehörden unterstützen.**[22] Art. 69 Abs. 1 AI Act sieht zudem vor, dass auch die Mitgliedstaaten Sachverständige aus dem Scientific Panel hinzuziehen können. Gem. Art. 69 Abs. 3 hat die EU-Kommission einen **rechtzeitigen Zugang zu den Sachverständigen** zu ermöglichen. 43

Gem. Art. 68 Abs. 4 Satz 1 AI Act müssen die **Sachverständigen** ihre Aufgaben nach den Grundsätzen der Unparteilichkeit und der Objektivität ausüben. Solche Grundsätze leitet etwa auch die EZB bzw. der ESZB aus Art. 130 AEUV ab.[23] Setzt man diese Maßstäbe – soweit möglich – entsprechend an, würde **„Unparteilichkeit“** bedeuten, dass Arbeitsergebnisse auf neutrale Weise entwickelt, erstellt und verbreitet werden müssen. Entsprechend würde „Objektivität“ bedeuten, dass die Arbeitsergebnisse auf systematische, zuverlässige und unvoreingenommene Weise entwickelt, erstellt und verbreitet werden müssen, auch unter Einhaltung fachlicher und ethischer Standards. In diesem Sinne legt Art. 68 Abs. 4 Satz 2 AI Act fest, das Sachverständige bei der Wahrnehmung ihrer Aufgaben nach Art. 68 Abs. 3 AI Act keine Weisungen anfordern und entgegennehmen dürfen. Die in Art. 68 Abs. 4 Satz 3 AI Act geforderte öffentlich zugängliche „Interessenerklärung“ dürfte in diesem Sinne als „Unabhängigkeitserklärung“ zu verstehen sein. Das AI Office hat nach Art. 68 Abs. 4 Satz 4 AI Act Systeme und Verfahren einzurichten, mit denen mögliche Interessenkonflikte verhindert oder aktiv bewältigt werden können. 44

Die Sachverständigen müssen gem. Art. 68 Abs. 4 Satz 1 AI Act zudem gewährleisten, dass sie **Informationen und Daten vertraulich** behandeln. Art. 68 Abs. 4 Satz 1 AI Act spricht von Informationen und Daten, in deren Besitz sie bei der Ausführung ihrer Aufgaben und Tätigkeiten gelangen. Eine entsprechende Vorgabe enthält Art. 78 Abs. 1 AI Act. Die Vorgabe wird dahin (einschränkend) auszulegen sein, dass nur nicht öffentlich bekannte Informationen gemeint sein können, die Sachverständige im Rahmen der Aufgaben und Tätigkeiten für die jeweilige, durch den AI Act für zuständig erklärte Einrichtung (hier dem Scientific Panel) erhalten. 45

VII. Zuständige nationale Behörden

Der EU-Gesetzgeber ordnet den Mitgliedstaaten bei der Anwendung und Durchsetzung des AI Acts eine Schlüsselrolle zu.[24] Der AI Act enthält daher auch Vorgaben zu den **zuständigen nationalen Behörden** sowie zu **zentralen Anlaufstellen**, vgl. Art. 70 AI Act. 46

22 Vgl. auch Zenner in: Schwartmann/Keber/Zenner, 3. Teil, 1. Kap. Rn. 12.
23 Vgl. Öffentliche Erklärung des ESZB im Hinblick auf die von ihm erstellten Statistiken; hier Nr. 6.
24 Vgl. ErwG 153 AI Act.

1. Ausstattung und Organisation

47 Nach Art. 70 Abs. 1 Satz 1 AI Act muss **jeder Mitgliedstaat** für die Zwecke des AI Acts mindestens eine **notifizierende Behörde** und mindestens eine **Marktüberwachungsbehörde** als zuständige nationale Behörde einrichten oder benennen. In der Auswahl der Art der öffentlichen Einrichtung sind die Mitgliedstaaten frei.[25] Die Formulierung „mindestens" eröffnet den Mitgliedstaaten die Möglichkeit, auch mehrere nationale Behörden für zuständig zu erklären und – soweit erforderlich – diese einzurichten oder zu benennen (vgl. auch Art. 70 Abs. 1 Satz 4 AI Act). In Art. 74 Abs. 3 und 7 AI Act wird zudem ausdrücklich klargestellt, dass unter bestimmten Voraussetzungen in Bezug auf Hochrisiko-KI-Systeme andere einschlägige Behörden als Marktüberwachungsbehörden benannt werden können.

48 Bei der Einrichtung bzw. Benennung ist zu beachten, dass die zuständigen nationalen Behörden gem. Art. 70 Abs. 1 Satz 2 AI Act ihre Befugnisse **unabhängig, unparteiisch und unvoreingenommen** auszuüben haben. Ziel ist die Gewährleistung der Objektivität der Tätigkeiten und Aufgaben und die Sicherstellung der Anwendung und Durchführung des AI Acts. Art. 70 Abs. 1 Satz 3 AI Act stellt in diesem Sinne klar, dass die Mitglieder der Behörden alle Handlungen zu unterlassen haben, die mit ihren Aufgaben unvereinbar ist.[26]

49 Art. 70 Abs. 1 Satz 4 AI Act lässt sich dem Wortlaut nach auch dahin gehend verstehen, dass unter Wahrung der vorgenannten Bestimmungen die Tätigkeiten und Aufgaben (Marktüberwachung und Notifizierung) von nur einer zuständigen nationalen Behörde wahrgenommen werden kann. Das steht jedoch im Widerspruch zu den Bestimmungen in Art. 70 Abs. 1 Satz 1 AI Act, in denen jeweils von mindestens einer zu errichtenden oder zu benennenden Behörde je Tätigkeits- bzw. Aufgabenfeld die Rede ist. Die Mitgliedstaaten haben in jedem Fall gem. Art. 70 Abs. 2 Satz 3 AI Act eine Marktüberwachungsbehörde zu benennen, die als **zentrale Anlaufstelle** für den AI Act gilt. Die zentralen Anlaufstellen der Mitgliedstaaten werden anschließend von der EU-Kommission in einer öffentlich verfügbaren Liste aufgeführt.

50 **Mitteilungs- und Informationspflichten der Mitgliedstaaten** finden sich in Art. 70 Abs. 2 AI Act. Bemerkenswert ist die Regelung in Art. 70 Abs. 2 Satz 2 AI Act, nach der die Mitgliedstaaten zwölf Monate nach Inkrafttreten des AI Acts Informationen zur zuständigen Behörden und zur zentralen Anlaufstelle öffentlich zugänglich zu machen haben. Daraus ergibt sich der **Zeitrahmen für die Einrichtung** bzw. **Benennung** der Behörden und Anlaufstelle: spätestens zwölf Monate nach Inkrafttreten des AI Acts.

51 Gem. Art. 70 Abs. 3 Satz 1 AI Act haben die Mitgliedstaaten für eine **angemessene Ausstattung** ihrer zuständigen nationalen Behörden zu sorgen. Die Vorschrift spricht von **technischen und finanziellen Mitteln** sowie von **geeignetem Personal**. Art. 70 Abs. 3 Satz 2 AI Act gibt ausdrücklich vor, dass die Behörden insbesondere „zu jeder Zeit über eine ausreichende Zahl von Mitarbeitern verfügen" müssen, die über bestimmte Kompetenzen und bestimmtes Fachwissen verfügen. Namentlich müssen diese Mitarbeiter über ein tiefes Verständnis

25 Vgl. ErwG 154 AI Act.
26 Vgl. hierzu auch ErwG 153 AI Act.

- der KI-Technologien,
- der Daten und Datenverarbeitung,
- des Schutzes personenbezogener Daten,
- der Cybersicherheit,
- der Grundrechte,
- der Gesundheits- und Sicherheitsrisiken sowie
- Kenntnis der bestehenden Normen und rechtlichen Anforderungen

verfügen. Art. 70 Abs. 3 Satz 1 AI Act regelt konkret für Behörden, was Art. 4 AI Act im Allgemeinen vorsieht. Die Vorgabe des Art. 70 Abs. 3 AI Act wird dahingehend zu verstehen sein, dass nicht jeder Mitarbeiter für sich, sondern die Mitarbeiter einer Behörde als **Gruppe** diese Anforderungen erfüllen müssen. Die Formulierung „zu jeder Zeit" legt fest, dass die Behörden von Anfang an einen geeigneten Mitarbeiterstamm vorzuhalten haben. Die Kompetenzen und Ressourcen sind regelmäßig zu überprüfen (Art. 70 Abs. 3 Satz 3 AI Act) und zunächst ein Jahr nach Inkrafttreten des AI Acts und anschließend alle zwei Jahre gegenüber der EU-Kommission zu berichten (Art. 70 Abs. 6 AI Act). Die Vorgaben in Art. 70 AI Act werden durch die Anforderungen in Art. 28 AI Act zu den notifizierenden Behörden ergänzt.

2. Aufgaben

Das **Aufgabenspektrum** der nationalen Aufsichtsbehörden wird im Wesentlichen durch den AI Act definiert, ist aber auch im Zusammenhang mit dem New Legislative Framework (NLF) zu betrachten, insbesondere mit der VO (EU) 2019/1020 und den darin festgelegten Durchsetzungsbefugnissen.[27] So stellt Art. 74 Abs. 1 Satz 1 AI Act ausdrücklich fest, dass auf KI-Systeme im Sinne des AI Act auch die VO (EU) 2019/1020 Anwendung findet. 52

Entsprechend der Aufteilung in notifizierende Behörden und Marktüberwachungsbehörden sind auch die Aufgabenbereiche differenziert zu betrachten. Dabei setzen die Aufgaben der notifizierenden Behörden im Grundsatz[28] vor Inverkehrbringen des KI-Systems an und die Aufgaben der Marktüberwachungsbehörden nach Inverkehrbringen des KI-Systems. 53

a) Notifizierung

Notifizierende Behörde ist gem. Art. 3 Ziff. 19 AI Act eine „nationale Behörde, die für die Einrichtung und Durchführung der erforderlichen Verfahren für die Bewertung, Benennung und Notifizierung von Konformitätsbewertungsstellen und für deren Überwachung zuständig ist" (→ § 7 Rn. 2). Vorgaben zu den Aufgaben der notifizierenden Behörden finden sich insbesondere in Art. 30 ff. AI Act. Hiernach notifizieren die Behörden sog. Konformitätsbewertungsstellen, vgl. Art. 30 Abs. 1 AI Act. Dies sind gem. Art. 3 Ziff. 21 AI Act Stellen, „die Konformitätsbewertungstätigkeiten einschließlich Prüfungen, Zertifizierungen und Inspektionen durchführen und dabei als Dritte auftreten". 54

27 Vgl. auch ErwG 156 AI Act.
28 S. aber Art. 76 AI Act, der Anforderungen und Befugnisse für Tests in Reallaboren regelt.

55 Was eine **Notifizierung** ist, definiert der AI Act nicht, allerdings regelt Art. 30 AI Act das Notifizierungsverfahren. Die Notifizierung durch die Behörde darf nur erfolgen, wenn Konformitätsbewertungsstellen die Anforderungen des Art. 31 AI Act erfüllen. Unter den Voraussetzungen des Art. 32 AI Act, die mit den harmonisierten Normen im Sinne des Art. 40 AI Act verknüpft sind, kann die Konformität auch vermutet werden. Eine Konformitätsbewertungsstelle, die gem. dem AI Act und den anderen einschlägigen Harmonisierungsrechtsvorschriften der Union notifiziert wurde, gilt gem. Art. 3 Ziff. 22 AI Act als notifizierte Stelle (→ § 7 Rn. 3).[29]

56 Neben einigen Mitteilungspflichten (vgl. etwa Art. 30 Abs. 2 und 36 Abs. 1 AI Act) legt der AI Act vor allem im Fall der Änderungen der Notifizierung einer notifizierten Stelle detailliert das Aufgabenspektrum der Behörde fest, vgl. Art. 36 Abs. 2–9 AI Act.

b) Marktüberwachung

57 **Marktüberwachungsbehörde** ist gem. Art. 3 Ziff. 26 AI Act eine „nationale Behörde, die die Tätigkeiten durchführt und die Maßnahmen ergreift, die in der Verordnung (EU) 2019/1020 vorgesehen sind". Vorgaben zum Aufgabenbereich von Marktüberwachungsbehörden ergeben sich insbesondere aus den Regelungen in Art. 72 ff. AI Act und aus den Bestimmungen der VO (EU) 2019/1020.

58 Konkrete Aufgaben der Marktüberwachungsbehörden werden beispielsweise geregelt in Bezug auf

- schwerwiegende Vorfälle, Art. 73 Abs. 8 AI Act iVm Art. 19 VO (EU) 2019/1020,
- die Marktüberwachung und Kontrolle von KI-Systemen, Art. 74 AI Act iVm VO (EU) 2019/1020,[30]
- Amtshilfe und Marktüberwachung und Kontrolle von GPAI-Systemen, Art. 75 AI Act iVm VO (EU) 2019/1020,
- Beaufsichtigung von Tests unter Realbedingungen, Art. 76 AI Act,
- Verfahren auf nationaler Ebene für den Umgang mit KI-Systemen, die ein Risiko bergen, Art. 79 AI Act iVm Art. 3 Ziff. 19 und Art. 18 VO (EU) 2019/1020,
- Verfahren für den Umgang mit KI-Systemen, die vom Anbieter gem. Anhang III als nicht hochriskant eingestuft werden, Art. 80 AI Act iVm Art. 11 VO (EU) 2019/1020,
- das Schutzklauselverfahren, Art. 81 AI Act iVm Art. 11 VO (EU) 1025/2012,
- konforme KI-Systeme, die ein Risiko bergen, Art. 82 AI Act,
- formale Nichtkonformität, Art. 83 AI Act.

59 Daneben bestehen diverse Berichts- bzw. Meldepflichten nach Art. 74 Abs. 2 AI Act.

---

29 Vgl. Zenner in: Schwartmann/Keber/Zenner, 3. Teil 1. Kap. Rn. 20: zB TÜV oder DEKRA.
30 Überblick bei Zenner in Schwartmann/Keber/Zenner, 3. Teil 1. Kap. Rn. 32.

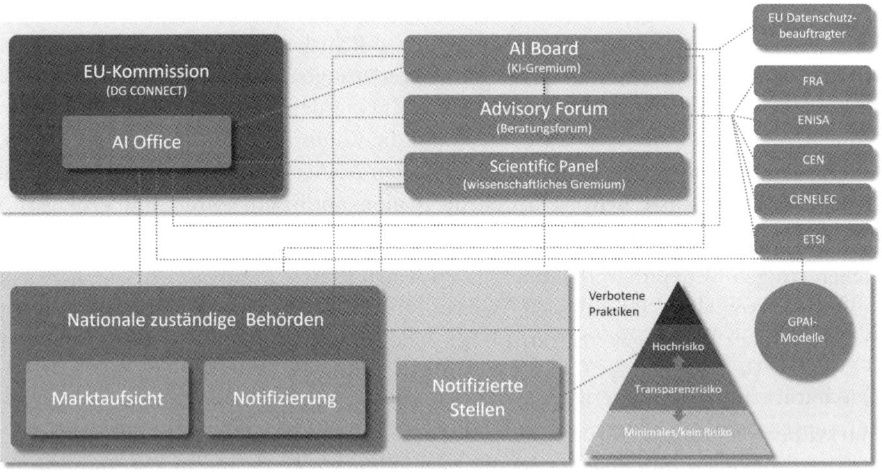

Abbildung 17: Aufsichtssystem für KI in der EU

c) Sanktionen

60 Grundlagen für **Sanktionsbefugnisse** legt insbesondere Art. 99 AI Act fest. Nach Art. 99 Abs. 1 AI Act erlassen die Mitgliedstaaten Vorschriften für Sanktionen bei Verstößen gegen den AI Act.[31] Die Regelung spricht zudem von anderen Durchsetzungsmaßnahmen; hierzu sollen nach Art. 99 Abs. 1 AI Act auch Verwarnungen und nicht monetäre Maßnahmen gehören können. Zu berücksichtigen sind die noch zu erstellenden Leitlinien der EU-Kommission im Sinne des Art. 96 AI Act. Art. 99 Abs. 1 Satz 2 legt fest, dass die Sanktionen wirksam, verhältnismäßig und abschreckend sein müssen. Bedeutsam ist die Klarstellung in Art. 99 Abs. 1 Satz 3 AI Act, nach der Interessen von KMU, einschließlich Start-up-Unternehmen, sowie deren „wirtschaftliches Überleben“ zu berücksichtigen sind.

61 Welche Sanktionen der EU-Gesetzgeber in diesem Sinne für angemessen hält, lässt sich insbesondere den Vorgaben in Art. 99 Abs. 3–7 AI Act entnehmen.[32] Wird ein verbotenes KI-System in Verkehr gebracht oder betrieben, drohen gem. Art. 99 Abs. 3 AI Act Geldbußen von bis zu 35 Millionen EUR bzw. 7 % des weltweiten Jahresumsatzes des vorangegangenen Geschäftsjahres[33] (je nachdem, welcher Betrag höher ist). Bei Verstößen gegen die Pflichtenkataloge in Art. 16, 22–26, 31, 33 Abs. 1, 3 und 4, 34, 50 AI Act können Akteure gem. Art. 99 Abs. 4 AI Act mit Geldbußen von bis zu 15 Millionen EUR bzw. 3 % des Jahresumsatzes sanktioniert werden. Entsprechendes gilt bei Verstößen gegen Pflichten für Anbieter von GPAI-Modellen, Art. 101 AI Act; hier ist allerdings die EU-Kommission bzw. das AI Office die zuständige Behörde. Bei falschen, unvollständigen oder irreführenden Informationen können gem. Art. 99 Abs. 5 AI Act

31 Vgl. hierzu Schwartmann/Köhler in Schwartmann/Keber/Zenner, 3. Teil 3. Kap. Rn. 3: keine klare Zuständigkeitszuweisung für die Verhängung von Geldbußen.

32 Vgl. auch Wendt uj 2/2024, 42, 45.

33 Schwartmann/Köhler in Schwartmann/Keber/Zenner, 3. Teil 3. Kap. Rn. 9: ggf. Jahresumsatz des Mutterkonzerns.

Geldbußen von bis zu 7,5 Mio. EUR bzw. 1 % Jahresumsatz verhängt werden. Eine Erleichterung gilt gem. Art. 99 Abs. 6 AI Act für KMU, einschließlich Start-ups. Hier wird der jeweils niedrigere Betrag der genannten Prozentsätze oder Summen in Ansatz gebracht.[34]

d) Rechtsbehelfe

62 Das Recht auf **Rechtsbehelfe** ist allein mit Blick auf Marktüberwachungsbehörden in Art. 85 AI Act (der die VO (EU) 2019/1020 in Bezug nimmt) und Art. 86 AI Act ausdrücklich geregelt.[35] Ein Rechtsbehelfsverfahren in Bezug auf eine nicht erteilte oder widerrufene Notifizierung ist – soweit ersichtlich – nicht geregelt. Allerdings legt Art. 99 Abs. 10 AI Act allgemein für Sanktionsbefugnisse fest, dass die Ausübung dieser Befugnisse angemessenen Verfahrensgarantien gem. dem Unionsrecht und dem nationalen Recht, einschließlich wirksamer gerichtlicher Rechtsbehelfe und ordnungsgemäßer Verfahren, unterliegen muss.

63 Davon unabhängig sollen alle im Unionsrecht geregelten „Rechte und Rechtsbehelfe, die für Verbraucher und andere Personen, auf die sich KI-Systeme negativ auswirken können," auch in Bezug auf einen möglichen Schadensersatz unberührt und vollumfänglich anwendbar bleiben.[36]

34 Wendt uj 2/2024, 42, 45.
35 Hierzu Zenner in Schwartmann/Keber/Zenner, 3. Teil 1. Kap. Rn. 58.
36 S. ErwG 9 AI Act.

§ 13 Verhaltenskodizes

Art. 95 AI Act enthält Regelungen zu **Verhaltenskodizes**. Die Vorgaben adressieren Anbieter und Betreiber von KI-Systemen, die nicht in die Kategorie Hochrisiko-KI-Systeme fallen und für die daher keine verpflichtenden Compliance-Anforderungen etc bestehen. Für Anbieter und Betreiber von KI-Systemen mit moderatem oder keinem Risiko sieht der AI Act vor, auf freiwilliger Basis Verhaltenskodizes zu erstellen und sich hieran zu orientieren. 1

Die Verhaltenskodizes sollen auch **Governance-Mechanismen** vorsehen und eine freiwillige Anwendung einiger oder aller der für Hochrisiko-KI-Systeme geltenden Anforderungen fördern.[1] Damit dürfte es zum einen ratsam sein, bei der Erstellung der Kodizes die Compliance-Anforderungen für Anbieter und Betreiber von Hochrisiko-KI-Systemen zugrunde zu legen. Diese können dann „angesichts der Zweckbestimmung der Systeme und des niedrigeren Risikos" angepasst werden.[2] 2

Aus Sicht des EU-Gesetzgebers können auch freiwillig[3] zusätzliche Anforderungen aufgestellt werden. Beispiele hierfür nennt Art. 95 Abs. 2 AI Act: 3

- in Bezug auf die Elemente der Ethikleitlinien der Union für vertrauenswürdige KI,
- die ökologische Nachhaltigkeit,
- Maßnahmen für KI-Kompetenz,
- die inklusive und vielfältige Gestaltung und Entwicklung von KI-Systemen, ua mit Schwerpunkt auf schutzbedürftige Personen und die Barrierefreiheit für Menschen mit Behinderungen und
- die Beteiligung der Interessenträger.

Nach Art. 93 Abs. 3 Satz 2 AI Act können Verhaltenskodizes sich auf ein oder mehrere KI-Systeme erstrecken. Damit soll ähnlichen Zweckbestimmungen der jeweiligen Systeme Rechnung getragen werden. 4

Die Erstellung der Verhaltenskodizes soll durch das AI Office und die Mitgliedstaaten gefördert werden, Art. 95 Abs. 1 AI Act. Dabei sollen das AI Office und die Mitgliedstaaten gem. Art. 95 Abs. 4 AI Act ausdrücklich auch die besonderen Interessen und Bedürfnisse von KMU, einschließlich Start-ups, berücksichtigen. 5

Die Aufgabe der Ausgestaltung soll durch einzelne KI-System-Anbieter oder -Betreiber oder von deren Interessenvertretungen übernommen werden, Art. 95 Abs. 3 AI Act. Dabei können nach Art. 95 Abs. 3 AI Act auch Organisationen der Zivilgesellschaft und Hochschulen eingebunden werden. 6

Zu unterscheiden sind die in Art. 95 AI Act geregelten Verhaltenskodizes von den Leitfäden für GPAI (→ § 10 Rn. 42). 7

1 ErwG 165 AI Act.
2 ErwG 165 AI Act.
3 ErwG 165 AI Act.

§ 14 Haftung

Literatur: *Bollweg, Hans-Georg*, Neue Vorschläge aus Brüssel zur KI- und Produkthaftung, ZfPC 2023, 1; *Bombard, David/Siglmüller, Jonas*, Europäische KI-Haftungsrichtlinie, RDi 2022, 506; *Bommel, Robert*, Künstliche Intelligenz – Haftung für selbstlernende Software, 2023; *Borges, Georg*, Liability for AI Systems Under Current and Future Law, CRi 1/2023, 1; *Bubinger, Phillip*, Die zivilrechtliche Haftung des Herstellers und Händlers für Fahrassistenzsysteme, RAW 2023, 57; *Dany, Jannis*, Haftung beim Einsatz von KI durch den Vorstand, BB 2022, 2056; *Denga, Michael*, Unternehmenshaftung für KI – zur Konformitätsbewertung in Permanenz, CR 2023, 277; *Dietrich, Henrik*, Produzentenhaftung für Künstliche Intelligenz, InTeR 2024, 49; *Durante, Masimo/Floridi, Luciano*, A Legal Principles-Based Framework for AI Liability Regulation, in The 2021 Yearbook of the Digital Ethics Lab, S. 93; *Eichelberger, Jan*, Arzthaftung beim Einsatz von KI und Robotik, ZfPC 2023, 209; *Eichelberger, Jan*, Der Vorschlag einer „Richtlinie über KI-Haftung", DB 2022, 2783; *Elter, Sven*, Strafrechtliche Produktverantwortung für automatisiertes und autonomes Fahren, 2023; *Frost, Yannick/Steininger, Manuela/Vivekens, Sabrina*, Nutzen, Chancen, Risiken und Haftung bei der Verwendung von Künstlicher Intelligenz im Kontext der KI-Verordnung und der KI-Haftungsrichtlinie, MPR 2024, 4; *Hacker, Philipp*, The European AI Liability Directive – Critique of a Half-Hearted Approach and Lessons for the Future, Computer Law & Security Review, Volume 51, 2022, 105871; *Hacker, Philipp/Berz, Amelie*, Der AI Act der Europäischen Union – Überblick, Kritik und Ausblick, ZRP 2023, 226; *Haftenberger, Anna*, Die Produkthaftung für künstlich intelligente Medizinprodukte, 2023; *Heiss, Stefan*, Künstliche Intelligenz: Gesetzentwurf für ein europäisches Haftungsrecht beim Einsatz von künstlicher Intelligenz, NZG 2021, 2; *Heiss, Stefan*, Europäische Haftungsregeln für Künstliche Intelligenz, EuZW 2021, 932; *Heiss, Stefan*, Artificial Intelligence meets European Union Law, EuCML 2021, 252; *König, Jochen*, Geschäftsleiterhaftung bei Einsatz von KI aus der Perspektive eines Praktikers, BB 2023, 1923; *Krüger, Daniel/Wagner, Susan*, Das Phänomen „Künstliche Intelligenz" aus regulatorischer und haftungsrechtlicher Sicht, ZfPC 2023, 124; *Kuntz, Thilo*, Künstliche Intelligenz, Wissenszurechnung und Wissensverantwortung, ZfPW 2022, 177; *Lachenmann, Matthias/Meyer, Johanna*, Die Richtlinie über KI-Haftung – Beweiserleichterungen für durch KI-Systeme entstandene Schäden?, MMR-Aktuell 2023, 457000; *Li, Shu/Schütte, Béatrice*, The Proposed EU Artificial Intelligence Liability Directive, Technology & Regulation 2024, 143; *Lohmann, Melinda*, Roboter als Wundertüten – Eine zivilrechtliche Haftungsanalyse, AJP 2017, 152; *Lohmann, Melinda/Müller-Chen, Markus*, Selbstlernende Fahrzeuge – eine Haftungsanalyse, Schweizerische Zeitschrift für Wirtschafts- und Finanzmarktrecht 2017, 48; *Lohsse, Sebastian/Schulze, Reiner/Staudenmayer, Dirk*, Liability for AI, 2023; *May, Claudia*, EU-Politik: Neue Haftungsvorschriften für Produkte und künstliche Intelligenz zum Schutz der Verbraucher, DAR 2022, 719; *Mayrhofer, Ann-Kristin*, Außervertragliche Haftung für fremde Autonomie, 2023; *Mayrhofer, Ann-Kristin*, Produkthaftungsrechtliche Verantwortlichkeit des „Trainer-Nutzers" von KI-Systemen, RDi 2023, 20; *Müller-Hengstenberg, Claus/Kirn, Stefan*, Haftung des Betreibers von autonomen Softwareagents – Mögliche Auswirkungen der Entschließung des Europäischen Parlaments zur Haftung bei KI-Einsatz, MMR 2021, 376; *Navas, Susana*, Civil liability of legal tech tool developers vis-à-vis end-users – The upcoming EU legal framework, LTZ 2022, 147; *Nordemann, Jan*, Generative Künstliche Intelligenz; Urheberrechtsverletzungen und Haftung, GRUR 2024, 1; *Oechsler, Jürgen*, Die Haftungsverantwortung für selbstlernende KI-Systeme, NJW 2022, 2713; *Pauli, Laura Katharina*, Künstliche Intelligenz und Gefährdungshaftung im öffentlichen Recht, 2023; *Piovano, Christian/Hess, Christian*, Das neue europäische Produkthaftungsrecht, 2024; *Reus, Katharina*, KI und Haftung – Realisierung erlaubter Risiken, NZG 2024, 369; *Reusch, Philipp*, KI und Software im Kontext von Produkthaftung und Produktsicherheit, RDi 2023, 152; *Rossek, Corvin/Link, Hendrik*, EU-Kommission: Entwurf einer überarbeiteten Produkthaftungs-RL – Relevanz hinsichtlich der Haftung für KI, ZD-Aktuell 2023, 01105; *Schreitmüller, Zeynep/Schucht, Carsten*, Künstliche Intelligenz im Arbeitsschutz – Das künftige EU Haftungsregime für Anbieter, Nutzer und Wirtschaftsakteure, ARP 2023, 226; *Schwartmann, Rolf/Keber, Tobias/Zenner, Kai*, KI-Verordnung. Leitfaden für die Praxis, 2024; *Sedlmaier, Felix/Bogataj, Andreaja Krzic*, Die Haftung beim (teil-)autonomen Fahren, NJW 2022, 2953; *Siglmüller, Jonas/Gassner, Daniel*, Softwareentwicklung durch Open-Source-trainierte KI

– Schutz und Haftung, RDi 2023, 124; *Spindler, Gerald*, Die Vorschläge der EU-Kommission zu einer neuen Produkthaftung und zur Haftung von Herstellern und Betreibern Künstlicher Intelligenz, CR 11/2022, 689; *Spittka, Jan*, Haftung in Zeiten der Digitalisierung – EU-Kommission stellt neue Regeln für KI und Software vor, ZfPC 2022, 197; *Staudenmayer, Dirk*, Haftung für Künstliche Intelligenz, NJW 2023, 894; *Steege, Hans*, Haftung für Künstliche Intelligenz im Straßenverkehr, SVR 2023, 9; *Theis, Ricarda*, Auswirkungen der KI-Verordnung und der KI-Haftungs-Richtlinie auf die Haftung beim KI-Einsatz in der Finanzbranche, BKR 2024, 414; *Thiermann, Arne/Böck, Nicole*, Künstliche Intelligenz in Medizinprodukten, RDi 2022, 333; *Wagner, Gerhard*, Produkthaftung für das digitale Zeitalter – ein Paukenschlag aus Brüssel, JZ 2023, 1; *Wagner, Gerhard*, Haftung für Künstliche Intelligenz – Eine Gesetzesinitiative des Europäischen Parlaments, ZEuP 2021, 545; *Wildhaber, Isabelle*, Eine Einführung in die Haftung für Künstliche Intelligenz (KI), HAVE – Haftung und Versicherung 3/2021, 1; *Zech, Herbert*, Empfehlen sich Regelungen zu Verantwortung und Haftung beim Einsatz Künstlicher Intelligenz?, NJW-Beil. 2022, 33; *Zech, Herbert*, Haftung für Trainingsdaten Künstlicher Intelligenz, NJW 2022, 502; *Zein, Sarah*, The Civil Liability for Artificial Intelligence, BAU Journal – Journal of Legal Studies, Volume 2022, Article 14.

I. Duales Haftungsgefüge

In dem Gesamtgefüge des EU-Regelsystems für KI ist der AI Act ein zentraler Baustein. 1
Er steht aber nicht allein. Bei seiner Betrachtung ist auch die nachgelagerte **zivilrechtliche Haftung** mitzubedenken, die bei einem Verstoß gegen den AI Act greift. Sie wird dem dualen Haftungsgefüge[1] entsprechend in zwei separaten Richtlinien behandelt, der gerade überarbeiteten **Produkthaftungsrichtlinie**[2] sowie dem Entwurf einer **Richtlinie zur Anpassung der Vorschriften über außervertragliche zivilrechtliche Haftung an Künstliche Intelligenz** (**AI Liability Directive**, im Folgenden AILD-E).[3] Auch die beiden Richtlinien sollen der KI einerseits Grenzen setzen, zugleich aber die Sicherheit erhöhen, indem sie Haftungsrisiken kalkulier- und vor allem versicherbar machen.[4] Damit zahlen auch die Haftungsnormen letztlich auf das Ziel ein, Vertrauen für KI zu schaffen und die Verbreitung von KI-Systemen zu fördern.[5]

Abbildung 18: Zeitstrahl – ProdukthaftungsRL und AI Liability Directive (AILD)

1 Dietrich InTeR 2/24, 49 (50).
2 S. hierzu ausf. Piovano/Hess Neue ProdHaftRL § 1 Rn. 7.
3 EU-Kommission, Vorschlag für eine Richtlinie des Europäischen Parlaments und des Rates zur Anpassung der Vorschriften über außervertragliche zivilrechtliche Haftung an künstliche Intelligenz (AI Liability Directive) v. 28.9.2022, COM(2022) 496 final.
4 Hacker/Berz ZRP 2023, 221 (226).
5 Hacker/Berz ZRP 2023, 221 (226).

2 Beide Richtlinien sehen für die Praxis überaus relevante Erleichterungen bei der Darlegungs- und Beweislast der Geschädigten sowie Vermutungen zulasten der Anbieter bzw. Hersteller von KI-Systemen vor.[6]

3 Während die Zukunft der AILD vor dem Hintergrund der erfolgten Wahlen zum EU-Parlament noch völlig ungewiss ist, konnte die Aktualisierung der Produkthaftungsrichtlinie,[7] die noch aus dem Jahr 1985 stammt, in der vergangenen Legislaturperiode abgeschlossen werden.[8] Nach der Produkthaftungsrichtlinie, die in Deutschland im **Produkthaftungsgesetz** umgesetzt wurde, haften Hersteller für bestimmte Rechtsgutverletzungen, die durch einen Fehler ihres Produkts verursacht worden sind. Der Haftungsgrund liegt verschuldensunabhängig im Inverkehrbringen des fehlerhaften Produkts. Um der Beschaffenheit von Produkten im digitalen Zeitalter und den mit ihnen verbundenen Risiken gerecht zu werden, wurde zunächst der sachliche Anwendungsbereich der Richtlinie auf **KI und Software** erstreckt.[9]

II. Produkthaftung

4 Zudem sieht die Richtlinie nun **Beweiserleichterungen** für komplexe Fallgestaltungen vor, zu denen solche im Zusammenhang mit KI-Systemen zählen. Bisher trägt der Geschädigte die Beweislast für alle Haftungsvoraussetzungen. Dabei wird es auch in Zukunft bleiben. Um ihm aber die Durchsetzung eines Ersatzanspruchs zu vereinfachen, greifen Offenlegungspflichten und Kausalitätsvermutungen.

5 Schließlich weisen KI-Systeme die besonderen Eigenschaften Komplexität, **Autonomie und Opazität** (**Blackbox-Effekt**) auf.[10] Sie machen es für eine Person, die infolge eines von einem fehlerhaften KI-System (nicht) hervorgebrachten Ergebnisses geschädigt wird, schwer, die Anforderungen zur Geltendmachung ihres Ersatzanspruchs zu erfüllen. Um hier eine Erleichterung zu verschaffen, werden nach der neuen Produkthaftungsrichtlinie sowohl der Produktfehler selbst als auch die Kausalität zwischen dem Produktfehler und dem Schaden künftig (widerlegbar) vermutet, wenn die Beweisführung für den Kläger trotz der Offenlegung von Informationen und unter Berücksichtigung der Umstände des Einzelfalls „aufgrund der technischen oder wissenschaftlichen Komplexität übermäßig schwierig" ist. Dies kann etwa der Fall sein, wenn das Produkt (Medizinprodukt) oder die Technologie (KI) oder der Nachweis des Kausalzusammenhangs besonders schwierig sind. Zudem muss es dem Kläger zumindest gelungen sein, die Wahrscheinlichkeit der Fehlerhaftigkeit des Produkts und der Kausalität zwischen dem Fehler und dem Schaden darzulegen.

6 Auch sieht die Richtlinie vor, dass der Beklagte künftig auf Antrag des Klägers im Gerichtsverfahren die in seiner Verfügungsgewalt befindlichen relevanten Beweismittel offenlegen muss. Das Ziel der neuen Vorgaben ist es, die Informationsasymmetrie in Bezug auf das KI-System, den verwendeten Code sowie etwa die Trainings- bzw. Validierungsdaten zugunsten der geschädigten Person auszugleichen.

---

6 Lachenmann/Meyer MMR-Aktuell 2023, 457000.
7 RL 85/374/EWG.
8 Spindler CR 11/2022, 689 (690).
9 Krüger/Wagner ZfPC 2023, 124 (126); Spindler CR 11/2022, 689 (690).
10 Kuntz ZfPW 2022, 177 (185).

III. Deliktische Haftung

Die Eigenheiten von KI-Systemen bereiten aber nicht nur im Produkthaftungsrecht Schwierigkeiten, sondern auch für die **deliktische Haftung**. Schließlich verlangt diese ein menschliches Verhalten als Anknüpfungspunkt. KI-Systeme aber agieren autonom. Sie treffen mitunter auch für Menschen nicht vorhersehbare Entscheidungen.[11] Zudem können KI-Systeme ihr Verhalten ohne äußeren Anlass durch eine Anpassung des zugrunde liegenden Algorithmus verändern. Kurz gesagt unterliegt ein KI-System nicht der (vollständigen) Kontrolle des Anbieters oder Betreibers.[12] 7

Im **Deliktsrecht** aber bedarf es einer **Sorgfaltspflichtverletzung**, um die Haftung zu begründen. Die oben schon ausgeführten Besonderheiten von KI-Systemen machen es dem Geschädigten regelmäßig schwer möglich, seiner Darlegungs- und Beweislast im Hinblick auf die Sorgfaltspflichtverletzung und die haftungsbegründende Kausalität nachzukommen.[13] 8

Dieses Problem soll die AILD-E für die deliktische Haftung lösen und insofern einen gewissen rechtspolitischen Gleichlauf mit der Produkthaftungsrichtlinie herstellen. Konkret überschneiden sich die beiden Richtlinien in ihren Anwendungsbereichen aber nicht: Die neue Produkthaftungsrichtlinie regelt die Haftung des Herstellers für ein fehlerhaftes Produkt. Sie schafft einen eigenen, verschuldensunabhängigen Anspruch. Demgegenüber zielt der Entwurf der AILD lediglich auf die prozessualen Anforderungen für die Geltendmachung von Ansprüchen gegenüber Anbietern oder Nutzern einer KI nach nationalem Recht. 9

Inhaltlich sieht der Vorschlag der EU-Kommission vom 28.9.2022 ebenfalls **beweisbezogene Maßnahmen** zugunsten Geschädigter vor. Schließlich erschwere es die „große Zahl von Personen, die […] an der Konzeption, der Entwicklung, dem Einsatz und dem Betrieb von Hochrisiko-KI-Systemen beteiligt sind, […] den Geschädigten, die potenziell für den verursachten Schaden haftende Person zu ermitteln und die Voraussetzungen für einen Schadensersatzanspruch nachzuweisen."[14] Beiden Richtlinien liegt also die Ausgangsthese zugrunde, dass der Einsatz von KI generische Maßnahmen zur Erleichterung der Beweislast erforderlich macht. 10

Der Entwurf der Richtlinie sieht entsprechend eine Befugnis der nationalen Gerichte vor, die **Offenlegung bestimmter Beweismittel** auf Antrag anzuordnen. Der Kläger erhält damit einen Anspruch auf Offenlegung. Dieser ist weitestgehend so ausgestaltet wie in der neuen Produkthaftungsrichtlinie.[15] 11

Er greift jedoch **nur bei Hochrisiko-KI-Systemen**, da auch nur diese den entsprechenden Dokumentations- und Aufzeichnungspflichten nach dem AI Act unterliegen. Im Unterschied zu der Produkthaftungsrichtlinie soll der Anspruch auch bereits potenziellen Klägern offenstehen. Sinn und Zweck dieser Erweiterung ist es, eine Erleichterung für den Geschädigten zu schaffen, einen Anspruchsgegner überhaupt erst zu finden.[16] 12

---

11 Staudenmayer NJW 2023, 894 (895).
12 Wagner JZ 2023, 1 (2).
13 Krüger/Wagner ZfPC 2023, 124 (125); Kessen in: Schwartmann/Keber/Zenner, 3. Teil 2. Kap. Rn. 16.
14 Vgl. ErwG 17 AILD.
15 Staudenmayer NJW 2023, 894 (900); Spindler CR 2022, 689 (701).
16 Krüger/Wagner ZfPC 2023, 124 (128).

13 Darüber hinaus kann das Gericht nach dem Entwurf der AILD **Beweissicherungsmaßnahmen** anordnen.[17] Als verfahrensrechtliches Instrument zur Durchsetzung der Offenlegungspflicht sieht der Richtlinienentwurf die widerlegliche Vermutung der Verletzung einer Sorgfaltspflicht vor, wenn der Antragsgegner der Aufforderung des Gerichts nicht nachkommt. Da der Nachweis einer Sorgfaltspflichtverletzung sonst beim Anspruchssteller liegt, liegt in dieser Vermutungsregel durchaus ein Eingriff in einen Grundpfeiler des Zivilprozessrechts, nämlich den Beibringungsgrundsatz des § 284 ZPO.[18] In der Praxis könnte die Vermutung zudem zum faktischen Regelfall zu werden. Denn die Frage, ob der Beklagte einem Auskunftsanspruch im erforderlichen und verhältnismäßigen Maße nachkommt, obliegt letztlich einer wertenden Gesamtbetrachtung des Gerichts.[19] Hinzu kommt, dass die Rechtsfolge des Vorliegens eines Sorgfaltspflichtverstoßes zugleich Tatbestandsvoraussetzung für eine Vermutungsregel ist, nämlich jene der Kausalität zwischen Verschulden und KI-Ergebnis.

14 Laut EU-Kommission könnten Schadensersatzansprüche zudem daran scheitern, dass der **ursächliche Zusammenhang** zwischen der Sorgfaltspflichtverletzung des Beklagten und „dem vom KI-System hervorgebrachten Ergebnis" (= KI-Ergebnis) nicht nachgewiesen werden kann. Daher führt Art. 4 Abs. 1 des Richtlinienentwurfs die **Vermutung** dafür ein, dass ein solcher Kausalzusammenhang besteht. Hierfür setzt Art. 4 Abs. 1 lit. a voraus, dass der Anspruchssteller nachweist, dass „ein Verschulden seitens des Beklagten oder einer Person, für deren Verhalten der Beklagte verantwortlich ist, vorliegt, da gegen eine im Unionsrecht oder im nationalen Recht festgelegte Sorgfaltspflicht, deren unmittelbarer Zweck darin besteht, den eingetretenen Schaden zu verhindern, verstoßen wurde".

15 Für die **Kausalität zwischen Sorgfaltspflichtverletzung und KI-Ergebnis** gibt es im deutschen Recht keine Entsprechung.[20] § 823 Abs. 1 BGB kennt zwei Arten von Kausalität – die zwischen Sorgfaltspflichtverletzung (Tun oder Unterlassen) und Rechtsgutverletzung (= haftungsbegründend) und die zwischen Rechtsgutverletzung und Schaden (= haftungsausfüllend). Das KI-Ergebnis kann mangels menschlicher Handlung keine Sorgfaltspflichtverletzung darstellen und erst recht keine Rechtsgutverletzung oder einen Schaden. Dadurch fügt der Richtlinienentwurf gewissermaßen einen Zwischenschritt in die haftungsbegründende Kausalität zwischen Sorgfaltspflichtverletzung und Rechtsgutverletzung ein.

17 Staudenmayer NJW 2023, 894 (900).
18 Bomhard/Siglmüller RDi 2022, 506 (507).
19 Bomhard/Siglmüller RDi 2022, 506 (507).
20 Bomhard/Siglmüller RDi 2022, 506 (512).

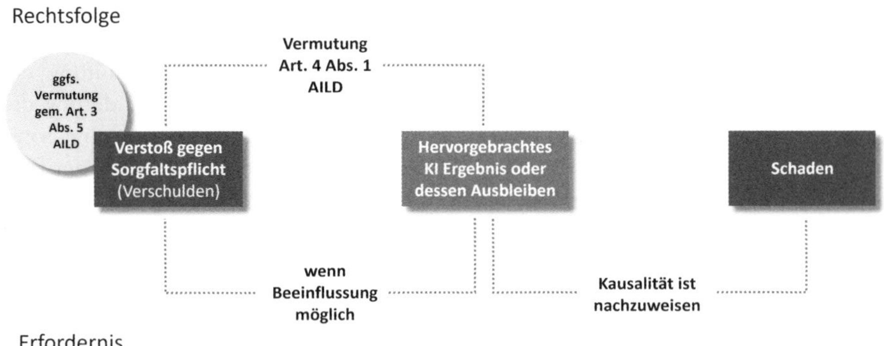

Abbildung 19: Regelung zur Haftung in der AI Liability Directive (AILD), Bomhard/ Siglmüller RDi 2022, 506 (510).

In der Gesamtschau bedeutet die **Koppelung der beiden Vermutungsregeln**, dass eine unvollständige Offenlegung von Beweismitteln automatisch zu der Vermutung für das Vorliegen der Kausalität zwischen Verschulden und KI-Ergebnis führt. Damit wird also ein Domino-Effekt ausgelöst, der im Ergebnis die kritischsten Anspruchsvoraussetzungen eines deliktischen Anspruchs – weit über § 280 Abs. 1 S. 2 BGB hinaus – vermutet.[21] 16

Dies wird als durchaus überschießend gewertet: Schließlich hätte der Kläger selbst bei vollständiger Vorlage von Beweismitteln zur Wirkungsweise des KI-Systems noch die enorme Hürde der Analyse dieser Daten vor sich, um am Ende einen Sorgfaltspflichtverstoß herzuleiten.[22] Dies wird regelmäßig selbst für Gutachter kein Leichtes sein. Der Richtlinienvorschlag befreit den Kläger pauschal von dieser Analyse, sobald ein Beweismittel nicht oder nicht vollständig vorgelegt wurde. 17

Lediglich die Kausalität zwischen dem KI-Ergebnis und der Rechtsgutverletzung sowie die haftungsausfüllende Kausalität, also der ursächliche Zusammenhang zwischen dem KI-Ergebnis und der Rechtsgutverletzung sowie zwischen der Rechtsgutverletzung und Schaden, sind nach wie vor vom Geschädigten zu beweisen. 18

21 Bomhard/Siglmüller RDi 2022, 506 (507).
22 Bomhard/Siglmüller RDi 2022, 506 (507).

Verordnung (EU) 2024/1689 des Europäischen Parlaments und des Rates vom 13. Juni 2024 zur Festlegung harmonisierter Vorschriften für künstliche Intelligenz und zur Änderung der Verordnungen (EG) Nr. 300/2008, (EU) Nr. 167/2013, (EU) Nr. 168/2013, (EU) 2018/858, (EU) 2018/1139 und (EU) 2019/2144 sowie der Richtlinien 2014/90/EU, (EU) 2016/797 und (EU) 2020/1828 (Verordnung über künstliche Intelligenz)

(Text von Bedeutung für den EWR)

(ABl. L, 2024/1689, ELI: http://data.europa.eu/eli/reg/2024/1689/oj)
(Celex-Nr. 32024R1689)

DAS EUROPÄISCHE PARLAMENT UND DER RAT DER EUROPÄISCHEN UNION –
gestützt auf den Vertrag über die Arbeitsweise der Europäischen Union, insbesondere auf die Artikel 16 und 114,
auf Vorschlag der Europäischen Kommission,
nach Zuleitung des Entwurfs des Gesetzgebungsakts an die nationalen Parlamente,
nach Stellungnahme des Europäischen Wirtschafts- und Sozialausschusses[1],
nach Stellungnahme der Europäischen Zentralbank[2],
nach Stellungnahme des Ausschusses der Regionen[3],
gemäß dem ordentlichen Gesetzgebungsverfahren[4],
in Erwägung nachstehender Gründe:

(1) Zweck dieser Verordnung ist es, das Funktionieren des Binnenmarkts zu verbessern, indem ein einheitlicher Rechtsrahmen insbesondere für die Entwicklung, das Inverkehrbringen, die Inbetriebnahme und die Verwendung von Systemen künstlicher Intelligenz (KI-Systeme) in der Union im Einklang mit den Werten der Union festgelegt wird, um die Einführung von menschenzentrierter und vertrauenswürdiger künstlicher Intelligenz (KI) zu fördern und gleichzeitig ein hohes Schutzniveau in Bezug auf Gesundheit, Sicherheit und der in der Charta der Grundrechte der Europäischen Union („Charta") verankerten Grundrechte, einschließlich Demokratie, Rechtsstaatlichkeit und Umweltschutz, sicherzustellen, den Schutz vor schädlichen Auswirkungen von KI-Systemen in der Union zu gewährleisten und gleichzeitig die Innovation zu unterstützen. Diese Verordnung gewährleistet den grenzüberschreitenden freien Verkehr KI-gestützter Waren und Dienstleistungen, wodurch verhindert wird, dass die Mitgliedstaaten die Entwicklung, Vermarktung und Verwendung von KI-Systemen beschränken, sofern dies nicht ausdrücklich durch diese Verordnung erlaubt wird.

(2) Diese Verordnung sollte im Einklang mit den in der Charta verankerten Werten der Union angewandt werden, den Schutz von natürlichen Personen, Unternehmen, Demokratie und Rechtsstaatlichkeit sowie der Umwelt erleichtern und gleichzeitig Innovation und Beschäftigung fördern und der Union eine Führungsrolle bei der Einführung vertrauenswürdiger KI verschaffen.

(3) KI-Systeme können problemlos in verschiedenen Bereichen der Wirtschaft und Gesellschaft, auch grenzüberschreitend, eingesetzt werden und in der gesamten Union verkehren. Einige Mitgliedstaaten haben bereits die Verabschiedung nationaler Vorschriften in Erwägung gezogen, damit KI vertrauenswürdig und sicher ist und im Einklang mit den Grundrechten entwickelt und verwendet wird. Unterschiedliche nationale Vorschriften können zu einer Fragmentierung des Binnenmarkts führen und können die Rechtssicherheit für Akteure, die KI-Systeme entwickeln, einführen oder verwenden, beeinträchtigen. Daher sollte in der gesamten Union ein einheitlich hohes Schutzniveau sichergestellt werden, um eine vertrauenswürdige KI zu erreichen, wobei Unterschiede,

1 **Amtl. Anm.:** ABl. C 517 vom 22.12.2021, S. 56.
2 **Amtl. Anm.:** ABl. C 115 vom 11.3.2022, S. 5.
3 **Amtl. Anm.:** ABl. C 97 vom 28.2.2022, S. 60.
4 **Amtl. Anm.:** Standpunkt des Europäischen Parlaments vom 13. März 2024 (noch nicht im Amtsblatt veröffentlicht) und Beschluss des Rates vom 21. Mai 2024.

die den freien Verkehr, Innovationen, den Einsatz und die Verbreitung von KI-Systemen und damit zusammenhängenden Produkten und Dienstleistungen im Binnenmarkt behindern, vermieden werden sollten, indem den Akteuren einheitliche Pflichten auferlegt werden und der gleiche Schutz der zwingenden Gründe des Allgemeininteresses und der Rechte von Personen im gesamten Binnenmarkt auf der Grundlage des Artikels 114 des Vertrags über die Arbeitsweise der Europäischen Union (AEUV) gewährleistet wird. Soweit diese Verordnung konkrete Vorschriften zum Schutz von Einzelpersonen im Hinblick auf die Verarbeitung personenbezogener Daten enthält, mit denen die Verwendung von KI-Systemen zur biometrischen Fernidentifizierung zu Strafverfolgungszwecken, die Verwendung von KI-Systemen für die Risikobewertung natürlicher Personen zu Strafverfolgungszwecken und die Verwendung von KI-Systemen zur biometrischen Kategorisierung zu Strafverfolgungszwecken eingeschränkt wird, ist es angezeigt, diese Verordnung in Bezug auf diese konkreten Vorschriften auf Artikel 16 AEUV zu stützen. Angesichts dieser konkreten Vorschriften und des Rückgriffs auf Artikel 16 AEUV ist es angezeigt, den Europäischen Datenschutzausschuss zu konsultieren.

(4) KI bezeichnet eine Reihe von Technologien, die sich rasant entwickeln und zu vielfältigem Nutzen für Wirtschaft, Umwelt und Gesellschaft über das gesamte Spektrum industrieller und gesellschaftlicher Tätigkeiten hinweg beitragen. Durch die Verbesserung der Vorhersage, die Optimierung der Abläufe, Ressourcenzuweisung und die Personalisierung digitaler Lösungen, die Einzelpersonen und Organisationen zur Verfügung stehen, kann die Verwendung von KI Unternehmen wesentliche Wettbewerbsvorteile verschaffen und zu guten Ergebnissen für Gesellschaft und Umwelt führen, beispielsweise in den Bereichen Gesundheitsversorgung, Landwirtschaft, Lebensmittelsicherheit, allgemeine und berufliche Bildung, Medien, Sport, Kultur, Infrastrukturmanagement, Energie, Verkehr und Logistik, öffentliche Dienstleistungen, Sicherheit, Justiz, Ressourcen- und Energieeffizienz, Umweltüberwachung, Bewahrung und Wiederherstellung der Biodiversität und der Ökosysteme sowie Klimaschutz und Anpassung an den Klimawandel.

(5) Gleichzeitig kann KI je nach den Umständen ihrer konkreten Anwendung und Nutzung sowie der technologischen Entwicklungsstufe Risiken mit sich bringen und öffentliche Interessen und grundlegende Rechte schädigen, die durch das Unionsrecht geschützt sind. Ein solcher Schaden kann materieller oder immaterieller Art sein, einschließlich physischer, psychischer, gesellschaftlicher oder wirtschaftlicher Schäden.

(6) Angesichts der großen Auswirkungen, die KI auf die Gesellschaft haben kann, und der Notwendigkeit, Vertrauen aufzubauen, ist es von entscheidender Bedeutung, dass KI und ihr Regulierungsrahmen im Einklang mit den in Artikel 2 des Vertrags über die Europäische Union (EUV) verankerten Werten der Union, den in den Verträgen und, nach Artikel 6 EUV, der Charta verankerten Grundrechten und -freiheiten entwickelt werden. Voraussetzung sollte sein, dass KI eine menschenzentrierte Technologie ist. Sie sollte den Menschen als Instrument dienen und letztendlich das menschliche Wohlergehen verbessern.

(7) Um ein einheitliches und hohes Schutzniveau in Bezug auf öffentliche Interessen im Hinblick auf Gesundheit, Sicherheit und Grundrechte zu gewährleisten, sollten für alle Hochrisiko-KI-Systeme gemeinsame Vorschriften festgelegt werden. Diese Vorschriften sollten mit der Charta im Einklang stehen, nichtdiskriminierend sein und mit den internationalen Handelsverpflichtungen der Union vereinbar sein. Sie sollten auch die Europäische Erklärung zu den digitalen Rechten und Grundsätzen für die digitale Dekade und die Ethikleitlinien für vertrauenswürdige KI der hochrangigen Expertengruppe für künstliche Intelligenz berücksichtigen.

(8) Daher ist ein Rechtsrahmen der Union mit harmonisierten Vorschriften für KI erforderlich, um die Entwicklung, Verwendung und Verbreitung von KI im Binnenmarkt zu fördern und gleichzeitig ein hohes Schutzniveau in Bezug auf öffentliche Interessen wie etwa Gesundheit und Sicherheit und den Schutz der durch das Unionsrecht anerkannten und geschützten Grundrechte, einschließlich der Demokratie, der Rechtsstaatlichkeit und des Umweltschutzes, zu gewährleisten. Zur Umsetzung dieses Ziels sollten Vorschriften für das Inverkehrbringen, die Inbetriebnahme und die Verwendung bestimmter KI-Systeme festgelegt werden, um das reibungslose Funktionieren des Bin-

nenmarkts zu gewährleisten, sodass diesen Systemen der Grundsatz des freien Waren- und Dienstleistungsverkehrs zugutekommen kann. Diese Regeln sollten klar und robust sein, um die Grundrechte zu schützen, neue innovative Lösungen zu unterstützen und ein europäisches Ökosystem öffentlicher und privater Akteure zu ermöglichen, die KI-Systeme im Einklang mit den Werten der Union entwickeln, und um das Potenzial des digitalen Wandels in allen Regionen der Union zu erschließen. Durch die Festlegung dieser Vorschriften sowie durch Maßnahmen zur Unterstützung der Innovation mit besonderem Augenmerk auf kleinen und mittleren Unternehmen (KMU), einschließlich Start-up-Unternehmen, unterstützt diese Verordnung das vom Europäischen Rat formulierte Ziel, das europäische menschenzentrierte KI-Konzept zu fördern und bei der Entwicklung einer sicheren, vertrauenswürdigen und ethisch vertretbaren KI weltweit eine Führungsrolle einzunehmen[5], und sorgt für den vom Europäischen Parlament ausdrücklich geforderten Schutz von Ethikgrundsätzen[6].

(9) Es sollten harmonisierte Vorschriften für das Inverkehrbringen, die Inbetriebnahme und die Verwendung von Hochrisiko-KI-Systemen im Einklang mit der Verordnung (EG) Nr. 765/2008 des Europäischen Parlaments und des Rates[7], dem Beschluss Nr. 768/2008/EG des Europäischen Parlaments und des Rates[8] und der Verordnung (EU) 2019/1020 des Europäischen Parlaments und des Rates[9] („neuer Rechtsrahmen") festgelegt werden. Die in dieser Verordnung festgelegten harmonisierten Vorschriften sollten in allen Sektoren gelten und sollten im Einklang mit dem neuen Rechtsrahmen bestehendes Unionsrecht, das durch diese Verordnung ergänzt wird, unberührt lassen, insbesondere in den Bereichen Datenschutz, Verbraucherschutz, Grundrechte, Beschäftigung, Arbeitnehmerschutz und Produktsicherheit. Daher bleiben alle Rechte und Rechtsbehelfe, die für Verbraucher und andere Personen, auf die sich KI-Systeme negativ auswirken können, gemäß diesem Unionsrecht vorgesehen sind, auch in Bezug auf einen möglichen Schadenersatz gemäß der Richtlinie 85/374/EWG des Rates[10] unberührt und in vollem Umfang anwendbar. Darüber hinaus und unter Einhaltung des Unionsrechts in Bezug auf Beschäftigungs- und Arbeitsbedingungen, einschließlich des Gesundheitsschutzes und der Sicherheit am Arbeitsplatz sowie der Beziehungen zwischen Arbeitgebern und Arbeitnehmern sollte diese Verordnung daher – was Beschäftigung und den Schutz von Arbeitnehmern angeht – das Unionsrecht im Bereich der Sozialpolitik und die nationalen Arbeitsrechtsvorschriften nicht berühren. Diese Verordnung sollte auch die Ausübung der in den Mitgliedstaaten und auf Unionsebene anerkannten Grundrechte, einschließlich des Rechts oder der Freiheit zum Streik oder zur Durchführung anderer Maßnahmen, die im Rahmen der spezifischen Systeme der Mitgliedstaaten im Bereich der Arbeitsbeziehungen vorgesehen sind, sowie das Recht, im Einklang mit nationalem Recht Kollektivvereinbarungen auszuhandeln, abzuschließen und durchzusetzen oder kollektive Maßnahmen zu ergreifen, nicht beeinträchtigen. Diese Verordnung sollte die in einer Richtlinie des Europäischen Parlaments und des Rates zur Verbesserung der Arbeitsbedingungen in der Plattformarbeit enthaltenen Bestimmungen nicht berühren. Darüber hinaus zielt diese Verordnung darauf ab, die Wirksamkeit dieser bestehenden

5 **Amtl. Anm.:** Europäischer Rat, Außerordentliche Tagung des Europäischen Rates (1. und 2. Oktober 2020) – Schlussfolgerungen, EUCO 13/20, 2020, S. 6.

6 **Amtl. Anm.:** Entschließung des Europäischen Parlaments vom 20. Oktober 2020 mit Empfehlungen an die Kommission zu dem Rahmen für die ethischen Aspekte von künstlicher Intelligenz, Robotik und damit zusammenhängenden Technologien, 2020/2012 (INL).

7 **Amtl. Anm.:** Verordnung (EG) Nr. 765/2008 des Europäischen Parlaments und des Rates vom 9. Juli 2008 über die Vorschriften für die Akkreditierung und zur Aufhebung der Verordnung (EWG) Nr. 339/93 des Rates (ABl. L 218 vom 13.8.2008, S. 30).

8 **Amtl. Anm.:** Beschluss Nr. 768/2008/EG des Europäischen Parlaments und des Rates vom 9. Juli 2008 über einen gemeinsamen Rechtsrahmen für die Vermarktung von Produkten und zur Aufhebung des Beschlusses 93/465/EWG des Rates (ABl. L 218 vom 13.8.2008, S. 82).

9 **Amtl. Anm.:** Verordnung (EU) 2019/1020 des Europäischen Parlaments und des Rates vom 20. Juni 2019 über Marktüberwachung und die Konformität von Produkten sowie zur Änderung der Richtlinie 2004/42/EG und der Verordnungen (EG) Nr. 765/2008 und (EU) Nr. 305/2011 (ABl. L 169 vom 25.6.2019, S. 1).

10 **Amtl. Anm.:** Richtlinie 85/374/EWG des Rates vom 25. Juli 1985 zur Angleichung der Rechts- und Verwaltungsvorschriften der Mitgliedstaaten über die Haftung für fehlerhafte Produkte (ABl. L 210 vom 7.8.1985, S. 29).

Rechte und Rechtsbehelfe zu stärken, indem bestimmte Anforderungen und Pflichten, auch in Bezug auf die Transparenz, die technische Dokumentation und das Führen von Aufzeichnungen von KI-Systemen, festgelegt werden. Ferner sollten die in dieser Verordnung festgelegten Pflichten der verschiedenen Akteure, die an der KI-Wertschöpfungskette beteiligt sind, unbeschadet der nationalen Rechtsvorschriften unter Einhaltung des Unionsrechts angewandt werden, wodurch die Verwendung bestimmter KI-Systeme begrenzt wird, wenn diese Rechtsvorschriften nicht in den Anwendungsbereich dieser Verordnung fallen oder mit ihnen andere legitime Ziele des öffentlichen Interesses verfolgt werden als in dieser Verordnung. So sollten etwa die nationalen arbeitsrechtlichen Vorschriften und die Rechtsvorschriften zum Schutz Minderjähriger, nämlich Personen unter 18 Jahren, unter Berücksichtigung der Allgemeinen Bemerkung Nr. 25 (2021) des UNCRC über die Rechte der Kinder im digitalen Umfeld von dieser Verordnung unberührt bleiben, sofern sie nicht spezifisch KI-Systeme betreffen und mit ihnen andere legitime Ziele des öffentlichen Interesses verfolgt werden.

(10) Das Grundrecht auf Schutz personenbezogener Daten wird insbesondere durch die Verordnungen (EU) 2016/679[11] und (EU) 2018/1725[12] des Europäischen Parlaments und des Rates und die Richtlinie (EU) 2016/680 des Europäischen Parlaments und des Rates[13] gewahrt. Die Richtlinie 2002/58/EG des Europäischen Parlaments und des Rates[14] schützt darüber hinaus die Privatsphäre und die Vertraulichkeit der Kommunikation, auch durch Bedingungen für die Speicherung personenbezogener und nicht personenbezogener Daten auf Endgeräten und den Zugang dazu. Diese Rechtsakte der Union bieten die Grundlage für eine nachhaltige und verantwortungsvolle Datenverarbeitung, auch wenn Datensätze eine Mischung aus personenbezogenen und nicht-personenbezogenen Daten enthalten. Diese Verordnung soll die Anwendung des bestehenden Unionsrechts zur Verarbeitung personenbezogener Daten, einschließlich der Aufgaben und Befugnisse der unabhängigen Aufsichtsbehörden, die für die Überwachung der Einhaltung dieser Instrumente zuständig sind, nicht berühren. Sie lässt ferner die Pflichten der Anbieter und Betreiber von KI-Systemen in ihrer Rolle als Verantwortliche oder Auftragsverarbeiter, die sich aus dem Unionsrecht oder dem nationalen Recht über den Schutz personenbezogener Daten ergeben, unberührt, soweit die Konzeption, die Entwicklung oder die Verwendung von KI-Systemen die Verarbeitung personenbezogener Daten umfasst. Ferner sollte klargestellt werden, dass betroffene Personen weiterhin über alle Rechte und Garantien verfügen, die ihnen durch dieses Unionsrecht gewährt werden, einschließlich der Rechte im Zusammenhang mit der ausschließlich automatisierten Entscheidungsfindung im Einzelfall und dem Profiling. Harmonisierte Vorschriften für das Inverkehrbringen, die Inbetriebnahme und die Verwendung von KI-Systemen, die im Rahmen dieser Verordnung festgelegt werden, sollten die wirksame Durchführung erleichtern und die Ausübung der Rechte betroffener Personen und anderer Rechtsbehelfe, die im Unionsrecht über den Schutz personenbezogener Daten und anderer Grundrechte garantiert sind, ermöglichen.

11 **Amtl. Anm.:** Verordnung (EU) 2016/679 des Europäischen Parlaments und des Rates vom 27. April 2016 zum Schutz natürlicher Personen bei der Verarbeitung personenbezogener Daten, zum freien Datenverkehr und zur Aufhebung der Richtlinie 95/46/EG (Datenschutz-Grundverordnung) (ABl. L 119 vom 4.5.2016, S. 1).

12 **Amtl. Anm.:** Verordnung (EU) 2018/1725 des Europäischen Parlaments und des Rates vom 23. Oktober 2018 zum Schutz natürlicher Personen bei der Verarbeitung personenbezogener Daten durch die Organe, Einrichtungen und sonstigen Stellen der Union, zum freien Datenverkehr und zur Aufhebung der Verordnung (EG) Nr. 45/2001 und des Beschlusses Nr. 1247/2002/EG (ABl. L 295 vom 21.11.2018, S. 39).

13 **Amtl. Anm.:** Richtlinie (EU) 2016/680 des Europäischen Parlaments und des Rates vom 27. April 2016 zum Schutz natürlicher Personen bei der Verarbeitung personenbezogener Daten durch die zuständigen Behörden zum Zwecke der Verhütung, Ermittlung, Aufdeckung oder Verfolgung von Straftaten oder der Strafvollstreckung sowie zum freien Datenverkehr und zur Aufhebung des Rahmenbeschlusses 2008/977/JI des Rates (ABl. L 119 vom 4.5.2016, S. 89).

14 **Amtl. Anm.:** Richtlinie 2002/58/EG des Europäischen Parlaments und des Rates vom 12. Juli 2002 über die Verarbeitung personenbezogener Daten und den Schutz der Privatsphäre in der elektronischen Kommunikation (Datenschutzrichtlinie für elektronische Kommunikation) (ABl. L 201 vom 31.7.2002, S. 37).

(11) Diese Verordnung sollte die Bestimmungen über die Verantwortlichkeit der Anbieter von Vermittlungsdiensten gemäß der Verordnung (EU) 2022/2065 des Europäischen Parlaments und des Rates[15] unberührt lassen.

(12) Der Begriff „KI-System" in dieser Verordnung sollte klar definiert und eng mit der Tätigkeit internationaler Organisationen abgestimmt werden, die sich mit KI befassen, um Rechtssicherheit, mehr internationale Konvergenz und hohe Akzeptanz sicherzustellen und gleichzeitig Flexibilität zu bieten, um den raschen technologischen Entwicklungen in diesem Bereich Rechnung zu tragen. Darüber hinaus sollte die Begriffsbestimmung auf den wesentlichen Merkmalen der KI beruhen, die sie von einfacheren herkömmlichen Softwaresystemen und Programmierungsansätzen abgrenzen, und sollte sich nicht auf Systeme beziehen, die auf ausschließlich von natürlichen Personen definierten Regeln für das automatische Ausführen von Operationen beruhen. Ein wesentliches Merkmal von KI-Systemen ist ihre Fähigkeit, abzuleiten. Diese Fähigkeit bezieht sich auf den Prozess der Erzeugung von Ausgaben, wie Vorhersagen, Inhalte, Empfehlungen oder Entscheidungen, die physische und digitale Umgebungen beeinflussen können, sowie auf die Fähigkeit von KI-Systemen, Modelle oder Algorithmen oder beides aus Eingaben oder Daten abzuleiten. Zu den Techniken, die während der Gestaltung eines KI-Systems das Ableiten ermöglichen, gehören Ansätze für maschinelles Lernen, wobei aus Daten gelernt wird, wie bestimmte Ziele erreicht werden können, sowie logik- und wissensgestützte Konzepte, wobei aus kodierten Informationen oder symbolischen Darstellungen der zu lösenden Aufgabe abgeleitet wird. Die Fähigkeit eines KI-Systems, abzuleiten, geht über die einfache Datenverarbeitung hinaus, indem Lern-, Schlussfolgerungs- und Modellierungsprozesse ermöglicht werden. Die Bezeichnung „maschinenbasiert" bezieht sich auf die Tatsache, dass KI-Systeme von Maschinen betrieben werden. Durch die Bezugnahme auf explizite oder implizite Ziele wird betont, dass KI-Systeme gemäß explizit festgelegten Zielen oder gemäß impliziten Zielen arbeiten können. Die Ziele des KI-Systems können sich – unter bestimmten Umständen – von der Zweckbestimmung des KI-Systems unterscheiden. Für die Zwecke dieser Verordnung sollten Umgebungen als Kontexte verstanden werden, in denen KI-Systeme betrieben werden, während die von einem KI-System erzeugten Ausgaben verschiedene Funktionen von KI-Systemen widerspiegeln, darunter Vorhersagen, Inhalte, Empfehlungen oder Entscheidungen. KI-Systeme sind mit verschiedenen Graden der Autonomie ausgestattet, was bedeutet, dass sie bis zu einem gewissen Grad unabhängig von menschlichem Zutun agieren und in der Lage sind, ohne menschliches Eingreifen zu arbeiten. Die Anpassungsfähigkeit, die ein KI-System nach Inbetriebnahme aufweisen könnte, bezieht sich auf seine Lernfähigkeit, durch sie es sich während seiner Verwendung verändern kann. KI-Systeme können eigenständig oder als Bestandteil eines Produkts verwendet werden, unabhängig davon, ob das System physisch in das Produkt integriert (eingebettet) ist oder der Funktion des Produkts dient, ohne darin integriert zu sein (nicht eingebettet).

(13) Der in dieser Verordnung verwendete Begriff „Betreiber" sollte als eine natürliche oder juristische Person, einschließlich Behörden, Einrichtungen oder sonstiger Stellen, die ein KI-System unter ihrer Befugnis verwenden, verstanden werden, es sei denn das KI-System wird im Rahmen einer persönlichen und nicht beruflichen Tätigkeit verwendet. Je nach Art des KI-Systems kann sich dessen Verwendung auf andere Personen als den Betreiber auswirken.

(14) Der in dieser Verordnung verwendete Begriff „biometrische Daten" sollte im Sinne des Begriffs „biometrische Daten" nach Artikel 4 Nummer 14 der Verordnung (EU) 2016/679, Artikel 3 Nummer 18 der Verordnung (EU) 2018/1725 und Artikel 3 Nummer 13 der Richtlinie (EU) 2016/680 ausgelegt werden. Biometrische Daten können die Authentifizierung, Identifizierung oder Kategorisierung natürlicher Personen und die Erkennung von Emotionen natürlicher Personen ermöglichen.

15 **Amtl. Anm.:** Verordnung (EU) 2022/2065 des Europäischen Parlaments und des Rates vom 19. Oktober 2022 über einen Binnenmarkt für digitale Dienste und zur Änderung der Richtlinie 2000/31/EG (Gesetz über digitale Dienste) (ABl. L 277 vom 27.10.2022, S. 1).

(15) Der Begriff „biometrische Identifizierung" sollte gemäß dieser Verordnung als automatische Erkennung physischer, physiologischer und verhaltensbezogener menschlicher Merkmale wie Gesicht, Augenbewegungen, Körperform, Stimme, Prosodie, Gang, Haltung, Herzfrequenz, Blutdruck, Geruch, charakteristischer Tastenanschlag zum Zweck der Überprüfung der Identität einer Person durch Abgleich der biometrischen Daten der entsprechenden Person mit den in einer Datenbank gespeicherten biometrischen Daten definiert werden, unabhängig davon, ob die Einzelperson ihre Zustimmung dazu gegeben hat oder nicht. Dies umfasst keine KI-Systeme, die bestimmungsgemäß für die biometrische Verifizierung, wozu die Authentifizierung gehört, verwendet werden sollen, deren einziger Zweck darin besteht, zu bestätigen, dass eine bestimmte natürliche Person die Person ist, für die sie sich ausgibt, sowie zur Bestätigung der Identität einer natürlichen Person zu dem alleinigen Zweck Zugang zu einem Dienst zu erhalten, ein Gerät zu entriegeln oder Sicherheitszugang zu Räumlichkeiten zu erhalten.

(16) Der Begriff „biometrischen Kategorisierung" sollte im Sinne dieser Verordnung die Zuordnung natürlicher Personen auf der Grundlage ihrer biometrischen Daten zu bestimmten Kategorien bezeichnen. Diese bestimmten Kategorien können Aspekte wie Geschlecht, Alter, Haarfarbe, Augenfarbe, Tätowierungen, Verhaltens- oder Persönlichkeitsmerkmale, Sprache, Religion, Zugehörigkeit zu einer nationalen Minderheit, sexuelle oder politische Ausrichtung betreffen. Dies gilt nicht für Systeme zur biometrischen Kategorisierung, bei denen es sich um eine reine Nebenfunktion handelt, die untrennbar mit einem anderen kommerziellen Dienst verbunden ist, d.h. die Funktion kann aus objektiven technischen Gründen nicht ohne den Hauptdienst verwendet werden und die Integration dieses Merkmals oder dieser Funktion dient nicht dazu, die Anwendbarkeit der Vorschriften dieser Verordnung zu umgehen. Beispielsweise könnten Filter zur Kategorisierung von Gesichts- oder Körpermerkmalen, die auf Online-Marktplätzen verwendet werden, eine solche Nebenfunktion darstellen, da sie nur im Zusammenhang mit der Hauptdienstleistung verwendet werden können, die darin besteht, ein Produkt zu verkaufen, indem es dem Verbraucher ermöglicht wird, zu sehen, wie das Produkt an seiner Person aussieht, und ihm so zu helfen, eine Kaufentscheidung zu treffen. Filter, die in sozialen Netzwerken eingesetzt werden und Gesichts- oder Körpermerkmale kategorisieren, um es den Nutzern zu ermöglichen, Bilder oder Videos hinzuzufügen oder zu verändern, können ebenfalls als Nebenfunktion betrachtet werden, da ein solcher Filter nicht ohne die Hauptdienstleistung sozialer Netzwerke verwendet werden kann, die in der Weitergabe von Online-Inhalten besteht.

(17) Der in dieser Verordnung verwendete Begriff „biometrisches Fernidentifizierungssystem" sollte funktional definiert werden als KI-System, das dem Zweck dient, natürliche Personen ohne ihre aktive Einbeziehung in der Regel aus der Ferne durch Abgleich der biometrischen Daten einer Person mit den in einer Referenzdatenbank gespeicherten biometrischen Daten zu identifizieren, unabhängig davon, welche Technologie, Verfahren oder Arten biometrischer Daten dazu verwendet werden. Diese biometrischen Fernidentifizierungssysteme werden in der Regel zur zeitgleichen Erkennung mehrerer Personen oder ihrer Verhaltensweisen verwendet, um die Identifizierung natürlicher Personen ohne ihre aktive Einbeziehung erheblich zu erleichtern. Dies umfasst keine KI-Systeme, die bestimmungsgemäß für die biometrische Verifizierung, wozu die Authentifizierung gehört, verwendet werden sollen, deren einziger Zweck darin besteht, zu bestätigen, dass eine bestimmte natürliche Person die Person ist, für die sie sich ausgibt, sowie zur Bestätigung der Identität einer natürlichen Person zu dem alleinigen Zweck Zugang zu einem Dienst zu erhalten, ein Gerät zu entriegeln oder Sicherheitszugang zu Räumlichkeiten zu erhalten. Diese Ausnahme wird damit begründet, dass diese Systeme im Vergleich zu biometrischen Fernidentifizierungssystemen, die zur Verarbeitung biometrischer Daten einer großen Anzahl von Personen ohne ihre aktive Einbeziehung verwendet werden können, geringfügige Auswirkungen auf die Grundrechte natürlicher Personen haben dürften. Bei „Echtzeit-Systemen" erfolgen die Erfassung der biometrischen Daten, der Abgleich und die Identifizierung zeitgleich, nahezu zeitgleich oder auf jeden Fall ohne erhebliche Verzögerung. In diesem Zusammenhang sollte es keinen Spielraum für eine Umgehung der Bestimmungen dieser Verordnung über die „Echtzeit-Nutzung"

der betreffenden KI-Systeme geben, indem kleinere Verzögerungen vorgesehen werden. „Echtzeit-Systeme" umfassen die Verwendung von „Live-Material" oder „Near-live-Material" wie etwa Videoaufnahmen, die von einer Kamera oder einem anderen Gerät mit ähnlicher Funktion erzeugt werden. Bei Systemen zur nachträglichen Identifizierung hingegen wurden die biometrischen Daten schon zuvor erfasst und der Abgleich und die Identifizierung erfolgen erst mit erheblicher Verzögerung. Dabei handelt es sich um Material wie etwa Bild- oder Videoaufnahmen, die von Video-Ü-berwachungssystemen oder privaten Geräten vor der Anwendung des Systems auf die betroffenen natürlichen Personen erzeugt wurden.

(18) Der in dieser Verordnung verwendete Begriff „Emotionserkennungssystem" sollte als ein KI-System definiert werden, das dem Zweck dient, Emotionen oder Absichten natürlicher Personen auf der Grundlage ihrer biometrischen Daten festzustellen oder daraus abzuleiten. In diesem Begriff geht es um Emotionen oder Absichten wie Glück, Trauer, Wut, Überraschung, Ekel, Verlegenheit, Aufregung, Scham, Verachtung, Zufriedenheit und Vergnügen. Dies umfasst nicht physische Zustände wie Schmerz oder Ermüdung, einschließlich beispielsweise Systeme, die zur Erkennung des Zustands der Ermüdung von Berufspiloten oder -fahrern eigesetzt werden, um Unfälle zu verhindern. Es geht dabei auch nicht um die bloße Erkennung offensichtlicher Ausdrucksformen, Gesten und Bewegungen, es sei denn, sie werden zum Erkennen oder Ableiten von Emotionen verwendet. Bei diesen Ausdrucksformen kann es sich um einfache Gesichtsausdrücke wie ein Stirnrunzeln oder ein Lächeln oder um Gesten wie Hand-, Arm- oder Kopfbewegungen oder um die Stimmmerkmale einer Person handeln, wie eine erhobene Stimme oder ein Flüstern.

(19) Für die Zwecke dieser Verordnung sollte der Begriff „öffentlich zugänglicher Raum" so verstanden werden, dass er sich auf einen einer unbestimmten Anzahl natürlicher Personen zugänglichen physischen Ort bezieht, unabhängig davon, ob er sich in privatem oder öffentlichem Eigentum befindet, unabhängig von den Tätigkeiten, für die der Ort verwendet werden kann; dazu zählen Bereiche wie etwa für Gewerbe, etwa Geschäfte, Restaurants, Cafés, für Dienstleistungen, etwa Banken, berufliche Tätigkeiten, Gastgewerbe, für Sport, etwa Schwimmbäder, Fitnessstudios, Stadien, für Verkehr, etwa Bus- und U-Bahn-Haltestellen, Bahnhöfe, Flughäfen, Transportmittel, für Unterhaltung, etwa Kinos, Theater, Museen, Konzert- und Konferenzsäle oder für Freizeit oder Sonstiges, etwa öffentliche Straßen und Plätze, Parks, Wälder, Spielplätze. Ein Ort sollte auch als öffentlich zugänglich eingestuft werden, wenn der Zugang, unabhängig von möglichen Kapazitäts- oder Sicherheitsbeschränkungen, bestimmten im Voraus festgelegten Bedingungen unterliegt, die von einer unbestimmten Anzahl von Personen erfüllt werden können, etwa durch den Kauf eines Fahrscheins, die vorherige Registrierung oder die Erfüllung eines Mindestalters. Dahingegen sollte ein Ort nicht als öffentlich zugänglich gelten, wenn der Zugang auf natürliche Personen beschränkt ist, die entweder im Unionsrecht oder im nationalen Recht, das direkt mit der öffentlichen Sicherheit zusammenhängt, oder im Rahmen einer eindeutigen Willenserklärung der Person, die die entsprechende Befugnis über den Ort ausübt, bestimmt und festgelegt werden. Die tatsächliche Zugangsmöglichkeit allein, etwa eine unversperrte Tür oder ein offenes Zauntor, bedeutet nicht, dass der Ort öffentlich zugänglich ist, wenn aufgrund von Hinweisen oder Umständen das Gegenteil nahegelegt wird (etwa Schilder, die den Zugang verbieten oder einschränken). Unternehmens- und Fabrikgelände sowie Büros und Arbeitsplätze, die nur für die betreffenden Mitarbeiter und Dienstleister zugänglich sein sollen, sind Orte, die nicht öffentlich zugänglich sind. Justizvollzugsanstalten und Grenzkontrollbereiche sollten nicht zu den öffentlich zugänglichen Orten zählen. Einige andere Gebiete können sowohl öffentlich zugängliche als auch nicht öffentlich zugängliche Orte umfassen, etwa die Gänge eines privaten Wohngebäudes, deren Zugang erforderlich ist, um zu einer Arztpraxis zu gelangen, oder Flughäfen. Online-Räume werden nicht erfasst, da es sich nicht um physische Räume handelt. Ob ein bestimmter Raum öffentlich zugänglich ist, sollte jedoch von Fall zu Fall unter Berücksichtigung der Besonderheiten der jeweiligen individuellen Situation entschieden werden.

(20) Um den größtmöglichen Nutzen aus KI-Systemen zu ziehen und gleichzeitig die Grundrechte, Gesundheit und Sicherheit zu wahren und eine demokratische Kontrolle zu ermöglichen, sollte die KI-Kompetenz Anbieter, Betreiber und betroffene Personen mit den notwendigen Konzepten ausstatten, um fundierte Entscheidungen über KI-Systeme zu treffen. Diese Konzepte können in Bezug auf den jeweiligen Kontext unterschiedlich sein und das Verstehen der korrekten Anwendung technischer Elemente in der Entwicklungsphase des KI-Systems, der bei seiner Verwendung anzuwendenden Maßnahmen und der geeigneten Auslegung der Ausgaben des KI-Systems umfassen sowie – im Falle betroffener Personen – das nötige Wissen, um zu verstehen, wie sich mithilfe von KI getroffene Entscheidungen auf sie auswirken werden. Im Zusammenhang mit der Anwendung dieser Verordnung sollte die KI-Kompetenz allen einschlägigen Akteuren der KI-Wertschöpfungskette die Kenntnisse vermitteln, die erforderlich sind, um die angemessene Einhaltung und die ordnungsgemäße Durchsetzung der Verordnung sicherzustellen. Darüber hinaus könnten die umfassende Umsetzung von KI-Kompetenzmaßnahmen und die Einführung geeigneter Folgemaßnahmen dazu beitragen, die Arbeitsbedingungen zu verbessern und letztlich die Konsolidierung und den Innovationspfad vertrauenswürdiger KI in der Union unterstützen. Ein Europäisches Gremium für Künstliche Intelligenz (im Folgenden „KI-Gremium") sollte die Kommission dabei unterstützen, KI-Kompetenzinstrumente sowie die Sensibilisierung und Aufklärung der Öffentlichkeit in Bezug auf die Vorteile, Risiken, Schutzmaßnahmen, Rechte und Pflichten im Zusammenhang mit der Nutzung von KI-Systeme zu fördern. In Zusammenarbeit mit den einschlägigen Interessenträgern sollten die Kommission und die Mitgliedstaaten die Ausarbeitung freiwilliger Verhaltenskodizes erleichtern, um die KI-Kompetenz von Personen, die mit der Entwicklung, dem Betrieb und der Verwendung von KI befasst sind, zu fördern.

(21) Um gleiche Wettbewerbsbedingungen und einen wirksamen Schutz der Rechte und Freiheiten von Einzelpersonen in der gesamten Union zu gewährleisten, sollten die in dieser Verordnung festgelegten Vorschriften in nichtdiskriminierender Weise für Anbieter von KI-Systemen – unabhängig davon, ob sie in der Union oder in einem Drittland niedergelassen sind – und für Betreiber von KI-Systemen, die in der Union niedergelassen sind, gelten.

(22) Angesichts ihres digitalen Charakters sollten bestimmte KI-Systeme in den Anwendungsbereich dieser Verordnung fallen, selbst wenn sie in der Union weder in Verkehr gebracht noch in Betrieb genommen oder verwendet werden. Dies ist beispielsweise der Fall, wenn ein in der Union niedergelassener Akteur bestimmte Dienstleistungen an einen in einem Drittland niedergelassenen Akteur im Zusammenhang mit einer Tätigkeit vergibt, die von einem KI-System ausgeübt werden soll, das als hochriskant einzustufen wäre. Unter diesen Umständen könnte das von dem Akteur in einem Drittland betriebene KI-System Daten verarbeiten, die rechtmäßig in der Union erhoben und aus der Union übertragen wurden, und dem vertraglichen Akteur in der Union die aus dieser Verarbeitung resultierende Ausgabe dieses KI-Systems liefern, ohne dass dieses KI-System dabei in der Union in Verkehr gebracht, in Betrieb genommen oder verwendet würde. Um die Umgehung dieser Verordnung zu verhindern und einen wirksamen Schutz in der Union ansässiger natürlicher Personen zu gewährleisten, sollte diese Verordnung auch für Anbieter und Betreiber von KI-Systemen gelten, die in einem Drittland niedergelassen sind, soweit beabsichtigt wird, die von diesem System erzeugte Ausgabe in der Union zu verwenden. Um jedoch bestehenden Vereinbarungen und besonderen Erfordernissen für die künftige Zusammenarbeit mit ausländischen Partnern, mit denen Informationen und Beweismittel ausgetauscht werden, Rechnung zu tragen, sollte diese Verordnung nicht für Behörden eines Drittlands und internationale Organisationen gelten, wenn sie im Rahmen der Zusammenarbeit oder internationaler Übereinkünfte tätig werden, die auf Unionsebene oder nationaler Ebene für die Zusammenarbeit mit der Union oder den Mitgliedstaaten im Bereich der Strafverfolgung und der justiziellen Zusammenarbeit geschlossen wurden, vorausgesetzt dass dieses Drittland oder diese internationale Organisationen angemessene Garantien in Bezug auf den Schutz der Grundrechte und -freiheiten von Einzelpersonen bieten. Dies kann gegebenenfalls Tätigkeiten

von Einrichtungen umfassen, die von Drittländern mit der Wahrnehmung bestimmter Aufgaben zur Unterstützung dieser Zusammenarbeit im Bereich der Strafverfolgung und der justiziellen Zusammenarbeit betraut wurden. Ein solcher Rahmen für die Zusammenarbeit oder für Übereinkünfte wurde bilateral zwischen Mitgliedstaaten und Drittländern oder zwischen der Europäischen Union, Europol und anderen Agenturen der Union und Drittländern und internationalen Organisationen erarbeitet. Die Behörden, die nach dieser Verordnung für die Aufsicht über die Strafverfolgungs- und Justizbehörden zuständig sind, sollten prüfen, ob diese Rahmen für die Zusammenarbeit oder internationale Übereinkünfte angemessene Garantien in Bezug auf den Schutz der Grundrechte und -freiheiten von Einzelpersonen enthalten. Empfangende nationale Behörden und Organe, Einrichtungen sowie sonstige Stellen der Union, die diese Ausgaben in der Union verwenden, sind weiterhin dafür verantwortlich, sicherzustellen, dass ihre Verwendung mit Unionsrecht vereinbar ist. Wenn diese internationalen Übereinkünfte überarbeitet oder wenn künftig neue Übereinkünfte geschlossen werden, sollten die Vertragsparteien größtmögliche Anstrengungen unternehmen, um diese Übereinkünfte an die Anforderungen dieser Verordnung anzugleichen.

(23) Diese Verordnung sollte auch für Organe, Einrichtungen und sonstige Stellen der Union gelten, wenn sie als Anbieter oder Betreiber eines KI-Systems auftreten.

(24) Wenn und soweit KI-Systeme mit oder ohne Änderungen für Zwecke in den Bereichen Militär, Verteidigung oder nationale Sicherheit in Verkehr gebracht, in Betrieb genommen oder verwendet werden, sollten sie vom Anwendungsbereich dieser Verordnung ausgenommen werden, unabhängig von der Art der Einrichtung, die diese Tätigkeiten ausübt, etwa ob es sich um eine öffentliche oder private Einrichtung handelt. In Bezug auf die Zwecke in den Bereichen Militär und Verteidigung gründet sich die Ausnahme sowohl auf Artikel 4 Absatz 2 EUV als auch auf die Besonderheiten der Verteidigungspolitik der Mitgliedstaaten und der in Titel V Kapitel 2 EUV abgedeckten gemeinsamen Verteidigungspolitik der Union, die dem Völkerrecht unterliegen, was daher den geeigneteren Rechtsrahmen für die Regulierung von KI-Systemen im Zusammenhang mit der Anwendung tödlicher Gewalt und sonstigen KI-Systemen im Zusammenhang mit Militär- oder Verteidigungstätigkeiten darstellt. In Bezug auf die Zwecke im Bereich nationale Sicherheit gründet sich die Ausnahme sowohl auf die Tatsache, dass die nationale Sicherheit gemäß Artikel 4 Absatz 2 EUV weiterhin in die alleinige Verantwortung der Mitgliedstaaten fällt, als auch auf die besondere Art und die operativen Bedürfnisse der Tätigkeiten im Bereich der nationalen Sicherheit und der spezifischen nationalen Vorschriften für diese Tätigkeiten. Wird ein KI-System, das für Zwecke in den Bereichen Militär, Verteidigung oder nationale Sicherheit entwickelt, in Verkehr gebracht, in Betrieb genommen oder verwendet wird, jedoch vorübergehend oder ständig für andere Zwecke verwendet, etwa für zivile oder humanitäre Zwecke oder für Zwecke der Strafverfolgung oder öffentlichen Sicherheit, so würde dieses System in den Anwendungsbereich dieser Verordnung fallen. In diesem Fall sollte die Einrichtung, die das KI-System für andere Zwecke als Zwecke in den Bereichen Militär, Verteidigung oder nationale Sicherheit verwendet, die Konformität des KI-Systems mit dieser Verordnung sicherstellen, es sei denn, das System entspricht bereits dieser Verordnung. KI-Systeme, die für einen ausgeschlossenen Zweck, nämlich Militär, Verteidigung oder nationale Sicherheit, und für einen oder mehrere nicht ausgeschlossene Zwecke, etwa zivile Zwecke oder Strafverfolgungszwecke, in Verkehr gebracht oder in Betrieb genommen werden, fallen in den Anwendungsbereich dieser Verordnung, und Anbieter dieser Systeme sollten die Einhaltung dieser Verordnung sicherstellen. In diesen Fällen sollte sich die Tatsache, dass ein KI-System in den Anwendungsbereich dieser Verordnung fällt, nicht darauf auswirken, dass Einrichtungen, die Tätigkeiten in den Bereichen nationale Sicherheit, Verteidigung oder Militär ausüben, KI-Systeme für Zwecke in den Bereichen nationale Sicherheit, Militär und Verteidigung verwenden können, unabhängig von der Art der Einrichtung, die diese Tätigkeiten ausübt, wobei die Verwendung vom Anwendungsbereich dieser Verordnung ausgenommen ist. Ein KI-System, das für zivile Zwecke oder Strafverfolgungszwecke in Verkehr gebracht wurde und mit oder ohne Änderungen für Zwecke in den Bereichen Militär, Verteidigung oder nationale Sicherheit verwendet

wird, sollte nicht in den Anwendungsbereich dieser Verordnung fallen, unabhängig von der Art der Einrichtung, die diese Tätigkeiten ausübt.

(25) Diese Verordnung sollte die Innovation fördern, die Freiheit der Wissenschaft achten und Forschungs- und Entwicklungstätigkeiten nicht untergraben. Daher müssen KI-Systeme und -Modelle, die eigens für den alleinigen Zweck der wissenschaftlichen Forschung und Entwicklung entwickelt und in Betrieb genommen werden, vom Anwendungsbereich der Verordnung ausgenommen werden. Ferner muss sichergestellt werden, dass sich die Verordnung nicht anderweitig auf Forschungs- und Entwicklungstätigkeiten zu KI-Systemen und -Modellen auswirkt, bevor diese in Verkehr gebracht oder in Betrieb genommen werden. Hinsichtlich produktorientierter Forschungs-, Test- und Entwicklungstätigkeiten in Bezug auf KI-Systeme oder -Modelle sollten die Bestimmungen dieser Verordnung auch nicht vor der Inbetriebnahme oder dem Inverkehrbringen dieser Systeme und Modelle gelten. Diese Ausnahme berührt weder die Pflicht zur Einhaltung dieser Verordnung, wenn ein KI-System, das in den Anwendungsbereich dieser Verordnung fällt, infolge solcher Forschungs- und Entwicklungstätigkeiten in Verkehr gebracht oder in Betrieb genommen wird, noch die Anwendung der Bestimmungen zu KI-Reallaboren und zu Tests unter Realbedingungen. Darüber hinaus sollte unbeschadet der Ausnahme in Bezug auf KI-Systeme, die eigens für den alleinigen Zweck der wissenschaftlichen Forschung und Entwicklung entwickelt und in Betrieb genommen werden, jedes andere KI-System, das für die Durchführung von Forschungs- und Entwicklungstätigkeiten verwendet werden könnte, den Bestimmungen dieser Verordnung unterliegen. In jedem Fall sollten jegliche Forschungs- und Entwicklungstätigkeiten gemäß anerkannten ethischen und professionellen Grundsätzen für die wissenschaftliche Forschung und unter Wahrung des geltenden Unionsrechts ausgeführt werden.

(26) Um ein verhältnismäßiges und wirksames verbindliches Regelwerk für KI-Systeme einzuführen, sollte ein klar definierter risikobasierter Ansatz verfolgt werden. Bei diesem Ansatz sollten Art und Inhalt solcher Vorschriften auf die Intensität und den Umfang der Risiken zugeschnitten werden, die von KI-Systemen ausgehen können. Es ist daher notwendig, bestimmte inakzeptable Praktiken im Bereich der KI zu verbieten und Anforderungen an Hochrisiko-KI-Systeme und Pflichten für die betreffenden Akteure sowie Transparenzpflichten für bestimmte KI-Systeme festzulegen.

(27) Während der risikobasierte Ansatz die Grundlage für ein verhältnismäßiges und wirksames verbindliches Regelwerk bildet, muss auch auf die Ethikleitlinien für vertrauenswürdige KI von 2019 der von der Kommission eingesetzten unabhängigen hochrangigen Expertengruppe für künstliche Intelligenz verwiesen werden. In diesen Leitlinien hat die hochrangige Expertengruppe sieben unverbindliche ethische Grundsätze für KI entwickelt, die dazu beitragen sollten, dass KI vertrauenswürdig und ethisch vertretbar ist. Zu den sieben Grundsätzen gehören: menschliches Handeln und menschliche Aufsicht, technische Robustheit und Sicherheit, Privatsphäre und Daten-Governance, Transparenz, Vielfalt, Nichtdiskriminierung und Fairness, soziales und ökologisches Wohlergehen sowie Rechenschaftspflicht. Unbeschadet der rechtsverbindlichen Anforderungen dieser Verordnung und anderer geltender Rechtsvorschriften der Union tragen diese Leitlinien zur Gestaltung kohärenter, vertrauenswürdiger und menschenzentrierter KI bei im Einklang mit der Charta und den Werten, auf die sich die Union gründet. Nach den Leitlinien der hochrangigen Expertengruppe bedeutet „menschliches Handeln und menschliche Aufsicht", dass ein KI-System entwickelt und als Instrument verwendet wird, das den Menschen dient, die Menschenwürde und die persönliche Autonomie achtet und so funktioniert, dass es von Menschen angemessen kontrolliert und überwacht werden kann. „Technische Robustheit und Sicherheit" bedeutet, dass KI-Systeme so entwickelt und verwendet werden, dass sie im Fall von Schwierigkeiten robust sind und widerstandsfähig gegen Versuche, die Verwendung oder Leistung des KI-Systems so zu verändern, dass dadurch die unrechtmäßige Verwendung durch Dritte ermöglicht wird, und dass ferner unbeabsichtigte Schäden minimiert werden. „Privatsphäre und Daten-Governance" bedeutet, dass KI-Systeme im Einklang mit den geltenden Vorschriften zum Schutz der Privatsphäre und zum Datenschutz entwickelt und verwendet werden und dabei Daten verarbeiten, die hohen Qualitäts- und Integritätsstandards genügen.

„Transparenz" bedeutet, dass KI-Systeme so entwickelt und verwendet werden, dass sie angemessen nachvollziehbar und erklärbar sind, wobei den Menschen bewusst gemacht werden muss, dass sie mit einem KI-System kommunizieren oder interagieren, und dass die Betreiber ordnungsgemäß über die Fähigkeiten und Grenzen des KI-Systems informieren und die betroffenen Personen über ihre Rechte in Kenntnis setzen müssen. „Vielfalt, Nichtdiskriminierung und Fairness" bedeutet, dass KI-Systeme in einer Weise entwickelt und verwendet werden, die unterschiedliche Akteure einbezieht und den gleichberechtigten Zugang, die Geschlechtergleichstellung und die kulturelle Vielfalt fördert, wobei diskriminierende Auswirkungen und unfaire Verzerrungen, die nach Unionsrecht oder nationalem Recht verboten sind, verhindert werden. „Soziales und ökologisches Wohlergehen" bedeutet, dass KI-Systeme in nachhaltiger und umweltfreundlicher Weise und zum Nutzen aller Menschen entwickelt und verwendet werden, wobei die langfristigen Auswirkungen auf den Einzelnen, die Gesellschaft und die Demokratie überwacht und bewertet werden. Die Anwendung dieser Grundsätze sollte, soweit möglich, in die Gestaltung und Verwendung von KI-Modellen einfließen. Sie sollten in jedem Fall als Grundlage für die Ausarbeitung von Verhaltenskodizes im Rahmen dieser Verordnung dienen. Alle Interessenträger, einschließlich der Industrie, der Wissenschaft, der Zivilgesellschaft und der Normungsorganisationen, werden aufgefordert, die ethischen Grundsätze bei der Entwicklung freiwilliger bewährter Verfahren und Normen, soweit angebracht, zu berücksichtigen.

(28) Abgesehen von den zahlreichen nutzbringenden Verwendungsmöglichkeiten von KI kann diese Technologie auch missbraucht werden und neue und wirkungsvolle Instrumente für manipulative, ausbeuterische und soziale Kontrollpraktiken bieten. Solche Praktiken sind besonders schädlich und missbräuchlich und sollten verboten werden, weil sie im Widerspruch zu den Werten der Union stehen, nämlich der Achtung der Menschenwürde, Freiheit, Gleichheit, Demokratie und Rechtsstaatlichkeit sowie der in der Charta verankerten Grundrechte, einschließlich des Rechts auf Nichtdiskriminierung, Datenschutz und Privatsphäre sowie der Rechte des Kindes.

(29) KI-gestützte manipulative Techniken können dazu verwendet werden, Personen zu unerwünschten Verhaltensweisen zu bewegen oder sie zu täuschen, indem sie in einer Weise zu Entscheidungen angeregt werden, die ihre Autonomie, Entscheidungsfindung und freie Auswahl untergräbt und beeinträchtigt. Das Inverkehrbringen, die Inbetriebnahme oder die Verwendung bestimmter KI-Systeme, die das Ziel oder die Auswirkung haben, menschliches Verhalten maßgeblich nachteilig zu beeinflussen, und große Schäden, insbesondere erhebliche nachteilige Auswirkungen auf die physische und psychische Gesundheit oder auf die finanziellen Interessen verursachen dürften, ist besonders gefährlich und sollte dementsprechend verboten werden. Solche KI-Systeme setzen auf eine unterschwellige Beeinflussung, beispielweise durch Reize in Form von Ton-, Bild- oder Videoinhalten, die für Menschen nicht erkennbar sind, da diese Reize außerhalb ihres Wahrnehmungsbereichs liegen, oder auf andere Arten manipulativer oder täuschender Beeinflussung, die ihre Autonomie, Entscheidungsfindung oder freie Auswahl in einer Weise untergraben und beeinträchtigen, die sich ihrer bewussten Wahrnehmung entzieht oder deren Einfluss – selbst wenn sie sich seiner bewusst sind – sie nicht kontrollieren oder widerstehen können. Dies könnte beispielsweise durch Gehirn-Computer-Schnittstellen oder virtuelle Realität erfolgen, da diese ein höheres Maß an Kontrolle darüber ermöglichen, welche Reize den Personen, insofern diese das Verhalten der Personen in erheblichem Maße schädlich beeinflussen können, angeboten werden. Ferner können KI-Systeme auch anderweitig die Vulnerabilität einer Person oder bestimmter Gruppen von Personen aufgrund ihres Alters oder einer Behinderung im Sinne der Richtlinie (EU) 2019/882 des Europäischen Parlaments und des Rates[16] oder aufgrund einer bestimmten sozialen oder wirtschaftlichen Situation ausnutzen, durch die diese Personen gegenüber einer Ausnutzung anfälliger werden dürften, beispielweise Personen, die in extremer Armut leben, und ethnische oder religiöse Minderheiten.

16 **Amtl. Anm.:** Richtlinie (EU) 2019/882 des Europäischen Parlaments und des Rates vom 17. April 2019 über die Barrierefreiheitsanforderungen für Produkte und Dienstleistungen (ABl. L 151 vom 7.6.2019, S. 70).

Solche KI-Systeme können mit dem Ziel oder der Wirkung in Verkehr gebracht, in Betrieb genommen oder verwendet werden, das Verhalten einer Person in einer Weise wesentlich zu beeinflussen, die dieser Person oder einer anderen Person oder Gruppen von Personen einen erheblichen Schaden zufügt oder mit hinreichender Wahrscheinlichkeit zufügen wird, einschließlich Schäden, die sich im Laufe der Zeit anhäufen können, und sollten daher verboten werden. Diese Absicht, das Verhalten zu beeinflussen, kann nicht vermutet werden, wenn die Beeinflussung auf Faktoren zurückzuführen ist, die nicht Teil des KI-Systems sind und außerhalb der Kontrolle des Anbieters oder Betreibers liegen, d.h. Faktoren, die vom Anbieter oder Betreiber des KI-Systems vernünftigerweise nicht vorhergesehen oder gemindert werden können. In jedem Fall ist es nicht erforderlich, dass der Anbieter oder der Betreiber die Absicht haben, erheblichen Schaden zuzufügen, wenn dieser Schaden aufgrund von manipulativen oder ausbeuterischen KI-gestützten Praktiken entsteht. Das Verbot solcher KI-Praktiken ergänzt die Bestimmungen der Richtlinie 2005/29/EG des Europäischen Parlaments und des Rates[17]; insbesondere sind unlautere Geschäftspraktiken, durch die Verbraucher wirtschaftliche oder finanzielle Schäden erleiden, unter allen Umständen verboten, unabhängig davon, ob sie durch KI-Systeme oder anderweitig umgesetzt werden. Das Verbot manipulativer und ausbeuterischer Praktiken gemäß dieser Verordnung sollte sich nicht auf rechtmäßige Praktiken im Zusammenhang mit medizinischen Behandlungen, etwa der psychologischen Behandlung einer psychischen Krankheit oder der physischen Rehabilitation, auswirken, wenn diese Praktiken gemäß den geltenden Rechtsvorschriften und medizinischen Standards erfolgen, z. B mit der ausdrücklichen Zustimmung der Einzelpersonen oder ihrer gesetzlichen Vertreter. Darüber hinaus sollten übliche und rechtmäßige Geschäftspraktiken, beispielsweise im Bereich der Werbung, die im Einklang mit den geltenden Rechtsvorschriften stehen, als solche nicht als schädliche manipulative KI-gestützten Praktiken gelten.

(30) Systeme zur biometrischen Kategorisierung, die anhand der biometrischen Daten von natürlichen Personen, wie dem Gesicht oder dem Fingerabdruck einer Person, die politische Meinung, die Mitgliedschaft in einer Gewerkschaft, religiöse oder weltanschauliche Überzeugungen, die Rasse, das Sexualleben oder die sexuelle Ausrichtung einer Person erschließen oder ableiten, sollten verboten werden. Dieses Verbot sollte nicht für die rechtmäßige Kennzeichnung, Filterung oder Kategorisierung biometrischer Datensätze gelten, die im Einklang mit dem Unionsrecht oder dem nationalen Recht anhand biometrischer Daten erworben wurden, wie das Sortieren von Bildern nach Haar- oder Augenfarbe, was beispielsweise im Bereich der Strafverfolgung verwendet werden kann.

(31) KI-Systeme, die eine soziale Bewertung natürlicher Personen durch öffentliche oder private Akteure bereitstellen, können zu diskriminierenden Ergebnissen und zur Ausgrenzung bestimmter Gruppen führen. Sie können die Menschenwürde und das Recht auf Nichtdiskriminierung sowie die Werte der Gleichheit und Gerechtigkeit verletzen. Solche KI-Systeme bewerten oder klassifizieren natürliche Personen oder Gruppen natürlicher Personen in einem bestimmten Zeitraum auf der Grundlage zahlreicher Datenpunkte in Bezug auf ihr soziales Verhalten in verschiedenen Zusammenhängen oder aufgrund bekannter, vermuteter oder vorhergesagter persönlicher Eigenschaften oder Persönlichkeitsmerkmale. Die aus solchen KI-Systemen erzielte soziale Bewertung kann zu einer Schlechterstellung oder Benachteiligung bestimmter natürlicher Personen oder ganzer Gruppen natürlicher Personen in sozialen Kontexten, die in keinem Zusammenhang mit den Umständen stehen, unter denen die Daten ursprünglich erzeugt oder erhoben wurden, oder zu einer Schlechterstellung führen, die im Hinblick auf die Tragweite ihres sozialen Verhaltens unverhältnismäßig oder ungerechtfertigt ist. KI-Systeme, die solche inakzeptablen Bewertungspraktiken mit sich bringen und zu einer solchen Schlechterstellung oder Benachteiligung führen, sollten daher verboten werden. Dieses

17 **Amtl. Anm.:** Richtlinie 2005/29/EG des Europäischen Parlaments und des Rates vom 11. Mai 2005 über unlautere Geschäftspraktiken im binnenmarktinternen Geschäftsverkehr zwischen Unternehmen und Verbrauchern und zur Änderung der Richtlinie 84/450/EWG des Rates, der Richtlinien 97/7/EG, 98/27/EG und 2002/65/EG des Europäischen Parlaments und des Rates sowie der Verordnung (EG) Nr. 2006/2004 des Europäischen Parlaments und des Rates (Richtlinie über unlautere Geschäftspraktiken) (ABl. L 149 vom 11.6.2005, S. 22).

Verbot sollte nicht die rechtmäßigen Praktiken zur Bewertung natürlicher Personen berühren, die im Einklang mit dem Unionsrecht und dem nationalen Recht zu einem bestimmten Zweck durchgeführt werden.

(32) Die Verwendung von KI-Systemen zur biometrischen Echtzeit-Fernidentifizierung natürlicher Personen in öffentlich zugänglichen Räumen zu Strafverfolgungszwecken greift besonders in die Rechte und Freiheiten der betroffenen Personen ein, da sie die Privatsphäre eines großen Teils der Bevölkerung beeinträchtigt, ein Gefühl der ständigen Überwachung weckt und indirekt von der Ausübung der Versammlungsfreiheit und anderer Grundrechte abhalten kann. Technische Ungenauigkeiten von KI-Systemen, die für die biometrische Fernidentifizierung natürlicher Personen bestimmt sind, können zu verzerrten Ergebnissen führen und eine diskriminierende Wirkung haben. Solche möglichen verzerrten Ergebnisse und eine solche diskriminierende Wirkung sind von besonderer Bedeutung, wenn es um das Alter, die ethnische Herkunft, die Rasse, das Geschlecht oder Behinderungen geht. Darüber hinaus bergen die Unmittelbarkeit der Auswirkungen und die begrenzten Möglichkeiten weiterer Kontrollen oder Korrekturen im Zusammenhang mit der Verwendung solcher in Echtzeit betriebener Systeme erhöhte Risiken für die Rechte und Freiheiten der betreffenden Personen, die im Zusammenhang mit Strafverfolgungsmaßnahmen stehen oder davon betroffen sind.

(33) Die Verwendung solcher Systeme zu Strafverfolgungszwecken sollte daher untersagt werden, außer in erschöpfend aufgeführten und eng abgegrenzten Fällen, in denen die Verwendung unbedingt erforderlich ist, um einem erheblichen öffentlichen Interesse zu dienen, dessen Bedeutung die Risiken überwiegt. Zu diesen Fällen gehört die Suche nach bestimmten Opfern von Straftaten, einschließlich vermisster Personen, bestimmte Gefahren für das Leben oder die körperliche Unversehrtheit natürlicher Personen oder die Gefahr eines Terroranschlags sowie das Aufspüren oder Identifizieren von Tätern oder Verdächtigen in Bezug auf die in einem Anhang zu dieser Verordnung genannten Straftaten, sofern diese Straftaten in dem betreffenden Mitgliedstaat im Sinne des Rechts dieses Mitgliedstaats mit einer Freiheitsstrafe oder einer freiheitsentziehenden Maßregel der Sicherung im Höchstmaß von mindestens vier Jahren bedroht sind. Eine solche Schwelle für eine Freiheitsstrafe oder eine freiheitsentziehende Maßregel der Sicherung nach nationalem Recht trägt dazu bei, sicherzustellen, dass die Straftat schwerwiegend genug ist, um den Einsatz biometrischer Echtzeit-Fernidentifizierungssysteme möglicherweise zu rechtfertigen. Darüber hinaus beruht die im Anhang dieser Verordnung aufgeführte Liste der Straftaten auf den 32 im Rahmenbeschluss 2002/584/JI des Rates[18] aufgeführten Straftaten, unter Berücksichtigung der Tatsache, dass einige der Straftaten in der Praxis eher relevant sein können als andere, da der Rückgriff auf die biometrische Echtzeit-Fernidentifizierung für die konkrete Aufspürung oder Identifizierung eines Täters oder Verdächtigen in Bezug auf eine der verschiedenen aufgeführten Straftaten voraussichtlich in äußerst unterschiedlichem Maße erforderlich und verhältnismäßig sein könnte und da dabei die wahrscheinlichen Unterschiede in Schwere, Wahrscheinlichkeit und Ausmaß des Schadens oder möglicher negativer Folgen zu berücksichtigen sind. Eine unmittelbare Gefahr für das Leben oder die körperliche Unversehrtheit natürlicher Personen kann auch durch die schwerwiegende Störung einer kritischen Infrastruktur im Sinne des Artikels 2 Nummer 4 der Richtlinie (EU) 2022/2557 des Europäischen Parlaments und des Rates[19] entstehen, wenn die Störung oder Zerstörung einer solchen kritischen Infrastruktur zu einer unmittelbaren Gefahr für das Leben oder die körperliche Unversehrtheit einer Person führen würde, auch durch die schwerwiegende Beeinträchtigung der Bereitstellung der Grundversorgung für die Bevölkerung oder der Wahrnehmung der Kernfunktion des Staates. Darüber hinaus sollte diese Verordnung die Fähigkeit der Strafverfolgungs-, Grenzschutz-, Einwanderungs- oder Asylbehörden erhalten, gemäß den im Unionsrecht und im nationalen Recht für diesen Zweck

---

18 **Amtl. Anm.:** Rahmenbeschluss 2002/584/JI des Rates vom 13. Juni 2002 über den Europäischen Haftbefehl und die Übergabeverfahren zwischen den Mitgliedstaaten (ABl. L 190 vom 18.7.2002, S. 1).

19 **Amtl. Anm.:** Richtlinie (EU) 2022/2557 des Europäischen Parlaments und des Rates vom 14. Dezember 2022 über die Resilienz kritischer Einrichtungen und zur Aufhebung der Richtlinie 2008/114/EG des Rates (ABl. L 333 vom 27.12.2022, S. 164).

festgelegten Bedingungen die Identität der betreffenden Person in ihrer Anwesenheit festzustellen. Insbesondere sollten Strafverfolgungs-, Grenzschutz-, Einwanderungs- oder Asylbehörden gemäß dem Unionsrecht oder dem nationalen Recht Informationssysteme verwenden können, um eine Person zu identifizieren, die während einer Identitätsfeststellung entweder verweigert, identifiziert zu werden, oder nicht in der Lage ist, ihre Identität anzugeben oder zu belegen, wobei gemäß dieser Verordnung keine vorherige Genehmigung erlangt werden muss. Dabei könnte es sich beispielsweise um eine Person handeln, die in eine Straftat verwickelt ist und nicht gewillt oder aufgrund eines Unfalls oder des Gesundheitszustands nicht in der Lage ist, den Strafverfolgungsbehörden ihre Identität offenzulegen.

(34) Um sicherzustellen, dass diese Systeme verantwortungsvoll und verhältnismäßig genutzt werden, ist es auch wichtig, festzulegen, dass in jedem dieser erschöpfend aufgeführten und eng abgegrenzten Fälle bestimmte Elemente berücksichtigt werden sollten, insbesondere in Bezug auf die Art des dem Antrag zugrunde liegenden Falls und die Auswirkungen der Verwendung auf die Rechte und Freiheiten aller betroffenen Personen sowie auf die für die Verwendung geltenden Schutzvorkehrungen und Bedingungen. Darüber hinaus sollte die Verwendung biometrischer Echtzeit-Fernidentifizierungssysteme in öffentlich zugänglichen Räumen für die Zwecke der Strafverfolgung nur eingesetzt werden, um die Identität der speziell betroffenen Person zu bestätigen und sollte sich hinsichtlich des Zeitraums und des geografischen und personenbezogenen Anwendungsbereichs auf das unbedingt Notwendige beschränken, wobei insbesondere den Beweisen oder Hinweisen in Bezug auf die Bedrohungen, die Opfer oder den Täter Rechnung zu tragen ist. Die Verwendung des biometrischen Echtzeit-Fernidentifizierungssystems in öffentlich zugänglichen Räumen sollte nur genehmigt werden, wenn die zuständige Strafverfolgungsbehörde eine Grundrechte-Folgenabschätzung durchgeführt und, sofern in dieser Verordnung nichts anderes bestimmt ist, das System gemäß dieser Verordnung in der Datenbank registriert hat. Die Personenreferenzdatenbank sollte für jeden Anwendungsfall in jedem der oben genannten Fälle geeignet sein.

(35) Jede Verwendung biometrischer Echtzeit-Fernidentifizierungssysteme in öffentlich zugänglichen Räumen zu Strafverfolgungszwecken sollte einer ausdrücklichen spezifischen Genehmigung durch eine Justizbehörde oder eine unabhängige Verwaltungsbehörde eines Mitgliedstaats, deren Entscheidung rechtsverbindlich ist, unterliegen. Eine solche Genehmigung sollte grundsätzlich vor der Verwendung des KI-Systems zur Identifizierung einer Person oder mehrerer Personen eingeholt werden. Ausnahmen von dieser Regel sollten in hinreichend begründeten dringenden Fällen erlaubt sein, d.h. in Situationen, in denen es wegen der Notwendigkeit der Verwendung der betreffenden Systeme tatsächlich und objektiv unmöglich ist, vor dem Beginn der Verwendung des KI-Systems eine Genehmigung einzuholen. In solchen dringenden Fällen sollte die Verwendung des KI-Systems auf das absolut notwendige Mindestmaß beschränkt werden und angemessenen Schutzvorkehrungen und Bedingungen unterliegen, die im nationalen Recht festgelegt sind und im Zusammenhang mit jedem einzelnen dringenden Anwendungsfall von der Strafverfolgungsbehörde selbst präzisiert werden. Darüber hinaus sollte die Strafverfolgungsbehörde in solchen Fällen eine solche Genehmigung beantragen und die Gründe dafür angeben, warum sie sie nicht früher, unverzüglich, spätestens jedoch innerhalb von 24 Stunden beantragen konnte. Wird eine solche Genehmigung abgelehnt, sollte die Verwendung biometrischer Echtzeit-Identifizierungssysteme, die mit dieser Genehmigung verbunden sind, mit sofortiger Wirkung eingestellt werden, und alle Daten im Zusammenhang mit dieser Verwendung sollten verworfen und gelöscht werden. Diese Daten umfassen Eingabedaten, die von einem KI-System während der Nutzung eines solchen Systems direkt erfasst werden, sowie die Ergebnisse und Ausgaben der mit dieser Genehmigung verbundenen Verwendung. Daten, die im Einklang mit anderem Unionsrecht oder nationalem Recht rechtmäßig erworben wurden, sollten davon nicht betroffen sein. In jedem Fall darf keine Entscheidung mit nachteiligen Rechtsfolgen für eine Person allein auf der Grundlage der Ausgaben des biometrischen Fernidentifizierungssystems getroffen werden.

(36) Damit sie ihre Aufgaben im Einklang mit den Anforderungen dieser Verordnung und der nationalen Vorschriften erfüllen können, sollte die zuständige Marktüberwachungsbehörde und die nationale Datenschutzbehörde über jede Verwendung des biometrischen Echtzeit-Identifizierungssystems unterrichtet werden. Die Marktüberwachungsbehörden und die nationalen Datenschutzbehörden, die unterrichtet wurden, sollten der Kommission jährlich einen Bericht über die Verwendung biometrischer Echtzeit-Identifizierungssysteme vorlegen.

(37) Darüber hinaus ist es angezeigt, innerhalb des durch diese Verordnung vorgegebenen erschöpfenden Rahmens festzulegen, dass eine solche Verwendung im Hoheitsgebiet eines Mitgliedstaats gemäß dieser Verordnung nur möglich sein sollte, sofern der betreffende Mitgliedstaat in seinen detaillierten nationalen Rechtsvorschriften ausdrücklich vorgesehen hat, dass eine solche Verwendung genehmigt werden kann. Folglich steht es den Mitgliedstaaten im Rahmen dieser Verordnung frei, eine solche Möglichkeit generell oder nur in Bezug auf einige der in dieser Verordnung genannten Ziele, für die eine genehmigte Verwendung gerechtfertigt sein kann, vorzusehen. Solche nationalen Rechtsvorschriften sollten der Kommission spätestens 30 Tage nach ihrer Annahme mitgeteilt werden.

(38) Die Verwendung von KI-Systemen zur biometrischen Echtzeit-Fernidentifizierung natürlicher Personen in öffentlich zugänglichen Räumen zu Strafverfolgungszwecken erfordert zwangsläufig die Verarbeitung biometrischer Daten. Die Vorschriften dieser Verordnung, die vorbehaltlich bestimmter Ausnahmen eine solche Verwendung auf der Grundlage des Artikels 16 AEUV verbieten, sollten als Lex specialis in Bezug auf die in Artikel 10 der Richtlinie (EU) 2016/680 enthaltenen Vorschriften über die Verarbeitung biometrischer Daten gelten und somit die Verwendung und Verarbeitung der betreffenden biometrischen Daten umfassend regeln. Eine solche Verwendung und Verarbeitung sollte daher nur möglich sein, soweit sie mit dem in dieser Verordnung festgelegten Rahmen vereinbar ist, ohne dass es den zuständigen Behörden bei ihren Tätigkeiten zu Strafverfolgungszwecken Raum lässt, außerhalb dieses Rahmens solche Systeme zu verwenden und die damit verbundenen Daten aus den in Artikel 10 der Richtlinie (EU) 2016/680 aufgeführten Gründen zu verarbeiten. In diesem Zusammenhang soll diese Verordnung nicht als Rechtsgrundlage für die Verarbeitung personenbezogener Daten gemäß Artikel 8 der Richtlinie (EU) 2016/680 dienen. Die Verwendung biometrischer Echtzeit-Fernidentifizierungssysteme in öffentlich zugänglichen Räumen zu anderen Zwecken als der Strafverfolgung, auch durch zuständige Behörden, sollte jedoch nicht unter den in dieser Verordnung festgelegten spezifischen Rahmen für diese Verwendung zu Strafverfolgungszwecken fallen. Eine solche Verwendung zu anderen Zwecken als der Strafverfolgung sollte daher nicht der Genehmigungspflicht gemäß dieser Verordnung und den zu dieser Genehmigung anwendbaren detaillierten nationalen Rechtsvorschriften unterliegen.

(39) Jede Verarbeitung biometrischer Daten und anderer personenbezogener Daten im Zusammenhang mit der Verwendung von KI-Systemen für die biometrische Identifizierung, ausgenommen im Zusammenhang mit der Verwendung biometrischer Echtzeit-Fernidentifizierungssysteme in öffentlich zugänglichen Räumen zu Strafverfolgungszwecken im Sinne dieser Verordnung, sollte weiterhin allen Anforderungen genügen, die sich aus Artikel 10 der Richtlinie (EU) 2016/680 ergeben. Für andere Zwecke als die Strafverfolgung ist die Verarbeitung biometrischer Daten gemäß Artikel 9 Absatz 1 der Verordnung (EU) 2016/679 und Artikel 10 Absatz 1 der Verordnung (EU) 2018/1725, vorbehaltlich der in diesen Artikeln vorgesehenen begrenzten Ausnahmefällen, verboten. In Anwendung des Artikels 9 Absatz 1 der Verordnung (EU) 2016/679 war die Verwendung biometrischer Fernidentifizierung zu anderen Zwecken als der Strafverfolgung bereits Gegenstand von Verbotsentscheidungen der nationalen Datenschutzbehörden.

(40) Nach Artikel 6a des dem EUV und dem AEUV beigefügten Protokolls Nr. 21 über die Position des Vereinigten Königreichs und Irlands hinsichtlich des Raums der Freiheit, der Sicherheit und des Rechts sind die auf der Grundlage des Artikels 16 AEUV festgelegten Vorschriften in Artikel 5 Absatz 1 Unterabsatz 1 Buchstabe g, soweit er auf die Verwendung von Systemen zur biometrischen Kategorisierung für Tätigkeiten im Bereich

der polizeilichen Zusammenarbeit und der justiziellen Zusammenarbeit in Strafsachen Anwendung findet, Artikel 5 Absatz 1 Buchstabe d, soweit sie auf die Verwendung von KI-Systemen nach der darin festgelegten Bestimmung Anwendung finden, sowie Artikel 5 Absatz 1 Unterabsatz 1 Buchstabe h, Artikel 5 Absätze 2 bis 6 und Artikel 26 Absatz 10 dieser Verordnung in Bezug auf die Verarbeitung personenbezogener Daten durch die Mitgliedstaaten im Rahmen der Ausübung von Tätigkeiten, die in den Anwendungsbereich des Dritten Teils Titel V Kapitel 4 oder 5 AEUV fallen, für Irland nicht bindend, wenn Irland nicht durch die Vorschriften gebunden ist, die die Formen der justiziellen Zusammenarbeit in Strafsachen oder der polizeilichen Zusammenarbeit regeln, in deren Rahmen die auf der Grundlage des Artikels 16 AEUV festgelegten Vorschriften eingehalten werden müssen.

(41) Nach den Artikeln 2 und 2a des dem EUV und dem AEUV beigefügten Protokolls Nr. 22 über die Position Dänemarks ist Dänemark durch die auf der Grundlage des Artikels 16 AEUV festgelegten Vorschriften in Artikel 5 Absatz 1 Unterabsatz 1 Buchstabe g soweit er auf die Verwendung von Systemen zur biometrischen Kategorisierung für Tätigkeiten im Bereich der polizeilichen Zusammenarbeit und der justiziellen Zusammenarbeit in Strafsachen Anwendung findet, Artikel 5 Absatz 1 Unterabsatz 1 Buchstaben d soweit sie auf die Verwendung von KI-Systemen nach der darin festgelegten Bestimmung Anwendung finden, sowie Artikel 5 Absatz 1 Unterabsatz 1 Buchstabe h, Artikel 5 Absätze 2 bis 6 und Artikel 26 Absatz 10 dieser Verordnung in Bezug auf die Verarbeitung personenbezogener Daten durch die Mitgliedstaaten im Rahmen der Ausübung von Tätigkeiten, die in den Anwendungsbereich des Dritten Teils Titel V Kapitel 4 oder 5 AEUV fallen, weder gebunden noch zu ihrer Anwendung verpflichtet.

(42) Im Einklang mit der Unschuldsvermutung sollten natürliche Personen in der Union stets nach ihrem tatsächlichen Verhalten beurteilt werden. Natürliche Personen sollten niemals allein nach dem Verhalten beurteilt werden, das von einer KI auf der Grundlage ihres Profiling, ihrer Persönlichkeitsmerkmale oder -eigenschaften wie Staatsangehörigkeit, Geburtsort, Wohnort, Anzahl der Kinder, Schulden oder Art ihres Fahrzeugs vorhergesagt wird, ohne dass ein begründeter Verdacht besteht, dass diese Person an einer kriminellen Tätigkeit auf der Grundlage objektiver nachprüfbarer Tatsachen beteiligt ist, und ohne dass eine menschliche Überprüfung stattfindet. Daher sollten Risikobewertungen, die in Bezug auf natürliche Personen durchgeführt werden, um zu bewerten, ob sie straffällig werden oder um eine tatsächliche oder mögliche Straftat vorherzusagen, und dies ausschließlich auf dem Profiling dieser Personen oder der Bewertung ihrer Persönlichkeitsmerkmale und -eigenschaften beruht, verboten werden. In jedem Fall betrifft oder berührt dieses Verbot nicht Risikoanalysen, die nicht auf dem Profiling von Einzelpersonen oder auf Persönlichkeitsmerkmalen und -eigenschaften von Einzelpersonen beruhen, wie etwa KI-Systeme, die Risikoanalysen zur Bewertung der Wahrscheinlichkeit eines Finanzbetrugs durch Unternehmen auf der Grundlage verdächtiger Transaktionen durchführen, oder Risikoanalyseinstrumente einsetzen, um die Wahrscheinlichkeit vorherzusagen, dass Betäubungsmittel oder illegale Waren durch Zollbehörden, beispielsweise auf der Grundlage bekannter Schmuggelrouten, aufgespürt werden.

(43) Das Inverkehrbringen, die Inbetriebnahme für diesen spezifischen Zweck oder die Verwendung von KI-Systemen, die Datenbanken zur Gesichtserkennung durch das ungezielte Auslesen von Gesichtsbildern aus dem Internet oder von Videoüberwachungsaufnahmen erstellen oder erweitern, sollte verboten werden, da dies das Gefühl der Massenüberwachung verstärkt und zu schweren Verstößen gegen die Grundrechte, einschließlich des Rechts auf Privatsphäre, führen kann.

(44) Im Hinblick auf die wissenschaftliche Grundlage von KI-Systemen, die darauf abzielen, Emotionen zu erkennen oder abzuleiten, bestehen ernsthafte Bedenken, insbesondere da sich Gefühlsausdrücke je nach Kultur oder Situation und selbst bei ein und derselben Person erheblich unterscheiden. Zu den größten Schwachstellen solcher Systeme gehört, dass sie beschränkt zuverlässig, nicht eindeutig und nur begrenzt verallgemeinerbar sind. Daher können KI-Systeme, die Emotionen oder Absichten natürlicher Personen auf der Grundlage ihrer biometrischen Daten erkennen oder ableiten, diskriminierende Ergebnisse hervorbringen und in die Rechte und Freiheiten der betroffenen Perso-

nen eingreifen. Angesichts des Machtungleichgewichts in den Bereichen Arbeit und Bildung in Verbindung mit dem intrusiven Charakter dieser Systeme können diese zu einer Schlechterstellung oder Benachteiligung bestimmter natürlicher Personen oder ganzer Gruppen führen. Daher sollte das Inverkehrbringen, die Inbetriebnahme oder die Verwendung von KI-Systemen, die den emotionalen Zustand von Einzelpersonen in Situationen, ableiten sollen, die mit dem Arbeitsplatz oder dem Bildungsbereich in Zusammenhang stehen, verboten werden. Dieses Verbot sollte nicht für KI-Systeme gelten, die ausschließlich aus medizinischen oder sicherheitstechnischen Gründen in Verkehr gebracht werden, wie z.B. Systeme, die für therapeutische Zwecke bestimmt sind.

(45) Praktiken, die nach Unionsrecht, einschließlich Datenschutzrecht, Nichtdiskriminierungsrecht, Verbraucherschutzrecht und Wettbewerbsrecht, verboten sind, sollten von dieser Verordnung nicht betroffen sein.

(46) Hochrisiko-KI-Systeme sollten nur dann auf dem Unionsmarkt in Verkehr gebracht, in Betrieb genommen oder verwendet werden, wenn sie bestimmte verbindliche Anforderungen erfüllen. Mit diesen Anforderungen sollte sichergestellt werden, dass Hochrisiko-KI-Systeme, die in der Union verfügbar sind oder deren Ausgabe anderweitig in der Union verwendet wird, keine unannehmbaren Risiken für wichtige öffentliche Interessen der Union bergen, wie sie im Unionsrecht anerkannt und geschützt sind. Auf der Grundlage des neuen Rechtsrahmens, wie in der Bekanntmachung der Kommission „Leitfaden für die Umsetzung der Produktvorschriften der EU 2022 (Blue Guide)“[20] dargelegt, gilt als allgemeine Regel, dass mehr als ein Rechtsakt der Harmonisierungsrechtsvorschriften der Union wie die Verordnungen (EU) 2017/745[21] und (EU) 2017/746[22] des Europäischen Parlaments und des Rates oder die Richtlinie 2006/42/EG des Europäischen Parlaments und des Rates[23] auf ein Produkt anwendbar sein können, da die Bereitstellung oder Inbetriebnahme nur erfolgen kann, wenn das Produkt allen geltenden Harmonisierungsrechtsvorschriften der Union entspricht. Um Kohärenz zu gewährleisten und unnötigen Verwaltungsaufwand oder Kosten zu vermeiden, sollten die Anbieter eines Produkts, das ein oder mehrere Hochrisiko-KI-Systeme enthält, für die die Anforderungen dieser Verordnung und der in einem Anhang dieser Verordnung aufgeführten Harmonisierungsrechtsvorschriften der Union gelten, in Bezug auf operative Entscheidungen darüber flexibel sein, wie die Konformität eines Produkts, das ein oder mehrere Hochrisiko-KI-Systeme enthält, bestmöglich mit allen geltenden Anforderungen der Harmonisierungsrechtsvorschriften der Union sichergestellt werden kann. Als hochriskant sollten nur solche KI-Systeme eingestuft werden, die erhebliche schädliche Auswirkungen auf die Gesundheit, die Sicherheit und die Grundrechte von Personen in der Union haben, wodurch eine mögliche Beschränkung des internationalen Handels so gering wie möglich bleiben sollte.

(47) KI-Systeme könnten nachteilige Auswirkungen auf die Gesundheit und Sicherheit von Personen haben, insbesondere wenn solche Systeme als Sicherheitsbauteile von Produkten zum Einsatz kommen. Im Einklang mit den Zielen der Harmonisierungsrechtsvorschriften der Union, die den freien Verkehr von Produkten im Binnenmarkt erleichtern und gewährleisten sollen, dass nur sichere und anderweitig konforme Produkte auf den Markt gelangen, ist es wichtig, dass die Sicherheitsrisiken, die ein Produkt als Ganzes aufgrund seiner digitalen Komponenten, einschließlich KI-Systeme, mit sich bringen kann, angemessen vermieden und gemindert werden. So sollten beispielsweise zunehmend autonome Roboter – sei es in der Fertigung oder in der persönlichen Assistenz

20 **Amtl. Anm.:** ABl. C 247 vom 29.6.2022, S. 1.

21 **Amtl. Anm.:** Verordnung (EU) 2017/745 des Europäischen Parlaments und des Rates vom 5. April 2017 über Medizinprodukte, zur Änderung der Richtlinie 2001/83/EG, der Verordnung (EG) Nr. 178/2002 und der Verordnung (EG) Nr. 1223/2009 und zur Aufhebung der Richtlinien 90/385/EWG und 93/42/EWG des Rates (ABl. L 117 vom 5.5.2017, S. 1).

22 **Amtl. Anm.:** Verordnung (EU) 2017/746 des Europäischen Parlaments und des Rates vom 5. April 2017 über In-vitro-Diagnostika und zur Aufhebung der Richtlinie 98/79/EG und des Beschlusses 2010/227/EU der Kommission (ABl. L 117 vom 5.5.2017, S. 176).

23 **Amtl. Anm.:** Richtlinie 2006/42/EG des Europäischen Parlaments und des Rates vom 17. Mai 2006 über Maschinen und zur Änderung der Richtlinie 95/16/EG (ABl. L 157 vom 9.6.2006, S. 24).

und Pflege – in der Lage sein, sicher zu arbeiten und ihre Funktionen in komplexen Umgebungen zu erfüllen. Desgleichen sollten die immer ausgefeilteren Diagnosesysteme und Systeme zur Unterstützung menschlicher Entscheidungen im Gesundheitssektor, in dem die Risiken für Leib und Leben besonders hoch sind, zuverlässig und genau sein.

(48) Das Ausmaß der nachteiligen Auswirkungen des KI-Systems auf die durch die Charta geschützten Grundrechte ist bei der Einstufung eines KI-Systems als hochriskant von besonderer Bedeutung. Zu diesen Rechten gehören die Würde des Menschen, die Achtung des Privat- und Familienlebens, der Schutz personenbezogener Daten, die Freiheit der Meinungsäußerung und die Informationsfreiheit, die Versammlungs- und Vereinigungsfreiheit, das Recht auf Nichtdiskriminierung, das Recht auf Bildung, der Verbraucherschutz, die Arbeitnehmerrechte, die Rechte von Menschen mit Behinderungen, die Gleichstellung der Geschlechter, Rechte des geistigen Eigentums, das Recht auf einen wirksamen Rechtsbehelf und ein faires Gerichtsverfahren, das Verteidigungsrecht, die Unschuldsvermutung sowie das Recht auf eine gute Verwaltung. Es muss betont werden, dass Kinder – zusätzlich zu diesen Rechten – über spezifische Rechte verfügen, wie sie in Artikel 24 der Charta und im Übereinkommen der Vereinten Nationen über die Rechte des Kindes (UNCRC) – im Hinblick auf das digitale Umfeld weiter ausgeführt in der Allgemeinen Bemerkung Nr. 25 des UNCRC – verankert sind; in beiden wird die Berücksichtigung der Schutzbedürftigkeit der Kinder gefordert und ihr Anspruch auf den Schutz und die Fürsorge festgelegt, die für ihr Wohlergehen notwendig sind. Darüber hinaus sollte dem Grundrecht auf ein hohes Umweltschutzniveau, das in der Charta verankert ist und mit der Unionspolitik umgesetzt wird, bei der Bewertung der Schwere des Schadens, den ein KI-System unter anderem in Bezug auf die Gesundheit und Sicherheit von Personen verursachen kann, ebenfalls Rechnung getragen werden.

(49) In Bezug auf Hochrisiko-KI-Systeme, die Sicherheitsbauteile von Produkten oder Systemen oder selbst Produkte oder Systeme sind, die in den Anwendungsbereich der Verordnung (EG) Nr. 300/2008 des Europäischen Parlaments und des Rates[24], der Verordnung (EU) Nr. 167/2013 des Europäischen Parlaments und des Rates[25], der Verordnung (EU) Nr. 168/2013 des Europäischen Parlaments und des Rates[26], der Richtlinie 2014/90/EU des Europäischen Parlaments und des Rates[27], der Richtlinie (EU) 2016/797 des Europäischen Parlaments und des Rates[28], der Verordnung (EU) 2018/858 des Europäischen Parlaments und des Rates[29], der Verordnung (EU) 2018/1139 des Europäischen Parlaments und des

24 **Amtl. Anm.:** Verordnung (EG) Nr. 300/2008 des Europäischen Parlaments und des Rates vom 11. März 2008 über gemeinsame Vorschriften für die Sicherheit in der Zivilluftfahrt und zur Aufhebung der Verordnung (EG) Nr. 2320/2002 (ABl. L 97 vom 9.4.2008, S. 72).

25 **Amtl. Anm.:** Verordnung (EU) Nr. 167/2013 des Europäischen Parlaments und des Rates vom 5. Februar 2013 über die Genehmigung und Marktüberwachung von land- und forstwirtschaftlichen Fahrzeugen (ABl. L 60 vom 2.3.2013, S. 1).

26 **Amtl. Anm.:** Verordnung (EU) Nr. 168/2013 des Europäischen Parlaments und des Rates vom 15. Januar 2013 über die Genehmigung und Marktüberwachung von zwei- oder dreirädrigen und vierrädrigen Fahrzeugen (ABl. L 60 vom 2.3.2013, S. 52).

27 **Amtl. Anm.:** Richtlinie 2014/90/EU des Europäischen Parlaments und des Rates vom 23. Juli 2014 über Schiffsausrüstung und zur Aufhebung der Richtlinie 96/98/EG des Rates (ABl. L 257 vom 28.8.2014, S. 146).

28 **Amtl. Anm.:** Richtlinie (EU) 2016/797 des Europäischen Parlaments und des Rates vom 11. Mai 2016 über die Interoperabilität des Eisenbahnsystems in der Europäischen Union (ABl. L 138 vom 26.5.2016, S. 44).

29 **Amtl. Anm.:** Verordnung (EU) 2018/858 des Europäischen Parlaments und des Rates vom 30. Mai 2018 über die Genehmigung und die Marktüberwachung von Kraftfahrzeugen und Kraftfahrzeuganhängern sowie von Systemen, Bauteilen und selbstständigen technischen Einheiten für diese Fahrzeuge, zur Änderung der Verordnungen (EG) Nr. 715/2007 und (EG) Nr. 595/2009 und zur Aufhebung der Richtlinie 2007/46/EG (ABl. L 151 vom 14.6.2018, S. 1).

Rates[30] und der Verordnung (EU) 2019/2144 des Europäischen Parlaments und des Rates[31] fallen, ist es angezeigt, diese Rechtsakte zu ändern, damit die Kommission – aufbauend auf den technischen und regulatorischen Besonderheiten des jeweiligen Sektors und ohne Beeinträchtigung bestehender Governance-, Konformitätsbewertungs- und Durchsetzungsmechanismen sowie der darin eingerichteten Behörden – beim Erlass von etwaigen delegierten Rechtsakten oder Durchführungsrechtsakten auf der Grundlage der genannten Rechtsakte die in der vorliegenden Verordnung festgelegten verbindlichen Anforderungen an Hochrisiko-KI-Systeme berücksichtigt.

(50) In Bezug auf KI-Systeme, die Sicherheitsbauteile von Produkten oder selbst Produkte sind, die in den Anwendungsbereich bestimmter, im Anhang dieser Verordnung aufgeführter Harmonisierungsrechtsvorschriften der Union fallen, ist es angezeigt, sie im Rahmen dieser Verordnung als hochriskant einzustufen, wenn das betreffende Produkt gemäß den einschlägigen Harmonisierungsrechtsvorschriften der Union dem Konformitätsbewertungsverfahren durch eine als Dritte auftretende Konformitätsbewertungsstelle unterzogen wird. Dabei handelt es sich insbesondere um Produkte wie Maschinen, Spielzeuge, Aufzüge, Geräte und Schutzsysteme zur bestimmungsgemäßen Verwendung in explosionsgefährdeten Bereichen, Funkanlagen, Druckgeräte, Sportbootausrüstung, Seilbahnen, Geräte zur Verbrennung gasförmiger Brennstoffe, Medizinprodukte, In-vitro-Diagnostika, Automobile und Flugzeuge.

(51) Die Einstufung eines KI-Systems als hochriskant gemäß dieser Verordnung sollte nicht zwangsläufig bedeuten, dass von dem Produkt, dessen Sicherheitsbauteil das KI-System ist, oder von dem KI-System als eigenständigem Produkt nach den Kriterien der einschlägigen Harmonisierungsrechtsvorschriften der Union für das betreffende Produkt ein hohes Risiko ausgeht. Dies gilt insbesondere für die Verordnungen (EU) 2017/745 und (EU) 2017/746, wo für Produkte mit mittlerem und hohem Risiko eine Konformitätsbewertung durch Dritte vorgesehen ist.

(52) Bei eigenständigen KI-Systemen, d.h. Hochrisiko-KI-Systemen, bei denen es sich um andere Systeme als Sicherheitsbauteile von Produkten handelt oder die selbst Produkte sind, ist es angezeigt, sie als hochriskant einzustufen, wenn sie aufgrund ihrer Zweckbestimmung ein hohes Risiko bergen, die Gesundheit und Sicherheit oder die Grundrechte von Personen zu schädigen, wobei sowohl die Schwere des möglichen Schadens als auch die Wahrscheinlichkeit seines Auftretens zu berücksichtigen sind, und sofern sie in einer Reihe von Bereichen verwendet werden, die in dieser Verordnung ausdrücklich festgelegt sind. Die Bestimmung dieser Systeme erfolgt nach derselben Methodik und denselben Kriterien, die auch für künftige Änderungen der Liste der Hochrisiko-KI-Systeme vorgesehen sind, zu deren Annahme die Kommission im Wege delegierter Rechtsakte ermächtigt werden sollte, um dem rasanten Tempo der technologischen Entwicklung sowie den möglichen Änderungen bei der Verwendung von KI-Systemen Rechnung zu tragen.

(53) Ferner muss klargestellt werden, dass es bestimmte Fälle geben kann, in denen KI-Systeme für vordefinierte in dieser Verordnung festgelegte Bereiche nicht zu einem bedeu-

30 **Amtl. Anm.:** Verordnung (EU) 2018/1139 des Europäischen Parlaments und des Rates vom 4. Juli 2018 zur Festlegung gemeinsamer Vorschriften für die Zivilluftfahrt und zur Errichtung einer Agentur der Europäischen Union für Flugsicherheit sowie zur Änderung der Verordnungen (EG) Nr. 2111/2005, (EG) Nr. 1008/2008, (EU) Nr. 996/2010, (EU) Nr. 376/2014 und der Richtlinien 2014/30/EU und 2014/53/EU des Europäischen Parlaments und des Rates, und zur Aufhebung der Verordnungen (EG) Nr. 552/2004 und (EG) Nr. 216/2008 des Europäischen Parlaments und des Rates und der Verordnung (EWG) Nr. 3922/91 des Rates (ABl. L 212 vom 22.8.2018, S. 1).

31 **Amtl. Anm.:** Verordnung (EU) 2019/2144 des Europäischen Parlaments und des Rates vom 27. November 2019 über die Typgenehmigung von Kraftfahrzeugen und Kraftfahrzeuganhängern sowie von Systemen, Bauteilen und selbstständigen technischen Einheiten für diese Fahrzeuge im Hinblick auf ihre allgemeine Sicherheit und den Schutz der Fahrzeuginsassen und von ungeschützten Verkehrsteilnehmern, zur Änderung der Verordnung (EU) 2018/858 des Europäischen Parlaments und des Rates und zur Aufhebung der Verordnungen (EG) Nr. 78/2009, (EG) Nr. 79/2009 und (EG) Nr. 661/2009 des Europäischen Parlaments und des Rates sowie der Verordnungen (EG) Nr. 631/2009, (EU) Nr. 406/2010, (EU) Nr. 672/2010, (EU) Nr. 1003/2010, (EU) Nr. 1005/2010, (EU) Nr. 1008/2010, (EU) Nr. 1009/2010, (EU) Nr. 19/2011, (EU) Nr. 109/2011, (EU) Nr. 458/2011, (EU) Nr. 65/2012, (EU) Nr. 130/2012, (EU) Nr. 347/2012, (EU) Nr. 351/2012, (EU) Nr. 1230/2012 und (EU) 2015/166 der Kommission (ABl. L 325 vom 16.12.2019, S. 1).

tenden Risiko der Beeinträchtigung der in diesen Bereichen geschützten rechtlichen Interessen führen, da sie die Entscheidungsfindung nicht wesentlich beeinflussen oder diesen Interessen nicht erheblich schaden. Für die Zwecke dieser Verordnung sollte ein KI-System, das das Ergebnis der Entscheidungsfindung nicht wesentlich beeinflusst, als ein KI-System verstanden werden, das keine Auswirkungen auf den Inhalt und damit das Ergebnis der Entscheidungsfindung hat, unabhängig davon, ob es sich um menschliche oder automatisierte Entscheidungen handelt. Ein KI-System, das das Ergebnis der Entscheidungsfindung nicht wesentlich beeinflusst, könnte Situationen einschließen, in denen eine oder mehrere der folgenden Bedingungen erfüllt sind. Die erste dieser Bedingungen ist, dass das KI-System dazu bestimmt ist, in einem Verfahren eine eng gefasste Aufgabe zu erfüllen, wie etwa ein KI-System, das unstrukturierte Daten in strukturierte Daten umwandelt, ein KI-System, das eingehende Dokumente in Kategorien einordnet, oder ein KI-System, das zur Erkennung von Duplikaten unter einer großen Zahl von Anwendungen eingesetzt wird. Diese Aufgaben sind so eng gefasst und begrenzt, dass sie nur beschränkte Risiken darstellen, die sich durch die Verwendung eines KI-Systems in einem Kontext, der in einem Anhang dieser Verordnung als Verwendung mit hohem Risiko aufgeführt ist, nicht erhöhen. Die zweite Bedingung sollte darin bestehen, dass die von einem KI-System ausgeführte Aufgabe das Ergebnis einer zuvor abgeschlossenen menschlichen Tätigkeit verbessert, die für die Zwecke der in einem Anhang dieser Verordnung aufgeführten Verwendungen mit hohem Risiko relevant sein kann. Unter Berücksichtigung dieser Merkmale wird eine menschliche Tätigkeit durch das KI-System lediglich durch eine zusätzliche Ebene ergänzt und stellt daher ein geringeres Risiko dar. Diese Bedingung würde beispielsweise für KI-Systeme gelten, deren Ziel es ist, die in zuvor verfassten Dokumenten verwendete Sprache zu verbessern, etwa den professionellen Ton, den wissenschaftlichen Sprachstil oder um den Text an einen bestimmten mit einer Marke verbundenen Stil anzupassen. Dritte Bedingung sollte sein, dass mit dem KI-System Entscheidungsmuster oder Abweichungen von früheren Entscheidungsmustern erkannt werden sollen. Das Risiko wäre geringer, da die Verwendung des KI-Systems einer zuvor abgeschlossenen menschlichen Bewertung folgt, die das KI-System ohne angemessene menschliche Überprüfung nicht ersetzen oder beeinflussen soll. Zu solchen KI-Systemen gehören beispielsweise solche, die in Bezug auf ein bestimmtes Benotungsmuster eines Lehrers dazu verwendet werden können, nachträglich zu prüfen, ob der Lehrer möglicherweise von dem Benotungsmuster abgewichen ist, um so auf mögliche Unstimmigkeiten oder Unregelmäßigkeiten aufmerksam zu machen. Die vierte Bedingung sollte darin bestehen, dass das KI-System dazu bestimmt ist, eine Aufgabe auszuführen, die eine Bewertung, die für die Zwecke der in einem Anhang dieser Verordnung aufgeführten KI-Systeme relevant ist, lediglich vorbereitet, wodurch die mögliche Wirkung der Ausgaben des Systems im Hinblick auf das Risiko für die folgende Bewertung sehr gering bleibt. Diese Bedingung umfasst u.a. intelligente Lösungen für die Bearbeitung von Dossiers, wozu verschiedene Funktionen wie Indexierung, Suche, Text- und Sprachverarbeitung oder Verknüpfung von Daten mit anderen Datenquellen gehören, oder KI-Systeme, die für die Übersetzung von Erstdokumenten verwendet werden. In jedem Fall sollten KI-Systeme, die in den in einem Anhang dieser Verordnung aufgeführten Anwendungsfälle mit hohem Risiko verwendet werden, als erhebliche Risiken für die Gesundheit, Sicherheit oder Grundrechte gelten, wenn das KI-System Profiling im Sinne von Artikel 4 Nummer 4 der Verordnung (EU) 2016/679 oder Artikel 3 Nummer 4 der Richtlinie (EU) 2016/680 oder Artikel 3 Nummer 5 der Verordnung (EU) 2018/1725 beinhaltet. Um die Nachvollziehbarkeit und Transparenz zu gewährleisten, sollte ein Anbieter, der der Auffassung ist, dass ein KI-System auf der Grundlage der oben genannten Bedingungen kein hohes Risiko darstellt, eine Dokumentation der Bewertung erstellen, bevor dieses System in Verkehr gebracht oder in Betrieb genommen wird, und die genannte Dokumentation den zuständigen nationalen Behörden auf Anfrage zur Verfügung stellen. Ein solcher Anbieter sollte verpflichtet sein, das KI-System in der gemäß dieser Verordnung eingerichteten EU-Datenbank zu registrieren. Um eine weitere Anleitung für die praktische Umsetzung der Bedingungen zu geben, unter denen die in einem Anhang dieser Verordnung aufgeführten Systeme ausnahmsweise kein hohes

Risiko darstellen, sollte die Kommission nach Konsultation des KI-Gremiums Leitlinien bereitstellen, in denen diese praktische Umsetzung detailliert aufgeführt ist und durch eine umfassende Liste praktischer Beispiele für Anwendungsfälle von KI-Systemen, die ein hohes Risiko und Anwendungsfälle, die kein hohes Risiko darstellen, ergänzt wird.

(54) Da biometrische Daten eine besondere Kategorie personenbezogener Daten darstellen, sollten einige kritische Anwendungsfälle biometrischer Systeme als hochriskant eingestuft werden, sofern ihre Verwendung nach den einschlägigen Rechtsvorschriften der Union und den nationalen Rechtsvorschriften zulässig ist. Technische Ungenauigkeiten von KI-Systemen, die für die biometrische Fernidentifizierung natürlicher Personen bestimmt sind, können zu verzerrten Ergebnissen führen und eine diskriminierende Wirkung haben. Das Risiko solcher verzerrter Ergebnisse und solcher diskriminierender Wirkungen ist von besonderer Bedeutung, wenn es um das Alter, die ethnische Herkunft, die Rasse, das Geschlecht oder Behinderungen geht. Biometrische Fernidentifizierungssysteme sollten daher angesichts der von ihnen ausgehenden Risiken als hochriskant eingestuft werden. Diese Einstufung umfasst keine KI-Systeme, die bestimmungsgemäß für die biometrische Verifizierung, wozu die Authentifizierung gehört, verwendet werden sollen, deren einziger Zweck darin besteht, zu bestätigen, dass eine bestimmte natürliche Person die Person ist, für die sie sich ausgibt, sowie zur Bestätigung der Identität einer natürlichen Person zu dem alleinigen Zweck Zugang zu einem Dienst zu erhalten, ein Gerät zu entriegeln oder sicheren Zugang zu Räumlichkeiten zu erhalten. Darüber hinaus sollten KI-Systeme, die bestimmungsgemäß für die biometrische Kategorisierung nach sensiblen Attributen oder Merkmalen, die gemäß Artikel 9 Absatz 1 der Verordnung (EU) 2016/679 auf der Grundlage biometrischer Daten geschützt sind, und sofern sie nicht nach der vorliegenden Verordnung verboten sind, sowie Emotionserkennungssysteme, die nach dieser Verordnung nicht verboten sind, als hochriskant eingestuft werden. Biometrische Systeme, die ausschließlich dazu bestimmt sind, um Maßnahmen zur Cybersicherheit und zum Schutz personenbezogener Daten durchführen zu können, sollten nicht als Hochrisiko-KI-Systeme gelten.

(55) Was die Verwaltung und den Betrieb kritischer Infrastruktur anbelangt, so ist es angezeigt, KI-Systeme, die als Sicherheitsbauteile für die Verwaltung und den Betrieb kritischer digitaler Infrastruktur gemäß Nummer 8 des Anhangs der Richtlinie (EU) 2022/2557, des Straßenverkehrs sowie für die Wasser-, Gas-, Wärme- und Stromversorgung verwendet werden sollen, als hochriskant einzustufen, da ihr Ausfall oder ihre Störung in großem Umfang ein Risiko für das Leben und die Gesundheit von Personen darstellen und zu erheblichen Störungen bei der normalen Durchführung sozialer und wirtschaftlicher Tätigkeiten führen kann. Sicherheitsbauteile kritischer Infrastruktur, einschließlich kritischer digitaler Infrastruktur, sind Systeme, die verwendet werden, um die physische Integrität kritischer Infrastruktur oder die Gesundheit und Sicherheit von Personen und Eigentum zu schützen, die aber nicht notwendig sind, damit das System funktioniert. Ausfälle oder Störungen solcher Komponenten können direkt zu Risiken für die physische Integrität kritischer Infrastruktur und somit zu Risiken für die Gesundheit und Sicherheit von Personen und Eigentum führen. Komponenten, die für die ausschließliche Verwendung zu Zwecken der Cybersicherheit vorgesehen sind, sollten nicht als Sicherheitsbauteile gelten. Zu Beispielen von Sicherheitsbauteilen solcher kritischen Infrastruktur zählen etwa Systeme für die Überwachung des Wasserdrucks oder Feuermelder-Kontrollsysteme in Cloud-Computing-Zentren.

(56) Der Einsatz von KI-Systemen in der Bildung ist wichtig, um eine hochwertige digitale allgemeine und berufliche Bildung zu fördern und es allen Lernenden und Lehrkräften zu ermöglichen, die erforderlichen digitalen Fähigkeiten und Kompetenzen, einschließlich Medienkompetenz und kritischem Denken, zu erwerben und auszutauschen, damit sie sich aktiv an Wirtschaft, Gesellschaft und demokratischen Prozessen beteiligen können. Allerdings sollten KI-Systeme, die in der allgemeinen oder beruflichen Bildung eingesetzt werden, um insbesondere den Zugang oder die Zulassung zum Zweck der Zuordnung von Personen zu Bildungs- und Berufsbildungseinrichtungen oder -programmen auf allen Ebenen zu bestimmen, die Lernergebnisse von Personen zu beurteilen, das angemessene Bildungsniveau einer Person zu bewerten und das Niveau der Bildung

und Ausbildung, das die Person erhält oder zu dem sie Zugang erhält, wesentlich zu beeinflussen und verbotenes Verhalten von Schülern während Prüfungen zu überwachen und zu erkennen als hochriskante KI-Systeme eingestuft werden, da sie über den Verlauf der Bildung und des Berufslebens einer Person entscheiden und daher ihre Fähigkeit beeinträchtigen können, ihren Lebensunterhalt zu sichern. Bei unsachgemäßer Konzeption und Verwendung können solche Systeme sehr intrusiv sein und das Recht auf allgemeine und berufliche Bildung sowie das Recht auf Nichtdiskriminierung verletzen und historische Diskriminierungsmuster fortschreiben, beispielsweise gegenüber Frauen, bestimmten Altersgruppen und Menschen mit Behinderungen oder Personen mit einer bestimmten rassischen oder ethnischen Herkunft oder sexuellen Ausrichtung.

(57) KI-Systeme, die in den Bereichen Beschäftigung, Personalmanagement und Zugang zur Selbstständigkeit eingesetzt werden, insbesondere für die Einstellung und Auswahl von Personen, für Entscheidungen über die Bedingungen des Arbeitsverhältnisses sowie die Beförderung und die Beendigung von Arbeitsvertragsverhältnissen, für die Zuweisung von Arbeitsaufgaben auf der Grundlage von individuellem Verhalten, persönlichen Eigenschaften oder Merkmalen sowie für die Überwachung oder Bewertung von Personen in Arbeitsvertragsverhältnissen sollten ebenfalls als hochriskant eingestuft werden, da diese Systeme die künftigen Karriereaussichten und die Lebensgrundlagen dieser Personen und die Arbeitnehmerrechte spürbar beeinflussen können. Einschlägige Arbeitsvertragsverhältnisse sollten in sinnvoller Weise Beschäftigte und Personen erfassen, die Dienstleistungen über Plattformen erbringen, auf die im Arbeitsprogramm der Kommission für 2021 Bezug genommen wird. Solche Systeme können während des gesamten Einstellungsverfahrens und bei der Bewertung, Beförderung oder Weiterbeschäftigung von Personen in Arbeitsvertragsverhältnissen historische Diskriminierungsmuster fortschreiben, beispielsweise gegenüber Frauen, bestimmten Altersgruppen und Menschen mit Behinderungen oder Personen mit einer bestimmten rassischen oder ethnischen Herkunft oder sexuellen Ausrichtung. KI-Systeme zur Überwachung der Leistung und des Verhaltens solcher Personen können auch deren Grundrechte auf Datenschutz und Privatsphäre untergraben.

(58) Ein weiterer Bereich, in dem der Einsatz von KI-Systemen besondere Aufmerksamkeit verdient, ist der Zugang zu und die Nutzung von bestimmten grundlegenden privaten und öffentlichen Diensten und Leistungen, die erforderlich sind, damit Menschen uneingeschränkt an der Gesellschaft teilhaben oder ihren Lebensstandard verbessern können. Insbesondere natürliche Personen, die grundlegende staatliche Unterstützungsleistungen und -dienste von Behörden beantragen oder erhalten, wie etwa Gesundheitsdienste, Leistungen der sozialen Sicherheit, soziale Dienste, die Schutz in Fällen wie Mutterschaft, Krankheit, Arbeitsunfall, Pflegebedürftigkeit oder Alter und Arbeitsplatzverlust sowie Sozialhilfe und Wohngeld bieten, sind in der Regel von diesen Leistungen und Diensten abhängig und befinden sich gegenüber den zuständigen Behörden in einer prekären Lage. Wenn KI-Systeme eingesetzt werden, um zu bestimmen, ob solche Leistungen und Dienste von den Behörden gewährt, verweigert, gekürzt, widerrufen oder zurückgefordert werden sollten, einschließlich der Frage, ob Begünstigte rechtmäßig Anspruch auf solche Leistungen oder Dienste haben, können diese Systeme erhebliche Auswirkungen auf die Lebensgrundlage von Personen haben und ihre Grundrechte wie etwa das Recht auf sozialen Schutz, Nichtdiskriminierung, Menschenwürde oder einen wirksamen Rechtsbehelf verletzen und sollten daher als hochriskant eingestuft werden. Dennoch sollte diese Verordnung die Entwicklung und Verwendung innovativer Ansätze in der öffentlichen Verwaltung nicht behindern, die von einer breiteren Verwendung konformer und sicherer KI-Systeme profitieren würde, sofern diese Systeme kein hohes Risiko für juristische und natürliche Personen bergen. Darüber hinaus sollten KI-Systeme, die zur Bewertung der Bonität oder Kreditwürdigkeit natürlicher Personen verwendet werden, als Hochrisiko-KI-Systeme eingestuft werden, da sie den Zugang dieser Personen zu Finanzmitteln oder wesentlichen Dienstleistungen wie etwa Wohnraum, Elektrizität und Telekommunikationsdienstleistungen bestimmen. KI-Systeme, die für diese Zwecke eingesetzt werden, können zur Diskriminierung von Personen oder Gruppen führen und historische Diskriminierungsmuster, wie etwa aufgrund der

rassischen oder ethnischen Herkunft, des Geschlechts, einer Behinderung, des Alters oder der sexuellen Ausrichtung, fortschreiben oder neue Formen von Diskriminierung mit sich bringen. Allerdings sollten KI-Systeme, die nach Unionsrecht zur Aufdeckung von Betrug beim Angebot von Finanzdienstleistungen oder für Aufsichtszwecke zur Berechnung der Eigenkapitalanforderungen von Kreditinstituten und Versicherungsunternehmen vorgesehen sind, nicht als Hochrisiko-Systeme gemäß dieser Verordnung angesehen werden. Darüber hinaus können KI-Systeme, die für die Risikobewertung und Preisbildung in Bezug auf natürliche Personen im Fall von Kranken- und Lebensversicherungen eingesetzt werden, auch erhebliche Auswirkungen auf die Existenzgrundlage der Menschen haben und bei nicht ordnungsgemäßer Konzeption, Entwicklung und Verwendung schwerwiegende Konsequenzen für das Leben und die Gesundheit von Menschen nach sich ziehen, einschließlich finanzieller Ausgrenzung und Diskriminierung. Schließlich sollten KI-Systeme, die bei der Bewertung und Einstufung von Notrufen durch natürliche Personen oder der Entsendung oder der Priorisierung der Entsendung von Not- und Rettungsdiensten wie Polizei, Feuerwehr und medizinischer Nothilfe sowie für die Triage von Patienten bei der Notfallversorgung eingesetzt werden, ebenfalls als hochriskant eingestuft werden, da sie in für das Leben und die Gesundheit von Personen und für ihr Eigentum sehr kritischen Situationen Entscheidungen treffen.

(59) In Anbetracht der Rolle und Zuständigkeit von Strafverfolgungsbehörden sind deren Maßnahmen im Zusammenhang mit bestimmten Verwendungen von KI-Systemen durch ein erhebliches Machtungleichgewicht gekennzeichnet und können zur Überwachung, zur Festnahme oder zum Entzug der Freiheit einer natürlichen Person sowie zu anderen nachteiligen Auswirkungen auf die in der Charta verankerten Grundrechte führen. Insbesondere wenn das KI-System nicht mit hochwertigen Daten trainiert wird, die Anforderungen an seine Leistung, Genauigkeit oder Robustheit nicht erfüllt werden oder das System nicht ordnungsgemäß konzipiert und getestet wird, bevor es in Verkehr gebracht oder in anderer Weise in Betrieb genommen wird, kann es Personen in diskriminierender oder anderweitig falscher oder ungerechter Weise ausgrenzen. Darüber hinaus könnte die Ausübung wichtiger verfahrensrechtlicher Grundrechte wie etwa des Rechts auf einen wirksamen Rechtsbehelf und ein unparteiisches Gericht sowie das Verteidigungsrecht und die Unschuldsvermutung behindert werden, insbesondere wenn solche KI-Systeme nicht hinreichend transparent, erklärbar und dokumentiert sind. Daher ist es angezeigt, eine Reihe von KI-Systemen – sofern deren Einsatz nach einschlägigem Unions- oder nationalem Recht zugelassen ist –, die im Rahmen der Strafverfolgung eingesetzt werden sollen und bei denen Genauigkeit, Zuverlässigkeit und Transparenz besonders wichtig sind, als hochriskant einzustufen, um nachteilige Auswirkungen zu vermeiden, das Vertrauen der Öffentlichkeit zu erhalten und die Rechenschaftspflicht und einen wirksamen Rechtsschutz zu gewährleisten. Angesichts der Art der Tätigkeiten und der damit verbundenen Risiken sollten diese Hochrisiko-KI-Systeme insbesondere KI-Systeme umfassen, die von Strafverfolgungsbehörden oder in ihrem Auftrag oder von Organen, Einrichtungen und sonstigen Stellen der Union zur Unterstützung von Strafverfolgungsbehörden für folgende Zwecke eingesetzt werden: zur Bewertung des Risikos, dass eine natürliche Person Opfer von Straftaten wird, wie Lügendetektoren und ähnliche Instrumente, zur Bewertung der Zuverlässigkeit von Beweismitteln im Rahmen der Ermittlung oder Verfolgung von Straftaten und – soweit nach dieser Verordnung nicht untersagt – zur Bewertung des Risikos, dass eine natürliche Person eine Straftat begeht oder erneut begeht, nicht nur auf der Grundlage der Erstellung von Profilen natürlicher Personen oder zur Bewertung von Persönlichkeitsmerkmalen und Eigenschaften oder vergangenem kriminellen Verhalten von natürlichen Personen oder Gruppen, zur Erstellung von Profilen während der Aufdeckung, Untersuchung oder strafrechtlichen Verfolgung einer Straftat. KI-Systeme, die speziell für Verwaltungsverfahren in Steuer- und Zollbehörden sowie in Zentralstellen für Geldwäsche-Verdachtsanzeigen, die Verwaltungsaufgaben zur Analyse von Informationen gemäß dem Unionsrecht zur Bekämpfung der Geldwäsche durchführen, bestimmt sind, sollten nicht als Hochrisiko-KI-Systeme eingestuft werden, die von Strafverfolgungsbehörden zum Zweck der Verhütung, Aufdeckung, Untersuchung und strafrechtlichen Verfolgung von Straftaten

eingesetzt werden. Der Einsatz von KI-Instrumenten durch Strafverfolgungsbehörden und anderen relevanten Behörden sollte nicht zu einem Faktor der Ungleichheit oder Ausgrenzung werden. Die Auswirkungen des Einsatzes von KI-Instrumenten auf die Verteidigungsrechte von Verdächtigen sollten nicht außer Acht gelassen werden, insbesondere nicht die Schwierigkeit, aussagekräftige Informationen über die Funktionsweise solcher Systeme zu erhalten, und die daraus resultierende Schwierigkeit einer gerichtlichen Anfechtung ihrer Ergebnisse, insbesondere durch natürliche Personen, gegen die ermittelt wird.

(60) KI-Systeme, die in den Bereichen Migration, Asyl und Grenzkontrolle eingesetzt werden, betreffen Personen, die sich häufig in einer besonders prekären Lage befinden und vom Ergebnis der Maßnahmen der zuständigen Behörden abhängig sind. Die Genauigkeit, der nichtdiskriminierende Charakter und die Transparenz der KI-Systeme, die in solchen Zusammenhängen eingesetzt werden, sind daher besonders wichtig, um die Achtung der Grundrechte der betroffenen Personen, insbesondere ihrer Rechte auf Freizügigkeit, Nichtdiskriminierung, Schutz des Privatlebens und personenbezogener Daten, internationalen Schutz und gute Verwaltung, zu gewährleisten. Daher ist es angezeigt, KI-Systeme – sofern deren Einsatz nach einschlägigem Unions- oder nationalem Recht zugelassen ist – als hochriskant einzustufen, die von den zuständigen mit Aufgaben in den Bereichen Migration, Asyl und Grenzkontrolle betrauten Behörden oder in deren Auftrag oder von Organen, Einrichtungen oder sonstigen Stellen der Union für Folgendes eingesetzt werden: als Lügendetektoren und ähnliche Instrumente; zur Bewertung bestimmter Risiken, die von natürlichen Personen ausgehen, die in das Hoheitsgebiet eines Mitgliedstaats einreisen oder ein Visum oder Asyl beantragen; zur Unterstützung der zuständigen Behörden bei der Prüfung – einschließlich der damit zusammenhängenden Bewertung der Zuverlässigkeit von Beweismitteln – von Asyl- und Visumanträgen sowie Aufenthaltstiteln und damit verbundenen Beschwerden im Hinblick darauf, die Berechtigung der den Antrag stellenden natürlichen Personen festzustellen; zum Zweck der Aufdeckung, Anerkennung oder Identifizierung natürlicher Personen im Zusammenhang mit Migration, Asyl und Grenzkontrolle, mit Ausnahme der Überprüfung von Reisedokumenten. KI-Systeme im Bereich Migration, Asyl und Grenzkontrolle, die unter diese Verordnung fallen, sollten den einschlägigen Verfahrensvorschriften der Verordnung (EG) Nr. 810/2009 des Europäischen Parlaments und des Rates[32], der Richtlinie 2013/32/EU des Europäischen Parlaments und des Rates[33] und anderem einschlägigen Unionsrecht entsprechen. Der Einsatz von KI-Systemen in den Bereichen Migration, Asyl und Grenzkontrolle sollte unter keinen Umständen von den Mitgliedstaaten oder Organen, Einrichtungen oder sonstigen Stellen der Union als Mittel zur Umgehung ihrer internationalen Verpflichtungen aus dem am 28. Juli 1951 in Genf unterzeichneten Abkommen der Vereinten Nationen über die Rechtsstellung der Flüchtlinge in der durch das Protokoll vom 31. Januar 1967 geänderten Fassung genutzt werden. Die Systeme sollten auch nicht dazu genutzt werden, in irgendeiner Weise gegen den Grundsatz der Nichtzurückweisung zu verstoßen oder sichere und wirksame legale Wege in das Gebiet der Union, einschließlich des Rechts auf internationalen Schutz, zu verweigern.

(61) Bestimmte KI-Systeme, die für die Rechtspflege und demokratische Prozesse bestimmt sind, sollten angesichts ihrer möglichen erheblichen Auswirkungen auf die Demokratie, die Rechtsstaatlichkeit, die individuellen Freiheiten sowie das Recht auf einen wirksamen Rechtsbehelf und ein unparteiisches Gericht als hochriskant eingestuft werden. Um insbesondere den Risiken möglicher Verzerrungen, Fehler und Undurchsichtigkeiten zu begegnen, sollten KI-Systeme, die von einer Justizbehörde oder in ihrem Auftrag dazu genutzt werden sollen, Justizbehörden bei der Ermittlung und Auslegung von Sachverhalten und Rechtsvorschriften und bei der Anwendung des Rechts auf konkrete Sachverhalte zu unterstützen, als hochriskant eingestuft werden. KI-Systeme, die von

32 **Amtl. Anm.:** Verordnung (EG) Nr. 810/2009 des Europäischen Parlaments und des Rates vom 13. Juli 2009 über einen Visakodex der Gemeinschaft (Visakodex) (ABl. L 243 vom 15.9.2009, S. 1).

33 **Amtl. Anm.:** Richtlinie 2013/32/EU des Europäischen Parlaments und des Rates vom 26. Juni 2013 zu gemeinsamen Verfahren für die Zuerkennung und Aberkennung des internationalen Schutzes (ABl. L 180 vom 29.6.2013, S. 60).

Stellen für die alternative Streitbeilegung für diese Zwecke genutzt werden sollen, sollten ebenfalls als hochriskant gelten, wenn die Ergebnisse der alternativen Streitbeilegung Rechtswirkung für die Parteien entfalten. Der Einsatz von KI-Instrumenten kann die Entscheidungsgewalt von Richtern oder die Unabhängigkeit der Justiz unterstützen, sollte sie aber nicht ersetzen; die endgültige Entscheidungsfindung muss eine von Menschen gesteuerte Tätigkeit bleiben. Die Einstufung von KI-Systemen als hochriskant sollte sich jedoch nicht auf KI-Systeme erstrecken, die für rein begleitende Verwaltungstätigkeiten bestimmt sind, die die tatsächliche Rechtspflege in Einzelfällen nicht beeinträchtigen, wie etwa die Anonymisierung oder Pseudonymisierung gerichtlicher Urteile, Dokumente oder Daten, die Kommunikation zwischen dem Personal oder Verwaltungsaufgaben.

(62) Unbeschadet der Vorschriften der Verordnung (EU) 2024/900 des Europäischen Parlaments und des Rates[34] und um den Risiken eines unzulässigen externen Eingriffs in das in Artikel 39 der Charta verankerte Wahlrecht und nachteiligen Auswirkungen auf die Demokratie und die Rechtsstaatlichkeit zu begegnen, sollten KI-Systeme, die verwendet werden sollen, um das Ergebnis einer Wahl oder eines Referendums oder das Wahlverhalten natürlicher Personen bei der Ausübung ihres Wahlrechts in einer Wahl oder in Referenden zu beeinflussen, als Hochrisiko-KI-Systeme eingestuft werden, mit Ausnahme von KI-Systemen, deren Ausgaben natürliche Personen nicht direkt ausgesetzt sind, wie Instrumente zur Organisation, Optimierung und Strukturierung politischer Kampagnen in administrativer und logistischer Hinsicht.

(63) Die Tatsache, dass ein KI-System gemäß dieser Verordnung als ein Hochrisiko-KI-System eingestuft wird, sollte nicht dahin gehend ausgelegt werden, dass die Verwendung des Systems nach anderen Rechtsakten der Union oder nach nationalen Rechtsvorschriften, die mit dem Unionsrecht vereinbar sind, rechtmäßig ist, beispielsweise in Bezug auf den Schutz personenbezogener Daten, die Verwendung von Lügendetektoren und ähnlichen Instrumenten oder anderen Systemen zur Ermittlung des emotionalen Zustands natürlicher Personen. Eine solche Verwendung sollte weiterhin ausschließlich gemäß den geltenden Anforderungen erfolgen, die sich aus der Charta, dem anwendbaren Sekundärrecht der Union und nationalen Recht ergeben. Diese Verordnung sollte nicht so verstanden werden, dass sie eine Rechtsgrundlage für die Verarbeitung personenbezogener Daten, gegebenenfalls einschließlich besonderer Kategorien personenbezogener Daten, bildet, es sei denn, in dieser Verordnung ist ausdrücklich etwas anderes vorgesehen.

(64) Um die von in Verkehr gebrachten oder in Betrieb genommenen Hochrisiko-KI-Systemen ausgehenden Risiken zu mindern und ein hohes Maß an Vertrauenswürdigkeit zu gewährleisten, sollten für Hochrisiko-KI-Systeme bestimmte verbindliche Anforderungen gelten, wobei der Zweckbestimmung und dem Nutzungskontext des KI-Systems sowie dem vom Anbieter einzurichtenden Risikomanagementsystem Rechnung zu tragen ist. Die von den Anbietern zur Erfüllung der verbindlichen Anforderungen dieser Verordnung ergriffenen Maßnahmen sollten dem allgemein anerkannten Stand der KI Rechnung tragen, verhältnismäßig und wirksam sein, um die Ziele dieser Verordnung zu erreichen. Auf der Grundlage des neuen Rechtsrahmens, wie in der Bekanntmachung der Kommission „Leitfaden für die Umsetzung der Produktvorschriften der EU 2022 (Blue Guide)" dargelegt, gilt als allgemeine Regel, dass mehr als ein Rechtsakt der Harmonisierungsrechtsvorschriften der Union auf ein Produkt anwendbar sein können, da die Bereitstellung oder Inbetriebnahme nur erfolgen kann, wenn das Produkt allen geltenden Harmonisierungsrechtsvorschriften der Union entspricht. Die Gefahren von KI-Systemen, die unter die Anforderungen dieser Verordnung fallen, decken andere Aspekte ab als die bestehenden Harmonisierungsrechtsvorschriften der Union, weshalb die Anforderungen dieser Verordnung das bestehende Regelwerk der Harmonisierungsrechtsvorschriften der Union ergänzen würden. So bergen etwa Maschinen oder Medizinprodukte mit einer KI-Komponente möglicherweise Risiken, die von den grundlegenden Gesundheits- und Sicherheitsanforderungen der einschlägigen harmonisierten

34 **Amtl. Anm.:** Verordnung (EU) 2024/900 des Europäischen Parlaments und des Rates vom 13. März 2024 über die Transparenz und das Targeting politischer Werbung (ABl. L, 2024/900, 20.3.2024, ELI: http://data.europa.eu/eli/reg/2024/900/oj).

Rechtsvorschriften der Union nicht erfasst werden, da diese sektoralen Rechtsvorschriften keine spezifischen KI-Risiken behandeln. Dies erfordert die gleichzeitige und ergänzende Anwendung mehrerer Rechtsakte. Um Kohärenz zu gewährleisten und unnötigen Verwaltungsaufwand sowie unnötige Kosten zu vermeiden, sollten die Anbieter eines Produkts, das ein oder mehrere Hochrisiko-KI-Systeme enthält, für die die Anforderungen dieser Verordnung und der in einem Anhang dieser Verordnung aufgeführten und auf dem neuen Rechtsrahmen beruhenden Harmonisierungsvorschriften der Union gelten, in Bezug auf betriebliche Entscheidungen darüber flexibel sein, wie die Konformität eines Produkts, das ein oder mehrere Hochrisiko-KI-Systeme enthält, bestmöglich mit allen geltenden Anforderungen dieser harmonisierten Rechtsvorschriften der Union sichergestellt werden kann. Diese Flexibilität könnte beispielsweise bedeuten, dass der Anbieter beschließt, einen Teil der gemäß dieser Verordnung erforderlichen Test- und Berichterstattungsverfahren, Informationen und Unterlagen in bereits bestehende Dokumentationen und Verfahren zu integrieren, die nach den auf dem neuen Rechtsrahmen beruhenden und in einem Anhang dieser Verordnung aufgeführten geltenden Harmonisierungsrechtsvorschriften der Union erforderlich sind. Dies sollte in keiner Weise die Verpflichtung des Anbieters untergraben, alle geltenden Anforderungen zu erfüllen.

(65) Das Risikomanagementsystem sollte in einem kontinuierlichen iterativen Prozess bestehen, der während des gesamten Lebenszyklus eines Hochrisiko-KI-Systems geplant und durchgeführt wird. Ziel dieses Prozesses sollte es ein, die einschlägigen Risiken von KI-Systemen für Gesundheit, Sicherheit und Grundrechte zu ermitteln und zu mindern. Das Risikomanagementsystem sollte regelmäßig überprüft und aktualisiert werden, um seine dauerhafte Wirksamkeit sowie die Begründetheit und Dokumentierung aller gemäß dieser Verordnung getroffenen wesentlichen Entscheidungen und Maßnahmen zu gewährleisten. Mit diesem Prozess sollte sichergestellt werden, dass der Anbieter Risiken oder negative Auswirkungen ermittelt und Minderungsmaßnahmen ergreift in Bezug auf die bekannten und vernünftigerweise vorhersehbaren Risiken von KI-Systemen für die Gesundheit, die Sicherheit und die Grundrechte angesichts ihrer Zweckbestimmung und vernünftigerweise vorhersehbaren Fehlanwendung, einschließlich der möglichen Risiken, die sich aus der Interaktion zwischen dem KI-System und der Umgebung, in der es betrieben wird, ergeben könnten. Im Rahmen des Risikomanagementsystems sollten die vor dem Hintergrund des Stands der KI am besten geeigneten Risikomanagementmaßnahmen ergriffen werden. Bei der Ermittlung der am besten geeigneten Risikomanagementmaßnahmen sollte der Anbieter die getroffenen Entscheidungen dokumentieren und erläutern und gegebenenfalls Sachverständige und externe Interessenträger hinzuziehen. Bei der Ermittlung der vernünftigerweise vorhersehbaren Fehlanwendung von Hochrisiko-KI-Systemen sollte der Anbieter die Verwendungen von KI-Systemen erfassen, die zwar nicht unmittelbar der Zweckbestimmung entsprechen und in der Betriebsanleitung vorgesehen sind, jedoch nach vernünftigem Ermessen davon auszugehen ist, dass sie sich aus einem leicht absehbaren menschlichen Verhalten im Zusammenhang mit den spezifischen Merkmalen und der Verwendung eines bestimmten KI-Systems ergeben. Alle bekannten oder vorhersehbaren Umstände bezüglich der Verwendung des Hochrisiko-KI-Systems im Einklang mit seiner Zweckbestimmung oder einer vernünftigerweise vorhersehbaren Fehlanwendung, die zu Risiken für die Gesundheit und Sicherheit oder die Grundrechte führen können, sollten vom Anbieter in der Betriebsanleitung aufgeführt werden. Damit soll sichergestellt werden, dass der Betreiber diese Umstände bei der Nutzung des Hochrisiko-KI-Systems kennt und berücksichtigt. Die Ermittlung und Umsetzung von Risikominderungsmaßnahmen in Bezug auf vorhersehbare Fehlanwendungen im Rahmen dieser Verordnung sollte keine spezifische zusätzliche Schulung für das Hochrisiko-KI-System durch den Anbieter erfordern, um gegen vorhersehbare Fehlanwendungen vorzugehen. Die Anbieter sind jedoch gehalten, solche zusätzlichen Schulungsmaßnahmen in Erwägung zu ziehen, um einer vernünftigerweise vorhersehbare Fehlanwendung entgegenzuwirken, soweit dies erforderlich und angemessen ist.

(66) Die Anforderungen sollten für Hochrisiko-KI-Systeme im Hinblick auf das Risikomanagement, die Qualität und Relevanz der verwendeten Datensätze, die technische Dokumentation und die Aufzeichnungspflichten, die Transparenz und die Bereitstellung

von Informationen für die Betreiber, die menschliche Aufsicht sowie die Robustheit, Genauigkeit und Sicherheit gelten. Diese Anforderungen sind erforderlich, um die Risiken für Gesundheit, Sicherheit und Grundrechte wirksam zu mindern. Nachdem nach vernünftigem Ermessen keine anderen weniger handelsbeschränkenden Maßnahmen zur Verfügung stehen, stellen sie keine ungerechtfertigten Handelsbeschränkungen dar.

(67) Hochwertige Daten und der Zugang dazu spielen eine zentrale Rolle bei der Bereitstellung von Strukturen und für die Sicherstellung der Leistung vieler KI-Systeme, insbesondere wenn Techniken eingesetzt werden, bei denen Modelle mit Daten trainiert werden, um sicherzustellen, dass das Hochrisiko-KI-System bestimmungsgemäß und sicher funktioniert und nicht zur Ursache für Diskriminierung wird, die nach dem Unionsrecht verboten ist. Hochwertige Trainings-, Validierungs- und Testdatensätze erfordern geeignete Daten-Governance- und Datenverwaltungsverfahren. Die Trainings-, Validierungs- und Testdatensätze, einschließlich der Kennzeichnungen, sollten im Hinblick auf die Zweckbestimmung des Systems relevant, hinreichend repräsentativ und so weit wie möglich fehlerfrei und vollständig sein. Um die Einhaltung des Datenschutzrechts der Union, wie der Verordnung (EU) 2016/679, zu erleichtern, sollten Daten-Governance- und Datenverwaltungsverfahren bei personenbezogenen Daten Transparenz in Bezug auf den ursprünglichen Zweck der Datenerhebung umfassen. Die Datensätze sollten auch die geeigneten statistischen Merkmale haben, auch bezüglich der Personen oder Personengruppen, auf die das Hochrisiko-KI-System bestimmungsgemäß angewandt werden soll, unter besonderer Berücksichtigung der Minderung möglicher Verzerrungen in den Datensätzen, die die Gesundheit und Sicherheit von Personen beeinträchtigen, sich negativ auf die Grundrechte auswirken oder zu einer nach dem Unionsrecht verbotenen Diskriminierung führen könnten, insbesondere wenn die Datenausgaben die Eingaben für künftige Operationen beeinflussen (Rückkopplungsschleifen). Verzerrungen können zum Beispiel – insbesondere bei Verwendung historischer Daten – den zugrunde liegenden Datensätzen innewohnen oder bei der Implementierung der Systeme in der realen Welt generiert werden. Die von einem KI-System ausgegebenen Ergebnisse könnten durch solche inhärenten Verzerrungen beeinflusst werden, die tendenziell allmählich zunehmen und dadurch bestehende Diskriminierungen fortschreiben und verstärken, insbesondere in Bezug auf Personen, die bestimmten schutzbedürftigen Gruppen wie aufgrund von Rassismus benachteiligten oder ethnischen Gruppen angehören. Die Anforderung, dass die Datensätze so weit wie möglich vollständig und fehlerfrei sein müssen, sollte sich nicht auf den Einsatz von Techniken zur Wahrung der Privatsphäre im Zusammenhang mit der Entwicklung und dem Testen von KI-Systemen auswirken. Insbesondere sollten die Datensätze, soweit dies für die Zweckbestimmung erforderlich ist, den Eigenschaften, Merkmalen oder Elementen entsprechen, die für die besonderen geografischen, kontextuellen, verhaltensbezogenen oder funktionalen Rahmenbedingungen, unter denen das Hochrisiko-KI-System bestimmungsgemäß verwendet werden soll, typisch sind. Die Anforderungen an die Daten-Governance können durch die Inanspruchnahme Dritter erfüllt werden, die zertifizierte Compliance-Dienste anbieten, einschließlich der Überprüfung der Daten-Governance, der Datensatzintegrität und der Datenschulungs-, Validierungs- und Testverfahren, sofern die Einhaltung der Datenanforderungen dieser Verordnung gewährleistet ist.

(68) Für die Entwicklung und Bewertung von Hochrisiko-KI-Systemen sollten bestimmte Akteure wie etwa Anbieter, notifizierte Stellen und andere einschlägige Einrichtungen wie etwa Europäische Digitale Innovationszentren, Test- und Versuchseinrichtungen und Forscher in der Lage sein, in den Tätigkeitsbereichen, in denen diese Akteure tätig sind und die mit dieser Verordnung in Zusammenhang stehen, auf hochwertige Datensätze zuzugreifen und diese zu nutzen. Die von der Kommission eingerichteten gemeinsamen europäischen Datenräume und die Erleichterung des Datenaustauschs im öffentlichen Interesse zwischen Unternehmen und mit Behörden werden entscheidend dazu beitragen, einen vertrauensvollen, rechenschaftspflichtigen und diskriminierungsfreien Zugang zu hochwertigen Daten für das Training, die Validierung und das Testen von KI-Systemen zu gewährleisten. Im Gesundheitsbereich beispielsweise wird der europäische Raum für Gesundheitsdaten den diskriminierungsfreien Zugang zu Gesundheitsda-

ten und das Training von KI-Algorithmen mithilfe dieser Datensätze erleichtern, und zwar unter Wahrung der Privatsphäre, auf sichere, zeitnahe, transparente und vertrauenswürdige Weise und unter angemessener institutioneller Leitung. Die einschlägigen zuständigen Behörden, einschließlich sektoraler Behörden, die den Zugang zu Daten bereitstellen oder unterstützen, können auch die Bereitstellung hochwertiger Daten für das Training, die Validierung und das Testen von KI-Systemen unterstützen.

(69) Das Recht auf Privatsphäre und den Schutz personenbezogener Daten muss während des gesamten Lebenszyklus des KI-Systems sichergestellt sein. In dieser Hinsicht gelten die Grundsätze der Datenminimierung und des Datenschutzes durch Technikgestaltung und Voreinstellungen, wie sie im Datenschutzrecht der Union festgelegt sind, wenn personenbezogene Daten verarbeitet werden. Unbeschadet der in dieser Verordnung festgelegten Anforderungen an die Daten-Governance können zu den Maßnahmen, mit denen die Anbieter die Einhaltung dieser Grundsätze sicherstellen, nicht nur Anonymisierung und Verschlüsselung gehören, sondern auch der Einsatz von Technik, die es ermöglicht, Algorithmen direkt am Ort der Datenerzeugung einzusetzen und KI-Systeme zu trainieren, ohne dass Daten zwischen Parteien übertragen oder die Rohdaten oder strukturierten Daten selbst kopiert werden.

(70) Um das Recht anderer auf Schutz vor Diskriminierung, die sich aus Verzerrungen in KI-Systemen ergeben könnte, zu wahren, sollten die Anbieter ausnahmsweise und in dem unbedingt erforderlichen Ausmaß, um die Erkennung und Korrektur von Verzerrungen im Zusammenhang mit Hochrisiko-KI-Systemen sicherzustellen, vorbehaltlich angemessener Vorkehrungen für den Schutz der Grundrechte und Grundfreiheiten natürlicher Personen und nach Anwendung aller in dieser Verordnung festgelegten geltenden Bedingungen zusätzlich zu den in den Verordnungen (EU) 2016/679 und (EU) 2018/1725 sowie der Richtlinie (EU) 2016/680 festgelegten Bedingungen besondere Kategorien personenbezogener Daten als Angelegenheit von erheblichem öffentlichen Interesse im Sinne des Artikels 9 Absatz 2 Buchstabe g der Verordnung (EU) 2016/679 und des Artikels 10 Absatz 2 Buchstabe g der Verordnung (EU) 2018/1725 verarbeiten können.

(71) Umfassende Informationen darüber, wie Hochrisiko-KI-Systeme entwickelt wurden und wie sie während ihrer gesamten Lebensdauer funktionieren, sind unerlässlich, um die Nachvollziehbarkeit dieser Systeme, die Überprüfung der Einhaltung der Anforderungen dieser Verordnung sowie die Beobachtung ihres Betriebs und ihre Beobachtung nach dem Inverkehrbringen zu ermöglichen. Dies erfordert die Führung von Aufzeichnungen und die Verfügbarkeit einer technischen Dokumentation, die alle erforderlichen Informationen enthält, um die Einhaltung der einschlägigen Anforderungen durch das KI-System zu beurteilen und die Beobachtung nach dem Inverkehrbringen zu erleichtern. Diese Informationen sollten die allgemeinen Merkmale, Fähigkeiten und Grenzen des Systems, die verwendeten Algorithmen, Daten und Trainings-, Test- und Validierungsverfahren sowie die Dokumentation des einschlägigen Risikomanagementsystems umfassen und in klarer und umfassender Form abgefasst sein. Die technische Dokumentation sollte während der gesamten Lebensdauer des KI-Systems angemessen auf dem neuesten Stand gehalten werden. Darüber hinaus sollten die Hochrisiko-KI-Systeme technisch die automatische Aufzeichnung von Ereignissen mittels Protokollierung während der Lebensdauer des Systems ermöglichen.

(72) Um Bedenken hinsichtlich der Undurchsichtigkeit und Komplexität bestimmter KI-Systeme auszuräumen und die Betreiber bei der Erfüllung ihrer Pflichten gemäß dieser Verordnung zu unterstützen, sollte für Hochrisiko-KI-Systeme Transparenz vorgeschrieben werden, bevor sie in Verkehr gebracht oder in Betrieb genommen werden. Hochrisiko-KI-Systeme sollten so gestaltet sein, dass die Betreiber in der Lage sind, zu verstehen, wie das KI-System funktioniert, seine Funktionalität zu bewerten und seine Stärken und Grenzen zu erfassen. Hochrisiko-KI-Systemen sollten angemessene Informationen in Form von Betriebsanleitungen beigefügt sein. Zu diesen Informationen sollten die Merkmale, Fähigkeiten und Leistungsbeschränkungen des KI-Systems gehören. Diese würden Informationen über mögliche bekannte und vorhersehbare Umstände im Zusammenhang mit der Nutzung des Hochrisiko-KI-Systems, einschließlich Handlungen des Betreibers, die das Verhalten und die Leistung des Systems beeinflussen können, un-

ter denen das KI-System zu Risiken in Bezug auf die Gesundheit, die Sicherheit und die Grundrechte führen kann, über die Änderungen, die vom Anbieter vorab festgelegt und auf Konformität geprüft wurden, und über die einschlägigen Maßnahmen der menschlichen Aufsicht, einschließlich der Maßnahmen, um den Betreibern die Interpretation der Ausgaben von KI-Systemen zu erleichtern, umfassen. Transparenz, einschließlich der begleitenden Betriebsanleitungen, sollte den Betreibern bei der Nutzung des Systems helfen und ihre fundierte Entscheidungsfindung unterstützen. Unter anderem sollten Betreiber besser in der Lage sein, das richtige System auszuwählen, das sie angesichts der für sie geltenden Pflichten verwenden wollen, über die beabsichtigten und ausgeschlossenen Verwendungszwecke informiert sein und das KI-System korrekt und angemessen verwenden. Um die Lesbarkeit und Zugänglichkeit der in der Betriebsanleitung enthaltenen Informationen zu verbessern, sollten diese gegebenenfalls anschauliche Beispiele enthalten, zum Beispiel zu den Beschränkungen sowie zu den beabsichtigten und ausgeschlossenen Verwendungen des KI-Systems. Die Anbieter sollten dafür sorgen, dass in der gesamten Dokumentation, einschließlich der Betriebsanleitungen, aussagekräftige, umfassende, zugängliche und verständliche Informationen enthalten sind, wobei die Bedürfnisse und vorhersehbaren Kenntnisse der Zielbetreiber zu berücksichtigen sind. Die Betriebsanleitungen sollten in einer vom betreffenden Mitgliedstaat festgelegten Sprache zur Verfügung gestellt werden, die von den Zielbetreibern leicht verstanden werden kann.

(73) Hochrisiko-KI-Systeme sollten so gestaltet und entwickelt werden, dass natürliche Personen ihre Funktionsweise überwachen und sicherstellen können, dass sie bestimmungsgemäß verwendet werden und dass ihre Auswirkungen während des Lebenszyklus des Systems berücksichtigt werden. Zu diesem Zweck sollte der Anbieter des Systems vor dem Inverkehrbringen oder der Inbetriebnahme geeignete Maßnahmen zur Gewährleistung der menschlichen Aufsicht festlegen. Insbesondere sollten solche Maßnahmen gegebenenfalls gewährleisten, dass das System integrierten Betriebseinschränkungen unterliegt, über die sich das System selbst nicht hinwegsetzen kann, dass es auf den menschlichen Bediener reagiert und dass die natürlichen Personen, denen die menschliche Aufsicht übertragen wurde, über die erforderliche Kompetenz, Ausbildung und Befugnis verfügen, um diese Aufgabe wahrzunehmen. Es ist außerdem unerlässlich, gegebenenfalls dafür zu sorgen, dass in Hochrisiko-KI-Systemen Mechanismen enthalten sind, um eine natürliche Person, der die menschliche Aufsicht übertragen wurde, zu beraten und zu informieren, damit sie fundierte Entscheidungen darüber trifft, ob, wann und wie einzugreifen ist, um negative Folgen oder Risiken zu vermeiden, oder das System anzuhalten, wenn es nicht wie beabsichtigt funktioniert. Angesichts der bedeutenden Konsequenzen für Personen im Falle eines falschen Treffers durch bestimmte biometrische Identifizierungssysteme ist es angezeigt, für diese Systeme eine verstärkte Anforderung im Hinblick auf die menschliche Aufsicht vorzusehen, sodass der Betreiber keine Maßnahmen oder Entscheidungen aufgrund des vom System hervorgebrachten Identifizierungsergebnisses treffen kann, solange dies nicht von mindestens zwei natürlichen Personen getrennt überprüft und bestätigt wurde. Diese Personen könnten von einer oder mehreren Einrichtungen stammen und die Person umfassen, die das System bedient oder verwendet. Diese Anforderung sollte keine unnötigen Belastungen oder Verzögerungen mit sich bringen, und es könnte ausreichen, dass die getrennten Überprüfungen durch die verschiedenen Personen automatisch in die vom System erzeugten Protokolle aufgenommen werden. Angesichts der Besonderheiten der Bereiche Strafverfolgung, Migration, Grenzkontrolle und Asyl sollte diese Anforderung nicht gelten, wenn die Geltung dieser Anforderung nach Unionsrecht oder nationalem Recht unverhältnismäßig ist.

(74) Hochrisiko-KI-Systeme sollten während ihres gesamten Lebenszyklus beständig funktionieren und ein angemessenes Maß an Genauigkeit, Robustheit und Cybersicherheit angesichts ihrer Zweckbestimmung und entsprechend dem allgemein anerkannten Stand der Technik aufweisen. Die Kommission sowie einschlägige Interessenträger und Organisationen sind aufgefordert, der Minderung der Risiken und negativen Auswirkungen des KI-Systems gebührend Rechnung zu tragen. Das erwartete Leistungskennzahlenniveau sollte in der beigefügten Betriebsanleitung angegeben werden. Die Anbieter werden

nachdrücklich aufgefordert, diese Informationen den Betreibern in klarer und leicht verständlicher Weise ohne Missverständnisse oder irreführende Aussagen zu übermitteln. Die Rechtsvorschriften der Union zum gesetzlichen Messwesen, einschließlich der Richtlinien 2014/31/EU[35] und 2014/32/EU des Europäischen Parlaments und des Rates[36], zielt darauf ab, die Genauigkeit von Messungen sicherzustellen und die Transparenz und Fairness im Geschäftsverkehr zu fördern. In diesem Zusammenhang sollte die Kommission in Zusammenarbeit mit einschlägigen Interessenträgern und Organisationen, wie Metrologie- und Benchmarking-Behörden, gegebenenfalls die Entwicklung von Benchmarks und Messmethoden für KI-Systeme fördern. Dabei sollte die Kommission internationale Partner, die an Metrologie und einschlägigen Messindikatoren für KI arbeiten, beachten und mit ihnen zusammenarbeiten.

(75) Die technische Robustheit ist eine wesentliche Voraussetzung für Hochrisiko-KI-Systeme. Sie sollten widerstandsfähig in Bezug auf schädliches oder anderweitig unerwünschtes Verhalten sein, das sich aus Einschränkungen innerhalb der Systeme oder der Umgebung, in der die Systeme betrieben werden, ergeben kann (z.B. Fehler, Störungen, Unstimmigkeiten, unerwartete Situationen). Daher sollten technische und organisatorische Maßnahmen ergriffen werden, um die Robustheit von Hochrisiko-KI-Systemen sicherzustellen, indem beispielsweise geeignete technische Lösungen konzipiert und entwickelt werden, um schädliches oder anderweitig unerwünschtes Verhalten zu verhindern oder zu minimieren. Zu diesen technischen Lösungen können beispielsweise Mechanismen gehören, die es dem System ermöglichen, seinen Betrieb bei bestimmten Anomalien oder beim Betrieb außerhalb bestimmter vorab festgelegter Grenzen sicher zu unterbrechen (Störungssicherheitspläne). Ein fehlender Schutz vor diesen Risiken könnte die Sicherheit beeinträchtigen oder sich negativ auf die Grundrechte auswirken, wenn das KI-System beispielsweise falsche Entscheidungen trifft oder falsche oder verzerrte Ausgaben hervorbringt.

(76) Die Cybersicherheit spielt eine entscheidende Rolle, wenn es darum geht, sicherzustellen, dass KI-Systeme widerstandsfähig gegenüber Versuchen böswilliger Dritter sind, unter Ausnutzung der Schwachstellen der Systeme deren Verwendung, Verhalten, Leistung zu verändern oder ihre Sicherheitsmerkmale zu beeinträchtigen. Cyberangriffe auf KI-Systeme können KI-spezifische Ressourcen wie Trainingsdatensätze (z.B. Datenvergiftung) oder trainierte Modelle (z.B. feindliche Angriffe oder Inferenzangriffe auf Mitgliederdaten) nutzen oder Schwachstellen in den digitalen Ressourcen des KI-Systems oder der zugrunde liegenden IKT-Infrastruktur ausnutzen. Um ein den Risiken angemessenes Cybersicherheitsniveau zu gewährleisten, sollten die Anbieter von Hochrisiko-KI-Systemen daher geeignete Maßnahmen, etwa Sicherheitskontrollen, ergreifen, wobei gegebenenfalls auch die zugrunde liegende IKT-Infrastruktur zu berücksichtigen ist.

(77) Unbeschadet der in dieser Verordnung festgelegten Anforderungen an Robustheit und Genauigkeit können Hochrisiko-AI-Systeme, die in den Geltungsbereich einer Verordnung des Europäischen Parlaments und des Rates über horizontale Cybersicherheitsanforderungen für Produkte mit digitalen Elementen gemäß der genannten Verordnung fallen, die Erfüllung der Cybersicherheitsanforderungen der vorliegenden Verordnung nachweisen, indem sie die in der genannten Verordnung festgelegten grundlegenden Cybersicherheitsanforderungen erfüllen. Wenn Hochrisiko-KI-Systeme die grundlegenden Anforderungen einer Verordnung des Europäischen Parlaments und des Rates über horizontale Cybersicherheitsanforderungen für Produkte mit digitalen Elementen erfüllen, sollten sie als die in der vorliegenden Verordnung festgelegten Cybersicherheitsanforderungen erfüllend gelten, soweit die Erfüllung der genannten Anforderungen in der gemäß der genannten Verordnung ausgestellten EU-Konformitätserklärung oder in Teilen davon nachgewiesen wird. Zu diesem Zweck sollten bei der im Rahmen einer

35 **Amtl. Anm.:** Richtlinie 2014/31/EU des Europäischen Parlaments und des Rates vom 26. Februar 2014 zur Angleichung der Rechtsvorschriften der Mitgliedstaaten betreffend die Bereitstellung nichtselbsttätiger Waagen auf dem Markt (ABl. L 96 vom 29.3.2014, S. 107).

36 **Amtl. Anm.:** Richtlinie 2014/32/EU des Europäischen Parlaments und des Rates vom 26. Februar 2014 zur Harmonisierung der Rechtsvorschriften der Mitgliedstaaten über die Bereitstellung von Messgeräten auf dem Markt (ABl. L 96 vom 29.3.2014, S. 149).

Verordnung des Europäischen Parlaments und des Rates über horizontale Cybersicherheitsanforderungen für Produkte mit digitalen Elementen durchgeführten Bewertung der Cybersicherheitsrisiken, die mit einem gemäß der vorliegenden Verordnung als Hochrisiko-KI-System eingestuften Produkt mit digitalen Elementen verbunden sind, Risiken für die Cyberabwehrfähigkeit eines KI-Systems in Bezug auf Versuche unbefugter Dritter, seine Verwendung, sein Verhalten oder seine Leistung zu verändern, einschließlich KI-spezifischer Schwachstellen wie Datenvergiftung oder feindlicher Angriffe, sowie gegebenenfalls Risiken für die Grundrechte gemäß der vorliegenden Verordnung berücksichtigt werden.

(78) Das in dieser Verordnung vorgesehene Konformitätsbewertungsverfahren sollte in Bezug auf die grundlegenden Cybersicherheitsanforderungen an ein Produkt mit digitalen Elementen, das unter eine Verordnung des Europäischen Parlaments und des Rates über horizontale Cybersicherheitsanforderungen für Produkte mit digitalen Elementen fällt und gemäß der vorliegenden Verordnung als Hochrisiko-KI-System eingestuft ist, gelten. Diese Regel sollte jedoch nicht dazu führen, dass die erforderliche Vertrauenswürdigkeit für unter eine Verordnung des Europäischen Parlaments und des Rates über horizontale Cybersicherheitsanforderungen für Produkte mit digitalen Elementen fallende kritische Produkte mit digitalen Elementen verringert wird. Daher unterliegen abweichend von dieser Regel Hochrisiko-KI-Systeme, die in den Anwendungsbereich der vorliegenden Verordnung fallen und gemäß einer Verordnung des Europäischen Parlaments und des Rates über horizontale Cybersicherheitsanforderungen für Produkte mit digitalen Elementen als wichtige und kritische Produkte mit digitalen Elementen eingestuft werden und für die das Konformitätsbewertungsverfahren auf der Grundlage der internen Kontrolle gemäß einem Anhang der vorliegenden Verordnung gilt, den Konformitätsbewertungsbestimmungen einer Verordnung des Europäischen Parlaments und des Rates über horizontale Cybersicherheitsanforderungen für Produkte mit digitalen Elementen, soweit die wesentlichen Cybersicherheitsanforderungen der genannten Verordnung betroffen sind. In diesem Fall sollten für alle anderen Aspekte, die unter die vorliegende Verordnung fallen, die entsprechenden Bestimmungen über die Konformitätsbewertung auf der Grundlage der internen Kontrolle gelten, die in einem Anhang der vorliegenden Verordnung festgelegt sind. Aufbauend auf den Kenntnissen und dem Fachwissen der ENISA in Bezug auf die Cybersicherheitspolitik und die der ENISA gemäß der Verordnung (EU) 2019/881 des Europäischen Parlaments und des Rates[37] übertragenen Aufgaben sollte die Kommission in Fragen im Zusammenhang mit der Cybersicherheit von KI-Systemen mit der ENISA zusammenarbeiten.

(79) Es ist angezeigt, dass eine bestimmte als Anbieter definierte natürliche oder juristische Person die Verantwortung für das Inverkehrbringen oder die Inbetriebnahme eines Hochrisiko-KI-Systems übernimmt, unabhängig davon, ob es sich bei dieser natürlichen oder juristischen Person um die Person handelt, die das System konzipiert oder entwickelt hat.

(80) Als Unterzeichner des Übereinkommens über die Rechte von Menschen mit Behinderungen der Vereinten Nationen sind die Union und alle Mitgliedstaaten rechtlich verpflichtet, Menschen mit Behinderungen vor Diskriminierung zu schützen und ihre Gleichstellung zu fördern, sicherzustellen, dass Menschen mit Behinderungen gleichberechtigt Zugang zu Informations- und Kommunikationstechnologien und -systemen haben, und die Achtung der Privatsphäre von Menschen mit Behinderungen sicherzustellen. Angesichts der zunehmenden Bedeutung und Nutzung von KI-Systemen sollte die strikte Anwendung der Grundsätze des universellen Designs auf alle neuen Technologien und Dienste einen vollständigen und gleichberechtigten Zugang für alle Menschen sicherstellen, die potenziell von KI-Technologien betroffen sind oder diese nutzen, einschließlich Menschen mit Behinderungen, und zwar in einer Weise, die ihrer Würde und

37 **Amtl. Anm.:** Verordnung (EU) 2019/881 des Europäischen Parlaments und des Rates vom 17. April 2019 über die ENISA (Agentur der Europäischen Union für Cybersicherheit) und über die Zertifizierung der Cybersicherheit von Informations- und Kommunikationstechnik und zur Aufhebung der Verordnung (EU) Nr. 526/2013 (Rechtsakt zur Cybersicherheit) (ABl. L 151 vom 7.6.2019, S. 15).

Vielfalt in vollem Umfang Rechnung trägt. Es ist daher von wesentlicher Bedeutung, dass die Anbieter die uneingeschränkte Einhaltung der Barrierefreiheitsanforderungen sicherstellen, einschließlich der in der Richtlinie (EU) 2016/2102 des Europäischen Parlaments und des Rates[38] und in der Richtlinie (EU) 2019/882 festgelegten Anforderungen. Die Anbieter sollten die Einhaltung dieser Anforderungen durch Voreinstellungen sicherstellen. Die erforderlichen Maßnahmen sollten daher so weit wie möglich in die Konzeption von Hochrisiko-KI-Systemen integriert werden.

(81) Der Anbieter sollte ein solides Qualitätsmanagementsystem einrichten, die Durchführung des vorgeschriebenen Konformitätsbewertungsverfahrens sicherstellen, die einschlägige Dokumentation erstellen und ein robustes System zur Beobachtung nach dem Inverkehrbringen einrichten. Anbieter von Hochrisiko-KI-Systemen, die Pflichten in Bezug auf Qualitätsmanagementsysteme gemäß den einschlägigen sektorspezifischen Rechtsvorschriften der Union unterliegen, sollten die Möglichkeit haben, die Elemente des in dieser Verordnung vorgesehenen Qualitätsmanagementsystems als Teil des bestehenden, in diesen anderen sektoralen Rechtsvorschriften der Union vorgesehen Qualitätsmanagementsystems aufzunehmen. Auch bei künftigen Normungstätigkeiten oder Leitlinien, die von der Kommission angenommen werden, sollte der Komplementarität zwischen dieser Verordnung und den bestehenden sektorspezifischen Rechtsvorschriften der Union Rechnung getragen werden. Behörden, die Hochrisiko-KI-Systeme für den Eigengebrauch in Betrieb nehmen, können unter Berücksichtigung der Besonderheiten des Bereichs sowie der Zuständigkeiten und der Organisation der besagten Behörde die Vorschriften für das Qualitätsmanagementsystem als Teil des auf nationaler oder regionaler Ebene eingesetzten Qualitätsmanagementsystems annehmen und umsetzen.

(82) Um die Durchsetzung dieser Verordnung zu ermöglichen und gleiche Wettbewerbsbedingungen für die Akteure zu schaffen, muss unter Berücksichtigung der verschiedenen Formen der Bereitstellung digitaler Produkte sichergestellt sein, dass unter allen Umständen eine in der Union niedergelassene Person den Behörden alle erforderlichen Informationen über die Konformität eines KI-Systems zur Verfügung stellen kann. Daher sollten Anbieter, die in Drittländern niedergelassen sind, vor der Bereitstellung ihrer KI-Systeme in der Union schriftlich einen in der Union niedergelassenen Bevollmächtigten benennen. Dieser Bevollmächtigte spielt eine zentrale Rolle bei der Gewährleistung der Konformität der von den betreffenden Anbietern, die nicht in der Union niedergelassen sind, in der Union in Verkehr gebrachten oder in Betrieb genommenen Hochrisiko-KI-Systeme und indem er als ihr in der Union niedergelassener Ansprechpartner dient.

(83) Angesichts des Wesens und der Komplexität der Wertschöpfungskette für KI-Systeme und im Einklang mit dem neuen Rechtsrahmen ist es von wesentlicher Bedeutung, Rechtssicherheit zu gewährleisten und die Einhaltung dieser Verordnung zu erleichtern. Daher müssen die Rolle und die spezifischen Pflichten der relevanten Akteure entlang dieser Wertschöpfungskette, wie Einführer und Händler, die zur Entwicklung von KI-Systemen beitragen können, präzisiert werden. In bestimmten Situationen könnten diese Akteure mehr als eine Rolle gleichzeitig wahrnehmen und sollten daher alle einschlägigen Pflichten, die mit diesen Rollen verbunden sind, kumulativ erfüllen. So könnte ein Akteur beispielsweise gleichzeitig als Händler und als Einführer auftreten.

(84) Um Rechtssicherheit zu gewährleisten, muss präzisiert werden, dass unter bestimmten spezifischen Bedingungen jeder Händler, Einführer, Betreiber oder andere Dritte als Anbieter eines Hochrisiko-KI-Systems betrachtet werden und daher alle einschlägigen Pflichten erfüllen sollte. Dies wäre auch der Fall, wenn diese Partei ein bereits in Verkehr gebrachtes oder in Betrieb genommenes Hochrisiko-KI-System mit ihrem Namen oder ihrer Handelsmarke versieht, unbeschadet vertraglicher Vereinbarungen, die eine andere Aufteilung der Pflichten vorsehen, oder wenn sie eine wesentliche Veränderung des Hochrisiko-KI-Systems, das bereits in Verkehr gebracht oder bereits in Betrieb genommen wurde, so vornimmt, dass es ein Hochrisiko-KI-System im Sinne dieser Verordnung

38 **Amtl. Anm.:** Richtlinie (EU) 2016/2102 des Europäischen Parlaments und des Rates vom 26. Oktober 2016 über den barrierefreien Zugang zu den Websites und mobilen Anwendungen öffentlicher Stellen (ABl. L 327 vom 2.12.2016, S. 1).

bleibt, oder wenn sie die Zweckbestimmung eines KI-Systems, einschließlich eines KI-Systems mit allgemeinem Verwendungszweck, das nicht als Hochrisiko-KI-System eingestuft wurde und bereits in Verkehr gebracht oder in Betrieb genommen wurde, so verändert, dass das KI-System zu einem Hochrisiko-KI-System im Sinne dieser Verordnung wird. Diese Bestimmungen sollten unbeschadet spezifischerer Bestimmungen in bestimmten Harmonisierungsrechtsvorschriften der Union auf Grundlage des neuen Rechtsrahmens gelten, mit denen diese Verordnung zusammen gelten sollte. So sollte beispielsweise Artikel 16 Absatz 2 der Verordnung (EU) 2017/745, wonach bestimmte Änderungen nicht als eine Änderung des Produkts, die Auswirkungen auf seine Konformität mit den geltenden Anforderungen haben könnte, gelten sollten, weiterhin auf Hochrisiko-KI-Systeme angewandt werden, bei denen es sich um Medizinprodukte im Sinne der genannten Verordnung handelt.

(85) KI-Systeme mit allgemeinem Verwendungszweck können als eigenständige Hochrisiko-KI-Systeme eingesetzt werden oder Komponenten anderer Hochrisiko-KI-Systemen sein. Daher sollten, aufgrund der besonderen Merkmale dieser KI-Systeme und um für eine gerechte Verteilung der Verantwortlichkeiten entlang der KI-Wertschöpfungskette zu sorgen, Anbieter solcher Systeme, unabhängig davon, ob sie von anderen Anbietern als eigenständige Hochrisiko-KI-Systeme oder als Komponenten von Hochrisiko-KI-Systemen verwendet werden können, und sofern in dieser Verordnung nichts anderes bestimmt ist, eng mit den Anbietern der relevanten Hochrisiko-KI-Systeme, um ihnen die Einhaltung der entsprechenden Pflichten aus dieser Verordnung zu ermöglichen, und mit den gemäß dieser Verordnung eingerichteten zuständigen Behörden zusammenarbeiten.

(86) Sollte der Anbieter, der das KI-System ursprünglich in Verkehr gebracht oder in Betrieb genommen hat, unter den in dieser Verordnung festgelegten Bedingungen nicht mehr als Anbieter im Sinne dieser Verordnung gelten und hat jener Anbieter die Änderung des KI-Systems in ein Hochrisiko-KI-System nicht ausdrücklich ausgeschlossen, so sollte der erstgenannte Anbieter dennoch eng zusammenarbeiten, die erforderlichen Informationen zur Verfügung stellen und den vernünftigerweise erwarteten technischen Zugang und sonstige Unterstützung leisten, die für die Erfüllung der in dieser Verordnung festgelegten Pflichten, insbesondere in Bezug auf die Konformitätsbewertung von Hochrisiko-KI-Systemen, erforderlich sind.

(87) Zusätzlich sollte, wenn ein Hochrisiko-KI-System, bei dem es sich um ein Sicherheitsbauteil eines Produkts handelt, das in den Geltungsbereich von Harmonisierungsrechtsvorschriften der Union auf Grundlage des neuen Rechtsrahmens fällt, nicht unabhängig von dem Produkt in Verkehr gebracht oder in Betrieb genommen wird, der Produkthersteller im Sinne der genannten Rechtsvorschriften die in der vorliegenden Verordnung festgelegten Anbieterpflichten erfüllen und sollte insbesondere sicherstellen, dass das in das Endprodukt eingebettete KI-System den Anforderungen dieser Verordnung entspricht.

(88) Entlang der KI-Wertschöpfungskette liefern häufig mehrere Parteien KI-Systeme, Instrumente und Dienstleistungen, aber auch Komponenten oder Prozesse, die vom Anbieter zu diversen Zwecken in das KI-System integriert werden; dazu gehören das Trainieren, Neutrainieren, Testen und Bewerten von Modellen, die Integration in Software oder andere Aspekte der Modellentwicklung. Diese Parteien haben eine wichtige Rolle in der Wertschöpfungskette gegenüber dem Anbieter des Hochrisiko-KI-Systems, in das ihre KI-Systeme, Instrumente, Dienste, Komponenten oder Verfahren integriert werden, und sollten in einer schriftlichen Vereinbarung die Informationen, die Fähigkeiten, den technischen Zugang und die sonstige Unterstützung nach dem allgemein anerkannten Stand der Technik bereitstellen, die erforderlich sind, damit der Anbieter die in dieser Verordnung festgelegten Pflichten vollständig erfüllen kann, ohne seine eigenen Rechte des geistigen Eigentums oder Geschäftsgeheimnisse zu gefährden.

(89) Dritte, die Instrumente, Dienste, Verfahren oder Komponenten, bei denen es sich nicht um KI-Modelle mit allgemeinem Verwendungszweck handelt, öffentlich zugänglich machen, sollten nicht dazu verpflichtet werden, Anforderungen zu erfüllen, die auf die Verantwortlichkeiten entlang der KI-Wertschöpfungskette ausgerichtet sind, insbesondere gegenüber dem Anbieter, der sie genutzt oder integriert hat, wenn diese Instrumente,

Dienste, Verfahren oder KI-Komponenten im Rahmen einer freien und quelloffenen Lizenz zugänglich gemacht werden. Die Entwickler von freien und quelloffenen Instrumenten, Diensten, Verfahren oder KI-Komponenten, bei denen es sich nicht um KI-Modelle mit allgemeinem Verwendungszweck handelt, sollten dazu ermutigt werden, weit verbreitete Dokumentationsverfahren, wie z.B. Modellkarten und Datenblätter, als Mittel dazu einzusetzen, den Informationsaustausch entlang der KI-Wertschöpfungskette zu beschleunigen, sodass vertrauenswürdige KI-Systeme in der Union gefördert werden können.

(90) Die Kommission könnte freiwillige Mustervertragsbedingungen für Verträge zwischen Anbietern von Hochrisiko-KI-Systemen und Dritten ausarbeiten und empfehlen, in deren Rahmen Instrumente, Dienste, Komponenten oder Verfahren bereitgestellt werden, die für Hochrisiko-KI-Systeme verwendet oder in diese integriert werden, um die Zusammenarbeit entlang der Wertschöpfungskette zu erleichtern. Bei der Ausarbeitung dieser freiwilligen Mustervertragsbedingungen sollte die Kommission auch mögliche vertragliche Anforderungen berücksichtigen, die in bestimmten Sektoren oder Geschäftsfällen gelten.

(91) Angesichts des Charakters von KI-Systemen und der Risiken für die Sicherheit und die Grundrechte, die mit ihrer Verwendung verbunden sein können, ist es angezeigt, besondere Zuständigkeiten für die Betreiber festzulegen, auch im Hinblick darauf, dass eine angemessene Beobachtung der Leistung eines KI-Systems unter Realbedingungen sichergestellt werden muss. Die Betreiber sollten insbesondere geeignete technische und organisatorische Maßnahmen treffen, um sicherzustellen, dass sie Hochrisiko-KI-Systeme gemäß den Betriebsanleitungen verwenden, und es sollten bestimmte andere Pflichten in Bezug auf die Überwachung der Funktionsweise der KI-Systeme und gegebenenfalls auch Aufzeichnungspflichten festgelegt werden. Darüber hinaus sollten die Betreiber sicherstellen, dass die Personen, denen die Umsetzung der Betriebsanleitungen und die menschliche Aufsicht gemäß dieser Verordnung übertragen wurde, über die erforderliche Kompetenz verfügen, insbesondere über ein angemessenes Niveau an KI-Kompetenz, Schulung und Befugnis, um diese Aufgaben ordnungsgemäß zu erfüllen. Diese Pflichten sollten sonstige Pflichten des Betreibers in Bezug auf Hochrisiko-KI-Systeme nach Unionsrecht oder nationalem Recht unberührt lassen.

(92) Diese Verordnung lässt Pflichten der Arbeitgeber unberührt, Arbeitnehmer oder ihre Vertreter nach dem Unionsrecht oder nationalem Recht und nationaler Praxis, einschließlich der Richtlinie 2002/14/EG des Europäischen Parlaments und des Rates[39] über Entscheidungen zur Inbetriebnahme oder Nutzung von KI-Systemen zu unterrichten oder zu unterrichten und anzuhören. Es muss nach wie vor sichergestellt werden, dass Arbeitnehmer und ihre Vertreter über die geplante Einführung von Hochrisiko-KI-Systemen am Arbeitsplatz unterrichtet werden, wenn die Bedingungen für diese Pflichten zur Unterrichtung oder zur Unterrichtung und Anhörung gemäß anderen Rechtsinstrumenten nicht erfüllt sind. Darüber hinaus ist dieses Recht, unterrichtet zu werden, ein Nebenrecht und für das Ziel des Schutzes der Grundrechte, das dieser Verordnung zugrunde liegt, erforderlich. Daher sollte in dieser Verordnung eine entsprechende Unterrichtungsanforderung festgelegt werden, ohne bestehende Arbeitnehmerrechte zu beeinträchtigen.

(93) Während Risiken im Zusammenhang mit KI-Systemen einerseits aus der Art und Weise entstehen können, in der solche Systeme konzipiert sind, können sie sich andererseits auch aus der Art und Weise ergeben, in der diese Systeme verwendet werden. Betreiber von Hochrisiko-KI-Systemen spielen daher eine entscheidende Rolle bei der Gewährleistung des Schutzes der Grundrechte in Ergänzung der Pflichten der Anbieter bei der Entwicklung der KI-Systeme. Betreiber können am besten verstehen, wie das Hochrisiko-KI-System konkret eingesetzt wird, und können somit dank einer genaueren Kenntnis des Verwendungskontextes sowie der wahrscheinlich betroffenen Personen oder Perso-

39 **Amtl. Anm.:** Richtlinie 2002/14/EG des Europäischen Parlaments und des Rates vom 11. März 2002 zur Festlegung eines allgemeinen Rahmens für die Unterrichtung und Anhörung der Arbeitnehmer in der Europäischen Gemeinschaft (ABl. L 80 vom 23.3.2002, S. 29).

nengruppen, einschließlich schutzbedürftiger Gruppen, erhebliche potenzielle Risiken erkennen, die in der Entwicklungsphase nicht vorausgesehen wurden. Betreiber der in einem Anhang dieser Verordnung aufgeführten Hochrisiko-KI-Systeme spielen ebenfalls eine entscheidende Rolle bei der Unterrichtung natürlicher Personen und sollten, wenn sie natürliche Personen betreffende Entscheidungen treffen oder bei solchen Entscheidungen Unterstützung leisten, gegebenenfalls die natürlichen Personen darüber unterrichten, dass sie Gegenstand des Einsatzes des Hochrisiko-KI-Systems sind. Diese Unterrichtung sollte die Zweckbestimmung und die Art der getroffenen Entscheidungen umfassen. Der Betreiber sollte die natürlichen Personen auch über ihr Recht auf eine Erklärung gemäß dieser Verordnung unterrichten. Bei Hochrisiko-KI-Systemen, die zu Strafverfolgungszwecken eingesetzt werden, sollte diese Pflicht im Einklang mit Artikel 13 der Richtlinie (EU) 2016/680 umgesetzt werden.

(94) Jede Verarbeitung biometrischer Daten im Zusammenhang mit der Verwendung von KI-Systemen für die biometrische Identifizierung zu Strafverfolgungszwecken muss im Einklang mit Artikel 10 der Richtlinie (EU) 2016/680, demzufolge eine solche Verarbeitung nur dann erlaubt ist, wenn sie unbedingt erforderlich ist, vorbehaltlich angemessener Vorkehrungen für den Schutz der Rechte und Freiheiten der betroffenen Person, und sofern sie nach dem Unionsrecht oder dem Recht der Mitgliedstaaten zulässig ist, erfolgen. Bei einer solchen Nutzung, sofern sie zulässig ist, müssen auch die in Artikel 4 Absatz 1 der Richtlinie (EU) 2016/680 festgelegten Grundsätze geachtet werden, einschließlich Rechtmäßigkeit, Fairness und Transparenz, Zweckbindung, sachliche Richtigkeit und Speicherbegrenzung.

(95) Unbeschadet des geltenden Unionsrechts, insbesondere der Verordnung (EU) 2016/679 und der Richtlinie (EU) 2016/680, sollte die Verwendung von Systemen zur nachträglichen biometrischen Fernidentifizierung in Anbetracht des intrusiven Charakters von Systemen zur nachträglichen biometrischen Fernidentifizierung Schutzvorkehrungen unterliegen. Systeme zur nachträglichen biometrischen Fernidentifizierung sollten stets auf verhältnismäßige, legitime und unbedingt erforderliche Weise eingesetzt werden und somit zielgerichtet sein, was die zu identifizierenden Personen, den Ort und den zeitlichen Anwendungsbereich betrifft, und auf einem geschlossenen Datensatz rechtmäßig erworbener Videoaufnahmen basieren. In jedem Fall sollten Systeme zur nachträglichen biometrischen Fernidentifizierung im Rahmen der Strafverfolgung nicht so verwendet werden, dass sie zu willkürlicher Überwachung führen. Die Bedingungen für die nachträgliche biometrische Fernidentifizierung sollten keinesfalls eine Grundlage dafür bieten, die Bedingungen des Verbots und der strengen Ausnahmen für biometrische Echtzeit-Fernidentifizierung zu umgehen.

(96) Um wirksam sicherzustellen, dass die Grundrechte geschützt werden, sollten Betreiber von Hochrisiko-KI-Systemen, bei denen es sich um Einrichtungen des öffentlichen Rechts oder private Einrichtungen, die öffentliche Dienste erbringen, handelt, und Betreiber, die bestimmte Hochrisiko-KI-Systemen gemäß einem Anhang dieser Verordnung betreiben, wie Bank- oder Versicherungsunternehmen, vor der Inbetriebnahme eine Grundrechte-Folgenabschätzung durchführen. Für Einzelpersonen wichtige Dienstleistungen öffentlicher Art können auch von privaten Einrichtungen erbracht werden. Private Einrichtungen, die solche öffentliche Dienstleistungen erbringen, sind mit Aufgaben im öffentlichen Interesse verknüpft, etwa in den Bereichen Bildung, Gesundheitsversorgung, Sozialdienste, Wohnungswesen und Justizverwaltung. Ziel der Grundrechte-Folgenabschätzung ist es, dass der Betreiber die spezifischen Risiken für die Rechte von Einzelpersonen oder Gruppen von Einzelpersonen, die wahrscheinlich betroffen sein werden, ermittelt und Maßnahmen ermittelt, die im Falle eines Eintretens dieser Risiken zu ergreifen sind. Die Folgenabschätzung sollte vor dem erstmaligen Einsatz des Hochrisiko-KI-Systems durchgeführt werden, und sie sollte aktualisiert werden, wenn der Betreiber der Auffassung ist, dass sich einer der relevanten Faktoren geändert hat. In der Folgenabschätzung sollten die einschlägigen Verfahren des Betreibers, bei denen das Hochrisiko-KI-System im Einklang mit seiner Zweckbestimmung verwendet wird, genannt werden, und sie sollte eine Beschreibung des Zeitraums und der Häufigkeit, innerhalb dessen bzw. mit der das Hochrisiko-KI-System verwendet werden soll, sowie

der Kategorien der natürlichen Personen und Gruppen, die im spezifischen Verwendungskontext betroffen sein könnten, enthalten. Die Abschätzung sollte außerdem die spezifischen Schadensrisiken enthalten, die sich auf die Grundrechte dieser Personen oder Gruppen auswirken können. Bei der Durchführung dieser Bewertung sollte der Betreiber Informationen Rechnung tragen, die für eine ordnungsgemäße Abschätzung der Folgen relevant sind, unter anderem die vom Anbieter des Hochrisiko-KI-Systems in der Betriebsanleitung angegebenen Informationen. Angesichts der ermittelten Risiken sollten die Betreiber Maßnahmen festlegen, die im Falle eines Eintretens dieser Risiken zu ergreifen sind, einschließlich beispielsweise Unternehmensführungsregelungen in diesem spezifischen Verwendungskontext, etwa Regelungen für die menschliche Aufsicht gemäß den Betriebsanleitungen oder Verfahren für die Bearbeitung von Beschwerden und Rechtsbehelfsverfahren, da sie dazu beitragen könnten, Risiken für die Grundrechte in konkreten Anwendungsfällen zu mindern. Nach Durchführung dieser Folgenabschätzung sollte der Betreiber die zuständige Marktüberwachungsbehörde unterrichten. Um einschlägige Informationen einzuholen, die für die Durchführung der Folgenabschätzung erforderlich sind, könnten die Betreiber von Hochrisiko-KI-Systemen, insbesondere wenn KI-Systeme im öffentlichen Sektor verwendet werden, relevante Interessenträger, unter anderem Vertreter von Personengruppen, die von dem KI-System betroffen sein könnten, unabhängige Sachverständige und Organisationen der Zivilgesellschaft, in die Durchführung solcher Folgenabschätzungen und die Gestaltung von Maßnahmen, die im Falle des Eintretens der Risiken zu ergreifen sind, einbeziehen. Das Europäische Büro für Künstliche Intelligenz (im Folgenden „Büro für Künstliche Intelligenz") sollte ein Muster für einen Fragebogen ausarbeiten, um den Betreibern die Einhaltung der Vorschriften zu erleichtern und den Verwaltungsaufwand für sie zu verringern.

(97) Der Begriff „KI-Modelle mit allgemeinem Verwendungszweck" sollte klar bestimmt und vom Begriff der KI-Systeme abgegrenzt werden, um Rechtssicherheit zu schaffen. Die Begriffsbestimmung sollte auf den wesentlichen funktionalen Merkmalen eines KI-Modells mit allgemeinem Verwendungszweck beruhen, insbesondere auf der allgemeinen Verwendbarkeit und der Fähigkeit, ein breites Spektrum unterschiedlicher Aufgaben kompetent zu erfüllen. Diese Modelle werden in der Regel mit großen Datenmengen durch verschiedene Methoden, etwa überwachtes, unüberwachtes und bestärkendes Lernen, trainiert. KI-Modelle mit allgemeinem Verwendungszweck können auf verschiedene Weise in Verkehr gebracht werden, unter anderem über Bibliotheken, Anwendungsprogrammierschnittstellen (API), durch direktes Herunterladen oder als physische Kopie. Diese Modelle können weiter geändert oder zu neuen Modellen verfeinert werden. Obwohl KI-Modelle wesentliche Komponenten von KI-Systemen sind, stellen sie für sich genommen keine KI-Systeme dar. Damit KI-Modelle zu KI-Systemen werden, ist die Hinzufügung weiterer Komponenten, zum Beispiel einer Nutzerschnittstelle, erforderlich. KI-Modelle sind in der Regel in KI-Systeme integriert und Teil davon. Diese Verordnung enthält spezifische Vorschriften für KI-Modelle mit allgemeinem Verwendungszweck und für KI-Modelle mit allgemeinem Verwendungszweck, die systemische Risiken bergen; diese sollten auch gelten, wenn diese Modelle in ein KI-System integriert oder Teil davon sind. Es sollte klar sein, dass die Pflichten für die Anbieter von KI-Modellen mit allgemeinem Verwendungszweck gelten sollten, sobald die KI-Modelle mit allgemeinem Verwendungszweck in Verkehr gebracht werden. Wenn der Anbieter eines KI-Modells mit allgemeinem Verwendungszweck ein eigenes Modell in sein eigenes KI-System integriert, das auf dem Markt bereitgestellt oder in Betrieb genommen wird, sollte jenes Modell als in Verkehr gebracht gelten und sollten daher die Pflichten aus dieser Verordnung für Modelle weiterhin zusätzlich zu den Pflichten für KI-Systeme gelten. Die für Modelle festgelegten Pflichten sollten in jedem Fall nicht gelten, wenn ein eigenes Modell für rein interne Verfahren verwendet wird, die für die Bereitstellung eines Produkts oder einer Dienstleistung an Dritte nicht wesentlich sind, und die Rechte natürlicher Personen nicht beeinträchtigt werden. Angesichts ihrer potenziellen in erheblichem Ausmaße negativen Auswirkungen sollten KI-Modelle mit allgemeinem Verwendungszweck mit systemischem Risiko stets den einschlägigen Pflichten gemäß dieser Verordnung unterliegen. Die Begriffsbestimmung sollte nicht für KI-Modelle gelten, die vor ihrem

Inverkehrbringen ausschließlich für Forschungs- und Entwicklungstätigkeiten oder die Konzipierung von Prototypen verwendet werden. Dies gilt unbeschadet der Pflicht, dieser Verordnung nachzukommen, wenn ein Modell nach solchen Tätigkeiten in Verkehr gebracht wird.

(98) Die allgemeine Verwendbarkeit eines Modells könnte zwar unter anderem auch durch eine bestimmte Anzahl von Parametern bestimmt werden, doch sollten Modelle mit mindestens einer Milliarde Parametern, die mit einer großen Datenmenge unter umfassender Selbstüberwachung trainiert werden, als Modelle gelten, die eine erhebliche allgemeine Verwendbarkeit aufweisen und ein breites Spektrum unterschiedlicher Aufgaben kompetent erfüllen.

(99) Große generative KI-Modelle sind ein typisches Beispiel für ein KI-Modell mit allgemeinem Verwendungszweck, da sie eine flexible Erzeugung von Inhalten ermöglichen, etwa in Form von Text- Audio-, Bild- oder Videoinhalten, die leicht ein breites Spektrum unterschiedlicher Aufgaben umfassen können.

(100) Wenn ein KI-Modell mit allgemeinem Verwendungszweck in ein KI-System integriert oder Teil davon ist, sollte dieses System als KI-System mit allgemeinem Verwendungszweck gelten, wenn dieses System aufgrund dieser Integration in der Lage ist, einer Vielzahl von Zwecken zu dienen. Ein KI-System mit allgemeinem Verwendungszweck kann direkt eingesetzt oder in andere KI-Systeme integriert werden.

(101) Anbieter von KI-Modellen mit allgemeinem Verwendungszweck nehmen entlang der KI-Wertschöpfungskette eine besondere Rolle und Verantwortung wahr, da die von ihnen bereitgestellten Modelle die Grundlage für eine Reihe nachgelagerter Systeme bilden können, die häufig von nachgelagerten Anbietern bereitgestellt werden und ein gutes Verständnis der Modelle und ihrer Fähigkeiten erfordern, sowohl um die Integration solcher Modelle in ihre Produkte zu ermöglichen als auch ihre Pflichten im Rahmen dieser oder anderer Verordnungen zu erfüllen. Daher sollten verhältnismäßige Transparenzmaßnahmen festgelegt werden, einschließlich der Erstellung und Aktualisierung von Dokumentation und der Bereitstellung von Informationen über das KI-Modell mit allgemeinem Verwendungszweck für dessen Nutzung durch die nachgelagerten Anbieter. Der Anbieter von KI-Modellen mit allgemeinem Verwendungszweck sollte technische Dokumentation erarbeiten und aktualisieren, damit sie dem Büro für Künstliche Intelligenz und den zuständigen nationalen Behörden auf Anfrage zur Verfügung gestellt werden kann. Welche Elemente mindestens in eine solche Dokumentation aufzunehmen sind, sollte in bestimmten Anhängen dieser Verordnung festgelegt werden. Der Kommission sollte die Befugnis übertragen werden, diese Anhänge im Wege delegierter Rechtsakte vor dem Hintergrund sich wandelnder technologischer Entwicklungen zu ändern.

(102) Software und Daten, einschließlich Modellen, die im Rahmen einer freien und quelloffenen Lizenz freigegeben werden, die ihre offene Weitergabe erlaubt und die Nutzer kostenlos abrufen, nutzen, verändern und weiter verteilen können, auch in veränderter Form, können zu Forschung und Innovation auf dem Markt beitragen und der Wirtschaft der Union erhebliche Wachstumschancen eröffnen. KI-Modelle mit allgemeinem Verwendungszweck, die im Rahmen freier und quelloffener Lizenzen freigegeben werden, sollten als ein hohes Maß an Transparenz und Offenheit sicherstellend gelten, wenn ihre Parameter, einschließlich Gewichte, Informationen über die Modellarchitektur und Informationen über die Modellnutzung, öffentlich zugänglich gemacht werden. Die Lizenz sollte auch als freie quelloffene Lizenz gelten, wenn sie es den Nutzern ermöglicht, Software und Daten zu betreiben, zu kopieren, zu verbreiten, zu untersuchen, zu ändern und zu verbessern, einschließlich Modelle, sofern der ursprüngliche Anbieter des Modells genannt und identische oder vergleichbare Vertriebsbedingungen eingehalten werden.

(103) Zu freien und quelloffenen KI-Komponenten zählen Software und Daten, einschließlich Modelle und KI-Modelle mit allgemeinem Verwendungszweck, Instrumente, Dienste oder Verfahren eines KI-Systems. Freie und quelloffene KI-Komponenten können über verschiedene Kanäle bereitgestellt werden, einschließlich ihrer Entwicklung auf offenen Speichern. Für die Zwecke dieser Verordnung sollten KI-Komponenten, die gegen einen Preis bereitgestellt oder anderweitig monetarisiert werden, einschließlich durch die

Bereitstellung technischer Unterstützung oder anderer Dienste – einschließlich über eine Softwareplattform – im Zusammenhang mit der KI-Komponente oder durch die Verwendung personenbezogener Daten aus anderen Gründen als der alleinigen Verbesserung der Sicherheit, Kompatibilität oder Interoperabilität der Software, mit Ausnahme von Transaktionen zwischen Kleinstunternehmen, nicht unter die Ausnahmen für freie und quelloffene KI-Komponenten fallen. Die Bereitstellung von KI-Komponenten über offene Speicher sollte für sich genommen keine Monetarisierung darstellen.

(104) Für die Anbieter von KI-Modellen mit allgemeinem Verwendungszweck, die im Rahmen einer freien und quelloffenen Lizenz freigegeben werden und deren Parameter, einschließlich Gewichte, Informationen über die Modellarchitektur und Informationen über die Modellnutzung, öffentlich zugänglich gemacht werden, sollten Ausnahmen in Bezug auf die Transparenzanforderungen für KI-Modelle mit allgemeinem Verwendungszweck gelten, es sei denn, sie können als Modelle gelten, die ein systemisches Risiko bergen; in diesem Fall sollte der Umstand, dass das Modell transparent ist und mit einer quelloffenen Lizenz einhergeht, nicht als ausreichender Grund gelten, um sie von der Einhaltung der Pflichten aus dieser Verordnung auszunehmen. Da die Freigabe von KI-Modellen mit allgemeinem Verwendungszweck im Rahmen einer freien und quelloffenen Lizenz nicht unbedingt wesentliche Informationen über den für das Trainieren oder die Feinabstimmung des Modells verwendeten Datensatz und die Art und Weise, wie damit die Einhaltung des Urheberrechts sichergestellt wurde, offenbart, sollte die für KI-Modelle mit allgemeinem Verwendungszweck vorgesehene Ausnahme von der Einhaltung der Transparenzanforderungen in jedem Fall nicht die Pflicht zur Erstellung einer Zusammenfassung der für das Training des Modells verwendeten Inhalte und die Pflicht, eine Strategie zur Einhaltung des Urheberrechts der Union, insbesondere zur Ermittlung und Einhaltung der gemäß Artikel 4 Absatz 3 der Richtlinie (EU) 2019/790 des Europäischen Parlaments und des Rates[40] geltend gemachten Rechtsvorbehalte, auf den Weg zu bringen, betreffen.

(105) KI-Modelle mit allgemeinem Verwendungszweck, insbesondere große generative KI-Modelle, die Text, Bilder und andere Inhalte erzeugen können, bedeuten einzigartige Innovationsmöglichkeiten, aber auch Herausforderungen für Künstler, Autoren und andere Kreative sowie die Art und Weise, wie ihre kreativen Inhalte geschaffen, verbreitet, genutzt und konsumiert werden. Für die Entwicklung und das Training solcher Modelle ist der Zugang zu riesigen Mengen an Text, Bildern, Videos und anderen Daten erforderlich. In diesem Zusammenhang können Text-und-Data-Mining-Techniken in großem Umfang für das Abrufen und die Analyse solcher Inhalte, die urheberrechtlich und durch verwandte Schutzrechte geschützt sein können, eingesetzt werden. Für jede Nutzung urheberrechtlich geschützter Inhalte ist die Zustimmung des betreffenden Rechteinhabers erforderlich, es sei denn, es gelten einschlägige Ausnahmen und Beschränkungen des Urheberrechts. Mit der Richtlinie (EU) 2019/790 wurden Ausnahmen und Beschränkungen eingeführt, um unter bestimmten Bedingungen Vervielfältigungen und Entnahmen von Werken oder sonstigen Schutzgegenständen für die Zwecke des Text und Data Mining zu erlauben. Nach diesen Vorschriften können Rechteinhaber beschließen, ihre Rechte an ihren Werken oder sonstigen Schutzgegenständen vorzubehalten, um Text und Data Mining zu verhindern, es sei denn, es erfolgt zum Zwecke der wissenschaftlichen Forschung. Wenn die Vorbehaltsrechte ausdrücklich und in geeigneter Weise vorbehalten wurden, müssen Anbieter von KI-Modellen mit allgemeinem Verwendungszweck eine Genehmigung von den Rechteinhabern einholen, wenn sie Text und Data Mining bei solchen Werken durchführen wollen.

(106) Anbieter, die KI-Modelle mit allgemeinem Verwendungszweck in der Union in Verkehr bringen, sollten die Erfüllung der einschlägigen Pflichten aus dieser Verordnung gewährleisten. Zu diesem Zweck sollten Anbieter von KI-Modellen mit allgemeinem Verwendungszweck eine Strategie zur Einhaltung des Urheberrechts der Union und der

40 **Amtl. Anm.:** Richtlinie (EU) 2019/790 des Europäischen Parlaments und des Rates vom 17. April 2019 über das Urheberrecht und die verwandten Schutzrechte im digitalen Binnenmarkt und zur Änderung der Richtlinien 96/9/EG und 2001/29/EG (ABl. L 130 vom 17.5.2019, S. 92).

verwandten Schutzrechte einführen, insbesondere zur Ermittlung und Einhaltung des gemäß Artikel 4 Absatz 3 der Richtlinie (EU) 2019/790 durch die Rechteinhaber geltend gemachten Rechtsvorbehalts. Jeder Anbieter, der ein KI-Modell mit allgemeinem Verwendungszweck in der Union in Verkehr bringt, sollte diese Pflicht erfüllen, unabhängig davon, in welchem Hoheitsgebiet die urheberrechtlich relevanten Handlungen, die dem Training dieser KI-Modelle mit allgemeinem Verwendungszweck zugrunde liegen, stattfinden. Dies ist erforderlich, um gleiche Wettbewerbsbedingungen für Anbieter von KI-Modellen mit allgemeinem Verwendungszweck sicherzustellen, unter denen kein Anbieter in der Lage sein sollte, durch die Anwendung niedrigerer Urheberrechtsstandards als in der Union einen Wettbewerbsvorteil auf dem Unionsmarkt zu erlangen.

(107) Um die Transparenz in Bezug auf die beim Vortraining und Training von KI-Modellen mit allgemeinem Verwendungszweck verwendeten Daten, einschließlich urheberrechtlich geschützter Texte und Daten, zu erhöhen, ist es angemessen, dass die Anbieter solcher Modelle eine hinreichend detaillierte Zusammenfassung der für das Training des KI-Modells mit allgemeinem Verwendungszweck verwendeten Inhalte erstellen und veröffentlichen. Unter gebührender Berücksichtigung der Notwendigkeit, Geschäftsgeheimnisse und vertrauliche Geschäftsinformationen zu schützen, sollte der Umfang dieser Zusammenfassung allgemein weitreichend und nicht technisch detailliert sein, um Parteien mit berechtigtem Interesse, einschließlich der Inhaber von Urheberrechten, die Ausübung und Durchsetzung ihrer Rechte nach dem Unionsrecht zu erleichtern, beispielsweise indem die wichtigsten Datenerhebungen oder Datensätze aufgeführt werden, die beim Training des Modells verwendet wurden, etwa große private oder öffentliche Datenbanken oder Datenarchive, und indem eine beschreibende Erläuterung anderer verwendeter Datenquellen bereitgestellt wird. Es ist angebracht, dass das Büro für Künstliche Intelligenz eine Vorlage für die Zusammenfassung bereitstellt, die einfach und wirksam sein sollte und es dem Anbieter ermöglichen sollte, die erforderliche Zusammenfassung in beschreibender Form bereitzustellen.

(108) In Bezug auf die den Anbietern von KI-Modellen mit allgemeinem Verwendungszweck auferlegten Pflichten, eine Strategie zur Einhaltung des Urheberrechts der Union einzuführen und eine Zusammenfassung der für das Training verwendeten Inhalte zu veröffentlichen, sollte das Büro für Künstliche Intelligenz überwachen, ob der Anbieter diese Pflichten erfüllt hat, ohne dies zu überprüfen oder die Trainingsdaten im Hinblick auf die Einhaltung des Urheberrechts Werk für Werk zu bewerten. Diese Verordnung berührt nicht die Durchsetzung der Urheberrechtsvorschriften des Unionsrechts.

(109) Die Einhaltung der für die Anbieter von KI-Modellen mit allgemeinem Verwendungszweck geltenden Pflichten sollte der Art des Anbieters von Modellen angemessen und verhältnismäßig sein, wobei Personen, die Modelle für nicht berufliche oder wissenschaftliche Forschungszwecke entwickeln oder verwenden, ausgenommen sind, jedoch ermutigt werden sollten, diese Anforderungen freiwillig zu erfüllen. Unbeschadet des Urheberrechts der Union sollte bei der Einhaltung dieser Pflichten der Größe des Anbieters gebührend Rechnung getragen und für KMU, einschließlich Start-up-Unternehmen, vereinfachte Verfahren zur Einhaltung ermöglicht werden, die keine übermäßigen Kosten verursachen und nicht von der Verwendung solcher Modelle abhalten sollten. Im Falle einer Änderung oder Feinabstimmung eines Modells sollten die Pflichten der Anbieter von KI-Modellen mit allgemeinem Verwendungszweck auf diese Änderung oder Feinabstimmung beschränkt sein, indem beispielsweise die bereits vorhandene technische Dokumentation um Informationen über die Änderungen, einschließlich neuer Trainingsdatenquellen, ergänzt wird, um die in dieser Verordnung festgelegten Pflichten in der Wertschöpfungskette zu erfüllen.

(110) KI-Modelle mit allgemeinem Verwendungszweck könnten systemische Risiken bergen, unter anderem tatsächliche oder vernünftigerweise vorhersehbare negative Auswirkungen im Zusammenhang mit schweren Unfällen, Störungen kritischer Sektoren und schwerwiegende Folgen für die öffentliche Gesundheit und Sicherheit; alle tatsächlichen oder vernünftigerweise vorhersehbaren negativen Auswirkungen auf die demokratischen Prozesse und die öffentliche und wirtschaftliche Sicherheit; die Verbreitung illegaler, falscher oder diskriminierender Inhalte. Bei systemischen Risiken sollte davon ausgegangen

werden, dass sie mit den Fähigkeiten und der Reichweite des Modells zunehmen, während des gesamten Lebenszyklus des Modells auftreten können und von Bedingungen einer Fehlanwendung, der Zuverlässigkeit des Modells, der Modellgerechtigkeit und der Modellsicherheit, dem Grad der Autonomie des Modells, seinem Zugang zu Instrumenten, neuartigen oder kombinierten Modalitäten, Freigabe- und Vertriebsstrategien, dem Potenzial zur Beseitigung von Leitplanken und anderen Faktoren beeinflusst werden. Insbesondere bei internationalen Ansätzen wurde bisher festgestellt, dass folgenden Risiken Rechnung getragen werden muss: den Risiken einer möglichen vorsätzlichen Fehlanwendung oder unbeabsichtigter Kontrollprobleme im Zusammenhang mit der Ausrichtung auf menschliche Absicht; chemischen, biologischen, radiologischen und nuklearen Risiken, zum Beispiel Möglichkeiten zur Verringerung der Zutrittsschranken, einschließlich für Entwicklung, Gestaltung, Erwerb oder Nutzung von Waffen; offensiven Cyberfähigkeiten, zum Beispiel die Art und Weise, wie Entdeckung, Ausbeutung oder operative Nutzung von Schwachstellen ermöglicht werden können; den Auswirkungen der Interaktion und des Einsatzes von Instrumenten, einschließlich zum Beispiel der Fähigkeit, physische Systeme zu steuern und in kritische Infrastrukturen einzugreifen; Risiken, dass Modelle sich selbst vervielfältigen, oder der „Selbstreplikation" oder des Trainings anderer Modelle; der Art und Weise, wie Modelle zu schädlichen Verzerrungen und Diskriminierung mit Risiken für Einzelpersonen, Gemeinschaften oder Gesellschaften führen können; der Erleichterung von Desinformation oder der Verletzung der Privatsphäre mit Gefahren für demokratische Werte und Menschenrechte; dem Risiko, dass ein bestimmtes Ereignis zu einer Kettenreaktion mit erheblichen negativen Auswirkungen führen könnte, die sich auf eine ganze Stadt, eine ganze Tätigkeit in einem Bereich oder eine ganze Gemeinschaft auswirken könnten.

(111) Es ist angezeigt, eine Methodik für die Einstufung von KI-Modellen mit allgemeinem Verwendungszweck als KI-Modelle mit allgemeinem Verwendungszweck mit systemischen Risiken festzulegen. Da sich systemische Risiken aus besonders hohen Fähigkeiten ergeben, sollte ein KI-Modell mit allgemeinem Verwendungszweck als Modell mit systemischen Risiken gelten, wenn es über auf der Grundlage geeigneter technischer Instrumente und Methoden bewertete Fähigkeiten mit hoher Wirkkraft verfügt oder aufgrund seiner Reichweite erhebliche Auswirkungen auf den Binnenmarkt hat. „Fähigkeiten mit hoher Wirkkraft" bei KI-Modellen mit allgemeinem Verwendungszweck bezeichnet Fähigkeiten, die den bei den fortschrittlichsten KI-Modellen mit allgemeinem Verwendungszweck festgestellten Fähigkeiten entsprechen oder diese übersteigen. Das gesamte Spektrum der Fähigkeiten eines Modells könnte besser verstanden werden, nachdem es in Verkehr gebracht wurde oder wenn die Betreiber mit dem Modell interagieren. Nach dem Stand der Technik zum Zeitpunkt des Inkrafttretens dieser Verordnung ist die kumulierte Menge der für das Training des KI-Modells mit allgemeinem Verwendungszweck verwendeten Berechnungen, gemessen in Gleitkommaoperationen, einer der einschlägigen Näherungswerte für Modellfähigkeiten. Die kumulierte Menge der für das Training verwendeten Berechnungen umfasst die kumulierte Menge der für die Tätigkeiten und Methoden, mit denen die Fähigkeiten des Modells vor der Einführung verbessert werden sollen, wie zum Beispiel Vortraining, Generierung synthetischer Daten und Feinabstimmung, verwendeten Berechnungen. Daher sollte ein erster Schwellenwert der Gleitkommaoperationen festgelegt werden, dessen Erreichen durch ein KI-Modell mit allgemeinem Verwendungszweck zu der Annahme führt, dass es sich bei dem Modell um ein KI-Modell mit allgemeinem Verwendungszweck mit systemischen Risiken handelt. Dieser Schwellenwert sollte im Laufe der Zeit angepasst werden, um technologischen und industriellen Veränderungen, wie zum Beispiel algorithmischen Verbesserungen oder erhöhter Hardwareeffizienz, Rechnung zu tragen, und um Benchmarks und Indikatoren für die Modellfähigkeit ergänzt werden. Um die Grundlage dafür zu schaffen, sollte das Büro für Künstliche Intelligenz mit der Wissenschaftsgemeinschaft, der Industrie, der Zivilgesellschaft und anderen Sachverständigen zusammenarbeiten. Schwellenwerte sowie Instrumente und Benchmarks für die Bewertung von Fähigkeiten mit hoher Wirkkraft sollten zuverlässig die allgemeine Verwendbarkeit, die Fähigkeiten und die mit ihnen verbundenen systemischen Risikos von KI-Modellen mit allgemeinem

Verwendungszweck vorhersagen können und könnten die Art und Weise, wie das Modell in Verkehr gebracht wird, oder die Zahl der Nutzer, auf die es sich auswirken könnte, berücksichtigen. Ergänzend zu diesem System sollte die Kommission Einzelentscheidungen treffen können, mit denen ein KI-Modell mit allgemeinem Verwendungszweck als KI-Modell mit allgemeinem Verwendungszweck mit systemischem Risiko eingestuft wird, wenn festgestellt wurde, dass dieses Modell Fähigkeiten oder Auswirkungen hat, die den von dem festgelegten Schwellenwert erfassten entsprechen. Die genannte Entscheidung sollte auf der Grundlage einer Gesamtbewertung der in einem Anhang dieser Verordnung festgelegten Kriterien für die Benennung von KI-Modellen mit allgemeinem Verwendungszweck mit systemischem Risiko getroffen werden, etwa Qualität oder Größe des Trainingsdatensatzes, Anzahl der gewerblichen Nutzer und Endnutzer, seine Ein- und Ausgabemodalitäten, sein Grad an Autonomie und Skalierbarkeit oder die Instrumente, zu denen es Zugang hat. Stellt der Anbieter, dessen Modell als KI-Modell mit allgemeinem Verwendungszweck mit systemischem Risiko benannt wurde, einen entsprechenden Antrag, sollte die Kommission den Antrag berücksichtigen, und sie kann entscheiden, erneut zu prüfen, ob beim KI-Modell mit allgemeinem Verwendungszweck immer noch davon ausgegangen werden kann, dass es systemische Risiken aufweist.

(112) Außerdem muss das Verfahren für die Einstufung eines KI-Modell mit allgemeinem Verwendungszweck mit systemischem Risiko präzisiert werden. Bei einem KI-Modell mit allgemeinem Verwendungszweck, das den geltenden Schwellenwert für Fähigkeiten mit hoher Wirkkraft erreicht, sollte angenommen werden, dass es sich um ein KI-Modell mit allgemeinem Verwendungszweck mit systemischem Risiko handelt. Der Anbieter sollte spätestens zwei Wochen, nachdem die Bedingungen erfüllt sind oder bekannt wird, dass ein KI-Modell mit allgemeinem Verwendungszweck die Bedingungen, die die Annahme bewirken, erfüllen wird, dies dem Büro für Künstliche Intelligenz mitteilen. Dies ist insbesondere im Zusammenhang mit dem Schwellenwert der Gleitkommaoperationen relevant, da das Training von KI-Modellen mit allgemeinem Verwendungszweck eine erhebliche Planung erfordert, die die vorab durchgeführte Zuweisung von Rechenressourcen umfasst, sodass die Anbieter von KI-Modellen mit allgemeinem Verwendungszweck vor Abschluss des Trainings erfahren können, ob ihr Modell den Schwellenwert erreichen wird. Im Rahmen dieser Mitteilung sollte der Anbieter nachweisen können, dass ein KI-Modell mit allgemeinem Verwendungszweck aufgrund seiner besonderen Merkmale außerordentlicherweise keine systemischen Risiken birgt und daher nicht als KI-Modell mit allgemeinem Verwendungszweck mit systemischem Risiko eingestuft werden sollte. Diese Informationen sind für das Büro für Künstliche Intelligenz wertvoll, um das Inverkehrbringen von KI-Modellen mit allgemeinem Verwendungszweck mit systemischem Risiko zu antizipieren, und die Anbieter können frühzeitig mit der Zusammenarbeit mit dem Büro für Künstliche Intelligenz beginnen. Diese Informationen sind besonders wichtig im Hinblick auf KI-Modell mit allgemeinem Verwendungszweck, die als quelloffene Modelle bereitgestellt werden sollen, da nach der Bereitstellung von quelloffenen Modellen die erforderlichen Maßnahmen zur Gewährleistung der Einhaltung der Pflichten gemäß dieser Verordnung möglicherweise schwieriger umzusetzen sind.

(113) Erhält die Kommission Kenntnis davon, dass ein KI-Modell mit allgemeinem Verwendungszweck die Anforderungen für die Einstufung als KI-Modell mit allgemeinem Verwendungszweck mit systemischem Risiko erfüllt, das zuvor nicht bekannt war oder das der betreffende Anbieter nicht der Kommission gemeldet hat, sollte die Kommission befugt sein, es als solches auszuweisen. Zusätzlich zu den Überwachungstätigkeiten des Büros für Künstliche Intelligenz sollte ein System qualifizierter Warnungen sicherstellen, dass das Büro für Künstliche Intelligenz von dem wissenschaftlichen Gremium von KI-Modelle mit allgemeinem Verwendungszweck in Kenntnis gesetzt wird, die möglicherweise als KI-Modelle mit allgemeinem Verwendungszweck mit systemischem Risiko eingestuft werden sollten, was zu den hinzukommt.

(114) Anbieter von KI-Modellen mit allgemeinem Verwendungszweck, die systemische Risiken bergen, sollten zusätzlich zu den Pflichten für Anbieter von KI-Modellen mit allgemeinem Verwendungszweck Pflichten unterliegen, die darauf abzielen, diese Risiken zu ermitteln und zu mindern und ein angemessenes Maß an Cybersicherheit zu gewährleis-

ten, unabhängig davon, ob es als eigenständiges Modell bereitgestellt wird oder in ein KI-System oder ein Produkt eingebettet ist. Um diese Ziele zu erreichen, sollten die Anbieter in dieser Verordnung verpflichtet werden, die erforderlichen Bewertungen des Modells – insbesondere vor seinem ersten Inverkehrbringen – durchzuführen, wozu auch die Durchführung und Dokumentation von Angriffstests bei Modellen gehören, gegebenenfalls auch im Rahmen interner oder unabhängiger externer Tests. Darüber hinaus sollten KI-Modellen mit allgemeinem Verwendungszweck mit systemischem Risiko fortlaufend systemische Risiken bewerten und mindern, unter anderem durch die Einführung von Risikomanagementstrategien wie Verfahren der Rechenschaftspflicht und Governance-Verfahren, die Umsetzung der Beobachtung nach dem Inverkehrbringen, die Ergreifung geeigneter Maßnahmen während des gesamten Lebenszyklus des Modells und die Zusammenarbeit mit einschlägigen Akteuren entlang der KI-Wertschöpfungskette.

(115) Anbieter von KI-Modellen mit allgemeinem Verwendungszweck mit systemischem Risiko sollten mögliche systemische Risiken bewerten und mindern. Wenn trotz der Bemühungen um Ermittlung und Vermeidung von Risiken im Zusammenhang mit einem KI-Modell mit allgemeinem Verwendungszweck, das systemische Risiken bergen könnte, die Entwicklung oder Verwendung des Modells einen schwerwiegenden Vorfall verursacht, so sollte der Anbieter des KI-Modells mit allgemeinem Verwendungszweck unverzüglich dem Vorfall nachgehen und der Kommission und den zuständigen nationalen Behörden alle einschlägigen Informationen und mögliche Korrekturmaßnahmen mitteilen. Zudem sollten die Anbieter während des gesamten Lebenszyklus des Modells ein angemessenes Maß an Cybersicherheit für das Modell und seine physische Infrastruktur gewährleisten. Beim Schutz der Cybersicherheit im Zusammenhang mit systemischen Risiken, die mit böswilliger Nutzung oder böswilligen Angriffen verbunden sind, sollte der unbeabsichtigte Modelldatenverlust, die unerlaubte Bereitstellung, die Umgehung von Sicherheitsmaßnahmen und der Schutz vor Cyberangriffen, unbefugtem Zugriff oder Modelldiebstahl gebührend beachtet werden. Dieser Schutz könnte durch die Sicherung von Modellgewichten, Algorithmen, Servern und Datensätzen erleichtert werden, z.B. durch Betriebssicherheitsmaßnahmen für die Informationssicherheit, spezifische Cybersicherheitsstrategien, geeignete technische und etablierte Lösungen sowie Kontrollen des physischen Zugangs und des Cyberzugangs, die den jeweiligen Umständen und den damit verbundenen Risiken angemessen sind.

(116) Das Büro für Künstliche Intelligenz sollte die Ausarbeitung, Überprüfung und Anpassung von Praxisleitfäden unter Berücksichtigung internationaler Ansätze fördern und erleichtern. Alle Anbieter von KI-Modellen mit allgemeinem Verwendungszweck könnten ersucht werden, sich daran zu beteiligen. Um sicherzustellen, dass die Praxisleitfäden dem Stand der Technik entsprechen und unterschiedlichen Perspektiven gebührend Rechnung tragen, sollte das Büro für Künstliche Intelligenz bei der Ausarbeitung solcher Leitfäden mit den einschlägigen zuständigen nationalen Behörden zusammenarbeiten und könnte dabei gegebenenfalls Organisationen der Zivilgesellschaft und andere einschlägige Interessenträger und Sachverständige, einschließlich des wissenschaftlichen Gremiums, konsultieren. Die Praxisleitfäden sollten die Pflichten für Anbieter von KI-Modellen mit allgemeinem Verwendungszweck und von KI-Modellen mit allgemeinem Verwendungszweck, die systemische Risiken bergen, abdecken. Ferner sollten Praxisleitfäden im Zusammenhang mit systemischen Risiken dazu beitragen, dass eine Risikotaxonomie für Art und Wesen der systemischen Risiken auf Unionsebene, einschließlich ihrer Ursachen, festgelegt wird. Bei den Praxisleitfäden sollten auch auf spezifische Maßnahmen zur Risikobewertung und -minderung im Mittelpunkt stehen.

(117) Die Verhaltenskodizes sollten ein zentrales Instrument für die ordnungsgemäße Einhaltung der in dieser Verordnung für Anbieter von KI-Modellen mit allgemeinem Verwendungszweck vorgesehenen Pflichten darstellen. Die Anbieter sollten sich auf Verhaltenskodizes stützen können, um die Einhaltung der Pflichten nachzuweisen. Die Kommission kann im Wege von Durchführungsrechtsakten beschließen, einen Praxisleitfaden zu genehmigen und ihm eine allgemeine Gültigkeit in der Union zu verleihen oder alternativ gemeinsame Vorschriften für die Umsetzung der einschlägigen Pflichten festzulegen,

wenn ein Verhaltenskodex bis zum Zeitpunkt der Anwendbarkeit dieser Verordnung nicht fertiggestellt werden kann oder dies vom Büro für Künstliche Intelligenz für nicht angemessen erachtet wird. Sobald eine harmonisierte Norm veröffentlicht und als geeignet bewertet wurde, um die einschlägigen Pflichten des Büros für Künstliche Intelligenz abzudecken, sollte die Einhaltung einer harmonisierten europäischen Norm den Anbietern die Konformitätsvermutung begründen. Anbieter von KI-Modellen mit allgemeinem Verwendungszweck sollten darüber hinaus in der Lage sein, die Konformität mit angemessenen alternativen Mitteln nachzuweisen, wenn Praxisleitfäden oder harmonisierte Normen nicht verfügbar sind oder sie sich dafür entscheiden, sich nicht auf diese zu stützen.

(118) Mit dieser Verordnung werden KI-Systeme und KI-Modelle reguliert, indem einschlägigen Marktteilnehmern, die sie in der Union in Verkehr bringen, in Betrieb nehmen oder verwenden, bestimmte Anforderungen und Pflichten auferlegt werden, wodurch die Pflichten für Anbieter von Vermittlungsdiensten ergänzt werden, die solche Systeme oder Modelle in ihre unter die Verordnung (EU) 2022/2065 fallenden Dienste integrieren. Soweit solche Systeme oder Modelle in als sehr groß eingestufte Online-Plattformen oder als sehr groß eingestufte Online-Suchmaschinen eingebettet sind, unterliegen sie dem in der Verordnung (EU) 2022/2065 vorgesehenen Rahmen für das Risikomanagement. Folglich sollte angenommen werden, dass die entsprechenden Verpflichtungen dieser Verordnung erfüllt sind, es sei denn, in solchen Modellen treten erhebliche systemische Risiken auf, die nicht unter die Verordnung (EU) 2022/2065 fallen, und werden dort ermittelt. Im vorliegenden Rahmen sind Anbieter sehr großer Online-Plattformen und sehr großer Online-Suchmaschinen verpflichtet, potenzielle systemische Risiken, die sich aus dem Entwurf, dem Funktionieren und der Nutzung ihrer Dienste ergeben, einschließlich der Frage, wie der Entwurf der in dem Dienst verwendeten algorithmischen Systeme zu solchen Risiken beitragen kann, sowie systemische Risiken, die sich aus potenziellen Fehlanwendungen ergeben, zu bewerten. Diese Anbieter sind zudem verpflichtet, unter Wahrung der Grundrechte geeignete Risikominderungsmaßnahmen zu ergreifen.

(119) Angesichts des raschen Innovationstempos und der technologischen Entwicklung digitaler Dienste, die in den Anwendungsbereich verschiedener Instrumente des Unionsrechts fallen, können insbesondere unter Berücksichtigung der Verwendung durch ihre Nutzer und deren Wahrnehmung die dieser Verordnung unterliegenden KI-Systeme als Vermittlungsdienste oder Teile davon im Sinne der Verordnung (EU) 2022/2065 bereitgestellt werden, was technologieneutral ausgelegt werden sollte. Beispielsweise können KI-Systeme als Online-Suchmaschinen verwendet werden, insbesondere wenn ein KI-System wie ein Online-Chatbot grundsätzlich alle Websites durchsucht, die Ergebnisse anschließend in sein vorhandenes Wissen integriert und das aktualisierte Wissen nutzt, um eine einzige Ausgabe zu generieren, bei der verschiedene Informationsquellen zusammengeführt wurden.

(120) Zudem sind die Pflichten, die Anbietern und Betreibern bestimmter KI-Systeme mit dieser Verordnung auferlegt werden, um die Feststellung und Offenlegung zu ermöglichen, dass die Ausgaben dieser Systeme künstlich erzeugt oder manipuliert werden, von besonderer Bedeutung für die Erleichterung der wirksamen Umsetzung der Verordnung (EU) 2022/2065. Dies gilt insbesondere für die Pflichten der Anbieter sehr großer Online-Plattformen oder sehr großer Online-Suchmaschinen, systemische Risiken zu ermitteln und zu mindern, die aus der Verbreitung von künstlich erzeugten oder manipulierten Inhalten entstehen können, insbesondere das Risiko tatsächlicher oder vorhersehbarer negativer Auswirkungen auf demokratische Prozesse, den gesellschaftlichen Diskurs und Wahlprozesse, unter anderem durch Desinformation.

(121) Die Normung sollte eine Schlüsselrolle dabei spielen, den Anbietern technische Lösungen zur Verfügung zu stellen, um im Einklang mit dem Stand der Technik die Einhaltung dieser Verordnung zu gewährleisten und Innovation sowie Wettbewerbsfähigkeit und Wachstum im Binnenmarkt zu fördern. Die Einhaltung harmonisierter Normen im Sinne von Artikel 2 Nummer 1 Buchstabe c der Verordnung (EU) Nr. 1025/2012 des

Europäischen Parlaments und des Rates[41], die normalerweise den Stand der Technik widerspiegeln sollten, sollte den Anbietern den Nachweis der Konformität mit den Anforderungen der vorliegenden Verordnung ermöglichen. Daher sollte eine ausgewogene Interessenvertretung unter Einbeziehung aller relevanten Interessenträger, insbesondere KMU, Verbraucherorganisationen sowie ökologischer und sozialer Interessenträger, bei der Entwicklung von Normen gemäß den Artikeln 5 und 6 der Verordnung (EU) Nr. 1025/2012, gefördert werden. Um die Einhaltung der Vorschriften zu erleichtern, sollten die Normungsaufträge von der Kommission unverzüglich erteilt werden. Bei der Ausarbeitung des Normungsauftrags sollte die Kommission das Beratungsforum und das KI-Gremium konsultieren, um einschlägiges Fachwissen einzuholen. In Ermangelung einschlägiger Fundstellen zu harmonisierten Normen sollte die Kommission jedoch im Wege von Durchführungsrechtsakten und nach Konsultation des Beratungsforums gemeinsame Spezifikationen für bestimmte Anforderungen im Rahmen dieser Verordnung festlegen können. Die gemeinsame Spezifikation sollte eine außergewöhnliche Ausweichlösung sein, um die Pflicht des Anbieters zur Einhaltung der Anforderungen dieser Verordnung zu erleichtern, wenn der Normungsauftrag von keiner der europäischen Normungsorganisationen angenommen wurde oder die einschlägigen harmonisierten Normen den Bedenken im Bereich der Grundrechte nicht ausreichend Rechnung tragen oder die harmonisierten Normen dem Auftrag nicht entsprechen oder es Verzögerungen bei der Annahme einer geeigneten harmonisierten Norm gibt. Ist eine solche Verzögerung bei der Annahme einer harmonisierten Norm auf die technische Komplexität dieser Norm zurückzuführen, so sollte die Kommission dies prüfen, bevor sie die Festlegung gemeinsamer Spezifikationen in Erwägung zieht. Die Kommission wird ermutigt, bei der Entwicklung gemeinsamer Spezifikationen mit internationalen Partnern und internationalen Normungsgremien zusammenzuarbeiten.

(122) Unbeschadet der Anwendung harmonisierter Normen und gemeinsamer Spezifikationen ist es angezeigt, dass für Anbieter von Hochrisiko-KI-Systemen, die mit Daten, in denen sich die besonderen geografischen, verhaltensbezogenen, kontextuellen oder funktionalen Rahmenbedingungen niederschlagen, unter denen sie verwendet werden sollen, trainiert und getestet wurden, die Vermutung der Konformität mit der einschlägigen Maßnahme gilt, die im Rahmen der in dieser Verordnung festgelegten Anforderungen an die Daten-Governance vorgesehen ist. Unbeschadet der in dieser Verordnung festgelegten Anforderungen an Robustheit und Genauigkeit sollte gemäß Artikel 54 Absatz 3 der Verordnung (EU) 2019/881 bei Hochrisiko-KI-Systemen, die im Rahmen eines Schemas für die Cybersicherheit gemäß der genannten Verordnung zertifiziert wurden oder für die eine Konformitätserklärung ausgestellt wurde und deren Fundstellen im *Amtsblatt der Europäischen Union* veröffentlicht wurden, vermutet werden, dass eine Übereinstimmung mit den Cybersicherheitsanforderungen der vorliegenden Verordnung gegeben ist, sofern das Cybersicherheitszertifikat oder die Konformitätserklärung oder Teile davon die Cybersicherheitsanforderungen dieser Verordnung abdecken. Dies gilt unbeschadet des freiwilligen Charakters dieses Schemas für die Cybersicherheit.

(123) Um ein hohes Maß an Vertrauenswürdigkeit von Hochrisiko-KI-Systemen zu gewährleisten, sollten diese Systeme einer Konformitätsbewertung unterzogen werden, bevor sie in Verkehr gebracht oder in Betrieb genommen werden.

(124) Damit für Akteure möglichst wenig Aufwand entsteht und etwaige Doppelarbeit vermieden wird, ist es angezeigt, dass bei Hochrisiko-KI-Systemen im Zusammenhang mit Produkten, die auf der Grundlage des neuen Rechtsrahmens unter bestehende Harmonisierungsrechtsvorschriften der Union fallen, im Rahmen der bereits in den genannten Rechtsvorschriften vorgesehenen Konformitätsbewertung bewertet wird, ob diese KI-Systeme den Anforderungen dieser Verordnung genügen. Die Anwendbarkeit

41 **Amtl. Anm.:** Verordnung (EU) Nr. 1025/2012 des Europäischen Parlaments und des Rates vom 25. Oktober 2012 zur europäischen Normung, zur Änderung der Richtlinien 89/686/EWG und 93/15/EWG des Rates sowie der Richtlinien 94/9/EG, 94/25/EG, 95/16/EG, 97/23/EG, 98/34/EG, 2004/22/EG, 2007/23/EG, 2009/23/EG und 2009/105/EG des Europäischen Parlaments und des Rates und zur Aufhebung des Beschlusses 87/95/EWG des Rates und des Beschlusses Nr. 1673/2006/EG des Europäischen Parlaments und des Rates (ABl. L 316 vom 14.11.2012, S. 12).

der Anforderungen dieser Verordnung sollte daher die besondere Logik, Methodik oder allgemeine Struktur der Konformitätsbewertung gemäß den einschlägigen Harmonisierungsrechtsvorschriften der Union unberührt lassen.

(125) Angesichts der Komplexität von Hochrisiko-KI-Systemen und der damit verbundenen Risiken ist es wichtig, ein angemessenes Konformitätsbewertungsverfahren für Hochrisiko-KI-Systeme, an denen notifizierte Stellen beteiligt sind, – die sogenannte Konformitätsbewertung durch Dritte – zu entwickeln. In Anbetracht der derzeitigen Erfahrung professioneller dem Inverkehrbringen vorgeschalteter Zertifizierer im Bereich der Produktsicherheit und der unterschiedlichen Art der damit verbundenen Risiken empfiehlt es sich jedoch, zumindest während der anfänglichen Anwendung dieser Verordnung für Hochrisiko-KI-Systeme, die nicht mit Produkten in Verbindung stehen, den Anwendungsbereich der Konformitätsbewertung durch Dritte einzuschränken. Daher sollte die Konformitätsbewertung solcher Systeme in der Regel vom Anbieter in eigener Verantwortung durchgeführt werden, mit Ausnahme von KI-Systemen, die für die Biometrie verwendet werden sollen.

(126) Damit KI-Systeme, falls vorgeschrieben, Konformitätsbewertungen durch Dritte unterzogen werden können, sollten die notifizierten Stellen gemäß dieser Verordnung von den zuständigen nationalen Behörden notifiziert werden, sofern sie eine Reihe von Anforderungen erfüllen, insbesondere in Bezug auf Unabhängigkeit, Kompetenz, Nichtvorliegen von Interessenkonflikten und geeignete Anforderungen an die Cybersicherheit. Die Notifizierung dieser Stellen sollte von den zuständigen nationalen Behörden der Kommission und den anderen Mitgliedstaaten mittels des von der Kommission entwickelten und verwalteten elektronischen Notifizierungsinstruments gemäß Anhang I Artikel R23 des Beschlusses Nr. 768/2008/EG übermittelt werden.

(127) Im Einklang mit den Verpflichtungen der Union im Rahmen des Übereinkommens der Welthandelsorganisation über technische Handelshemmnisse ist es angemessen, die gegenseitige Anerkennung von Konformitätsbewertungsergebnissen zu erleichtern, die von den zuständigen Konformitätsbewertungsstellen unabhängig von dem Gebiet, in dem sie niedergelassen sind, generiert wurden, sofern diese nach dem Recht eines Drittlandes errichteten Konformitätsbewertungsstellen die geltenden Anforderungen dieser Verordnung erfüllen und die Union ein entsprechendes Abkommen geschlossen hat. In diesem Zusammenhang sollte die Kommission aktiv mögliche internationale Instrumente zu diesem Zweck prüfen und insbesondere den Abschluss von Abkommen über die gegenseitige Anerkennung mit Drittländern anstreben.

(128) Im Einklang mit dem allgemein anerkannten Begriff der wesentlichen Änderung von Produkten, für die Harmonisierungsvorschriften der Union gelten, ist es angezeigt, dass das KI-System bei jeder Änderung, die die Einhaltung dieser Verordnung durch das Hochrisiko-KI-System beeinträchtigen könnte (z.B. Änderung des Betriebssystems oder der Softwarearchitektur), oder wenn sich die Zweckbestimmung des Systems ändert, als neues KI-System betrachtet werden sollte, das einer neuen Konformitätsbewertung unterzogen werden sollte. Änderungen, die den Algorithmus und die Leistung von KI-Systemen betreffen, die nach dem Inverkehrbringen oder der Inbetriebnahme weiterhin dazulernen – d.h., sie passen automatisch an, wie die Funktionen ausgeführt werden –, sollten jedoch keine wesentliche Veränderung darstellen, sofern diese Änderungen vom Anbieter vorab festgelegt und zum Zeitpunkt der Konformitätsbewertung bewertet wurden.

(129) Hochrisiko-KI-Systeme sollten grundsätzlich mit der CE-Kennzeichnung versehen sein, aus der ihre Konformität mit dieser Verordnung hervorgeht, sodass sie frei im Binnenmarkt verkehren können. Bei in ein Produkt integrierten Hochrisiko-KI-Systemen sollte eine physische CE-Kennzeichnung angebracht werden, die durch eine digitale CE-Kennzeichnung ergänzt werden kann. Bei Hochrisiko-KI-Systemen, die nur digital bereitgestellt werden, sollte eine digitale CE-Kennzeichnung verwendet werden. Die Mitgliedstaaten sollten keine ungerechtfertigten Hindernisse für das Inverkehrbringen oder die Inbetriebnahme von Hochrisiko-KI-Systemen schaffen, die die in dieser Verordnung festgelegten Anforderungen erfüllen und mit der CE-Kennzeichnung versehen sind.

(130) Unter bestimmten Bedingungen kann die rasche Verfügbarkeit innovativer Technik für die Gesundheit und Sicherheit von Menschen, den Schutz der Umwelt und vor dem Klimawandel und die Gesellschaft insgesamt von entscheidender Bedeutung sein. Es ist daher angezeigt, dass die Aufsichtsbehörden aus außergewöhnlichen Gründen der öffentlichen Sicherheit, des Schutzes des Lebens und der Gesundheit natürlicher Personen, des Umweltschutzes und des Schutzes wichtiger Industrie- und Infrastrukturanlagen das Inverkehrbringen oder die Inbetriebnahme von KI-Systemen, die keiner Konformitätsbewertung unterzogen wurden, genehmigen könnten. In hinreichend begründeten Fällen gemäß dieser Verordnung können Strafverfolgungs- oder Katastrophenschutzbehörden ein bestimmtes Hochrisiko-KI-System ohne Genehmigung der Marktüberwachungsbehörde in Betrieb nehmen, sofern diese Genehmigung während der Verwendung oder im Anschluss daran unverzüglich beantragt wird.

(131) Um die Arbeit der Kommission und der Mitgliedstaaten im KI-Bereich zu erleichtern und die Transparenz gegenüber der Öffentlichkeit zu erhöhen, sollten Anbieter von Hochrisiko-KI-Systemen, die nicht im Zusammenhang mit Produkten stehen, welche in den Anwendungsbereich einschlägiger Harmonisierungsrechtsvorschriften der Union fallen, und Anbieter, die der Auffassung sind, dass ein KI-System, das in den in einem Anhang dieser Verordnung aufgeführten Anwendungsfällen mit hohem Risiko aufgeführt ist, auf der Grundlage einer Ausnahme nicht hochriskant ist, dazu verpflichtet werden, sich und Informationen über ihr KI-System in einer von der Kommission einzurichtenden und zu verwaltenden EU-Datenbank zu registrieren. Vor der Verwendung eines KI-Systems, das in den in einem Anhang dieser Verordnung aufgeführten Anwendungsfällen mit hohem Risiko aufgeführt ist, sollten sich Betreiber von Hochrisiko-KI-Systemen, die Behörden, Einrichtungen oder sonstige Stellen sind, in dieser Datenbank registrieren und das System auswählen, dessen Verwendung sie planen. Andere Betreiber sollten berechtigt sein, dies freiwillig zu tun. Dieser Teil der EU-Datenbank sollte öffentlich und kostenlos zugänglich sein, und die Informationen sollten leicht zu navigieren, verständlich und maschinenlesbar sein. Die EU-Datenbank sollte außerdem benutzerfreundlich sein und beispielsweise die Suche, auch mit Stichwörtern, vorsehen, damit die breite Öffentlichkeit die einschlägigen Informationen finden kann, die bei der Registrierung von Hochrisiko-KI-Systemen einzureichen sind und die sich auf einen in einem Anhang dieser Verordnung aufgeführten Anwendungsfall der Hochrisiko-KI-Systeme, denen die betreffenden Hochrisiko-KI-Systeme entsprechen, beziehen. Jede wesentliche Veränderung von Hochrisiko-KI-Systemen sollte ebenfalls in der EU-Datenbank registriert werden. Bei Hochrisiko-KI-Systemen, die in den Bereichen Strafverfolgung, Migration, Asyl und Grenzkontrolle eingesetzt werden, sollten die Registrierungspflichten in einem sicheren nicht öffentlichen Teil der EU-Datenbank erfüllt werden. Der Zugang zu dem gesicherten nicht öffentlichen Teil sollte sich strikt auf die Kommission sowie auf die Marktüberwachungsbehörden und bei diesen auf ihren nationalen Teil dieser Datenbank beschränken. Hochrisiko-KI-Systeme im Bereich kritischer Infrastrukturen sollten nur auf nationaler Ebene registriert werden. Die Kommission sollte gemäß der Verordnung (EU) 2018/1725 als für die EU-Datenbank Verantwortlicher gelten. Um die volle Funktionsfähigkeit der EU-Datenbank zu gewährleisten, sollte das Verfahren für die Einrichtung der Datenbank auch die Entwicklung von funktionalen Spezifikationen durch die Kommission und einen unabhängigen Prüfbericht umfassen. Die Kommission sollte bei der Wahrnehmung ihrer Aufgaben als Verantwortliche für die EU-Datenbank die Risiken im Zusammenhang mit Cybersicherheit berücksichtigen. Um für ein Höchstmaß an Verfügbarkeit und Nutzung der EU-Datenbank durch die Öffentlichkeit zu sorgen, sollte die EU-Datenbank, einschließlich der über sie zur Verfügung gestellten Informationen, den Anforderungen der Richtlinie (EU) 2019/882 entsprechen.

(132) Bestimmte KI-Systeme, die mit natürlichen Personen interagieren oder Inhalte erzeugen sollen, können unabhängig davon, ob sie als hochriskant eingestuft werden, ein besonderes Risiko in Bezug auf Identitätsbetrug oder Täuschung bergen. Unter bestimmten Umständen sollte die Verwendung solcher Systeme daher – unbeschadet der Anforderungen an und Pflichten für Hochrisiko-KI-Systeme und vorbehaltlich punktueller Ausnahmen, um den besonderen Erfordernissen der Strafverfolgung Rechnung zu tragen –

besonderen Transparenzpflichten unterliegen. Insbesondere sollte natürlichen Personen mitgeteilt werden, dass sie es mit einem KI-System zu tun haben, es sei denn, dies ist aus Sicht einer angemessen informierten, aufmerksamen und verständigen natürlichen Person aufgrund der Umstände und des Kontexts der Nutzung offensichtlich. Bei der Umsetzung dieser Pflicht sollten die Merkmale von natürlichen Personen, die aufgrund ihres Alters oder einer Behinderung schutzbedürftigen Gruppen angehören, berücksichtigt werden, soweit das KI-System auch mit diesen Gruppen interagieren soll. Darüber hinaus sollte natürlichen Personen mitgeteilt werden, wenn sie KI-Systemen ausgesetzt sind, die durch die Verarbeitung ihrer biometrischen Daten die Gefühle oder Absichten dieser Personen identifizieren oder ableiten oder sie bestimmten Kategorien zuordnen können. Solche spezifischen Kategorien können Aspekte wie etwa Geschlecht, Alter, Haarfarbe, Augenfarbe, Tätowierungen, persönliche Merkmale, ethnische Herkunft sowie persönliche Vorlieben und Interessen betreffen. Diese Informationen und Mitteilungen sollten für Menschen mit Behinderungen in entsprechend barrierefrei zugänglicher Form bereitgestellt werden.

(133) Eine Vielzahl von KI-Systemen kann große Mengen synthetischer Inhalte erzeugen, bei denen es für Menschen immer schwieriger wird, sie vom Menschen erzeugten und authentischen Inhalten zu unterscheiden. Die breite Verfügbarkeit und die zunehmenden Fähigkeiten dieser Systeme wirken sich erheblich auf die Integrität des Informationsökosystems und das ihm entgegengebrachte Vertrauen aus, weil neue Risiken in Bezug auf Fehlinformation und Manipulation in großem Maßstab, Betrug, Identitätsbetrug und Täuschung der Verbraucher entstehen. Angesichts dieser Auswirkungen, des raschen Tempos im Technologiebereich und der Notwendigkeit neuer Methoden und Techniken zur Rückverfolgung der Herkunft von Informationen sollten die Anbieter dieser Systeme verpflichtet werden, technische Lösungen zu integrieren, die die Kennzeichnung in einem maschinenlesbaren Format und die Feststellung ermöglichen, dass die Ausgabe von einem KI-System und nicht von einem Menschen erzeugt oder manipuliert wurde. Diese Techniken und Methoden sollten – soweit technisch möglich – hinreichend zuverlässig, interoperabel, wirksam und belastbar sein, wobei verfügbare Techniken, wie Wasserzeichen, Metadatenidentifizierungen, kryptografische Methoden zum Nachweis der Herkunft und Authentizität des Inhalts, Protokollierungsmethoden, Fingerabdrücke oder andere Techniken, oder eine Kombination solcher Techniken je nach Sachlage zu berücksichtigen sind. Bei der Umsetzung dieser Pflicht sollten die Anbieter auch die Besonderheiten und Einschränkungen der verschiedenen Arten von Inhalten und die einschlägigen technologischen Entwicklungen und Marktentwicklungen in diesem Bereich, die dem allgemein anerkannten Stand der Technik entsprechen, berücksichtigen. Solche Techniken und Methoden können auf der Ebene des KI-Systems oder der Ebene des KI-Modells, darunter KI-Modelle mit allgemeinem Verwendungszweck zur Erzeugung von Inhalten, angewandt werden, wodurch dem nachgelagerten Anbieter des KI-Systems die Erfüllung dieser Pflicht erleichtert wird. Um die Verhältnismäßigkeit zu wahren, sollte vorgesehen werden, dass diese Kennzeichnungspflicht weder für KI-Systeme, die in erster Linie eine unterstützende Funktion für die Standardbearbeitung ausführen, noch für KI-Systeme, die die vom Betreiber bereitgestellten Eingabedaten oder deren Semantik nicht wesentlich verändern, gilt.

(134) Neben den technischen Lösungen, die von den Anbietern von KI-Systemen eingesetzt werden, sollten Betreiber, die ein KI-System zum Erzeugen oder Manipulieren von Bild-, Audio- oder Videoinhalte verwenden, die wirklichen Personen, Gegenständen, Orten, Einrichtungen oder Ereignissen merklich ähneln und einer Person fälschlicherweise echt oder wahr erscheinen würden (Deepfakes), auch klar und deutlich offenlegen, dass die Inhalte künstlich erzeugt oder manipuliert wurden, indem sie die Ausgaben von KI entsprechend kennzeichnen und auf ihren künstlichen Ursprung hinweisen. Die Einhaltung dieser Transparenzpflicht sollte nicht so ausgelegt werden, dass sie darauf hindeutet, dass die Verwendung des KI-Systems oder seiner Ausgabe das Recht auf freie Meinungsäußerung und das Recht auf Freiheit der Kunst und Wissenschaft, die in der Charta garantiert sind, behindern, insbesondere wenn der Inhalt Teil eines offensichtlich kreativen, satirischen, künstlerischen, fiktionalen oder analogen Werks oder Programms

ist und geeignete Schutzvorkehrungen für die Rechte und Freiheiten Dritter bestehen. In diesen Fällen beschränkt sich die in dieser Verordnung festgelegte Transparenzpflicht für Deepfakes darauf, das Vorhandenseins solcher erzeugten oder manipulierten Inhalte in geeigneter Weise offenzulegen, die die Darstellung oder den Genuss des Werks, einschließlich seiner normalen Nutzung und Verwendung, nicht beeinträchtigt und gleichzeitig den Nutzen und die Qualität des Werks aufrechterhält. Darüber hinaus ist es angezeigt, eine ähnliche Offenlegungspflicht in Bezug auf durch KI erzeugte oder manipulierte Texte anzustreben, soweit diese veröffentlicht werden, um die Öffentlichkeit über Angelegenheiten von öffentlichem Interesse zu informieren, es sei denn, die durch KI erzeugten Inhalte wurden einem Verfahren der menschlichen Überprüfung oder redaktionellen Kontrolle unterzogen und eine natürliche oder juristische Person trägt die redaktionelle Verantwortung für die Veröffentlichung der Inhalte.

(135) Unbeschadet des verbindlichen Charakters und der uneingeschränkten Anwendbarkeit der Transparenzpflichten kann die Kommission zudem die Ausarbeitung von Praxisleitfäden auf Unionsebene im Hinblick auf die Ermöglichung der wirksamen Umsetzung der Pflichten in Bezug auf die Feststellung und Kennzeichnung künstlich erzeugter oder manipulierter Inhalte erleichtern und fördern, auch um praktische Vorkehrungen zu unterstützen, mit denen gegebenenfalls die Feststellungsmechanismen zugänglich gemacht werden, die Zusammenarbeit mit anderen Akteuren entlang der Wertschöpfungskette erleichtert wird und Inhalte verbreitet oder ihre Echtheit und Herkunft überprüft werden, damit die Öffentlichkeit durch KI erzeugte Inhalte wirksam erkennen kann.

(136) Die Pflichten, die Anbietern und Betreibern bestimmter KI-Systeme mit dieser Verordnung auferlegt werden, die Feststellung und Offenlegung zu ermöglichen, dass die Ausgaben dieser Systeme künstlich erzeugt oder manipuliert werden, sind von besonderer Bedeutung für die Erleichterung der wirksamen Umsetzung der Verordnung (EU) 2022/2065. Dies gilt insbesondere für die Pflicht der Anbieter sehr großer Online-Plattformen oder sehr großer Online-Suchmaschinen, systemische Risiken zu ermitteln und zu mindern, die aus der Verbreitung von künstlich erzeugten oder manipulierten Inhalten entstehen können, insbesondere das Risiko tatsächlicher oder vorhersehbarer negativer Auswirkungen auf demokratische Prozesse, den gesellschaftlichen Diskurs und Wahlprozesse, unter anderem durch Desinformation. Die Anforderung gemäß dieser Verordnung, durch KI-Systeme erzeugte Inhalte zu kennzeichnen, berührt nicht die Pflicht in Artikel 16 Absatz 6 der Verordnung (EU) 2022/2065 für Anbieter von Hostingdiensten, gemäß Artikel 16 Absatz 1 der genannten Verordnung eingegangene Meldungen über illegale Inhalte zu bearbeiten, und sollte nicht die Beurteilung der Rechtswidrigkeit der betreffenden Inhalte und die Entscheidung darüber beeinflussen. Diese Beurteilung sollte ausschließlich anhand der Vorschriften für die Rechtmäßigkeit der Inhalte vorgenommen werden.

(137) Die Einhaltung der Transparenzpflichten für die von dieser Verordnung erfassten KI-Systeme sollte nicht als Hinweis darauf ausgelegt werden, dass die Verwendung des KI-Systems oder seiner Ausgabe nach dieser Verordnung oder anderen Rechtsvorschriften der Union und der Mitgliedstaaten rechtmäßig ist, und sollte andere Transparenzpflichten für Betreiber von KI-Systemen, die im Unionsrecht oder im nationalen Recht festgelegt sind, unberührt lassen.

(138) KI bezeichnet eine Reihe sich rasch entwickelnder Technologien, die eine Regulierungsaufsicht und einen sicheren und kontrollierten Raum für die Erprobung erfordern, wobei gleichzeitig eine verantwortungsvolle Innovation und die Integration geeigneter Schutzvorkehrungen und Risikominderungsmaßnahmen gewährleistet werden müssen. Um einen innovationsfördernden, zukunftssicheren und gegenüber Störungen widerstandsfähigen Rechtsrahmen sicherzustellen, sollten die Mitgliedstaaten sicherstellen, dass ihre zuständigen nationalen Behörden mindestens ein KI-Reallabor auf nationaler Ebene einrichten, um die Entwicklung und die Erprobung innovativer KI-Systeme vor deren Inverkehrbringen oder anderweitiger Inbetriebnahme unter strenger Regulierungsaufsicht zu erleichtern. Die Mitgliedstaaten könnten diese Pflicht auch erfüllen, indem sie sich an bereits bestehenden Reallaboren beteiligen oder ein Reallabor mit den zuständigen Behörden eines oder mehrerer Mitgliedstaaten gemeinsam einrichten,

insoweit diese Beteiligung eine gleichwertige nationale Abdeckung für die teilnehmenden Mitgliedstaaten bietet. KI-Reallabore könnten in physischer, digitaler oder Hybrid-Form eingerichtet werden, und sie können physische sowie digitale Produkte umfassen. Die einrichtenden Behörden sollten ferner sicherstellen, dass die KI-Reallabore über angemessene Ressourcen für ihre Aufgaben, einschließlich finanzieller und personeller Ressourcen, verfügen.

(139) Die Ziele der KI-Reallabore sollten in Folgendem bestehen: Innovationen im Bereich KI zu fördern, indem eine kontrollierte Versuchs- und Testumgebung für die Entwicklungsphase und die dem Inverkehrbringen vorgelagerte Phase geschaffen wird, um sicherzustellen, dass die innovativen KI-Systeme mit dieser Verordnung und anderem einschlägigen Unionsrecht und dem nationalen Recht in Einklang stehen. Darüber hinaus sollten die KI-Reallabore darauf abzielen, die Rechtssicherheit für Innovatoren sowie die Aufsicht und das Verständnis der zuständigen Behörden in Bezug auf die Möglichkeiten, neu auftretenden Risiken und Auswirkungen der KI-Nutzung zu verbessern, das regulatorische Lernen für Behörden und Unternehmen zu erleichtern, unter anderem im Hinblick auf künftige Anpassungen des Rechtsrahmens, die Zusammenarbeit und den Austausch bewährter Praktiken mit den an dem KI-Reallabor beteiligten Behörden zu unterstützen und den Marktzugang zu beschleunigen, unter anderem indem Hindernisse für KMU, einschließlich Start-up-Unternehmen, abgebaut werden. KI-Reallabore sollten in der gesamten Union weithin verfügbar sein, und ein besonderes Augenmerk sollte auf ihre Zugänglichkeit für KMU, einschließlich Start-up-Unternehmen, gelegt werden. Die Beteiligung am KI-Reallabor sollte sich auf Fragen konzentrieren, die zu Rechtsunsicherheit für Anbieter und zukünftige Anbieter führen, damit sie Innovationen vornehmen, mit KI in der Union experimentieren und zu evidenzbasiertem regulatorischen Lernen beitragen. Die Beaufsichtigung der KI-Systeme im KI-Reallabor sollte sich daher auf deren Entwicklung, Training, Testen und Validierung vor dem Inverkehrbringen oder der Inbetriebnahme der Systeme sowie auf das Konzept und das Auftreten wesentlicher Änderungen erstrecken, die möglicherweise ein neues Konformitätsbewertungsverfahren erfordern. Alle erheblichen Risiken, die bei der Entwicklung und Erprobung solcher KI-Systeme festgestellt werden, sollten eine angemessene Risikominderung und, in Ermangelung dessen, die Aussetzung des Entwicklungs- und Erprobungsprozesses nach sich ziehen. Gegebenenfalls sollten die zuständigen nationalen Behörden, die KI-Reallabore einrichten, mit anderen einschlägigen Behörden zusammenarbeiten, einschließlich derjenigen, die den Schutz der Grundrechte überwachen, und könnten die Einbeziehung anderer Akteure innerhalb des KI-Ökosystems gestatten, wie etwa nationaler oder europäischer Normungsorganisationen, notifizierter Stellen, Test- und Versuchseinrichtungen, Forschungs- und Versuchslabore, Europäischer Digitaler Innovationszentren und einschlägiger Interessenträger und Organisationen der Zivilgesellschaft. Im Interesse einer unionsweit einheitlichen Umsetzung und der Erzielung von Größenvorteilen ist es angezeigt, dass gemeinsame Vorschriften für die Umsetzung von KI-Reallaboren und ein Rahmen für die Zusammenarbeit zwischen den an der Beaufsichtigung der Reallabore beteiligten Behörden festgelegt werden. KI-Reallabore, die im Rahmen dieser Verordnung eingerichtet werden, sollten anderes Recht, das die Einrichtung anderer Reallabore ermöglicht, unberührt lassen, um die Einhaltung anderen Rechts als dieser Verordnung sicherzustellen. Gegebenenfalls sollten die für diese anderen Reallabore zuständigen Behörden die Vorteile der Nutzung dieser Reallabore auch zum Zweck der Gewährleistung der Konformität der KI-Systeme mit dieser Verordnung berücksichtigen. Im Einvernehmen zwischen den zuständigen nationalen Behörden und den am KI-Reallabor Beteiligten können Tests unter Realbedingungen auch im Rahmen des KI-Reallabors durchgeführt und beaufsichtigt werden.

(140) Die vorliegende Verordnung sollte im Einklang mit Artikel 6 Absatz 4 und Artikel 9 Absatz 2 Buchstabe g der Verordnung (EU) 2016/679 und den Artikeln 5, 6 und 10 der Verordnung (EU) 2018/1725 sowie unbeschadet des Artikels 4 Absatz 2 und des Artikels 10 der Richtlinie (EU) 2016/680 die Rechtsgrundlage für die Verwendung – ausschließlich unter bestimmten Bedingungen – personenbezogener Daten, die für andere Zwecke erhoben wurden, zur Entwicklung bestimmter KI-Systeme im öffentlichen Interesse in-

nerhalb des KI-Reallabors durch die Anbieter und zukünftigen Anbieter im KI-Reallabor bilden. Alle anderen Pflichten von Verantwortlichen und Rechte betroffener Personen im Rahmen der Verordnungen (EU) 2016/679 und (EU) 2018/1725 und der Richtlinie (EU) 2016/680 gelten weiterhin. Insbesondere sollte diese Verordnung keine Rechtsgrundlage im Sinne des Artikels 22 Absatz 2 Buchstabe b der Verordnung (EU) 2016/679 und des Artikels 24 Absatz 2 Buchstabe b der Verordnung (EU) 2018/1725 bilden. Anbieter und zukünftige Anbieter im KI-Reallabor sollten angemessene Schutzvorkehrungen treffen und mit den zuständigen Behörden zusammenarbeiten, unter anderem indem sie deren Anleitung folgen und zügig und nach Treu und Glauben handeln, um etwaige erhebliche Risiken für die Sicherheit, die Gesundheit und die Grundrechte, die bei der Entwicklung, bei der Erprobung und bei Versuchen in diesem Reallabor auftreten können, zu mindern.

(141) Um den Prozess der Entwicklung und des Inverkehrbringens der in einem Anhang dieser Verordnung aufgeführten Hochrisiko-KI-Systeme zu beschleunigen, ist es wichtig, dass Anbieter oder zukünftige Anbieter solcher Systeme auch von einer spezifischen Regelung für das Testen dieser Systeme unter Realbedingungen profitieren können, ohne sich an einem KI-Reallabor zu beteiligen. In solchen Fällen, unter Berücksichtigung der möglichen Folgen solcher Tests für Einzelpersonen, sollte jedoch sichergestellt werden, dass mit dieser Verordnung angemessene und ausreichende Garantien und Bedingungen für Anbieter oder zukünftige Anbieter eingeführt werden. Diese Garantien sollten unter anderem die Einholung der informierten Einwilligung natürlicher Personen in die Beteiligung an Tests unter Realbedingungen umfassen, mit Ausnahme der Strafverfolgung, wenn die Einholung der informierten Einwilligung verhindern würde, dass das KI-System getestet wird. Die Einwilligung der Testteilnehmer zur Teilnahme an solchen Tests im Rahmen dieser Verordnung unterscheidet sich von der Einwilligung betroffener Personen in die Verarbeitung ihrer personenbezogenen Daten nach den einschlägigen Datenschutzvorschriften und greift dieser nicht vor. Ferner ist es wichtig, die Risiken zu minimieren und die Aufsicht durch die zuständigen Behörden zu ermöglichen und daher von zukünftigen Anbietern zu verlangen, dass sie der zuständigen Marktüberwachungsbehörde einen Plan für einen Test unter Realbedingungen vorgelegt haben, die Tests – vorbehaltlich einiger begrenzter Ausnahmen – in den dafür vorgesehenen Abschnitten der EU-Datenbank zu registrieren, den Zeitraum zu begrenzen, in dem die Tests durchgeführt werden können, und zusätzliche Schutzmaßnahmen für Personen, die schutzbedürftigen Gruppen angehören, sowie eine schriftliche Einwilligung mit der Festlegung der Aufgaben und Zuständigkeiten der zukünftigen Anbieter und der Betreiber und eine wirksame Aufsicht durch zuständiges Personal, das an den Tests unter Realbedingungen beteiligt ist, zu verlangen. Darüber hinaus ist es angezeigt, zusätzliche Schutzmaßnahmen vorzusehen, um sicherzustellen, dass die Vorhersagen, Empfehlungen oder Entscheidungen des KI-Systems effektiv rückgängig gemacht und missachtet werden können, und dass personenbezogene Daten geschützt sind und gelöscht werden, wenn die Testteilnehmer ihre Einwilligung zur Teilnahme an den Tests widerrufen haben, und zwar unbeschadet ihrer Rechte als betroffene Personen nach dem Datenschutzrecht der Union. Was die Datenübermittlung betrifft, so ist es angezeigt vorzusehen, dass Daten, die zum Zweck von Tests unter Realbedingungen erhoben und verarbeitet wurden, nur dann an Drittstaaten übermittelt werden sollten, wenn angemessene und anwendbare Schutzmaßnahmen nach dem Unionsrecht umgesetzt wurden, insbesondere im Einklang mit den Grundlagen für die Übermittlung personenbezogener Daten nach dem Datenschutzrecht der Union, während für nicht personenbezogene Daten angemessene Schutzmaßnahmen im Einklang mit dem Unionsrecht, z.B. den Verordnungen (EU) 2022/868[42] und (EU) 2023/2854[43] des Europäischen Parlaments und des Rates eingerichtet wurden.

42 **Amtl. Anm.:** Verordnung (EU) 2022/868 des Europäischen Parlaments und des Rates vom 30. Mai 2022 über europäische Daten-Governance und zur Änderung der Verordnung (EU) 2018/1724 (Daten-Governance-Rechtsakt) (ABl. L 152 vom 3.6.2022, S. 1).

43 **Amtl. Anm.:** Verordnung (EU) 2023/2854 des Rates und des Europäischen Parlaments vom 13. Dezember 2023 über harmonisierte Vorschriften für einen fairen Datenzugang und eine faire Datennutzung sowie zur Ände-

(142) Um sicherzustellen, dass KI zu sozial und ökologisch vorteilhaften Ergebnissen führt, werden die Mitgliedstaaten ermutigt, Forschung und Entwicklung zu KI-Lösungen, die zu sozial und ökologisch vorteilhaften Ergebnissen beitragen, zu unterstützen und zu fördern, wie KI-gestützte Lösungen für mehr Barrierefreiheit für Personen mit Behinderungen, zur Bekämpfung sozioökonomischer Ungleichheiten oder zur Erreichung von Umweltzielen, indem ausreichend Ressourcen – einschließlich öffentlicher Mittel und Unionsmittel – bereitgestellt werden, und – soweit angebracht und sofern die Voraussetzungen und Zulassungskriterien erfüllt sind – insbesondere unter Berücksichtigung von Projekten, mit denen diese Ziele verfolgt werden. Diese Projekte sollten auf dem Grundsatz der interdisziplinären Zusammenarbeit zwischen KI-Entwicklern, Sachverständigen in den Bereichen Gleichstellung und Nichtdiskriminierung, Barrierefreiheit und Verbraucher-, Umwelt- und digitale Rechte sowie Wissenschaftlern beruhen.

(143) Um Innovationen zu fördern und zu schützen, ist es wichtig, die Interessen von KMU, einschließlich Start-up-Unternehmen, die Anbieter und Betreiber von KI-Systemen sind, besonders zu berücksichtigen. Zu diesem Zweck sollten die Mitgliedstaaten Initiativen ergreifen, die sich an diese Akteure richten, darunter auch Sensibilisierungs- und Informationsmaßnahmen. Die Mitgliedstaaten sollten KMU, einschließlich Start-up-Unternehmen, die ihren Sitz oder eine Zweigniederlassung in der Union haben, vorrangigen Zugang zu den KI-Reallaboren gewähren, soweit sie die Voraussetzungen und Zulassungskriterien erfüllen und ohne andere Anbieter und zukünftige Anbieter am Zugang zu den Reallaboren zu hindern, sofern die gleichen Voraussetzungen und Kriterien erfüllt sind. Die Mitgliedstaaten sollten bestehende Kanäle nutzen und gegebenenfalls neue Kanäle für die Kommunikation mit KMU, einschließlich Start-up-Unternehmen, Betreibern, anderen Innovatoren und gegebenenfalls Behörden einrichten, um KMU auf ihrem gesamten Entwicklungsweg zu unterstützen, indem sie ihnen Orientierungshilfe bieten und Fragen zur Durchführung dieser Verordnung beantworten. Diese Kanäle sollten gegebenenfalls zusammenarbeiten, um Synergien zu schaffen und eine Homogenität ihrer Leitlinien für KMU, einschließlich Start-up-Unternehmen, und Betreiber sicherzustellen. Darüber hinaus sollten die Mitgliedstaaten die Beteiligung von KMU und anderen einschlägigen Interessenträgern an der Entwicklung von Normen fördern. Außerdem sollten die besonderen Interessen und Bedürfnisse von Anbietern, die KMU, einschließlich Start-up-Unternehmen, sind, bei der Festlegung der Gebühren für die Konformitätsbewertung durch die notifizierten Stellen berücksichtigt werden. Die Kommission sollte regelmäßig die Zertifizierungs- und Befolgungskosten für KMU, einschließlich Start-up-Unternehmen, durch transparente Konsultationen bewerten, und sie sollte mit den Mitgliedstaaten zusammenarbeiten, um diese Kosten zu senken. So können beispielsweise Übersetzungen im Zusammenhang mit der verpflichtenden Dokumentation und Kommunikation mit Behörden für Anbieter und andere Akteure, insbesondere die kleineren unter ihnen, erhebliche Kosten verursachen. Die Mitgliedstaaten sollten möglichst dafür sorgen, dass eine der Sprachen, die sie für die einschlägige Dokumentation der Anbieter und für die Kommunikation mit den Akteuren bestimmen und akzeptieren, eine Sprache ist, die von der größtmöglichen Zahl grenzüberschreitender Betreiber weitgehend verstanden wird. Um den besonderen Bedürfnissen von KMU, einschließlich Start-up-Unternehmen, gerecht zu werden, sollte die Kommission auf Ersuchen des KI-Gremiums standardisierte Vorlagen für die unter diese Verordnung fallenden Bereiche bereitstellen. Ferner sollte die Kommission die Bemühungen der Mitgliedstaaten ergänzen, indem sie eine zentrale Informationsplattform mit leicht nutzbaren Informationen über diese Verordnung für alle Anbieter und Betreiber bereitstellt, indem sie angemessene Informationskampagnen durchführt, um für die aus dieser Verordnung erwachsenden Pflichten zu sensibilisieren, und indem sie die Konvergenz bewährter Praktiken bei Vergabeverfahren im Zusammenhang mit KI-Systemen bewertet und fördert. Mittlere Unternehmen, die bis vor kurzem als kleine Unternehmen im Sinne des

rung der Verordnung (EU) 2017/2394 und der Richtlinie (EU) 2020/1828 (Datenverordnung) (ABl. L, 2023/2854, 22.12.2023, ELI: http://data.europa.eu/eli/reg/2023/2854/oj).

Anhangs der Empfehlung 2003/361/EG der Kommission[44] galten, sollten Zugang zu diesen Unterstützungsmaßnahmen haben, da diese neuen mittleren Unternehmen mitunter nicht über die erforderlichen rechtlichen Ressourcen und Ausbildung verfügen, um ein ordnungsgemäßes Verständnis und eine entsprechende Einhaltung dieser Verordnung zu gewährleisten.

(144) Um Innovationen zu fördern und zu schützen, sollten die Plattform für KI auf Abruf, alle einschlägigen Finanzierungsprogramme und -projekte der Union, wie etwa das Programm „Digitales Europa“ und Horizont Europa, die von der Kommission und den Mitgliedstaaten auf Unionsebene bzw. auf nationaler Ebene durchgeführt werden, zur Verwirklichung der Ziele dieser Verordnung beitragen.

(145) Um die Risiken bei der Umsetzung, die sich aus mangelndem Wissen und fehlenden Fachkenntnissen auf dem Markt ergeben, zu minimieren und den Anbietern, insbesondere KMU, einschließlich Start-up-Unternehmen, und notifizierten Stellen die Einhaltung ihrer Pflichten aus dieser Verordnung zu erleichtern, sollten insbesondere die Plattform für KI auf Abruf, die europäischen Zentren für digitale Innovation und die Test- und Versuchseinrichtungen, die von der Kommission und den Mitgliedstaaten auf Unionsebene bzw. auf nationaler Ebene eingerichtet werden, zur Durchführung dieser Verordnung beitragen. Die Plattform für KI auf Abruf, die europäischen Zentren für digitale Innovation und die Test- und Versuchseinrichtungen können Anbieter und notifizierte Stellen im Rahmen ihres jeweiligen Auftrags und ihrer jeweiligen Kompetenzbereiche insbesondere technisch und wissenschaftlich unterstützen.

(146) Angesichts der sehr geringen Größe einiger Akteure und um die Verhältnismäßigkeit in Bezug auf die Innovationskosten sicherzustellen, ist es darüber hinaus angezeigt, Kleinstunternehmen zu erlauben, eine der kostspieligsten Pflichten, nämlich die Einführung eines Qualitätsmanagementsystems, in vereinfachter Weise zu erfüllen, was den Verwaltungsaufwand und die Kosten für diese Unternehmen verringern würde, ohne das Schutzniveau und die Notwendigkeit der Einhaltung der Anforderungen für Hochrisiko-KI-Systeme zu beeinträchtigen. Die Kommission sollte Leitlinien ausarbeiten, um die Elemente des Qualitätsmanagementsystems zu bestimmen, die von Kleinstunternehmen auf diese vereinfachte Weise zu erfüllen sind.

(147) Es ist angezeigt, dass die Kommission den Stellen, Gruppen oder Laboratorien, die gemäß den einschlägigen Harmonisierungsrechtsvorschriften der Union eingerichtet oder akkreditiert sind und Aufgaben im Zusammenhang mit der Konformitätsbewertung von Produkten oder Geräten wahrnehmen, die unter diese Harmonisierungsrechtsvorschriften der Union fallen, so weit wie möglich den Zugang zu Test- und Versuchseinrichtungen erleichtert. Dies gilt insbesondere für Expertengremien, Fachlaboratorien und Referenzlaboratorien im Bereich Medizinprodukte gemäß den Verordnungen (EU) 2017/745 und (EU) 2017/746.

(148) Mit dieser Verordnung sollte ein Governance-Rahmen geschaffen werden, der sowohl die Koordinierung und Unterstützung der Anwendung dieser Verordnung auf nationaler Ebene als auch den Aufbau von Kapazitäten auf Unionsebene und die Integration von Interessenträgern im Bereich der KI ermöglicht. Für die wirksame Umsetzung und Durchsetzung dieser Verordnung ist ein Governance-Rahmen erforderlich, der es ermöglicht, zentrales Fachwissen auf Unionsebene zu koordinieren und aufzubauen. Per Kommissionbeschluss[45] wurde das Büro für Künstliche Intelligenz errichtet, dessen Aufgabe es ist, Fachwissen und Kapazitäten der Union im Bereich der KI zu entwickeln und zur Umsetzung des Unionsrechts im KI-Bereich beizutragen. Die Mitgliedstaaten sollten die Aufgaben des Büros für Künstliche Intelligenz erleichtern, um die Entwicklung von Fachwissen und Kapazitäten auf Unionsebene zu unterstützen und die Funktionsweise des digitalen Binnenmarkts zu stärken. Darüber hinaus sollten ein aus Vertretern der Mitgliedstaaten zusammengesetztes KI-Gremium, ein wissenschaftliches Gremium zur

44 **Amtl. Anm.:** Empfehlung der Kommission vom 6. Mai 2003 betreffend die Definition der Kleinstunternehmen sowie der kleinen und mittleren Unternehmen (ABl. L 124 vom 20.5.2003, S. 36).

45 **Amtl. Anm.:** Beschluss C(2024) 390 der Kommission vom 24.1.2024 zur Errichtung des Europäischen Amts für künstliche Intelligenz.

Integration der Wissenschaftsgemeinschaft und ein Beratungsforum für Beiträge von Interessenträgern zur Durchführung dieser Verordnung auf Unionsebene und auf nationaler Ebene eingerichtet werden. Die Entwicklung von Fachwissen und Kapazitäten der Union sollte auch die Nutzung bestehender Ressourcen und Fachkenntnisse umfassen, insbesondere durch Synergien mit Strukturen, die im Rahmen der Durchsetzung anderen Rechts auf Unionsebene aufgebaut wurden, und Synergien mit einschlägigen Initiativen auf Unionsebene, wie dem Gemeinsamen Unternehmen EuroHPC und den KI-Test- und Versuchseinrichtungen im Rahmen des Programms „Digitales Europa".

(149) Um eine reibungslose, wirksame und harmonisierte Durchführung dieser Verordnung zu erleichtern, sollte ein KI-Gremium eingerichtet werden. Das KI-Gremium sollte die verschiedenen Interessen des KI-Ökosystems widerspiegeln und sich aus Vertretern der Mitgliedstaaten zusammensetzen. Das KI-Gremium sollte für eine Reihe von Beratungsaufgaben zuständig sein, einschließlich der Abgabe von Stellungnahmen, Empfehlungen, Ratschlägen oder Beiträgen zu Leitlinien zu Fragen im Zusammenhang mit der Durchführung dieser Verordnung – darunter zu Durchsetzungsfragen, technischen Spezifikationen oder bestehenden Normen in Bezug auf die in dieser Verordnung festgelegten Anforderungen – sowie der Beratung der Kommission und der Mitgliedstaaten und ihrer zuständigen nationalen Behörden in spezifischen Fragen im Zusammenhang mit KI. Um den Mitgliedstaaten eine gewisse Flexibilität bei der Benennung ihrer Vertreter im KI-Gremium zu geben, können diese Vertreter alle Personen sein, die öffentlichen Einrichtungen angehören, die über einschlägige Zuständigkeiten und Befugnisse verfügen sollten, um die Koordinierung auf nationaler Ebene zu erleichtern und zur Erfüllung der Aufgaben des KI-Gremiums beizutragen. Das KI-Gremium sollte zwei ständige Untergruppen einrichten, um Marktüberwachungsbehörden und notifizierenden Behörden für die Zusammenarbeit und den Austausch in Fragen, die die Marktüberwachung bzw. notifizierende Stellen betreffen, eine Plattform zu bieten. Die ständige Untergruppe für Marktüberwachung sollte für diese Verordnung als Gruppe für die Verwaltungszusammenarbeit (ADCO-Gruppe) im Sinne des Artikels 30 der Verordnung (EU) 2019/1020 fungieren. Im Einklang mit Artikel 33 der genannten Verordnung sollte die Kommission die Tätigkeiten der ständigen Untergruppe für Marktüberwachung durch die Durchführung von Marktbewertungen oder -untersuchungen unterstützen, insbesondere im Hinblick auf die Ermittlung von Aspekten dieser Verordnung, die eine spezifische und dringende Koordinierung zwischen den Marktüberwachungsbehörden erfordern. Das KI-Gremium kann weitere ständige oder nichtständige Untergruppen einrichten, falls das für die Prüfung bestimmter Fragen zweckmäßig sein sollte. Das KI-Gremium sollte gegebenenfalls auch mit einschlägigen Einrichtungen, Sachverständigengruppen und Netzwerken der Union zusammenarbeiten, die im Zusammenhang mit dem einschlägigen Unionsrecht tätig sind, einschließlich insbesondere derjenigen, die im Rahmen des einschlägigen Unionsrechts über Daten, digitale Produkte und Dienstleistungen tätig sind.

(150) Im Hinblick auf die Einbeziehung von Interessenträgern in die Umsetzung und Anwendung dieser Verordnung sollte ein Beratungsforum eingerichtet werden, um das KI-Gremium und die Kommission zu beraten und ihnen technisches Fachwissen bereitzustellen. Um eine vielfältige und ausgewogene Vertretung der Interessenträger mit gewerblichen und nicht gewerblichen Interessen und – innerhalb der Kategorie mit gewerblichen Interessen – in Bezug auf KMU und andere Unternehmen zu gewährleisten, sollten in dem Beratungsforum unter anderem die Industrie, Start-up-Unternehmen, KMU, die Wissenschaft, die Zivilgesellschaft, einschließlich der Sozialpartner, sowie die Agentur für Grundrechte, die ENISA, das Europäische Komitee für Normung (CEN), Europäische Komitee für elektrotechnische Normung (CENELEC) und das Europäische Institut für Telekommunikationsnormen (ETSI) vertreten sein.

(151) Zur Unterstützung der Umsetzung und Durchsetzung dieser Verordnung, insbesondere der Beobachtungstätigkeiten des Büros für Künstliche Intelligenz in Bezug auf KI-Modelle mit allgemeinem Verwendungszweck, sollte ein wissenschaftliches Gremium mit unabhängigen Sachverständigen eingerichtet werden. Die unabhängigen Sachverständigen, aus denen sich das wissenschaftliche Gremium zusammensetzt, sollten auf der Grundlage des aktuellen wissenschaftlichen oder technischen Fachwissens im KI-Bereich

ausgewählt werden und ihre Aufgaben unparteiisch, objektiv und unter Achtung der Vertraulichkeit der bei der Durchführung ihrer Aufgaben und Tätigkeiten erhaltenen Informationen und Daten ausüben. Um eine Aufstockung der nationalen Kapazitäten, die für die wirksame Durchsetzung dieser Verordnung erforderlich sind, zu ermöglichen, sollten die Mitgliedstaaten für ihre Durchsetzungstätigkeiten Unterstützung aus dem Pool von Sachverständigen anfordern können, der das wissenschaftliche Gremium bildet.

(152) Um eine angemessene Durchsetzung in Bezug auf KI-Systeme zu unterstützen und die Kapazitäten der Mitgliedstaaten zu stärken, sollten Unionsstrukturen zur Unterstützung der Prüfung von KI eingerichtet und den Mitgliedstaaten zur Verfügung gestellt werden.

(153) Den Mitgliedstaaten kommt bei der Anwendung und Durchsetzung dieser Verordnung eine Schlüsselrolle zu. Dazu sollte jeder Mitgliedstaat mindestens eine notifizierende Behörde und mindestens eine Marktüberwachungsbehörde als zuständige nationale Behörden benennen, die die Anwendung und Durchführung dieser Verordnung beaufsichtigen. Die Mitgliedstaaten können beschließen, öffentliche Einrichtungen jeder Art zu benennen, die die Aufgaben der zuständigen nationalen Behörden im Sinne dieser Verordnung gemäß ihren spezifischen nationalen organisatorischen Merkmalen und Bedürfnissen wahrnehmen. Um die Effizienz der Organisation aufseiten der Mitgliedstaaten zu steigern und eine zentrale Anlaufstelle gegenüber der Öffentlichkeit und anderen Ansprechpartnern auf Ebene der Mitgliedstaaten und der Union einzurichten, sollte jeder Mitgliedstaat eine Marktüberwachungsbehörde als zentrale Anlaufstelle benennen.

(154) Die zuständigen nationalen Behörden sollten ihre Befugnisse unabhängig, unparteiisch und unvoreingenommen ausüben, um die Grundsätze der Objektivität ihrer Tätigkeiten und Aufgaben zu wahren und die Anwendung und Durchführung dieser Verordnung sicherzustellen. Die Mitglieder dieser Behörden sollten sich jeder Handlung enthalten, die mit ihren Aufgaben unvereinbar wäre, und sie sollten den Vertraulichkeitsvorschriften gemäß dieser Verordnung unterliegen.

(155) Damit Anbieter von Hochrisiko-KI-Systemen die Erfahrungen mit der Verwendung von Hochrisiko-KI-Systemen bei der Verbesserung ihrer Systeme und im Konzeptions- und Entwicklungsprozess berücksichtigen oder rechtzeitig etwaige Korrekturmaßnahmen ergreifen können, sollten alle Anbieter über ein System zur Beobachtung nach dem Inverkehrbringen verfügen. Gegebenenfalls sollte die Beobachtung nach dem Inverkehrbringen eine Analyse der Interaktion mit anderen KI-Systemen, einschließlich anderer Geräte und Software, umfassen. Die Beobachtung nach dem Inverkehrbringen sollte nicht für sensible operative Daten von Betreibern, die Strafverfolgungsbehörden sind, gelten. Dieses System ist auch wichtig, damit den möglichen Risiken, die von KI-Systemen ausgehen, die nach dem Inverkehrbringen oder der Inbetriebnahme dazulernen, effizienter und zeitnah begegnet werden kann. In diesem Zusammenhang sollten die Anbieter auch verpflichtet sein, ein System einzurichten, um den zuständigen Behörden schwerwiegende Vorfälle zu melden, die sich aus der Verwendung ihrer KI-Systeme ergeben; damit sind Vorfälle oder Fehlfunktionen gemeint, die zum Tod oder zu schweren Gesundheitsschäden führen, schwerwiegende und irreversible Störungen der Verwaltung und des Betriebs kritischer Infrastrukturen, Verstöße gegen Verpflichtungen aus dem Unionsrecht, mit denen die Grundrechte geschützt werden sollen, oder schwere Sach- oder Umweltschäden.

(156) Zur Gewährleistung einer angemessenen und wirksamen Durchsetzung der Anforderungen und Pflichten gemäß dieser Verordnung, bei der es sich um eine Harmonisierungsrechtsvorschrift der Union handelt, sollte das mit der Verordnung (EU) 2019/1020 eingeführte System der Marktüberwachung und der Konformität von Produkten in vollem Umfang gelten. Die gemäß dieser Verordnung benannten Marktüberwachungsbehörden sollten über alle in der vorliegenden Verordnung und der Verordnung (EU) 2019/1020 festgelegten Durchsetzungsbefugnisse verfügen und ihre Befugnisse und Aufgaben unabhängig, unparteiisch und unvoreingenommen wahrnehmen. Obwohl die meisten KI-Systeme keinen spezifischen Anforderungen und Pflichten gemäß der vorliegenden Verordnung unterliegen, können die Marktüberwachungsbehörden Maßnahmen in Bezug auf alle KI-Systeme ergreifen, wenn sie ein Risiko gemäß dieser Verordnung darstellen. Auf-

grund des spezifischen Charakters der Organe, Einrichtungen und sonstigen Stellen der Union, die in den Anwendungsbereich dieser Verordnung fallen, ist es angezeigt, dass der Europäische Datenschutzbeauftragte als eine zuständige Marktüberwachungsbehörde für sie benannt wird. Die Benennung zuständiger nationaler Behörden durch die Mitgliedstaaten sollte davon unberührt bleiben. Die Marktüberwachungstätigkeiten sollten die Fähigkeit der beaufsichtigten Einrichtungen, ihre Aufgaben unabhängig wahrzunehmen, nicht beeinträchtigen, wenn eine solche Unabhängigkeit nach dem Unionsrecht erforderlich ist.

(157) Diese Verordnung berührt nicht die Zuständigkeiten, Aufgaben, Befugnisse und Unabhängigkeit der einschlägigen nationalen Behörden oder Stellen, die die Anwendung des Unionsrechts zum Schutz der Grundrechte überwachen, einschließlich Gleichbehandlungsstellen und Datenschutzbehörden. Sofern dies für die Erfüllung ihres Auftrags erforderlich ist, sollten auch diese nationalen Behörden oder Stellen Zugang zu der gesamten im Rahmen dieser Verordnung erstellten Dokumentation haben. Es sollte ein spezifisches Schutzklauselverfahren festgelegt werden, um eine angemessene und zeitnahe Durchsetzung gegenüber KI-Systemen, die ein Risiko für Gesundheit, Sicherheit und Grundrechte bergen, sicherzustellen. Das Verfahren für solche KI-Systeme, die ein Risiko bergen, sollte auf Hochrisiko-KI-Systeme, von denen ein Risiko ausgeht, auf verbotene Systeme, die unter Verstoß gegen die in dieser Verordnung festgelegten verbotenen Praktiken in Verkehr gebracht, in Betrieb genommen oder verwendet wurden, sowie auf KI-Systeme, die unter Verstoß der Transparenzanforderungen dieser Verordnung bereitgestellt wurden und ein Risiko bergen, angewandt werden.

(158) Die Rechtsvorschriften der Union über Finanzdienstleistungen enthalten Vorschriften und Anforderungen für die interne Unternehmensführung und das Risikomanagement, die für regulierte Finanzinstitute bei der Erbringung solcher Dienstleistungen gelten, auch wenn sie KI-Systeme verwenden. Um eine kohärente Anwendung und Durchsetzung der Pflichten aus dieser Verordnung sowie der einschlägigen Vorschriften und Anforderungen der Rechtsvorschriften der Union über Finanzdienstleistungen zu gewährleisten, sollten die für die Beaufsichtigung und Durchsetzung jener Rechtsvorschriften zuständigen Behörden, insbesondere die zuständigen Behörden im Sinne der Verordnung (EU) Nr. 575/2013 des Europäischen Parlaments und des Rates[46] und der Richtlinien 2008/48/EG[47], 2009/138/EG[48], 2013/36/EU[49], 2014/17/EU[50] und (EU) 2016/97[51] des Europäischen Parlaments und des Rates, im Rahmen ihrer jeweiligen Zuständigkeiten auch als zuständige Behörden für die Beaufsichtigung der Durchführung dieser Verordnung, einschließlich der Marktüberwachungstätigkeiten, in Bezug auf von regulierten und beaufsichtigten Finanzinstituten bereitgestellte oder verwendete KI-Systeme benannt werden, es sei denn, die Mitgliedstaaten beschließen, eine andere Behörde zu benennen, um diese Marktüberwachungsaufgaben wahrzunehmen. Diese zuständigen Behörden sollten alle Befugnisse gemäß dieser Verordnung und der Verordnung (EU) 2019/1020 haben, um die Anforderungen und Pflichten der vorliegenden Verordnung durchzuset-

46 **Amtl. Anm.:** Verordnung (EU) Nr. 575/2013 des Europäischen Parlaments und des Rates vom 26. Juni 2013 über Aufsichtsanforderungen an Kreditinstitute und Wertpapierfirmen und zur Änderung der Verordnung (EU) Nr. 648/2012 (ABl. L 176 vom 27.6.2013, S. 1).

47 **Amtl. Anm.:** Richtlinie 2008/48/EG des Europäischen Parlaments und des Rates vom 23. April 2008 über Verbraucherkreditverträge und zur Aufhebung der Richtlinie 87/102/EWG des Rates (ABl. L 133 vom 22.5.2008, S. 66).

48 **Amtl. Anm.:** Richtlinie 2009/138/EG des Europäischen Parlaments und des Rates vom 25. November 2009 betreffend die Aufnahme und Ausübung der Versicherungs- und der Rückversicherungstätigkeit (Solvabilität II) (ABl. L 335 vom 17.12.2009, S. 1).

49 **Amtl. Anm.:** Richtlinie 2013/36/EU des Europäischen Parlaments und des Rates vom 26. Juni 2013 über den Zugang zur Tätigkeit von Kreditinstituten und die Beaufsichtigung von Kreditinstituten und Wertpapierfirmen, zur Änderung der Richtlinie 2002/87/EG und zur Aufhebung der Richtlinien 2006/48/EG und 2006/49/EG (ABl. L 176 vom 27.6.2013, S. 338).

50 **Amtl. Anm.:** Richtlinie 2014/17/EU des Europäischen Parlaments und des Rates vom 4. Februar 2014 über Wohnimmobilienkreditverträge für Verbraucher und zur Änderung der Richtlinien 2008/48/EG und 2013/36/EU und der Verordnung (EU) Nr. 1093/2010 (ABl. L 60 vom 28.2.2014, S. 34).

51 **Amtl. Anm.:** Richtlinie (EU) 2016/97 des Europäischen Parlaments und des Rates vom 20. Januar 2016 über Versicherungsvertrieb (ABl. L 26 vom 2.2.2016, S. 19).

zen, einschließlich Befugnisse zur Durchführung von Ex-post-Marktüberwachungstätigkeiten, die gegebenenfalls in ihre bestehenden Aufsichtsmechanismen und -verfahren im Rahmen des einschlägigen Unionsrechts über Finanzdienstleistungen integriert werden können. Es ist angezeigt, vorzusehen, dass die nationalen Behörden, die für die Aufsicht über unter die Richtlinie 2013/36/EU fallende Kreditinstitute zuständig sind, welche an dem mit der Verordnung (EU) Nr. 1024/2013 des Rates[52] eingerichteten einheitlichen Aufsichtsmechanismus teilnehmen, in ihrer Funktion als Marktüberwachungsbehörden gemäß der vorliegenden Verordnung der Europäischen Zentralbank unverzüglich alle im Zuge ihrer Marktüberwachungstätigkeiten ermittelten Informationen übermitteln, die für die in der genannten Verordnung festgelegten Aufsichtsaufgaben der Europäischen Zentralbank von Belang sein könnten. Um die Kohärenz zwischen der vorliegenden Verordnung und den Vorschriften für Kreditinstitute, die unter die Richtlinie 2013/36/EU fallen, weiter zu verbessern, ist es ferner angezeigt, einige verfahrenstechnische Anbieterpflichten in Bezug auf das Risikomanagement, die Beobachtung nach dem Inverkehrbringen und die Dokumentation in die bestehenden Pflichten und Verfahren gemäß der Richtlinie 2013/36/EU aufzunehmen. Zur Vermeidung von Überschneidungen sollten auch begrenzte Ausnahmen in Bezug auf das Qualitätsmanagementsystem der Anbieter und die Beobachtungspflicht der Betreiber von Hochrisiko-KI-Systemen in Betracht gezogen werden, soweit diese Kreditinstitute betreffen, die unter die Richtlinie 2013/36/EU fallen. Die gleiche Regelung sollte für Versicherungs- und Rückversicherungsunternehmen und Versicherungsholdinggesellschaften gemäß der Richtlinie 2009/138/EG und Versicherungsvermittler gemäß der Richtlinie (EU) 2016/97 sowie für andere Arten von Finanzinstituten gelten, die Anforderungen in Bezug auf ihre Regelungen oder Verfahren der internen Unternehmensführung unterliegen, die gemäß einschlägigem Unionsrecht der Union über Finanzdienstleistungen festgelegt wurden, um Kohärenz und Gleichbehandlung im Finanzsektor sicherzustellen.

(159) Jede Marktüberwachungsbehörde für Hochrisiko-KI-Systeme im Bereich der Biometrie, die in einem Anhang zu dieser Verordnung aufgeführt sind, sollte – soweit diese Systeme für die Zwecke der Strafverfolgung, von Migration, Asyl und Grenzkontrolle oder von Rechtspflege und demokratischen Prozessen eingesetzt werden – über wirksame Ermittlungs- und Korrekturbefugnisse verfügen, einschließlich mindestens der Befugnis, Zugang zu allen personenbezogenen Daten, die verarbeitet werden, und zu allen Informationen, die für die Ausübung ihrer Aufgaben erforderlich sind, zu erhalten. Die Marktüberwachungsbehörden sollten in der Lage sein, ihre Befugnisse in völliger Unabhängigkeit auszuüben. Jede Beschränkung ihres Zugangs zu sensiblen operativen Daten im Rahmen dieser Verordnung sollte die Befugnisse unberührt lassen, die ihnen mit der Richtlinie (EU) 2016/680 übertragen wurden. Kein Ausschluss der Offenlegung von Daten gegenüber nationalen Datenschutzbehörden im Rahmen dieser Verordnung sollte die derzeitigen oder künftigen Befugnisse dieser Behörden über den Geltungsbereich dieser Verordnung hinaus beeinträchtigen.

(160) Die Marktüberwachungsbehörden und die Kommission sollten gemeinsame Tätigkeiten, einschließlich gemeinsamer Untersuchungen, vorschlagen können, die von den Marktüberwachungsbehörden oder von den Marktüberwachungsbehörden gemeinsam mit der Kommission durchgeführt werden, um Konformität zu fördern, Nichtkonformität festzustellen, zu sensibilisieren und Orientierung zu dieser Verordnung und bestimmten Kategorien von Hochrisiko-KI-Systemen bereitzustellen, bei denen festgestellt wird, dass sie in zwei oder mehr Mitgliedstaaten ein ernstes Risiko darstellen. Gemeinsame Tätigkeiten zur Förderung der Konformität sollten im Einklang mit Artikel 9 der Verordnung (EU) 2019/1020 durchgeführt werden. Das Büro für Künstliche Intelligenz sollte die Koordinierung gemeinsamer Untersuchungen unterstützen.

(161) Die Verantwortlichkeiten und Zuständigkeiten auf Unionsebene und nationaler Ebene in Bezug auf KI-Systeme, die auf KI-Modellen mit allgemeinem Verwendungszweck auf-

52 **Amtl. Anm.:** Verordnung (EU) Nr. 1024/2013 des Rates vom 15. Oktober 2013 zur Übertragung besonderer Aufgaben im Zusammenhang mit der Aufsicht über Kreditinstitute auf die Europäische Zentralbank (ABl. L 287 vom 29.10.2013, S. 63).

bauen, müssen präzisiert werden. Um sich überschneidende Zuständigkeiten zu vermeiden, sollte die Aufsicht für KI-Systeme, die auf KI-Modellen mit allgemeinem Verwendungszweck beruhen und bei denen das Modell und das System vom selben Anbieter bereitgestellt werden, auf der Unionsebene durch das Büro für Künstliche Intelligenz erfolgen, das für diesen Zweck über die Befugnisse einer Marktüberwachungsbehörde im Sinne der Verordnung (EU) 2019/1020 verfügen sollte. In allen anderen Fällen sollten die nationalen Marktüberwachungsbehörden weiterhin für die Aufsicht über KI-Systeme zuständig sein. Bei KI-Systemen mit allgemeinem Verwendungszweck, die von Betreibern direkt für mindestens einen Zweck verwendet werden können, der als hochriskant eingestuft wird, sollten die Marktüberwachungsbehörden jedoch mit dem Büro für Künstliche Intelligenz zusammenarbeiten, um Konformitätsbewertungen durchzuführen, und sie sollten KI-Gremium und andere Marktüberwachungsbehörden entsprechend informieren. Darüber hinaus sollten Marktüberwachungsbehörden das Büro für Künstliche Intelligenz um Unterstützung ersuchen können, wenn die Marktüberwachungsbehörde nicht in der Lage ist, eine Untersuchung zu einem Hochrisiko-KI-System abzuschließen, weil sie keinen Zugang zu bestimmten Informationen im Zusammenhang mit dem KI-Modell mit allgemeinem Verwendungszweck, auf dem das Hochrisiko-KI-System beruht, haben. In diesen Fällen sollte das Verfahren bezüglich grenzübergreifender Amtshilfe nach Kapitel VI der Verordnung (EU) 2019/1020 entsprechend Anwendung finden.

(162) Um das zentralisierte Fachwissen der Union und Synergien auf Unionsebene bestmöglich zu nutzen, sollte die Kommission für die Aufsicht und die Durchsetzung der Pflichten der Anbieter von KI-Modellen mit allgemeinem Verwendungszweck zuständig sein. Das Büro für Künstliche Intelligenz sollte alle erforderlichen Maßnahmen durchführen können, um die wirksame Umsetzung dieser Verordnung im Hinblick auf KI-Modelle mit allgemeinem Verwendungszweck zu überwachen. Es sollte mögliche Verstöße gegen die Vorschriften für Anbieter von KI-Modellen mit allgemeinem Verwendungszweck sowohl auf eigene Initiative, auf der Grundlage der Ergebnisse seiner Überwachungstätigkeiten, als auch auf Anfrage von Marktüberwachungsbehörden gemäß den in dieser Verordnung festgelegten Bedingungen untersuchen können. Zur Unterstützung einer wirksamen Überwachung durch das Büro für Künstliche Intelligenz sollte die Möglichkeit vorgesehen werden, dass nachgelagerte Anbieter Beschwerden über mögliche Verstöße gegen die Vorschriften für Anbieter von KI-Modellen und -Systemen mit allgemeinem Verwendungszweck einreichen können.

(163) Um die Governance-Systeme für KI-Modelle mit allgemeinem Verwendungszweck zu ergänzen, sollte das wissenschaftliche Gremium die Überwachungstätigkeiten des Büros für Künstliche Intelligenz unterstützen; dazu kann es in bestimmten Fällen qualifizierte Warnungen an das Büro für Künstliche Intelligenz richten, die Folgemaßnahmen wie etwa Untersuchungen auslösen. Dies sollte der Fall sein, wenn das wissenschaftliche Gremium Grund zu der Annahme hat, dass ein KI-Modell mit allgemeinem Verwendungszweck ein konkretes und identifizierbares Risiko auf Unionsebene darstellt. Außerdem sollte dies der Fall sein, wenn das wissenschaftliche Gremium Grund zu der Annahme hat, dass ein KI-Modell mit allgemeinem Verwendungszweck die Kriterien erfüllt, die zu einer Einstufung als KI-Modell mit allgemeinem Verwendungszweck mit systemischem Risiko führen würde. Um dem wissenschaftlichen Gremium die Informationen zur Verfügung zu stellen, die für die Ausübung dieser Aufgaben erforderlich sind, sollte es einen Mechanismus geben, wonach das wissenschaftliche Gremium die Kommission ersuchen kann, Unterlagen oder Informationen von einem Anbieter anzufordern.

(164) Das Büro für Künstliche Intelligenz sollte die erforderlichen Maßnahmen ergreifen können, um die wirksame Umsetzung und die Einhaltung der in dieser Verordnung festgelegten Pflichten der Anbieter von KI-Modellen mit allgemeinem Verwendungszweck zu überwachen. Das Büro für Künstliche Intelligenz sollte mögliche Verstöße im Einklang mit den in dieser Verordnung vorgesehenen Befugnissen untersuchen können, unter anderem indem es Unterlagen und Informationen anfordert, Bewertungen durchführt und Maßnahmen von Anbietern von KI-Modellen mit allgemeinem Verwendungszweck verlangt. Was die Durchführung von Bewertungen betrifft, so sollte das Büro für Künstliche Intelligenz unabhängige Sachverständige mit der Durchführung der Bewertungen in

seinem Namen beauftragen können, damit unabhängiges Fachwissen genutzt werden kann. Die Einhaltung der Pflichten sollte durchsetzbar sein, unter anderem durch die Aufforderung zum Ergreifen angemessener Maßnahmen, einschließlich Risikominderungsmaßnahmen im Fall von festgestellten systemischen Risiken, sowie durch die Einschränkung der Bereitstellung des Modells auf dem Markt, die Rücknahme des Modells oder den Rückruf des Modells. Als Schutzmaßnahme, die erforderlichenfalls über die in dieser Verordnung vorgesehenen Verfahrensrechte hinausgeht, sollten die Anbieter von KI-Modellen mit allgemeinem Verwendungszweck über die in Artikel 18 der Verordnung (EU) 2019/1020 vorgesehenen Verfahrensrechte verfügen, die – unbeschadet in der vorliegenden Verordnung vorgesehener spezifischerer Verfahrensrechte – entsprechend gelten sollten.

(165) Die Entwicklung anderer KI-Systeme als Hochrisiko-KI-Systeme gemäß den Anforderungen dieser Verordnung kann zu einer stärkeren Verbreitung ethischer und vertrauenswürdiger KI in der Union führen. Anbieter von KI-Systemen, die kein hohes Risiko bergen, sollten angehalten werden, Verhaltenskodizes – einschließlich zugehöriger Governance-Mechanismen – zu erstellen, um eine freiwillige Anwendung einiger oder aller der für Hochrisiko-KI-Systeme geltenden Anforderungen zu fördern, die angesichts der Zweckbestimmung der Systeme und des niedrigeren Risikos angepasst werden, und unter Berücksichtigung der verfügbaren technischen Lösungen und bewährten Verfahren der Branche wie Modell- und Datenkarten. Darüber hinaus sollten die Anbieter und gegebenenfalls die Betreiber aller KI-Systeme, ob mit hohem Risiko oder nicht, und aller KI-Modelle auch ermutigt werden, freiwillig zusätzliche Anforderungen anzuwenden, z.B. in Bezug auf die Elemente der Ethikleitlinien der Union für vertrauenswürdige KI, die ökologische Nachhaltigkeit, Maßnahmen für KI-Kompetenz, die inklusive und vielfältige Gestaltung und Entwicklung von KI-Systemen, unter anderem mit Schwerpunkt auf schutzbedürftige Personen und die Barrierefreiheit für Menschen mit Behinderungen, die Beteiligung der Interessenträger, gegebenenfalls mit Einbindung einschlägiger Interessenträger wie Unternehmensverbänden und Organisationen der Zivilgesellschaft, Wissenschaft, Forschungsorganisationen, Gewerkschaften und Verbraucherschutzorganisationen an der Konzeption und Entwicklung von KI-Systemen und die Vielfalt der Entwicklungsteams, einschließlich einer ausgewogenen Vertretung der Geschlechter. Um sicherzustellen, dass die freiwilligen Verhaltenskodizes wirksam sind, sollten sie auf klaren Zielen und zentralen Leistungsindikatoren zur Messung der Verwirklichung dieser Ziele beruhen. Sie sollten außerdem in inklusiver Weise entwickelt werden, gegebenenfalls unter Einbeziehung einschlägiger Interessenträger wie Unternehmensverbände und Organisationen der Zivilgesellschaft, Wissenschaft, Forschungsorganisationen, Gewerkschaften und Verbraucherschutzorganisationen. Die Kommission kann Initiativen, auch sektoraler Art, ergreifen, um den Abbau technischer Hindernisse zu erleichtern, die den grenzüberschreitenden Datenaustausch im Zusammenhang mit der KI-Entwicklung behindern, unter anderem in Bezug auf die Infrastruktur für den Datenzugang und die semantische und technische Interoperabilität verschiedener Arten von Daten.

(166) Es ist wichtig, dass KI-Systeme im Zusammenhang mit Produkten, die gemäß dieser Verordnung kein hohes Risiko bergen und daher nicht die in dieser Verordnung festgelegten Anforderungen für Hochrisiko-KI-Systeme erfüllen müssen, dennoch sicher sind, wenn sie in Verkehr gebracht oder in Betrieb genommen werden. Um zu diesem Ziel beizutragen, würde die Verordnung (EU) 2023/988 des Europäischen Parlaments und des Rates[53] als Sicherheitsnetz dienen.

(167) Zur Gewährleistung einer vertrauensvollen und konstruktiven Zusammenarbeit der zuständigen Behörden auf Ebene der Union und der Mitgliedstaaten sollten alle an der Anwendung dieser Verordnung beteiligten Parteien gemäß dem Unionsrecht und dem nationalen Recht die Vertraulichkeit der im Rahmen der Wahrnehmung ihrer

53 **Amtl. Anm.:** Verordnung (EU) 2023/988 des Europäischen Parlaments und des Rates vom 10. Mai 2023 über die allgemeine Produktsicherheit, zur Änderung der Verordnung (EU) Nr. 1025/2012 des Europäischen Parlaments und des Rates und der Richtlinie (EU) 2020/1828 des Europäischen Parlaments und des Rates sowie zur Aufhebung der Richtlinie 2001/95/EG des Europäischen Parlaments und des Rates und der Richtlinie 87/357/EWG des Rates (ABl. L 135 vom 23.5.2023, S. 1).

Aufgaben erlangten Informationen und Daten wahren. Sie sollten ihre Aufgaben und Tätigkeiten so ausüben, dass insbesondere die Rechte des geistigen Eigentums, vertrauliche Geschäftsinformationen und Geschäftsgeheimnisse, die wirksame Durchführung dieser Verordnung, die öffentlichen und nationalen Sicherheitsinteressen, die Integrität von Straf- und Verwaltungsverfahren und die Integrität von Verschlusssachen geschützt werden.

(168) Die Einhaltung dieser Verordnung sollte durch die Verhängung von Sanktionen und anderen Durchsetzungsmaßnahmen durchsetzbar sein. Die Mitgliedstaaten sollten alle erforderlichen Maßnahmen ergreifen, um sicherzustellen, dass die Bestimmungen dieser Verordnung durchgeführt werden, und dazu unter anderem wirksame, verhältnismäßige und abschreckende Sanktionen für Verstöße festlegen und das Verbot der Doppelbestrafung befolgen. Um die verwaltungsrechtlichen Sanktionen für Verstöße gegen diese Verordnung zu verschärfen und zu harmonisieren, sollten Obergrenzen für die Festsetzung der Geldbußen bei bestimmten Verstößen festgelegt werden. Bei der Bemessung der Höhe der Geldbußen sollten die Mitgliedstaaten in jedem Einzelfall alle relevanten Umstände der jeweiligen Situation berücksichtigen, insbesondere die Art, die Schwere und die Dauer des Verstoßes und seiner Folgen sowie die Größe des Anbieters, vor allem wenn es sich bei diesem um ein KMU – einschließlich eines Start-up-Unternehmens – handelt. Der Europäische Datenschutzbeauftragte sollte befugt sein, gegen Organe, Einrichtungen und sonstige Stellen der Union, die in den Anwendungsbereich dieser Verordnung fallen, Geldbußen zu verhängen.

(169) Die Einhaltung der mit dieser Verordnung auferlegten Pflichten für Anbieter von KI-Modellen mit allgemeinem Verwendungszweck sollte unter anderem durch Geldbußen durchgesetzt werden können. Zu diesem Zweck sollten Geldbußen in angemessener Höhe für Verstöße gegen diese Pflichten, einschließlich der Nichteinhaltung der von der Kommission gemäß dieser Verordnung verlangten Maßnahmen, festgesetzt werden, vorbehaltlich angemessener Verjährungsfristen im Einklang mit dem Grundsatz der Verhältnismäßigkeit. Alle Beschlüsse, die die Kommission auf der Grundlage dieser Verordnung fasst, unterliegen der Überprüfung durch den Gerichtshof der Europäischen Union im Einklang mit dem AEUV, einschließlich der Befugnis des Gerichtshofs zu unbeschränkter Ermessensnachprüfung hinsichtlich Zwangsmaßnahmen im Einklang mit Artikel 261 AEUV.

(170) Im Unionsrecht und im nationalen Recht sind bereits wirksame Rechtsbehelfe für natürliche und juristische Personen vorgesehen, deren Rechte und Freiheiten durch die Nutzung von KI-Systemen beeinträchtigt werden. Unbeschadet dieser Rechtsbehelfe sollte jede natürliche oder juristische Person, die Grund zu der Annahme hat, dass gegen diese Verordnung verstoßen wurde, befugt sein, bei der betreffenden Marktüberwachungsbehörde eine Beschwerde einzureichen.

(171) Betroffene Personen sollten das Recht haben, eine Erklärung zu erhalten, wenn eine Entscheidung eines Betreibers überwiegend auf den Ausgaben bestimmter Hochrisiko-KI-systeme beruht, die in den Geltungsbereich dieser Verordnung fallen, und wenn diese Entscheidung Rechtswirkungen entfaltet oder diese Personen in ähnlicher Weise wesentlich beeinträchtigt, und zwar so, dass sie ihrer Ansicht nach negative Auswirkungen auf ihre Gesundheit, ihre Sicherheit oder ihre Grundrechte hat. Diese Erklärung sollte klar und aussagekräftig sein, und sie sollte eine Grundlage bieten, auf der die betroffenen Personen ihre Rechte ausüben können. Das Recht auf eine Erklärung sollte nicht für die Nutzung von KI-Systemen gelten, für die sich aus dem Unionsrecht oder dem nationalen Recht Ausnahmen oder Beschränkungen ergeben, und es sollte nur insoweit gelten, als es nicht bereits in anderem Unionsrecht vorgesehen ist.

(172) Personen, die als Hinweisgeber in Bezug auf die in dieser Verordnung genannten Verstöße auftreten, sollten durch das Unionsrecht geschützt werden. Für die Meldung von Verstößen gegen diese Verordnung und den Schutz von Personen, die solche Verstöße

melden, sollte daher die Richtlinie (EU) 2019/1937 des Europäischen Parlaments und des Rates[54] gelten.

(173) Damit der Regelungsrahmen erforderlichenfalls angepasst werden kann, sollte der Kommission die Befugnis übertragen werden, gemäß Artikel 290 AEUV Rechtsakte zur Änderung der Bedingungen, unter denen ein KI-System nicht als Hochrisiko-System einzustufen ist, der Liste der Hochrisiko-KI-Systeme, der Bestimmungen über die technische Dokumentation, des Inhalts der EU-Konformitätserklärung, der Bestimmungen über die Konformitätsbewertungsverfahren, der Bestimmungen zur Festlegung der Hochrisiko-KI-Systeme, für die das Konformitätsbewertungsverfahren auf der Grundlage der Bewertung des Qualitätsmanagementsystems und der technischen Dokumentation gelten sollte, der Schwellenwerte, Benchmarks und Indikatoren – auch durch Ergänzung dieser Benchmarks und Indikatoren – in den Vorschriften für die Einstufung von KI-Modellen mit allgemeinem Verwendungszweck mit systemischem Risiko, der Kriterien für die Benennung von KI-Modellen mit allgemeinem Verwendungszweck mit systemischem Risiko, der technischen Dokumentation für Anbieter von KI-Modellen mit allgemeinem Verwendungszweck und der Transparenzinformationen für Anbieter von KI-Modellen mit allgemeinem Verwendungszweck zu erlassen. Es ist von besonderer Bedeutung, dass die Kommission im Zuge ihrer Vorbereitungsarbeit angemessene Konsultationen, auch auf der Ebene von Sachverständigen, durchführt, die mit den Grundsätzen in Einklang stehen, die in der Interinstitutionellen Vereinbarung vom 13. April 2016 über bessere Rechtsetzung[55] niedergelegt wurden. Um insbesondere für eine gleichberechtigte Beteiligung an der Vorbereitung delegierter Rechtsakte zu sorgen, erhalten das Europäische Parlament und der Rat alle Dokumente zur gleichen Zeit wie die Sachverständigen der Mitgliedstaaten, und ihre Sachverständigen haben systematisch Zugang zu den Sitzungen der Sachverständigengruppen der Kommission, die mit der Vorbereitung der delegierten Rechtsakte befasst sind.

(174) Angesichts der raschen technologischen Entwicklungen und des für die wirksame Anwendung dieser Verordnung erforderlichen technischen Fachwissens sollte die Kommission diese Verordnung bis zum 2. August 2029 und danach alle vier Jahre bewerten und überprüfen und dem Europäischen Parlament und dem Rat darüber Bericht erstatten. Darüber hinaus sollte die Kommission – unter Berücksichtigung der Auswirkungen auf den Geltungsbereich dieser Verordnung – einmal jährlich beurteilen, ob es notwendig ist, die Liste der Hochrisiko-KI-Systeme und die Liste der verbotenen Praktiken zu ändern. Außerdem sollte die Kommission bis zum 2. August 2028 und danach alle vier Jahre die Notwendigkeit einer Änderung der Liste der Hochrisikobereiche im Anhang dieser Verordnung, die KI-Systeme im Geltungsbereich der Transparenzpflichten, die Wirksamkeit des Aufsichts- und Governance-Systems und die Fortschritte bei der Entwicklung von Normungsdokumenten zur energieeffizienten Entwicklung von KI-Modellen mit allgemeinem Verwendungszweck, einschließlich der Notwendigkeit weiterer Maßnahmen oder Handlungen, bewerten und dem Europäischen Parlament und dem Rat darüber Bericht erstatten. Schließlich sollte die Kommission bis zum 2. August 2028 und danach alle drei Jahre eine Bewertung der Folgen und der Wirksamkeit der freiwilligen Verhaltenskodizes durchführen, mit denen die Anwendung der für Hochrisiko-KI-Systeme vorgesehenen Anforderungen bei anderen KI-Systemen als Hochrisiko-KI-Systemen und möglicherweise auch zusätzlicher Anforderungen an solche KI-Systeme gefördert werden soll.

(175) Zur Gewährleistung einheitlicher Bedingungen für die Durchführung dieser Verordnung sollten der Kommission Durchführungsbefugnisse übertragen werden. Diese Befugnisse sollten gemäß der Verordnung (EU) Nr. 182/2011 des Europäischen Parlaments und des Rates[56] ausgeübt werden.

---

54 **Amtl. Anm.:** Richtlinie (EU) 2019/1937 des Europäischen Parlaments und des Rates vom 23. Oktober 2019 zum Schutz von Personen, die Verstöße gegen das Unionsrecht melden (ABl. L 305 vom 26.11.2019, S. 17).

55 **Amtl. Anm.:** ABl. L 123 vom 12.5.2016, S. 1.

56 **Amtl. Anm.:** Verordnung (EU) Nr. 182/2011 des Europäischen Parlaments und des Rates vom 16. Februar 2011 zur Festlegung der allgemeinen Regeln und Grundsätze, nach denen die Mitgliedstaaten die Wahrnehmung der Durchführungsbefugnisse durch die Kommission kontrollieren (ABl. L 55 vom 28.2.2011, S. 13).

(176) Da das Ziel dieser Verordnung, nämlich die Verbesserung der Funktionsweise des Binnenmarkts und die Förderung der Einführung einer auf den Menschen ausgerichteten und vertrauenswürdigen KI bei gleichzeitiger Gewährleistung eines hohen Maßes an Schutz der Gesundheit, der Sicherheit, der in der Charta verankerten Grundrechte, einschließlich Demokratie, Rechtsstaatlichkeit und Schutz der Umwelt vor schädlichen Auswirkungen von KI-Systemen in der Union, und der Förderung von Innovation, von den Mitgliedstaaten nicht ausreichend verwirklicht werden kann, sondern vielmehr wegen des Umfangs oder der Wirkungen der Maßnahme auf Unionsebene besser zu verwirklichen ist, kann die Union im Einklang mit dem in Artikel 5 EUV verankerten Subsidiaritätsprinzip tätig werden. Entsprechend dem in demselben Artikel genannten Grundsatz der Verhältnismäßigkeit geht diese Verordnung nicht über das für die Verwirklichung dieses Ziels erforderliche Maß hinaus.

(177) Um Rechtssicherheit zu gewährleisten, einen angemessenen Anpassungszeitraum für die Akteure sicherzustellen und Marktstörungen zu vermeiden, unter anderem durch Gewährleistung der Kontinuität der Verwendung von KI-Systemen, ist es angezeigt, dass diese Verordnung nur dann für die Hochrisiko-KI-Systeme, die vor dem allgemeinen Anwendungsbeginn dieser Verordnung in Verkehr gebracht oder in Betrieb genommen wurden, gilt, wenn diese Systeme ab diesem Datum erheblichen Veränderungen in Bezug auf ihre Konzeption oder Zweckbestimmung unterliegen. Es ist angezeigt, klarzustellen, dass der Begriff der erheblichen Veränderung in diesem Hinblick als gleichwertig mit dem Begriff der wesentlichen Änderung verstanden werden sollte, der nur in Bezug auf Hochrisiko-KI-Systeme im Sinne dieser Verordnung verwendet wird. Ausnahmsweise und im Lichte der öffentlichen Rechenschaftspflicht sollten Betreiber von KI-Systemen, die Komponenten der in einem Anhang zu dieser Verordnung aufgeführten durch Rechtsakte eingerichteten IT-Großsysteme sind, und Betreiber von Hochrisiko-KI-Systemen, die von Behörden genutzt werden sollen, die erforderlichen Schritte unternehmen, um den Anforderungen dieser Verordnung bis Ende 2030 bzw. bis zum 2. August 2030 nachzukommen.

(178) Die Anbieter von Hochrisiko-KI-Systemen werden ermutigt, auf freiwilliger Basis bereits während der Übergangsphase mit der Einhaltung der einschlägigen Pflichten aus dieser Verordnung zu beginnen.

(179) Diese Verordnung sollte ab dem 2. August 2026 gelten. Angesichts des unannehmbaren Risikos, das mit der Nutzung von KI auf bestimmte Weise verbunden ist, sollten die Verbote sowie die allgemeinen Bestimmungen dieser Verordnung jedoch bereits ab dem 2. Februar 2025 gelten. Während die volle Wirkung dieser Verbote erst mit der Festlegung der Leitung und der Durchsetzung dieser Verordnung entsteht, ist die Vorwegnahme der Anwendung der Verbote wichtig, um unannehmbaren Risiken Rechnung zu tragen und Wirkung auf andere Verfahren, etwa im Zivilrecht, zu entfalten. Darüber hinaus sollte die Infrastruktur für die Leitung und das Konformitätsbewertungssystem vor dem 2. August 2026 einsatzbereit sein, weshalb die Bestimmungen über notifizierte Stellen und die Leitungsstruktur ab dem 2. August 2025 gelten sollten. Angesichts des raschen technologischen Fortschritts und der Einführung von KI-Modellen mit allgemeinem Verwendungszweck sollten die Pflichten der Anbieter von KI-Modellen mit allgemeinem Verwendungszweck ab dem 2. August 2025 gelten. Die Verhaltenskodizes sollten bis zum 2. Mai 2025 vorliegen, damit die Anbieter die Einhaltung fristgerecht nachweisen können. Das Büro für Künstliche Intelligenz sollte sicherstellen, dass die Vorschriften und Verfahren für die Einstufung jeweils dem Stand der technologischen Entwicklung entsprechen. Darüber hinaus sollten die Mitgliedstaaten die Vorschriften über Sanktionen, einschließlich Geldbußen, festlegen und der Kommission mitteilen sowie dafür sorgen, dass diese bis zum Geltungsbeginn dieser Verordnung ordnungsgemäß und wirksam umgesetzt werden. Daher sollten die Bestimmungen über Sanktionen ab dem 2. August 2025 gelten.

(180) Der Europäische Datenschutzbeauftragte und der Europäische Datenschutzausschuss wurden gemäß Artikel 42 Absätze 1 und 2 der Verordnung (EU) 2018/1725 angehört und haben am 18. Juni 2021 ihre gemeinsame Stellungnahme abgegeben –

HABEN FOLGENDE VERORDNUNG ERLASSEN:

Kapitel I
Allgemeine Bestimmungen

Artikel 1 Gegenstand

(1) Zweck dieser Verordnung ist es, das Funktionieren des Binnenmarkts zu verbessern und die Einführung einer auf den Menschen ausgerichteten und vertrauenswürdigen künstlichen Intelligenz (KI) zu fördern und gleichzeitig ein hohes Schutzniveau in Bezug auf Gesundheit, Sicherheit und die in der Charta verankerten Grundrechte, einschließlich Demokratie, Rechtsstaatlichkeit und Umweltschutz, vor schädlichen Auswirkungen von KI-Systemen in der Union zu gewährleisten und die Innovation zu unterstützen.

(2) In dieser Verordnung wird Folgendes festgelegt:

a) harmonisierte Vorschriften für das Inverkehrbringen, die Inbetriebnahme und die Verwendung von KI-Systemen in der Union;
b) Verbote bestimmter Praktiken im KI-Bereich;
c) besondere Anforderungen an Hochrisiko-KI-Systeme und Pflichten für Akteure in Bezug auf solche Systeme;
d) harmonisierte Transparenzvorschriften für bestimmte KI-Systeme;
e) harmonisierte Vorschriften für das Inverkehrbringen von KI-Modellen mit allgemeinem Verwendungszweck;
f) Vorschriften für die Marktbeobachtung sowie die Governance und Durchsetzung der Marktüberwachung;
g) Maßnahmen zur Innovationsförderung mit besonderem Augenmerk auf KMU, einschließlich Start-up-Unternehmen.

Artikel 2 Anwendungsbereich

(1) Diese Verordnung gilt für

a) Anbieter, die in der Union KI-Systeme in Verkehr bringen oder in Betrieb nehmen oder KI-Modelle mit allgemeinem Verwendungszweck in Verkehr bringen, unabhängig davon, ob diese Anbieter in der Union oder in einem Drittland niedergelassen sind;
b) Betreiber von KI-Systemen, die ihren Sitz in der Union haben oder in der Union befinden;
c) Anbieter und Betreiber von KI-Systemen, die ihren Sitz in einem Drittland haben oder sich in einem Drittland befinden, wenn die vom KI-System hervorgebrachte Ausgabe in der Union verwendet wird;
d) Einführer und Händler von KI-Systemen;
e) Produkthersteller, die KI-Systeme zusammen mit ihrem Produkt unter ihrem eigenen Namen oder ihrer Handelsmarke in Verkehr bringen oder in Betrieb nehmen;
f) Bevollmächtigte von Anbietern, die nicht in der Union niedergelassen sind;
g) betroffene Personen, die sich in der Union befinden.

(2) [1]Für KI-Systeme, die als Hochrisiko-KI-Systeme gemäß Artikel 6 Absatz 1 eingestuft sind und im Zusammenhang mit Produkten stehen, die unter die in Anhang I Abschnitt B aufgeführten Harmonisierungsrechtsvorschriften der Union fallen, gelten nur Artikel 6 Absatz 1, die Artikel 102 bis 109 und Artikel 112. [2]Artikel 57 gilt nur, soweit die Anforderungen an Hochrisiko-KI-Systeme gemäß dieser Verordnung im Rahmen der genannten Harmonisierungsrechtsvorschriften der Union eingebunden wurden.

(3) Diese Verordnung gilt nur in den unter das Unionsrecht fallenden Bereichen und berührt keinesfalls die Zuständigkeiten der Mitgliedstaaten in Bezug auf die nationale Sicherheit, unabhängig von der Art der Einrichtung, die von den Mitgliedstaaten mit der Wahrnehmung von Aufgaben im Zusammenhang mit diesen Zuständigkeiten betraut wurde.

Diese Verordnung gilt nicht für KI-Systeme, wenn und soweit sie ausschließlich für militärische Zwecke, Verteidigungszwekke oder Zwecke der nationalen Sicherheit in Verkehr gebracht, in Betrieb genommen oder, mit oder ohne Änderungen, verwendet werden, unabhängig von der Art der Einrichtung, die diese Tätigkeiten ausübt.

Diese Verordnung gilt nicht für KI-Systeme, die nicht in der Union in Verkehr gebracht oder in Betrieb genommen werden, wenn die Ausgaben in der Union ausschließlich für militärische Zwecke, Verteidigungszwecke oder Zwecke der nationalen Sicherheit verwendet werden, unabhängig von der Art der Einrichtung, die diese Tätigkeiten ausübt.

(4) Diese Verordnung gilt weder für Behörden in Drittländern noch für internationale Organisationen, die gemäß Absatz 1 in den Anwendungsbereich dieser Verordnung fallen, soweit diese Behörden oder Organisationen KI-Systeme im Rahmen der internationalen Zusammenarbeit oder internationaler Übereinkünfte im Bereich der Strafverfolgung und justiziellen Zusammenarbeit mit der Union oder mit einem oder mehreren Mitgliedstaaten verwenden und sofern ein solches Drittland oder eine solche internationale Organisation angemessene Garantien hinsichtlich des Schutz der Privatsphäre, der Grundrechte und der Grundfreiheiten von Personen bietet.

(5) Die Anwendung der Bestimmungen über die Haftung der Anbieter von Vermittlungsdiensten in Kapitel II der Verordnung 2022/2065 bleibt von dieser Verordnung unberührt.

(6) Diese Verordnung gilt nicht für KI-Systeme oder KI-Modelle, einschließlich ihrer Ausgabe, die eigens für den alleinigen Zweck der wissenschaftlichen Forschung und Entwicklung entwickelt und in Betrieb genommen werden.

(7) [1]Die Rechtsvorschriften der Union zum Schutz personenbezogener Daten, der Privatsphäre und der Vertraulichkeit der Kommunikation gelten für die Verarbeitung personenbezogener Daten im Zusammenhang mit den in dieser Verordnung festgelegten Rechten und Pflichten. [2]Diese Verordnung berührt nicht die Verordnung (EU) 2016/679 bzw. (EU) 2018/1725 oder die Richtlinie 2002/58/EG bzw. (EU) 2016/680, unbeschadet des Artikels 10 Absatz 5 und des Artikels 59 der vorliegenden Verordnung.

(8) [1]Diese Verordnung gilt nicht für Forschungs-, Test- und Entwicklungstätigkeiten zu KI-Systemen oder KI-Modellen, bevor diese in Verkehr gebracht oder in Betrieb genommen werden. [2]Solche Tätigkeiten werden im Einklang mit dem geltenden Unionsrecht durchgeführt. [3]Tests unter Realbedingungen fallen nicht unter diesen Ausschluss.

(9) Diese Verordnung berührt nicht die Vorschriften anderer Rechtsakte der Union zum Verbraucherschutz und zur Produktsicherheit.

(10) Diese Verordnung gilt nicht für die Pflichten von Betreibern, die natürliche Personen sind und KI-Systeme im Rahmen einer ausschließlich persönlichen und nicht beruflichen Tätigkeit verwenden.

(11) Diese Verordnung hindert die Union oder die Mitgliedstaaten nicht daran, Rechts- oder Verwaltungsvorschriften beizubehalten oder einzuführen, die für die Arbeitnehmer im Hinblick auf den Schutz ihrer Rechte bei der Verwendung von KI-Systemen durch die Arbeitgeber vorteilhafter sind, oder die Anwendung von Kollektivvereinbarungen zu fördern oder zuzulassen, die für die Arbeitnehmer vorteilhafter sind.

(12) Diese Verordnung gilt nicht für KI-Systeme, die unter freien und quelloffenen Lizenzen bereitgestellt werden, es sei denn, sie werden als Hochrisiko-KI-Systeme oder als ein KI-System, das unter Artikel 5 oder 50 fällt, in Verkehr gebracht oder in Betrieb genommen.

Artikel 3 Begriffsbestimmungen

Für die Zwecke dieser Verordnung bezeichnet der Ausdruck

1. „KI-System" ein maschinengestütztes System, das für einen in unterschiedlichem Grade autonomen Betrieb ausgelegt ist und das nach seiner Betriebsaufnahme anpassungsfähig sein kann und das aus den erhaltenen Eingaben für explizite oder implizite Ziele ableitet, wie Ausgaben wie etwa Vorhersagen, Inhalte, Empfehlungen oder Entscheidungen erstellt werden, die physische oder virtuelle Umgebungen beeinflussen können;
2. „Risiko" die Kombination aus der Wahrscheinlichkeit des Auftretens eines Schadens und der Schwere dieses Schadens;
3. „Anbieter" eine natürliche oder juristische Person, Behörde, Einrichtung oder sonstige Stelle, die ein KI-System oder ein KI-Modell mit allgemeinem Verwendungszweck entwickelt oder entwickeln lässt und es unter ihrem eigenen Namen oder ihrer Handelsmarke in Verkehr bringt oder das KI-System unter ihrem eigenen Namen oder ihrer Handelsmarke in Betrieb nimmt, sei es entgeltlich oder unentgeltlich;

4. „Betreiber" eine natürliche oder juristische Person, Behörde, Einrichtung oder sonstige Stelle, die ein KI-System in eigener Verantwortung verwendet, es sei denn, das KI-System wird im Rahmen einer persönlichen und nicht beruflichen Tätigkeit verwendet;
5. „Bevollmächtigter" eine in der Union ansässige oder niedergelassene natürliche oder juristische Person, die vom Anbieter eines KI-Systems oder eines KI-Modells mit allgemeinem Verwendungszweck schriftlich dazu bevollmächtigt wurde und sich damit einverstanden erklärt hat, in seinem Namen die in dieser Verordnung festgelegten Pflichten zu erfüllen bzw. Verfahren durchzuführen;
6. „Einführer" eine in der Union ansässige oder niedergelassene natürliche oder juristische Person, die ein KI-System, das den Namen oder die Handelsmarke einer in einem Drittland niedergelassenen natürlichen oder juristischen Person trägt, in Verkehr bringt;
7. „Händler" eine natürliche oder juristische Person in der Lieferkette, die ein KI-System auf dem Unionsmarkt bereitstellt, mit Ausnahme des Anbieters oder des Einführers;
8. „Akteur" einen Anbieter, Produkthersteller, Betreiber, Bevollmächtigten, Einführer oder Händler;
9. „Inverkehrbringen" die erstmalige Bereitstellung eines KI-Systems oder eines KI-Modells mit allgemeinem Verwendungszweck auf dem Unionsmarkt;
10. „Bereitstellung auf dem Markt" die entgeltliche oder unentgeltliche Abgabe eines KI-Systems oder eines KI-Modells mit allgemeinem Verwendungszweck zum Vertrieb oder zur Verwendung auf dem Unionsmarkt im Rahmen einer Geschäftstätigkeit;
11. „Inbetriebnahme" die Bereitstellung eines KI-Systems in der Union zum Erstgebrauch direkt an den Betreiber oder zum Eigengebrauch entsprechend seiner Zweckbestimmung;
12. „Zweckbestimmung" die Verwendung, für die ein KI-System laut Anbieter bestimmt ist, einschließlich der besonderen Umstände und Bedingungen für die Verwendung, entsprechend den vom Anbieter bereitgestellten Informationen in den Betriebsanleitungen, im Werbe- oder Verkaufsmaterial und in diesbezüglichen Erklärungen sowie in der technischen Dokumentation;
13. „vernünftigerweise vorhersehbare Fehlanwendung" die Verwendung eines KI-Systems in einer Weise, die nicht seiner Zweckbestimmung entspricht, die sich aber aus einem vernünftigerweise vorhersehbaren menschlichen Verhalten oder einer vernünftigerweise vorhersehbaren Interaktion mit anderen Systemen, auch anderen KI-Systemen, ergeben kann;
14. „Sicherheitsbauteil" einen Bestandteil eines Produkts oder KI-Systems, der eine Sicherheitsfunktion für dieses Produkt oder KI-System erfüllt oder dessen Ausfall oder Störung die Gesundheit und Sicherheit von Personen oder Eigentum gefährdet;
15. „Betriebsanleitungen" die Informationen, die der Anbieter bereitstellt, um den Betreiber insbesondere über die Zweckbestimmung und die ordnungsgemäße Verwendung eines KI-Systems zu informieren;
16. „Rückruf eines KI-Systems" jede Maßnahme, die auf die Rückgabe an den Anbieter oder auf die Außerbetriebsetzung oder Abschaltung eines den Betreibern bereits zur Verfügung gestellten KI-Systems abzielt;
17. „Rücknahme eines KI-Systems" jede Maßnahme, mit der die Bereitstellung eines in der Lieferkette befindlichen KI-Systems auf dem Markt verhindert werden soll;
18. „Leistung eines KI-Systems" die Fähigkeit eines KI-Systems, seine Zweckbestimmung zu erfüllen;
19. „notifizierende Behörde" die nationale Behörde, die für die Einrichtung und Durchführung der erforderlichen Verfahren für die Bewertung, Benennung und Notifizierung von Konformitätsbewertungsstellen und für deren Überwachung zuständig ist;
20. „Konformitätsbewertung" ein Verfahren mit dem bewertet wird, ob die in Titel III Abschnitt 2 festgelegten Anforderungen an ein Hochrisiko-KI-System erfüllt wurden;
21. „Konformitätsbewertungsstelle" eine Stelle, die Konformitätsbewertungstätigkeiten einschließlich Prüfungen, Zertifizierungen und Inspektionen durchführt und dabei als Dritte auftritt;
22. „notifizierte Stelle" eine Konformitätsbewertungsstelle, die gemäß dieser Verordnung und den anderen einschlägigen Harmonisierungsrechtsvorschriften der Union notifiziert wurde;

23. „wesentliche Veränderung" eine Veränderung eines KI-Systems nach dessen Inverkehrbringen oder Inbetriebnahme, die in der vom Anbieter durchgeführten ursprünglichen Konformitätsbewertung nicht vorgesehen oder geplant war und durch die die Konformität des KI-Systems mit den Anforderungen in Kapitel III Abschnitt 2 beeinträchtigt wird oder die zu einer Änderung der Zweckbestimmung führt, für die das KI-System bewertet wurde;
24. „CE-Kennzeichnung" eine Kennzeichnung, durch die ein Anbieter erklärt, dass ein KI-System die Anforderungen erfüllt, die in Kapitel III Abschnitt 2 und in anderen anwendbaren Harmonisierungsrechtsvorschriften, die die Anbringung dieser Kennzeichnung vorsehen, festgelegt sind;
25. „System zur Beobachtung nach dem Inverkehrbringen" alle Tätigkeiten, die Anbieter von KI-Systemen zur Sammlung und Überprüfung von Erfahrungen mit der Verwendung der von ihnen in Verkehr gebrachten oder in Betrieb genommenen KI-Systeme durchführen, um festzustellen, ob unverzüglich nötige Korrektur- oder Präventivmaßnahmen zu ergreifen sind;
26. „Marktüberwachungsbehörde" die nationale Behörde, die die Tätigkeiten durchführt und die Maßnahmen ergreift, die in der Verordnung (EU) 2019/1020 vorgesehen sind;
27. „harmonisierte Norm" bezeichnet eine harmonisierte Norm im Sinne des Artikels 2 Absatz 1 Buchstabe c der Verordnung (EU) Nr. 1025/2012;
28. „gemeinsame Spezifikation" eine Reihe technischer Spezifikationen im Sinne des Artikels 2 Nummer 4 der Verordnung (EU) Nr. 1025/2012, deren Befolgung es ermöglicht, bestimmte Anforderungen der vorliegenden Verordnung zu erfüllen;
29. „Trainingsdaten" Daten, die zum Trainieren eines KI-Systems verwendet werden, wobei dessen lernbare Parameter angepasst werden;
30. „Validierungsdaten" Daten, die zur Evaluation des trainierten KI-Systems und zur Einstellung seiner nicht erlernbaren Parameter und seines Lernprozesses verwendet werden, um unter anderem eine Unter- oder Überanpassung zu vermeiden;
31. „Validierungsdatensatz" einen separaten Datensatz oder einen Teil des Trainingsdatensatzes mit fester oder variabler Aufteilung;
32. „Testdaten" Daten, die für eine unabhängige Bewertung des KI-Systems verwendet werden, um die erwartete Leistung dieses Systems vor dessen Inverkehrbringen oder Inbetriebnahme zu bestätigen;
33. „Eingabedaten" die in ein KI-System eingespeisten oder von diesem direkt erfassten Daten, auf deren Grundlage das System eine Ausgabe hervorbringt;
34. „biometrische Daten" mit speziellen technischen Verfahren gewonnene personenbezogene Daten zu den physischen, physiologischen oder verhaltenstypischen Merkmalen einer natürlichen Person, wie etwa Gesichtsbilder oder daktyloskopische Daten;
35. „biometrische Identifizierung" die automatisierte Erkennung physischer, physiologischer, verhaltensbezogener oder psychologischer menschlicher Merkmale zum Zwecke der Feststellung der Identität einer natürlichen Person durch den Vergleich biometrischer Daten dieser Person mit biometrischen Daten von Personen, die in einer Datenbank gespeichert sind;
36. „biometrische Verifizierung" die automatisierte Eins-zu-eins-Verifizierung, einschließlich Authentifizierung, der Identität natürlicher Personen durch den Vergleich ihrer biometrischen Daten mit zuvor bereitgestellten biometrischen Daten;
37. „besondere Kategorien personenbezogener Daten" die in Artikel 9 Absatz 1 der Verordnung (EU) 2016/679, Artikel 10 der Richtlinie (EU) 2016/680 und Artikel 10 Absatz 1 der Verordnung (EU) 2018/1725 aufgeführten Kategorien personenbezogener Daten;
38. „sensible operative Daten" operative Daten im Zusammenhang mit Tätigkeiten zur Verhütung, Aufdeckung, Untersuchung oder Verfolgung von Straftaten, deren Offenlegung die Integrität von Strafverfahren gefährden könnte;
39. „Emotionserkennungssystem" ein KI-System, das dem Zweck dient, Emotionen oder Absichten natürlicher Personen auf der Grundlage ihrer biometrischen Daten festzustellen oder daraus abzuleiten;
40. „System zur biometrischen Kategorisierung" ein KI-System, das dem Zweck dient, natürliche Personen auf der Grundlage ihrer biometrischen Daten bestimmten Kategorien zu-

zuordnen, sofern es sich um eine Nebenfunktion eines anderen kommerziellen Dienstes handelt und aus objektiven technischen Gründen unbedingt erforderlich ist;

41. „biometrisches Fernidentifizierungssystem“ ein KI-System, das dem Zweck dient, natürliche Personen ohne ihre aktive Einbeziehung und in der Regel aus der Ferne durch Abgleich der biometrischen Daten einer Person mit den in einer Referenzdatenbank gespeicherten biometrischen Daten zu identifizieren;
42. „biometrisches Echtzeit-Fernidentifizierungssystem“ ein biometrisches Fernidentifizierungssystem, bei dem die Erfassung biometrischer Daten, der Abgleich und die Identifizierung ohne erhebliche Verzögerung erfolgen, und das zur Vermeidung einer Umgehung der Vorschriften nicht nur die sofortige Identifizierung, sondern auch eine Identifizierung mit begrenzten kurzen Verzögerungen umfasst;
43. „System zur nachträglichen biometrischen Fernidentifizierung“ ein biometrisches Fernidentifizierungssystem, das kein biometrisches Echtzeit-Fernidentifizierungssystem ist;
44. „öffentlich zugänglicher Raum“ einen einer unbestimmten Anzahl natürlicher Personen zugänglichen physischen Ort in privatem oder öffentlichem Eigentum, unabhängig davon, ob bestimmte Bedingungen für den Zugang gelten, und unabhängig von möglichen Kapazitätsbeschränkungen;
45. „Strafverfolgungsbehörde“
    a) eine Behörde, die für die Verhütung, Ermittlung, Aufdeckung oder Verfolgung von Straftaten oder die Strafvollstrekkung, einschließlich des Schutzes vor und der Abwehr von Gefahren für die öffentliche Sicherheit, zuständig ist, oder
    b) eine andere Stelle oder Einrichtung, der durch nationales Recht die Ausübung öffentlicher Gewalt und hoheitlicher Befugnisse zur Verhütung, Ermittlung, Aufdeckung oder Verfolgung von Straftaten oder zur Strafvollstreckung, einschließlich des Schutzes vor und der Abwehr von Gefahren für die öffentliche Sicherheit, übertragen wurde;
46. „Strafverfolgung“ Tätigkeiten der Strafverfolgungsbehörden oder in deren Auftrag zur Verhütung, Ermittlung, Aufdekkung oder Verfolgung von Straftaten oder zur Strafvollstreckung, einschließlich des Schutzes vor und der Abwehr von Gefahren für die öffentliche Sicherheit;
47. „Büro für Künstliche Intelligenz“ die Aufgabe der Kommission, zur Umsetzung, Beobachtung und Überwachung von KI-Systemen und KI-Modellen mit allgemeinem Verwendungszweck und zu der im Beschluss der Kommission vom 24. Januar 2024 vorgesehenen KI-Governance beizutragen; Bezugnahmen in dieser Verordnung auf das Büro für Künstliche Intelligenz gelten als Bezugnahmen auf die Kommission;
48. „zuständige nationale Behörde“ eine notifizierende Behörde oder eine Marktüberwachungsbehörde; in Bezug auf KI-Systeme, die von Organen, Einrichtungen und sonstigen Stellen der Union in Betrieb genommen oder verwendet werden, sind Bezugnahmen auf die zuständigen nationalen Behörden oder Marktüberwachungsbehörden in dieser Verordnung als Bezugnahmen auf den Europäischen Datenschutzbeauftragten auszulegen;
49. „schwerwiegender Vorfall“ einen Vorfall oder eine Fehlfunktion bezüglich eines KI-Systems, das bzw. die direkt oder indirekt eine der nachstehenden Folgen hat:
    a) den Tod oder die schwere gesundheitliche Schädigung einer Person;
    b) eine schwere und unumkehrbare Störung der Verwaltung oder des Betriebs kritischer Infrastrukturen;
    c) die Verletzung von Pflichten aus den Unionsrechtsvorschriften zum Schutz der Grundrechte;
    d) schwere Sach- oder Umweltschäden;
50. „personenbezogene Daten“ personenbezogene Daten im Sinne von Artikel 4 Nummer 1 der Verordnung (EU) 2016/679;
51. „nicht personenbezogene Daten“ Daten, die keine personenbezogenen Daten im Sinne von Artikel 4 Nummer 1 der Verordnung (EU) 2016/679 sind;
52. „Profiling“ das Profiling im Sinne von Artikel 4 Nummer 4 der Verordnung (EU) 2016/679;
53. „Plan für einen Test unter Realbedingungen“ ein Dokument, in dem die Ziele, die Methodik, der geografische, bevölkerungsbezogene und zeitliche Umfang, die Überwachung, die Organisation und die Durchführung eines Tests unter Realbedingungen beschrieben werden;

54. „Plan für das Reallabor" ein zwischen dem teilnehmenden Anbieter und der zuständigen Behörde vereinbartes Dokument, in dem die Ziele, die Bedingungen, der Zeitrahmen, die Methodik und die Anforderungen für die im Reallabor durchgeführten Tätigkeiten beschrieben werden;
55. „KI-Reallabor" einen kontrollierten Rahmen, der von einer zuständigen Behörde geschaffen wird und den Anbieter oder zukünftige Anbieter von KI-Systemen nach einem Plan für das Reallabor einen begrenzten Zeitraum und unter regulatorischer Aufsicht nutzen können, um ein innovatives KI-System zu entwickeln, zu trainieren, zu validieren und – gegebenenfalls unter Realbedingungen – zu testen.
56. „KI-Kompetenz" die Fähigkeiten, die Kenntnisse und das Verständnis, die es Anbietern, Betreibern und Betroffenen unter Berücksichtigung ihrer jeweiligen Rechte und Pflichten im Rahmen dieser Verordnung ermöglichen, KI-Systeme sachkundig einzusetzen sowie sich der Chancen und Risiken von KI und möglicher Schäden, die sie verursachen kann, bewusst zu werden.
57. „Test unter Realbedingungen" den befristeten Test eines KI-Systems auf seine Zweckbestimmung, der unter Realbedingungen außerhalb eines Labors oder einer anderweitig simulierten Umgebung erfolgt, um zuverlässige und belastbare Daten zu erheben und die Konformität des KI-Systems mit den Anforderungen der vorliegenden Verordnung zu bewerten und zu überprüfen, wobei dieser Test nicht als Inverkehrbringen oder Inbetriebnahme des KI-Systems im Sinne dieser Verordnung gilt, sofern alle Bedingungen nach Artikel 57 oder Artikel 60 erfüllt sind;
58. „Testteilnehmer" für die Zwecke eines Tests unter Realbedingungen eine natürliche Person, die an dem Test unter Realbedingungen teilnimmt;
59. „informierte Einwilligung" eine aus freien Stücken erfolgende, spezifische, eindeutige und freiwillige Erklärung der Bereitschaft, an einem bestimmten Test unter Realbedingungen teilzunehmen, durch einen Testteilnehmer, nachdem dieser über alle Aspekte des Tests, die für die Entscheidungsfindung des Testteilnehmers bezüglich der Teilnahme relevant sind, aufgeklärt wurde;
60. „Deepfake" einen durch KI erzeugten oder manipulierten Bild-, Ton- oder Videoinhalt, der wirklichen Personen, Gegenständen, Orten, Einrichtungen oder Ereignissen ähnelt und einer Person fälschlicherweise als echt oder wahrheitsgemäß erscheinen würde;
61. „weitverbreiteter Verstoß" jede Handlung oder Unterlassung, die gegen das Unionsrecht verstößt, das die Interessen von Einzelpersonen schützt, und die
    a) die kollektiven Interessen von Einzelpersonen in mindestens zwei anderen Mitgliedstaaten als dem Mitgliedstaat schädigt oder zu schädigen droht, in dem
        i) die Handlung oder die Unterlassung ihren Ursprung hatte oder stattfand,
        ii) der betreffende Anbieter oder gegebenenfalls sein Bevollmächtigter sich befindet oder niedergelassen ist oder
        iii) der Betreiber niedergelassen ist, sofern der Verstoß vom Betreiber begangen wird,
    b) die kollektiven Interessen von Einzelpersonen geschädigt hat, schädigt oder schädigen könnte und allgemeine Merkmale aufweist, einschließlich derselben rechtswidrigen Praxis oder desselben verletzten Interesses, und gleichzeitig auftritt und von demselben Akteur in mindestens drei Mitgliedstaaten begangen wird;
62. „kritische Infrastrukturen" kritische Infrastrukturen im Sinne von Artikel 2 Nummer 4 der Richtlinie (EU) 2022/2557;
63. „KI-Modell mit allgemeinem Verwendungszweck" ein KI-Modell – einschließlich der Fälle, in denen ein solches KI-Modell mit einer großen Datenmenge unter umfassender Selbstüberwachung trainiert wird –, das eine erhebliche allgemeine Verwendbarkeit aufweist und in der Lage ist, unabhängig von der Art und Weise seines Inverkehrbringens ein breites Spektrum unterschiedlicher Aufgaben kompetent zu erfüllen, und das in eine Vielzahl nachgelagerter Systeme oder Anwendungen integriert werden kann, ausgenommen KI-Modelle, die vor ihrem Inverkehrbringen für Forschungs- und Entwicklungstätigkeiten oder die Konzipierung von Prototypen eingesetzt werden;
64. „Fähigkeiten mit hoher Wirkkraft" bezeichnet Fähigkeiten, die den bei den fortschrittlichsten KI-Modellen mit allgemeinem Verwendungszweck festgestellten Fähigkeiten entsprechen oder diese übersteigen;

65. „systemisches Risiko“ ein Risiko, das für die Fähigkeiten mit hoher Wirkkraft von KI-Modellen mit allgemeinem Verwendungszweck spezifisch ist und aufgrund deren Reichweite oder aufgrund tatsächlicher oder vernünftigerweise vorhersehbarer negativer Folgen für die öffentliche Gesundheit, die Sicherheit, die öffentliche Sicherheit, die Grundrechte oder die Gesellschaft insgesamt erhebliche Auswirkungen auf den Unionsmarkt hat, die sich in großem Umfang über die gesamte Wertschöpfungskette hinweg verbreiten können;
66. „KI-System mit allgemeinem Verwendungszweck“ ein KI-System, das auf einem KI-Modell mit allgemeinem Verwendungszweck beruht und in der Lage ist, einer Vielzahl von Zwecken sowohl für die direkte Verwendung als auch für die Integration in andere KI-Systeme zu dienen;
67. „Gleitkommaoperation“ jede Rechenoperation oder jede Zuweisung mit Gleitkommazahlen, bei denen es sich um eine Teilmenge der reellen Zahlen handelt, die auf Computern typischerweise durch das Produkt aus einer ganzen Zahl mit fester Genauigkeit und einer festen Basis mit ganzzahligem Exponenten dargestellt wird;
68. „nachgelagerter Anbieter“ einen Anbieter eines KI-Systems, einschließlich eines KI-Systems mit allgemeinem Verwendungszweck, das ein KI-Modell integriert, unabhängig davon, ob das KI-Modell von ihm selbst bereitgestellt und vertikal integriert wird oder von einer anderen Einrichtung auf der Grundlage vertraglicher Beziehungen bereitgestellt wird.

Artikel 4 KI-Kompetenz

Die Anbieter und Betreiber von KI-Systemen ergreifen Maßnahmen, um nach besten Kräften sicherzustellen, dass ihr Personal und andere Personen, die in ihrem Auftrag mit dem Betrieb und der Nutzung von KI-Systemen befasst sind, über ein ausreichendes Maß an KI-Kompetenz verfügen, wobei ihre technischen Kenntnisse, ihre Erfahrung, ihre Ausbildung und Schulung und der Kontext, in dem die KI-Systeme eingesetzt werden sollen, sowie die Personen oder Personengruppen, bei denen die KI-Systeme eingesetzt werden sollen, zu berücksichtigen sind.

Kapitel II
Verbotene Praktiken im KI-Bereich

Artikel 5 Verbotene Praktiken im KI-Bereich

(1) [1]Folgende Praktiken im KI-Bereich sind verboten:

a) das Inverkehrbringen, die Inbetriebnahme oder die Verwendung eines KI-Systems, das Techniken der unterschwelligen Beeinflussung außerhalb des Bewusstseins einer Person oder absichtlich manipulative oder täuschende Techniken mit dem Ziel oder der Wirkung einsetzt, das Verhalten einer Person oder einer Gruppe von Personen wesentlich zu verändern, indem ihre Fähigkeit, eine fundierte Entscheidung zu treffen, deutlich beeinträchtigt wird, wodurch sie veranlasst wird, eine Entscheidung zu treffen, die sie andernfalls nicht getroffen hätte, und zwar in einer Weise, die dieser Person, einer anderen Person oder einer Gruppe von Personen erheblichen Schaden zufügt oder mit hinreichender Wahrscheinlichkeit zufügen wird.
b) das Inverkehrbringen, die Inbetriebnahme oder die Verwendung eines KI-Systems, das eine Vulnerabilität oder Schutzbedürftigkeit einer natürlichen Person oder einer bestimmten Gruppe von Personen aufgrund ihres Alters, einer Behinderung oder einer bestimmten sozialen oder wirtschaftlichen Situation mit dem Ziel oder der Wirkung ausnutzt, das Verhalten dieser Person oder einer dieser Gruppe angehörenden Person in einer Weise wesentlich zu verändern, die dieser Person oder einer anderen Person erheblichen Schaden zufügt oder mit hinreichender Wahrscheinlichkeit zufügen wird;
c) das Inverkehrbringen, die Inbetriebnahme oder die Verwendung von KI-Systemen zur Bewertung oder Einstufung von natürlichen Personen oder Gruppen von Personen über einen bestimmten Zeitraum auf der Grundlage ihres sozialen Verhaltens oder bekannter, abgeleiteter oder vorhergesagter persönlicher Eigenschaften oder Persönlichkeitsmerkmale, wobei die soziale Bewertung zu einem oder beiden der folgenden Ergebnisse führt:
   i) Schlechterstellung oder Benachteiligung bestimmter natürlicher Personen oder Gruppen von Personen in sozialen Zusammenhängen, die in keinem Zusammenhang zu

den Umständen stehen, unter denen die Daten ursprünglich erzeugt oder erhoben wurden;

ii) Schlechterstellung oder Benachteiligung bestimmter natürlicher Personen oder Gruppen von Personen in einer Weise, die im Hinblick auf ihr soziales Verhalten oder dessen Tragweite ungerechtfertigt oder unverhältnismäßig ist;

d) das Inverkehrbringen, die Inbetriebnahme für diesen spezifischen Zweck oder die Verwendung eines KI-Systems zur Durchführung von Risikobewertungen in Bezug auf natürliche Personen, um das Risiko, dass eine natürliche Person eine Straftat begeht, ausschließlich auf der Grundlage des Profiling einer natürlichen Person oder der Bewertung ihrer persönlichen Merkmale und Eigenschaften zu bewerten oder vorherzusagen; dieses Verbot gilt nicht für KI-Systeme, die dazu verwendet werden, die durch Menschen durchgeführte Bewertung der Beteiligung einer Person an einer kriminellen Aktivität, die sich bereits auf objektive und überprüfbare Tatsachen stützt, die in unmittelbarem Zusammenhang mit einer kriminellen Aktivität stehen, zu unterstützen;

e) das Inverkehrbringen, die Inbetriebnahme für diesen spezifischen Zweck oder die Verwendung von KI-Systemen, die Datenbanken zur Gesichtserkennung durch das ungezielte Auslesen von Gesichtsbildern aus dem Internet oder von Überwachungsaufnahmen erstellen oder erweitern;

f) das Inverkehrbringen, die Inbetriebnahme für diesen spezifischen Zweck oder die Verwendung von KI-Systemen zur Ableitung von Emotionen einer natürlichen Person am Arbeitsplatz und in Bildungseinrichtungen, es sei denn, die Verwendung des KI-Systems soll aus medizinischen Gründen oder Sicherheitsgründen eingeführt oder auf den Markt gebracht werden;

g) das Inverkehrbringen, die Inbetriebnahme für diesen spezifischen Zweck oder die Verwendung von Systemen zur biometrischen Kategorisierung, mit denen natürliche Personen individuell auf der Grundlage ihrer biometrischen Daten kategorisiert werden, um ihre Rasse, ihre politischen Einstellungen, ihre Gewerkschaftszugehörigkeit, ihre religiösen oder weltanschaulichen Überzeugungen, ihr Sexualleben oder ihre sexuelle Ausrichtung zu erschließen oder abzuleiten; dieses Verbot gilt nicht für die Kennzeichnung oder Filterung rechtmäßig erworbener biometrischer Datensätze, wie z.B. Bilder auf der Grundlage biometrischer Daten oder die Kategorisierung biometrischer Daten im Bereich der Strafverfolgung;

h) die Verwendung biometrischer Echtzeit-Fernidentifizierungssysteme in öffentlich zugänglichen Räumen zu Strafverfolgungszwecken, außer wenn und insoweit dies im Hinblick auf eines der folgenden Ziele unbedingt erforderlich ist:

   i) gezielte Suche nach bestimmten Opfern von Entführung, Menschenhandel oder sexueller Ausbeutung sowie die Suche nach vermissten Personen;

   ii) Abwenden einer konkreten, erheblichen und unmittelbaren Gefahr für das Leben oder die körperliche Unversehrtheit natürlicher Personen oder einer tatsächlichen und bestehenden oder tatsächlichen und vorhersehbaren Gefahr eines Terroranschlags;

   iii) Aufspüren oder Identifizieren einer Person, die der Begehung einer Straftat verdächtigt wird, zum Zwecke der Durchführung von strafrechtlichen Ermittlungen oder von Strafverfahren oder der Vollstreckung einer Strafe für die in Anhang II aufgeführten Straftaten, die in dem betreffenden Mitgliedstaat nach dessen Recht mit einer Freiheitsstrafe oder einer freiheitsentziehenden Maßregel der Sicherung im Höchstmaß von mindestens vier Jahren bedroht ist.

[2]Unterabsatz 1 Buchstabe h gilt unbeschadet des Artikels 9 der Verordnung (EU) 2016/679 für die Verarbeitung biometrischer Daten zu anderen Zwecken als der Strafverfolgung.

(2) [1]Die Verwendung biometrischer Echtzeit-Fernidentifizierungssysteme in öffentlich zugänglichen Räumen zu Strafverfolgungszwecken im Hinblick auf die in Absatz 1 Unterabsatz 1 Buchstabe h genannten Ziele darf für die in jenem Buchstaben genannten Zwecke nur zur Bestätigung der Identität der speziell betroffenen Person erfolgen, wobei folgende Elemente berücksichtigt werden:

a) die Art der Situation, die der möglichen Verwendung zugrunde liegt, insbesondere die Schwere, die Wahrscheinlichkeit und das Ausmaß des Schadens, der entstehen würde, wenn das System nicht eingesetzt würde;
b) die Folgen der Verwendung des Systems für die Rechte und Freiheiten aller betroffenen Personen, insbesondere die Schwere, die Wahrscheinlichkeit und das Ausmaß solcher Folgen.

[2]Darüber hinaus sind bei der Verwendung biometrischer Echtzeit-Fernidentifizierungssysteme in öffentlich zugänglichen Räumen zu Strafverfolgungszwecken im Hinblick auf die in Absatz 1 Unterabsatz 1 Buchstabe h des vorliegenden Artikels genannten Ziele notwendige und verhältnismäßige Schutzvorkehrungen und Bedingungen für die Verwendung im Einklang mit nationalem Recht über die Ermächtigung ihrer Verwendung einzuhalten, insbesondere in Bezug auf die zeitlichen, geografischen und personenbezogenen Beschränkungen. [3]Die Verwendung biometrischer Echtzeit-Fernidentifizierungssysteme in öffentlich zugänglichen Räumen ist nur dann zu gestatten, wenn die Strafverfolgungsbehörde eine Folgenabschätzung im Hinblick auf die Grundrechte gemäß Artikel 27 abgeschlossen und das System gemäß Artikel 49 in der EU-Datenbank registriert hat. [4]In hinreichend begründeten dringenden Fällen kann jedoch mit der Verwendung solcher Systeme zunächst ohne Registrierung in der EU-Datenbank begonnen werden, sofern diese Registrierung unverzüglich erfolgt.

(3) [1]Für die Zwecke des Absatz 1 Unterabsatz 1 Buchstabe h und des Absatzes 2 ist für jede Verwendung eines biometrischen Echtzeit-Fernidentifizierungssystems in öffentlich zugänglichen Räumen zu Strafverfolgungszwecken eine vorherige Genehmigung erforderlich, die von einer Justizbehörde oder einer unabhängigen Verwaltungsbehörde des Mitgliedstaats, in dem die Verwendung erfolgen soll, auf begründeten Antrag und gemäß den in Absatz 5 genannten detaillierten nationalen Rechtsvorschriften erteilt wird, wobei deren Entscheidung bindend ist. [2]In hinreichend begründeten dringenden Fällen kann jedoch mit der Verwendung eines solchen Systems zunächst ohne Genehmigung begonnen werden, sofern eine solche Genehmigung unverzüglich, spätestens jedoch innerhalb von 24 Stunden beantragt wird. [3]Wird eine solche Genehmigung abgelehnt, so wird die Verwendung mit sofortiger Wirkung eingestellt und werden alle Daten sowie die Ergebnisse und Ausgaben dieser Verwendung unverzüglich verworfen und gelöscht.

[1]Die zuständige Justizbehörde oder eine unabhängige Verwaltungsbehörde, deren Entscheidung bindend ist, erteilt die Genehmigung nur dann, wenn sie auf der Grundlage objektiver Nachweise oder eindeutiger Hinweise, die ihr vorgelegt werden, davon überzeugt ist, dass die Verwendung des betreffenden biometrischen Echtzeit-Fernidentifizierungssystems für das Erreichen eines der in Absatz 1 Unterabsatz 1 Buchstabe h genannten Ziele – wie im Antrag angegeben – notwendig und verhältnismäßig ist und insbesondere auf das in Bezug auf den Zeitraum sowie den geografischen und persönlichen Anwendungsbereich unbedingt erforderliche Maß beschränkt bleibt. [2]Bei ihrer Entscheidung über den Antrag berücksichtigt diese Behörde die in Absatz 2 genannten Elemente. [3]Eine Entscheidung, aus der sich eine nachteilige Rechtsfolge für eine Person ergibt, darf nicht ausschließlich auf der Grundlage der Ausgabe des biometrischen Echtzeit-Fernidentifizierungssystems getroffen werden.

(4) [1]Unbeschadet des Absatzes 3 wird jede Verwendung eines biometrischen Echtzeit-Fernidentifizierungssystems in öffentlich zugänglichen Räumen zu Strafverfolgungszwecken der zuständigen Marktüberwachungsbehörde und der nationalen Datenschutzbehörde gemäß den in Absatz 5 genannten nationalen Vorschriften mitgeteilt. [2]Die Mitteilung muss mindestens die in Absatz 6 genannten Angaben enthalten und darf keine sensiblen operativen Daten enthalten.

(5) [1]Ein Mitgliedstaat kann die Möglichkeit einer vollständigen oder teilweisen Ermächtigung zur Verwendung biometrischer Echtzeit-Fernidentifizierungssysteme in öffentlich zugänglichen Räumen zu Strafverfolgungszwecken innerhalb der in Absatz 1 Unterabsatz 1 Buchstabe h sowie Absätze 2 und 3 aufgeführten Grenzen und unter den dort genannten Bedingungen vorsehen. [2]Die betreffenden Mitgliedstaaten legen in ihrem nationalen Recht die erforderlichen detaillierten Vorschriften für die Beantragung, Erteilung und Ausübung der in Absatz 3 genannten Genehmigungen sowie für die entsprechende Beaufsichtigung und Berichterstattung fest. [3]In diesen Vorschriften wird auch festgelegt, im Hinblick auf welche der in Absatz 1 Unterabsatz 1 Buchstabe h aufgeführten Ziele und welche der unter Buchstabe h Ziffer iii genannten Straftaten die zuständigen Behörden ermächtigt werden können, diese Systeme zu Strafverfolgungszwecken zu verwenden. [4]Die Mitgliedstaaten teilen der Kommission diese

Vorschriften spätestens 30 Tage nach ihrem Erlass mit. [5]Die Mitgliedstaaten können im Einklang mit dem Unionsrecht strengere Rechtsvorschriften für die Verwendung biometrischer Fernidentifizierungssysteme erlassen.

(6) [1]Die nationalen Marktüberwachungsbehörden und die nationalen Datenschutzbehörden der Mitgliedstaaten, denen gemäß Absatz 4 die Verwendung biometrischer Echtzeit-Fernidentifizierungssysteme in öffentlich zugänglichen Räumen zu Strafverfolgungszwecken mitgeteilt wurden, legen der Kommission Jahresberichte über diese Verwendung vor. [2]Zu diesem Zweck stellt die Kommission den Mitgliedstaaten und den nationalen Marktüberwachungs- und Datenschutzbehörden ein Muster zur Verfügung, das Angaben über die Anzahl der Entscheidungen der zuständigen Justizbehörden oder einer unabhängigen Verwaltungsbehörde, deren Entscheidung über Genehmigungsanträge gemäß Absatz 3 bindend ist, und deren Ergebnis enthält.

(7) [1]Die Kommission veröffentlicht Jahresberichte über die Verwendung biometrischer Echtzeit-Fernidentifizierungssysteme in öffentlich zugänglichen Räumen zu Strafverfolgungszwecken, die auf aggregierten Daten aus den Mitgliedstaaten auf der Grundlage der in Absatz 6 genannten Jahresberichte beruhen. [2]Diese Jahresberichte dürfen keine sensiblen operativen Daten im Zusammenhang mit den damit verbundenen Strafverfolgungsmaßnahmen enthalten.

(8) Dieser Artikel berührt nicht die Verbote, die gelten, wenn KI-Praktiken gegen andere Rechtsvorschriften der Union verstoßen.

Kapitel III
Hochrisiko-KI-Systeme

Abschnitt 1
Einstufung von KI-Systemen als Hochrisiko-KI-Systeme

Artikel 6 Einstufungsvorschriften für Hochrisiko-KI-Systeme

(1) Ungeachtet dessen, ob ein KI-System unabhängig von den unter den Buchstaben a und b genannten Produkten in Verkehr gebracht oder in Betrieb genommen wird, gilt es als Hochrisiko-KI-System, wenn die beiden folgenden Bedingungen erfüllt sind:

a) das KI-System soll als Sicherheitsbauteil eines unter die in Anhang I aufgeführten Harmonisierungsrechtsvorschriften der Union fallenden Produkts verwendet werden oder das KI-System ist selbst ein solches Produkt;
b) das Produkt, dessen Sicherheitsbauteil gemäß Buchstabe a das KI-System ist, oder das KI-System selbst als Produkt muss einer Konformitätsbewertung durch Dritte im Hinblick auf das Inverkehrbringen oder die Inbetriebnahme dieses Produkts gemäß den in Anhang I aufgeführten Harmonisierungsrechtsvorschriften der Union unterzogen werden.

(2) Zusätzlich zu den in Absatz 1 genannten Hochrisiko-KI-Systemen gelten die in Anhang III genannten KI-Systeme als hochriskant.

(3) Abweichend von Absatz 2 gilt ein in Anhang III genanntes KI-System nicht als hochriskant, wenn es kein erhebliches Risiko der Beeinträchtigung in Bezug auf die Gesundheit, Sicherheit oder Grundrechte natürlicher Personen birgt, indem es unter anderem nicht das Ergebnis der Entscheidungsfindung wesentlich beeinflusst.

[1]Unterabsatz 1 gilt, wenn eine der folgenden Bedingungen erfüllt ist:

a) das KI-System ist dazu bestimmt, eine eng gefasste Verfahrensaufgabe durchzuführen;
b) das KI-System ist dazu bestimmt, das Ergebnis einer zuvor abgeschlossenen menschlichen Tätigkeit zu verbessern;
c) das KI-System ist dazu bestimmt, Entscheidungsmuster oder Abweichungen von früheren Entscheidungsmustern zu erkennen, und ist nicht dazu gedacht, die zuvor abgeschlossene menschliche Bewertung ohne eine angemessene menschliche Überprüfung zu ersetzen oder zu beeinflussen; oder
d) das KI-System ist dazu bestimmt, eine vorbereitende Aufgabe für eine Bewertung durchzuführen, die für die Zwecke der in Anhang III aufgeführten Anwendungsfälle relevant ist.

[2]Ungeachtet des Unterabsatzes 1 gilt ein in Anhang III aufgeführtes KI-System immer dann als hochriskant, wenn es ein Profiling natürlicher Personen vornimmt.

(4) [1]Ein Anbieter, der der Auffassung ist, dass ein in Anhang III aufgeführtes KI-System nicht hochriskant ist, dokumentiert seine Bewertung, bevor dieses System in Verkehr gebracht oder in Betrieb genommen wird. [2]Dieser Anbieter unterliegt der Registrierungspflicht gemäß Artikel 49 Absatz 2. [3]Auf Verlangen der zuständigen nationalen Behörden legt der Anbieter die Dokumentation der Bewertung vor.

(5) Die Kommission stellt nach Konsultation des Europäischen Gremiums für Künstliche Intelligenz (im Folgenden „KI-Gremium") spätestens bis zum 2. Februar 2026 Leitlinien zur praktischen Umsetzung dieses Artikels gemäß Artikel 96 und eine umfassende Liste praktischer Beispiele für Anwendungsfälle für KI-Systeme, die hochriskant oder nicht hochriskant sind, bereit.

(6) Die Kommission ist befugt, gemäß Artikel 97 delegierte Rechtsakte zu erlassen, um Absatz 3 Unterabsatz 2 des vorliegenden Artikels zu ändern, indem neue Bedingungen zu den darin genannten Bedingungen hinzugefügt oder diese geändert werden, wenn konkrete und zuverlässige Beweise für das Vorhandensein von KI-Systemen vorliegen, die in den Anwendungsbereich von Anhang III fallen, jedoch kein erhebliches Risiko der Beeinträchtigung in Bezug auf die Gesundheit, Sicherheit oder Grundrechte natürlicher Personen bergen.

(7) Die Kommission erlässt gemäß Artikel 97 delegierte Rechtsakte, um Absatz 3 Unterabsatz 2 des vorliegenden Artikels zu ändern, indem eine der darin festgelegten Bedingungen gestrichen wird, wenn konkrete und zuverlässige Beweise dafür vorliegen, dass dies für die Aufrechterhaltung des Schutzniveaus in Bezug auf Gesundheit, Sicherheit und die in dieser Verordnung vorgesehenen Grundrechte erforderlich ist.

(8) Eine Änderung der in Absatz 3 Unterabsatz 2 festgelegten Bedingungen, die gemäß den Absätzen 6 und 7 des vorliegenden Artikels erlassen wurde, darf das allgemeine Schutzniveau in Bezug auf Gesundheit, Sicherheit und die in dieser Verordnung vorgesehenen Grundrechte nicht senken; dabei ist die Kohärenz mit den gemäß Artikel 7 Absatz 1 erlassenen delegierten Rechtsakten sicherzustellen und die Marktentwicklungen und die technologischen Entwicklungen sind zu berücksichtigen.

Artikel 7 Änderungen des Anhangs III

(1) Die Kommission ist befugt, gemäß Artikel 97 delegierte Rechtsakte zur Änderung von Anhang III durch Hinzufügung oder Änderung von Anwendungsfällen für Hochrisiko-KI-Systeme zu erlassen, die beide der folgenden Bedingungen erfüllen:

a) Die KI-Systeme sollen in einem der in Anhang III aufgeführten Bereiche eingesetzt werden;
b) die KI-Systeme bergen ein Risiko der Schädigung in Bezug auf die Gesundheit und Sicherheit oder haben nachteilige Auswirkungen auf die Grundrechte und dieses Risiko gleicht dem Risiko der Schädigung oder den nachteiligen Auswirkungen, das bzw. die von den in Anhang III bereits genannten Hochrisiko-KI-Systemen ausgeht bzw. ausgehen, oder übersteigt diese.

(2) Bei der Bewertung der Bedingung gemäß Absatz 1 Buchstabe b berücksichtigt die Kommission folgende Kriterien:

a) die Zweckbestimmung des KI-Systems;
b) das Ausmaß, in dem ein KI-System verwendet wird oder voraussichtlich verwendet werden wird;
c) die Art und den Umfang der vom KI-System verarbeiteten und verwendeten Daten, insbesondere die Frage, ob besondere Kategorien personenbezogener Daten verarbeitet werden;
d) das Ausmaß, in dem das KI-System autonom handelt, und die Möglichkeit, dass ein Mensch eine Entscheidung oder Empfehlungen, die zu einem potenziellen Schaden führen können, außer Kraft setzt;
e) das Ausmaß, in dem durch die Verwendung eines KI-Systems schon die Gesundheit und Sicherheit geschädigt wurden, es nachteilige Auswirkungen auf die Grundrechte gab oder z.B. nach Berichten oder dokumentierten Behauptungen, die den zuständigen nationalen Behörden übermittelt werden, oder gegebenenfalls anderen Berichten Anlass zu erheblichen Bedenken hinsichtlich der Wahrscheinlichkeit eines solchen Schadens oder solcher nachteiligen Auswirkungen besteht;

f) das potenzielle Ausmaß solcher Schäden oder nachteiligen Auswirkungen, insbesondere hinsichtlich ihrer Intensität und ihrer Eignung, mehrere Personen zu beeinträchtigen oder eine bestimmte Gruppe von Personen unverhältnismäßig stark zu beeinträchtigen;
g) das Ausmaß, in dem Personen, die potenziell geschädigt oder negative Auswirkungen erleiden werden, von dem von einem KI-System hervorgebrachten Ergebnis abhängen, weil es insbesondere aus praktischen oder rechtlichen Gründen nach vernünftigem Ermessen unmöglich ist, sich diesem Ergebnis zu entziehen;
h) das Ausmaß, in dem ein Machtungleichgewicht besteht oder in dem Personen, die potenziell geschädigt oder negative Auswirkungen erleiden werden, gegenüber dem Betreiber eines KI-Systems schutzbedürftig sind, insbesondere aufgrund von Status, Autorität, Wissen, wirtschaftlichen oder sozialen Umständen oder Alter;
i) das Ausmaß, in dem das mithilfe eines KI-Systems hervorgebrachte Ergebnis unter Berücksichtigung der verfügbaren technischen Lösungen für seine Korrektur oder Rückgängigmachung leicht zu korrigieren oder rückgängig zu machen ist, wobei Ergebnisse, die sich auf die Gesundheit, Sicherheit oder Grundrechte von Personen negativ auswirken, nicht als leicht korrigierbar oder rückgängig zu machen gelten;
j) das Ausmaß und die Wahrscheinlichkeit, dass der Einsatz des KI-Systems für Einzelpersonen, Gruppen oder die Gesellschaft im Allgemeinen, einschließlich möglicher Verbesserungen der Produktsicherheit, nützlich ist;
k) das Ausmaß, in dem bestehendes Unionsrecht Folgendes vorsieht:
   i) wirksame Abhilfemaßnahmen in Bezug auf die Risiken, die von einem KI-System ausgehen, mit Ausnahme von Schadenersatzansprüchen;
   ii) wirksame Maßnahmen zur Vermeidung oder wesentlichen Verringerung dieser Risiken.

(3) Die Kommission ist befugt, gemäß Artikel 97 delegierte Rechtsakte zur Änderung der Liste in Anhang III zu erlassen, um Hochrisiko-KI-Systeme zu streichen, die beide der folgenden Bedingungen erfüllen:
a) Das betreffende Hochrisiko-KI-System weist unter Berücksichtigung der in Absatz 2 aufgeführten Kriterien keine erheblichen Risiken mehr für die Grundrechte, Gesundheit oder Sicherheit auf;
b) durch die Streichung wird das allgemeine Schutzniveau in Bezug auf Gesundheit, Sicherheit und Grundrechte im Rahmen des Unionsrechts nicht gesenkt.

Abschnitt 2
Anforderungen an Hochrisiko-KI-Systeme

Artikel 8 Einhaltung der Anforderungen

(1) [1]Hochrisiko-KI-Systeme müssen die in diesem Abschnitt festgelegten Anforderungen erfüllen, wobei ihrer Zweckbestimmung sowie dem allgemein anerkannten Stand der Technik in Bezug auf KI und KI-bezogene Technologien Rechnung zu tragen ist. [2]Bei der Gewährleistung der Einhaltung dieser Anforderungen wird dem in Artikel 9 genannten Risikomanagementsystem Rechnung getragen.

(2) [1]Enthält ein Produkt ein KI-System, für das die Anforderungen dieser Verordnung und die Anforderungen der in Anhang I Abschnitt A aufgeführten Harmonisierungsrechtsvorschriften der Union gelten, so sind die Anbieter dafür verantwortlich, sicherzustellen, dass ihr Produkt alle geltenden Anforderungen der geltenden Harmonisierungsrechtsvorschriften der Union vollständig erfüllt. [2]Bei der Gewährleistung der Erfüllung der in diesem Abschnitt festgelegten Anforderungen durch die in Absatz 1 genannten Hochrisiko-KI-Systeme und im Hinblick auf die Gewährleistung der Kohärenz, der Vermeidung von Doppelarbeit und der Minimierung zusätzlicher Belastungen haben die Anbieter die Wahl, die erforderlichen Test- und Berichterstattungsverfahren, Informationen und Dokumentationen, die sie im Zusammenhang mit ihrem Produkt bereitstellen, gegebenenfalls in Dokumentationen und Verfahren zu integrieren, die bereits bestehen und gemäß den in Anhang I Abschnitt A aufgeführten Harmonisierungsrechtsvorschriften der Union vorgeschrieben sind.

Artikel 9 Risikomanagementsystem

(1) Für Hochrisiko-KI-Systeme wird ein Risikomanagementsystem eingerichtet, angewandt, dokumentiert und aufrechterhalten.

(2) [1]Das Risikomanagementsystem versteht sich als ein kontinuierlicher iterativer Prozess, der während des gesamten Lebenszyklus eines Hochrisiko-KI-Systems geplant und durchgeführt wird und eine regelmäßige systematische Überprüfung und Aktualisierung erfordert. [2]Es umfasst folgende Schritte:

a) die Ermittlung und Analyse der bekannten und vernünftigerweise vorhersehbaren Risiken, die vom Hochrisiko-KI-System für die Gesundheit, Sicherheit oder Grundrechte ausgehen können, wenn es entsprechend seiner Zweckbestimmung verwendet wird;
b) die Abschätzung und Bewertung der Risiken, die entstehen können, wenn das Hochrisiko-KI-System entsprechend seiner Zweckbestimmung oder im Rahmen einer vernünftigerweise vorhersehbaren Fehlanwendung verwendet wird;
c) die Bewertung anderer möglicherweise auftretender Risiken auf der Grundlage der Auswertung der Daten aus dem in Artikel 72 genannten System zur Beobachtung nach dem Inverkehrbringen;
d) die Ergreifung geeigneter und gezielter Risikomanagementmaßnahmen zur Bewältigung der gemäß Buchstabe a ermittelten Risiken.

(3) Die in diesem Artikel genannten Risiken betreffen nur solche Risiken, die durch die Entwicklung oder Konzeption des Hochrisiko-KI-Systems oder durch die Bereitstellung ausreichender technischer Informationen angemessen gemindert oder behoben werden können.

(4) Bei den in Absatz 2 Buchstabe d genannten Risikomanagementmaßnahmen werden die Auswirkungen und möglichen Wechselwirkungen, die sich aus der kombinierten Anwendung der Anforderungen dieses Abschnitts ergeben, gebührend berücksichtigt, um die Risiken wirksamer zu minimieren und gleichzeitig ein angemessenes Gleichgewicht bei der Durchführung der Maßnahmen zur Erfüllung dieser Anforderungen sicherzustellen.

(5) Die in Absatz 2 Buchstabe d genannten Risikomanagementmaßnahmen werden so gestaltet, dass jedes mit einer bestimmten Gefahr verbundene relevante Restrisiko sowie das Gesamtrestrisiko der Hochrisiko-KI-Systeme als vertretbar beurteilt wird.

[1]Bei der Festlegung der am besten geeigneten Risikomanagementmaßnahmen ist Folgendes sicherzustellen:

a) soweit technisch möglich, Beseitigung oder Verringerung der gemäß Absatz 2 ermittelten und bewerteten Risiken durch eine geeignete Konzeption und Entwicklung des Hochrisiko-KI-Systems;
b) gegebenenfalls Anwendung angemessener Minderungs- und Kontrollmaßnahmen zur Bewältigung nicht auszuschließender Risiken;
c) Bereitstellung der gemäß Artikel 13 erforderlichen Informationen und gegebenenfalls entsprechende Schulung der Betreiber.

[2]Zur Beseitigung oder Verringerung der Risiken im Zusammenhang mit der Verwendung des Hochrisiko-KI-Systems werden die technischen Kenntnisse, die Erfahrungen und der Bildungsstand, die vom Betreiber erwartet werden können, sowie der voraussichtliche Kontext, in dem das System eingesetzt werden soll, gebührend berücksichtigt.

(6) [1]Hochrisiko-KI-Systeme müssen getestet werden, um die am besten geeigneten gezielten Risikomanagementmaßnahmen zu ermitteln. [2]Durch das Testen wird sichergestellt, dass Hochrisiko-KI-Systeme stets im Einklang mit ihrer Zweckbestimmung funktionieren und die Anforderungen dieses Abschnitts erfüllen.

(7) Die Testverfahren können einen Test unter Realbedingungen gemäß Artikel 60 umfassen.

(8) [1]Das Testen von Hochrisiko-KI-Systemen erfolgt zu jedem geeigneten Zeitpunkt während des gesamten Entwicklungsprozesses und in jedem Fall vor ihrem Inverkehrbringen oder ihrer Inbetriebnahme. [2]Das Testen erfolgt anhand vorab festgelegter Metriken und Wahrscheinlichkeitsschwellenwerte, die für die Zweckbestimmung des Hochrisiko-KI-Systems geeignet sind.

(9) Bei der Umsetzung des in den Absätzen 1 bis 7 vorgesehenen Risikomanagementsystems berücksichtigen die Anbieter, ob angesichts seiner Zweckbestimmung das Hochrisiko-KI-System wahrscheinlich nachteilige Auswirkungen auf Personen unter 18 Jahren oder gegebenenfalls andere schutzbedürftige Gruppen haben wird.

(10) Bei Anbietern von Hochrisiko-KI-Systemen, die den Anforderungen an interne Risikomanagementprozesse gemäß anderen einschlägigen Bestimmungen des Unionsrechts unterliegen, können die in den Absätzen 1 bis 9 enthaltenen Aspekte Bestandteil der nach diesem Recht festgelegten Risikomanagementverfahren sein oder mit diesen Verfahren kombiniert werden.

Artikel 10 Daten und Daten-Governance

(1) Hochrisiko-KI-Systeme, in denen Techniken eingesetzt werden, bei denen KI-Modelle mit Daten trainiert werden, müssen mit Trainings-, Validierungs- und Testdatensätzen entwickelt werden, die den in den Absätzen 2 bis 5 genannten Qualitätskriterien entsprechen, wenn solche Datensätze verwendet werden.

(2) [1]Für Trainings-, Validierungs- und Testdatensätze gelten Daten-Governance- und Datenverwaltungsverfahren, die für die Zweckbestimmung des Hochrisiko-KI-Systems geeignet sind. [2]Diese Verfahren betreffen insbesondere

a) die einschlägigen konzeptionellen Entscheidungen,
b) die Datenerhebungsverfahren und die Herkunft der Daten und im Falle personenbezogener Daten den ursprünglichen Zweck der Datenerhebung,
c) relevante Datenaufbereitungsvorgänge wie Annotation, Kennzeichnung, Bereinigung, Aktualisierung, Anreicherung und Aggregierung,
d) die Aufstellung von Annahmen, insbesondere in Bezug auf die Informationen, die mit den Daten erfasst und dargestellt werden sollen,
e) eine Bewertung der Verfügbarkeit, Menge und Eignung der benötigten Datensätze,
f) eine Untersuchung im Hinblick auf mögliche Verzerrungen (Bias), die die Gesundheit und Sicherheit von Personen beeinträchtigen, sich negativ auf die Grundrechte auswirken oder zu einer nach den Rechtsvorschriften der Union verbotenen Diskriminierung führen könnten, insbesondere wenn die Datenausgaben die Eingaben für künftige Operationen beeinflussen,
g) geeignete Maßnahmen zur Erkennung, Verhinderung und Abschwächung möglicher gemäß Buchstabe f ermittelter Verzerrungen,
h) die Ermittlung relevanter Datenlücken oder Mängel, die der Einhaltung dieser Verordnung entgegenstehen, und wie diese Lücken und Mängel behoben werden können.

(3) [1]Die Trainings-, Validierungs- und Testdatensätze müssen im Hinblick auf die Zweckbestimmung relevant, hinreichend repräsentativ und so weit wie möglich fehlerfrei und vollständig sein. [2]Sie müssen die geeigneten statistischen Merkmale, gegebenenfalls auch bezüglich der Personen oder Personengruppen, für die das Hochrisiko-KI-System bestimmungsgemäß verwendet werden soll, haben. [3]Diese Merkmale der Datensätze können auf der Ebene einzelner Datensätze oder auf der Ebene einer Kombination davon erfüllt werden.

(4) Die Datensätze müssen, soweit dies für die Zweckbestimmung erforderlich ist, die entsprechenden Merkmale oder Elemente berücksichtigen, die für die besonderen geografischen, kontextuellen, verhaltensbezogenen oder funktionalen Rahmenbedingungen, unter denen das Hochrisiko-KI-System bestimmungsgemäß verwendet werden soll, typisch sind.

(5) [1]Soweit dies für die Erkennung und Korrektur von Verzerrungen im Zusammenhang mit Hochrisiko-KI-Systemen im Einklang mit Absatz 2 Buchstaben f und g dieses Artikels unbedingt erforderlich ist, dürfen die Anbieter solcher Systeme ausnahmsweise besondere Kategorien personenbezogener Daten verarbeiten, wobei sie angemessene Vorkehrungen für den Schutz der Grundrechte und Grundfreiheiten natürlicher Personen treffen müssen. [2]Zusätzlich zu den Bestimmungen der Verordnungen (EU) 2016/679 und (EU) 2018/1725 und der Richtlinie (EU) 2016/680 müssen alle folgenden Bedingungen erfüllt sein, damit eine solche Verarbeitung stattfinden kann:

a) Die Erkennung und Korrektur von Verzerrungen kann durch die Verarbeitung anderer Daten, einschließlich synthetischer oder anonymisierter Daten, nicht effektiv durchgeführt werden;
b) die besonderen Kategorien personenbezogener Daten unterliegen technischen Beschränkungen einer Weiterverwendung der personenbezogenen Daten und modernsten Sicherheits- und Datenschutzmaßnahmen, einschließlich Pseudonymisierung;

c) die besonderen Kategorien personenbezogener Daten unterliegen Maßnahmen, mit denen sichergestellt wird, dass die verarbeiteten personenbezogenen Daten gesichert, geschützt und Gegenstand angemessener Sicherheitsvorkehrungen sind, wozu auch strenge Kontrollen des Zugriffs und seine Dokumentation gehören, um Missbrauch zu verhindern und sicherzustellen, dass nur befugte Personen Zugang zu diesen personenbezogenen Daten mit angemessenen Vertraulichkeitspflichten haben;
d) die besonderen Kategorien personenbezogener Daten werden nicht an Dritte übermittelt oder übertragen, noch haben diese Dritten anderweitigen Zugang zu diesen Daten;
e) die besonderen Kategorien personenbezogener Daten werden gelöscht, sobald die Verzerrung korrigiert wurde oder das Ende der Speicherfrist für die personenbezogenen Daten erreicht ist, je nachdem, was zuerst eintritt;
f) die Aufzeichnungen über Verarbeitungstätigkeiten gemäß den Verordnungen (EU) 2016/679 und (EU) 2018/1725 und der Richtlinie (EU) 2016/680 enthalten die Gründe, warum die Verarbeitung besonderer Kategorien personenbezogener Daten für die Erkennung und Korrektur von Verzerrungen unbedingt erforderlich war und warum dieses Ziel mit der Verarbeitung anderer Daten nicht erreicht werden konnte.

(6) Bei der Entwicklung von Hochrisiko-KI-Systemen, in denen keine Techniken eingesetzt werden, bei denen KI-Modelle trainiert werden, gelten die Absätze 2 bis 5 nur für Testdatensätze.

Artikel 11 Technische Dokumentation

(1) Die technische Dokumentation eines Hochrisiko-KI-Systems wird erstellt, bevor dieses System in Verkehr gebracht oder in Betrieb genommen wird, und ist auf dem neuesten Stand zu halten.

[1]Die technische Dokumentation wird so erstellt, dass aus ihr der Nachweis hervorgeht, wie das Hochrisiko-KI-System die Anforderungen dieses Abschnitts erfüllt, und dass den zuständigen nationalen Behörden und den notifizierten Stellen die Informationen in klarer und verständlicher Form zur Verfügung stehen, die erforderlich sind, um zu beurteilen, ob das KI-System diese Anforderungen erfüllt. [2]Sie enthält zumindest die in Anhang IV genannten Angaben. KMU, einschließlich Start-up-Unternehmen, können die in Anhang IV aufgeführten Elemente der technischen Dokumentation in vereinfachter Weise bereitstellen. [3]Zu diesem Zweck erstellt die Kommission ein vereinfachtes Formular für die technische Dokumentation, das auf die Bedürfnisse von kleinen Unternehmen und Kleinstunternehmen zugeschnitten ist. [4]Entscheidet sich ein KMU, einschließlich Start-up-Unternehmen, für eine vereinfachte Bereitstellung der in Anhang IV vorgeschriebenen Angaben, so verwendet es das in diesem Absatz genannte Formular. [5]Die notifizierten Stellen akzeptieren das Formular für die Zwecke der Konformitätsbewertung.

(2) Wird ein Hochrisiko-KI-System, das mit einem Produkt verbunden ist, das unter die in Anhang I Abschnitt A aufgeführten Harmonisierungsrechtsvorschriften der Union fällt, in Verkehr gebracht oder in Betrieb genommen, so wird eine einzige technische Dokumentation erstellt, die alle in Absatz 1 genannten Informationen sowie die nach diesen Rechtsakten erforderlichen Informationen enthält.

(3) Die Kommission ist befugt, wenn dies nötig ist, gemäß Artikel 97 delegierte Rechtsakte zur Änderung des Anhangs IV zu erlassen, damit die technische Dokumentation in Anbetracht des technischen Fortschritts stets alle Informationen enthält, die erforderlich sind, um zu beurteilen, ob das System die Anforderungen dieses Abschnitts erfüllt.

Artikel 12 Aufzeichnungspflichten

(1) Die Technik der Hochrisiko-KI-Systeme muss die automatische Aufzeichnung von Ereignissen (im Folgenden „Protokollierung“) während des Lebenszyklus des Systems ermöglichen.

(2) Zur Gewährleistung, dass das Funktionieren des Hochrisiko-KI-Systems in einem der Zweckbestimmung des Systems angemessenen Maße rückverfolgbar ist, ermöglichen die Protokollierungsfunktionen die Aufzeichnung von Ereignissen, die für Folgendes relevant sind:

a) die Ermittlung von Situationen, die dazu führen können, dass das Hochrisiko-KI-System ein Risiko im Sinne des Artikels 79 Absatz 1 birgt oder dass es zu einer wesentlichen Änderung kommt,
b) die Erleichterung der Beobachtung nach dem Inverkehrbringen gemäß Artikel 72 und
c) die Überwachung des Betriebs der Hochrisiko-KI-Systeme gemäß Artikel 26 Absatz 5.

(3) Die Protokollierungsfunktionen der in Anhang III Nummer 1 Buchstabe a genannten Hochrisiko-KI-Systeme müssen zumindest Folgendes umfassen:
a) Aufzeichnung jedes Zeitraums der Verwendung des Systems (Datum und Uhrzeit des Beginns und des Endes jeder Verwendung);
b) die Referenzdatenbank, mit der das System die Eingabedaten abgleicht;
c) die Eingabedaten, mit denen die Abfrage zu einer Übereinstimmung geführt hat;
d) die Identität der gemäß Artikel 14 Absatz 5 an der Überprüfung der Ergebnisse beteiligten natürlichen Personen.

Artikel 13 Transparenz und Bereitstellung von Informationen für die Betreiber

(1) [1]Hochrisiko-KI-Systeme werden so konzipiert und entwickelt, dass ihr Betrieb hinreichend transparent ist, damit die Betreiber die Ausgaben eines Systems angemessen interpretieren und verwenden können. [2]Die Transparenz wird auf eine geeignete Art und in einem angemessenen Maß gewährleistet, damit die Anbieter und Betreiber ihre in Abschnitt 3 festgelegten einschlägigen Pflichten erfüllen können.
(2) Hochrisiko-KI-Systeme werden mit Betriebsanleitungen in einem geeigneten digitalen Format bereitgestellt oder auf andere Weise mit Betriebsanleitungen versehen, die präzise, vollständige, korrekte und eindeutige Informationen in einer für die Betreiber relevanten, barrierefrei zugänglichen und verständlichen Form enthalten.
(3) Die Betriebsanleitungen enthalten mindestens folgende Informationen:
a) den Namen und die Kontaktangaben des Anbieters sowie gegebenenfalls seines Bevollmächtigten;
b) die Merkmale, Fähigkeiten und Leistungsgrenzen des Hochrisiko-KI-Systems, einschließlich
   i) seiner Zweckbestimmung,
   ii) des Maßes an Genauigkeit – einschließlich diesbezüglicher Metriken –, Robustheit und Cybersicherheit gemäß Artikel 15, für das das Hochrisiko-KI-System getestet und validiert wurde und das zu erwarten ist, sowie aller bekannten und vorhersehbaren Umstände, die sich auf das erwartete Maß an Genauigkeit, Robustheit und Cybersicherheit auswirken können;
   iii) aller bekannten oder vorhersehbaren Umstände bezüglich der Verwendung des Hochrisiko-KI-Systems im Einklang mit seiner Zweckbestimmung oder einer vernünftigerweise vorhersehbaren Fehlanwendung, die zu den in Artikel 9 Absatz 2 genannten Risiken für die Gesundheit und Sicherheit oder die Grundrechte führen können,
   iv) gegebenenfalls der technischen Fähigkeiten und Merkmale des Hochrisiko-KI-Systems, um Informationen bereitzustellen, die zur Erläuterung seiner Ausgaben relevant sind;
   v) gegebenenfalls seiner Leistung in Bezug auf bestimmte Personen oder Personengruppen, auf die das System bestimmungsgemäß angewandt werden soll;
   vi) gegebenenfalls der Spezifikationen für die Eingabedaten oder sonstiger relevanter Informationen über die verwendeten Trainings-, Validierungs- und Testdatensätze, unter Berücksichtigung der Zweckbestimmung des Hochrisiko-KI-Systems;
   vii) gegebenenfalls Informationen, die es den Betreibern ermöglichen, die Ausgabe des Hochrisiko-KI-Systems zu interpretieren und es angemessen zu nutzen;
c) etwaige Änderungen des Hochrisiko-KI-Systems und seiner Leistung, die der Anbieter zum Zeitpunkt der ersten Konformitätsbewertung vorab bestimmt hat;
d) die in Artikel 14 genannten Maßnahmen zur Gewährleistung der menschlichen Aufsicht, einschließlich der technischen Maßnahmen, die getroffen wurden, um den Betreibern die Interpretation der Ausgaben von Hochrisiko-KI-Systemen zu erleichtern;
e) die erforderlichen Rechen- und Hardware-Ressourcen, die erwartete Lebensdauer des Hochrisiko-KI-Systems und alle erforderlichen Wartungs- und Pflegemaßnahmen ein-

schließlich deren Häufigkeit zur Gewährleistung des ordnungsgemäßen Funktionierens dieses KI-Systems, auch in Bezug auf Software-Updates;

f) gegebenenfalls eine Beschreibung der in das Hochrisiko-KI-System integrierten Mechanismen, die es den Betreibern ermöglicht, die Protokolle im Einklang mit Artikel 12 ordnungsgemäß zu erfassen, zu speichern und auszuwerten.

Artikel 14 Menschliche Aufsicht

(1) Hochrisiko-KI-Systeme werden so konzipiert und entwickelt, dass sie während der Dauer ihrer Verwendung – auch mit geeigneten Instrumenten einer Mensch-Maschine-Schnittstelle – von natürlichen Personen wirksam beaufsichtigt werden können.

(2) Die menschliche Aufsicht dient der Verhinderung oder Minimierung der Risiken für Gesundheit, Sicherheit oder Grundrechte, die entstehen können, wenn ein Hochrisiko-KI-System im Einklang mit seiner Zweckbestimmung oder im Rahmen einer vernünftigerweise vorhersehbaren Fehlanwendung verwendet wird, insbesondere wenn solche Risiken trotz der Einhaltung anderer Anforderungen dieses Abschnitts fortbestehen.

(3) Die Aufsichtsmaßnahmen müssen den Risiken, dem Grad der Autonomie und dem Kontext der Nutzung des Hochrisiko-KI-Systems angemessen sein und werden durch eine oder beide der folgenden Arten von Vorkehrungen gewährleistet:

a) Vorkehrungen, die vor dem Inverkehrbringen oder der Inbetriebnahme vom Anbieter bestimmt und, sofern technisch machbar, in das Hochrisiko-KI-System eingebaut werden;
b) Vorkehrungen, die vor dem Inverkehrbringen oder der Inbetriebnahme des Hochrisiko-KI-Systems vom Anbieter bestimmt werden und dazu geeignet sind, vom Betreiber umgesetzt zu werden.

(4) Für die Zwecke der Durchführung der Absätze 1, 2 und 3 wird das Hochrisiko-KI-System dem Betreiber so zur Verfügung gestellt, dass die natürlichen Personen, denen die menschliche Aufsicht übertragen wurde, angemessen und verhältnismäßig in der Lage sind,

a) die einschlägigen Fähigkeiten und Grenzen des Hochrisiko-KI-Systems angemessen zu verstehen und seinen Betrieb ordnungsgemäß zu überwachen, einschließlich in Bezug auf das Erkennen und Beheben von Anomalien, Fehlfunktionen und unerwarteter Leistung;
b) sich einer möglichen Neigung zu einem automatischen oder übermäßigen Vertrauen in die von einem Hochrisiko-KI-System hervorgebrachte Ausgabe („Automatisierungsbias") bewusst zu bleiben, insbesondere wenn Hochrisiko-KI-Systeme Informationen oder Empfehlungen ausgeben, auf deren Grundlage natürliche Personen Entscheidungen treffen;
c) die Ausgabe des Hochrisiko-KI-Systems richtig zu interpretieren, wobei beispielsweise die vorhandenen Interpretationsinstrumente und -methoden zu berücksichtigen sind;
d) in einer bestimmten Situation zu beschließen, das Hochrisiko-KI-System nicht zu verwenden oder die Ausgabe des Hochrisiko-KI-Systems außer Acht zu lassen, außer Kraft zu setzen oder rückgängig zu machen;
e) in den Betrieb des Hochrisiko-KI-Systems einzugreifen oder den Systembetrieb mit einer „Stopptaste" oder einem ähnlichen Verfahren zu unterbrechen, was dem System ermöglicht, in einem sicheren Zustand zum Stillstand zu kommen.

(5) Bei den in Anhang III Nummer 1 Buchstabe a genannten Hochrisiko-KI-Systemen müssen die in Absatz 3 des vorliegenden Artikels genannten Vorkehrungen so gestaltet sein, dass außerdem der Betreiber keine Maßnahmen oder Entscheidungen allein aufgrund des vom System hervorgebrachten Identifizierungsergebnisses trifft, solange diese Identifizierung nicht von mindestens zwei natürlichen Personen, die die notwendige Kompetenz, Ausbildung und Befugnis besitzen, getrennt überprüft und bestätigt wurde.

Die Anforderung einer getrennten Überprüfung durch mindestens zwei natürliche Personen gilt nicht für Hochrisiko-KI-Systeme, die für Zwecke in den Bereichen Strafverfolgung, Migration, Grenzkontrolle oder Asyl verwendet werden, wenn die Anwendung dieser Anforderung nach Unionsrecht oder nationalem Recht unverhältnismäßig wäre.

Artikel 15 Genauigkeit, Robustheit und Cybersicherheit

(1) Hochrisiko-KI-Systeme werden so konzipiert und entwickelt, dass sie ein angemessenes Maß an Genauigkeit, Robustheit und Cybersicherheit erreichen und in dieser Hinsicht während ihres gesamten Lebenszyklus beständig funktionieren.

(2) Um die technischen Aspekte der Art und Weise der Messung des angemessenen Maßes an Genauigkeit und Robustheit gemäß Absatz 1 und anderer einschlägiger Leistungsmetriken anzugehen, fördert die Kommission in Zusammenarbeit mit einschlägigen Interessenträgern und Organisationen wie Metrologie- und Benchmarking-Behörden gegebenenfalls die Entwicklung von Benchmarks und Messmethoden.

(3) Die Maße an Genauigkeit und die relevanten Genauigkeitsmetriken von Hochrisiko-KI-Systemen werden in den ihnen beigefügten Betriebsanleitungen angegeben.

(4) [1]Hochrisiko-KI-Systeme müssen so widerstandsfähig wie möglich gegenüber Fehlern, Störungen oder Unstimmigkeiten sein, die innerhalb des Systems oder der Umgebung, in der das System betrieben wird, insbesondere wegen seiner Interaktion mit natürlichen Personen oder anderen Systemen, auftreten können. [2]In diesem Zusammenhang sind technische und organisatorische Maßnahmen zu ergreifen.

Die Robustheit von Hochrisiko-KI-Systemen kann durch technische Redundanz erreicht werden, was auch Sicherungs- oder Störungssicherheitspläne umfassen kann.

Hochrisiko-KI-Systeme, die nach dem Inverkehrbringen oder der Inbetriebnahme weiterhin dazulernen, sind so zu entwickeln, dass das Risiko möglicherweise verzerrter Ausgaben, die künftige Vorgänge beeinflussen („Rückkopplungsschleifen"), beseitigt oder so gering wie möglich gehalten wird und sichergestellt wird, dass auf solche Rückkopplungsschleifen angemessen mit geeigneten Risikominderungsmaßnahmen eingegangen wird.

(5) Hochrisiko-KI-Systeme müssen widerstandsfähig gegen Versuche unbefugter Dritter sein, ihre Verwendung, Ausgaben oder Leistung durch Ausnutzung von Systemschwachstellen zu verändern.

Die technischen Lösungen zur Gewährleistung der Cybersicherheit von Hochrisiko-KI-Systemen müssen den jeweiligen Umständen und Risiken angemessen sein.

Die technischen Lösungen für den Umgang mit KI-spezifischen Schwachstellen umfassen gegebenenfalls Maßnahmen, um Angriffe, mit denen versucht wird, eine Manipulation des Trainingsdatensatzes („data poisoning") oder vortrainierter Komponenten, die beim Training verwendet werden („model poisoning"), vorzunehmen, Eingabedaten, die das KI-Modell zu Fehlern verleiten sollen („adversarial examples" oder „model evasions"), Angriffe auf vertrauliche Daten oder Modellmängel zu verhüten, zu erkennen, darauf zu reagieren, sie zu beseitigen und zu kontrollieren.

Abschnitt 3
Pflichten der Anbieter und Betreiber von Hochrisiko-KI-Systemen und anderer Beteiligter

Artikel 16 Pflichten der Anbieter von Hochrisiko-KI-Systemen

Anbieter von Hochrisiko-KI-Systemen müssen

a) sicherstellen, dass ihre Hochrisiko-KI-Systeme die in Abschnitt 2 festgelegten Anforderungen erfüllen;
b) auf dem Hochrisiko-KI-System oder, falls dies nicht möglich ist, auf seiner Verpackung oder in der beigefügten Dokumentation ihren Namen, ihren eingetragenen Handelsnamen bzw. ihre eingetragene Handelsmarke und ihre Kontaktanschrift angeben;
c) über ein Qualitätsmanagementsystem verfügen, das Artikel 17 entspricht;
d) die in Artikel 18 genannte Dokumentation aufbewahren;
e) die von ihren Hochrisiko-KI-Systemen automatisch erzeugten Protokolle gemäß Artikel 19 aufbewahren, wenn diese ihrer Kontrolle unterliegen;
f) sicherstellen, dass das Hochrisiko-KI-System dem betreffenden Konformitätsbewertungsverfahren gemäß Artikel 43 unterzogen wird, bevor es in Verkehr gebracht oder in Betrieb genommen wird;
g) eine EU-Konformitätserklärung gemäß Artikel 47 ausstellen;

h) die CE-Kennzeichnung an das Hochrisiko-KI-System oder, falls dies nicht möglich ist, auf seiner Verpackung oder in der beigefügten Dokumentation anbringen, um Konformität mit dieser Verordnung gemäß Artikel 48 anzuzeigen;
i) den in Artikel 49 Absatz 1 genannten Registrierungspflichten nachkommen;
j) die erforderlichen Korrekturmaßnahmen ergreifen und die gemäß Artikel 20 erforderlichen Informationen bereitstellen;
k) auf begründete Anfrage einer zuständigen nationalen Behörde nachweisen, dass das Hochrisiko-KI-System die Anforderungen in Abschnitt 2 erfüllt;
l) sicherstellen, dass das Hochrisiko-KI-System die Barrierefreiheitsanforderungen gemäß den Richtlinien (EU) 2016/2102 und (EU) 2019/882 erfüllt.

Artikel 17 Qualitätsmanagementsystem

(1) [1]Anbieter von Hochrisiko-KI-Systemen richten ein Qualitätsmanagementsystem ein, das die Einhaltung dieser Verordnung gewährleistet. [2]Dieses System wird systematisch und ordnungsgemäß in Form schriftlicher Regeln, Verfahren und Anweisungen dokumentiert und umfasst mindestens folgende Aspekte:

a) ein Konzept zur Einhaltung der Regulierungsvorschriften, was die Einhaltung der Konformitätsbewertungsverfahren und der Verfahren für das Management von Änderungen an dem Hochrisiko-KI-System miteinschließt;
b) Techniken, Verfahren und systematische Maßnahmen für den Entwurf, die Entwurfskontrolle und die Entwurfsprüfung des Hochrisiko-KI-Systems;
c) Techniken, Verfahren und systematische Maßnahmen für die Entwicklung, Qualitätskontrolle und Qualitätssicherung des Hochrisiko-KI-Systems;
d) Untersuchungs-, Test- und Validierungsverfahren, die vor, während und nach der Entwicklung des Hochrisiko-KI-Systems durchzuführen sind, und die Häufigkeit der Durchführung;
e) die technischen Spezifikationen und Normen, die anzuwenden sind und, falls die einschlägigen harmonisierten Normen nicht vollständig angewandt werden oder sie nicht alle relevanten Anforderungen gemäß Abschnitt 2 abdecken, die Mittel, mit denen gewährleistet werden soll, dass das Hochrisiko-KI-System diese Anforderungen erfüllt;
f) Systeme und Verfahren für das Datenmanagement, einschließlich Datengewinnung, Datenerhebung, Datenanalyse, Datenkennzeichnung, Datenspeicherung, Datenfilterung, Datenauswertung, Datenaggregation, Vorratsdatenspeicherung und sonstiger Vorgänge in Bezug auf die Daten, die im Vorfeld und für die Zwecke des Inverkehrbringens oder der Inbetriebnahme von Hochrisiko-KI-Systemen durchgeführt werden;
g) das in Artikel 9 genannte Risikomanagementsystem;
h) die Einrichtung, Anwendung und Aufrechterhaltung eines Systems zur Beobachtung nach dem Inverkehrbringen gemäß Artikel 72;
i) Verfahren zur Meldung eines schwerwiegenden Vorfalls gemäß Artikel 73;
j) die Handhabung der Kommunikation mit zuständigen nationalen Behörden, anderen einschlägigen Behörden, auch Behörden, die den Zugang zu Daten gewähren oder erleichtern, notifizierten Stellen, anderen Akteuren, Kunden oder sonstigen interessierten Kreisen;
k) Systeme und Verfahren für die Aufzeichnung sämtlicher einschlägigen Dokumentation und Informationen;
l) Ressourcenmanagement, einschließlich Maßnahmen im Hinblick auf die Versorgungssicherheit;
m) einen Rechenschaftsrahmen, der die Verantwortlichkeiten der Leitung und des sonstigen Personals in Bezug auf alle in diesem Absatz aufgeführten Aspekte regelt.

(2) [1]Die Umsetzung der in Absatz 1 genannten Aspekte erfolgt in einem angemessenen Verhältnis zur Größe der Organisation des Anbieters. [2]Die Anbieter müssen in jedem Fall den Grad der Strenge und das Schutzniveau einhalten, die erforderlich sind, um die Übereinstimmung ihrer Hochrisiko-KI-Systeme mit dieser Verordnung sicherzustellen.

(3) Anbieter von Hochrisiko-KI-Systemen, die Pflichten in Bezug auf Qualitätsmanagementsysteme oder eine gleichwertige Funktion gemäß den sektorspezifischen Rechtsvorschriften der

Union unterliegen, können die in Absatz 1 aufgeführten Aspekte als Bestandteil der nach den genannten Rechtsvorschriften festgelegten Qualitätsmanagementsysteme einbeziehen.
(4) [1]Bei Anbietern, die Finanzinstitute sind und gemäß den Rechtsvorschriften der Union über Finanzdienstleistungen Anforderungen in Bezug auf ihre Regelungen oder Verfahren der internen Unternehmensführung unterliegen, gilt die Pflicht zur Einrichtung eines Qualitätsmanagementsystems – mit Ausnahme des Absatzes 1 Buchstaben g, h und i des vorliegenden Artikels – als erfüllt, wenn die Vorschriften über Regelungen oder Verfahren der internen Unternehmensführung gemäß dem einschlägigen Unionsrecht über Finanzdienstleistungen eingehalten werden. [2]Zu diesem Zweck werden die in Artikel 40 genannten harmonisierten Normen berücksichtigt.

Artikel 18 Aufbewahrung der Dokumentation

(1) Der Anbieter hält für einen Zeitraum von zehn Jahren ab dem Inverkehrbringen oder der Inbetriebnahme des Hochrisiko-KI-Systems folgende Unterlagen für die zuständigen nationalen Behörden bereit:

a) die in Artikel 11 genannte technische Dokumentation;
b) die Dokumentation zu dem in Artikel 17 genannten Qualitätsmanagementsystem;
c) die Dokumentation über etwaige von notifizierten Stellen genehmigte Änderungen;
d) gegebenenfalls die von den notifizierten Stellen ausgestellten Entscheidungen und sonstigen Dokumente;
e) die in Artikel 47 genannte EU-Konformitätserklärung.

(2) Jeder Mitgliedstaat legt die Bedingungen fest, unter denen die in Absatz 1 genannte Dokumentation für die zuständigen nationalen Behörden für den in dem genannten Absatz angegebenen Zeitraum bereitgehalten wird, für den Fall, dass ein Anbieter oder sein in demselben Hoheitsgebiet niedergelassener Bevollmächtigter vor Ende dieses Zeitraums in Konkurs geht oder seine Tätigkeit aufgibt.
(3) Anbieter, die Finanzinstitute sind und gemäß dem Unionsrecht über Finanzdienstleistungen Anforderungen in Bezug auf ihre Regelungen oder Verfahren der internen Unternehmensführung unterliegen, pflegen die technische Dokumentation als Teil der gemäß dem Unionsrecht über Finanzdienstleistungen aufzubewahrenden Dokumentation.

Artikel 19 Automatisch erzeugte Protokolle

(1) [1]Anbieter von Hochrisiko-KI-Systemen bewahren die von ihren Hochrisiko-KI-Systemen automatisch erzeugten Protokolle gemäß Artikel 12 Absatz 1 auf, soweit diese Protokolle ihrer Kontrolle unterliegen. [2]Unbeschadet des geltenden Unionsrechts oder nationalen Rechts werden die Protokolle für einen der Zweckbestimmung des Hochrisiko-KI-Systems angemessenen Zeitraum von mindestens sechs Monaten aufbewahrt, sofern in den geltenden Rechtsvorschriften der Union, insbesondere im Unionsrecht zum Schutz personenbezogener Daten, oder im geltenden nationalen Recht nichts anderes vorgesehen ist.
(2) Anbieter, die Finanzinstitute sind und gemäß den Rechtsvorschriften der Union über Finanzdienstleistungen Anforderungen in Bezug auf ihre Regelungen oder Verfahren der internen Unternehmensführung, unterliegen, bewahren die von ihren Hochrisiko-KI-Systemen automatisch erzeugten Protokolle als Teil der gemäß dem einschlägigen Unionsrecht über Finanzdienstleistungen aufzubewahrenden Dokumentation auf.

Artikel 20 Korrekturmaßnahmen und Informationspflicht

(1) [1]Anbieter von Hochrisiko-KI-Systemen, die der Auffassung sind oder Grund zu der Annahme haben, dass ein von ihnen in Verkehr gebrachtes oder in Betrieb genommenes Hochrisiko-KI-System nicht dieser Verordnung entspricht, ergreifen unverzüglich die erforderlichen Korrekturmaßnahmen, um die Konformität dieses Systems herzustellen oder es gegebenenfalls zurückzunehmen, zu deaktivieren oder zurückzurufen. [2]Sie informieren die Händler des betreffenden Hochrisiko-KI-Systems und gegebenenfalls die Betreiber, den Bevollmächtigten und die Einführer darüber.
(2) Birgt das Hochrisiko-KI-System ein Risiko im Sinne des Artikels 79 Absatz 1 und wird sich der Anbieter des Systems dieses Risikos bewusst, so führt er unverzüglich gegebenenfalls

gemeinsam mit dem meldenden Betreiber eine Untersuchung der Ursachen durch und informiert er die Marktüberwachungsbehörden, in deren Zuständigkeit das betroffene Hochrisiko-KI-System fällt, und gegebenenfalls die notifizierte Stelle, die eine Bescheinigung für dieses Hochrisiko-KI-System gemäß Artikel 44 ausgestellt hat, insbesondere über die Art der Nichtkonformität und über bereits ergriffene relevante Korrekturmaßnahmen.

Artikel 21 Zusammenarbeit mit den zuständigen Behörden

(1) Anbieter von Hochrisiko-KI-Systemen übermitteln einer zuständigen Behörde auf deren begründete Anfrage sämtliche Informationen und Dokumentation, die erforderlich sind, um die Konformität des Hochrisiko-KI-Systems mit den in Abschnitt 2 festgelegten Anforderungen nachzuweisen, und zwar in einer Sprache, die für die Behörde leicht verständlich ist und bei der es sich um eine der von dem betreffenden Mitgliedstaat angegebenen Amtssprachen der Institutionen der Union handelt.

(2) Auf begründete Anfrage einer zuständigen Behörde gewähren die Anbieter der anfragenden zuständigen Behörde gegebenenfalls auch Zugang zu den automatisch erzeugten Protokollen des Hochrisiko-KI-Systems gemäß Artikel 12 Absatz 1, soweit diese Protokolle ihrer Kontrolle unterliegen.

(3) Alle Informationen, die eine zuständige Behörde aufgrund dieses Artikels erhält, werden im Einklang mit den in Artikel 78 festgelegten Vertraulichkeitspflichten behandelt.

Artikel 22 Bevollmächtigte der Anbieter von Hochrisiko-KI-Systemen

(1) Anbieter, die in Drittländern niedergelassen sind, benennen vor der Bereitstellung ihrer Hochrisiko-KI-Systeme auf dem Unionsmarkt schriftlich einen in der Union niedergelassenen Bevollmächtigten.

(2) Der Anbieter muss seinem Bevollmächtigten ermöglichen, die Aufgaben wahrzunehmen, die im vom Anbieter erhaltenen Auftrag festgelegt sind.

(3) [1]Der Bevollmächtigte nimmt die Aufgaben wahr, die in seinem vom Anbieter erhaltenen Auftrag festgelegt sind. [2]Er stellt den Marktüberwachungsbehörden auf Anfrage eine Kopie des Auftrags in einer von der zuständigen Behörde angegebenen Amtssprache der Institutionen der Union bereit. [3]Für die Zwecke dieser Verordnung ermächtigt der Auftrag den Bevollmächtigten zumindest zur Wahrnehmung folgender Aufgaben:

a) Überprüfung, ob die in Artikel 47 genannte EU-Konformitätserklärung und die technische Dokumentation gemäß Artikel 11 erstellt wurden und ob der Anbieter ein angemessenes Konformitätsbewertungsverfahren durchgeführt hat;
b) Bereithaltung – für einen Zeitraum von zehn Jahren ab dem Inverkehrbringen oder der Inbetriebnahme des Hochrisiko-KI-Systems – der Kontaktdaten des Anbieters, der den Bevollmächtigten benannt hat, eines Exemplars der in Artikel 47 genannten EU-Konformitätserklärung, der technischen Dokumentation und gegebenenfalls der von der notifizierten Stelle ausgestellten Bescheinigung für die zuständigen Behörden und die in Artikel 74 Absatz 10 genannten nationalen Behörden oder Stellen;
c) Übermittlung sämtlicher – auch der unter Buchstabe b dieses Unterabsatzes genannten – Informationen und Dokumentation, die erforderlich sind, um die Konformität eines Hochrisiko-KI-Systems mit den in Abschnitt 2 festgelegten Anforderungen nachzuweisen, an eine zuständige Behörde auf deren begründete Anfrage, einschließlich der Gewährung des Zugangs zu den vom Hochrisiko-KI-System automatisch erzeugten Protokollen gemäß Artikel 12 Absatz 1, soweit diese Protokolle der Kontrolle des Anbieters unterliegen;
d) Zusammenarbeit mit den zuständigen Behörden auf deren begründete Anfrage bei allen Maßnahmen, die Letztere im Zusammenhang mit dem Hochrisiko-KI-System ergreifen, um insbesondere die von dem Hochrisiko-KI-System ausgehenden Risiken zu verringern und abzumildern;
e) gegebenenfalls die Einhaltung der Registrierungspflichten gemäß Artikel 49 Absatz 1 oder, falls die Registrierung vom Anbieter selbst vorgenommen wird, Sicherstellung der Richtigkeit der in Anhang VIII Abschnitt A Nummer 3 aufgeführten Informationen.

[4]Mit dem Auftrag wird der Bevollmächtigte ermächtigt, neben oder anstelle des Anbieters als Ansprechpartner für die zuständigen Behörden in allen Fragen zu dienen, die die Gewährleistung der Einhaltung dieser Verordnung betreffen.

(4) [1]Der Bevollmächtigte beendet den Auftrag, wenn er der Auffassung ist oder Grund zu der Annahme hat, dass der Anbieter gegen seine Pflichten gemäß dieser Verordnung verstößt. [2]In diesem Fall informiert er unverzüglich die betreffende Marktüberwachungsbehörde und gegebenenfalls die betreffende notifizierte Stelle über die Beendigung des Auftrags und deren Gründe.

Artikel 23 Pflichten der Einführer

(1) Bevor sie ein Hochrisiko-KI-System in Verkehr bringen, stellen die Einführer sicher, dass das System dieser Verordnung entspricht, indem sie überprüfen, ob

a) der Anbieter des Hochrisiko-KI-Systems das entsprechende Konformitätsbewertungsverfahren gemäß Artikel 43 durchgeführt hat;
b) der Anbieter die technische Dokumentation gemäß Artikel 11 und Anhang IV erstellt hat;
c) das System mit der erforderlichen CE-Kennzeichnung versehen ist und ihm die in Artikel 47 genannte EU-Konformitätserklärung und Betriebsanleitungen beigefügt sind;
d) der Anbieter einen Bevollmächtigten gemäß Artikel 22 Absatz 1 benannt hat.

(2) [1]Hat ein Einführer hinreichenden Grund zu der Annahme, dass ein Hochrisiko-KI-System nicht dieser Verordnung entspricht oder gefälscht ist oder diesem eine gefälschte Dokumentation beigefügt ist, so bringt er das System erst in Verkehr, nachdem dessen Konformität hergestellt wurde. [2]Birgt das Hochrisiko-KI-System ein Risiko im Sinne des Artikels 79 Absatz 1, so informiert der Einführer den Anbieter des Systems, die Bevollmächtigten und die Marktüberwachungsbehörden darüber.

(3) Die Einführer geben ihren Namen, ihren eingetragenen Handelsnamen oder ihre eingetragene Handelsmarke und die Anschrift, unter der sie in Bezug auf das Hochrisiko-KI-System kontaktiert werden können, auf der Verpackung oder gegebenenfalls in der beigefügten Dokumentation an.

(4) Solange sich ein Hochrisiko-KI-System in ihrer Verantwortung befindet, gewährleisten Einführer, dass – soweit zutreffend – die Lagerungs- oder Transportbedingungen seine Konformität mit den in Abschnitt 2 festgelegten Anforderungen nicht beeinträchtigen.

(5) Die Einführer halten für einen Zeitraum von zehn Jahren ab dem Inverkehrbringen oder der Inbetriebnahme des Hochrisiko-KI-Systems ein Exemplar der von der notifizierten Stelle ausgestellten Bescheinigung sowie gegebenenfalls die Betriebsanleitungen und die in Artikel 47 genannte EU-Konformitätserklärung bereit.

(6) [1]Die Einführer übermitteln den betreffenden nationalen Behörden auf deren begründete Anfrage sämtliche – auch die in Absatz 5 genannten – Informationen und Dokumentation, die erforderlich sind, um die Konformität des Hochrisiko-KI-Systems mit den in Abschnitt 2 festgelegten Anforderungen nachzuweisen, und zwar in einer Sprache, die für jene leicht verständlich ist. [2]Zu diesem Zweck stellen sie auch sicher, dass diesen Behörden die technische Dokumentation zur Verfügung gestellt werden kann.

(7) Die Einführer arbeiten mit den betreffenden nationalen Behörden bei allen Maßnahmen zusammen, die diese Behörden im Zusammenhang mit einem von den Einführern in Verkehr gebrachten Hochrisiko-KI-System ergreifen, um insbesondere die von diesem System ausgehenden Risiken zu verringern und abzumildern.

Artikel 24 Pflichten der Händler

(1) Bevor Händler ein Hochrisiko-KI-System auf dem Markt bereitstellen, überprüfen sie, ob es mit der erforderlichen CE-Kennzeichnung versehen ist, ob ihm eine Kopie der in Artikel 47 genannten EU-Konformitätserklärung und Betriebsanleitungen beigefügt sind und ob der Anbieter und gegebenenfalls der Einführer dieses Systems ihre in Artikel 16 Buchstaben b und c sowie Artikel 23 Absatz 3 festgelegten jeweiligen Pflichten erfüllt haben.

(2) [1]Ist ein Händler der Auffassung oder hat er aufgrund von Informationen, die ihm zur Verfügung stehen, Grund zu der Annahme, dass ein Hochrisiko-KI-System nicht den Anforderungen in Abschnitt 2 entspricht, so stellt er das Hochrisiko-KI-System erst auf dem Markt bereit, nachdem die Konformität des Systems mit den Anforderungen hergestellt wurde. [2]Birgt das Hochrisiko-IT-System zudem ein Risiko im Sinne des Artikels 79 Absatz 1, so informiert der Händler den Anbieter bzw. den Einführer des Systems darüber.

(3) Solange sich ein Hochrisiko-KI-System in ihrer Verantwortung befindet, gewährleisten Händler, dass – soweit zutreffend – die Lagerungs- oder Transportbedingungen die Konformität des Systems mit den in Abschnitt 2 festgelegten Anforderungen nicht beeinträchtigen.

(4) [1]Ein Händler, der aufgrund von Informationen, die ihm zur Verfügung stehen, der Auffassung ist oder Grund zu der Annahme hat, dass ein von ihm auf dem Markt bereitgestelltes Hochrisiko-KI-System nicht den Anforderungen in Abschnitt 2 entspricht, ergreift die erforderlichen Korrekturmaßnahmen, um die Konformität dieses Systems mit diesen Anforderungen herzustellen, es zurückzunehmen oder zurückzurufen, oder er stellt sicher, dass der Anbieter, der Einführer oder gegebenenfalls jeder relevante Akteur diese Korrekturmaßnahmen ergreift. [2]Birgt das Hochrisiko-KI-System ein Risiko im Sinne des Artikels 79 Absatz 1, so informiert der Händler unverzüglich den Anbieter bzw. den Einführer des Systems sowie die für das betroffene Hochrisiko-KI-System zuständigen Behörden und macht dabei ausführliche Angaben, insbesondere zur Nichtkonformität und zu bereits ergriffenen Korrekturmaßnahmen.

(5) Auf begründete Anfrage einer betreffenden zuständigen Behörde übermitteln die Händler eines Hochrisiko-KI-Systems dieser Behörde sämtliche Informationen und Dokumentation in Bezug auf ihre Maßnahmen gemäß den Absätzen 1 bis 4, die erforderlich sind, um die Konformität dieses Systems mit den in Abschnitt 2 festgelegten Anforderungen nachzuweisen.

(6) Die Händler arbeiten mit den betreffenden zuständigen Behörden bei allen Maßnahmen zusammen, die diese Behörden im Zusammenhang mit einem von den Händlern auf dem Markt bereitgestellten Hochrisiko-KI-System ergreifen, um insbesondere das von diesem System ausgehende Risiko zu verringern oder abzumildern.

Artikel 25 Verantwortlichkeiten entlang der KI-Wertschöpfungskette

(1) In den folgenden Fällen gelten Händler, Einführer, Betreiber oder sonstige Dritte als Anbieter eines Hochrisiko-KI-Systems für die Zwecke dieser Verordnung und unterliegen den Anbieterpflichten gemäß Artikel 16:

a) wenn sie ein bereits in Verkehr gebrachtes oder in Betrieb genommenes Hochrisiko-KI-System mit ihrem Namen oder ihrer Handelsmarke versehen, unbeschadet vertraglicher Vereinbarungen, die eine andere Aufteilung der Pflichten vorsehen;
b) wenn sie eine wesentliche Veränderung eines Hochrisiko-KI-Systems, das bereits in Verkehr gebracht oder in Betrieb genommen wurde, so vornehmen, dass es weiterhin ein Hochrisiko-KI-System gemäß Artikel 6 bleibt;
c) wenn sie die Zweckbestimmung eines KI-Systems, einschließlich eines KI-Systems mit allgemeinem Verwendungszweck, das nicht als hochriskant eingestuft wurde und bereits in Verkehr gebracht oder in Betrieb genommen wurde, so verändern, dass das betreffende KI-System zu einem Hochrisiko-KI-System im Sinne von Artikel 6 wird.

(2) [1]Unter den in Absatz 1 genannten Umständen gilt der Anbieter, der das KI-System ursprünglich in Verkehr gebracht oder in Betrieb genommen hatte, nicht mehr als Anbieter dieses spezifischen KI-Systems für die Zwecke dieser Verordnung. [2]Dieser Erstanbieter arbeitet eng mit neuen Anbietern zusammen, stellt die erforderlichen Informationen zur Verfügung und sorgt für den vernünftigerweise zu erwartenden technischen Zugang und sonstige Unterstützung, die für die Erfüllung der in dieser Verordnung festgelegten Pflichten, insbesondere in Bezug auf die Konformitätsbewertung von Hochrisiko-KI-Systemen, erforderlich sind. [3]Dieser Absatz gilt nicht in Fällen, in denen der Erstanbieter eindeutig festgelegt hat, dass sein KI-System nicht in ein Hochrisiko-KI-System umgewandelt werden darf und daher nicht der Pflicht zur Übergabe der Dokumentation unterliegt.

(3) Im Falle von Hochrisiko-KI-Systemen, bei denen es sich um Sicherheitsbauteile von Produkten handelt, die unter die in Anhang I Abschnitt A aufgeführten Harmonisierungsrechtsvorschriften der Union fallen, gilt der Produkthersteller als Anbieter des Hochrisiko-KI-Systems und unterliegt in den beiden nachfolgenden Fällen den Pflichten nach Artikel 16:

a) Das Hochrisiko-KI-System wird zusammen mit dem Produkt unter dem Namen oder der Handelsmarke des Produktherstellers in Verkehr gebracht;
b) das Hochrisiko-KI-System wird unter dem Namen oder der Handelsmarke des Produktherstellers in Betrieb genommen, nachdem das Produkt in Verkehr gebracht wurde.

(4) [1]Der Anbieter eines Hochrisiko-KI-Systems und der Dritte, der ein KI-System, Instrumente, Dienste, Komponenten oder Verfahren bereitstellt, die in einem Hochrisiko-KI-System verwendet oder integriert werden, legen in einer schriftlichen Vereinbarung die Informationen, die Fähigkeiten, den technischen Zugang und die sonstige Unterstützung nach dem allgemein anerkannten Stand der Technik fest, die erforderlich sind, damit der Anbieter des Hochrisiko-KI-Systems die in dieser Verordnung festgelegten Pflichten vollständig erfüllen kann. [2]Dieser Absatz gilt nicht für Dritte, die Instrumente, Dienste, Verfahren oder Komponenten, bei denen es sich nicht um KI-Modelle mit allgemeinem Verwendungszweck handelt, im Rahmen einer freien und quelloffenen Lizenz öffentlich zugänglich machen.

[1]Das Büro für Künstliche Intelligenz kann freiwillige Musterbedingungen für Verträge zwischen Anbietern von Hochrisiko-KI-Systemen und Dritten, die Instrumente, Dienste, Komponenten oder Verfahren bereitstellen, die für Hochrisiko-KI-Systeme verwendet oder in diese integriert werden, ausarbeiten und empfehlen. [2]Bei der Ausarbeitung dieser freiwilligen Musterbedingungen berücksichtigt das Büro für Künstliche Intelligenz mögliche vertragliche Anforderungen, die in bestimmten Sektoren oder Geschäftsfällen gelten. [3]Die freiwilligen Musterbedingungen werden veröffentlicht und sind kostenlos in einem leicht nutzbaren elektronischen Format verfügbar.

(5) Die Absätze 2 und 3 berühren nicht die Notwendigkeit, Rechte des geistigen Eigentums, vertrauliche Geschäftsinformationen und Geschäftsgeheimnisse im Einklang mit dem Unionsrecht und dem nationalen Recht zu achten und zu schützen.

Artikel 26 Pflichten der Betreiber von Hochrisiko-KI-Systemen

(1) Die Betreiber von Hochrisiko-KI-Systemen treffen geeignete technische und organisatorische Maßnahmen, um sicherzustellen, dass sie solche Systeme entsprechend der den Systemen beigefügten Betriebsanleitungen und gemäß den Absätzen 3 und 6 verwenden.

(2) Die Betreiber übertragen natürlichen Personen, die über die erforderliche Kompetenz, Ausbildung und Befugnis verfügen, die menschliche Aufsicht und lassen ihnen die erforderliche Unterstützung zukommen.

(3) Die Pflichten nach den Absätzen 1 und 2 lassen sonstige Pflichten der Betreiber nach Unionsrecht oder nationalem Recht sowie die Freiheit der Betreiber bei der Organisation ihrer eigenen Ressourcen und Tätigkeiten zur Wahrnehmung der vom Anbieter angegebenen Maßnahmen der menschlichen Aufsicht unberührt.

(4) Unbeschadet der Absätze 1 und 2 und soweit die Eingabedaten ihrer Kontrolle unterliegen, sorgen die Betreiber dafür, dass die Eingabedaten der Zweckbestimmung des Hochrisiko-KI-Systems entsprechen und ausreichend repräsentativ sind.

(5) [1]Die Betreiber überwachen den Betrieb des Hochrisiko-KI-Systems anhand der Betriebsanleitung und informieren gegebenenfalls die Anbieter gemäß Artikel 72. [2]Haben Betreiber Grund zu der Annahme, dass die Verwendung gemäß der Betriebsanleitung dazu führen kann, dass dieses Hochrisiko-KI-System ein Risiko im Sinne des Artikels 79 Absatz 1 birgt, so informieren sie unverzüglich den Anbieter oder Händler und die zuständige Marktüberwachungsbehörde und setzen die Verwendung dieses Systems aus. [3]Haben die Betreiber einen schwerwiegenden Vorfall festgestellt, informieren sie auch unverzüglich zuerst den Anbieter und dann den Einführer oder Händler und die zuständigen Marktüberwachungsbehörden über diesen Vorfall. [4]Kann der Betreiber den Anbieter nicht erreichen, so gilt Artikel 73 entsprechend. [5]Diese Pflicht gilt nicht für sensible operative Daten von Betreibern von KI-Systemen, die Strafverfolgungsbehörden sind.

Bei Betreibern, die Finanzinstitute sind und gemäß den Rechtsvorschriften der Union über Finanzdienstleistungen Anforderungen in Bezug auf ihre Regelungen oder Verfahren der internen Unternehmensführung, unterliegen, gilt die in Unterabsatz 1 festgelegte Überwachungspflicht als erfüllt, wenn die Vorschriften über Regelungen, Verfahren oder Mechanismen der internen Unternehmensführung gemäß einschlägigem Recht über Finanzdienstleistungen eingehalten werden.

(6) Betreiber von Hochrisiko-KI-Systemen bewahren die von ihrem Hochrisiko-KI-System automatisch erzeugten Protokolle, soweit diese Protokolle ihrer Kontrolle unterliegen, für einen der Zweckbestimmung des Hochrisiko-KI-Systems angemessenen Zeitraum von mindestens sechs

Monaten auf, sofern im geltenden Unionsrecht, insbesondere im Unionsrecht über den Schutz personenbezogener Daten, oder im geltenden nationalen Recht nichts anderes bestimmt ist. Betreiber, die Finanzinstitute sind und gemäß den Rechtsvorschriften der Union über Finanzdienstleistungen Anforderungen in Bezug auf ihre Regelungen oder Verfahren der internen Unternehmensführung unterliegen, bewahren die Protokolle als Teil der gemäß einschlägigem Unionsecht über Finanzdienstleistungen aufzubewahrenden Dokumentation auf.

(7) [1]Vor der Inbetriebnahme oder Verwendung eines Hochrisiko-KI-Systems am Arbeitsplatz informieren Betreiber, die Arbeitgeber sind, die Arbeitnehmervertreter und die betroffenen Arbeitnehmer darüber, dass sie der Verwendung des Hochrisiko-KI-Systems unterliegen werden. [2]Diese Informationen werden gegebenenfalls im Einklang mit den Vorschriften und Gepflogenheiten auf Unionsebene und nationaler Ebene in Bezug auf die Unterrichtung der Arbeitnehmer und ihrer Vertreter bereitgestellt.

(8) [1]Betreiber von Hochrisiko-KI-Systemen, bei denen es sich um Organe, Einrichtungen oder sonstige Stellen der Union handelt, müssen den Registrierungspflichten gemäß Artikel 49 nachkommen. [2]Stellen diese Betreiber fest, dass das Hochrisiko-KI-System, dessen Verwendung sie planen, nicht in der in Artikel 71 genannten EU-Datenbank registriert wurde, sehen sie von der Verwendung dieses Systems ab und informieren den Anbieter oder den Händler.

(9) Die Betreiber von Hochrisiko-KI-Systemen verwenden gegebenenfalls die gemäß Artikel 13 der vorliegenden Verordnung bereitgestellten Informationen, um ihrer Pflicht zur Durchführung einer Datenschutz-Folgenabschätzung gemäß Artikel 35 der Verordnung (EU) 2016/679 oder Artikel 27 der Richtlinie (EU) 2016/680 nachzukommen.

(10) [1]Unbeschadet der Richtlinie (EU) 2016/680 beantragt der Betreiber eines Hochrisiko-KI-Systems zur nachträglichen biometrischen Fernfernidentifizierung im Rahmen von Ermittlungen zur gezielten Suche einer Person, die der Begehung einer Straftat verdächtigt wird oder aufgrund einer solchen verurteilt wurde, vorab oder unverzüglich, spätestens jedoch binnen 48 Stunden bei einer Justizbehörde oder einer Verwaltungsbehörde, deren Entscheidung bindend ist und einer justiziellen Überprüfung unterliegt, die Genehmigung für die Nutzung dieses Systems, es sei denn, es wird zur erstmaligen Identifizierung eines potenziellen Verdächtigen auf der Grundlage objektiver und nachprüfbarer Tatsachen, die in unmittelbarem Zusammenhang mit der Straftat stehen, verwendet. [2]Jede Verwendung ist auf das für die Ermittlung einer bestimmten Straftat unbedingt erforderliche Maß zu beschränken.

Wird die gemäß Unterabsatz 1 beantragte Genehmigung abgelehnt, so wird die Verwendung des mit dieser beantragten Genehmigung verbundenen Systems zur nachträglichen biometrischen Fernidentifizierung mit sofortiger Wirkung eingestellt und werden die personenbezogenen Daten, die im Zusammenhang mit der Verwendung des Hochrisiko-KI-Systems stehen, für die die Genehmigung beantragt wurde, gelöscht.

[1]In keinem Fall darf ein solches Hochrisiko-KI-System zur nachträglichen biometrischen Fernidentifizierung zu Strafverfolgungszwecken in nicht zielgerichteter Weise und ohne jeglichen Zusammenhang mit einer Straftat, einem Strafverfahren, einer tatsächlichen und bestehenden oder tatsächlichen und vorhersehbaren Gefahr einer Straftat oder der Suche nach einer bestimmten vermissten Person verwendet werden. [2]Es muss sichergestellt werden, dass die Strafverfolgungsbehörden keine ausschließlich auf der Grundlage der Ausgabe solcher Systeme zur nachträglichen biometrischen Fernidentifizierung beruhende Entscheidung, aus der sich eine nachteilige Rechtsfolge für eine Person ergibt, treffen.

Dieser Absatz gilt unbeschadet des Artikels 9 der Verordnung (EU) 2016/679 und des Artikels 10 der Richtlinie (EU) 2016/680 für die Verarbeitung biometrischer Daten.

[1]Unabhängig vom Zweck oder Betreiber wird jede Verwendung solcher Hochrisiko-KI-Systeme in der einschlägigen Polizeiakte dokumentiert und der zuständigen Marktüberwachungsbehörde und der nationalen Datenschutzbehörde auf Anfrage zur Verfügung gestellt, wovon die Offenlegung sensibler operativer Daten im Zusammenhang mit der Strafverfolgung ausgenommen ist. [2]Dieser Unterabsatz berührt nicht die den Aufsichtsbehörden durch die Richtlinie (EU) 2016/680 übertragenen Befugnisse.

[1]Die Betreiber legen den zuständigen Marktüberwachungsbehörden und den nationalen Datenschutzbehörden Jahresberichte über ihre Verwendung von Systemen zur nachträglichen biometrischen Fernidentifizierung vor, wovon die Offenlegung sensibler operativer Daten im

Zusammenhang mit der Strafverfolgung ausgenommen ist. [2]Die Berichte können eine Zusammenfassung sein, damit sie mehr als einen Einsatz abdecken.

Die Mitgliedstaaten können im Einklang mit dem Unionsrecht strengere Rechtsvorschriften für die Verwendung von Systemen zur nachträglichen biometrischen Fernidentifizierung erlassen.

(11) [1]Unbeschadet des Artikels 50 der vorliegenden Verordnung informieren die Betreiber der in Anhang III aufgeführten Hochrisiko-KI-Systeme, die natürliche Personen betreffende Entscheidungen treffen oder bei solchen Entscheidungen Unterstützung leisten, die natürlichen Personen darüber, dass sie der Verwendung des Hochrisiko-KI-Systems unterliegen. [2]Für Hochrisiko-KI-Systeme, die zu Strafverfolgungszwecken verwendet werden, gilt Artikel 13 der Richtlinie (EU) 2016/680.

(12) Die Betreiber arbeiten mit den zuständigen Behörden bei allen Maßnahmen zusammen, die diese Behörden im Zusammenhang mit dem Hochrisiko-KI-System zur Umsetzung dieser Verordnung ergreifen.

Artikel 27 Grundrechte-Folgenabschätzung für Hochrisiko-KI-Systeme

(1) [1]Vor der Inbetriebnahme eines Hochrisiko-KI-Systems gemäß Artikel 6 Absatz 2 – mit Ausnahme von Hochrisiko-KI-Systemen, die in dem in Anhang III Nummer 2 aufgeführten Bereich verwendet werden sollen – führen Betreiber, bei denen es sich um Einrichtungen des öffentlichen Rechts oder private Einrichtungen, die öffentliche Dienste erbringen, handelt, und Betreiber von Hochrisiko-KI-Systemen gemäß Anhang III Nummer 5 Buchstaben b und c eine Abschätzung der Auswirkungen, die die Verwendung eines solchen Systems auf die Grundrechte haben kann, durch. [2]Zu diesem Zweck führen die Betreiber eine Abschätzung durch, die Folgendes umfasst:

a) eine Beschreibung der Verfahren des Betreibers, bei denen das Hochrisiko-KI-System im Einklang mit seiner Zweckbestimmung verwendet wird;
b) eine Beschreibung des Zeitraums und der Häufigkeit, innerhalb dessen bzw. mit der jedes Hochrisiko-KI-System verwendet werden soll;
c) die Kategorien der natürlichen Personen und Personengruppen, die von seiner Verwendung im spezifischen Kontext betroffen sein könnten;
d) die spezifischen Schadensrisiken, die sich auf die gemäß Buchstabe c dieses Absatzes ermittelten Kategorien natürlicher Personen oder Personengruppen auswirken könnten, unter Berücksichtigung der vom Anbieter gemäß Artikel 13 bereitgestellten Informationen;
e) eine Beschreibung der Umsetzung von Maßnahmen der menschlichen Aufsicht entsprechend den Betriebsanleitungen;
f) die Maßnahmen, die im Falle des Eintretens dieser Risiken zu ergreifen sind, einschließlich der Regelungen für die interne Unternehmensführung und Beschwerdemechanismen.

(2) [1]Die in Absatz 1 festgelegte Pflicht gilt für die erste Verwendung eines Hochrisiko-KI-Systems. [2]Der Betreiber kann sich in ähnlichen Fällen auf zuvor durchgeführte Grundrechte-Folgenabschätzungen oder bereits vorhandene Folgenabschätzungen, die vom Anbieter durchgeführt wurden, stützen. [3]Gelangt der Betreiber während der Verwendung des Hochrisiko-KI-Systems zur Auffassung, dass sich eines der in Absatz 1 aufgeführten Elemente geändert hat oder nicht mehr auf dem neuesten Stand ist, so unternimmt der Betreiber die erforderlichen Schritte, um die Informationen zu aktualisieren.

(3) [1]Sobald die Abschätzung gemäß Absatz 1 des vorliegenden Artikels durchgeführt wurde, teilt der Betreiber der Marktüberwachungsbehörde ihre Ergebnisse mit, indem er das ausgefüllte, in Absatz 5 des vorliegenden Artikels genannte Muster als Teil der Mitteilung übermittelt. [2]In dem in Artikel 46 Absatz 1 genannten Fall können die Betreiber von der Mitteilungspflicht befreit werden.

(4) Wird eine der in diesem Artikel festgelegten Pflichten bereits infolge einer gemäß Artikel 35 der Verordnung (EU) 2016/679 oder Artikel 27 der Richtlinie (EU) 2016/680 durchgeführten Datenschutz-Folgenabschätzung erfüllt, so ergänzt die Grundrechte-Folgenabschätzung gemäß Absatz 1 des vorliegenden Artikels diese Datenschutz-Folgenabschätzung.

(5) Das Büro für Künstliche Intelligenz arbeitet ein Muster für einen Fragebogen – auch mithilfe eines automatisierten Instruments – aus, um die Betreiber in die Lage zu versetzen, ihren Pflichten gemäß diesem Artikel in vereinfachter Weise nachzukommen.

Abschnitt 4
Notifizierende Behörden und notifizierte Stellen

Artikel 28 Notifizierende Behörden

(1) [1]Jeder Mitgliedstaat sorgt für die Benennung oder Schaffung mindestens einer notifizierenden Behörde, die für die Einrichtung und Durchführung der erforderlichen Verfahren zur Bewertung, Benennung und Notifizierung von Konformitätsbewertungsstellen und für deren Überwachung zuständig ist. [2]Diese Verfahren werden in Zusammenarbeit zwischen den notifizierenden Behörden aller Mitgliedstaaten entwickelt.

(2) Die Mitgliedstaaten können entscheiden, dass die Bewertung und Überwachung nach Absatz 1 von einer nationalen Akkreditierungsstelle im Sinne und gemäß der Verordnung (EG) Nr. 765/2008 durchzuführen ist.

(3) Notifizierende Behörden werden so eingerichtet, organisiert und geführt, dass jegliche Interessenkonflikte mit Konformitätsbewertungsstellen vermieden werden und die Objektivität und die Unparteilichkeit ihrer Tätigkeiten gewährleistet sind.

(4) Notifizierende Behörden werden so organisiert, dass Entscheidungen über die Notifizierung von Konformitätsbewertungsstellen von kompetenten Personen getroffen werden, die nicht mit den Personen identisch sind, die die Bewertung dieser Stellen durchgeführt haben.

(5) Notifizierende Behörden dürfen weder Tätigkeiten, die Konformitätsbewertungsstellen durchführen, noch Beratungsleistungen auf einer gewerblichen oder wettbewerblichen Basis anbieten oder erbringen.

(6) Notifizierende Behörden gewährleisten gemäß Artikel 78 die Vertraulichkeit der von ihnen erlangten Informationen.

(7) [1]Notifizierende Behörden verfügen über eine angemessene Anzahl kompetenter Mitarbeiter, sodass sie ihre Aufgaben ordnungsgemäß wahrnehmen können. [2]Die kompetenten Mitarbeiter verfügen – wo erforderlich – über das für ihre Funktion erforderliche Fachwissen in Bereichen wie Informationstechnologie sowie KI und Recht, einschließlich der Überwachung der Grundrechte.

Artikel 29 Antrag einer Konformitätsbewertungsstelle auf Notifizierung

(1) Konformitätsbewertungsstellen beantragen ihre Notifizierung bei der notifizierenden Behörde des Mitgliedstaats, in dem sie niedergelassen sind.

(2) Dem Antrag auf Notifizierung legen sie eine Beschreibung der Konformitätsbewertungstätigkeiten, des bzw. der Konformitätsbewertungsmodule und der Art der KI-Systeme, für die diese Konformitätsbewertungsstelle Kompetenz beansprucht, sowie, falls vorhanden, eine Akkreditierungsurkunde bei, die von einer nationalen Akkreditierungsstelle ausgestellt wurde und in der bescheinigt wird, dass die Konformitätsbewertungsstelle die Anforderungen des Artikels 31 erfüllt.

Sonstige gültige Dokumente in Bezug auf bestehende Benennungen der antragstellenden notifizierten Stelle im Rahmen anderer Harmonisierungsrechtsvorschriften der Union sind ebenfalls beizufügen.

(3) Kann die betreffende Konformitätsbewertungsstelle keine Akkreditierungsurkunde vorweisen, so legt sie der notifizierenden Behörde als Nachweis alle Unterlagen vor, die erforderlich sind, um zu überprüfen, festzustellen und regelmäßig zu überwachen, ob sie die Anforderungen des Artikels 31 erfüllt.

(4) [1]Bei notifizierten Stellen, die im Rahmen anderer Harmonisierungsrechtsvorschriften der Union benannt wurden, können alle Unterlagen und Bescheinigungen im Zusammenhang mit solchen Benennungen zur Unterstützung ihres Benennungsverfahrens nach dieser Verordnung verwendet werden. [2]Die notifizierte Stelle aktualisiert die in den Absätzen 2 und 3 des vorliegenden Artikels genannte Dokumentation immer dann, wenn sich relevante Änderungen

ergeben, damit die für notifizierte Stellen zuständige Behörde überwachen und überprüfen kann, ob die Anforderungen des Artikels 31 kontinuierlich erfüllt sind.

Artikel 30 Notifizierungsverfahren

(1) Die notifizierenden Behörden dürfen nur Konformitätsbewertungsstellen notifizieren, die die Anforderungen des Artikels 31 erfüllen.

(2) Die notifizierenden Behörden unterrichten die Kommission und die übrigen Mitgliedstaaten mithilfe des elektronischen Notifizierungsinstruments, das von der Kommission entwickelt und verwaltet wird, über jede Konformitätsbewertungsstelle gemäß Absatz 1.

(3) [1]Die Notifizierung gemäß Absatz 2 des vorliegenden Artikels enthält vollständige Angaben zu den Konformitätsbewertungstätigkeiten, dem betreffenden Konformitätsbewertungsmodul oder den betreffenden Konformitätsbewertungsmodulen, den betreffenden Arten der KI-Systeme und der einschlägigen Bestätigung der Kompetenz. [2]Beruht eine Notifizierung nicht auf einer Akkreditierungsurkunde gemäß Artikel 29 Absatz 2, so legt die notifizierende Behörde der Kommission und den anderen Mitgliedstaaten die Unterlagen vor, die die Kompetenz der Konformitätsbewertungsstelle und die Vereinbarungen nachweisen, die getroffen wurden, um sicherzustellen, dass die Stelle regelmäßig überwacht wird und weiterhin die Anforderungen des Artikels 31 erfüllt.

(4) Die betreffende Konformitätsbewertungsstelle darf die Tätigkeiten einer notifizierten Stelle nur dann wahrnehmen, wenn weder die Kommission noch die anderen Mitgliedstaaten innerhalb von zwei Wochen nach einer Notifizierung durch eine notifizierende Behörde, falls eine Akkreditierungsurkunde gemäß Artikel 29 Absatz 2 vorgelegt wird, oder innerhalb von zwei Monaten nach einer Notifizierung durch eine notifizierende Behörde, falls als Nachweis Unterlagen gemäß Artikel 29 Absatz 3 vorgelegt werden, Einwände erhoben haben.

(5) [1]Werden Einwände erhoben, konsultiert die Kommission unverzüglich die betreffenden Mitgliedstaaten und die Konformitätsbewertungsstelle. [2]Im Hinblick darauf entscheidet die Kommission, ob die Genehmigung gerechtfertigt ist. [3]Die Kommission richtet ihren Beschluss an die betroffenen Mitgliedstaaten und an die zuständige Konformitätsbewertungsstelle.

Artikel 31 Anforderungen an notifizierte Stellen

(1) Eine notifizierte Stelle wird nach dem nationalen Recht eines Mitgliedstaats gegründet und muss mit Rechtspersönlichkeit ausgestattet sein.

(2) Die notifizierten Stellen müssen die zur Wahrnehmung ihrer Aufgaben erforderlichen Anforderungen an die Organisation, das Qualitätsmanagement, die Ressourcenausstattung und die Verfahren sowie angemessene Cybersicherheitsanforderungen erfüllen.

(3) Die Organisationsstruktur, die Zuweisung der Zuständigkeiten, die Berichtslinien und die Funktionsweise der notifizierten Stellen müssen das Vertrauen in ihre Leistung und in die Ergebnisse der von ihnen durchgeführten Konformitätsbewertungstätigkeiten gewährleisten.

(4) [1]Die notifizierten Stellen müssen von dem Anbieter eines Hochrisiko-KI-Systems, zu dem sie Konformitätsbewertungstätigkeiten durchführen, unabhängig sein. [2]Außerdem müssen die notifizierten Stellen von allen anderen Akteuren, die ein wirtschaftliches Interesse an den bewerteten Hochrisiko-KI-Systemen haben, und von allen Wettbewerbern des Anbieters unabhängig sein. [3]Dies schließt die Verwendung von bewerteten Hochrisiko-KI-Systemen, die für die Tätigkeit der Konformitätsbewertungsstelle nötig sind, oder die Verwendung solcher Hochrisiko-KI-Systeme zum persönlichen Gebrauch nicht aus.

(5) [1]Weder die Konformitätsbewertungsstelle, ihre oberste Leitungsebene noch die für die Erfüllung ihrer Konformitätsbewertungsaufgaben zuständigen Mitarbeiter dürfen direkt an Entwurf, Entwicklung, Vermarktung oder Verwendung von Hochrisiko-KI-Systemen beteiligt sein oder die an diesen Tätigkeiten beteiligten Parteien vertreten. [2]Sie dürfen sich nicht mit Tätigkeiten befassen, die ihre Unabhängigkeit bei der Beurteilung oder ihre Integrität im Zusammenhang mit den Konformitätsbewertungstätigkeiten, für die sie notifiziert sind, beeinträchtigen könnten. [3]Dies gilt besonders für Beratungsdienstleistungen.

(6) [1]Notifizierte Stellen werden so organisiert und geführt, dass bei der Ausübung ihrer Tätigkeit Unabhängigkeit, Objektivität und Unparteilichkeit gewahrt sind. [2]Von den notifizierten Stellen werden eine Struktur und Verfahren dokumentiert und umgesetzt, die ihre Unpartei-

lichkeit gewährleisten und sicherstellen, dass die Grundsätze der Unparteilichkeit in ihrer gesamten Organisation, von allen Mitarbeitern und bei allen Bewertungstätigkeiten gefördert und angewandt werden.

(7) [1]Die notifizierten Stellen gewährleisten durch dokumentierte Verfahren, dass ihre Mitarbeiter, Ausschüsse, Zweigstellen, Unterauftragnehmer sowie alle zugeordneten Stellen oder Mitarbeiter externer Einrichtungen die Vertraulichkeit der Informationen, die bei der Durchführung der Konformitätsbewertungstätigkeiten in ihren Besitz gelangen, im Einklang mit Artikel 78 wahren, außer wenn ihre Offenlegung gesetzlich vorgeschrieben ist. [2]Informationen, von denen Mitarbeiter der notifizierten Stellen bei der Durchführung ihrer Aufgaben gemäß dieser Verordnung Kenntnis erlangen, unterliegen der beruflichen Schweigepflicht, außer gegenüber den notifizierenden Behörden des Mitgliedstaats, in dem sie ihre Tätigkeiten ausüben.

(8) Die notifizierten Stellen verfügen über Verfahren zur Durchführung ihrer Tätigkeiten unter gebührender Berücksichtigung der Größe eines Betreibers, des Sektors, in dem er tätig ist, seiner Struktur sowie der Komplexität des betreffenden KI-Systems.

(9) Die notifizierten Stellen schließen eine angemessene Haftpflichtversicherung für ihre Konformitätsbewertungstätigkeiten ab, es sei denn, diese Haftpflicht wird aufgrund nationalen Rechts von dem Mitgliedstaat, in dem sie niedergelassen sind, gedeckt oder dieser Mitgliedstaat ist selbst unmittelbar für die Konformitätsbewertung zuständig.

(10) Die notifizierten Stellen müssen in der Lage sein, ihre Aufgaben gemäß dieser Verordnung mit höchster beruflicher Integrität und der erforderlichen Fachkompetenz in dem betreffenden Bereich auszuführen, gleichgültig, ob diese Aufgaben von den notifizierten Stellen selbst oder in ihrem Auftrag und in ihrer Verantwortung durchgeführt werden.

(11) [1]Die notifizierten Stellen müssen über ausreichende interne Kompetenzen verfügen, um die von externen Stellen in ihrem Namen wahrgenommen Aufgaben wirksam beurteilen zu können. [2]Die notifizierten Stellen müssen ständig über ausreichendes administratives, technisches, juristisches und wissenschaftliches Personal verfügen, das Erfahrungen und Kenntnisse in Bezug auf einschlägige Arten der KI-Systeme, Daten und Datenverarbeitung sowie die in Abschnitt 2 festgelegten Anforderungen besitzt.

(12) [1]Die notifizierten Stellen wirken an den in Artikel 38 genannten Koordinierungstätigkeiten mit. [2]Sie wirken außerdem unmittelbar oder mittelbar an der Arbeit der europäischen Normungsorganisationen mit oder stellen sicher, dass sie stets über den Stand der einschlägigen Normen unterrichtet sind.

Artikel 32 Vermutung der Konformität mit den Anforderungen an notifizierte Stellen

Weist eine Konformitätsbewertungsstelle nach, dass sie die Kriterien der einschlägigen harmonisierten Normen, deren Fundstellen im *Amtsblatt der Europäischen Union* veröffentlicht wurden, oder Teile dieser Normen erfüllt, so wird davon ausgegangen, dass sie die Anforderungen des Artikels 31, soweit diese von den geltenden harmonisierten Normen erfasst werden, erfüllt.

Artikel 33 Zweigstellen notifizierter Stellen und Vergabe von Unteraufträgen

(1) Vergibt eine notifizierte Stelle bestimmte mit der Konformitätsbewertung verbundene Aufgaben an Unterauftragnehmer oder überträgt sie diese einer Zweigstelle, so stellt sie sicher, dass der Unterauftragnehmer oder die Zweigstelle die Anforderungen des Artikels 31 erfüllt, und informiert die notifizierende Behörde darüber.

(2) Die notifizierten Stellen tragen die volle Verantwortung für Arbeiten, die von jedweden Unterauftragnehmern oder Zweigstellen ausgeführt werden.

(3) [1]Tätigkeiten dürfen nur mit Zustimmung des Anbieters an einen Unterauftragnehmer vergeben oder einer Zweigstelle übertragen werden. [2]Die notifizierten Stellen veröffentlichen ein Verzeichnis ihrer Zweigstellen.

(4) Die einschlägigen Unterlagen über die Bewertung der Qualifikation des Unterauftragnehmers oder der Zweigstelle und die von ihnen gemäß dieser Verordnung ausgeführten Arbeiten werden für einen Zeitraum von fünf Jahren ab dem Datum der Beendigung der Unterauftragsvergabe für die notifizierende Behörde bereitgehalten.

Artikel 34 Operative Pflichten der notifizierten Stellen

(1) Die notifizierten Stellen überprüfen die Konformität von Hochrisiko-KI-Systemen nach den in Artikel 43 festgelegten Konformitätsbewertungsverfahren.

(2) [1]Die notifizierten Stellen vermeiden bei der Durchführung ihrer Tätigkeiten unnötige Belastungen für die Anbieter und berücksichtigen gebührend die Größe des Anbieters, den Sektor, in dem er tätig ist, seine Struktur sowie die Komplexität des betreffenden Hochrisiko-KI-Systems, um insbesondere den Verwaltungsaufwand und die Befolgungskosten für Kleinstunternehmen und kleine Unternehmen im Sinne der Empfehlung 2003/361/EG zu minimieren. [2]Die notifizierte Stelle muss jedoch den Grad der Strenge und das Schutzniveau einhalten, die für die Konformität des Hochrisiko-KI-Systems mit den Anforderungen dieser Verordnung erforderlich sind.

(3) Die notifizierten Stellen machen der in Artikel 28 genannten notifizierenden Behörde sämtliche einschlägige Dokumentation, einschließlich der Dokumentation des Anbieters, zugänglich bzw. übermitteln diese auf Anfrage, damit diese Behörde ihre Bewertungs-, Benennungs-, Notifizierungs- und Überwachungstätigkeiten durchführen kann und die Bewertung gemäß diesem Abschnitt erleichtert wird.

Artikel 35 Identifizierungsnummern und Verzeichnisse notifizierter Stellen

(1) Die Kommission weist jeder notifizierten Stelle eine einzige Identifizierungsnummer zu, selbst wenn eine Stelle nach mehr als einem Rechtsakt der Union notifiziert wurde.

(2) [1]Die Kommission veröffentlicht das Verzeichnis der nach dieser Verordnung notifizierten Stellen samt ihren Identifizierungsnummern und den Tätigkeiten, für die sie notifiziert wurden. [2]Die Kommission stellt sicher, dass das Verzeichnis auf dem neuesten Stand gehalten wird.

Artikel 36 Änderungen der Notifizierungen

(1) Die notifizierende Behörde unterrichtet die Kommission und die anderen Mitgliedstaaten mithilfe des in Artikel 30 Absatz 2 genannten elektronischen Notifizierungsinstruments über alle relevanten Änderungen der Notifizierung einer notifizierten Stelle.

(2) Für Erweiterungen des Anwendungsbereichs der Notifizierung gelten die in den Artikeln 29 und 30 festgelegten Verfahren.

Für andere Änderungen der Notifizierung als Erweiterungen ihres Anwendungsbereichs gelten die in den Absätzen 3 bis 9 dargelegten Verfahren.

(3) [1]Beschließt eine notifizierte Stelle die Einstellung ihrer Konformitätsbewertungstätigkeiten, so informiert sie die betreffende notifizierende Behörde und die betreffenden Anbieter so bald wie möglich und im Falle einer geplanten Einstellung ihrer Tätigkeiten mindestens ein Jahr vor deren Einstellung darüber. [2]Die Bescheinigungen der notifizierten Stelle können für einen Zeitraum von neun Monaten nach Einstellung der Tätigkeiten der notifizierten Stelle gültig bleiben, sofern eine andere notifizierte Stelle schriftlich bestätigt hat, dass sie die Verantwortung für die von diesen Bescheinigungen abgedeckten Hochrisiko-KI-Systeme übernimmt. [3]Die letztgenannte notifizierte Stelle führt vor Ablauf dieser Frist von neun Monaten eine vollständige Bewertung der betroffenen Hochrisiko-KI-Systeme durch, bevor sie für diese neue Bescheinigungen ausstellt. [4]Stellt die notifizierte Stelle ihre Tätigkeit ein, so widerruft die notifizierende Behörde die Benennung.

(4) [1]Hat eine notifizierende Behörde hinreichenden Grund zu der Annahme, dass eine notifizierte Stelle die in Artikel 31 festgelegten Anforderungen nicht mehr erfüllt oder dass sie ihren Pflichten nicht nachkommt, so untersucht die notifizierende Behörde den Sachverhalt unverzüglich und mit äußerster Sorgfalt. [2]In diesem Zusammenhang teilt sie der betreffenden notifizierten Stelle die erhobenen Einwände mit und gibt ihr die Möglichkeit, dazu Stellung zu nehmen. [3]Kommt die notifizierende Behörde zu dem Schluss, dass die notifizierte Stelle die in Artikel 31 festgelegten Anforderungen nicht mehr erfüllt oder dass sie ihren Pflichten nicht nachkommt, schränkt sie die Benennung gegebenenfalls ein, setzt sie aus oder widerruft sie, je nach Schwere der Nichterfüllung dieser Anforderungen oder Pflichtverletzung. [4]Sie informiert die Kommission und die anderen Mitgliedstaaten unverzüglich darüber.

(5) Wird die Benennung einer notifizierten Stelle ausgesetzt, eingeschränkt oder vollständig oder teilweise widerrufen, so informiert die notifizierte Stelle die betreffenden Anbieter innerhalb von zehn Tagen darüber.

(6) Wird eine Benennung eingeschränkt, ausgesetzt oder widerrufen, so ergreift die notifizierende Behörde geeignete Maßnahmen, um sicherzustellen, dass die Akten der betreffenden notifizierten Stelle für die notifizierenden Behörden in anderen Mitgliedstaaten und die Marktüberwachungsbehörden bereitgehalten und ihnen auf deren Anfrage zur Verfügung gestellt werden.

(7) Wird eine Benennung eingeschränkt, ausgesetzt oder widerrufen, so geht die notifizierende Behörde wie folgt vor:

a) Sie bewertet die Auswirkungen auf die von der notifizierten Stelle ausgestellten Bescheinigungen;
b) sie legt der Kommission und den anderen Mitgliedstaaten innerhalb von drei Monaten nach Notifizierung der Änderungen der Benennung einen Bericht über ihre diesbezüglichen Ergebnisse vor;
c) sie weist die notifizierte Stelle zur Gewährleistung der fortlaufenden Konformität der im Verkehr befindlichen Hochrisiko-KI-Systeme an, sämtliche nicht ordnungsgemäß ausgestellten Bescheinigungen innerhalb einer von der Behörde festgelegten angemessenen Frist auszusetzen oder zu widerrufen;
d) sie informiert die Kommission und die Mitgliedstaaten über Bescheinigungen, deren Aussetzung oder Widerruf sie angewiesen hat;
e) sie stellt den zuständigen nationalen Behörden des Mitgliedstaats, in dem der Anbieter seine eingetragene Niederlassung hat, alle relevanten Informationen über Bescheinigungen, deren Aussetzung oder Widerruf sie angewiesen hat, zur Verfügung; diese Behörde ergreift erforderlichenfalls geeignete Maßnahmen, um ein mögliches Risiko für Gesundheit, Sicherheit oder Grundrechte zu verhindern.

(8) Abgesehen von den Fällen, in denen Bescheinigungen nicht ordnungsgemäß ausgestellt wurden und in denen eine Benennung ausgesetzt oder eingeschränkt wurde, bleiben die Bescheinigungen unter einem der folgenden Umstände gültig:

a) Die notifizierende Behörde hat innerhalb eines Monats nach der Aussetzung oder Einschränkung bestätigt, dass im Zusammenhang mit den von der Aussetzung oder Einschränkung betroffenen Bescheinigungen kein Risiko für Gesundheit, Sicherheit oder Grundrechte besteht, und die notifizierende Behörde hat einen Zeitplan für Maßnahmen zur Aufhebung der Aussetzung oder Einschränkung genannt oder
b) die notifizierende Behörde hat bestätigt, dass keine von der Aussetzung betroffenen Bescheinigungen während der Dauer der Aussetzung oder Einschränkung ausgestellt, geändert oder erneut ausgestellt werden, und gibt an, ob die notifizierte Stelle in der Lage ist, bestehende ausgestellte Bescheinigungen während der Dauer der Aussetzung oder Einschränkung weiterhin zu überwachen und die Verantwortung dafür zu übernehmen; falls die notifizierende Behörde feststellt, dass die notifizierte Stelle nicht in der Lage ist, bestehende ausgestellte Bescheinigungen weiterzuführen, so bestätigt der Anbieter des von der Bescheinigung abgedeckten Systems den zuständigen nationalen Behörden des Mitgliedstaats, in dem er seine eingetragene Niederlassung hat, innerhalb von drei Monaten nach der Aussetzung oder Einschränkung schriftlich, dass eine andere qualifizierte notifizierte Stelle vorübergehend die Aufgaben der notifizierten Stelle zur Überwachung der Bescheinigung übernimmt und dass sie während der Dauer der Aussetzung oder Einschränkung für die Bescheinigung verantwortlich bleibt.

(9) [1]Abgesehen von den Fällen, in denen Bescheinigungen nicht ordnungsgemäß ausgestellt wurden und in denen eine Benennung widerrufen wurde, bleiben die Bescheinigungen unter folgenden Umständen für eine Dauer von neun Monaten gültig:

a) Die zuständige nationale Behörde des Mitgliedstaats, in dem der Anbieter des von der Bescheinigung abgedeckten Hochrisiko-KI-Systems seine eingetragene Niederlassung hat, hat bestätigt, dass im Zusammenhang mit den betreffenden Hochrisiko-KI-Systemen kein Risiko für Gesundheit, Sicherheit oder Grundrechte besteht, und

b) eine andere notifizierte Stelle hat schriftlich bestätigt, dass sie die unmittelbare Verantwortung für diese KI-Systeme übernehmen und deren Bewertung innerhalb von 12 Monaten ab dem Widerruf der Benennung abgeschlossen haben wird.

[2]Unter den in Unterabsatz 1 genannten Umständen kann die zuständige nationale Behörde des Mitgliedstaats, in dem der Anbieter des von der Bescheinigung abgedeckten Systems seine Niederlassung hat, die vorläufige Gültigkeit der Bescheinigungen um zusätzliche Zeiträume von je drei Monaten, jedoch nicht um insgesamt mehr als 12 Monate, verlängern.

Die zuständige nationale Behörde oder die notifizierte Stelle, die die Aufgaben der von der Benennungsänderung betroffenen notifizierten Stelle übernimmt, informiert unverzüglich die Kommission, die anderen Mitgliedstaaten und die anderen notifizierten Stellen darüber.

Artikel 37 Anfechtungen der Kompetenz notifizierter Stellen

(1) Die Kommission untersucht erforderlichenfalls alle Fälle, in denen begründete Zweifel an der Kompetenz einer notifizierten Stelle oder daran bestehen, dass eine notifizierte Stelle die in Artikel 31 festgelegten Anforderungen und ihre geltenden Pflichten weiterhin erfüllt.

(2) Die notifizierende Behörde stellt der Kommission auf Anfrage alle Informationen über die Notifizierung oder die Aufrechterhaltung der Kompetenz der betreffenden notifizierten Stelle zur Verfügung.

(3) Die Kommission stellt sicher, dass alle im Verlauf ihrer Untersuchungen gemäß diesem Artikel erlangten sensiblen Informationen gemäß Artikel 78 vertraulich behandelt werden.

(4) [1]Stellt die Kommission fest, dass eine notifizierte Stelle die Anforderungen für ihre Notifizierung nicht oder nicht mehr erfüllt, so informiert sie den notifizierenden Mitgliedstaat entsprechend und fordert ihn auf, die erforderlichen Abhilfemaßnahmen zu treffen, einschließlich einer Aussetzung oder eines Widerrufs der Notifizierung, sofern dies nötig ist. [2]Versäumt es ein Mitgliedstaat, die erforderlichen Abhilfemaßnahmen zu ergreifen, kann die Kommission die Benennung im Wege eines Durchführungsrechtsakts aussetzen, einschränken oder widerrufen. [3]Dieser Durchführungsrechtsakt wird gemäß dem in Artikel 98 Absatz 2 genannten Prüfverfahren erlassen.

Artikel 38 Koordinierung der notifizierten Stellen

(1) Die Kommission sorgt dafür, dass in Bezug auf Hochrisiko-KI-Systeme eine zweckmäßige Koordinierung und Zusammenarbeit zwischen den an den Konformitätsbewertungsverfahren im Rahmen dieser Verordnung beteiligten notifizierten Stellen in Form einer sektoralen Gruppe notifizierter Stellen eingerichtet und ordnungsgemäß weitergeführt wird.

(2) Jede notifizierende Behörde sorgt dafür, dass sich die von ihr notifizierten Stellen direkt oder über benannte Vertreter an der Arbeit der in Absatz 1 genannten Gruppe beteiligen.

(3) Die Kommission sorgt für den Austausch von Wissen und bewährten Verfahren zwischen den notifizierenden Behörden.

Artikel 39 Konformitätsbewertungsstellen in Drittländern

Konformitätsbewertungsstellen, die nach dem Recht eines Drittlands errichtet wurden, mit dem die Union ein Abkommen geschlossen hat, können ermächtigt werden, die Tätigkeiten notifizierter Stellen gemäß dieser Verordnung durchzuführen, sofern sie die Anforderungen gemäß Artikel 31 erfüllen oder das gleiche Maß an Konformität gewährleisten.

Abschnitt 5
Normen, Konformitätsbewertung, Bescheinigungen, Registrierung

Artikel 40 Harmonisierte Normen und Normungsdokumente

(1) Bei Hochrisiko-KI-Systemen oder KI-Modellen mit allgemeinem Verwendungszweck, die mit harmonisierten Normen oder Teilen davon, deren Fundstellen gemäß der Verordnung (EU) Nr. 1025/2012 im *Amtsblatt der Europäischen Union* veröffentlicht wurden, übereinstimmen, wird eine Konformität mit den Anforderungen gemäß Abschnitt 2 des vorliegenden Kapitels oder gegebenenfalls mit den Pflichten gemäß Kapitel V Abschnitte 2 und 3 der vorliegenden

Verordnung vermutet, soweit diese Anforderungen oder Verpflichtungen von den Normen abgedeckt sind.

(2) [1]Gemäß Artikel 10 der Verordnung (EU) Nr. 1025/2012 erteilt die Kommission unverzüglich Normungsaufträge, die alle Anforderungen gemäß Abschnitt 2 des vorliegenden Kapitels abdecken und gegebenenfalls Normungsaufträge, die Pflichten gemäß Kapitel V Abschnitte 2 und 3 der vorliegenden Verordnung abdecken. [2]In dem Normungsauftrag werden auch Dokumente zu den Berichterstattungs- und Dokumentationsverfahren im Hinblick auf die Verbesserung der Ressourcenleistung von KI-Systemen z.B. durch die Verringerung des Energie- und sonstigen Ressourcenverbrauchs des Hochrisiko-KI-Systems während seines gesamten Lebenszyklus und zu der energieeffizienten Entwicklung von KI-Modellen mit allgemeinem Verwendungszweck verlangt. [3]Bei der Ausarbeitung des Normungsauftrags konsultiert die Kommission das KI-Gremium und die einschlägigen Interessenträger, darunter das Beratungsforum.

Bei der Erteilung eines Normungsauftrags an die europäischen Normungsorganisationen gibt die Kommission an, dass die Normen klar und – u.a. mit den Normen, die in den verschiedenen Sektoren für Produkte entwickelt wurden, die unter die in Anhang I aufgeführten geltenden Harmonisierungsrechtsvorschriften der Union fallen – konsistent sein müssen und sicherstellen sollen, dass die in der Union in Verkehr gebrachten oder in Betrieb genommenen Hochrisiko-KI-Systeme oder KI-Modelle mit allgemeinem Verwendungszweck die in dieser Verordnung festgelegten einschlägigen Anforderungen oder Pflichten erfüllen.

Die Kommission fordert die europäischen Normungsorganisationen auf, Nachweise dafür vorzulegen, dass sie sich nach besten Kräften bemühen, die in den Unterabsätzen 1 und 2 dieses Absatzes genannten Ziele im Einklang mit Artikel 24 der Verordnung (EU) Nr. 1025/2012 zu erreichen.

(3) Die am Normungsprozess Beteiligten bemühen sich, Investitionen und Innovationen im Bereich der KI, u.a. durch Erhöhung der Rechtssicherheit, sowie der Wettbewerbsfähigkeit und des Wachstums des Unionsmarktes zu fördern und zur Stärkung der weltweiten Zusammenarbeit bei der Normung und zur Berücksichtigung bestehender internationaler Normen im Bereich der KI, die mit den Werten, Grundrechten und Interessen der Union im Einklang stehen, beizutragen und die Multi-Stakeholder-Governance zu verbessern, indem eine ausgewogene Vertretung der Interessen und eine wirksame Beteiligung aller relevanten Interessenträger gemäß den Artikeln 5, 6 und 7 der Verordnung (EU) Nr. 1025/2012 sichergestellt werden.

Artikel 41 Gemeinsame Spezifikationen

(1) [1]Die Kommission kann Durchführungsrechtsakte zur Festlegung gemeinsamer Spezifikationen für die Anforderungen gemäß Abschnitt 2 dieses Kapitels oder gegebenenfalls die Pflichten gemäß Kapitel V Abschnitte 2 und 3 erlassen, wenn die folgenden Bedingungen erfüllt sind:

a) Die Kommission hat gemäß Artikel 10 Absatz 1 der Verordnung (EU) Nr. 1025/2012 eine oder mehrere europäische Normungsorganisationen damit beauftragt, eine harmonisierte Norm für die in Abschnitt 2 dieses Kapitels festgelegten Anforderungen oder gegebenenfalls für die in Kapitel V Abschnitte 2 und 3 festgelegten Pflichten zu erarbeiten, und
   i) der Auftrag wurde von keiner der europäischen Normungsorganisationen angenommen oder
   ii) die harmonisierten Normen, die Gegenstand dieses Auftrags sind, werden nicht innerhalb der gemäß Artikel 10 Absatz 1 der Verordnung (EU) Nr. 1025/2012 festgelegten Frist erarbeitet oder
   iii) die einschlägigen harmonisierten Normen tragen den Bedenken im Bereich der Grundrechte nicht ausreichend Rechnung oder
   iv) die harmonisierten Normen entsprechen nicht dem Auftrag und
b) im *Amtsblatt der Europäischen Union* sind keine Fundstellen zu harmonisierten Normen gemäß der Verordnung (EU) Nr. 1025/2012 veröffentlicht, die den in Abschnitt 2 dieses Kapitels aufgeführten Anforderungen oder gegebenenfalls den in Kapitel V Abschnitte 2 und 3 aufgeführten Pflichten genügen, und es ist nicht zu erwarten, dass eine solche Fundstelle innerhalb eines angemessenen Zeitraums veröffentlicht wird.

[2]Bei der Verfassung der gemeinsamen Spezifikationen konsultiert die Kommission das in Artikel 67 genannte Beratungsforum.

Die in Unterabsatz 1 des vorliegenden Absatzes genannten Durchführungsrechtsakte werden gemäß dem in Artikel 98 Absatz 2 genannten Prüfverfahren erlassen.

(2) Vor der Ausarbeitung eines Entwurfs eines Durchführungsrechtsakts informiert die Kommission den in Artikel 22 der Verordnung (EU) Nr. 1025/2012 genannten Ausschuss darüber, dass sie die in Absatz 1 des vorliegenden Artikels festgelegten Bedingungen als erfüllt erachtet.

(3) Bei Hochrisiko-KI-Systemen oder KI-Modellen mit allgemeinem Verwendungszweck, die mit den in Absatz 1 genannten gemeinsamen Spezifikationen oder Teilen dieser Spezifikationen übereinstimmen, wird eine Konformität mit den Anforderungen in Abschnitt 2 dieses Kapitels oder gegebenenfalls die Einhaltung der in Kapitel V Abschnitte 2 und 3 genannten Pflichten vermutet, soweit diese Anforderungen oder diese Pflichten von den gemeinsamen Spezifikationen abgedeckt sind.

(4) [1]Wird eine harmonisierte Norm von einer europäischen Normungsorganisation angenommen und der Kommission zur Veröffentlichung ihrer Fundstelle im *Amtsblatt der Europäischen Union* vorgeschlagen, so bewertet die Kommission die harmonisierte Norm gemäß der Verordnung (EU) Nr. 1025/2012. [2]Wird die Fundstelle zu einer harmonisierten Norm im *Amtsblatt der Europäischen Union* veröffentlicht, so werden die in Absatz 1 genannten Durchführungsrechtsakte, die dieselben Anforderungen gemäß Abschnitt 2 dieses Kapitels oder gegebenenfalls dieselben Pflichten gemäß Kapitel V Abschnitte 2 und 3 erfassen, von der Kommission ganz oder teilweise aufgehoben.

(5) Wenn Anbieter von Hochrisiko-KI-Systemen oder KI-Modellen mit allgemeinem Verwendungszweck die in Absatz 1 genannten gemeinsamen Spezifikationen nicht befolgen, müssen sie hinreichend nachweisen, dass sie technische Lösungen verwenden, die die in Abschnitt 2 dieses Kapitels aufgeführten Anforderungen oder gegebenenfalls die Pflichten gemäß Kapitel V Abschnitte 2 und 3 zumindest in gleichem Maße erfüllen;

(6) [1]Ist ein Mitgliedstaat der Auffassung, dass eine gemeinsame Spezifikation den Anforderungen gemäß Abschnitt 2 nicht vollständig entspricht oder gegebenenfalls die Pflichten gemäß Kapitel V Abschnitte 2 und 3 nicht vollständig erfüllt, so setzt er die Kommission im Rahmen einer ausführlichen Erläuterung davon in Kenntnis. [2]Die Kommission bewertet die betreffende Information und ändert gegebenenfalls den Durchführungsrechtsakt, durch den die betreffende gemeinsame Spezifikation festgelegt wurde.

Artikel 42 Vermutung der Konformität mit bestimmten Anforderungen

(1) Für Hochrisiko-KI-Systeme, die mit Daten, in denen sich die besonderen geografischen, verhaltensbezogenen, kontextuellen oder funktionalen Rahmenbedingungen niederschlagen, unter denen sie verwendet werden sollen, trainiert und getestet wurden, gilt die Vermutung, dass sie die in Artikel 10 Absatz 4 festgelegten einschlägigen Anforderungen erfüllen.

(2) Für Hochrisiko-KI-Systeme, die im Rahmen eines der Cybersicherheitszertifizierungssysteme gemäß der Verordnung (EU) 2019/881, deren Fundstellen im *Amtsblatt der Europäischen Union* veröffentlicht wurden, zertifiziert wurden oder für die eine solche Konformitätserklärung erstellt wurde, gilt die Vermutung, dass sie die in Artikel 15 der vorliegenden Verordnung festgelegten Cybersicherheitsanforderungen erfüllen, sofern diese Anforderungen von der Cybersicherheitszertifizierung oder der Konformitätserklärung oder Teilen davon abdeckt sind.

Artikel 43 Konformitätsbewertung

(1) [1]Hat ein Anbieter zum Nachweis, dass ein in Anhang III Nummer 1 aufgeführtes Hochrisiko-KI-System die in Abschnitt 2 festgelegten Anforderungen erfüllt, harmonisierte Normen gemäß Artikel 40 oder gegebenenfalls gemeinsame Spezifikationen gemäß Artikel 41 angewandt, so entscheidet er sich für eines der folgenden Konformitätsbewertungsverfahren auf der Grundlage

a) der internen Kontrolle gemäß Anhang VI oder
b) der Bewertung des Qualitätsmanagementsystems und der Bewertung der technischen Dokumentation unter Beteiligung einer notifizierten Stelle gemäß Anhang VII.

[2]Zum Nachweis, dass sein Hochrisiko-KI-System die in Abschnitt 2 festgelegten Anforderungen erfüllt, befolgt der Anbieter das Konformitätsbewertungsverfahren gemäß Anhang VII, wenn

a) es harmonisierte Normen gemäß Artikel 40 nicht gibt und keine gemeinsamen Spezifikationen gemäß Artikel 41 vorliegen,
b) der Anbieter die harmonisierte Norm nicht oder nur teilweise angewandt hat;
c) die unter Buchstabe a genannten gemeinsamen Spezifikationen zwar vorliegen, der Anbieter sie jedoch nicht angewandt hat;
d) eine oder mehrere der unter Buchstabe a genannten harmonisierten Normen mit einer Einschränkung und nur für den eingeschränkten Teil der Norm veröffentlicht wurden.

[3]Für die Zwecke des Konformitätsbewertungsverfahrens gemäß Anhang VII kann der Anbieter eine der notifizierten Stellen auswählen. [4]Soll das Hochrisiko-KI-System jedoch von Strafverfolgungs-, Einwanderungs- oder Asylbehörden oder von Organen, Einrichtungen oder sonstigen Stellen der Union in Betrieb genommen werden, so übernimmt die in Artikel 74 Absatz 8 bzw. 9 genannte Marktüberwachungsbehörde die Funktion der notifizierten Stelle.

(2) Bei den in Anhang III Nummern 2 bis 8 aufgeführten Hochrisiko-KI-Systemen befolgen die Anbieter das Konformitätsbewertungsverfahren auf der Grundlage einer internen Kontrolle gemäß Anhang VI, das keine Beteiligung einer notifizierten Stelle vorsieht.

(3) [1]Bei den Hochrisiko-KI-Systemen, die unter die in Anhang I Abschnitt A aufgeführten Harmonisierungsrechtsakte der Union fallen, befolgt der Anbieter die einschlägigen Konformitätsbewertungsverfahren, die nach diesen Rechtsakten erforderlich sind. [2]Die in Abschnitt 2 dieses Kapitels festgelegten Anforderungen gelten für diese Hochrisiko-KI-Systeme und werden in diese Bewertung einbezogen. [3]Anhang VII Nummern 4.3, 4.4 und 4.5 sowie Nummer 4.6 Absatz 5 finden ebenfalls Anwendung.

Für die Zwecke dieser Bewertung sind die notifizierten Stellen, die gemäß diesen Rechtsakten notifiziert wurden, berechtigt, die Konformität der Hochrisiko-KI-Systeme mit den in Abschnitt 2 festgelegten Anforderungen zu kontrollieren, sofern im Rahmen des gemäß diesen Rechtsakten durchgeführten Notifizierungsverfahrens geprüft wurde, dass diese notifizierten Stellen die in Artikel 31 Absätze 4, 5, 10 und 11 festgelegten Anforderungen erfüllen.

Wenn ein in Anhang I Abschnitt A aufgeführter Rechtsakte es dem Hersteller des Produkts ermöglicht, auf eine Konformitätsbewertung durch Dritte zu verzichten, sofern dieser Hersteller alle harmonisierten Normen, die alle einschlägigen Anforderungen abdecken, angewandt hat, so darf dieser Hersteller nur dann von dieser Möglichkeit Gebrauch machen, wenn er auch harmonisierte Normen oder gegebenenfalls gemeinsame Spezifikationen gemäß Artikel 41, die alle in Abschnitt 2 dieses Kapitels festgelegten Anforderungen abdecken, angewandt hat.

(4) Hochrisiko-KI-Systeme, die bereits Gegenstand eines Konformitätsbewertungsverfahren gewesen sind, werden im Falle einer wesentlichen Änderung einem neuen Konformitätsbewertungsverfahren unterzogen, unabhängig davon, ob das geänderte System noch weiter in Verkehr gebracht oder vom derzeitigen Betreiber weitergenutzt werden soll.

Bei Hochrisiko-KI-Systemen, die nach dem Inverkehrbringen oder der Inbetriebnahme weiterhin dazulernen, gelten Änderungen des Hochrisiko-KI-Systems und seiner Leistung, die vom Anbieter zum Zeitpunkt der ursprünglichen Konformitätsbewertung vorab festgelegt wurden und in den Informationen der technischen Dokumentation gemäß Anhang IV Nummer 2 Buchstabe f enthalten sind, nicht als wesentliche Veränderung;

(5) Die Kommission ist befugt, gemäß Artikel 97 delegierte Rechtsakte zu erlassen, um die Anhänge VI und VII zu ändern, indem sie sie angesichts des technischen Fortschritts aktualisiert.

(6) [1]Die Kommission ist befugt, gemäß Artikel 97 delegierte Rechtsakte zur Änderung der Absätze 1 und 2 des vorliegenden Artikels zu erlassen, um die in Anhang III Nummern 2 bis 8 genannten Hochrisiko-KI-Systeme dem Konformitätsbewertungsverfahren gemäß Anhang VII oder Teilen davon zu unterwerfen. [2]Die Kommission erlässt solche delegierten Rechtsakte unter Berücksichtigung der Wirksamkeit des Konformitätsbewertungsverfahrens auf der Grundlage einer internen Kontrolle gemäß Anhang VI hinsichtlich der Vermeidung oder Minimierung der von solchen Systemen ausgehenden Risiken für die Gesundheit und Sicherheit und den Schutz der Grundrechte sowie hinsichtlich der Verfügbarkeit angemessener Kapazitäten und Ressourcen in den notifizierten Stellen.

Artikel 44 Bescheinigungen

(1) Die von notifizierten Stellen gemäß Anhang VII ausgestellten Bescheinigungen werden in einer Sprache ausgefertigt, die für die einschlägigen Behörden des Mitgliedstaats, in dem die notifizierte Stelle niedergelassen ist, leicht verständlich ist.

(2) [1]Die Bescheinigungen sind für die darin genannte Dauer gültig, die maximal fünf Jahre für unter Anhang I fallende KI-Systeme und maximal vier Jahre für unter Anhang III fallende KI-Systeme beträgt. [2]Auf Antrag des Anbieters kann die Gültigkeit einer Bescheinigung auf der Grundlage einer Neubewertung gemäß den geltenden Konformitätsbewertungsverfahren um weitere Zeiträume von jeweils höchstens fünf Jahren für unter Anhang I fallende KI-Systeme und höchstens vier Jahre für unter Anhang III fallende KI-Systeme verlängert werden. [3]Eine Ergänzung zu einer Bescheinigung bleibt gültig, sofern die Bescheinigung, zu der sie gehört, gültig ist.

(3) [1]Stellt eine notifizierte Stelle fest, dass ein KI-System die in Abschnitt 2 festgelegten Anforderungen nicht mehr erfüllt, so setzt sie die ausgestellte Bescheinigung aus, widerruft sie oder schränkt sie ein, jeweils unter Berücksichtigung des Grundsatzes der Verhältnismäßigkeit, sofern die Einhaltung der Anforderungen nicht durch geeignete Korrekturmaßnahmen des Anbieters des Systems innerhalb einer von der notifizierten Stelle gesetzten angemessenen Frist wiederhergestellt wird. [2]Die notifizierte Stelle begründet ihre Entscheidung.

Es muss ein Einspruchsverfahren gegen die Entscheidungen der notifizierten Stellen, auch solche über ausgestellte Konformitätsbescheinigungen, vorgesehen sein.

Artikel 45 Informationspflichten der notifizierten Stellen

(1) Die notifizierten Stellen informieren die notifizierende Behörde über

a) alle Unionsbescheinigungen über die Bewertung der technischen Dokumentation, etwaige Ergänzungen dieser Bescheinigungen und alle Genehmigungen von Qualitätsmanagementsystemen, die gemäß den Anforderungen des Anhangs VII erteilt wurden;
b) alle Verweigerungen, Einschränkungen, Aussetzungen oder Rücknahmen von Unionsbescheinigungen über die Bewertung der technischen Dokumentation oder Genehmigungen von Qualitätsmanagementsystemen, die gemäß den Anforderungen des Anhangs VII erteilt wurden;
c) alle Umstände, die Folgen für den Anwendungsbereich oder die Bedingungen der Notifizierung haben;
d) alle Auskunftsersuchen über Konformitätsbewertungstätigkeiten, die sie von den Marktüberwachungsbehörden erhalten haben;
e) auf Anfrage die Konformitätsbewertungstätigkeiten, denen sie im Anwendungsbereich ihrer Notifizierung nachgegangen sind, und sonstige Tätigkeiten, einschließlich grenzüberschreitender Tätigkeiten und Vergabe von Unteraufträgen, die sie durchgeführt haben.

(2) Jede notifizierte Stelle informiert die anderen notifizierten Stellen über

a) die Genehmigungen von Qualitätsmanagementsystemen, die sie verweigert, ausgesetzt oder zurückgenommen hat, und auf Anfrage die Genehmigungen von Qualitätsmanagementsystemen, die sie erteilt hat;
b) die Bescheinigungen der Union über die Bewertung der technischen Dokumentation und deren etwaige Ergänzungen, die sie verweigert, ausgesetzt oder zurückgenommen oder anderweitig eingeschränkt hat, und auf Anfrage die Bescheinigungen und/oder deren Ergänzungen, die sie ausgestellt hat.

(3) Jede notifizierte Stelle übermittelt den anderen notifizierten Stellen, die ähnlichen Konformitätsbewertungstätigkeiten für die gleichen Arten der KI-Systeme nachgehen, einschlägige Informationen über negative und auf Anfrage über positive Konformitätsbewertungsergebnisse.

(4) Notifizierende Behörden gewährleisten gemäß Artikel 78 die Vertraulichkeit der von ihnen erlangten Informationen.

Artikel 46 Ausnahme vom Konformitätsbewertungsverfahren

(1) [1]Abweichend von Artikel 43 und auf ein hinreichend begründetes Ersuchen kann eine Marktüberwachungsbehörde das Inverkehrbringen oder die Inbetriebnahme bestimmter Hochrisiko-KI-Systeme im Hoheitsgebiet des betreffenden Mitgliedstaats aus außergewöhnlichen Gründen der öffentlichen Sicherheit, des Schutzes des Lebens und der Gesundheit von Personen, des Umweltschutzes oder des Schutzes wichtiger Industrie- und Infrastrukturanlagen genehmigen. [2]Diese Genehmigung wird auf die Dauer der erforderlichen Konformitätsbewertungsverfahren befristet, wobei den außergewöhnlichen Gründen für die Ausnahme Rechnung getragen wird. [3]Der Abschluss dieser Verfahren erfolgt unverzüglich.

(2) [1]In hinreichend begründeten dringenden Fällen aus außergewöhnlichen Gründen der öffentlichen Sicherheit oder in Fällen einer konkreten, erheblichen und unmittelbaren Gefahr für das Leben oder die körperliche Unversehrtheit natürlicher Personen können Strafverfolgungsbehörden oder Katastrophenschutzbehörden ein bestimmtes Hochrisiko-KI-System ohne die in Absatz 1 genannte Genehmigung in Betrieb nehmen, sofern diese Genehmigung während der Verwendung oder im Anschluss daran unverzüglich beantragt wird. [2]Falls die Genehmigung gemäß Absatz 1 abgelehnt wird, wird Verwendung des Hochrisiko-KI-Systems mit sofortiger Wirkung eingestellt und sämtliche Ergebnisse und Ausgaben dieser Verwendung werden unverzüglich verworfen.

(3) [1]Die in Absatz 1 genannte Genehmigung wird nur erteilt, wenn die Marktüberwachungsbehörde zu dem Schluss gelangt, dass das Hochrisiko-KI-System die Anforderungen des Abschnitts 2 erfüllt. [2]Die Marktüberwachungsbehörde informiert die Kommission und die anderen Mitgliedstaaten über alle von ihr gemäß den Absätzen 1 und 2 erteilten Genehmigungen. [3]Diese Pflicht erstreckt sich nicht auf sensible operative Daten zu den Tätigkeiten von Strafverfolgungsbehörden.

(4) Erhebt weder ein Mitgliedstaat noch die Kommission innerhalb von 15 Kalendertagen nach Erhalt der in Absatz 3 genannten Mitteilung Einwände gegen die von einer Marktüberwachungsbehörde eines Mitgliedstaats gemäß Absatz 1 erteilte Genehmigung, so gilt diese Genehmigung als gerechtfertigt.

(5) [1]Erhebt innerhalb von 15 Kalendertagen nach Erhalt der in Absatz 3 genannten Mitteilung ein Mitgliedstaat Einwände gegen eine von einer Marktüberwachungsbehörde eines anderen Mitgliedstaats erteilte Genehmigung oder ist die Kommission der Auffassung, dass die Genehmigung mit dem Unionsrecht unvereinbar ist oder dass die Schlussfolgerung der Mitgliedstaaten in Bezug auf die Konformität des in Absatz 3 genannten Systems unbegründet ist, so nimmt die Kommission unverzüglich Konsultationen mit dem betreffenden Mitgliedstaat auf. [2]Die betroffenen Akteure werden konsultiert und erhalten Gelegenheit, dazu Stellung zu nehmen. [3]In Anbetracht dessen entscheidet die Kommission, ob die Genehmigung gerechtfertigt ist. [4]Die Kommission richtet ihren Beschluss an den betroffenen Mitgliedstaat und an die betroffenen Akteure.

(6) Wird die Genehmigung von der Kommission als ungerechtfertigt erachtet, so muss sie von der Marktüberwachungsbehörde des betreffenden Mitgliedstaats zurückgenommen werden.

(7) Für Hochrisiko-KI-Systeme im Zusammenhang mit Produkten, die unter die in Anhang I Abschnitt A aufgeführten Harmonisierungsrechtsvorschriften der Union fallen, gelten nur die in diesen Harmonisierungsrechtsvorschriften der Union festgelegten Ausnahmen von den Konformitätsbewertungsverfahren.

Artikel 47 EU-Konformitätserklärung

(1) [1]Der Anbieter stellt für jedes Hochrisiko-KI-System eine schriftliche maschinenlesbare, physische oder elektronisch unterzeichnete EU-Konformitätserklärung aus und hält sie für einen Zeitraum von 10 Jahren ab dem Inverkehrbringen oder der Inbetriebnahme des Hochrisiko-KI-Systems für die zuständigen nationalen Behörden bereit. [2]Aus der EU-Konformitätserklärung geht hervor, für welches Hochrisiko-KI-System sie ausgestellt wurde. [3]Eine Kopie der EU-Konformitätserklärung wird den zuständigen nationalen Behörden auf Anfrage übermittelt.

(2) [1]Die EU-Konformitätserklärung muss feststellen, dass das betreffende Hochrisiko-KI-System die in Abschnitt 2 festgelegten Anforderungen erfüllt. [2]Die EU-Konformitätserklärung enthält die in Anhang V festgelegten Informationen und wird in eine Sprache übersetzt, die für die

zuständigen nationalen Behörden der Mitgliedstaaten, in denen das Hochrisiko-KI-System in Verkehr gebracht oder bereitgestellt wird, leicht verständlich ist.

(3) [1]Unterliegen Hochrisiko-KI-Systeme anderen Harmonisierungsrechtsvorschriften der Union, die ebenfalls eine EU-Konformitätserklärung vorschreiben, so wird eine einzige EU-Konformitätserklärung ausgestellt, die sich auf alle für das Hochrisiko-KI-System geltenden Rechtsvorschriften der Union bezieht. [2]Die Erklärung enthält alle erforderlichen Informationen zur Feststellung der Harmonisierungsrechtsvorschriften der Union, auf die sich die Erklärung bezieht.

(4) [1]Mit der Ausstellung der EU-Konformitätserklärung übernimmt der Anbieter die Verantwortung für die Erfüllung der in Abschnitt 2 festgelegten Anforderungen. [2]Der Anbieter hält die EU-Konformitätserklärung gegebenenfalls auf dem neuesten Stand.

(5) Der Kommission ist befugt, gemäß Artikel 97 delegierte Rechtsakte zur Aktualisierung des in Anhang V festgelegten Inhalts der EU-Konformitätserklärung zu erlassen, um den genannten Anhang durch die Einführung von Elementen zu ändern, die angesichts des technischen Fortschritts erforderlich werden.

Artikel 48 CE-Kennzeichnung

(1) Für die CE-Kennzeichnung gelten die in Artikel 30 der Verordnung (EG) Nr. 765/2008 festgelegten allgemeinen Grundsätze.

(2) Bei digital bereitgestellten Hochrisiko-KI-Systemen wird eine digitale CE-Kennzeichnung nur dann verwendet, wenn sie über die Schnittstelle, von der aus auf dieses System zugegriffen wird, oder über einen leicht zugänglichen maschinenlesbaren Code oder andere elektronische Mittel leicht zugänglich ist.

(3) [1]Die CE-Kennzeichnung wird gut sichtbar, leserlich und dauerhaft an Hochrisiko-KI-Systemen angebracht. [2]Falls die Art des Hochrisiko-KI-Systems dies nicht zulässt oder nicht rechtfertigt, wird sie auf der Verpackung bzw. der beigefügten Dokumentation angebracht.

(4) [1]Gegebenenfalls wird der CE-Kennzeichnung die Identifizierungsnummer der für die in Artikel 43 festgelegten Konformitätsbewertungsverfahren zuständigen notifizierten Stelle hinzugefügt. [2]Die Identifizierungsnummer der notifizierten Stelle ist entweder von der Stelle selbst oder nach ihren Anweisungen durch den Anbieter oder den Bevollmächtigten des Anbieters anzubringen. [3]Diese Identifizierungsnummer wird auch auf jeglichem Werbematerial angegeben, in dem darauf hingewiesen wird, dass das Hochrisiko-KI-System die Anforderungen für die CE-Kennzeichnung erfüllt.

(5) Falls Hochrisiko-KI-Systeme ferner unter andere Rechtsvorschriften der Union fallen, in denen die CE-Kennzeichnung auch vorgesehen ist, bedeutet die CE-Kennzeichnung, dass das Hochrisiko-KI-System auch die Anforderungen dieser anderen Rechtsvorschriften erfüllt.

Artikel 49 Registrierung

(1) Vor dem Inverkehrbringen oder der Inbetriebnahme eines in Anhang III aufgeführten Hochrisiko-KI-Systems – mit Ausnahme der in Anhang III Nummer 2 genannten Hochrisiko-KI-Systeme – registriert der Anbieter oder gegebenenfalls sein Bevollmächtigter sich und sein System in der in Artikel 71 genannten EU-Datenbank.

(2) Vor dem Inverkehrbringen oder der Inbetriebnahme eines Hochrisiko-KI-Systems, bei dem der Anbieter zu dem Schluss gelangt ist, dass es nicht hochriskant gemäß Artikel 6 Absatz 3 ist, registriert dieser Anbieter oder gegebenenfalls sein Bevollmächtigter sich und dieses System in der in Artikel 71 genannten EU-Datenbank.

(3) Vor der Inbetriebnahme oder Verwendung eines in Anhang III aufgeführten Hochrisiko-KI-Systems – mit Ausnahme der in Anhang III Nummer 2 aufgeführten Hochrisiko-KI-Systeme – registrieren sich Betreiber, bei denen es sich um Behörden oder Organe, Einrichtungen oder sonstige Stellen der Union oder in ihrem Namen handelnde Personen handelt, in der in Artikel 71 genannten EU-Datenbank, wählen das System aus und registrieren es dort.

(4) [1]Bei den in Anhang III Nummern 1, 6 und 7 genannten Hochrisiko-KI-Systemen erfolgt in den Bereichen Strafverfolgung, Migration, Asyl und Grenzkontrolle die Registrierung gemäß den Absätzen 1, 2 und 3 des vorliegenden Artikels in einem sicheren nicht öffentlichen Teil der

in Artikel 71 genannten EU-Datenbank und enthält, soweit zutreffend, lediglich die Informationen gemäß
a) Anhang VIII Abschnitt A Nummern 1 bis 10 mit Ausnahme der Nummern 6, 8 und 9,
b) Anhang VIII Abschnitt B Nummern 1 bis 5 sowie Nummern 8 und 9,
c) Anhang VIII Abschnitt C Nummern 1 bis 3,
d) Anhang IX Nummern 1, 2, 3 und Nummer 5.
[2]Nur die Kommission und die in Artikel 74 Absatz 8 genannten nationalen Behörden haben Zugang zu den jeweiligen beschränkten Teilen der EU-Datenbank gemäß Unterabsatz 1 dieses Absatzes.
(5) Die in Anhang III Nummer 2 genannten Hochrisiko-KI-Systeme werden auf nationaler Ebene registriert.

Kapitel IV
Transparenzpflichten für Anbieter und Betreiber bestimmter KI-Systeme

Artikel 50 Transparenzpflichten für Anbieter und Betreiber bestimmter KI-Systeme

(1) [1]Die Anbieter stellen sicher, dass KI-Systeme, die für die direkte Interaktion mit natürlichen Personen bestimmt sind, so konzipiert und entwickelt werden, dass die betreffenden natürlichen Personen informiert werden, dass sie mit einem KI-System interagieren, es sei denn, dies ist aus Sicht einer angemessen informierten, aufmerksamen und verständigen natürlichen Person aufgrund der Umstände und des Kontexts der Nutzung offensichtlich. [2]Diese Pflicht gilt nicht für gesetzlich zur Aufdeckung, Verhütung, Ermittlung oder Verfolgung von Straftaten zugelassene KI-Systeme, wenn geeignete Schutzvorkehrungen für die Rechte und Freiheiten Dritter bestehen, es sei denn, diese Systeme stehen der Öffentlichkeit zur Anzeige einer Straftat zur Verfügung.
(2) [1]Anbieter von KI-Systemen, einschließlich KI-Systemen mit allgemeinem Verwendungszweck, die synthetische Audio-, Bild-, Video- oder Textinhalte erzeugen, stellen sicher, dass die Ausgaben des KI-Systems in einem maschinenlesbaren Format gekennzeichnet und als künstlich erzeugt oder manipuliert erkennbar sind. [2]Die Anbieter sorgen dafür, dass – soweit technisch möglich – ihre technischen Lösungen wirksam, interoperabel, belastbar und zuverlässig sind und berücksichtigen dabei die Besonderheiten und Beschränkungen der verschiedenen Arten von Inhalten, die Umsetzungskosten und den allgemein anerkannten Stand der Technik, wie er in den einschlägigen technischen Normen zum Ausdruck kommen kann. [3]Diese Pflicht gilt nicht, soweit die KI-Systeme eine unterstützende Funktion für die Standardbearbeitung ausführen oder die vom Betreiber bereitgestellten Eingabedaten oder deren Semantik nicht wesentlich verändern oder wenn sie zur Aufdeckung, Verhütung, Ermittlung oder Verfolgung von Straftaten gesetzlich zugelassen sind.
(3) [1]Die Betreiber eines Emotionserkennungssystems oder eines Systems zur biometrischen Kategorisierung informieren die davon betroffenen natürlichen Personen über den Betrieb des Systems und verarbeiten personenbezogene Daten gemäß den Verordnungen (EU) 2016/679 und (EU) 2018/1725 und der Richtlinie (EU) 2016/680. [2]Diese Pflicht gilt nicht für gesetzlich zur Aufdeckung, Verhütung oder Ermittlung von Straftaten zugelassene KI-Systeme, die zur biometrischen Kategorisierung und Emotionserkennung im Einklang mit dem Unionsrecht verwendet werden, sofern geeignete Schutzvorkehrungen für die Rechte und Freiheiten Dritter bestehen.
(4) [1]Betreiber eines KI-Systems, das Bild-, Ton- oder Videoinhalte erzeugt oder manipuliert, die ein Deepfake sind, müssen offenlegen, dass die Inhalte künstlich erzeugt oder manipuliert wurden. [2]Diese Pflicht gilt nicht, wenn die Verwendung zur Aufdeckung, Verhütung, Ermittlung oder Verfolgung von Straftaten gesetzlich zugelassen ist. [3]Ist der Inhalt Teil eines offensichtlich künstlerischen, kreativen, satirischen, fiktionalen oder analogen Werks oder Programms, so beschränken sich die in diesem Absatz festgelegten Transparenzpflichten darauf, das Vorhandensein solcher erzeugten oder manipulierten Inhalte in geeigneter Weise offenzulegen, die die Darstellung oder den Genuss des Werks nicht beeinträchtigt.

[1]Betreiber eines KI-Systems, das Text erzeugt oder manipuliert, der veröffentlicht wird, um die Öffentlichkeit über Angelegenheiten von öffentlichem Interesse zu informieren, müssen offenlegen, dass der Text künstlich erzeugt oder manipuliert wurde. [2]Diese Pflicht gilt nicht,

wenn die Verwendung zur Aufdeckung, Verhütung, Ermittlung oder Verfolgung von Straftaten gesetzlich zugelassen ist oder wenn die durch KI erzeugten Inhalte einem Verfahren der menschlichen Überprüfung oder redaktionellen Kontrolle unterzogen wurden und wenn eine natürliche oder juristische Person die redaktionelle Verantwortung für die Veröffentlichung der Inhalte trägt.

(5) [1]Die in den Absätzen 1 bis 4 genannten Informationen werden den betreffenden natürlichen Personen spätestens zum Zeitpunkt der ersten Interaktion oder Aussetzung in klarer und eindeutiger Weise bereitgestellt. [2]Die Informationen müssen den geltenden Barrierefreiheitsanforderungen entsprechen.

(6) Die Absätze 1 bis 4 lassen die in Kapitel III festgelegten Anforderungen und Pflichten unberührt und berühren nicht andere Transparenzpflichten, die im Unionsrecht oder dem nationalen Recht für Betreiber von KI-Systemen festgelegt sind.

(7) [1]Das Büro für Künstliche Intelligenz fördert und erleichtert die Ausarbeitung von Praxisleitfäden auf Unionsebene, um die wirksame Umsetzung der Pflichten in Bezug auf die Feststellung und Kennzeichnung künstlich erzeugter oder manipulierter Inhalte zu erleichtern. [2]Die Kommission kann Durchführungsrechtsakte zur Genehmigung dieser Praxisleitfäden nach dem in Artikel 56 Absatz 6 festgelegten Verfahren erlassen. [3]Hält sie einen Kodex für nicht angemessen, so kann die Kommission einen Durchführungsrechtsakt gemäß dem in Artikel 98 Absatz 2 genannten Prüfverfahren erlassen, in dem gemeinsame Vorschriften für die Umsetzung dieser Pflichten festgelegt werden.

Kapitel V
KI-Modelle mit allgemeinem Verwendungszweck

Abschnitt 1
Einstufungsvorschriften

Artikel 51 Einstufung von KI-Modellen mit allgemeinem Verwendungszweck als KI-Modelle mit allgemeinem Verwendungszweck mit systemischem Risiko

(1) Ein KI-Modell mit allgemeinem Verwendungszweck wird als KI-Modell mit allgemeinem Verwendungszweck mit systemischem Risiko eingestuft, wenn eine der folgenden Bedingungen erfüllt ist:

a) Es verfügt über Fähigkeiten mit hohem Wirkungsgrad, die mithilfe geeigneter technischer Instrumente und Methoden, einschließlich Indikatoren und Benchmarks, bewertet werden;
b) einem unter Berücksichtigung der in Anhang XIII festgelegten Kriterien von der Kommission von Amts wegen oder aufgrund einer qualifizierten Warnung des wissenschaftlichen Gremiums getroffenen Entscheidung zufolge verfügt es über Fähigkeiten oder eine Wirkung, die denen gemäß Buchstabe a entsprechen.

(2) Bei einem KI-Modell mit allgemeinem Verwendungszweck wird angenommen, dass es über Fähigkeiten mit hohem Wirkungsgrad gemäß Absatz 1 Buchstabe a verfügt, wenn die kumulierte Menge der für sein Training verwendeten Berechnungen, gemessen in Gleitkommaoperationen, mehr als 10^{25} beträgt.

(3) Die Kommission erlässt gemäß Artikel 97 delegierte Rechtsakte zur Änderung der in den Absätzen 1 und 2 des vorliegenden Artikels aufgeführten Schwellenwerte sowie zur Ergänzung von Benchmarks und Indikatoren vor dem Hintergrund sich wandelnder technologischer Entwicklungen, wie z.B. algorithmische Verbesserungen oder erhöhte Hardwareeffizienz, wenn dies erforderlich ist, damit diese Schwellenwerte dem Stand der Technik entsprechen.

Artikel 52 Verfahren

(1) [1]Erfüllt ein KI-Modell mit allgemeinem Verwendungszweck die Bedingung gemäß Artikel 51 Absatz 1 Buchstabe a, so teilt der betreffende Anbieter dies der Kommission unverzüglich, in jedem Fall jedoch innerhalb von zwei Wochen, nachdem diese Bedingung erfüllt ist oder bekannt wird, dass sie erfüllt wird, mit. [2]Diese Mitteilung muss die Informationen enthalten, die erforderlich sind, um nachzuweisen, dass die betreffende Bedingung erfüllt ist. [3]Erlangt die Kommission Kenntnis von einem KI-Modell mit allgemeinem Verwendungszweck, das

systemische Risiken birgt, die ihr nicht mitgeteilt wurden, so kann sie entscheiden, es als Modell mit systemischen Risiken auszuweisen.

(2) Der Anbieter eines KI-Modells mit allgemeinem Verwendungszweck, das die in Artikel 51 Absatz 1 Buchstabe a genannte Bedingung erfüllt, kann in seiner Mitteilung hinreichend begründete Argumente vorbringen, um nachzuweisen, dass das KI-Modell mit allgemeinem Verwendungszweck, obwohl es diese Bedingung erfüllt, aufgrund seiner besonderen Merkmale außerordentlicherweise keine systemischen Risiken birgt und daher nicht als KI-Modell mit allgemeinem Verwendungszweck mit systemischem Risiko eingestuft werden sollte.

(3) Gelangt die Kommission zu dem Schluss, dass die gemäß Absatz 2 vorgebrachten Argumente nicht hinreichend begründet sind, und konnte der betreffende Anbieter nicht nachweisen, dass das KI-Modell mit allgemeinem Verwendungszweck aufgrund seiner besonderen Merkmale keine systemischen Risiken aufweist, weist sie diese Argumente zurück, und das KI-Modell mit allgemeinem Verwendungszweck gilt als KI-Modell mit allgemeiner Zweckbestimmung mit systemischem Risiko.

(4) Die Kommission kann ein KI-Modell mit allgemeinem Verwendungszweck von Amts wegen oder aufgrund einer qualifizierten Warnung des wissenschaftlichen Gremiums gemäß Artikel 90 Absatz 1 Buchstabe a auf der Grundlage der in Anhang XIII festgelegten Kriterien als KI-Modell mit systemischen Risiken ausweisen.

Die Kommission ist befugt, gemäß Artikel 97 delegierte Rechtsakte zu erlassen, um Anhang XIII zu ändern, indem die in dem genannten Anhang genannten Indikatoren präzisiert und aktualisiert werden.

(5) [1]Stellt der Anbieter, dessen Modell gemäß Absatz 4 als KI-Modell mit allgemeinem Verwendungszweck mit systemischem Risiko ausgewiesen wurde, einen entsprechenden Antrag, berücksichtigt die Kommission den Antrag und kann entscheiden, erneut zu prüfen, ob beim KI-Modell mit allgemeinem Verwendungszweck auf der Grundlage der in Anhang XIII festgelegten Kriterien immer noch davon ausgegangen werden kann, dass es systemische Risiken aufweist. [2]Dieser Antrag muss objektive, detaillierte und neue Gründe enthalten, die sich seit der Entscheidung zur Ausweisung ergeben haben. [3]Die Anbieter können frühestens sechs Monate nach der Entscheidung zur Ausweisung eine Neubewertung beantragen. [4]Entscheidet die Kommission nach ihrer Neubewertung, die Ausweisung als KI-Modell mit allgemeiner Zweckbestimmung mit systemischem Risiko beizubehalten, können die Anbieter frühestens sechs Monate nach dieser Entscheidung eine Neubewertung beantragen.

(6) Die Kommission stellt sicher, dass eine Liste von KI-Modellen mit allgemeinem Verwendungszweck mit systemischem Risiko veröffentlicht wird, und hält diese Liste unbeschadet der Notwendigkeit, Rechte des geistigen Eigentums und vertrauliche Geschäftsinformationen oder Geschäftsgeheimnisse im Einklang mit dem Unionsrecht und dem nationalen Recht zu achten und zu schützen, auf dem neuesten Stand.

Abschnitt 2
Pflichten für Anbieter von KI-Modellen mit allgemeinem Verwendungszweck

Artikel 53 Pflichten für Anbieter von KI-Modellen mit allgemeinem Verwendungszweck

(1) Anbieter von KI-Modellen mit allgemeinem Verwendungszweck

a) erstellen und aktualisieren die technische Dokumentation des Modells, einschließlich seines Trainings- und Testverfahrens und der Ergebnisse seiner Bewertung, die mindestens die in Anhang XI aufgeführten Informationen enthält, damit sie dem Büro für Künstliche Intelligenz und den zuständigen nationalen Behörden auf Anfrage zur Verfügung gestellt werden kann;

b) erstellen und aktualisieren Informationen und die Dokumentation und stellen sie Anbietern von KI-Systemen zur Verfügung, die beabsichtigen, das KI-Modell mit allgemeinem Verwendungszweck in ihre KI-Systeme zu integrieren. Unbeschadet der Notwendigkeit, die Rechte des geistigen Eigentums und vertrauliche Geschäftsinformationen oder Geschäftsgeheimnisse im Einklang mit dem Unionsrecht und dem nationalen Recht zu achten und zu schützen, müssen die Informationen und die Dokumentation

   i) die Anbieter von KI-Systemen in die Lage versetzen, die Fähigkeiten und Grenzen des KI-Modells mit allgemeinem Verwendungszweck gut zu verstehen und ihren Pflichten gemäß dieser Verordnung nachzukommen, und
   ii) zumindest die in Anhang XII genannten Elemente enthalten;
c) bringen eine Strategie zur Einhaltung des Urheberrechts der Union und damit zusammenhängender Rechte und insbesondere zur Ermittlung und Einhaltung eines gemäß Artikel 4 Absatz 3 der Richtlinie (EU) 2019/790 geltend gemachten Rechtsvorbehalts, auch durch modernste Technologien, auf den Weg;
d) erstellen und veröffentlichen eine hinreichend detaillierte Zusammenfassung der für das Training des KI-Modells mit allgemeinem Verwendungszweck verwendeten Inhalte nach einer vom Büro für Künstliche Intelligenz bereitgestellten Vorlage.

(2) [1]Die Pflichten gemäß Absatz 1 Buchstaben a und b gelten nicht für Anbieter von KI-Modellen, die im Rahmen einer freien und quelloffenen Lizenz bereitgestellt werden, die den Zugang, die Nutzung, die Änderung und die Verbreitung des Modells ermöglicht und deren Parameter, einschließlich Gewichte, Informationen über die Modellarchitektur und Informationen über die Modellnutzung, öffentlich zugänglich gemacht werden. [2]Diese Ausnahme gilt nicht für KI-Modellen mit allgemeinem Verwendungszweck mit systemischen Risiken.

(3) Anbieter von KI-Modellen mit allgemeinem Verwendungszweck arbeiten bei der Ausübung ihrer Zuständigkeiten und Befugnisse gemäß dieser Verordnung erforderlichenfalls mit der Kommission und den zuständigen nationalen Behörden zusammen.

(4) [1]Anbieter von KI-Modellen mit allgemeinem Verwendungszweck können sich bis zur Veröffentlichung einer harmonisierten Norm auf Praxisleitfäden im Sinne des Artikels 56 stützen, um die Einhaltung der in Absatz 1 des vorliegenden Artikels genannten Pflichten nachzuweisen. [2]Die Einhaltung der harmonisierten europäischen Norm begründet für die Anbieter die Vermutung der Konformität, insoweit diese Normen diese Verpflichtungen abdecken. [3]Anbieter von KI-Modellen mit allgemeinem Verwendungszweck, die keinen genehmigten Praxisleitfaden befolgen oder eine harmonisierte europäische Norm nicht einhalten, müssen geeignete alternative Verfahren der Einhaltung aufzeigen, die von der Kommission zu bewerten sind.

(5) Um die Einhaltung von Anhang XI, insbesondere Nummer 2 Buchstaben d und e, zu erleichtern, ist die Kommission befugt, gemäß Artikel 97 delegierte Rechtsakte zu erlassen, um die Mess- und Berechnungsmethoden im Einzelnen festzulegen, damit eine vergleichbare und überprüfbare Dokumentation ermöglicht wird.

(6) Die Kommission ist befugt, gemäß Artikel 97 Absatz 2 delegierte Rechtsakte zu erlassen, um die Anhänge XI und XII vor dem Hintergrund sich wandelnder technologischer Entwicklungen zu ändern.

(7) Jegliche Informationen oder Dokumentation, die gemäß diesem Artikel erlangt werden, einschließlich Geschäftsgeheimnisse, werden im Einklang mit den in Artikel 78 festgelegten Vertraulichkeitspflichten behandelt.

Artikel 54 Bevollmächtigte der Anbieter von KI-Modellen mit allgemeinem Verwendungszweck

(1) Anbieter, die in Drittländern niedergelassen sind, benennen vor dem Inverkehrbringen eines KI-Modells mit allgemeinem Verwendungszweck auf dem Unionsmarkt schriftlich einen in der Union niedergelassenen Bevollmächtigten.

(2) Der Anbieter muss seinem Bevollmächtigten ermöglichen, die Aufgaben wahrzunehmen, die im vom Anbieter erhaltenen Auftrag festgelegt sind.

(3) [1]Der Bevollmächtigte nimmt die Aufgaben wahr, die in seinem vom Anbieter erhaltenen Auftrag festgelegt sind. [2]Er stellt dem Büro für Künstliche Intelligenz auf Anfrage eine Kopie des Auftrags in einer der Amtssprachen der Institutionen der Union bereit. [3]Für die Zwecke dieser Verordnung ermächtigt der Auftrag den Bevollmächtigten zumindest zur Wahrnehmung folgender Aufgaben:

a) Überprüfung, ob die technische Dokumentation gemäß Anhang XI erstellt wurde und alle Pflichten gemäß Artikel 53 und gegebenenfalls gemäß Artikel 55 vom Anbieter erfüllt wurden;

b) Bereithaltung einer Kopie der technischen Dokumentation gemäß Anhang XI für das Büro für Künstliche Intelligenz und die zuständigen nationalen Behörden für einen Zeitraum von zehn Jahren nach dem Inverkehrbringen des KI-Modells mit allgemeinem Verwendungszweck und der Kontaktdaten des Anbieters, der den Bevollmächtigten benannt hat;
c) Bereitstellung sämtlicher zum Nachweis der Einhaltung der Pflichten gemäß diesem Kapitel erforderlichen Informationen und Dokumentation, einschließlich der unter Buchstabe b genannten Informationen und Dokumentation, an das Büro für Künstliche Intelligenz auf begründeten Antrag;
d) Zusammenarbeit mit dem Büro für Künstliche Intelligenz und den zuständigen Behörden auf begründeten Antrag bei allen Maßnahmen, die sie im Zusammenhang mit einem KI-Modell mit allgemeinem Verwendungszweck ergreifen, auch wenn das Modell in KI-Systeme integriert ist, die in der Union in Verkehr gebracht oder in Betrieb genommen werden.

(4) Mit dem Auftrag wird der Bevollmächtigte ermächtigt, neben oder anstelle des Anbieters als Ansprechpartner für das Büro für Künstliche Intelligenz oder die zuständigen Behörden in allen Fragen zu dienen, die die Gewährleistung der Einhaltung dieser Verordnung betreffen.

(5) [1]Der Bevollmächtigte beendet den Auftrag, wenn er der Auffassung ist oder Grund zu der Annahme hat, dass der Anbieter gegen seine Pflichten gemäß dieser Verordnung verstößt. [2]In einem solchen Fall informiert er auch das Büro für Künstliche Intelligenz unverzüglich über die Beendigung des Auftrags und die Gründe dafür.

(6) Die Pflicht gemäß diesem Artikel gilt nicht für Anbieter von KI-Modellen, die im Rahmen einer freien und quelloffenen Lizenz bereitgestellt werden, die den Zugang, die Nutzung, die Änderung und die Verbreitung des Modells ermöglicht und deren Parameter, einschließlich Gewichte, Informationen über die Modellarchitektur und Informationen über die Modellnutzung, öffentlich zugänglich gemacht werden, es sei denn, die KI-Modelle mit allgemeinem Verwendungszweck bergen systemische Risiken.

Abschnitt 3
Pflichten der Anbieter von KI-Modellen mit allgemeinem Verwendungszweck mit systemischem Risiko

Artikel 55 Pflichten der Anbieter von KI-Modellen mit allgemeinem Verwendungszweck mit systemischem Risiko

(1) Zusätzlich zu den in den Artikeln 53 und 54 aufgeführten Pflichten müssen Anbieter von KI-Modellen mit allgemeinem Verwendungszweck mit systemischem Risiko

a) eine Modellbewertung mit standardisierten Protokollen und Instrumenten, die dem Stand der Technik entsprechen, durchführen, wozu auch die Durchführung und Dokumentation von Angriffstests beim Modell gehören, um systemische Risiken zu ermitteln und zu mindern,
b) mögliche systemische Risiken auf Unionsebene – einschließlich ihrer Ursachen –, die sich aus der Entwicklung, dem Inverkehrbringen oder der Verwendung von KI-Modellen mit allgemeinem Verwendungszweck mit systemischem Risiko ergeben können, bewerten und mindern,
c) einschlägige Informationen über schwerwiegende Vorfälle und mögliche Abhilfemaßnahmen erfassen und dokumentieren und das Büro für Künstliche Intelligenz und gegebenenfalls die zuständigen nationalen Behörden unverzüglich darüber unterrichten,
d) ein angemessenes Maß an Cybersicherheit für die KI-Modelle mit allgemeinem Verwendungszweck mit systemischem Risiko und die physische Infrastruktur des Modells gewährleisten.

(2) [1]Anbieter von KI-Modellen mit allgemeinem Verwendungszweck mit systemischem Risiko können sich bis zur Veröffentlichung einer harmonisierten Norm auf Praxisleitfäden im Sinne des Artikels 56 stützen, um die Einhaltung der in Absatz 1 des vorliegenden Artikels genannten Pflichten nachzuweisen. [2]Die Einhaltung der harmonisierten europäischen Norm begründet für die Anbieter die Vermutung der Konformität, insoweit diese Normen diese Verpflichtungen abdecken. [3]Anbieter von KI-Modellen mit allgemeinem Verwendungszweck

mit systemischem Risiko, die einen genehmigten Praxisleitfaden nicht befolgen oder eine harmonisierte europäische Norm nicht einhalten, müssen geeignete alternative Verfahren der Einhaltung aufzeigen, die von der Kommission zu bewerten sind.

(3) Jegliche Informationen oder Dokumentation, die gemäß diesem Artikel erlangt werden, werden im Einklang mit den in Artikel 78 festgelegten Vertraulichkeitspflichten behandelt.

Abschnitt 4
Praxisleitfäden

Artikel 56 Praxisleitfäden

(1) Das Büro für Künstliche Intelligenz fördert und erleichtert die Ausarbeitung von Praxisleitfäden auf Unionsebene, um unter Berücksichtigung internationaler Ansätze zur ordnungsgemäßen Anwendung dieser Verordnung beizutragen.

(2) Das Büro für Künstliche Intelligenz und das KI-Gremium streben an, sicherzustellen, dass die Praxisleitfäden mindestens die in den Artikeln 53 und 55 vorgesehenen Pflichten abdecken, einschließlich der folgenden Aspekte:

a) Mittel, mit denen sichergestellt wird, dass die in Artikel 53 Absatz 1 Buchstaben a und b genannten Informationen vor dem Hintergrund der Marktentwicklungen und technologischen Entwicklungen auf dem neuesten Stand gehalten werden;
b) die angemessene Detailgenauigkeit bei der Zusammenfassung der für das Training verwendeten Inhalte;
c) die Ermittlung von Art und Wesen der systemischen Risiken auf Unionsebene, gegebenenfalls einschließlich ihrer Ursachen;
d) die Maßnahmen, Verfahren und Modalitäten für die Bewertung und das Management der systemischen Risiken auf Unionsebene, einschließlich ihrer Dokumentation, die in einem angemessenen Verhältnis zu den Risiken stehen, ihrer Schwere und Wahrscheinlichkeit Rechnung tragen und die spezifischen Herausforderungen bei der Bewältigung dieser Risiken vor dem Hintergrund der möglichen Arten der Entstehung und des Eintretens solcher Risiken entlang der KI-Wertschöpfungskette berücksichtigen.

(3) [1]Das Büro für Künstliche Intelligenz kann alle Anbieter von KI-Modellen mit allgemeinem Verwendungszweck sowie die einschlägigen zuständigen nationalen Behörden ersuchen, sich an der Ausarbeitung von Praxisleitfäden zu beteiligen. [2]Organisationen der Zivilgesellschaft, die Industrie, die Wissenschaft und andere einschlägige Interessenträger wie nachgelagerte Anbieter und unabhängige Sachverständige können den Prozess unterstützen.

(4) Das Büro für Künstliche Intelligenz und das KI-Gremium streben an, sicherzustellen, dass in den Praxisleitfäden ihre spezifischen Ziele eindeutig festgelegt sind und Verpflichtungen oder Maßnahmen, gegebenenfalls einschließlich wesentlicher Leistungsindikatoren, enthalten, um die Verwirklichung dieser Ziele gewährleisten, und dass sie den Bedürfnissen und Interessen aller interessierten Kreise, einschließlich betroffener Personen, auf Unionsebene gebührend Rechnung tragen.

(5) [1]Das Büro für Künstliche Intelligenz strebt an, sicherzustellen, dass die an Praxisleitfäden Beteiligten dem Büro für Künstliche Intelligenz regelmäßig über die Umsetzung der Verpflichtungen, die ergriffenen Maßnahmen und deren Ergebnisse, die gegebenenfalls auch anhand der wesentlichen Leistungsindikatoren gemessen werden, Bericht erstatten. [2]Bei den wesentlichen Leistungsindikatoren und den Berichtspflichten wird den Größen- und Kapazitätsunterschieden zwischen den verschiedenen Beteiligten Rechnung getragen.

(6) [1]Das Büro für Künstliche Intelligenz und KI-Gremium überwachen und bewerten regelmäßig die Verwirklichung der Ziele der Praxisleitfäden durch die Beteiligten und deren Beitrag zur ordnungsgemäßen Anwendung dieser Verordnung. [2]Das Büro für Künstliche Intelligenz und das KI-Gremium bewerten, ob die Praxisleitfäden die in den Artikeln 53 und 55 vorgesehenen Pflichten abdecken, und überwachen und bewerten regelmäßig die Verwirklichung von deren Zielen. [3]Sie veröffentlichen ihre Bewertung der Angemessenheit der Praxisleitfäden.

[1]Die Kommission kann im Wege eines Durchführungsrechtsakts einen Praxisleitfaden genehmigen und ihm in der Union allgemeine Gültigkeit verleihen. [2]Dieser Durchführungsrechtsakt wird gemäß dem in Artikel 98 Absatz 2 genannten Prüfverfahren erlassen.

(7) [1]Das Büro für Künstliche Intelligenz kann alle Anbieter von KI-Modellen mit allgemeinem Verwendungszweck ersuchen, die Praxisleitfäden zu befolgen. [2]Für Anbieter von KI-Modellen mit allgemeinem Verwendungszweck, die keine systemischen Risiken bergen, kann diese Befolgung auf die in Artikel 53 vorgesehenen Pflichten beschränkt werden, es sei denn, sie erklären ausdrücklich ihr Interesse, sich dem ganzen Kodex anzuschließen.

(8) [1]Das Büro für Künstliche Intelligenz fördert und erleichtert gegebenenfalls auch die Überprüfung und Anpassung der Praxisleitfäden, insbesondere vor dem Hintergrund neuer Normen. [2]Das Büro für Künstliche Intelligenz unterstützt bei der Bewertung der verfügbaren Normen.

(9) [1]Praxisleitfäden müssen spätestens am 2. Mai 2025 vorliegen. [2]Das Büro für Künstliche Intelligenz unternimmt die erforderlichen Schritte, einschließlich des Ersuchens von Anbietern gemäß Absatz 7.

[1]Kann bis zum 2. August 2025 ein Verhaltenskodex nicht fertiggestellt werden oder erachtet das Büro für Künstliche Intelligenz dies nach seiner Bewertung gemäß Absatz 6 des vorliegenden Artikels für nicht angemessen, kann die Kommission im Wege von Durchführungsrechtsakten gemeinsame Vorschriften für die Umsetzung der in den Artikeln 53 und 55 vorgesehenen Pflichten, einschließlich der in Absatz 2 des vorliegenden Artikels genannten Aspekte, festlegen. [2]Diese Durchführungsrechtsakte werden gemäß dem in Artikel 98 Absatz 2 genannten Prüfverfahren erlassen.

Kapitel VI
Massnahmen zur Innovationsförderung

Artikel 57 KI-Reallabore

(1) [1]Die Mitgliedstaaten sorgen dafür, dass ihre zuständigen Behörden mindestens ein KI-Reallabor auf nationaler Ebene einrichten, das bis zum 2. August 2026 einsatzbereit sein muss. [2]Dieses Reallabor kann auch gemeinsam mit den zuständigen Behörden anderer Mitgliedstaaten eingerichtet werden. [3]Die Kommission kann technische Unterstützung, Beratung und Instrumente für die Einrichtung und den Betrieb von KI-Reallaboren bereitstellen.

Die Verpflichtung nach Unterabsatz 1 kann auch durch Beteiligung an einem bestehenden Reallabor erfüllt werden, sofern eine solche Beteiligung die nationale Abdeckung der teilnehmenden Mitgliedstaaten in gleichwertigem Maße gewährleistet.

(2) Es können auch zusätzliche KI-Reallabore auf regionaler oder lokaler Ebene oder gemeinsam mit den zuständigen Behörden anderer Mitgliedstaaten eingerichtet werden;

(3) Der Europäische Datenschutzbeauftragte kann auch ein KI-Reallabor für Organe, Einrichtungen und sonstige Stellen der Union einrichten und die Rollen und Aufgaben der zuständigen nationalen Behörden im Einklang mit diesem Kapitel wahrnehmen.

(4) [1]Die Mitgliedstaaten stellen sicher, dass die in den Absätzen 1 und 2 genannten zuständigen Behörden ausreichende Mittel bereitstellen, um diesem Artikel wirksam und zeitnah nachzukommen. [2]Gegebenenfalls arbeiten die zuständigen nationalen Behörden mit anderen einschlägigen Behörden zusammen und können die Einbeziehung anderer Akteure des KI-Ökosystems gestatten. [3]Andere Reallabore, die im Rahmen des Unionsrechts oder des nationalen Rechts eingerichtet wurden, bleiben von diesem Artikel unberührt. [4]Die Mitgliedstaaten sorgen dafür, dass die diese anderen Reallabore beaufsichtigenden Behörden und die zuständigen nationalen Behörden angemessen zusammenarbeiten.

(5) [1]Die nach Absatz 1 eingerichteten KI-Reallabore bieten eine kontrollierte Umgebung, um Innovation zu fördern und die Entwicklung, das Training, das Testen und die Validierung innovativer KI-Systeme für einen begrenzten Zeitraum vor ihrem Inverkehrbringen oder ihrer Inbetriebnahme nach einem bestimmten zwischen den Anbietern oder zukünftigen Anbietern und der zuständigen Behörde vereinbarten Reallabor-Plan zu erleichtern. [2]In diesen Reallaboren können auch darin beaufsichtigte Tests unter Realbedingungen durchgeführt werden.

(6) Die zuständigen Behörden stellen innerhalb der KI-Reallabore gegebenenfalls Anleitung, Aufsicht und Unterstützung bereit, um Risiken, insbesondere im Hinblick auf Grundrechte, Gesundheit und Sicherheit, Tests und Risikominderungsmaßnahmen sowie deren Wirksamkeit hinsichtlich der Pflichten und Anforderungen dieser Verordnung und gegebenenfalls anderem

Unionsrecht und nationalem Recht, deren Einhaltung innerhalb des Reallabors beaufsichtigt wird, zu ermitteln.

(7) Die zuständigen Behörden stellen den Anbietern und zukünftigen Anbietern, die am KI-Reallabor teilnehmen, Leitfäden zu regulatorischen Erwartungen und zur Erfüllung der in dieser Verordnung festgelegten Anforderungen und Pflichten zur Verfügung.

[1]Die zuständige Behörde legt dem Anbieter oder zukünftigen Anbieter des KI-Systems auf dessen Anfrage einen schriftlichen Nachweis für die im Reallabor erfolgreich durchgeführten Tätigkeiten vor. [2]Außerdem legt die zuständige Behörde einen Abschlussbericht vor, in dem sie die im Reallabor durchgeführten Tätigkeiten, deren Ergebnisse und die gewonnenen Erkenntnisse im Einzelnen darlegt. [3]Die Anbieter können diese Unterlagen nutzen, um im Rahmen des Konformitätsbewertungsverfahrens oder einschlägiger Marktüberwachungstätigkeiten nachzuweisen, dass sie dieser Verordnung nachkommen. [4]In diesem Zusammenhang werden die Abschlussberichte und die von der zuständigen nationalen Behörde vorgelegten schriftlichen Nachweise von den Marktüberwachungsbehörden und den notifizierten Stellen im Hinblick auf eine Beschleunigung der Konformitätsbewertungsverfahren in angemessenem Maße positiv gewertet.

(8) [1]Vorbehaltlich der in Artikel 78 enthaltenen Bestimmungen über die Vertraulichkeit und im Einvernehmen mit den Anbietern oder zukünftigen Anbietern, sind die Kommission und das KI-Gremium befugt, die Abschlussberichte einzusehen und tragen diesen gegebenenfalls bei der Wahrnehmung ihrer Aufgaben gemäß dieser Verordnung Rechnung. [2]Wenn der Anbieter oder der zukünftige Anbieter und die zuständige nationale Behörde ihr ausdrückliches Einverständnis erklären, kann der Abschlussbericht über die in diesem Artikel genannte zentrale Informationsplattform veröffentlicht werden.

(9) Die Einrichtung von KI-Reallaboren soll zu den folgenden Zielen beitragen:

a) Verbesserung der Rechtssicherheit, um für die Einhaltung der Regulierungsvorschriften dieser Verordnung oder, gegebenenfalls, anderem geltenden Unionsrecht und nationalem Recht zu sorgen;
b) Förderung des Austauschs bewährter Verfahren durch Zusammenarbeit mit den am KI-Reallabor beteiligten Behörden;
c) Förderung von Innovation und Wettbewerbsfähigkeit sowie Erleichterung der Entwicklung eines KI-Ökosystems;
d) Leisten eines Beitrags zum evidenzbasierten regulatorischen Lernen;
e) Erleichterung und Beschleunigung des Zugangs von KI-Systemen zum Unionsmarkt, insbesondere wenn sie von KMU – einschließlich Start-up-Unternehmen – angeboten werden.

(10) Soweit die innovativen KI-Systeme personenbezogene Daten verarbeiten oder anderweitig der Aufsicht anderer nationaler Behörden oder zuständiger Behörden unterstehen, die den Zugang zu personenbezogenen Daten gewähren oder unterstützen, sorgen die zuständigen nationalen Behörden dafür, dass die nationalen Datenschutzbehörden oder diese anderen nationalen oder zuständigen Behörden in den Betrieb des KI-Reallabors sowie in die Überwachung dieser Aspekte im vollen Umfang ihrer entsprechenden Aufgaben und Befugnisse einbezogen werden.

(11) [1]Die KI-Reallabore lassen die Aufsichts- oder Abhilfebefugnisse der die Reallabore beaufsichtigenden zuständigen Behörden, einschließlich auf regionaler oder lokaler Ebene, unberührt. [2]Alle erheblichen Risiken für die Gesundheit und Sicherheit und die Grundrechte, die bei der Entwicklung und Erprobung solcher KI-Systeme festgestellt werden, führen zur sofortigen und angemessenen Risikominderung. [3]Die zuständigen nationalen Behörden sind befugt, das Testverfahren oder die Beteiligung am Reallabor vorübergehend oder dauerhaft auszusetzen, wenn keine wirksame Risikominderung möglich ist, und unterrichten das Büro für Künstliche Intelligenz über diese Entscheidung. [4]Um Innovationen im Bereich KI in der Union zu fördern, üben die zuständigen nationalen Behörden ihre Aufsichtsbefugnisse im Rahmen des geltenden Rechts aus, indem sie bei der Anwendung der Rechtsvorschriften auf ein bestimmtes KI-Reallabor ihren Ermessensspielraum nutzen.

(12) [1]Die am KI-Reallabor beteiligten Anbieter und zukünftigen Anbieter bleiben nach geltendem Recht der Union und nationalem Haftungsrecht für Schäden haftbar, die Dritten infolge der Erprobung im Reallabor entstehen. [2]Sofern die zukünftigen Anbieter den spezifischen Plan

und die Bedingungen für ihre Beteiligung beachten und der Anleitung durch die zuständigen nationalen Behörden in gutem Glauben folgen, werden jedoch von den Behörden keine Geldbußen für Verstöße gegen diese Verordnung verhängt. [3]In Fällen, in denen andere zuständige Behörden, die für anderes Unionsrecht und nationales Recht zuständig sind, aktiv an der Beaufsichtigung des KI-Systems im Reallabor beteiligt waren und Anleitung für die Einhaltung gegeben haben, werden im Hinblick auf dieses Recht keine Geldbußen verhängt.

(13) Die KI-Reallabore sind so konzipiert und werden so umgesetzt, dass sie gegebenenfalls die grenzüberschreitende Zusammenarbeit zwischen zuständigen nationalen Behörden erleichtern.

(14) Die zuständigen nationalen Behörden koordinieren ihre Tätigkeiten und arbeiten im Rahmen des KI-Gremiums zusammen.

(15) [1]Die zuständigen nationalen Behörden unterrichten das Büro für Künstliche Intelligenz und das KI-Gremium über die Einrichtung eines Reallabors und können sie um Unterstützung und Anleitung bitten. [2]Das Büro für Künstliche Intelligenz veröffentlicht eine Liste der geplanten und bestehenden Reallabore und hält sie auf dem neuesten Stand, um eine stärkere Interaktion in den KI-Reallaboren und die grenzüberschreitende Zusammenarbeit zu fördern.

(16) [1]Die zuständigen nationalen Behörden übermitteln dem Büro für Künstliche Intelligenz und dem KI-Gremium jährliche Berichte, und zwar ab einem Jahr nach der Einrichtung des Reallabors und dann jedes Jahr bis zu dessen Beendigung, sowie einen Abschlussbericht. [2]Diese Berichte informieren über den Fortschritt und die Ergebnisse der Umsetzung dieser Reallabore, einschließlich bewährter Verfahren, Vorfällen, gewonnener Erkenntnisse und Empfehlungen zu deren Aufbau, sowie gegebenenfalls über die Anwendung und mögliche Überarbeitung dieser Verordnung, einschließlich ihrer delegierten Rechtsakte und Durchführungsrechtsakte, sowie über die Anwendung anderen Unionsrechts, deren Einhaltung von den zuständigen Behörden innerhalb des Reallabors beaufsichtigt wird. [3]Die zuständigen nationalen Behörden stellen diese jährlichen Berichte oder Zusammenfassungen davon der Öffentlichkeit online zur Verfügung. [4]Die Kommission trägt den jährlichen Berichten gegebenenfalls bei der Wahrnehmung ihrer Aufgaben gemäß dieser Verordnung Rechnung.

(17) [1]Die Kommission richtet eine eigene Schnittstelle ein, die alle relevanten Informationen zu den KI-Reallaboren enthält, um es den Interessenträgern zu ermöglichen, mit den KI-Reallaboren zu interagieren und Anfragen an die zuständigen Behörden zu richten und unverbindliche Beratung zur Konformität von innovativen Produkten, Dienstleistungen und Geschäftsmodellen mit integrierter KI-Technologie im Einklang mit Artikel 62 Absatz 1 Buchstabe c einzuholen. [2]Die Kommission stimmt sich gegebenenfalls proaktiv mit den zuständigen nationalen Behörden ab.

Artikel 58 Detaillierte Regelungen für KI-Reallabore und deren Funktionsweise

(1) [1]Um eine Zersplitterung in der Union zu vermeiden, erlässt die Kommission Durchführungsrechtsakte, in denen detaillierte Regelungen für die Einrichtung, Entwicklung, Umsetzung, den Betrieb und die Beaufsichtigung der KI-Reallabore enthalten sind. [2]In den Durchführungsrechtsakten sind gemeinsame Grundsätze zu den folgenden Aspekten festgelegt:

a) Voraussetzungen und Auswahlkriterien für eine Beteiligung am KI-Reallabor;
b) Verfahren für Antragstellung, Beteiligung, Überwachung, Ausstieg und Beendigung bezüglich des KI-Reallabors, einschließlich Plan und Abschlussbericht für das Reallabor;
c) für Beteiligte geltende Anforderungen und Bedingungen.

[3]Diese Durchführungsrechtsakte werden gemäß dem in Artikel 98 Absatz 2 genannten Prüfverfahren erlassen.

(2) Die in Absatz 1 genannten Durchführungsrechtsakte gewährleisten,

a) dass KI-Reallabore allen Anbietern oder zukünftigen Anbietern eines KI-Systems, die einen Antrag stellen und die Voraussetzungen und Auswahlkriterien erfüllen, offen stehen; diese Voraussetzungen und Kriterien sind transparent und fair und die zuständigen nationalen Behörden informieren die Antragsteller innerhalb von drei Monaten nach Antragstellung über ihre Entscheidung;
b) dass die KI-Reallabore einen breiten und gleichberechtigten Zugang ermöglichen und mit der Nachfrage nach Beteiligung Schritt halten; die Anbieter und zukünftigen Anbieter

auch Anträge zusammen mit Betreibern oder einschlägigen Dritten, die ihre Partner sind, stellen können;

c) dass die detaillierten Regelungen und Bedingungen für KI-Reallabore so gut wie möglich die Flexibilität der zuständigen nationalen Behörden bei der Einrichtung und dem Betrieb ihrer KI-Reallabore unterstützen;

d) dass der Zugang zu KI-Reallaboren für KMU, einschließlich Start-up-Unternehmen, kostenlos ist, unbeschadet außergewöhnlicher Kosten, die die zuständigen nationalen Behörden in einer fairen und verhältnismäßigen Weise einfordern können;

e) dass den Anbietern und zukünftigen Anbietern die Einhaltung der Verpflichtungen zur Konformitätsbewertung nach dieser Verordnung oder die freiwillige Anwendung der in Artikel 95 genannten Verhaltenskodizes mittels der gewonnenen Erkenntnisse der KI-Reallabore erleichtert wird;

f) dass KI-Reallabore die Einbeziehung anderer einschlägiger Akteure innerhalb des KI-Ökosystems, wie etwa notifizierte Stellen und Normungsorganisationen, KMU, einschließlich Start-up-Unternehmen, Unternehmen, Innovatoren, Test- und Versuchseinrichtungen, Forschungs- und Versuchslabore, europäische digitale Innovationszentren, Kompetenzzentren und einzelne Forscher begünstigen, um die Zusammenarbeit mit dem öffentlichen und dem privaten Sektor zu ermöglichen und zu erleichtern;

g) dass die Verfahren, Prozesse und administrativen Anforderungen für die Antragstellung, die Auswahl, die Beteiligung und den Ausstieg aus dem KI-Reallabor einfach, leicht verständlich und klar kommuniziert sind, um die Beteiligung von KMU, einschließlich Start-up-Unternehmen, mit begrenzten rechtlichen und administrativen Kapazitäten zu erleichtern, sowie unionsweit gestrafft sind, um eine Zersplitterung zu vermeiden, und dass die Beteiligung an einem von einem Mitgliedstaat oder dem Europäischen Datenschutzbeauftragten eingerichteten KI-Reallabor gegenseitig und einheitlich anerkannt wird und in der gesamten Union die gleiche Rechtswirkung hat;

h) dass die Beteiligung an dem KI-Reallabor auf einen der Komplexität und dem Umfang des Projekts entsprechenden Zeitraum beschränkt ist, der von der zuständigen nationalen Behörde verlängert werden kann;

i) dass die KI-Reallabore die Entwicklung von Instrumenten und Infrastruktur für das Testen, das Benchmarking, die Bewertung und die Erklärung der Dimensionen von KI-Systemen erleichtern, die für das regulatorische Lernen Bedeutung sind, wie etwa Genauigkeit, Robustheit und Cybersicherheit, sowie Maßnahmen zur Risikominderung im Hinblick auf die Grundrechte und die Gesellschaft als Ganzes fördern.

(3) Zukünftige Anbieter in den KI-Reallaboren, insbesondere KMU und Start-up-Unternehmen, werden gegebenenfalls vor der Einrichtung an Dienste verwiesen, die beispielsweise eine Anleitung zur Umsetzung dieser Verordnung oder andere Mehrwertdienste wie Hilfe bei Normungsdokumenten bereitstellen, sowie an Zertifizierungs-, Test- und Versuchseinrichtungen, europäische digitale Innovationszentren und Exzellenzzentren.

(4) [1]Wenn zuständige nationale Behörden in Betracht ziehen, Tests unter Realbedingungen zu genehmigen, die im Rahmen eines KI-Reallabors beaufsichtigt werden, welches nach diesem Artikel einzurichten ist, vereinbaren sie mit den Beteiligten ausdrücklich die Anforderungen und Bedingungen für diese Tests und insbesondere geeignete Schutzvorkehrungen für Grundrechte, Gesundheit und Sicherheit. [2]Gegebenenfalls arbeiten sie mit anderen zuständigen nationalen Behörden zusammen, um für unionsweit einheitliche Verfahren zu sorgen.

Artikel 59 Weiterverarbeitung personenbezogener Daten zur Entwicklung bestimmter KI-Systeme im öffentlichen Interesse im KI-Reallabor

(1) Rechtmäßig für andere Zwecke erhobene personenbezogene Daten dürfen im KI-Reallabor ausschließlich für die Zwecke der Entwicklung, des Trainings und des Testens bestimmter KI-Systeme im Reallabor verarbeitet werden, wenn alle der folgenden Bedingungen erfüllt sind:

a) Die KI-Systeme werden zur Wahrung eines erheblichen öffentlichen Interesses durch eine Behörde oder eine andere natürliche oder juristische Person und in einem oder mehreren der folgenden Bereiche entwickelt:

i) öffentliche Sicherheit und öffentliche Gesundheit, einschließlich Erkennung, Diagnose, Verhütung, Bekämpfung und Behandlung von Krankheiten sowie Verbesserung von Gesundheitsversorgungssystemen;
ii) hohes Umweltschutzniveau und Verbesserung der Umweltqualität, Schutz der biologischen Vielfalt, Schutz gegen Umweltverschmutzung, Maßnahmen für den grünen Wandel sowie Klimaschutz und Anpassung an den Klimawandel;
iii) nachhaltige Energie;
iv) Sicherheit und Widerstandsfähigkeit von Verkehrssystemen und Mobilität, kritischen Infrastrukturen und Netzen;
v) Effizienz und Qualität der öffentlichen Verwaltung und öffentlicher Dienste;

b) die verarbeiteten Daten sind für die Erfüllung einer oder mehrerer der in Kapitel III Abschnitt 2 genannten Anforderungen erforderlich, sofern diese Anforderungen durch die Verarbeitung anonymisierter, synthetischer oder sonstiger nicht personenbezogener Daten nicht wirksam erfüllt werden können;
c) es bestehen wirksame Überwachungsmechanismen, mit deren Hilfe festgestellt wird, ob während der Reallaborversuche hohe Risiken für die Rechte und Freiheiten betroffener Personen gemäß Artikel 35 der Verordnung (EU) 2016/679 und gemäß Artikel 39 der Verordnung (EU) 2018/1725 auftreten können, sowie Reaktionsmechanismen, mit deren Hilfe diese Risiken umgehend eingedämmt werden können und die Verarbeitung bei Bedarf beendet werden kann;
d) personenbezogene Daten, die im Rahmen des Reallabors verarbeitet werden sollen, befinden sich in einer funktional getrennten, isolierten und geschützten Datenverarbeitungsumgebung unter der Kontrolle des zukünftigen Anbieters, und nur befugte Personen haben Zugriff auf diese Daten;
e) Anbieter dürfen die ursprünglich erhobenen Daten nur im Einklang mit dem Datenschutzrecht der Union weitergeben; personenbezogene Daten, die im Reallabor erstellt wurden, dürfen nicht außerhalb des Reallabors weitergegeben werden;
f) eine Verarbeitung personenbezogener Daten im Rahmen des Reallabors führt zu keinen Maßnahmen oder Entscheidungen, die Auswirkungen auf die betroffenen Personen haben, und berührt nicht die Anwendung ihrer Rechte, die in den Rechtsvorschriften der Union über den Schutz personenbezogener Daten festgelegt sind;
g) im Rahmen des Reallabors verarbeitete personenbezogene Daten sind durch geeignete technische und organisatorische Maßnahmen geschützt und werden gelöscht, sobald die Beteiligung an dem Reallabor endet oder das Ende der Speicherfrist für die personenbezogenen Daten erreicht ist;
h) die Protokolle der Verarbeitung personenbezogener Daten im Rahmen des Reallabors werden für die Dauer der Beteiligung am Reallabor aufbewahrt, es sei denn, im Unionsrecht oder nationalen Recht ist etwas anderes bestimmt;
i) eine vollständige und detaillierte Beschreibung des Prozesses und der Gründe für das Trainieren, Testen und Validieren des KI-Systems wird zusammen mit den Testergebnissen als Teil der technischen Dokumentation gemäß Anhang IV aufbewahrt;
j) eine kurze Zusammenfassung des im Reallabor entwickelten KI-Projekts, seiner Ziele und der erwarteten Ergebnisse wird auf der Website der zuständigen Behörden veröffentlicht; diese Pflicht erstreckt sich nicht auf sensible operative Daten zu den Tätigkeiten von Strafverfolgungs-, Grenzschutz-, Einwanderungs- oder Asylbehörden.

(2) Für die Zwecke der Verhütung, Ermittlung, Aufdeckung oder Verfolgung von Straftaten oder der Strafvollstrekkung – einschließlich des Schutzes vor und der Abwehr von Gefahren für die öffentliche Sicherheit – unter der Kontrolle und Verantwortung der Strafverfolgungsbehörden erfolgt die Verarbeitung personenbezogener Daten in KI-Reallaboren auf der Grundlage eines spezifischen Unionsrechts oder nationalen Rechts und unterliegt den kumulativen Bedingungen des Absatzes 1.

(3) Das Unionsrecht oder nationale Recht, das die Verarbeitung personenbezogener Daten für andere Zwecke als die ausdrücklich in jenem Recht genannten ausschließt, sowie Unionsrecht oder nationales Recht, in dem die Grundlagen für eine für die Zwecke der Entwicklung, des Testens oder des Trainings innovativer KI-Systeme notwendige Verarbeitung personenbezoge-

ner Daten festgelegt sind, oder jegliche anderen dem Unionsrecht zum Schutz personenbezogener Daten entsprechenden Rechtsgrundlagen bleiben von Absatz 1 unberührt.

Artikel 60 Tests von Hochrisiko-KI-Systemen unter Realbedingungen außerhalb von KI-Reallaboren

(1) Tests von Hochrisiko-KI-Systemen unter Realbedingungen können von Anbietern oder zukünftigen Anbietern von in Anhang III aufgeführten Hochrisiko-KI-Systemen außerhalb von KI-Reallaboren gemäß diesem Artikel und – unbeschadet der Bestimmungen unter Artikel 5 – dem in diesem Artikel genannten Plan für einen Test unter Realbedingungen durchgeführt werden.

[1]Die Kommission legt die einzelnen Elemente des Plans für einen Test unter Realbedingungen im Wege von Durchführungsrechtsakten fest. [2]Diese Durchführungsrechtsakte werden gemäß dem in Artikel 98 Absatz 2 genannten Prüfverfahren erlassen.

Das Unionsrecht oder nationale Recht für das Testen von Hochrisiko-KI-Systemen unter Realbedingungen im Zusammenhang mit Produkten, die unter die in Anhang I aufgeführten Harmonisierungsrechtsvorschriften der Union fallen, bleibt von dieser Bestimmung unberührt.

(2) Anbieter oder zukünftige Anbieter können in Anhang III genannte Hochrisiko-KI-Systeme vor deren Inverkehrbringen oder Inbetriebnahme jederzeit selbst oder in Partnerschaft mit einem oder mehreren Betreibern oder zukünftigen Betreibern unter Realbedingungen testen.

(3) Tests von KI-Systemen unter Realbedingungen gemäß diesem Artikel lassen nach dem Unionsrecht oder dem nationalen Recht gegebenenfalls vorgeschriebene Ethikprüfungen unberührt.

(4) Tests unter Realbedingungen dürfen von Anbietern oder zukünftigen Anbietern nur durchgeführt werden, wenn alle der folgenden Bedingungen erfüllt sind:

a) Der Anbieter oder der zukünftige Anbieter hat einen Plan für einen Test unter Realbedingungen erstellt und diesen bei der Marktüberwachungsbehörde in dem Mitgliedstaat eingereicht, in dem der Test unter Realbedingungen stattfinden soll;
b) die Marktüberwachungsbehörde in dem Mitgliedstaat, in dem der Test unter Realbedingungen stattfinden soll, hat den Test unter Realbedingungen und den Plan für einen Test unter Realbedingungen genehmigt; hat die Marktüberwachungsbehörde innerhalb von 30 Tagen keine Antwort gegeben, so gelten der Test unter Realbedingungen und der Plan für einen Test unter Realbedingungen als genehmigt; ist im nationalen Recht keine stillschweigende Genehmigung vorgesehen, so bleibt der Test unter Realbedingungen genehmigungspflichtig;
c) der Anbieter oder zukünftige Anbieter, mit Ausnahme der in Anhang III Nummern 1, 6 und 7 genannten Anbieter oder zukünftigen Anbieter von Hochrisiko-KI-Systemen in den Bereichen Strafverfolgung, Migration, Asyl und Grenzkontrolle und der in Anhang III Nummer 2 genannten Hochrisiko-KI-Systeme, hat den Test unter Realbedingungen unter Angabe einer unionsweit einmaligen Identifizierungsnummer und der in Anhang IX festgelegten Informationen gemäß Artikel 71 Absatz 4 registriert; der Anbieter oder zukünftige Anbieter von Hochrisiko-KI-Systemen gemäß Anhang III Nummern 1, 6 und 7 in den Bereichen Strafverfolgung, Migration, Asyl und Grenzkontrollmanagement hat die Tests unter Realbedingungen im sicheren nicht öffentlichen Teil der EU-Datenbank gemäß Artikel 49 Absatz 4 Buchstabe d mit einer unionsweit einmaligen Identifizierungsnummer und den darin festgelegten Informationen registriert; der Anbieter oder zukünftige Anbieter von Hochrisiko-KI-Systemen gemäß Anhang III Nummer 2 hat die Tests unter Realbedingungen gemäß Artikel 49 Absatz 5 registriert;
d) der Anbieter oder der zukünftige Anbieter, der den Test unter Realbedingungen durchführt, ist in der Union niedergelassen oder hat einen in der Union niedergelassenen gesetzlichen Vertreter bestellt;
e) die für die Zwecke des Tests unter Realbedingungen erhobenen und verarbeiteten Daten werden nur dann an Drittländer übermittelt, wenn gemäß Unionsrecht geeignete und anwendbare Schutzvorkehrungen greifen;
f) der Test unter Realbedingungen dauert nicht länger als zur Erfüllung seiner Zielsetzungen nötig und in keinem Fall länger als sechs Monate; dieser Zeitraum kann um weitere sechs

Monate verlängert werden, sofern der Anbieter oder der zukünftige Anbieter die Marktüberwachungsbehörde davon vorab in Kenntnis setzt und erläutert, warum eine solche Verlängerung erforderlich ist;

g) Testteilnehmer im Rahmen von Tests unter Realbedingungen, die aufgrund ihres Alters oder einer Behinderung schutzbedürftigen Gruppen angehören, sind angemessen geschützt;

h) wenn ein Anbieter oder zukünftiger Anbieter den Test unter Realbedingungen in Zusammenarbeit mit einem oder mehreren Betreibern oder zukünftigen Betreibern organisiert, werden Letztere vorab über alle für ihre Teilnahmeentscheidung relevanten Aspekte des Tests informiert und erhalten die einschlägigen in Artikel 13 genannten Betriebsanleitungen für das KI-System; der Anbieter oder zukünftige Anbieter und der Betreiber oder zukünftige Betreiber schließen eine Vereinbarung, in der ihre Aufgaben und Zuständigkeiten festgelegt sind, um für die Einhaltung der nach dieser Verordnung und anderem Unionsrecht und nationalem Recht für Tests unter Realbedingungen geltenden Bestimmungen zu sorgen;

i) die Testteilnehmer im Rahmen von Tests unter Realbedingungen erteilen ihre informierte Einwilligung gemäß Artikel 61, oder, wenn im Fall der Strafverfolgung die Einholung einer informierten Einwilligung den Test des KI-Systems verhindern würde, dürfen sich der Test und die Ergebnisse des Tests unter Realbedingungen nicht negativ auf die Testteilnehmer auswirken und ihre personenbezogenen Daten werden nach Durchführung des Tests gelöscht;

j) der Anbieter oder zukünftige Anbieter und die Betreiber und zukünftigen Betreiber lassen den Test unter Realbedingungen von Personen wirksam überwachen, die auf dem betreffenden Gebiet angemessen qualifiziert sind und über die Fähigkeit, Ausbildung und Befugnis verfügen, die für die Wahrnehmung ihrer Aufgaben erforderlich sind;

k) die Vorhersagen, Empfehlungen oder Entscheidungen des KI-Systems können effektiv rückgängig gemacht und außer Acht gelassen werden.

(5) [1]Jeder Testteilnehmer bezüglich des Tests unter Realbedingungen oder gegebenenfalls dessen gesetzlicher Vertreter kann seine Teilnahme an dem Test jederzeit durch Widerruf seiner informierten Einwilligung beenden und die unverzügliche und dauerhafte Löschung seiner personenbezogenen Daten verlangen, ohne dass ihm daraus Nachteile entstehen und er dies in irgendeiner Weise begründen müsste. [2]Der Widerruf der informierten Einwilligung wirkt sich nicht auf bereits durchgeführte Tätigkeiten aus.

(6) [1]Im Einklang mit Artikel 75 übertragen die Mitgliedstaaten ihren Marktüberwachungsbehörden die Befugnis, Anbieter und zukünftige Anbieter zur Bereitstellung von Informationen zu verpflichten, unangekündigte Ferninspektionen oder Vor-Ort-Inspektionen durchzuführen und die Durchführung der Tests unter Realbedingungen und damit zusammenhängende Hochrisiko-KI-Systeme zu prüfen. [2]Die Marktüberwachungsbehörden nutzen diese Befugnisse, um für die sichere Entwicklung von Tests unter Realbedingungen zu sorgen.

(7) [1]Jegliche schwerwiegenden Vorfälle im Verlauf des Tests unter Realbedingungen sind den nationalen Marktüberwachungsbehörden gemäß Artikel 73 zu melden. [2]Der Anbieter oder zukünftige Anbieter trifft Sofortmaßnahmen zur Schadensbegrenzung; andernfalls setzt er den Test unter Realbedingungen so lange aus, bis eine Schadensbegrenzung stattgefunden hat, oder bricht ihn ab. [3]Im Fall eines solchen Abbruchs des Tests unter Realbedingungen richtet der Anbieter oder zukünftige Anbieter ein Verfahren für den sofortigen Rückruf des KI-Systems ein.

(8) Anbieter oder zukünftige Anbieter setzen die nationalen Marktüberwachungsbehörde in dem Mitgliedstaat, in dem der Test unter Realbedingungen stattfindet, über die Aussetzung oder den Abbruch des Tests unter Realbedingungen und die Endergebnisse in Kenntnis.

(9) Anbieter oder zukünftige Anbieter sind nach geltendem Recht der Union und geltendem nationalen Recht für Schäden haftbar, die während ihrer Tests unter Realbedingungen entstehen.

Artikel 61 Informierte Einwilligung zur Teilnahme an einem Test unter Realbedingungen außerhalb von KI-Reallaboren

(1) Für die Zwecke von Tests unter Realbedingungen gemäß Artikel 60 ist von den Testteilnehmern eine freiwillig erteilte informierte Einwilligung einzuholen, bevor sie an dem Test teilnehmen und nachdem sie mit präzisen, klaren, relevanten und verständlichen Informationen über Folgendes ordnungsgemäß informiert wurden:

a) die Art und die Zielsetzungen des Tests unter Realbedingungen und etwaige mit ihrer Teilnahme verbundene Unannehmlichkeiten;
b) die Bedingungen, unter denen der Test unter Realbedingungen erfolgen soll, einschließlich der voraussichtlichen Dauer der Teilnahme des Testteilnehmers oder der Testteilnehmer;
c) ihre Rechte und Garantien, die ihnen bezüglich ihrer Teilnahme zustehen, insbesondere ihr Recht, die Teilnahme an dem Test unter Realbedingungen zu verweigern oder diese Teilnahme jederzeit zu beenden, ohne dass ihnen daraus Nachteile entstehen und sie dies in irgendeiner Weise begründen müssten;
d) die Regelungen, unter denen die Rückgängigmachung oder Außerachtlassung der Vorhersagen, Empfehlungen oder Entscheidungen des KI-Systems beantragt werden kann;
e) die unionsweit einmalige Identifizierungsnummer des Tests unter Realbedingungen gemäß Artikel 60 Absatz 4 Buchstabe c und die Kontaktdaten des Anbieters oder seines gesetzlichen Vertreters, bei dem weitere Informationen eingeholt werden können.

(2) Die informierte Einwilligung ist zu datieren und zu dokumentieren, und eine Kopie wird den Testteilnehmern oder ihren gesetzlichen Vertretern ausgehändigt.

Artikel 62 Maßnahmen für Anbieter und Betreiber, insbesondere KMU, einschließlich Start-up-Unternehmen

(1) Die Mitgliedstaaten ergreifen die folgenden Maßnahmen:

a) Sie gewähren KMU – einschließlich Start-up-Unternehmen –, die ihren Sitz oder eine Zweigniederlassung in der Union haben, soweit sie die Voraussetzungen und Auswahlkriterien erfüllen, vorrangigen Zugang zu den KI-Reallaboren; der vorrangige Zugang schließt nicht aus, dass andere als die in diesem Absatz genannten KMU, einschließlich Start-up-Unternehmen, Zugang zum KI-Reallabor erhalten, sofern sie ebenfalls die Zulassungsvoraussetzungen und Auswahlkriterien erfüllen;
b) sie führen besondere Sensibilisierungs- und Schulungsmaßnahmen für die Anwendung dieser Verordnung durch, die auf die Bedürfnisse von KMU, einschließlich Start-up-Unternehmen, Betreibern sowie gegebenenfalls lokalen Behörden ausgerichtet sind;
c) sie nutzen entsprechende bestehende Kanäle und richten gegebenenfalls neue Kanäle für die Kommunikation mit KMU, einschließlich Start-up-Unternehmen, Betreibern, anderen Innovatoren sowie gegebenenfalls lokalen Behörden ein, um Ratschläge zu geben und Fragen zur Durchführung dieser Verordnung, auch bezüglich der Beteiligung an KI-Reallaboren, zu beantworten;
d) sie fördern die Beteiligung von KMU und anderen einschlägigen Interessenträgern an der Entwicklung von Normen.

(2) Bei der Festsetzung der Gebühren für die Konformitätsbewertung gemäß Artikel 43 werden die besonderen Interessen und Bedürfnisse von KMU, einschließlich Start-up-Unternehmen, berücksichtigt, indem diese Gebühren proportional zur Größe der Unternehmen, der Größe ihres Marktes und anderen einschlägigen Kennzahlen gesenkt werden.

(3) Das Büro für Künstliche Intelligenz ergreift die folgenden Maßnahmen:

a) es stellt standardisierte Muster für die unter diese Verordnung fallenden Bereiche bereit, wie vom KI-Gremium in seinem Antrag festgelegt;
b) es entwickelt und führt eine zentrale Informationsplattform, über die allen Akteuren in der Union leicht nutzbare Informationen zu dieser Verordnung bereitgestellt werden;
c) es führt geeignete Informationskampagnen durch, um für die aus dieser Verordnung erwachsenden Pflichten zu sensibilisieren;
d) es bewertet und fördert die Zusammenführung bewährter Verfahren im Bereich der mit KI-Systemen verbundenen Vergabeverfahren.

Artikel 63 Ausnahmen für bestimmte Akteure

(1) [1]Kleinstunternehmen im Sinne der Empfehlung 2003/361/EG können bestimmte Elemente des in Artikel 17 dieser Verordnung vorgeschriebenen Qualitätsmanagementsystems in vereinfachter Weise einhalten, sofern sie keine Partnerunternehmen oder verbundenen Unternehmen im Sinne dieser Empfehlung haben. [2]Zu diesem Zweck arbeitet die Kommission Leitlinien zu den Elementen des Qualitätsmanagementsystems aus, die unter Berücksichtigung der Bedürfnisse von Kleinstunternehmen in vereinfachter Weise eingehalten werden können, ohne das Schutzniveau oder die Notwendigkeit zur Einhaltung der Anforderungen in Bezug auf Hochrisiko-KI-Systeme zu beeinträchtigen.

(2) Absatz 1 dieses Artikels ist nicht dahin gehend auszulegen, dass diese Akteure auch von anderen in dieser Verordnung festgelegten Anforderungen oder Pflichten, einschließlich der nach den Artikeln 9, 10, 11, 12, 13, 14, 15, 72 und 73 geltenden, befreit sind.

Kapitel VII
Governance

Abschnitt 1
Governance auf Unionsebene

Artikel 64 Büro für Künstliche Intelligenz

(1) Die Kommission entwickelt über das Büro für Künstliche Intelligenz die Sachkenntnis und Fähigkeiten der Union auf dem Gebiet der KI.

(2) Die Mitgliedstaaten erleichtern dem Büro für Künstliche Intelligenz die ihm gemäß dieser Verordnung übertragenen Aufgaben.

Artikel 65 Einrichtung und Struktur des Europäischen Gremiums für Künstliche Intelligenz

(1) Ein Europäisches Gremium für Künstliche Intelligenz (im Folgenden „KI-Gremium") wird hiermit eingerichtet.

(2) [1]Das KI-Gremium setzt sich aus einem Vertreter je Mitgliedstaat zusammen. [2]Der Europäische Datenschutzbeauftragte nimmt als Beobachter teil. [3]Das Büro für Künstliche Intelligenz nimmt ebenfalls an den Sitzungen des KI-Gremiums teil, ohne sich jedoch an den Abstimmungen zu beteiligen. [4]Andere Behörden oder Stellen der Mitgliedstaaten und der Union oder Sachverständige können im Einzelfall zu den Sitzungen des KI-Gremiums eingeladen werden, wenn die erörterten Fragen für sie von Belang sind.

(3) Die Vertreter werden von ihren Mitgliedstaaten für einen Zeitraum von drei Jahren benannt, der einmal verlängert werden kann.

(4) Die Mitgliedstaaten sorgen dafür, dass ihre Vertreter im KI-Gremium

a) in ihrem Mitgliedstaat über die einschlägigen Kompetenzen und Befugnisse verfügen, sodass sie aktiv zur Bewältigung der in Artikel 66 genannten Aufgaben des KI-Gremiums beitragen können;
b) gegenüber dem KI-Gremium sowie gegebenenfalls, unter Berücksichtigung der Erfordernisse der Mitgliedstaaten, gegenüber Interessenträgern als zentrale Ansprechpartner fungieren;
c) ermächtigt sind, auf die Kohärenz und die Abstimmung zwischen den zuständigen nationalen Behörden in ihrem Mitgliedstaat bei der Durchführung dieser Verordnung hinzuwirken, auch durch Erhebung einschlägiger Daten und Informationen für die Zwecke der Erfüllung ihrer Aufgaben im KI-Gremium.

(5) [1]Die benannten Vertreter der Mitgliedstaaten nehmen die Geschäftsordnung des KI-Gremiums mit einer Zweidrittelmehrheit an. [2]In der Geschäftsordnung sind insbesondere die Vorgehensweise für das Auswahlverfahren, die Dauer des Mandats und die genauen Aufgaben des Vorsitzes, die Abstimmungsregelungen und die Organisation der Tätigkeiten des KI-Gremiums und seiner Untergruppen festgelegt.

(6) Das KI-Gremium richtet zwei ständige Untergruppen ein, um Marktüberwachungsbehörden eine Plattform für die Zusammenarbeit und den Austausch zu bieten und Behörden über Angelegenheiten, die jeweils die Marktüberwachung und notifizierte Stellen betreffen, zu unterrichten.

Die ständige Untergruppe für Marktüberwachung sollte für diese Verordnung als Gruppe für die Verwaltungszusammenarbeit (ADCO-Gruppe) im Sinne des Artikels 30 der Verordnung (EU) 2019/1020 fungieren.

[1]Das KI-Gremium kann weitere ständige oder nichtständige Untergruppen einrichten, falls das für die Prüfung bestimmter Fragen zweckmäßig sein sollte. [2]Gegebenenfalls können Vertreter des in Artikel 67 genannten Beratungsforums als Beobachter zu diesen Untergruppen oder zu bestimmten Sitzungen dieser Untergruppen eingeladen werden.

(7) Das KI-Gremium wird so organisiert und geführt, dass bei seinen Tätigkeiten Objektivität und Unparteilichkeit gewahrt sind.

(8) [1]Den Vorsitz im KI-Gremium führt einer der Vertreter der Mitgliedstaaten. [2]Die Sekretariatsgeschäfte des KI-Gremiums werden vom Büro für Künstliche Intelligenz geführt; dieses beruft auf Anfrage des Vorsitzes die Sitzungen ein und erstellt die Tagesordnung im Einklang mit den Aufgaben des KI-Gremiums gemäß dieser Verordnung und seiner Geschäftsordnung.

Artikel 66 Aufgaben des KI-Gremiums

[1]Das KI-Gremium berät und unterstützt die Kommission und die Mitgliedstaaten, um die einheitliche und wirksame Anwendung dieser Verordnung zu erleichtern. [2]Für diese Zwecke kann das KI-Gremium insbesondere

a) zur Koordinierung zwischen den für die Anwendung dieser Verordnung zuständigen nationalen Behörden beitragen und in Zusammenarbeit mit den betreffenden Marktüberwachungsbehörden und vorbehaltlich ihrer Zustimmung gemeinsame Tätigkeiten der Marktüberwachungsbehörden gemäß Artikel 74 Absatz 11 unterstützen;
b) technisches und regulatorisches Fachwissen und bewährte Verfahren zusammentragen und unter den Mitgliedstaaten verbreiten;
c) zur Durchführung dieser Verordnung Beratung anbieten, insbesondere im Hinblick auf die Durchsetzung der Vorschriften zu KI-Modellen mit allgemeinem Verwendungszweck;
d) zur Harmonisierung der Verwaltungspraxis in den Mitgliedstaaten beitragen, auch bezüglich der Ausnahme vom Konformitätsbewertungsverfahren gemäß Artikel 46 und der Funktionsweise von KI-Reallaboren und Tests unter Realbedingungen gemäß den Artikeln 57, 59 und 60;
e) auf Anfrage der Kommission oder in Eigeninitiative Empfehlungen und schriftliche Stellungnahmen zu einschlägigen Fragen der Durchführung dieser Verordnung und ihrer einheitlichen und wirksamen Anwendung abgeben, einschließlich
    i) zur Entwicklung und Anwendung von Verhaltenskodizes und Praxisleitfäden gemäß dieser Verordnung sowie der Leitlinien der Kommission;
    ii) zur Bewertung und Überprüfung dieser Verordnung gemäß Artikel 112, auch in Bezug auf die Meldung schwerwiegender Vorfälle gemäß Artikel 73 und das Funktionieren der EU-Datenbank gemäß Artikel 71, die Ausarbeitung der delegierten Rechtsakte oder Durchführungsrechtsakte sowie im Hinblick auf mögliche Anpassungen dieser Verordnung an die in Anhang I aufgeführten Harmonisierungsrechtsvorschriften der Union;
    iii) zu technischen Spezifikationen oder geltenden Normen in Bezug auf die in Kapitel III Abschnitt 2 festgelegten Anforderungen;
    iv) zur Anwendung der in den Artikeln 40 und 41 genannten harmonisierten Normen oder gemeinsamen Spezifikationen;
    v) zu Tendenzen, etwa im Bereich der globalen Wettbewerbsfähigkeit Europas auf dem Gebiet der KI, bei der Verbreitung von KI in der Union und bei der Entwicklung digitaler Fähigkeiten;
    vi) zu Tendenzen im Bereich der sich ständig weiterentwickelnden Typologie der KI-Wertschöpfungsketten insbesondere hinsichtlich der sich daraus ergebenden Auswirkungen auf die Rechenschaftspflicht;
    vii) zur möglicherweise notwendigen Änderung des Anhangs III im Einklang mit Artikel 7 und zur möglicherweise notwendigen Überarbeitung des Artikels 5 gemäß Artikel 112 unter Berücksichtigung der einschlägigen verfügbaren Erkenntnisse und der neuesten technologischen Entwicklungen;

f) die Kommission bei der Förderung der KI-Kompetenz, der Sensibilisierung und Aufklärung der Öffentlichkeit in Bezug auf die Vorteile, Risiken, Schutzmaßnahmen, Rechte und Pflichten im Zusammenhang mit der Nutzung von KI-Systemen unterstützen;
g) die Entwicklung gemeinsamer Kriterien und eines gemeinsamen Verständnisses der Marktteilnehmer und der zuständigen Behörden in Bezug auf die in dieser Verordnung vorgesehenen einschlägigen Konzepte erleichtern, auch durch einen Beitrag zur Entwicklung von Benchmarks;
h) gegebenenfalls mit anderen Organen, Einrichtungen und sonstigen Stellen der EU, einschlägigen Sachverständigengruppen und Netzwerken der EU insbesondere in den Bereichen Produktsicherheit, Cybersicherheit, Wettbewerb, digitale und Mediendienste, Finanzdienstleistungen, Verbraucherschutz, Datenschutz und Schutz der Grundrechte zusammenarbeiten;
i) zur wirksamen Zusammenarbeit mit den zuständigen Behörden von Drittstaaten und mit internationalen Organisationen beitragen;
j) die zuständigen nationalen Behörden und die Kommission beim Aufbau des für die Durchführung dieser Verordnung erforderlichen organisatorischen und technischen Fachwissens beraten, unter anderem durch einen Beitrag zur Einschätzung des Schulungsbedarfs des Personals der Mitgliedstaaten, das an der Durchführung dieser Verordnung beteiligt ist;
k) dem Büro für Künstliche Intelligenz helfen, die zuständigen nationalen Behörden bei der Einrichtung und Entwicklung von KI-Reallaboren zu unterstützen, und die Zusammenarbeit und den Informationsaustausch zwischen KI-Reallaboren erleichtern;
l) zur Entwicklung von Leitfäden beitragen und diesbezüglich entsprechend beraten;
m) die Kommission zu internationalen Angelegenheiten im Bereich der KI beraten;
n) der Kommission Stellungnahmen zu qualifizierten Warnungen in Bezug auf KI-Modelle mit allgemeinem Verwendungszweck vorlegen;
o) Stellungnahmen der Mitgliedstaaten zu qualifizierten Warnungen in Bezug auf KI-Modelle mit allgemeinem Verwendungszweck entgegennehmen sowie zu nationalen Erfahrungen und Praktiken bei der Überwachung und Durchsetzung von KI-Systemen, insbesondere von Systemen, die KI-Modelle mit allgemeinem Verwendungszweck integrieren.

Artikel 67 Beratungsforum

(1) Es wird ein Beratungsforum eingerichtet, das technisches Fachwissen bereitstellt, das KI-Gremium und die Kommission berät und zu deren Aufgaben im Rahmen dieser Verordnung beiträgt.

(2) [1]Die Mitglieder des Beratungsforums vertreten eine ausgewogene Auswahl von Interessenträgern, darunter die Industrie, Start-up-Unternehmen, KMU, die Zivilgesellschaft und die Wissenschaft. [2]Bei der Zusammensetzung des Beratungsforums wird auf ein ausgewogenes Verhältnis zwischen wirtschaftlichen und nicht-wirtschaftlichen Interessen und innerhalb der Kategorie der wirtschaftlichen Interessen zwischen KMU und anderen Unternehmen geachtet.

(3) Die Kommission ernennt die Mitglieder des Beratungsforums gemäß den in Absatz 2 genannten Kriterien aus dem Kreis der Interessenträger mit anerkanntem Fachwissen auf dem Gebiet der KI.

(4) Die Amtszeit der Mitglieder des Beratungsforums beträgt zwei Jahre; sie kann bis zu höchstens vier Jahre verlängert werden.

(5) Die Agentur der Europäischen Union für Grundrechte, ENISA, das Europäische Komitee für Normung (CEN), das Europäische Komitee für elektrotechnische Normung (CENELEC) und das Europäische Institut für Telekommunikationsnormen (ETSI) sind ständige Mitglieder des Beratungsforums.

(6) [1]Das Beratungsforum gibt sich eine Geschäftsordnung. [2]Es wählt gemäß den in Absatz 2 festgelegten Kriterien zwei Ko-Vorsitzende unter seinen Mitgliedern. [3]Die Amtszeit der Ko-Vorsitzenden beträgt zwei Jahre und kann einmal verlängert werden.

(7) [1]Das Beratungsforum hält mindestens zweimal pro Jahr Sitzungen ab. [2]Das Beratungsforum kann Sachverständige und andere Interessenträger zu seinen Sitzungen einladen.

(8) Das Beratungsforum kann auf Ersuchen des KI-Gremiums oder der Kommission Stellungnahmen, Empfehlungen und schriftliche Beiträge ausarbeiten.

(9) Das Beratungsforum kann gegebenenfalls ständige oder zeitweilige Untergruppen einsetzen, um spezifische Fragen im Zusammenhang mit den Zielen dieser Verordnung zu prüfen.

(10) [1]Das Beratungsforum erstellt jährlich einen Bericht über seine Tätigkeit. [2]Dieser Bericht wird veröffentlicht.

Artikel 68 Wissenschaftliches Gremium unabhängiger Sachverständiger

(1) [1]Die Kommission erlässt im Wege eines Durchführungsrechtsakts Bestimmungen über die Einrichtung eines wissenschaftlichen Gremiums unabhängiger Sachverständiger („wissenschaftliches Gremium"), das die Durchsetzungstätigkeiten im Rahmen dieser Verordnung unterstützen soll. [2]Dieser Durchführungsrechtsakt wird gemäß dem in Artikel 98 Absatz 2 genannten Prüfverfahren erlassen.

(2) [1]Das wissenschaftliche Gremium setzt sich aus Sachverständigen zusammen, die von der Kommission auf der Grundlage aktueller wissenschaftlicher oder technischer Fachkenntnisse auf dem Gebiet der KI, die zur Erfüllung der in Absatz 3 genannten Aufgaben erforderlich sind, ausgewählt werden, und muss nachweisen können, dass es alle folgenden Bedingungen erfüllt:

a) es verfügt über besondere Fachkenntnisse und Kompetenzen sowie über wissenschaftliches oder technisches Fachwissen auf dem Gebiet der KI;
b) es ist von Anbietern von KI-Systemen oder KI-Modellen mit allgemeinem Verwendungszweck unabhängig;
c) es ist in der Lage, Tätigkeiten sorgfältig, präzise und objektiv auszuführen.

[2]Die Kommission legt in Absprache mit dem KI-Gremium die Anzahl der Sachverständigen des Gremiums nach Maßgabe der jeweiligen Erfordernisse fest und sorgt für eine ausgewogene Vertretung der Geschlechter und eine gerechte geografische Verteilung.

(3) Das wissenschaftliche Gremium berät und unterstützt das Büro für Künstliche Intelligenz, insbesondere in Bezug auf folgende Aufgaben:

a) Unterstützung bei der Durchführung und Durchsetzung dieser Verordnung in Bezug auf KI-Modelle und -Systeme mit allgemeinem Verwendungszweck, insbesondere indem es
   i) das Büro für Künstliche Intelligenz im Einklang mit Artikel 90 vor möglichen systemischen Risiken von KI-Modellen mit allgemeinem Verwendungszweck auf Unionsebene warnt;
   ii) einen Beitrag zur Entwicklung von Instrumenten und Methoden für die Bewertung der Fähigkeiten von KI-Modellen und -Systemen mit allgemeinem Verwendungszweck, auch durch Benchmarks, leistet;
   iii) Beratung über die Einstufung von KI-Modellen mit allgemeinem Verwendungszweck mit systemischem Risiko anbietet;
   iv) Beratung über die Einstufung verschiedener KI-Modelle und -Systeme mit allgemeinem Verwendungszweck anbietet;
   v) einen Beitrag zur Entwicklung von Instrumenten und Mustern leistet;
b) Unterstützung der Arbeit der Marktüberwachungsbehörden auf deren Ersuchen;
c) Unterstützung grenzüberschreitender Marktüberwachungstätigkeiten gemäß Artikel 74 Absatz 11, ohne dass die Befugnisse der Marktüberwachungsbehörden berührt werden;
d) Unterstützung des Büros für Künstliche Intelligenz bei der Wahrnehmung seiner Aufgaben im Rahmen des Schutzklauselverfahrens der Union gemäß Artikel 81.

(4) [1]Die Sachverständigen des wissenschaftlichen Gremiums führen ihre Aufgaben nach den Grundsätzen der Unparteilichkeit und der Objektivität aus und gewährleisten die Vertraulichkeit der Informationen und Daten, in deren Besitz sie bei der Ausführung ihrer Aufgaben und Tätigkeiten gelangen. [2]Sie dürfen bei der Wahrnehmung ihrer Aufgaben nach Absatz 3 weder Weisungen anfordern noch entgegennehmen. [3]Jeder Sachverständige gibt eine Interessenerklärung ab, die öffentlich zugänglich gemacht wird. [4]Das Büro für Künstliche Intelligenz richtet Systeme und Verfahren ein, mit denen mögliche Interessenkonflikte aktiv bewältigt und verhindert werden können.

(5) Der in Absatz 1 genannte Durchführungsrechtsakt enthält Bestimmungen über die Bedingungen, Verfahren und detaillierten Regelungen nach denen das wissenschaftliche Gremium und seine Mitglieder Warnungen ausgeben und das Büro für Künstliche Intelligenz um Un-

terstützung bei der Wahrnehmung der Aufgaben des wissenschaftlichen Gremiums ersuchen können.

Artikel 69 Zugang zum Pool von Sachverständigen durch die Mitgliedstaaten

(1) Die Mitgliedstaaten können Sachverständige des wissenschaftlichen Gremiums hinzuziehen, um ihre Durchsetzungstätigkeiten im Rahmen dieser Verordnung zu unterstützen.
(2) [1]Die Mitgliedstaaten können verpflichtet werden, für die Beratung und Unterstützung durch die Sachverständigen Gebühren zu entrichten. [2]Struktur und Höhe der Gebühren sowie Umfang und Struktur erstattungsfähiger Kosten werden in dem in Artikel 68 Absatz 1 genannten Durchführungsrechtsakt festgelegt, wobei die Zielsetzung berücksichtigt wird, für die angemessene Durchführung dieser Verordnung, für Kosteneffizienz sowie dafür zu sorgen, dass alle Mitgliedstaaten effektiven Zugang zu Sachverständigen haben müssen.
(3) Die Kommission ermöglicht den Mitgliedstaaten bei Bedarf einen rechtzeitigen Zugang zu den Sachverständigen und sorgt dafür, dass die Kombination aus unterstützenden Tätigkeiten durch die Union zur Prüfung von KI gemäß Artikel 84 und durch die Sachverständigen gemäß dem vorliegenden Artikel effizient organisiert ist und den bestmöglichen zusätzlichen Nutzen bringt.

Abschnitt 2
Zuständige nationale Behörden

Artikel 70 Benennung von zuständigen nationalen Behörden und zentrale Anlaufstelle

(1) [1]Jeder Mitgliedstaat muss für die Zwecke dieser Verordnung mindestens eine notifizierende Behörde und mindestens eine Marktüberwachungsbehörde als zuständige nationale Behörden einrichten oder benennen. [2]Diese zuständigen nationalen Behörden üben ihre Befugnisse unabhängig, unparteiisch und unvoreingenommen aus, um die Objektivität ihrer Tätigkeiten und Aufgaben zu gewährleisten und die Anwendung und Durchführung dieser Verordnung sicherzustellen. [3]Die Mitglieder dieser Behörden haben jede Handlung zu unterlassen, die mit ihren Aufgaben unvereinbar ist. [4]Sofern diese Grundsätze gewahrt werden, können die betreffenden Tätigkeiten und Aufgaben gemäß den organisatorischen Erfordernissen des Mitgliedstaats von einer oder mehreren benannten Behörden wahrgenommen werden.
(2) [1]Die Mitgliedstaaten teilen der Kommission die Namen der notifizierenden Behörden und der Marktüberwachungsbehörden und die Aufgaben dieser Behörden sowie alle späteren Änderungen mit. [2]Die Mitgliedstaaten machen Informationen darüber, wie die zuständigen Behörden und zentralen Anlaufstellen bis zum 2. August 2025 auf elektronischem Wege kontaktiert werden können, öffentlich zugänglich. [3]Die Mitgliedstaaten benennen eine Marktüberwachungsbehörde, die als zentrale Anlaufstelle für diese Verordnung fungiert, und teilen der Kommission den Namen der zentralen Anlaufstelle mit. [4]Die Kommission erstellt eine öffentlich verfügbare Liste der zentralen Anlaufstellen.
(3) [1]Die Mitgliedstaaten sorgen dafür, dass ihre zuständigen nationalen Behörden mit angemessenen technischen und finanziellen Mitteln sowie geeignetem Personal und Infrastrukturen ausgestattet werden, damit sie ihre Aufgaben im Rahmen dieser Verordnung wirksam erfüllen können. [2]Insbesondere müssen die zuständigen nationalen Behörden zu jeder Zeit über eine ausreichende Zahl von Mitarbeitern verfügen, zu deren Kompetenzen und Fachwissen ein tiefes Verständnis der KI-Technologien, der Daten und Datenverarbeitung, des Schutzes personenbezogener Daten, der Cybersicherheit, der Grundrechte, der Gesundheits- und Sicherheitsrisiken sowie Kenntnis der bestehenden Normen und rechtlichen Anforderungen gehört. [3]Die Mitgliedstaaten bewerten und aktualisieren, falls erforderlich, jährlich die in diesem Absatz genannten Erfordernisse bezüglich Kompetenzen und Ressourcen.
(4) Die zuständigen nationalen Behörden ergreifen geeignete Maßnahmen zur Sicherstellung eines angemessenen Maßes an Cybersicherheit.
(5) Bei der Erfüllung ihrer Aufgaben halten sich die zuständigen nationalen Behörden an die in Artikel 78 festgelegten Vertraulichkeitspflichten.
(6) [1]Bis zum 2. August 2025 und anschließend alle zwei Jahre erstatten die Mitgliedstaaten der Kommission Bericht über den Sachstand bezüglich der finanziellen Mittel und des Personals

der zuständigen nationalen Behörden und geben eine Einschätzung über deren Angemessenheit ab. [2]Die Kommission leitet diese Informationen zur Erörterung und etwaigen Abgabe von Empfehlungen an das KI-Gremium weiter.

(7) Die Kommission fördert den Erfahrungsaustausch zwischen den zuständigen nationalen Behörden.

(8) [1]Die zuständigen nationalen Behörden können gegebenenfalls insbesondere KMU, einschließlich Start-up-Unternehmen, unter Berücksichtigung der Anleitung und Beratung durch das KI-Gremium oder der Kommission mit Anleitung und Beratung bei der Durchführung dieser Verordnung zur Seite stehen. [2]Wenn zuständige nationale Behörden beabsichtigen, Anleitung und Beratung in Bezug auf ein KI-System in Bereichen anzubieten, die unter das Unionrecht fallen, so sind gegebenenfalls die nach jenen Unionsrecht zuständigen nationalen Behörden zu konsultieren.

(9) Soweit Organe, Einrichtungen und sonstige Stellen der Union in den Anwendungsbereich dieser Verordnung fallen, übernimmt der Europäische Datenschutzbeauftragte die Funktion der für ihre Beaufsichtigung zuständigen Behörde.

Kapitel VIII
EU-Datenbank für Hochrisiko-KI-Systeme

Artikel 71 EU-Datenbank für die in Anhang III aufgeführten Hochrisiko-KI-Systeme

(1) [1]Die Kommission errichtet und führt in Zusammenarbeit mit den Mitgliedstaaten eine EU-Datenbank mit den in den Absätzen 2 und 3 dieses Artikels genannten Informationen über Hochrisiko-KI-Systeme nach Artikel 6 Absatz 2, die gemäß den Artikeln 49 und 60 registriert werden und über KI-Systeme, die nicht als Hochrisiko-KI-Systeme gemäß Artikel 6 Absatz 3 gelten und gemäß Artikel 6 Absatz 4 und Artikel 49 registriert werden. [2]Bei der Festlegung der Funktionsspezifikationen dieser Datenbank konsultiert die Kommission die einschlägigen Sachverständigen und bei der Aktualisierung der Funktionsspezifikationen dieser Datenbank konsultiert sie das KI-Gremium.

(2) Die in Anhang VIII Abschnitte A und B aufgeführten Daten werden vom Anbieter oder gegebenenfalls vom Bevollmächtigten in die EU-Datenbank eingegeben.

(3) Die in Anhang VIII Abschnitt C aufgeführten Daten werden vom Betreiber, der eine Behörde, Einrichtung oder sonstige Stelle ist oder in deren Namen handelt, gemäß Artikel 49 Absätze 3 und 4 in die EU-Datenbank eingegeben.

(4) [1]Mit Ausnahme des in Artikel 49 Absatz 4 und Artikel 60 Absatz 4 Buchstabe c genannten Abschnitts müssen die gemäß Artikel 49 in der Datenbank registrierten und dort enthaltenen Informationen auf benutzerfreundliche Weise zugänglich und öffentlich verfügbar sein. [2]Die Informationen sollten leicht handhabbar und maschinenlesbar sein. [3]Auf die gemäß Artikel 60 registrierten Informationen können nur Marktüberwachungsbehörden und die Kommission zugreifen, es sei denn, der zukünftige Anbieter oder der Anbieter hat seine Zustimmung dafür erteilt, dass die Informationen auch öffentlich zugänglich sind.

(5) [1]Die EU-Datenbank enthält personenbezogene Daten nur, soweit dies für die Erfassung und Verarbeitung von Informationen gemäß dieser Verordnung erforderlich ist. [2]Zu diesen Informationen gehören die Namen und Kontaktdaten der natürlichen Personen, die für die Registrierung des Systems verantwortlich sind und die rechtlich befugt sind, den Anbieter oder gegebenenfalls den Betreiber zu vertreten.

(6) [1]Die Kommission gilt als für die EU-Datenbank Verantwortlicher. [2]Sie stellt Anbietern, zukünftigen Anbietern und Betreibern angemessene technische und administrative Unterstützung bereit. [3]Die EU-Datenbank muss den geltenden Barrierefreiheitsanforderungen entsprechen.

Kapitel IX
Beobachtung nach dem Inverkehrbringen, Informationsaustausch und Marktüberwachung

Abschnitt 1
Beobachtung nach dem Inverkehrbringen

Artikel 72 Beobachtung nach dem Inverkehrbringen durch die Anbieter und Plan für die Beobachtung nach dem Inverkehrbringen für Hochrisiko-KI-Systeme

(1) Anbieter müssen ein System zur Beobachtung nach dem Inverkehrbringen, das im Verhältnis zur Art der KI-Technik und zu den Risiken des Hochrisiko-KI-Systems steht, einrichten und dokumentieren.

(2) [1]Mit dem System zur Beobachtung nach dem Inverkehrbringen müssen sich die einschlägigen Daten zur Leistung der Hochrisiko-KI-Systeme, die von den Anbietern oder den Betreibern bereitgestellt oder aus anderen Quellen erhoben werden können, über ihre gesamte Lebensdauer hinweg aktiv und systematisch erheben, dokumentieren und analysieren lassen, und der Anbieter muss damit die fortdauernde Einhaltung der in Kapitel III Abschnitt 2 genannten Anforderungen an die KI-Systeme bewerten können. [2]Gegebenenfalls umfasst die Beobachtung nach dem Inverkehrbringen eine Analyse der Interaktion mit anderen KI-Systemen. [3]Diese Pflicht gilt nicht für sensible operative Daten von Betreibern, die Strafverfolgungsbehörden sind.

(3) [1]Das System zur Beobachtung nach dem Inverkehrbringen muss auf einem Plan für die Beobachtung nach dem Inverkehrbringen beruhen. [2]Der Plan für die Beobachtung nach dem Inverkehrbringen ist Teil der in Anhang IV genannten technischen Dokumentation. [3]Die Kommission erlässt einen Durchführungsrechtsakt, in dem sie detaillierte Bestimmungen für die Erstellung eines Musters des Plans für die Beobachtung nach dem Inverkehrbringen sowie die Liste der in den Plan aufzunehmenden Elemente bis zum 2. Februar 2026 detailliert festlegt. [4]Dieser Durchführungsrechtsakt wird gemäß dem in Artikel 98 Absatz 2 genannten Prüfverfahren erlassen.

(4) Bei Hochrisiko-KI-Systemen, die unter die in Anhang I Abschnitt A aufgeführten Harmonisierungsrechtsvorschriften der Union fallen, und für die auf der Grundlage dieser Rechtvorschriften bereits ein System zur Beobachtung nach dem Inverkehrbringen sowie ein entsprechender Plan festgelegt wurden, haben die Anbieter zur Gewährleistung der Kohärenz, zur Vermeidung von Doppelarbeit und zur Minimierung zusätzlicher Belastungen die Möglichkeit, unter Verwendung des Musters nach Absatz 3, gegebenenfalls die in den Absätzen 1, 2 und 3 genannten erforderlichen Elemente in die im Rahmen dieser Vorschriften bereits vorhandenen Systeme und Pläne zu integrieren, sofern ein gleichwertiges Schutzniveau erreicht wird.

Unterabsatz 1 dieses Absatzes gilt auch für in Anhang III Nummer 5 genannte Hochrisiko-KI-Systeme, die von Finanzinstituten in Verkehr gebracht oder in Betrieb genommen wurden, die bezüglich ihrer internen Unternehmensführung, Regelungen oder Verfahren Anforderungen gemäß den Rechtsvorschriften der Union über Finanzdienstleistungen unterliegen.

Abschnitt 2
Austausch von Informationen über schwerwiegende Vorfälle

Artikel 73 Meldung schwerwiegender Vorfälle

(1) Anbieter von in der Union in Verkehr gebrachten Hochrisiko-KI-Systemen melden schwerwiegende Vorfälle den Marktüberwachungsbehörden der Mitgliedstaaten, in denen der Vorfall stattgefunden hat.

(2) Die Meldung nach Absatz 1 erfolgt unmittelbar, nachdem der Anbieter den kausalen Zusammenhang zwischen dem KI-System und dem schwerwiegenden Vorfall oder die naheliegende Wahrscheinlichkeit eines solchen Zusammenhangs festgestellt hat und in jedem Fall spätestens 15 Tage, nachdem der Anbieter oder gegebenenfalls der Betreiber Kenntnis von diesem schwerwiegenden Vorfall erlangt hat.

Bezüglich des in Unterabsatz 1 genannten Meldezeitraums wird der Schwere des schwerwiegenden Vorfalls Rechnung getragen.

(3) Ungeachtet des Absatzes 2 dieses Artikels erfolgt die in Absatz 1 dieses Artikels genannte Meldung im Falle eines weitverbreiteten Verstoßes oder eines schwerwiegenden Vorfalls im Sinne des Artikels 3 Nummer 49 Buchstabe b unverzüglich, spätestens jedoch zwei Tage nachdem der Anbieter oder gegebenenfalls der Betreiber von diesem Vorfall Kenntnis erlangt hat.

(4) Ungeachtet des Absatzes 2 erfolgt die Meldung im Falle des Todes einer Person unverzüglich nachdem der Anbieter oder der Betreiber einen kausalen Zusammenhang zwischen dem Hochrisiko-KI-System und dem schwerwiegenden Vorfall festgestellt hat, oder einen solchen vermutet, spätestens jedoch zehn Tage nach dem Datum, an dem der Anbieter oder gegebenenfalls der Betreiber von dem schwerwiegenden Vorfall Kenntnis erlangt hat.

(5) Wenn es zur Gewährleistung der rechtzeitigen Meldung erforderlich ist, kann der Anbieter oder gegebenenfalls der Betreiber einen unvollständigen Erstbericht vorlegen, dem ein vollständiger Bericht folgt.

(6) [1]Im Anschluss an die Meldung eines schwerwiegenden Vorfalls gemäß Absatz 1 führt der Anbieter unverzüglich die erforderlichen Untersuchungen im Zusammenhang mit dem schwerwiegenden Vorfall und dem betroffenen KI-System durch. [2]Dies umfasst eine Risikobewertung des Vorfalls sowie Korrekturmaßnahmen.

Der Anbieter arbeitet bei den Untersuchungen gemäß Unterabsatz 1 mit den zuständigen Behörden und gegebenenfalls mit der betroffenen notifizierten Stelle zusammen und nimmt keine Untersuchung vor, die zu einer Veränderung des betroffenen KI-Systems in einer Weise führt, die möglicherweise Auswirkungen auf eine spätere Bewertung der Ursachen des Vorfalls hat, bevor er die zuständigen Behörden über eine solche Maßnahme nicht unterrichtet hat.

(7) [1]Sobald die zuständige Marktüberwachungsbehörde eine Meldung über einen in Artikel 3 Nummer 49 Buchstabe c genannten schwerwiegenden Vorfall erhält, informiert sie die in Artikel 77 Absatz 1 genannten nationalen Behörden oder öffentlichen Stellen. [2]Zur leichteren Einhaltung der Pflichten nach Absatz 1 dieses Artikels arbeitet die Kommission entsprechende Leitlinien aus. [3]Diese Leitlinien werden bis zum 2. August 2025 veröffentlicht und regelmäßig bewertet.

(8) Die Marktüberwachungsbehörde ergreift innerhalb von sieben Tagen nach Eingang der in Absatz 1 dieses Artikels genannten Meldung geeignete Maßnahmen gemäß Artikel 19 der Verordnung (EU) 2019/1020 und befolgt die in der genannten Verordnung vorgesehenen Meldeverfahren.

(9) Bei Hochrisiko-KI-Systemen nach Anhang III, die von Anbietern in Verkehr gebracht oder in Betrieb genommen wurden, die Rechtsinstrumenten der Union mit gleichwertigen Meldepflichten wie jenen in dieser Verordnung festgesetzten unterliegen, müssen nur jene schwerwiegenden Vorfälle gemeldet werden, die in Artikel 3 Nummer 49 Buchstabe c genannt werden.

(10) Bei Hochrisiko-KI-Systemen, bei denen es sich um Sicherheitsbauteile von Produkten handelt, die unter die Verordnungen (EU) 2017/745 und (EU) 2017/746 fallen, oder die selbst solche Produkte sind, müssen nur die in Artikel 3 Nummer 49 Buchstabe c dieser Verordnung genannten schwerwiegenden Vorfälle gemeldet werden, und zwar der zuständigen nationalen Behörde, die für diesen Zweck von den Mitgliedstaaten, in denen der Vorfall stattgefunden hat, ausgewählt wurde.

(11) Die zuständigen nationalen Behörden melden der Kommission unverzüglich jeden schwerwiegenden Vorfall gemäß Artikel 20 der Verordnung (EU) 2019/1020, unabhängig davon, ob sie diesbezüglich Maßnahmen ergriffen haben.

Abschnitt 3
Durchsetzung

Artikel 74 Marktüberwachung und Kontrolle von KI-Systemen auf dem Unionsmarkt

(1) [1]Die Verordnung (EU) 2019/1020 gilt für KI-Systeme, die unter die vorliegende Verordnung fallen. [2]Für die Zwecke einer wirksamen Durchsetzung der vorliegenden Verordnung gilt Folgendes:

a) Jede Bezugnahme auf einen Wirtschaftsakteur nach der Verordnung (EU) 2019/1020 gilt auch als Bezugnahme auf alle Akteure, die in Artikel 2 Absatz 1 der vorliegenden Verordnung genannt werden;
b) jede Bezugnahme auf ein Produkt nach der Verordnung (EU) 2019/1020 gilt auch als Bezugnahme auf alle KI-Systeme, die in den Anwendungsbereich der vorliegenden Verordnung fallen.

(2) [1]Im Rahmen ihrer Berichtspflichten gemäß Artikel 34 Absatz 4 der Verordnung (EU) 2019/1020 melden die Marktüberwachungsbehörden der Kommission und den einschlägigen nationalen Wettbewerbsbehörden jährlich alle Informationen, die sie im Verlauf ihrer Marktüberwachungstätigkeiten erlangt haben und die für die Anwendung von Unionsrecht im Bereich der Wettbewerbsregeln von Interesse sein könnten. [2]Ferner erstatten sie der Kommission jährlich Bericht über die Anwendung verbotener Praktiken in dem betreffenden Jahr und über die ergriffenen Maßnahmen.

(3) Bei Hochrisiko-KI-Systemen und damit in Zusammenhang stehenden Produkten, auf die die in Anhang I Abschnitt A aufgeführten Harmonisierungsrechtsvorschriften der Union Anwendung finden, gilt als Marktüberwachungsbehörde für die Zwecke dieser Verordnung die in jenen Rechtsakten für die Marktüberwachung benannte Behörde.

Abweichend von Unterabsatz 1 und unter geeigneten Umständen können die Mitgliedstaaten eine andere einschlägige Behörde benennen, die die Funktion der Marktüberwachungsbehörde übernimmt, sofern sie die Koordinierung mit den einschlägigen sektorspezifischen Marktüberwachungsbehörden, die für die Durchsetzung der in Anhang I aufgeführten Harmonisierungsrechtsvorschriften der Union zuständig sind, sicherstellen.

(4) [1]Die Verfahren gemäß den Artikeln 79 bis 83 der vorliegenden Verordnung gelten nicht für KI-Systeme, die im Zusammenhang mit Produkten stehen, auf die die in Anhang I Abschnitt A aufgeführten Harmonisierungsrechtsvorschriften der Union Anwendung finden, wenn in diesen Rechtsakten bereits Verfahren, die ein gleichwertiges Schutzniveau sicherstellen und dasselbe Ziel haben, vorgesehen sind. [2]In diesen Fällen kommen stattdessen die einschlägigen sektorspezifischen Verfahren zur Anwendung.

(5) Unbeschadet der Befugnisse der Marktüberwachungsbehörden gemäß Artikel 14 der Verordnung (EU) 2019/1020 können die Marktüberwachungsbehörden für die Zwecke der Sicherstellung der wirksamen Durchsetzung der vorliegenden Verordnung die in Artikel 14 Absatz 4 Buchstaben d und j der genannten Verordnung genannten Befugnisse gegebenenfalls aus der Ferne ausüben.

(6) Bei Hochrisiko-KI-Systemen, die von auf der Grundlage des Unionsrechts im Bereich der Finanzdienstleistungen regulierten Finanzinstituten in Verkehr gebracht, in Betrieb genommen oder verwendet werden, gilt die in jenen Rechtsvorschriften für die Finanzaufsicht über diese Institute benannte nationale Behörde als Marktüberwachungsbehörde für die Zwecke dieser Verordnung, sofern das Inverkehrbringen, die Inbetriebnahme oder die Verwendung des KI-Systems mit der Erbringung dieser Finanzdienstleistungen in direktem Zusammenhang steht.

(7) Abweichend von Absatz 6 kann der Mitgliedstaat – unter geeigneten Umständen und wenn für Abstimmung gesorgt ist – eine andere einschlägige Behörde als Marktüberwachungsbehörde für die Zwecke dieser Verordnung benennen.

Nationale Marktüberwachungsbehörden, die unter die Richtlinie 2013/36/EU fallende Kreditinstitute, welche an dem mit der Verordnung (EU) Nr. 1024/2013 eingerichteten einheitlichen Aufsichtsmechanismus teilnehmen, beaufsichtigen, sollten der Europäischen Zentralbank unverzüglich alle im Zuge ihrer Marktüberwachungstätigkeiten ermittelten Informationen übermitteln, die für die in der genannten Verordnung festgelegten Aufsichtsaufgaben der Europäischen Zentralbank von Belang sein könnten.

(8) [1]Für die in Anhang III Nummer 1 der vorliegenden Verordnung genannten Hochrisiko-KI-Systeme, sofern diese Systeme für Strafverfolgungszwecke, Grenzmanagement und Justiz und Demokratie eingesetzt werden, und für die in Anhang III Nummern 6, 7 und 8 genannten Hochrisiko-KI-Systeme benennen die Mitgliedstaaten für die Zwecke dieser Verordnung als Marktüberwachungsbehörden entweder die nach der Verordnung (EU) 2016/679 oder der Richtlinie (EU) 2016/680 für den Datenschutz zuständigen Aufsichtsbehörden oder jede andere gemäß denselben Bedingungen wie den in den Artikeln 41 bis 44 der Richtlinie (EU) 2016/680

festgelegten benannte Behörde. [2]Marktüberwachungstätigkeiten dürfen in keiner Weise die Unabhängigkeit von Justizbehörden beeinträchtigen oder deren Handlungen im Rahmen ihrer justiziellen Tätigkeit anderweitig beeinflussen.

(9) Soweit Organe, Einrichtungen und sonstige Stellen der Union in den Anwendungsbereich dieser Verordnung fallen, übernimmt der Europäische Datenschutzbeauftragte die Funktion der für sie zuständigen Marktüberwachungsbehörde – ausgenommen für den Gerichtshof der Europäischen Union im Rahmen seiner Rechtsprechungstätigkeit.

(10) Die Mitgliedstaaten erleichtern die Koordinierung zwischen den auf der Grundlage dieser Verordnung benannten Marktüberwachungsbehörden und anderen einschlägigen nationalen Behörden oder Stellen, die die Anwendung der in Anhang I aufgeführten Harmonisierungsrechtsvorschriften der Union oder sonstigen Unionsrechts überwachen, das für die in Anhang III genannten Hochrisiko-KI-Systeme relevant sein könnte.

(11) [1]Die Marktüberwachungsbehörden und die Kommission können gemeinsame Tätigkeiten, einschließlich gemeinsamer Untersuchungen, vorschlagen, die von den Marktüberwachungsbehörden oder von den Marktüberwachungsbehörden gemeinsam mit der Kommission durchgeführt werden, um Konformität zu fördern, Nichtkonformität festzustellen, zu sensibilisieren oder Orientierung zu dieser Verordnung und bestimmten Kategorien von Hochrisiko-KI-Systemen, bei denen festgestellt wird, dass sie in zwei oder mehr Mitgliedstaaten gemäß Artikel 9 der Verordnung (EU) 2019/1020 ein ernstes Risiko darstellen, zu geben. [2]Das Büro für Künstliche Intelligenz unterstützt die Koordinierung der gemeinsamen Untersuchungen.

(12) Die Anbieter gewähren den Marktüberwachungsbehörden unbeschadet der Befugnisübertragung gemäß der Verordnung (EU) 2019/1020 – sofern dies relevant ist und beschränkt auf das zur Wahrnehmung der Aufgaben dieser Behörden erforderliche Maß – uneingeschränkten Zugang zur Dokumentation sowie zu den für die Entwicklung von Hochrisiko-KI-Systemen verwendeten Trainings-, Validierungs- und Testdatensätzen, gegebenenfalls und unter Einhaltung von Sicherheitsvorkehrungen auch über die Anwendungsprogrammierschnittstellen (im Folgenden „API“) oder andere einschlägige technische Mittel und Instrumente, die den Fernzugriff ermöglichen.

(13) Zum Quellcode des Hochrisiko-KI-Systems erhalten Marktüberwachungsbehörden auf begründete Anfrage und nur dann Zugang, wenn die beiden folgenden Bedingungen erfüllt sind:

a) Der Zugang zum Quellcode ist zur Bewertung der Konformität eines Hochrisiko-KI-Systems mit den in Kapitel III Abschnitt 2 festgelegten Anforderungen notwendig und
b) die Test- oder Prüfverfahren und Überprüfungen aufgrund der vom Anbieter bereitgestellten Daten und Dokumentation wurden ausgeschöpft oder haben sich als unzureichend erwiesen.

(14) Jegliche Informationen oder Dokumentation, in deren Besitz die Marktüberwachungsbehörden gelangen, werden im Einklang mit den in Artikel 78 festgelegten Vertraulichkeitspflichten behandelt.

Artikel 75 Amtshilfe, Marktüberwachung und Kontrolle von KI-Systemen mit allgemeinem Verwendungszweck

(1) [1]Beruht ein KI-System auf einem KI-Modell mit allgemeinem Verwendungszweck und werden das Modell und das System vom selben Anbieter entwickelt, so ist das Büro für Künstliche Intelligenz befugt, die Konformität des KI-Systems mit den Pflichten aus dieser Verordnung zu überwachen und beaufsichtigen. [2]Zur Wahrnehmung seiner Beobachtungs- und Überwachungsaufgaben hat das Büro für Künstliche Intelligenz alle in diesem Abschnitt und in der Verordnung (EU) 2019/1020 vorgesehenen Befugnisse einer Marktüberwachungsbehörde.

(2) Haben die zuständigen Marktüberwachungsbehörden hinreichenden Grund für die Auffassung, dass KI-Systeme mit allgemeinem Verwendungszweck, die von Betreibern direkt für mindestens einen Zweck, der gemäß dieser Verordnung als hochriskant eingestuft ist, verwendet werden können, nicht mit den in dieser Verordnung festgelegten Anforderungen konform sind, so arbeiten sie bei der Durchführung von Konformitätsbewertungen mit dem Büro für Künstliche Intelligenz zusammen und unterrichten das KI-Gremium und andere Marktüberwachungsbehörden entsprechend.

(3) [1]Ist eine Marktüberwachungsbehörde wegen der Unzugänglichkeit bestimmter Informationen im Zusammenhang mit dem KI-Modell mit allgemeinem Verwendungszweck nicht in der Lage, ihre Ermittlungen zu dem Hochrisiko-KI-System abzuschließen, obwohl sie alle angemessenen Anstrengungen unternommen hat, diese Informationen zu erhalten, kann sie ein begründetes Ersuchen an das Büro für Künstliche Intelligenz richten, durch das der Zugang zu den Informationen durchgesetzt werden kann. [2]In diesem Fall übermittelt das Büro für Künstliche Intelligenz der ersuchenden Behörde unverzüglich, spätestens aber innerhalb von 30 Tagen, alle Informationen, die das Büro für Künstliche Intelligenz für die Feststellung, ob ein Hochrisiko-KI-System nicht konform ist, für erforderlich erachtet. [3]Die Marktüberwachungsbehörden gewährleisten gemäß Artikel 78 der vorliegenden Verordnung die Vertraulichkeit der von ihnen erlangten Informationen. [4]Das Verfahren nach Kapitel VI der Verordnung (EU) 2019/1020 gilt entsprechend.

Artikel 76 Beaufsichtigung von Tests unter Realbedingungen durch Marktüberwachungsbehörden

(1) Marktüberwachungsbehörden müssen über die Kompetenzen und Befugnisse verfügen, um sicherzustellen, dass Tests unter Realbedingungen gemäß dieser Verordnung erfolgen.

(2) [1]Wenn ein Test unter Realbedingungen für KI-Systeme durchgeführt wird, die in einem KI-Reallabor gemäß Artikel 58 beaufsichtigt werden, überprüfen die Marktüberwachungsbehörden im Rahmen ihrer Aufsichtsaufgaben für das KI-Reallabor die Einhaltung des Artikels 60. [2]Die Behörden können gegebenenfalls gestatten, dass der Anbieter oder zukünftige Anbieter den Test unter Realbedingungen in Abweichung von den in Artikel 60 Absatz 4 Buchstaben f und g festgelegten Bedingungen durchführt.

(3) Wenn eine Marktüberwachungsbehörde vom zukünftigen Anbieter, vom Anbieter oder von einem Dritten über einen schwerwiegenden Vorfall informiert wurde oder Grund zu der Annahme hat, dass die in den Artikeln 60 und 61 festgelegten Bedingungen nicht erfüllt sind, kann sie – je nachdem, was angemessen ist – in ihrem Hoheitsgebiet gegebenenfalls entscheiden, entweder

a) den Test unter Realbedingungen auszusetzen oder abzubrechen oder
b) den Anbieter oder zukünftigen Anbieter und die Betreiber oder zukünftigen Betreiber zur Änderung eines beliebigen Aspekts des Tests unter Realbedingungen zu verpflichten.

(4) Wenn eine Marktüberwachungsbehörde eine Entscheidung nach Absatz 3 des vorliegenden Artikels getroffen oder Einwände im Sinne des Artikels 60 Absatz 4 Buchstabe b erhoben hat, sind im Rahmen der Entscheidung oder der Einwände die Gründe dafür zu nennen sowie anzugeben, wie der Anbieter oder zukünftige Anbieter die Entscheidung oder die Einwände anfechten kann.

(5) Wenn eine Marktüberwachungsbehörde eine Entscheidung nach Absatz 3 getroffen hat, teilt sie ihre Gründe dafür gegebenenfalls den Marktüberwachungsbehörden anderer Mitgliedstaaten mit, in denen das KI-System gemäß dem Plan für den Test getestet wurde.

Artikel 77 Befugnisse der für den Schutz der Grundrechte zuständigen Behörden

(1) [1]Nationale Behörden oder öffentliche Stellen, die die Einhaltung des Unionsrechts zum Schutz der Grundrechte, einschließlich des Rechts auf Nichtdiskriminierung, in Bezug auf die Verwendung der in Anhang III genannten Hochrisiko-KI-Systeme beaufsichtigen oder durchsetzen, sind befugt, sämtliche auf der Grundlage dieser Verordnung in zugänglicher Sprache und Format erstellte oder geführte Dokumentation anzufordern und einzusehen, sofern der Zugang zu dieser Dokumentation für die wirksame Ausübung ihrer Aufträge im Rahmen ihrer Befugnisse innerhalb der Grenzen ihrer Hoheitsgewalt notwendig ist. [2]Die jeweilige Behörde oder öffentliche Stelle informiert die Marktüberwachungsbehörde des betreffenden Mitgliedstaats von jeder diesbezüglichen Anfrage.

(2) [1]Bis 2. November 2024 muss jeder Mitgliedstaat die in Absatz 1 genannten Behörden oder öffentlichen Stellen benennen und in einer öffentlichen Liste verfügbar machen. [2]Die Mitgliedstaaten übermitteln die Liste der Kommission und den anderen Mitgliedstaaten und halten die Liste auf dem neuesten Stand.

(3) [1]Sollte die in Absatz 1 genannte Dokumentation nicht ausreichen, um feststellen zu können, ob ein Verstoß gegen das Unionsrecht zum Schutz der Grundrechte vorliegt, so kann die in Absatz 1 genannte Behörde oder öffentliche Stelle bei der Marktüberwachungsbehörde einen begründeten Antrag auf Durchführung eines technischen Tests des Hochrisiko-KI-Systems stellen. [2]Die Marktüberwachungsbehörde führt den Test unter enger Einbeziehung der beantragenden Behörde oder öffentlichen Stelle innerhalb eines angemessenen Zeitraums nach Eingang des Antrags durch.

(4) Jegliche Informationen oder Dokumentation, in deren Besitz die in Absatz 1 des vorliegenden Artikels genannten nationalen Behörden oder öffentlichen Stellen auf der Grundlage des vorliegenden Artikels gelangen, werden im Einklang mit den in Artikel 78 festgelegten Vertraulichkeitspflichten behandelt.

Artikel 78 Vertraulichkeit

(1) Die Kommission, die Marktüberwachungsbehörden und die notifizierten Stellen sowie alle anderen natürlichen oder juristischen Personen, die an der Anwendung dieser Verordnung beteiligt sind, wahren gemäß dem Unionsrecht oder dem nationalen Recht die Vertraulichkeit der Informationen und Daten, in deren Besitz sie bei der Ausführung ihrer Aufgaben und Tätigkeiten gelangen, sodass insbesondere Folgendes geschützt ist:

a) die Rechte des geistigen Eigentums sowie vertrauliche Geschäftsinformationen oder Geschäftsgeheimnisse natürlicher oder juristischer Personen, einschließlich Quellcodes, mit Ausnahme der in Artikel 5 der Richtlinie (EU) 2016/943 des Europäischen Parlaments und des Rates[1];
b) die wirksame Durchführung dieser Verordnung, insbesondere für die Zwecke von Inspektionen, Untersuchungen oder Audits;
c) öffentliche und nationale Sicherheitsinteressen;
d) die Durchführung von Straf- oder Verwaltungsverfahren;
e) gemäß dem Unionsrecht oder dem nationalen Recht als Verschlusssache eingestufte Informationen.

(2) [1]Die gemäß Absatz 1 an der Anwendung dieser Verordnung beteiligten Behörden fragen nur Daten an, die für die Bewertung des von KI-Systemen ausgehenden Risikos und für die Ausübung ihrer Befugnisse in Übereinstimmung mit dieser Verordnung und mit der Verordnung (EU) 2019/1020 unbedingt erforderlich sind. [2]Sie ergreifen angemessene und wirksame Cybersicherheitsmaßnahmen zum Schutz der Sicherheit und Vertraulichkeit der erlangten Informationen und Daten und löschen im Einklang mit dem geltenden Unionsrecht oder nationalen Recht die erhobenen Daten, sobald sie für den Zweck, für den sie erlangt wurden, nicht mehr benötigt werden.

(3) [1]Unbeschadet der Absätze 1 und 2 darf der Austausch vertraulicher Informationen zwischen den zuständigen nationalen Behörden untereinander oder zwischen den zuständigen nationalen Behörden und der Kommission nicht ohne vorherige Rücksprache mit der zuständigen nationalen Behörde, von der die Informationen stammen, und dem Betreiber offengelegt werden, sofern die in Anhang III Nummer 1, 6 oder 7 genannten Hochrisiko-KI-Systeme von Strafverfolgungs-, Grenzschutz-, Einwanderungs- oder Asylbehörden verwendet werden und eine solche Offenlegung die öffentlichen und nationalen Sicherheitsinteressen gefährden könnte. [2]Dieser Informationsaustausch erstreckt sich nicht auf sensible operative Daten zu den Tätigkeiten von Strafverfolgungs-, Grenzschutz-, Einwanderungs- oder Asylbehörden.

[1]Handeln Strafverfolgungs-, Einwanderungs- oder Asylbehörden als Anbieter von in Anhang III Nummer 1, 6 oder 7 genannten Hochrisiko-KI-Systemen, so verbleibt die technische Dokumentation nach Anhang IV in den Räumlichkeiten dieser Behörden. [2]Diese Behörden sorgen dafür, dass die in Artikel 74 Absätze 8 und 9 genannten Marktüberwachungsbehörden auf Anfrage unverzüglich Zugang zu dieser Dokumentation oder eine Kopie davon erhalten. [3]Zugang

1 **Amtl. Anm.:** Richtlinie (EU) 2016/943 des Europäischen Parlaments und des Rates vom 8. Juni 2016 über den Schutz vertraulichen Know-hows und vertraulicher Geschäftsinformationen (Geschäftsgeheimnisse) vor rechtswidrigem Erwerb sowie rechtswidriger Nutzung und Offenlegung (ABl. L 157 vom 15.6.2016, S. 1).

zu dieser Dokumentation oder zu einer Kopie davon darf nur das Personal der Marktüberwachungsbehörde erhalten, das über eine entsprechende Sicherheitsfreigabe verfügt.

(4) Die Absätze 1, 2 und 3 dürfen sich weder auf die Rechte oder Pflichten der Kommission, der Mitgliedstaaten und ihrer einschlägigen Behörden sowie der notifizierten Stellen in Bezug auf den Informationsaustausch und die Weitergabe von Warnungen, einschließlich im Rahmen der grenzüberschreitenden Zusammenarbeit, noch auf die Pflichten der betreffenden Parteien auswirken, Informationen auf der Grundlage des Strafrechts der Mitgliedstaaten bereitzustellen.

(5) Die Kommission und die Mitgliedstaaten können erforderlichenfalls und im Einklang mit den einschlägigen Bestimmungen internationaler Übereinkommen und Handelsabkommen mit Regulierungsbehörden von Drittstaaten, mit denen sie bilaterale oder multilaterale Vertraulichkeitsvereinbarungen getroffen haben und die ein angemessenes Niveau an Vertraulichkeit gewährleisten, vertrauliche Informationen austauschen.

Artikel 79 Verfahren auf nationaler Ebene für den Umgang mit KI-Systemen, die ein Risiko bergen

(1) Als KI-Systeme, die ein Risiko bergen, gelten „Produkte, mit denen ein Risiko verbunden ist" im Sinne des Artikels 3 Nummer 19 der Verordnung (EU) 2019/1020, sofern sie Risiken für die Gesundheit oder Sicherheit oder Grundrechte von Personen bergen.

(2) [1]Hat die Marktüberwachungsbehörde eines Mitgliedstaats hinreichend Grund zu der Annahme, dass ein KI-System ein Risiko nach Absatz 1 des vorliegenden Artikels birgt, so prüft sie das betreffende KI-System im Hinblick auf die Erfüllung aller in der vorliegenden Verordnung festgelegten Anforderungen und Pflichten. [2]Besondere Aufmerksamkeit gilt KI-Systemen, die für schutzbedürftige Gruppen ein Risiko bergen. [3]Wenn Risiken für die Grundrechte festgestellt werden, informiert die Marktüberwachungsbehörde auch die in Artikel 77 Absatz 1 genannten einschlägigen nationalen Behörden oder öffentlichen Stellen und arbeitet uneingeschränkt mit ihnen zusammen. [4]Die betreffenden Akteure arbeiten erforderlichenfalls mit der Marktüberwachungsbehörde und den in Artikel 77 Absatz 1 genannten anderen Behörden oder öffentlichen Stellen zusammen.

Stellt die Marktüberwachungsbehörde oder gegebenenfalls die Marktüberwachungsbehörde in Zusammenarbeit mit der in Artikel 77 Absatz 1 genannten nationalen Behörde im Verlauf dieser Prüfung fest, dass das KI-System die in dieser Verordnung festgelegten Anforderungen und Pflichten nicht erfüllt, fordert sie den jeweiligen Akteur unverzüglich auf, alle Korrekturmaßnahmen zu ergreifen, die geeignet sind, die Konformität des KI-Systems herzustellen, das KI-System vom Markt zu nehmen oder es innerhalb einer Frist, die die Marktüberwachungsbehörde vorgeben kann, in jedem Fall innerhalb von weniger als 15 Arbeitstagen, oder gemäß den einschlägigen Harmonisierungsrechtsvorschriften der Union zurückzurufen.

[1]Die Marktüberwachungsbehörde informiert die betreffende notifizierte Stelle entsprechend. [2]Artikel 18 der Verordnung (EU) 2019/1020 gilt für die in Unterabsatz 2 des vorliegenden Absatzes genannten Maßnahmen.

(3) Gelangt die Marktüberwachungsbehörde zu der Auffassung, dass die Nichtkonformität nicht auf ihr nationales Hoheitsgebiet beschränkt ist, so informiert sie die Kommission und die anderen Mitgliedstaaten unverzüglich über die Ergebnisse der Prüfung und über die Maßnahmen, zu denen sie den Akteur aufgefordert hat.

(4) Der Akteur sorgt dafür, dass alle geeigneten Korrekturmaßnahmen in Bezug auf alle betreffenden KI-Systeme, die er auf dem Unionsmarkt bereitgestellt hat, getroffen werden.

(5) [1]Ergreift der Akteur in Bezug auf sein KI-System keine geeigneten Korrekturmaßnahmen innerhalb der in Absatz 2 genannten Frist, trifft die Marktüberwachungsbehörde alle geeigneten vorläufigen Maßnahmen, um die Bereitstellung oder Inbetriebnahme des KI-Systems auf ihrem nationalen Markt zu verbieten oder einzuschränken, das Produkt oder das eigenständige KI-System von diesem Markt zu nehmen oder es zurückzurufen. [2]Diese Behörde notifiziert unverzüglich die Kommission und die anderen Mitgliedstaaten über diese Maßnahmen.

(6) [1]Die Notifizierung nach Absatz 5 enthält alle vorliegenden Angaben, insbesondere die für die Identifizierung des nicht konformen Systems notwendigen Informationen, den Ursprung des KI-Systems und die Lieferkette, die Art der vermuteten Nichtkonformität und das sich daraus ergebende Risiko, die Art und Dauer der ergriffenen nationalen Maßnahmen und die

von dem betreffenden Akteur vorgebrachten Argumente. [2]Die Marktüberwachungsbehörden geben insbesondere an, ob die Nichtkonformität eine oder mehrere der folgenden Ursachen hat:

a) Missachtung des Verbots der in Artikel 5 genannten KI-Praktiken;
b) Nichterfüllung der in Kapitel III Abschnitt 2 festgelegten Anforderungen durch ein Hochrisiko-KI-System;
c) Mängel in den in den Artikeln 40 und 41 genannten harmonisierten Normen oder gemeinsamen Spezifikationen, die eine Konformitätsvermutung begründen;
d) Nichteinhaltung des Artikels 50.

(7) Die anderen Marktüberwachungsbehörden – mit Ausnahme der Marktüberwachungsbehörde des Mitgliedstaats, der das Verfahren eingeleitet hat – informieren unverzüglich die Kommission und die anderen Mitgliedstaaten über jegliche Maßnahmen und ihnen vorliegende zusätzlichen Informationen zur Nichtkonformität des betreffenden KI-Systems sowie – falls sie die ihnen mitgeteilte nationale Maßnahme ablehnen – über ihre Einwände.

(8) [1]Erhebt weder eine Marktüberwachungsbehörde eines Mitgliedstaats noch die Kommission innerhalb von drei Monaten nach Eingang der in Absatz 5 des vorliegenden Artikels genannten Notifizierung Einwände gegen eine von einer Marktüberwachungsbehörde eines anderen Mitgliedstaats erlassene vorläufige Maßnahme, so gilt diese Maßnahme als gerechtfertigt. [2]Die Verfahrensrechte des betreffenden Akteurs nach Artikel 18 der Verordnung (EU) 2019/1020 bleiben hiervon unberührt. [3]Die Frist von drei Monaten gemäß dem vorliegenden Absatz wird bei Nichteinhaltung des Verbots der in Artikel 5 der vorliegenden Verordnung genannten KI-Praktiken auf 30 Tage verkürzt.

(9) Die Marktüberwachungsbehörden tragen dafür Sorge, dass geeignete einschränkende Maßnahmen in Bezug auf das betreffende Produkt oder KI-System ergriffen werden, beispielsweise die unverzügliche Rücknahme des Produkts oder KI-Systems von ihrem Markt.

Artikel 80 Verfahren für den Umgang mit KI-Systemen, die vom Anbieter gemäß Anhang III als nicht hochriskant eingestuft werden

(1) Hat eine Marktüberwachungsbehörde hinreichend Grund zu der Annahme, dass ein vom Anbieter als nicht hochriskant gemäß Artikel 6 Absatz 3 eingestuftes KI-System tatsächlich hochriskant ist, so prüft die Marktüberwachungsbehörde das betreffende KI-System im Hinblick auf seine Einstufung als Hochrisiko-KI-System auf der Grundlage der in Artikel 6 Absatz 3 festgelegten Bedingungen und den Leitlinien der Kommission.

(2) Stellt die Marktüberwachungsbehörde im Verlauf dieser Prüfung fest, dass das betreffende KI-System hochriskant ist, fordert sie den jeweiligen Anbieter unverzüglich auf, alle erforderlichen Maßnahmen zu ergreifen, um die Konformität des KI-Systems mit den in dieser Verordnung festgelegten Anforderungen und Pflichten herzustellen, sowie innerhalb einer Frist, die die Marktüberwachungsbehörde vorgeben kann, geeignete Korrekturmaßnahmen zu ergreifen.

(3) Gelangt die Marktüberwachungsbehörde zu der Auffassung, dass die Verwendung des betreffenden KI-Systems nicht auf ihr nationales Hoheitsgebiet beschränkt ist, so informiert sie die Kommission und die anderen Mitgliedstaaten unverzüglich über die Ergebnisse der Prüfung und über die Maßnahmen, zu denen sie den Anbieter aufgefordert hat.

(4) [1]Der Anbieter sorgt dafür, dass alle erforderlichen Maßnahmen ergriffen werden, um die Konformität des KI-Systems mit den in dieser Verordnung festgelegten Anforderungen und Pflichten herzustellen. [2]Stellt der Anbieter eines betroffenen KI-Systems die Konformität des KI-Systems mit diesen Anforderungen und Pflichten nicht innerhalb der in Absatz 2 des vorliegenden Artikels genannten Frist her, so werden gegen den Anbieter Geldbußen gemäß Artikel 99 verhängt.

(5) Der Anbieter sorgt dafür, dass alle geeigneten Korrekturmaßnahmen in Bezug auf alle betreffenden KI-Systeme, die er auf dem Unionsmarkt bereitgestellt hat, getroffen werden.

(6) Ergreift der Anbieter des betreffenden KI-Systems innerhalb der in Absatz 2 des vorliegenden Artikels genannten Frist keine angemessenen Korrekturmaßnahmen, so findet Artikel 79 Absätze 5 bis 9 Anwendung.

(7) Stellt die Marktüberwachungsbehörde im Verlauf der Prüfung gemäß Absatz 1 des vorliegenden Artikels fest, dass das KI-System vom Anbieter fälschlich als nicht hochriskant einge-

stuft wurde, um die Geltung der Anforderungen von Kapitel III Abschnitt 2 zu umgehen, so werden gegen den Anbieter Geldbußen gemäß Artikel 99 verhängt.

(8) Bei der Ausübung ihrer Befugnis zur Überwachung der Anwendung dieses Artikels können die Marktüberwachungsbehörden im Einklang mit Artikel 11 der Verordnung (EU) 2019/1020 geeignete Überprüfungen durchführen, wobei sie insbesondere Informationen berücksichtigen, die in der EU-Datenbank gemäß Artikel 71 der vorliegenden Verordnung gespeichert sind.

Artikel 81 Schutzklauselverfahren der Union

(1) [1]Erhebt eine Marktüberwachungsbehörde eines Mitgliedstaats innerhalb von drei Monaten nach Eingang der in Artikel 79 Absatz 5 genannten Notifizierung – oder bei Nichteinhaltung des Verbots der in Artikel 5 genannten KI-Praktiken innerhalb von 30 Tagen – Einwände gegen eine von der Marktüberwachungsbehörde eines anderen Mitgliedstaats getroffene Maßnahme oder ist die Kommission der Ansicht, dass die Maßnahme mit dem Unionsrecht unvereinbar ist, so nimmt die Kommission unverzüglich Konsultationen mit der Marktüberwachungsbehörde des betreffenden Mitgliedstaats und dem Akteur bzw. den Akteuren auf und prüft die nationale Maßnahme. [2]Anhand der Ergebnisse dieser Prüfung entscheidet die Kommission innerhalb von sechs Monaten – oder bei Nichteinhaltung des Verbots der in Artikel 5 genannten KI-Praktiken innerhalb von 60 Tagen – ab dem Eingang der in Artikel 79 Absatz 5 genannten Notifizierung, ob die nationale Maßnahme gerechtfertigt ist, und teilt der Marktüberwachungsbehörde des betreffenden Mitgliedstaats ihre Entscheidung mit. [3]Die Kommission unterrichtet auch alle übrigen Marktüberwachungsbehörden über ihre Entscheidung.

(2) [1]Ist die Kommission der Ansicht, dass die von dem betreffenden Mitgliedstaat ergriffene Maßnahme gerechtfertigt ist, so tragen alle Mitgliedstaaten dafür Sorge, dass sie geeignete einschränkende Maßnahmen in Bezug auf das betreffende KI-System ergreifen, etwa die Anordnung der unverzüglichen Rücknahme des KI-Systems von ihrem Markt, und informiert die Kommission darüber. [2]Erachtet die Kommission die nationale Maßnahme als nicht gerechtfertigt, nimmt der betreffende Mitgliedstaat die Maßnahme zurück und informiert die Kommission darüber.

(3) Gilt die nationale Maßnahme als gerechtfertigt und wird die Nichtkonformität des KI-Systems auf Mängel in den in den Artikeln 40 und 41 dieser Verordnung genannten harmonisierten Normen oder gemeinsamen Spezifikationen zurückgeführt, so leitet die Kommission das in Artikel 11 der Verordnung (EU) Nr. 1025/2012 festgelegte Verfahren ein.

Artikel 82 Konforme KI-Systeme, die ein Risiko bergen

(1) Stellt die Marktüberwachungsbehörde eines Mitgliedstaats – nach einer Konsultation der in Artikel 77 Absatz 1 genannten betreffenden nationalen Behörde – nach der gemäß Artikel 79 durchgeführten Prüfung fest, dass ein Hochrisiko-KI-System zwar dieser Verordnung entspricht, aber dennoch ein Risiko für die Gesundheit oder Sicherheit von Personen, für die Grundrechte oder für andere Aspekte des Schutzes öffentlicher Interessen darstellt, so fordert sie unverzüglich den betreffenden Akteur auf, alle geeigneten Maßnahmen zu treffen, damit das betreffende KI-System zum Zeitpunkt des Inverkehrbringens oder der Inbetriebnahme dieses Risiko nicht mehr birgt, und zwar innerhalb einer Frist, die sie vorgeben kann.

(2) Der Anbieter oder der andere einschlägige Akteur sorgt dafür, dass in Bezug auf alle betroffenen KI-Systeme, die er auf dem Unionsmarkt bereitgestellt hat, innerhalb der Frist, die von der in Absatz 1 genannten Marktüberwachungsbehörde des Mitgliedstaats vorgegeben wurde, Korrekturmaßnahmen ergriffen werden.

(3) [1]Die Mitgliedstaaten unterrichten unverzüglich die Kommission und die anderen Mitgliedstaaten über Feststellungen gemäß Absatz 1. [2]Diese Unterrichtung enthält alle vorliegenden Angaben, insbesondere die für die Identifizierung des betreffenden KI-Systems notwendigen Daten, den Ursprung und die Lieferkette des KI-Systems, die Art des sich daraus ergebenden Risikos sowie die Art und Dauer der ergriffenen nationalen Maßnahmen.

(4) [1]Die Kommission nimmt unverzüglich mit den betreffenden Mitgliedstaaten und den jeweiligen Akteuren Konsultationen auf und prüft die ergriffenen nationalen Maßnahmen. [2]Anhand der Ergebnisse dieser Prüfung entscheidet die Kommission, ob die Maßnahme gerechtfertigt ist, und schlägt, falls erforderlich, weitere geeignete Maßnahmen vor.

(5) [1]Die Kommission teilt ihren Beschluss unverzüglich den betroffenen Mitgliedstaaten und den jeweiligen Akteuren mit. [2]Sie unterrichtet auch die übrigen Mitgliedstaaten.

Artikel 83 Formale Nichtkonformität

(1) Wenn die Marktüberwachungsbehörde eines Mitgliedstaats eine der folgenden Nichtkonformitäten feststellt, fordert sie den jeweiligen Anbieter auf, diese binnen einer Frist, die sie vorgeben kann, zu beheben:

a) die CE-Kennzeichnung wurde unter Verstoß gegen Artikel 48 angebracht;
b) es wurde keine CE-Kennzeichnung angebracht;
c) es wurde keine EU-Konformitätserklärung gemäß Artikel 47 ausgestellt;
d) es wurde keine EU-Konformitätserklärung gemäß Artikel 47 ordnungsgemäß ausgestellt;
e) es wurde keine Registrierung in der EU-Datenbank gemäß Artikel 71 vorgenommen;
f) es wurde kein Bevollmächtigter – sofern erforderlich – ernannt;
g) es ist keine technische Dokumentation verfügbar.

(2) Besteht die Nichtkonformität nach Absatz 1 weiter, so ergreift die Marktüberwachungsbehörde des betreffenden Mitgliedstaats geeignete und verhältnismäßige Maßnahmen, um die Bereitstellung des Hochrisiko-KI-Systems auf dem Markt zu beschränken oder zu verbieten oder um dafür zu sorgen, dass es unverzüglich zurückgerufen oder vom Markt genommen wird.

Artikel 84 Unionsstrukturen zur Unterstützung der Prüfung von KI

(1) Die Kommission benennt eine oder mehrere Unionsstrukturen zur Unterstützung der Prüfung von KI, die die Aufgaben gemäß Artikel 21 Absatz 6 der Verordnung (EU) 2019/1020 im KI-Bereich wahrnehmen.
(2) Unbeschadet der in Absatz 1 genannten Aufgaben leisten die Unionsstrukturen zur Unterstützung der Prüfung von KI auf Anfrage des KI-Gremiums, der Kommission oder der Marktüberwachungsbehörden auch unabhängige technische oder wissenschaftliche Beratung.

Abschnitt 4
Rechtsbehelfe

Artikel 85 Recht auf Beschwerde bei einer Marktüberwachungsbehörde

Unbeschadet anderer verwaltungsrechtlicher oder gerichtlicher Rechtsbehelfe kann jede natürliche oder juristische Person, die Grund zu der Annahme hat, dass gegen die Bestimmungen dieser Verordnung verstoßen wurde, bei der betreffenden Marktüberwachungsbehörde Beschwerden einreichen.
Gemäß der Verordnung (EU) 2019/1020 werden solche Beschwerden für die Zwecke der Durchführung von Marktüberwachungstätigkeiten berücksichtigt und nach den einschlägigen von den Marktüberwachungsbehörden dafür eingerichteten Verfahren behandelt.

Artikel 86 Recht auf Erläuterung der Entscheidungsfindung im Einzelfall

(1) Personen, die von einer Entscheidung betroffen sind, die der Betreiber auf der Grundlage der Ausgaben eines in Anhang III aufgeführten Hochrisiko-KI-Systems, mit Ausnahme der in Nummer 2 des genannten Anhangs aufgeführten Systeme, getroffen hat und die rechtliche Auswirkungen hat oder sie in ähnlicher Art erheblich auf eine Weise beeinträchtigt, die ihrer Ansicht nach ihre Gesundheit, ihre Sicherheit oder ihre Grundrechte beeinträchtigt, haben das Recht, vom Betreiber eine klare und aussagekräftige Erläuterung zur Rolle des KI-Systems im Entscheidungsprozess und zu den wichtigsten Elementen der getroffenen Entscheidung zu erhalten.
(2) Absatz 1 gilt nicht für die Verwendung von KI-Systemen, bei denen sich Ausnahmen von oder Beschränkungen der Pflicht nach dem genannten Absatz aus dem Unionsrecht oder dem nationalen Recht im Einklang mit dem Unionsrecht ergeben.
(3) Dieser Artikel gilt nur insoweit, als das Recht gemäß Absatz 1 nicht anderweitig im Unionsrecht festgelegt ist.

Artikel 87 Meldung von Verstößen und Schutz von Hinweisgebern

Für die Meldung von Verstößen gegen diese Verordnung und den Schutz von Personen, die solche Verstöße melden, gilt die Richtlinie (EU) 2019/1937.

Abschnitt 5
Aufsicht, Ermittlung, Durchsetzung und Überwachung in Bezug auf Anbieter von KI-Modellen mit allgemeinem Verwendungszweck

Artikel 88 Durchsetzung der Pflichten der Anbieter von KI-Modellen mit allgemeinem Verwendungszweck

(1) Die Kommission verfügt unter Berücksichtigung der Verfahrensgarantien nach Artikel 94 über ausschließliche Befugnisse zur Beaufsichtigung und Durchsetzung von Kapitel V. Unbeschadet der Organisationsbefugnisse der Kommission und der Aufteilung der Zuständigkeiten zwischen den Mitgliedstaaten und der Union auf der Grundlage der Verträge überträgt die Kommission dem Büro für Künstliche Intelligenz die Durchführung dieser Aufgaben.

(2) Unbeschadet des Artikels 75 Absatz 3 können die Marktüberwachungsbehörden die Kommission ersuchen, die in diesem Abschnitt festgelegten Befugnisse auszuüben, wenn es erforderlich und verhältnismäßig ist, um die Wahrnehmung ihrer Aufgaben gemäß dieser Verordnung zu unterstützen.

Artikel 89 Überwachungsmaßnahmen

(1) Zur Wahrnehmung der ihr in diesem Abschnitt übertragenen Aufgaben kann das Büro für Künstliche Intelligenz die erforderlichen Maßnahmen ergreifen, um die wirksame Umsetzung und Einhaltung dieser Verordnung durch Anbieter von KI-Modellen mit allgemeinem Verwendungszweck, einschließlich der Einhaltung genehmigter Praxisleitfäden, zu überwachen.

(2) [1]Nachgelagerte Anbieter haben das Recht, eine Beschwerde wegen eines Verstoßes gegen diese Verordnung einzureichen. [2]Eine Beschwerde ist hinreichend zu begründen und enthält mindestens Folgendes:

a) die Kontaktstelle des Anbieters des betreffenden KI-Modells mit allgemeinem Verwendungszweck;
b) eine Beschreibung der einschlägigen Fakten, die betreffenden Bestimmungen dieser Verordnung und die Begründung, warum der nachgelagerte Anbieter der Auffassung ist, dass der Anbieter des KI-Modells mit allgemeinem Verwendungszweck gegen diese Verordnung verstoßen hat;
c) alle sonstigen Informationen, die der nachgelagerte Anbieter, der die Anfrage übermittelt hat, für relevant hält, gegebenenfalls einschließlich Informationen, die er auf eigene Initiative hin zusammengetragen hat.

Artikel 90 Warnungen des wissenschaftlichen Gremiums vor systemischen Risiken

(1) Das wissenschaftliche Gremium kann dem Büro für Künstliche Intelligenz eine qualifizierte Warnung übermitteln, wenn es Grund zu der Annahme hat, dass

a) ein KI-Modell mit allgemeinem Verwendungszweck ein konkretes, identifizierbares Risiko auf Unionsebene birgt oder
b) ein KI-Modell mit allgemeinem Verwendungszweck die Bedingungen gemäß Artikel 51 erfüllt.

(2) [1]Aufgrund einer solchen qualifizierten Warnung kann die Kommission über das Büro für Künstliche Intelligenz und nach Unterrichtung des KI-Gremiums die in diesem Abschnitt festgelegten Befugnisse zur Beurteilung der Angelegenheit ausüben. [2]Das Büro für Künstliche Intelligenz unterrichtet das KI-Gremium über jede Maßnahme gemäß den Artikeln 91 bis 94.

(3) Eine qualifizierte Warnung ist hinreichend zu begründen und enthält mindestens Folgendes:

a) die Kontaktstelle des Anbieters des betreffenden KI-Modells mit allgemeinem Verwendungszweck mit systemischem Risiko;
b) eine Beschreibung der einschlägigen Fakten und der Gründe für die Warnung durch das wissenschaftliche Gremium;

c) alle sonstigen Informationen, die das wissenschaftliche Gremium für relevant hält, gegebenenfalls einschließlich Informationen, die es auf eigene Initiative hin zusammengetragen hat.

Artikel 91 Befugnis zur Anforderung von Dokumentation und Informationen

(1) Die Kommission kann den Anbieter des betreffenden KI-Modells mit allgemeinem Verwendungszweck auffordern, die vom Anbieter gemäß den Artikeln 53 und 55 erstellte Dokumentation oder alle zusätzlichen Informationen vorzulegen, die erforderlich sind, um die Einhaltung dieser Verordnung durch den Anbieter zu beurteilen.

(2) Vor der Übermittlung des Informationsersuchens kann das Büro für Künstliche Intelligenz einen strukturierten Dialog mit dem Anbieter des KI-Modells mit allgemeinem Verwendungszweck einleiten.

(3) Auf hinreichend begründeten Antrag des wissenschaftlichen Gremiums kann die Kommission ein Informationsersuchen an einen Anbieter eines KI-Modells mit allgemeinem Verwendungszweck richten, wenn der Zugang zu Informationen für die Wahrnehmung der Aufgaben des wissenschaftlichen Gremiums gemäß Artikel 68 Absatz 2 erforderlich und verhältnismäßig ist.

(4) In dem Auskunftsersuchen sind die Rechtsgrundlage und der Zweck des Ersuchens zu nennen, anzugeben, welche Informationen benötigt werden, eine Frist für die Übermittlung der Informationen zu setzen, und die Geldbußen für die Erteilung unrichtiger, unvollständiger oder irreführender Informationen gemäß Artikel 101 anzugeben.

(5) [1]Der Anbieter des betreffenden KI-Modells mit allgemeinem Verwendungszweck oder sein Vertreter stellt die angeforderten Informationen bereit. [2]Im Falle juristischer Personen, Gesellschaften oder – wenn der Anbieter keine Rechtspersönlichkeit besitzt – die Personen, die nach Gesetz oder Satzung zur Vertretung dieser Personen befugt sind, stellen die angeforderten Informationen im Namen des Anbieters des betreffenden KI-Modells mit allgemeinem Verwendungszweck zur Verfügung. [3]Ordnungsgemäß bevollmächtigte Rechtsanwälte können Informationen im Namen ihrer Mandanten erteilen. [4]Die Mandanten bleiben jedoch in vollem Umfang dafür verantwortlich, dass die erteilten Auskünfte vollständig, sachlich richtig oder nicht irreführend sind.

Artikel 92 Befugnis zur Durchführung von Bewertungen

(1) Das Büro für Künstliche Intelligenz kann nach Konsultation des KI-Gremiums Bewertungen des betreffenden KI-Modells mit allgemeinem Verwendungszweck durchführen, um

a) die Einhaltung der Pflichten aus dieser Verordnung durch den Anbieter zu beurteilen, wenn die gemäß Artikel 91 eingeholten Informationen unzureichend sind, oder
b) systemische Risiken auf Unionsebene von KI-Modellen mit allgemeinem Verwendungszweck mit systemischem Risiko zu ermitteln, insbesondere im Anschluss an eine qualifizierte Warnung des wissenschaftlichen Gremiums gemäß Artikel 90 Absatz 1 Buchstabe a.

(2) [1]Die Kommission kann beschließen, unabhängige Sachverständige zu benennen, die in ihrem Namen Bewertungen durchführen, einschließlich aus dem gemäß Artikel 68 eingesetzten wissenschaftlichen Gremium. [2]Die für diese Aufgabe benannten unabhängigen Sachverständigen erfüllen die in Artikel 68 Absatz 2 umrissenen Kriterien.

(3) Für die Zwecke des Absatzes 1 kann die Kommission über API oder weitere geeignete technische Mittel und Instrumente, einschließlich Quellcode, Zugang zu dem betreffenden KI-Modell mit allgemeinem Verwendungszweck anfordern.

(4) In der Anforderung des Zugangs sind die Rechtsgrundlage, der Zweck und die Gründe für die Anforderung zu nennen und die Frist für die Bereitstellung des Zugangs zu setzen und die Geldbußen gemäß Artikel 101 für den Fall, dass der Zugang nicht bereitgestellt wird, anzugeben.

(5) [1]Die Anbieter des betreffenden KI-Modells mit allgemeinem Verwendungszweck oder seine Vertreter stellen die angeforderten Informationen zur Verfügung. [2]Im Falle juristischer Personen, Gesellschaften oder – wenn der Anbieter keine Rechtspersönlichkeit besitzt – die Personen, die nach Gesetz oder ihrer Satzung zur Vertretung dieser Personen befugt sind,

stellen den angeforderten Zugang im Namen des Anbieters des betreffenden KI-Modells mit allgemeinem Verwendungszweck zur Verfügung.

(6) [1]Die Kommission erlässt Durchführungsrechtsakte, in denen die detaillierten Regelungen und Voraussetzungen für die Bewertungen, einschließlich der detaillierten Regelungen für die Einbeziehung unabhängiger Sachverständiger, und das Verfahren für deren Auswahl festgelegt werden. [2]Diese Durchführungsrechtsakte werden gemäß dem in Artikel 98 Absatz 2 genannten Prüfverfahren erlassen.

(7) Bevor es den Zugang zu dem betreffenden KI-Modell mit allgemeinem Verwendungszweck anfordert, kann das Büro für Künstliche Intelligenz einen strukturierten Dialog mit dem Anbieter des KI-Modells mit allgemeinem Verwendungszweck einleiten, um mehr Informationen über die interne Erprobung des Modells, interne Vorkehrungen zur Vermeidung systemischer Risiken und andere interne Verfahren und Maßnahmen, die der Anbieter zur Minderung dieser Risiken ergriffen hat, einzuholen.

Artikel 93 Befugnis zur Aufforderung zu Maßnahmen

(1) Soweit erforderlich und angemessen, kann die Kommission die Anbieter auffordern,

a) geeignete Maßnahmen zu ergreifen, um die Verpflichtungen gemäß den Artikeln 53 und 54 einzuhalten;
b) Risikominderungsmaßnahmen durchzuführen, wenn die gemäß Artikel 92 durchgeführte Bewertung zu ernsthaften und begründeten Bedenken hinsichtlich eines systemischen Risikos auf Unionsebene geführt hat;
c) die Bereitstellung des Modells auf dem Markt einzuschränken, es zurückzunehmen oder zurückzurufen.

(2) Vor der Aufforderung zu einer Maßnahme kann das Büro für Künstliche Intelligenz einen strukturierten Dialog mit dem Anbieter des KI-Modells mit allgemeinem Verwendungszweck einleiten.

(3) Wenn der Anbieter des KI-Modells mit allgemeinem Verwendungszweck im Rahmen des strukturierten Dialogs gemäß Absatz 2 Verpflichtungszusagen zur Durchführung von Risikominderungsmaßnahmen, um einem systemischen Risiko auf Unionsebene zu begegnen, anbietet, kann die Kommission diese Verpflichtungszusagen durch einen Beschluss für bindend erklären und feststellen, dass es keinen weiteren Anlass zum Handeln gibt.

Artikel 94 Verfahrensrechte der Wirtschaftsakteure des KI-Modells mit allgemeinem Verwendungszweck

Unbeschadet der in dieser Verordnung enthaltenen spezifischeren Verfahrensrechte gilt für die Anbieter des KI-Modells mit allgemeinem Verwendungszweck Artikel 18 der Verordnung (EU) 2019/1020 sinngemäß.

Kapitel X
Verhaltenskodizes und Leitlinien

Artikel 95 Verhaltenskodizes für die freiwillige Anwendung bestimmter Anforderungen

(1) Das Büro für Künstliche Intelligenz und die Mitgliedstaaten fördern und erleichtern die Aufstellung von Verhaltenskodizes, einschließlich damit zusammenhängender Governance-Mechanismen, mit denen die freiwillige Anwendung einiger oder aller der in Kapitel III Abschnitt 2 genannten Anforderungen auf KI-Systeme, die kein hohes Risiko bergen, gefördert werden soll, wobei den verfügbaren technischen Lösungen und bewährten Verfahren der Branche, die die Anwendung dieser Anforderungen ermöglichen, Rechnung zu tragen ist.

(2) Das Büro für Künstliche Intelligenz und die Mitgliedstaaten erleichtern die Aufstellung von Verhaltenskodizes in Bezug auf die freiwillige Anwendung spezifischer Anforderungen auf alle KI-Systeme, einschließlich durch Betreiber, auf der Grundlage klarer Zielsetzungen sowie wesentlicher Leistungsindikatoren zur Messung der Erfüllung dieser Zielsetzungen, einschließlich unter anderem folgender Elemente:

a) in den Ethik-Leitlinien der Union für eine vertrauenswürdige KI enthaltene anwendbare Elemente;

b) Beurteilung und Minimierung der Auswirkungen von KI-Systemen auf die ökologische Nachhaltigkeit, einschließlich im Hinblick auf energieeffizientes Programmieren, und Techniken, um KI effizient zu gestalten, zu trainieren und zu nutzen;
c) Förderung der KI-Kompetenz, insbesondere der von Personen, die mit der Entwicklung, dem Betrieb und der Nutzung von KI befasst sind;
d) Erleichterung einer inklusiven und vielfältigen Gestaltung von KI-Systemen, unter anderem durch die Einsetzung inklusiver und vielfältiger Entwicklungsteams und die Förderung der Beteiligung der Interessenträger an diesem Prozess;
e) Bewertung und Verhinderung der negativen Auswirkungen von KI-Systemen auf schutzbedürftige Personen oder Gruppen schutzbedürftiger Personen, einschließlich im Hinblick auf die Barrierefreiheit für Personen mit Behinderungen, sowie auf die Gleichstellung der Geschlechter.

(3) [1]Verhaltenskodizes können von einzelnen KI-System-Anbietern oder -Betreibern oder von Interessenvertretungen dieser Anbieter oder Betreiber oder von beiden aufgestellt werden, auch unter Einbeziehung von Interessenträgern sowie deren Interessenvertretungen einschließlich Organisationen der Zivilgesellschaft und Hochschulen. [2]Verhaltenskodizes können sich auf ein oder mehrere KI-Systeme erstrecken, um ähnlichen Zweckbestimmungen der jeweiligen Systeme Rechnung zu tragen.

(4) Das Büro für Künstliche Intelligenz und die Mitgliedstaaten berücksichtigen die besonderen Interessen und Bedürfnisse von KMU, einschließlich Startups, bei der Förderung und Erleichterung der Aufstellung von Verhaltenskodizes.

Artikel 96 Leitlinien der Kommission zur Durchführung dieser Verordnung

(1) [1]Die Kommission erarbeitet Leitlinien für die praktische Umsetzung dieser Verordnung, die sich insbesondere auf Folgendes beziehen:
a) die Anwendung der in den Artikeln 8 bis 15 und in Artikel 25 genannten Anforderungen und Pflichten;
b) die in Artikel 5 genannten verbotenen Praktiken;
c) die praktische Durchführung der Bestimmungen über wesentliche Veränderungen;
d) die praktische Umsetzung der Transparenzpflichten gemäß Artikel 50;
e) detaillierte Informationen über das Verhältnis dieser Verordnung zu den in Anhang I aufgeführten Harmonisierungsrechtsvorschriften der Union sowie zu anderen einschlägigen Rechtsvorschriften der Union, auch in Bezug auf deren kohärente Durchsetzung;
f) die Anwendung der Definition eines KI-Systems gemäß Artikel 3 Nummer 1.

[2]Wenn die Kommission solche Leitlinien herausgibt, widmet sie den Bedürfnissen von KMU einschließlich Start-up-Unternehmen, von lokalen Behörden und von den am wahrscheinlichsten von dieser Verordnung betroffenen Sektoren besondere Aufmerksamkeit.

Die Leitlinien gemäß Unterabsatz 1 dieses Absatzes tragen dem allgemein anerkannten Stand der Technik im Bereich KI sowie den einschlägigen harmonisierten Normen und gemeinsamen Spezifikationen, auf die in den Artikeln 40 und 41 Bezug genommen wird, oder den harmonisierten Normen oder technischen Spezifikationen, die gemäß den Harmonisierungsrechtsvorschriften der Union festgelegt wurden, gebührend Rechnung.

(2) Auf Ersuchen der Mitgliedstaaten oder des Büros für Künstliche Intelligenz oder von sich aus aktualisiert die Kommission früher verabschiedete Leitlinien, wenn es als notwendig erachtet wird.

Kapitel XI
Befugnisübertragung und Ausschussverfahren

Artikel 97 Ausübung der Befugnisübertragung

(1) Die Befugnis zum Erlass delegierter Rechtsakte wird der Kommission unter den in diesem Artikel festgelegten Bedingungen übertragen.

(2) [1]Die in Artikel 6 Absätze 6 und 7, Artikel 7 Absätze 1 und 3, Artikel 11 Absatz 3, Artikel 43 Absätze 5 und 6, Artikel 47 Absatz 5, Artikel 51 Absatz 3, Artikel 52 Absatz 4 sowie Artikel 53 Absätze 5 und 6 genannte Befugnis zum Erlass delegierter Rechtsakte wird der Kommission

für einen Zeitraum von fünf Jahren ab 1. August 2024 übertragen. [2]Die Kommission erstellt spätestens neun Monate vor Ablauf des Zeitraums von fünf Jahren einen Bericht über die Befugnisübertragung. [3]Die Befugnisübertragung verlängert sich stillschweigend um Zeiträume gleicher Länge, es sei denn, das Europäische Parlament oder der Rat widersprechen einer solchen Verlängerung spätestens drei Monate vor Ablauf des jeweiligen Zeitraums.

(3) [1]Die Befugnisübertragung gemäß Artikel 6 Absätze 6 und 7, Artikel 7 Absätze 1 und 3, Artikel 11 Absatz 3, Artikel 43 Absätze 5 und 6, Artikel 47 Absatz 5, Artikel 51 Absatz 3, Artikel 52 Absatz 4 sowie Artikel 53 Absätze 5 und 6 kann vom Europäischen Parlament oder vom Rat jederzeit widerrufen werden. [2]Der Beschluss über den Widerruf beendet die Übertragung der in jenem Beschluss angegebenen Befugnis. [3]Er wird am Tag nach seiner Veröffentlichung im *Amtsblatt der Europäischen Union* oder zu einem darin angegebenen späteren Zeitpunkt wirksam. [4]Die Gültigkeit von delegierten Rechtsakten, die bereits in Kraft sind, wird von dem Beschluss über den Widerruf nicht berührt.

(4) Vor dem Erlass eines delegierten Rechtsakts konsultiert die Kommission die von den einzelnen Mitgliedstaaten benannten Sachverständigen im Einklang mit den in der Interinstitutionellen Vereinbarung vom 13. April 2016 über bessere Rechtsetzung niedergelegten Grundsätzen.

(5) Sobald die Kommission einen delegierten Rechtsakt erlässt, übermittelt sie ihn gleichzeitig dem Europäischen Parlament und dem Rat.

(6) [1]Ein delegierter Rechtsakt, der nach Artikel 6 Absatz 6 oder 7, Artikel 7 Absatz 1 oder 3, Artikel 11 Absatz 3, Artikel 43 Absatz 5 oder 6, Artikel 47 Absatz 5, Artikel 51 Absatz 3, Artikel 52 Absatz 4 sowie Artikel 53 Absatz 5 oder 6 erlassen wurde, tritt nur in Kraft, wenn weder das Europäische Parlament noch der Rat innerhalb einer Frist von drei Monaten nach Übermittlung jenes Rechtsakts an das Europäische Parlament und den Rat Einwände erhoben haben oder wenn vor Ablauf dieser Frist das Europäische Parlament und der Rat beide der Kommission mitgeteilt haben, dass sie keine Einwände erheben werden. [2]Auf Initiative des Europäischen Parlaments oder des Rates wird diese Frist um drei Monate verlängert.

Artikel 98 Ausschussverfahren

(1) [1]Die Kommission wird von einem Ausschuss unterstützt. [2]Dieser Ausschuss ist ein Ausschuss im Sinne der Verordnung (EU) Nr. 182/2011.

(2) Wird auf diesen Absatz Bezug genommen, so gilt Artikel 5 der Verordnung (EU) Nr. 182/2011.

Kapitel XII
Sanktionen

Artikel 99 Sanktionen

(1) [1]Entsprechend den Vorgaben dieser Verordnung erlassen die Mitgliedstaaten Vorschriften für Sanktionen und andere Durchsetzungsmaßnahmen, zu denen auch Verwarnungen und nichtmonetäre Maßnahmen gehören können, die bei Verstößen gegen diese Verordnung durch Akteure Anwendung finden, und ergreifen alle Maßnahmen, die für deren ordnungsgemäße und wirksame Durchsetzung notwendig sind, wobei die von der Kommission gemäß Artikel 96 erteilten Leitlinien zu berücksichtigen sind. [2]Die vorgesehenen Sanktionen müssen wirksam, verhältnismäßig und abschreckend sein. [3]Sie berücksichtigen die Interessen von KMU, einschließlich Start-up-Unternehmen, sowie deren wirtschaftliches Überleben.

(2) Die Mitgliedstaaten teilen der Kommission die Vorschriften für Sanktionen und andere Durchsetzungsmaßnahmen gemäß Absatz 1 unverzüglich und spätestens zum Zeitpunkt ihres Inkrafttretens mit und melden ihr unverzüglich etwaige spätere Änderungen.

(3) Bei Missachtung des Verbots der in Artikel 5 genannten KI-Praktiken werden Geldbußen von bis zu 35 000 000 EUR oder – im Falle von Unternehmen – von bis zu 7 % des gesamten weltweiten Jahresumsatzes des vorangegangenen Geschäftsjahres verhängt, je nachdem, welcher Betrag höher ist.

(4) Für Verstöße gegen folgende für Akteure oder notifizierte Stellen geltende Bestimmungen, mit Ausnahme der in Artikel 5 genannten, werden Geldbußen von bis zu 15 000 000 EUR oder

– im Falle von Unternehmen – von bis zu 3 % des gesamten weltweiten Jahresumsatzes des vorangegangenen Geschäftsjahres verhängt, je nachdem, welcher Betrag höher ist:

a) Pflichten der Anbieter gemäß Artikel 16;
b) Pflichten der Bevollmächtigten gemäß Artikel 22;
c) Pflichten der Einführer gemäß Artikel 23;
d) Pflichten der Händler gemäß Artikel 24;
e) Pflichten der Betreiber gemäß Artikel 26;
f) für notifizierte Stellen geltende Anforderungen und Pflichten gemäß Artikel 31, Artikel 33 Absätze 1, 3 und 4 bzw. Artikel 34;
g) Transparenzpflichten für Anbieter und Betreiber gemäß Artikel 50.

(5) Werden notifizierten Stellen oder zuständigen nationalen Behörden auf deren Auskunftsersuchen hin falsche, unvollständige oder irreführende Informationen bereitgestellt, so werden Geldbußen von bis zu 7 500 000 EUR oder – im Falle von Unternehmen – von bis zu 1 % des gesamten weltweiten Jahresumsatzes des vorangegangenen Geschäftsjahres verhängt, je nachdem, welcher Betrag höher ist.

(6) Im Falle von KMU, einschließlich Start-up-Unternehmen, gilt für jede in diesem Artikel genannte Geldbuße der jeweils niedrigere Betrag aus den in den Absätzen 3, 4 und 5 genannten Prozentsätzen oder Summen.

(7) Bei der Entscheidung, ob eine Geldbuße verhängt wird, und bei der Festsetzung der Höhe der Geldbuße werden in jedem Einzelfall alle relevanten Umstände der konkreten Situation sowie gegebenenfalls Folgendes berücksichtigt:

a) Art, Schwere und Dauer des Verstoßes und seiner Folgen, unter Berücksichtigung des Zwecks des KI-Systems sowie gegebenenfalls der Zahl der betroffenen Personen und des Ausmaßes des von ihnen erlittenen Schadens;
b) ob demselben Akteur bereits von anderen Marktüberwachungsbehörden für denselben Verstoß Geldbußen auferlegt wurden;
c) ob demselben Akteur bereits von anderen Behörden für Verstöße gegen das Unionsrecht oder das nationale Recht Geldbußen auferlegt wurden, wenn diese Verstöße auf dieselbe Handlung oder Unterlassung zurückzuführen sind, die einen einschlägigen Verstoß gegen diese Verordnung darstellt;
d) Größe, Jahresumsatz und Marktanteil des Akteurs, der den Verstoß begangen hat;
e) jegliche anderen erschwerenden oder mildernden Umstände im jeweiligen Fall, wie etwa unmittelbar oder mittelbar durch den Verstoß erlangte finanzielle Vorteile oder vermiedene Verluste;
f) Grad der Zusammenarbeit mit den zuständigen nationalen Behörden, um den Verstoß abzustellen und die möglichen nachteiligen Auswirkungen des Verstoßes abzumildern;
g) Grad an Verantwortung des Akteurs unter Berücksichtigung der von ihm ergriffenen technischen und organisatorischen Maßnahmen;
h) Art und Weise, wie der Verstoß den zuständigen nationalen Behörden bekannt wurde, insbesondere ob und gegebenenfalls in welchem Umfang der Akteur den Verstoß gemeldet hat;
i) Vorsätzlichkeit oder Fahrlässigkeit des Verstoßes;
j) alle Maßnahmen, die der Akteur ergriffen hat, um den Schaden, der den betroffenen Personen zugefügt wird, zu mindern.

(8) Jeder Mitgliedstaat erlässt Vorschriften darüber, in welchem Umfang gegen Behörden und öffentliche Stellen, die in dem betreffenden Mitgliedstaat niedergelassen sind, Geldbußen verhängt werden können.

(9) [1]In Abhängigkeit vom Rechtssystem der Mitgliedstaaten können die Vorschriften über Geldbußen je nach den dort geltenden Regeln so angewandt werden, dass die Geldbußen von den zuständigen nationalen Gerichten oder von sonstigen Stellen verhängt werden. [2]Die Anwendung dieser Vorschriften in diesen Mitgliedstaaten muss eine gleichwertige Wirkung haben.

(10) Die Ausübung der Befugnisse gemäß diesem Artikel muss angemessenen Verfahrensgarantien gemäß dem Unionsrecht und dem nationalen Recht, einschließlich wirksamer gerichtlicher Rechtsbehelfe und ordnungsgemäßer Verfahren, unterliegen.

(11) Die Mitgliedstaaten erstatten der Kommission jährlich Bericht über die Geldbußen, die sie in dem betreffenden Jahr gemäß diesem Artikel verhängt haben, und über damit zusammenhängende Rechtsstreitigkeiten oder Gerichtsverfahren.

Artikel 100 Verhängung von Geldbußen gegen Organe, Einrichtungen und sonstige Stellen der Union

(1) [1]Der Europäische Datenschutzbeauftragte kann gegen Organe, Einrichtungen und sonstige Stellen der Union, die in den Anwendungsbereich dieser Verordnung fallen, Geldbußen verhängen. [2]Bei der Entscheidung, ob eine Geldbuße verhängt wird, und bei der Festsetzung der Höhe der Geldbuße werden in jedem Einzelfall alle relevanten Umstände der konkreten Situation sowie Folgendes gebührend berücksichtigt:

a) Art, Schwere und Dauer des Verstoßes und dessen Folgen, unter Berücksichtigung des Zwecks des betreffenden KI-Systems sowie gegebenenfalls der Zahl der betroffenen Personen und des Ausmaßes des von ihnen erlittenen Schadens;
b) Grad der Verantwortung des Organs, der Einrichtung oder der sonstigen Stelle der Union unter Berücksichtigung der von diesem bzw. dieser ergriffenen technischen und organisatorischen Maßnahmen;
c) alle Maßnahmen, die das Organ, die Einrichtung oder die sonstige Stelle der Union zur Minderung des von den betroffenen Personen erlittenen Schadens ergriffen hat;
d) das Maß der Zusammenarbeit mit dem Europäischen Datenschutzbeauftragten bei der Behebung des Verstoßes und der Minderung seiner möglichen nachteiligen Auswirkungen, einschließlich der Befolgung von Maßnahmen, die der Europäische Datenschutzbeauftragte dem Organ, der Einrichtung oder der sonstigen Stelle der Union im Hinblick auf denselben Gegenstand zuvor bereits auferlegt hatte;
e) ähnliche frühere Verstöße des Organs, der Einrichtung oder der sonstigen Stelle der Union;
f) Art und Weise, wie der Verstoß dem Europäischen Datenschutzbeauftragten bekannt wurde, insbesondere ob und gegebenenfalls in welchem Umfang das Organ, die Einrichtung oder die sonstige Stelle der Union den Verstoß gemeldet hat;
g) der Jahreshaushalt des Organs, der Einrichtung oder der sonstigen Stelle der Union.

(2) Bei Missachtung des Verbots der in Artikel 5 genannten KI-Praktiken werden Geldbußen von bis zu 1 500 000 EUR verhängt.

(3) Bei Nichtkonformität des KI-Systems mit in dieser Verordnung festgelegten Anforderungen oder Pflichten, mit Ausnahme der in Artikel 5 festgelegten, werden Geldbußen von bis zu 750 000 EUR verhängt.

(4) [1]Bevor der Europäische Datenschutzbeauftragte Entscheidungen nach dem vorliegenden Artikel trifft, gibt er dem Organ, der Einrichtung oder der sonstigen Stelle der Union, gegen das bzw. die sich das von ihm geführte Verfahren richtet, Gelegenheit, sich zum Vorwurf des Verstoßes zu äußern. [2]Der Europäische Datenschutzbeauftragte stützt seine Entscheidungen nur auf die Elemente und Umstände, zu denen sich die betreffenden Parteien äußern können. [3]Beschwerdeführer, soweit vorhanden, müssen in das Verfahren eng einbezogen werden.

(5) [1]Die Verteidigungsrechte der betroffenen Parteien werden während des Verfahrens in vollem Umfang gewahrt. [2]Vorbehaltlich der legitimen Interessen von Einzelpersonen oder Unternehmen im Hinblick auf den Schutz ihrer personenbezogenen Daten oder Geschäftsgeheimnisse haben die betroffenen Parteien Anspruch auf Einsicht in die Unterlagen des Europäischen Datenschutzbeauftragten.

(6) [1]Das Aufkommen aus den nach diesem Artikel verhängten Geldbußen trägt zum Gesamthaushalt der Union bei. [2]Die Geldbußen dürfen nicht den wirksamen Betrieb des Organs, der Einrichtung oder der sonstigen Stelle der Union beeinträchtigen, dem bzw. der die Geldbuße auferlegt wurde.

(7) Der Europäische Datenschutzbeauftragte macht der Kommission jährlich Mitteilung über die Geldbußen, die er nach Maßgabe dieses Artikels verhängt hat, und über die von ihm eingeleiteten Rechtsstreitigkeiten oder Gerichtsverfahren.

Artikel 101 Geldbußen für Anbieter von KI-Modellen mit allgemeinem Verwendungszweck

(1) [1]Die Kommission kann gegen Anbieter von KI-Modellen mit allgemeinem Verwendungszweck Geldbußen von bis zu 3 % ihres gesamten weltweiten Jahresumsatzes im vorangegangenen Geschäftsjahr oder 15 000 000 EUR verhängen, je nachdem, welcher Betrag höher ist, wenn sie feststellt, dass der Anbieter vorsätzlich oder fahrlässig
a) gegen die einschlägigen Bestimmungen dieser Verordnung verstoßen hat;
b) der Anforderung eines Dokuments oder von Informationen gemäß Artikel 91 nicht nachgekommen ist oder falsche, unvollständige oder irreführende Informationen bereitgestellt hat;
c) einer gemäß Artikel 93 geforderten Maßnahme nicht nachgekommen ist;
d) der Kommission keinen Zugang zu dem KI-Modell mit allgemeinem Verwendungszweck oder dem KI-Modell mit allgemeinem Verwendungszweck mit systemischem Risiko gewährt hat, um eine Bewertung gemäß Artikel 92 durchzuführen.

[2]Bei der Festsetzung der Höhe der Geldbuße oder des Zwangsgelds wird der Art, der Schwere und der Dauer des Verstoßes sowie den Grundsätzen der Verhältnismäßigkeit und der Angemessenheit gebührend Rechnung getragen. [3]Die Kommission berücksichtigt außerdem Verpflichtungen, die gemäß Artikel 93 Absatz 3 oder in den einschlägigen Praxisleitfäden nach Artikel 56 gemacht wurden.

(2) Vor der Annahme einer Entscheidung nach Absatz 1 teilt die Kommission dem Anbieter des KI-Modells mit allgemeinem Verwendungszweck ihre vorläufige Beurteilung mit und gibt ihm Gelegenheit, Stellung zu nehmen.

(3) Die gemäß diesem Artikel verhängten Geldbußen müssen wirksam, verhältnismäßig und abschreckend sein.

(4) Informationen über gemäß diesem Artikel verhängte Geldbußen werden gegebenenfalls dem KI-Gremium mitgeteilt.

(5) [1]Der Gerichtshof der Europäischen Union hat die unbeschränkte Befugnis zur Überprüfung der Entscheidungen der Kommission über die Festsetzung einer Geldbuße gemäß diesem Artikel. [2]Er kann die verhängte Geldbuße aufheben, herabsetzen oder erhöhen.

(6) [1]Die Kommission erlässt Durchführungsrechtsakte mit detaillierten Regelungen und Verfahrensgarantien für die Verfahren im Hinblick auf den möglichen Erlass von Beschlüssen gemäß Absatz 1 dieses Artikels. [2]Diese Durchführungsrechtsakte werden gemäß dem in Artikel 98 Absatz 2 genannten Prüfverfahren erlassen.

Kapitel XIII
Schlussbestimmungen

Artikel 102 Änderung der Verordnung (EG) Nr. 300/2008

In Artikel 4 Absatz 3 der Verordnung (EG) Nr. 300/2008 wird folgender Unterabsatz angefügt:

Beim Erlass detaillierter Maßnahmen, die technische Spezifikationen und Verfahren für die Genehmigung und den Einsatz von Sicherheitsausrüstung betreffen, bei der auch Systeme der künstlichen Intelligenz im Sinne der Verordnung (EU) 2024/1689 des Europäischen Parlaments und des Rates[1] zum Einsatz kommen, werden die in Kapitel III Abschnitt 2 jener Verordnung festgelegten Anforderungen berücksichtigt.

Artikel 103 Änderung der Verordnung (EU) Nr. 167/2013

In Artikel 17 Absatz 5 der Verordnung (EU) Nr. 167/2013 wird folgender Unterabsatz angefügt:

Beim Erlass delegierter Rechtsakte nach Unterabsatz 1, die sich auf Systeme der künstlichen Intelligenz beziehen, bei denen es sich um Sicherheitsbauteile im Sinne der Verordnung (EU)

1 **Amtl. Anm.:** Verordnung (EU) 2024/1689 des Europäischen Parlaments und des Rates vom 13. Juni 2024 zur Festlegung harmonisierter Vorschriften für künstliche Intelligenz und zur Änderung der Verordnungen (EG) Nr. 300/2008, (EU) Nr. 167/2013, (EU) Nr. 168/2013, (EU) 2018/858, (EU) 2018/1139 und (EU) 2019/2144 sowie der Richtlinien 2014/90/EU, (EU) 2016/797 und (EU) 2020/1828 (Verordnung über künstliche Intelligenz) (ABl. L, 2024/1689, 12.7.2024, ELI: http://data.europa.eu/eli/reg/2024/1689/oj).

2024/1689 des Europäischen Parlaments und des Rates[1] handelt, werden die in Kapitel III Abschnitt 2 jener Verordnung festgelegten Anforderungen berücksichtigt.

Artikel 104 Änderung der Verordnung (EU) Nr. 168/2013

In Artikel 22 Absatz 5 der Verordnung (EU) Nr. 168/2013 wird folgender Unterabsatz angefügt:

Beim Erlass delegierter Rechtsakte nach Unterabsatz 1, die sich auf Systeme der künstlichen Intelligenz beziehen, bei denen es sich um Sicherheitsbauteile im Sinne der Verordnung (EU) 2024/1689 des Europäischen Parlaments und des Rates[1] handelt, werden die in Kapitel III Abschnitt 2 jener Verordnung festgelegten Anforderungen berücksichtigt.

Artikel 105 Änderung der Richtlinie 2014/90/EU

In Artikel 8 der Richtlinie 2014/90/EU wird folgender Absatz angefügt:

(5) Bei Systemen der künstlichen Intelligenz, bei denen es sich um Sicherheitsbauteile im Sinne der Verordnung (EU) 2024/1689 des Europäischen Parlaments und des Rates[1] handelt, berücksichtigt die Kommission bei der Ausübung ihrer Tätigkeiten nach Absatz 1 und bei Erlass technischer Spezifikationen und Prüfnormen nach den Absätzen 2 und 3 die in Kapitel III Abschnitt 2 jener Verordnung festgelegten Anforderungen.

Artikel 106 Änderung der Richtlinie (EU) 2016/797

In Artikel 5 der Richtlinie (EU) 2016/797 wird folgender Absatz angefügt:

(12) Beim Erlass von delegierten Rechtsakten nach Absatz 1 und von Durchführungsrechtsakten nach Absatz 11, die sich auf Systeme der künstlichen Intelligenz beziehen, bei denen es sich um Sicherheitsbauteile im Sinne der Verordnung (EU) 2024/1689 des Europäischen Parlaments und des Rates[1] handelt, werden die in Kapitel III Abschnitt 2 jener Verordnung festgelegten Anforderungen berücksichtigt.

Artikel 107 Änderung der Verordnung (EU) 2018/858

In Artikel 5 der Verordnung (EU) 2018/858 wird folgender Absatz angefügt:

(4) Beim Erlass delegierter Rechtsakte nach Absatz 3, die sich auf Systeme der künstlichen Intelligenz beziehen, bei denen es sich um Sicherheitsbauteile im Sinne der Verordnung (EU) 2024/1689 des Europäischen Parlaments und des Rates[1] handelt, werden die in Kapitel III Abschnitt 2 jener Verordnung festgelegten Anforderungen berücksichtigt.

---

1 **Amtl. Anm.:** Verordnung (EU) 2024/1689 des Europäischen Parlaments und des Rates vom 13. Juni 2024 zur Festlegung harmonisierter Vorschriften für künstliche Intelligenz und zur Änderung der Verordnungen (EG) Nr. 300/2008, (EU) Nr. 167/2013, (EU) Nr. 168/2013, (EU) 2018/858, (EU) 2018/1139 und (EU) 2019/2144 sowie der Richtlinien 2014/90/EU, (EU) 2016/797 und (EU) 2020/1828 (Verordnung über künstliche Intelligenz) (ABl. L, 2024/1689, 12.7.2024, ELI: http://data.europa.eu/eli/reg/2024/1689/oj).

1 **Amtl. Anm.:** Verordnung (EU) 2024/1689 des Europäischen Parlaments und des Rates vom 13. Juni 2024 zur Festlegung harmonisierter Vorschriften für künstliche Intelligenz und zur Änderung der Verordnungen (EG) Nr. 300/2008, (EU) Nr. 167/2013, (EU) Nr. 168/2013, (EU) 2018/858, (EU) 2018/1139 und (EU) 2019/2144 sowie der Richtlinien 2014/90/EU, (EU) 2016/797 und (EU) 2020/1828 (Verordnung über künstliche Intelligenz) (ABl. L, 2024/1689, 12.7.2024, ELI: http://data.europa.eu/eli/reg/2024/1689/oj).

1 **Amtl. Anm.:** Verordnung (EU) 2024/1689 des Europäischen Parlaments und des Rates vom 13. Juni 2024 zur Festlegung harmonisierter Vorschriften für künstliche Intelligenz und zur Änderung der Verordnungen (EG) Nr. 300/2008, (EU) Nr. 167/2013, (EU) Nr. 168/2013, (EU) 2018/858, (EU) 2018/1139 und (EU) 2019/2144 sowie der Richtlinien 2014/90/EU, (EU) 2016/797 und (EU) 2020/1828 (Verordnung über künstliche Intelligenz) (ABl. L, 2024/1689, 12.7.2024, ELI: http://data.europa.eu/eli/reg/2024/1689/oj).

1 **Amtl. Anm.:** Verordnung (EU) 2024/1689 des Europäischen Parlaments und des Rates vom 13. Juni 2024 zur Festlegung harmonisierter Vorschriften für künstliche Intelligenz und zur Änderung der Verordnungen (EG) Nr. 300/2008, (EU) Nr. 167/2013, (EU) Nr. 168/2013, (EU) 2018/858, (EU) 2018/1139 und (EU) 2019/2144 sowie der Richtlinien 2014/90/EU, (EU) 2016/797 und (EU) 2020/1828 (Verordnung über künstliche Intelligenz) (ABl. L, 2024/1689, 12.7.2024, ELI: http://data.europa.eu/eli/reg/2024/1689/oj).

1 **Amtl. Anm.:** Verordnung (EU) 2024/1689 des Europäischen Parlaments und des Rates vom 13. Juni 2024 zur Festlegung harmonisierter Vorschriften für künstliche Intelligenz und zur Änderung der Verordnungen (EG) Nr. 300/2008, (EU) Nr. 167/2013, (EU) Nr. 168/2013, (EU) 2018/858, (EU) 2018/1139 und (EU) 2019/2144 sowie der Richtlinien 2014/90/EU, (EU) 2016/797 und (EU) 2020/1828 (Verordnung über künstliche Intelligenz) (ABl. L, 2024/1689, 12.7.2024, ELI: http://data.europa.eu/eli/reg/2024/1689/oj).

Artikel 108 Änderungen der Verordnung (EU) 2018/1139

Die Verordnung (EU) 2018/1139 wird wie folgt geändert:

1. In Artikel 17 wird folgender Absatz angefügt:

(3) Unbeschadet des Absatzes 2 werden beim Erlass von Durchführungsrechtsakten nach Absatz 1, die sich auf Systeme der künstlichen Intelligenz beziehen, bei denen es sich um Sicherheitsbauteile im Sinne der Verordnung (EU) 2024/1689 des Europäischen Parlaments und des Rates[1] handelt, die in Kapitel III Abschnitt 2 jener Verordnung festgelegten Anforderungen berücksichtigt.

2. In Artikel 19 wird folgender Absatz angefügt:

(4) Beim Erlass delegierter Rechtsakte nach den Absätzen 1 und 2, die sich auf Systeme der künstlichen Intelligenz beziehen, bei denen es sich um Sicherheitsbauteile im Sinne der Verordnung (EU) 2024/1689 handelt, werden die in Kapitel III Abschnitt 2 jener Verordnung festgelegten Anforderungen berücksichtigt.

3. In Artikel 43 wird folgender Absatz angefügt:

(4) Beim Erlass von Durchführungsrechtsakten nach Absatz 1, die sich auf Systeme der künstlichen Intelligenz beziehen, bei denen es sich um Sicherheitsbauteile im Sinne der Verordnung (EU) 2024/1689 handelt, werden die in Kapitel III Abschnitt 2 jener Verordnung festgelegten Anforderungen berücksichtigt.

4. In Artikel 47 wird folgender Absatz angefügt:

(3) Beim Erlass delegierter Rechtsakte nach den Absätzen 1 und 2, die sich auf Systeme der künstlichen Intelligenz beziehen, bei denen es sich um Sicherheitsbauteile im Sinne der Verordnung (EU) 2024/1689 handelt, werden die in Kapitel III Abschnitt 2 jener Verordnung festgelegten Anforderungen berücksichtigt.

5. In Artikel 57 wird folgender Unterabsatz angefügt:

Beim Erlass solcher Durchführungsrechtsakte, die sich auf Systeme der künstlichen Intelligenz beziehen, bei denen es sich um Sicherheitsbauteile im Sinne der Verordnung (EU) 2024/1689 handelt, werden die in Kapitel III Abschnitt 2 jener Verordnung festgelegten Anforderungen berücksichtigt.

6. In Artikel 58 wird folgender Absatz angefügt:

(3) Beim Erlass delegierter Rechtsakte nach den Absätzen 1 und 2, die sich auf Systeme der künstlichen Intelligenz beziehen, bei denen es sich um Sicherheitsbauteile im Sinne der Verordnung (EU) 2024/1689 handelt, werden die in Kapitel III Abschnitt 2 jener Verordnung festgelegten Anforderungen berücksichtigt.

Artikel 109 Änderung der Verordnung (EU) 2019/2144

In Artikel 11 der Verordnung (EU) 2019/2144 wird folgender Absatz angefügt:

(3) Beim Erlass von Durchführungsrechtsakten nach Absatz 2, die sich auf Systeme der künstlichen Intelligenz beziehen, bei denen es sich um Sicherheitsbauteile im Sinne der Verordnung (EU) 2024/1689 des Europäischen Parlaments und des Rates[1] handelt, werden die in Kapitel III Abschnitt 2 jener Verordnung festgelegten Anforderungen berücksichtigt.

---

1 **Amtl. Anm.:** Verordnung (EU) 2024/1689 des Europäischen Parlaments und des Rates vom 13. Juni 2024 zur Festlegung harmonisierter Vorschriften für künstliche Intelligenz und zur Änderung der Verordnungen (EG) Nr. 300/2008, (EU) Nr. 167/2013, (EU) Nr. 168/2013, (EU) 2018/858, (EU) 2018/1139 und (EU) 2019/2144 sowie der Richtlinien 2014/90/EU, (EU) 2016/797 und (EU) 2020/1828 (Verordnung über künstliche Intelligenz) (ABl. L, 2024/1689, 12.7.2024, ELI: http://data.europa.eu/eli/reg/2024/1689/oj).

1 **Amtl. Anm.:** Verordnung (EU) 2024/1689 des Europäischen Parlaments und des Rates vom 13. Juni 2024 zur Festlegung harmonisierter Vorschriften für künstliche Intelligenz und zur Änderung der Verordnungen (EG) Nr. 300/2008, (EU) Nr. 167/2013, (EU) Nr. 168/2013, (EU) 2018/858, (EU) 2018/1139 und (EU) 2019/2144 sowie der Richtlinien 2014/90/EU, (EU) 2016/797 und (EU) 2020/1828 (Verordnung über künstliche Intelligenz) (ABl. L, 2024/1689, 12.7.2024, ELI: http://data.europa.eu/eli/reg/2024/1689/oj).

Artikel 110 Änderung der Richtlinie (EU) 2020/1828

In Anhang I der Richtlinie (EU) 2020/1828 des Europäischen Parlaments und des Rates[1] wird die folgende Nummer angefügt:

68. Verordnung (EU) 2024/1689 des Europäischen Parlaments und des Rates vom 13. Juni 2024 zur Festlegung harmonisierter Vorschriften für künstliche Intelligenz und zur Änderung der Verordnungen (EG) Nr. 300/2008, (EU) Nr. 167/2013, (EU) Nr. 168/2013, (EU) 2018/858, (EU) 2018/1139 und (EU) 2019/2144 sowie der Richtlinien 2014/90/EU, (EU) 2016/797 und (EU) 2020/1828 (Verordnung über künstliche Intelligenz) (ABl. L, 2024/1689, 12.7.2024, ELI: http://data.europa.eu/eli/reg/2024/1689/oj).

Artikel 111 Bereits in Verkehr gebrachte oder in Betrieb genommene KI-Systeme und bereits in Verkehr gebrachte KI-Modelle mit allgemeinem Verwendungszweck

(1) Unbeschadet der Anwendung des Artikels 5 gemäß Artikel 113 Absatz 3 Buchstabe a werden KI-Systeme, bei denen es sich um Komponenten von IT-Großsystemen handelt, die mit den in Anhang X aufgeführten Rechtsakten eingerichtet wurden und vor dem 2. August 2027 in Verkehr gebracht oder in Betrieb genommen wurden, bis zum 31. Dezember 2030 mit dieser Verordnung in Einklang gebracht.

Die in dieser Verordnung festgelegten Anforderungen werden bei der Bewertung jedes IT-Großsystems, das mit den in Anhang X aufgeführten Rechtsakten eingerichtet wurde, berücksichtigt, wobei die Bewertung entsprechend den Vorgaben der jeweiligen Rechtsakte und bei Ersetzung oder Änderung dieser Rechtsakte erfolgt.

(2) [1]Unbeschadet der Anwendung des Artikels 5 gemäß Artikel 113 Absatz 3 Buchstabe a gilt diese Verordnung für Betreiber von Hochrisiko-KI-Systemen – mit Ausnahme der in Absatz 1 des vorliegenden Artikels genannten Systeme –, die vor dem 2. August 2026 in Verkehr gebracht oder in Betrieb genommen wurden, nur dann, wenn diese Systeme danach in ihrer Konzeption erheblich verändert wurden. [2]In jedem Fall treffen die Anbieter und Betreiber von Hochrisiko-KI-Systemen, die bestimmungsgemäß von Behörden verwendet werden sollen, die erforderlichen Maßnahmen für die Erfüllung der Anforderungen und Pflichten dieser Verordnung bis zum 2. August 2030.

(3) Anbieter von KI-Modellen mit allgemeinem Verwendungszweck, die vor dem 2. August 2025 in Verkehr gebracht wurden, treffen die erforderlichen Maßnahmen für die Erfüllung der in dieser Verordnung festgelegten Pflichten bis zum 2. August 2027.

Artikel 112 Bewertung und Überprüfung

(1) [1]Die Kommission prüft nach Inkrafttreten dieser Verordnung und bis zum Ende der Befugnisübertragung gemäß Artikel 97 einmal jährlich, ob eine Änderung der Liste in Anhang III und der Liste der verbotenen Praktiken im KI-Bereich gemäß Artikel 5 erforderlich ist. [2]Die Kommission übermittelt die Ergebnisse dieser Bewertung dem Europäischen Parlament und dem Rat.

(2) Bis zum 2. August 2028 und danach alle vier Jahre bewertet die Kommission Folgendes und erstattet dem Europäischen Parlament und dem Rat Bericht darüber:

a) Notwendigkeit von Änderungen zur Erweiterung bestehender Bereiche oder zur Aufnahme neuer Bereiche in Anhang III:
b) Änderungen der Liste der KI-Systeme, die zusätzliche Transparenzmaßnahmen erfordern, in Artikel 50;
c) Änderungen zur Verbesserung der Wirksamkeit des Überwachungs- und Governance-Systems.

(3) [1]Bis zum 2. August 2029 und danach alle vier Jahre legt die Kommission dem Europäischen Parlament und dem Rat einen Bericht über die Bewertung und Überprüfung dieser Verordnung vor. [2]Der Bericht enthält eine Beurteilung hinsichtlich der Durchsetzungsstruktur und

---

1 **Amtl. Anm.:** Richtlinie (EU) 2020/1828 des Europäischen Parlaments und des Rates vom 25. November 2020 über Verbandsklagen zum Schutz der Kollektivinteressen der Verbraucher und zur Aufhebung der Richtlinie 2009/22/EG (ABl. L 409 vom 4.12.2020, S. 1).

der etwaigen Notwendigkeit einer Agentur der Union zur Lösung der festgestellten Mängel. [3]Auf der Grundlage der Ergebnisse wird diesem Bericht gegebenenfalls ein Vorschlag zur Änderung dieser Verordnung beigefügt. [4]Die Berichte werden veröffentlicht.

(4) In den in Absatz 2 genannten Berichten wird insbesondere auf folgende Aspekte eingegangen:

a) Sachstand bezüglich der finanziellen, technischen und personellen Ressourcen der zuständigen nationalen Behörden im Hinblick auf deren Fähigkeit, die ihnen auf der Grundlage dieser Verordnung übertragenen Aufgaben wirksam zu erfüllen;
b) Stand der Sanktionen, insbesondere der Bußgelder nach Artikel 99 Absatz 1, die Mitgliedstaaten bei Verstößen gegen diese Verordnung verhängt haben;
c) angenommene harmonisierte Normen und gemeinsame Spezifikationen, die zur Unterstützung dieser Verordnung erarbeitet wurden;
d) Zahl der Unternehmen, die nach Inkrafttreten dieser Verordnung in den Markt eintreten, und wie viele davon KMU sind.

(5) [1]Bis zum 2. August 2028 bewertet die Kommission die Arbeitsweise des Büros für Künstliche Intelligenz und prüft, ob das Büro für Künstliche Intelligenz mit ausreichenden Befugnissen und Zuständigkeiten zur Erfüllung seiner Aufgaben ausgestattet wurde, und ob es für die ordnungsgemäße Durchführung und Durchsetzung dieser Verordnung zweckmäßig und erforderlich wäre, das Büro für Künstliche Intelligenz und seine Durchsetzungskompetenzen zu erweitern und seine Ressourcen aufzustocken. [2]Die Kommission übermittelt dem Europäischen Parlament und dem Rat einen Bericht über ihre Bewertung.

(6) [1]Bis zum 2. August 2028 und danach alle vier Jahre legt die Kommission einen Bericht über die Überprüfung der Fortschritte bei der Entwicklung von Normungsdokumenten zur energieeffizienten Entwicklung von KI-Modellen mit allgemeinem Verwendungszweck vor und beurteilt die Notwendigkeit weiterer Maßnahmen oder Handlungen, einschließlich verbindlicher Maßnahmen oder Handlungen. [2]Dieser Bericht wird dem Europäischen Parlament und dem Rat vorgelegt und veröffentlicht.

(7) Bis zum 2. August 2028 und danach alle drei Jahre führt die Kommission eine Bewertung der Folgen und der Wirksamkeit der freiwilligen Verhaltenskodizes durch, mit denen die Anwendung der in Kapitel III Abschnitt 2 festgelegten Anforderungen an andere KI-Systeme als Hochrisiko-KI-Systeme und möglicherweise auch zusätzlicher Anforderungen an andere KI-Systeme als Hochrisiko-KI-Systeme, auch in Bezug auf deren ökologische Nachhaltigkeit, gefördert werden soll.

(8) Für die Zwecke der Absätze 1 bis 7 übermitteln das KI-Gremium, die Mitgliedstaaten und die zuständigen nationalen Behörden der Kommission auf Anfrage unverzüglich die gewünschten Informationen.

(9) Bei den in den Absätzen 1 bis 7 genannten Bewertungen und Überprüfungen berücksichtigt die Kommission die Standpunkte und Feststellungen des KI-Gremiums, des Europäischen Parlaments, des Rates und anderer einschlägiger Stellen oder Quellen.

(10) Die Kommission legt erforderlichenfalls geeignete Vorschläge zur Änderung dieser Verordnung vor und berücksichtigt dabei insbesondere technologische Entwicklungen, die Auswirkungen von KI-Systemen auf die Gesundheit und Sicherheit und auf die Grundrechte und die Fortschritte in der Informationsgesellschaft.

(11) Als Orientierung für die in den Absätzen 1 bis 7 genannten Bewertungen und Überprüfungen entwickelt das Büro für Künstliche Intelligenz ein Ziel und eine partizipative Methode für die Bewertung der Risikoniveaus anhand der in den jeweiligen Artikeln genannten Kriterien und für die Einbeziehung neuer Systeme in

a) die Liste gemäß Anhang III, einschließlich der Erweiterung bestehender Bereiche oder der Aufnahme neuer Bereiche in diesen Anhang;
b) die Liste der verbotenen Praktiken gemäß Artikel 5; und
c) die Liste der KI-Systeme, die zusätzliche Transparenzmaßnahmen erfordern, in Artikel 50.

(12) Eine Änderung dieser Verordnung im Sinne des Absatzes 10 oder entsprechende delegierte Rechtsakte oder Durchführungsrechtsakte, die sektorspezifische Rechtsvorschriften für eine unionsweite Harmonisierung gemäß Anhang I Abschnitt B betreffen, berücksichtigen die

regulatorischen Besonderheiten des jeweiligen Sektors und die in der Verordnung festgelegten bestehenden Governance-, Konformitätsbewertungs- und Durchsetzungsmechanismen und -behörden.

(13) [1]Bis zum 2. August 2031 nimmt die Kommission unter Berücksichtigung der ersten Jahre der Anwendung der Verordnung eine Bewertung der Durchsetzung dieser Verordnung vor und erstattet dem Europäischen Parlament, dem Rat und dem Europäischen Wirtschafts- und Sozialausschuss darüber Bericht. [2]Auf Grundlage der Ergebnisse wird dem Bericht gegebenenfalls ein Vorschlag zur Änderung dieser Verordnung beigefügt, der die Struktur der Durchsetzung und die Notwendigkeit einer Agentur der Union für die Lösung festgestellter Mängel betrifft.

Artikel 113 Inkrafttreten und Geltungsbeginn

Diese Verordnung tritt am zwanzigsten Tag nach ihrer Veröffentlichung im *Amtsblatt der Europäischen Union* in Kraft.

Sie gilt ab dem 2. August 2026.

Jedoch:

a) Die Kapitel I und II gelten ab dem 2. Februar 2025;
b) Kapitel III Abschnitt 4, Kapitel V, Kapitel VII und Kapitel XII sowie Artikel 78 gelten ab dem 2. August 2025, mit Ausnahme des Artikels 101;
c) Artikel 6 Absatz 1 und die entsprechenden Pflichten gemäß dieser Verordnung gelten ab dem 2. August 2027.

Diese Verordnung ist in allen ihren Teilen verbindlich und gilt unmittelbar in jedem Mitgliedstaat.

Geschehen zu Brüssel am 13. Juni 2024.

Im Namen des Europäischen Parlaments	*Im Namen des Rates*
Die Präsidentin	*Der Präsident*
R. METSOLA	M. MICHEL

Anhang I Liste der Harmonisierungsrechtsvorschriften der Union

Abschnitt A – Liste der Harmonisierungsrechtsvorschriften der Union auf der Grundlage des neuen Rechtsrahmens

1. Richtlinie 2006/42/EG des Europäischen Parlaments und des Rates vom 17. Mai 2006 über Maschinen und zur Änderung der Richtlinie 95/16/EG (ABl. L 157 vom 9.6.2006, S. 24)
2. Richtlinie 2009/48/EG des Europäischen Parlaments und des Rates vom 18. Juni 2009 über die Sicherheit von Spielzeug (ABl. L 170 vom 30.6.2009, S. 1)
3. Richtlinie 2013/53/EU des Europäischen Parlaments und des Rates vom 20. November 2013 über Sportboote und Wassermotorräder und zur Aufhebung der Richtlinie 94/25/EG (ABl. L 354 vom 28.12.2013, S. 90)
4. Richtlinie 2014/33/EU des Europäischen Parlaments und des Rates vom 26. Februar 2014 zur Angleichung der Rechtsvorschriften der Mitgliedstaaten über Aufzüge und Sicherheitsbauteile für Aufzüge (ABl. L 96 vom 29.3.2014, S. 251)
5. Richtlinie 2014/34/EU des Europäischen Parlaments und des Rates vom 26. Februar 2014 zur Harmonisierung der Rechtsvorschriften der Mitgliedstaaten für Geräte und Schutzsysteme zur bestimmungsgemäßen Verwendung in explosionsgefährdeten Bereichen (ABl. L 96 vom 29.3.2014, S. 309)
6. Richtlinie 2014/53/EU des Europäischen Parlaments und des Rates vom 16. April 2014 über die Harmonisierung der Rechtsvorschriften der Mitgliedstaaten über die Bereitstellung von Funkanlagen auf dem Markt und zur Aufhebung der Richtlinie 1999/5/EG (ABl. L 153 vom 22.5.2014, S. 62)
7. Richtlinie 2014/68/EU des Europäischen Parlaments und des Rates vom 15. Mai 2014 zur Harmonisierung der Rechtsvorschriften der Mitgliedstaaten über die Bereitstellung von Druckgeräten auf dem Markt (ABl. L 189 vom 27.6.2014, S. 164)

8. Verordnung (EU) 2016/424 des Europäischen Parlaments und des Rates vom 9. März 2016 über Seilbahnen und zur Aufhebung der Richtlinie 2000/9/EG (ABl. L 81 vom 31.3.2016, S. 1)
9. Verordnung (EU) 2016/425 des Europäischen Parlaments und des Rates vom 9. März 2016 über persönliche Schutzausrüstungen und zur Aufhebung der Richtlinie 89/686/EWG des Rates (ABl. L 81 vom 31.3.2016, S. 51)
10. Verordnung (EU) 2016/426 des Europäischen Parlaments und des Rates vom 9. März 2016 über Geräte zur Verbrennung gasförmiger Brennstoffe und zur Aufhebung der Richtlinie 2009/142/EG (ABl. L 81 vom 31.3.2016, S. 99)
11. Verordnung (EU) 2017/745 des Europäischen Parlaments und des Rates vom 5. April 2017 über Medizinprodukte, zur Änderung der Richtlinie 2001/83/EG, der Verordnung (EG) Nr. 178/2002 und der Verordnung (EG) Nr. 1223/2009 und zur Aufhebung der Richtlinien 90/385/EWG und 93/42/EWG des Rates (ABl. L 117 vom 5.5.2017, S. 1)
12. Verordnung (EU) 2017/746 des Europäischen Parlaments und des Rates vom 5. April 2017 über In-vitro-Diagnostika und zur Aufhebung der Richtlinie 98/79/EG und des Beschlusses 2010/227/EU der Kommission (ABl. L 117 vom 5.5.2017, S. 176)

Abschnitt B – Liste anderer Harmonisierungsrechtsvorschriften der Union

13. Verordnung (EG) Nr. 300/2008 des Europäischen Parlaments und des Rates vom 11. März 2008 über gemeinsame Vorschriften für die Sicherheit in der Zivilluftfahrt und zur Aufhebung der Verordnung (EG) Nr. 2320/2002 (ABl. L 97 vom 9.4.2008, S. 72)
14. Verordnung (EU) Nr. 168/2013 des Europäischen Parlaments und des Rates vom 15. Januar 2013 über die Genehmigung und Marktüberwachung von zwei- oder dreirädrigen und vierrädrigen Fahrzeugen (ABl. L 60 vom 2.3.2013, S. 52)
15. Verordnung (EU) Nr. 167/2013 des Europäischen Parlaments und des Rates vom 5. Februar 2013 über die Genehmigung und Marktüberwachung von land- und forstwirtschaftlichen Fahrzeugen (ABl. L 60 vom 2.3.2013, S. 1)
16. Richtlinie 2014/90/EU des Europäischen Parlaments und des Rates vom 23. Juli 2014 über Schiffsausrüstung und zur Aufhebung der Richtlinie 96/98/EG des Rates (ABl. L 257 vom 28.8.2014, S. 146)
17. Richtlinie (EU) 2016/797 des Europäischen Parlaments und des Rates vom 11. Mai 2016 über die Interoperabilität des Eisenbahnsystems in der Europäischen Union (ABl. L 138 vom 26.5.2016, S. 44)
18. Verordnung (EU) 2018/858 des Europäischen Parlaments und des Rates vom 30. Mai 2018 über die Genehmigung und die Marktüberwachung von Kraftfahrzeugen und Kraftfahrzeuganhängern sowie von Systemen, Bauteilen und selbstständigen technischen Einheiten für diese Fahrzeuge, zur Änderung der Verordnungen (EG) Nr. 715/2007 und (EG) Nr. 595/2009 und zur Aufhebung der Richtlinie 2007/46/EG (ABl. L 151 vom 14.6.2018, S. 1)
19. Verordnung (EU) 2019/2144 des Europäischen Parlaments und des Rates vom 27. November 2019 über die Typgenehmigung von Kraftfahrzeugen und Kraftfahrzeuganhängern sowie von Systemen, Bauteilen und selbstständigen technischen Einheiten für diese Fahrzeuge im Hinblick auf ihre allgemeine Sicherheit und den Schutz der Fahrzeuginsassen und von ungeschützten Verkehrsteilnehmern, zur Änderung der Verordnung (EU) 2018/858 des Europäischen Parlaments und des Rates und zur Aufhebung der Verordnungen (EG) Nr. 78/2009, (EG) Nr. 79/2009 und (EG) Nr. 661/2009 des Europäischen Parlaments und des Rates sowie der Verordnungen (EG) Nr. 631/2009, (EU) Nr. 406/2010, (EU) Nr. 672/2010, (EU) Nr. 1003/2010, (EU) Nr. 1005/2010, (EU) Nr. 1008/2010, (EU) Nr. 1009/2010, (EU) Nr. 19/2011, (EU) Nr. 109/2011, (EU) Nr. 458/2011, (EU) Nr. 65/2012, (EU) Nr. 130/2012, (EU) Nr. 347/2012, (EU) Nr. 351/2012, (EU) Nr. 1230/2012 und (EU) 2015/166 der Kommission (ABl. L 325 vom 16.12.2019, S. 1)
20. Verordnung (EU) 2018/1139 des Europäischen Parlaments und des Rates vom 4. Juli 2018 zur Festlegung gemeinsamer Vorschriften für die Zivilluftfahrt und zur Errichtung einer Agentur der Europäischen Union für Flugsicherheit sowie zur Änderung der Verordnungen (EG) Nr. 2111/2005, (EG) Nr. 1008/2008, (EU) Nr. 996/2010, (EU) Nr. 376/2014 und der Richtlinien 2014/30/EU und 2014/53/EU des Europäischen Parlaments und des Rates, und zur Aufhebung der Verordnungen (EG) Nr. 552/2004 und (EG) Nr. 216/2008 des Europä-

ischen Parlaments und des Rates und der Verordnung (EWG) Nr. 3922/91 des Rates (ABl. L 212 vom 22.8.2018, S. 1), insoweit die Konstruktion, Herstellung und Vermarktung von Luftfahrzeugen gemäß Artikel 2 Absatz 1 Buchstaben a und b in Bezug auf unbemannte Luftfahrzeuge sowie deren Motoren, Propeller, Teile und Ausrüstung zur Fernsteuerung betroffen sind

Anhang II Liste der Straftaten gemäß Artikel 5 Absatz 1 Unterabsatz 1 Buchstabe h Ziffer iii

Straftaten gemäß Artikel 5 Absatz 1 Unterabsatz 1 Buchstabe h Ziffer iii:

- Terrorismus,
- Menschenhandel,
- sexuelle Ausbeutung von Kindern und Kinderpornografie,
- illegaler Handel mit Drogen oder psychotropen Stoffen,
- illegaler Handel mit Waffen, Munition oder Sprengstoffen,
- Mord, schwere Körperverletzung,
- illegaler Handel mit menschlichen Organen oder menschlichem Gewebe,
- illegaler Handel mit nuklearen oder radioaktiven Substanzen,
- Entführung, Freiheitsberaubung oder Geiselnahme,
- Verbrechen, die in die Zuständigkeit des Internationalen Strafgerichtshofs fallen,
- Flugzeug- oder Schiffsentführung,
- Vergewaltigung,
- Umweltkriminalität,
- organisierter oder bewaffneter Raub,
- Sabotage,
- Beteiligung an einer kriminellen Vereinigung, die an einer oder mehreren der oben genannten Straftaten beteiligt ist.

Anhang III Hochrisiko-KI-Systeme gemäß Artikel 6 Absatz 2

Als Hochrisiko-KI-Systeme gemäß Artikel 6 Absatz 2 gelten die in folgenden Bereichen aufgeführten KI-Systeme:

1. Biometrie, soweit ihr Einsatz nach einschlägigem Unionsrecht oder nationalem Recht zugelassen ist:
   a) biometrische Fernidentifizierungssysteme.
   Dazu gehören nicht KI-Systeme, die bestimmungsgemäß für die biometrische Verifizierung, deren einziger Zweck darin besteht, zu bestätigen, dass eine bestimmte natürliche Person die Person ist, für die sie sich ausgibt, verwendet werden sollen;
   b) KI-Systeme, die bestimmungsgemäß für die biometrische Kategorisierung nach sensiblen oder geschützten Attributen oder Merkmalen auf der Grundlage von Rückschlüssen auf diese Attribute oder Merkmale verwendet werden sollen;
   c) KI-Systeme, die bestimmungsgemäß zur Emotionserkennung verwendet werden sollen.
2. Kritische Infrastruktur: KI-Systeme, die bestimmungsgemäß als Sicherheitsbauteile im Rahmen der Verwaltung und des Betriebs kritischer digitaler Infrastruktur, des Straßenverkehrs oder der Wasser-, Gas-, Wärme- oder Stromversorgung verwendet werden sollen
3. Allgemeine und berufliche Bildung
   a) KI-Systeme, die bestimmungsgemäß zur Feststellung des Zugangs oder der Zulassung oder zur Zuweisung natürlicher Personen zu Einrichtungen aller Ebenen der allgemeinen und beruflichen Bildung verwendet werden sollen;
   b) KI-Systeme, die bestimmungsgemäß für die Bewertung von Lernergebnissen verwendet werden sollen, einschließlich des Falles, dass diese Ergebnisse dazu dienen, den Lernprozess natürlicher Personen in Einrichtungen oder Programmen aller Ebenen der allgemeinen und beruflichen Bildung zu steuern;
   c) KI-Systeme, die bestimmungsgemäß zum Zweck der Bewertung des angemessenen Bildungsniveaus, das eine Person im Rahmen von oder innerhalb von Einrichtungen aller Ebenen der allgemeinen und beruflichen Bildung erhalten wird oder zu denen sie Zugang erhalten wird, verwendet werden sollen;

   d) KI-Systeme, die bestimmungsgemäß zur Überwachung und Erkennung von verbotenem Verhalten von Schülern bei Prüfungen im Rahmen von oder innerhalb von Einrichtungen aller Ebenen der allgemeinen und beruflichen Bildung verwendet werden sollen.

4. Beschäftigung, Personalmanagement und Zugang zur Selbstständigkeit
   a) KI-Systeme, die bestimmungsgemäß für die Einstellung oder Auswahl natürlicher Personen verwendet werden sollen, insbesondere um gezielte Stellenanzeigen zu schalten, Bewerbungen zu sichten oder zu filtern und Bewerber zu bewerten;
   b) KI-Systeme, die bestimmungsgemäß für Entscheidungen, die die Bedingungen von Arbeitsverhältnissen, Beförderungen und Kündigungen von Arbeitsvertragsverhältnissen beeinflussen, für die Zuweisung von Aufgaben aufgrund des individuellen Verhaltens oder persönlicher Merkmale oder Eigenschaften oder für die Beobachtung und Bewertung der Leistung und des Verhaltens von Personen in solchen Beschäftigungsverhältnissen verwendet werden soll.
5. Zugänglichkeit und Inanspruchnahme grundlegender privater und grundlegender öffentlicher Dienste und Leistungen:
   a) KI-Systeme, die bestimmungsgemäß von Behörden oder im Namen von Behörden verwendet werden sollen, um zu beurteilen, ob natürliche Personen Anspruch auf grundlegende öffentliche Unterstützungsleistungen und -dienste, einschließlich Gesundheitsdiensten, haben und ob solche Leistungen und Dienste zu gewähren, einzuschränken, zu widerrufen oder zurückzufordern sind;
   b) KI-Systeme, die bestimmungsgemäß für die Kreditwürdigkeitsprüfung und Bonitätsbewertung natürlicher Personen verwendet werden sollen, mit Ausnahme von KI-Systemen, die zur Aufdeckung von Finanzbetrug verwendet werden;
   c) KI-Systeme, die bestimmungsgemäß für die Risikobewertung und Preisbildung in Bezug auf natürliche Personen im Fall von Lebens- und Krankenversicherungen verwendet werden sollen;
   d) KI-Systeme, die bestimmungsgemäß zur Bewertung und Klassifizierung von Notrufen von natürlichen Personen oder für die Entsendung oder Priorisierung des Einsatzes von Not- und Rettungsdiensten, einschließlich Polizei, Feuerwehr und medizinischer Nothilfe, sowie für Systeme für die Triage von Patienten bei der Notfallversorgung verwendet werden sollen.
6. Strafverfolgung, soweit ihr Einsatz nach einschlägigem Unionsrecht oder nationalem Recht zugelassen ist:
   a) KI-Systeme, die bestimmungsgemäß von Strafverfolgungsbehörden oder in deren Namen oder von Organen, Einrichtungen und sonstigen Stellen der Union zur Unterstützung von Strafverfolgungsbehörden oder in deren Namen zur Bewertung des Risikos einer natürlichen Person, zum Opfer von Straftaten zu werden, verwendet werden sollen;
   b) KI-Systeme, die bestimmungsgemäß von Strafverfolgungsbehörden oder in deren Namen oder von Organen, Einrichtungen und sonstigen Stellen der Union zur Unterstützung von Strafverfolgungsbehörden als Lügendetektoren oder ähnliche Instrumente verwendet werden sollen;
   c) KI-Systeme, die bestimmungsgemäß von Strafverfolgungsbehörden oder in deren Namen oder von Organen, Einrichtungen und sonstigen Stellen der Union zur Unterstützung von Strafverfolgungsbehörden zur Bewertung der Verlässlichkeit von Beweismitteln im Zuge der Ermittlung oder Verfolgung von Straftaten verwendet werden sollen;
   d) KI-Systeme, die bestimmungsgemäß von Strafverfolgungsbehörden oder in deren Namen oder von Organen, Einrichtungen und sonstigen Stellen der Union zur Unterstützung von Strafverfolgungsbehörden zur Bewertung des Risikos, dass eine natürliche Person eine Straftat begeht oder erneut begeht, nicht nur auf der Grundlage der Erstellung von Profilen natürlicher Personen gemäß Artikel 3 Absatz 4 der Richtlinie (EU) 2016/680 oder zur Bewertung persönlicher Merkmale und Eigenschaften oder vergangenen kriminellen Verhaltens von natürlichen Personen oder Gruppen verwendet werden sollen;
   e) KI-Systeme, die bestimmungsgemäß von Strafverfolgungsbehörden oder in deren Namen oder von Organen, Einrichtungen und sonstigen Stellen der Union zur Unterstützung von Strafverfolgungsbehörden zur Erstellung von Profilen natürlicher Personen gemäß

Artikel 3 Absatz 4 der Richtlinie (EU) 2016/680 im Zuge der Aufdeckung, Ermittlung oder Verfolgung von Straftaten verwendet werden sollen.

7. Migration, Asyl und Grenzkontrolle, soweit ihr Einsatz nach einschlägigem Unionsrecht oder nationalem Recht zugelassen ist:
   a) KI-Systeme, die bestimmungsgemäß von zuständigen Behörden oder in deren Namen oder Organen, Einrichtungen und sonstigen Stellen der Union als Lügendetektoren verwendet werden sollen oder ähnliche Instrumente;
   b) KI-Systeme, die bestimmungsgemäß von zuständigen Behörden oder in deren Namen oder von Organen, Einrichtungen und sonstigen Stellen der Union zur Bewertung eines Risikos verwendet werden sollen, einschließlich eines Sicherheitsrisikos, eines Risikos der irregulären Einwanderung oder eines Gesundheitsrisikos, das von einer natürlichen Person ausgeht, die in das Hoheitsgebiet eines Mitgliedstaats einzureisen beabsichtigt oder eingereist ist;
   c) KI-Systeme, die bestimmungsgemäß von zuständigen Behörden oder in deren Namen oder von Organen, Einrichtungen und sonstigen Stellen der Union verwendet werden sollen, um zuständige Behörden bei der Prüfung von Asyl- und Visumanträgen sowie Aufenthaltstiteln und damit verbundenen Beschwerden im Hinblick auf die Feststellung der Berechtigung der den Antrag stellenden natürlichen Personen, einschließlich damit zusammenhängender Bewertungen der Verlässlichkeit von Beweismitteln, zu unterstützen;
   d) KI-Systeme, die bestimmungsgemäß von oder im Namen der zuständigen Behörden oder Organen, Einrichtungen und sonstigen Stellen der Union, im Zusammenhang mit Migration, Asyl oder Grenzkontrolle zum Zwecke der Aufdeckung, Anerkennung oder Identifizierung natürlicher Personen verwendet werden sollen, mit Ausnahme der Überprüfung von Reisedokumenten.
8. Rechtspflege und demokratische Prozesse
   a) KI-Systeme, die bestimmungsgemäß von einer oder im Namen einer Justizbehörde verwendet werden sollen, um eine Justizbehörde bei der Ermittlung und Auslegung von Sachverhalten und Rechtsvorschriften und bei der Anwendung des Rechts auf konkrete Sachverhalte zu unterstützen, oder die auf ähnliche Weise für die alternative Streitbeilegung genutzt werden sollen;
   b) KI-Systeme, die bestimmungsgemäß verwendet werden sollen, um das Ergebnis einer Wahl oder eines Referendums oder das Wahlverhalten natürlicher Personen bei der Ausübung ihres Wahlrechts bei einer Wahl oder einem Referendum zu beeinflussen. Dazu gehören nicht KI-Systeme, deren Ausgaben natürliche Personen nicht direkt ausgesetzt sind, wie Instrumente zur Organisation, Optimierung oder Strukturierung politischer Kampagnen in administrativer oder logistischer Hinsicht.

Anhang IV Technische Dokumentation gemäß Artikel 11 Absatz 1

Die in Artikel 11 Absatz 1 genannte technische Dokumentation muss mindestens die folgenden Informationen enthalten, soweit sie für das betreffende KI-System von Belang sind:

1. Allgemeine Beschreibung des KI-Systems, darunter
   a) Zweckbestimmung, Name des Anbieters und Version des Systems mit Angaben dazu, in welcher Beziehung sie zu vorherigen Versionen steht;
   b) gegebenenfalls Interaktion oder Verwendung des KI-Systems mit Hardware oder Software, einschließlich anderer KI-Systeme, die nicht Teil des KI-Systems selbst sind;
   c) Versionen der betreffenden Software oder Firmware und etwaige Anforderungen in Bezug auf Aktualisierungen der Versionen;
   d) Beschreibung aller Formen, in denen das KI-System in Verkehr gebracht oder in Betrieb genommen wird, zum Beispiel in Hardware eingebettete Softwarepakete, Herunterladen oder API;
   e) Beschreibung der Hardware, auf der das KI-System betrieben werden soll;
   f) falls das KI-System Bestandteil von Produkten ist: Fotografien oder Abbildungen, die äußere Merkmale, die Kennzeichnungen und den inneren Aufbau dieser Produkte zeigen;
   g) eine grundlegende Beschreibung der Benutzerschnittstelle, die dem Betreiber zur Verfügung gestellt wird;

   h) Betriebsanleitungen für den Betreiber und gegebenenfalls eine grundlegende Beschreibung der dem Betreiber zur Verfügung gestellten Benutzerschnittstelle;
2. Detaillierte Beschreibung der Bestandteile des KI-Systems und seines Entwicklungsprozesses, darunter
   a) Methoden und Schritte zur Entwicklung des KI-Systems, gegebenenfalls einschließlich des Einsatzes von durch Dritte bereitgestellten vortrainierten Systemen oder Instrumenten, und wie diese vom Anbieter verwendet, integriert oder verändert wurden;
   b) Entwurfsspezifikationen des Systems, insbesondere die allgemeine Logik des KI-Systems und der Algorithmen; die wichtigsten Entwurfsentscheidungen mit den Gründen und getroffenen Annahmen, einschließlich in Bezug auf Personen oder Personengruppen, bezüglich deren das System angewandt werden soll; hauptsächliche Einstufungsentscheidungen; was das System optimieren soll und welche Bedeutung den verschiedenen Parametern dabei zukommt; Beschreibung der erwarteten Ausgabe des Systems und der erwarteten Qualität dieser Ausgabe; die über mögliche Kompromisse in Bezug auf die technischen Lösungen, mit denen die in Kapitel III Abschnitt 2 festgelegten Anforderungen erfüllt werden sollen, getroffenen Entscheidungen;
   c) Beschreibung der Systemarchitektur, aus der hervorgeht, wie Softwarekomponenten aufeinander aufbauen oder einander zuarbeiten und in die Gesamtverarbeitung integriert sind; zum Entwickeln, Trainieren, Testen und Validieren des KI-Systems verwendete Rechenressourcen;
   d) gegebenenfalls Datenanforderungen in Form von Datenblättern, in denen die Trainingsmethoden und -techniken und die verwendeten Trainingsdatensätze beschrieben werden, einschließlich einer allgemeinen Beschreibung dieser Datensätze sowie Informationen zu deren Herkunft, Umfang und Hauptmerkmalen; Angaben zur Beschaffung und Auswahl der Daten; Kennzeichnungsverfahren (zum Beispiel für überwachtes Lernen) und Datenbereinigungsmethoden (zum Beispiel Erkennung von Ausreißern);
   e) Bewertung der nach Artikel 14 erforderlichen Maßnahmen der menschlichen Aufsicht, mit einer Bewertung der technischen Maßnahmen, die erforderlich sind, um den Betreibern gemäß Artikel 13 Absatz 3 Buchstabe d die Interpretation der Ausgaben von KI-Systemen zu erleichtern;
   f) gegebenenfalls detaillierte Beschreibung der vorab bestimmten Änderungen an dem KI-System und seiner Leistung mit allen einschlägigen Informationen zu den technischen Lösungen, mit denen sichergestellt wird, dass das KI-System die einschlägigen in Kapitel III Abschnitt 2 festgelegten Anforderungen weiterhin dauerhaft erfüllt;
   g) verwendete Validierungs- und Testverfahren, mit Informationen zu den verwendeten Validierungs- und Testdaten und deren Hauptmerkmalen; Parameter, die zur Messung der Genauigkeit, Robustheit und der Erfüllung anderer einschlägiger Anforderungen nach Kapitel III Abschnitt 2 sowie potenziell diskriminierender Auswirkungen verwendet werden; Testprotokolle und alle von den verantwortlichen Personen datierten und unterzeichneten Testberichte, auch in Bezug auf die unter Buchstabe f genannten vorab bestimmten Änderungen;
   h) ergriffene Cybersicherheitsmaßnahmen;
3. Detaillierte Informationen über die Überwachung, Funktionsweise und Kontrolle des KI-Systems, insbesondere in Bezug auf Folgendes: die Fähigkeiten und Leistungsgrenzen des Systems, einschließlich der Genauigkeitsgrade bei bestimmten Personen oder Personengruppen, auf die es bestimmungsgemäß angewandt werden soll, sowie des in Bezug auf seine Zweckbestimmung insgesamt erwarteten Maßes an Genauigkeit; angesichts der Zweckbestimmung des KI-Systems vorhersehbare unbeabsichtigte Ergebnisse und Quellen von Risiken in Bezug auf Gesundheit und Sicherheit sowie Grundrechte und Diskriminierung; die nach Artikel 14 erforderlichen Maßnahmen der menschlichen Aufsicht, einschließlich der technischen Maßnahmen, die getroffen wurden, um den Betreibern die Interpretation der Ausgaben von KI-Systemen zu erleichtern; gegebenenfalls Spezifikationen zu Eingabedaten;
4. Darlegungen zur Eignung der Leistungskennzahlen für das spezifische KI-System;
5. Detaillierte Beschreibung des Risikomanagementsystems gemäß Artikel 9;
6. Beschreibung einschlägiger Änderungen, die der Anbieter während des Lebenszyklus an dem System vorgenommen hat;

7. Aufstellung der vollständig oder teilweise angewandten harmonisierten Normen, deren Fundstellen im *Amtsblatt der Europäischen Union* veröffentlicht wurden; falls keine solchen harmonisierten Normen angewandt wurden, eine detaillierte Beschreibung der Lösungen, mit denen die in Kapitel III Abschnitt 2 festgelegten Anforderungen erfüllt werden sollen, mit einer Aufstellung anderer angewandter einschlägiger Normen und technischer Spezifikationen;
8. Kopie der EU-Konformitätserklärung gemäß Artikel 47;
9. Detaillierte Beschreibung des Systems zur Bewertung der Leistung des KI-Systems in der Phase nach dem Inverkehrbringen gemäß Artikel 72, einschließlich des in Artikel 72 Absatz 3 genannten Plans für die Beobachtung nach dem Inverkehrbringen

Anhang V EU-Konformitätserklärung

Die EU-Konformitätserklärung gemäß Artikel 47 enthält alle folgenden Angaben:
1. Name und Art des KI-Systems und etwaige zusätzliche eindeutige Angaben, die die Identifizierung und Rückverfolgbarkeit des KI-Systems ermöglichen;
2. Name und Anschrift des Anbieters und gegebenenfalls seines Bevollmächtigten;
3. Erklärung darüber, dass der Anbieter die alleinige Verantwortung für die Ausstellung der EU-Konformitätserklärung gemäß Artikel 47 trägt;
4. Versicherung, dass das betreffende KI-System der vorliegenden Verordnung sowie gegebenenfalls weiteren einschlägigen Rechtsvorschriften der Union, in denen die Ausstellung der EU-Konformitätserklärung gemäß Artikel 47 vorgesehen ist, entspricht;
5. wenn ein KI-System die Verarbeitung personenbezogener Daten erfordert, eine Erklärung darüber, dass das KI-System den Verordnungen (EU) 2016/679 und (EU) 2018/1725 sowie der Richtlinie (EU) 2016/680 entspricht;
6. Verweise auf die verwendeten einschlägigen harmonisierten Normen oder sonstigen gemeinsamen Spezifikationen, für die die Konformität erklärt wird;
7. gegebenenfalls Name und Identifizierungsnummer der notifizierten Stelle, Beschreibung des durchgeführten Konformitätsbewertungsverfahrens und Identifizierungsnummer der ausgestellten Bescheinigung;
8. Ort und Datum der Ausstellung der Erklärung, den Namen und die Funktion des Unterzeichners sowie Angabe, für wen oder in wessen Namen diese Person unterzeichnet hat, eine Unterschrift.

Anhang VI Konformitätsbewertungsverfahren auf der Grundlage einer internen Kontrolle

1. Das Konformitätsbewertungsverfahren auf der Grundlage einer internen Kontrolle ist das Konformitätsbewertungsverfahren gemäß den Nummern 2, 3 und 4.
2. Der Anbieter überprüft, ob das bestehende Qualitätsmanagementsystem den Anforderungen des Artikels 17 entspricht.
3. Der Anbieter prüft die in der technischen Dokumentation enthaltenen Informationen, um zu beurteilen. ob das KI-System den einschlägigen grundlegenden Anforderungen in Kapitel III Abschnitt 2 entspricht.
4. Der Anbieter überprüft ferner, ob der Entwurfs- und Entwicklungsprozess des KI-Systems und seine Beobachtung nach dem Inverkehrbringen gemäß Artikel 72 mit der technischen Dokumentation im Einklang stehen.

Anhang VII Konformität auf der Grundlage einer Bewertung des Qualitätsmanagementsystems und einer Bewertung der technischen Dokumentation

1. Einleitung

Die Konformität auf der Grundlage einer Bewertung des Qualitätsmanagementsystems und einer Bewertung der technischen Dokumentation entspricht dem Konformitätsbewertungsverfahren gemäß den Nummern 2 bis 5.

2. Überblick

Das genehmigte Qualitätsmanagementsystem für die Konzeption, die Entwicklung und das Testen von KI-Systemen nach Artikel 17 wird gemäß Nummer 3 geprüft und unterliegt der Überwachung gemäß Nummer 5. Die technische Dokumentation des KI-Systems wird gemäß Nummer 4 geprüft.

3. Qualitätsmanagementsystem

3.1.

Der Antrag des Anbieters muss Folgendes enthalten:

a) Name und Anschrift des Anbieters sowie, wenn der Antrag von einem Bevollmächtigten eingereicht wird, auch dessen Namen und Anschrift;
b) die Liste der unter dasselbe Qualitätsmanagementsystem fallenden KI-Systeme;
c) die technische Dokumentation für jedes unter dasselbe Qualitätsmanagementsystem fallende KI-System;
d) die Dokumentation über das Qualitätsmanagementsystem mit allen in Artikel 17 aufgeführten Aspekten;
e) eine Beschreibung der bestehenden Verfahren, mit denen sichergestellt wird, dass das Qualitätsmanagementsystem angemessen und wirksam bleibt;
f) eine schriftliche Erklärung, dass derselbe Antrag bei keiner anderen notifizierten Stelle eingereicht wurde.

3.2.

Das Qualitätssicherungssystem wird von der notifizierten Stelle bewertet, um festzustellen, ob es die in Artikel 17 genannten Anforderungen erfüllt.
Die Entscheidung wird dem Anbieter oder dessen Bevollmächtigten mitgeteilt.
Die Mitteilung enthält die Ergebnisse der Bewertung des Qualitätsmanagementsystems und die begründete Bewertungsentscheidung.

3.3.

Das genehmigte Qualitätsmanagementsystem wird vom Anbieter weiter angewandt und gepflegt, damit es stets angemessen und effizient funktioniert.

3.4.

Der Anbieter unterrichtet die notifizierte Stelle über jede beabsichtigte Änderung des genehmigten Qualitätsmanagementsystems oder der Liste der unter dieses System fallenden KI-Systeme.
Die notifizierte Stelle prüft die vorgeschlagenen Änderungen und entscheidet, ob das geänderte Qualitätsmanagementsystem die unter Nummer 3.2 genannten Anforderungen weiterhin erfüllt oder ob eine erneute Bewertung erforderlich ist.
Die notifizierte Stelle teilt dem Anbieter ihre Entscheidung mit. Die Mitteilung enthält die Ergebnisse der Prüfung der Änderungen und die begründete Bewertungsentscheidung.

4. Kontrolle der technischen Dokumentation

4.1.

Zusätzlich zu dem unter Nummer 3 genannten Antrag stellt der Anbieter bei der notifizierten Stelle seiner Wahl einen Antrag auf Bewertung der technischen Dokumentation für das KI-System, das er in Verkehr zu bringen oder in Betrieb zu nehmen beabsichtigt und das unter das unter Nummer 3 genannte Qualitätsmanagementsystem fällt.

4.2.

Der Antrag enthält Folgendes:
a) den Namen und die Anschrift des Anbieters;
b) eine schriftliche Erklärung, dass derselbe Antrag bei keiner anderen notifizierten Stelle eingereicht wurde;
c) die in Anhang IV genannte technische Dokumentation.

4.3.

Die technische Dokumentation wird von der notifizierten Stelle geprüft. Sofern es relevant ist und beschränkt auf das zur Wahrnehmung ihrer Aufgaben erforderliche Maß erhält die notifizierte Stelle uneingeschränkten Zugang zu den verwendeten Trainings-, Validierungs- und Testdatensätzen, gegebenenfalls und unter Einhaltung von Sicherheitsvorkehrungen auch über API oder sonstige einschlägige technische Mittel und Instrumente, die den Fernzugriff ermöglichen.

4.4.

Bei der Prüfung der technischen Dokumentation kann die notifizierte Stelle vom Anbieter weitere Nachweise oder die Durchführung weiterer Tests verlangen, um eine ordnungsgemäße Bewertung der Konformität des KI-Systems mit den in Kapitel III Abschnitt 2 festgelegten Anforderungen zu ermöglichen. Ist die notifizierte Stelle mit den vom Anbieter durchgeführten Tests nicht zufrieden, so führt sie gegebenenfalls unmittelbar selbst angemessene Tests durch.

4.5.

Sofern es für die Bewertung der Konformität des Hochrisiko-KI-Systems mit den in Kapitel III Abschnitt 2 festgelegten Anforderungen notwendig ist, und nachdem alle anderen sinnvollen Möglichkeiten zur Überprüfung der Konformität ausgeschöpft sind oder sich als unzureichend erwiesen haben, wird der notifizierten Stelle auf begründeten Antrag Zugang zu den Trainingsmodellen und trainierten Modellen des KI-Systems, einschließlich seiner relevanten Parameter, gewährt. Ein solcher Zugang unterliegt dem bestehenden EU-Recht zum Schutz von geistigem Eigentum und Geschäftsgeheimnissen.

4.6.

Die Entscheidung der notifizierten Stelle wird dem Anbieter oder dessen Bevollmächtigten mitgeteilt. Die Mitteilung enthält die Ergebnisse der Bewertung der technischen Dokumentation und die begründete Bewertungsentscheidung.

Erfüllt das KI-System die Anforderungen in Kapitel III Abschnitt 2, so stellt die notifizierte Stelle eine Unionsbescheinigung über die Bewertung der technischen Dokumentation aus. Diese Bescheinigung enthält den Namen und die Anschrift des Anbieters, die Ergebnisse der Prüfung, etwaige Bedingungen für ihre Gültigkeit und die für die Identifizierung des KI-Systems notwendigen Daten.

Die Bescheinigung und ihre Anhänge enthalten alle zweckdienlichen Informationen für die Beurteilung der Konformität des KI-Systems und gegebenenfalls für die Kontrolle des KI-Systems während seiner Verwendung.

Erfüllt das KI-System die in Kapitel III Abschnitt 2 festgelegten Anforderungen nicht, so verweigert die notifizierte Stelle die Ausstellung einer Unionsbescheinigung über die Bewertung der technischen Dokumentation und informiert den Antragsteller darüber, wobei sie ihre Verweigerung ausführlich begründet.

Erfüllt das KI-System nicht die Anforderung in Bezug auf die verwendeten Trainingsdaten, so muss das KI-System vor der Beantragung einer neuen Konformitätsbewertung erneut trainiert werden. In diesem Fall enthält die begründete Bewertungsentscheidung der notifizierten Stelle, mit der die Ausstellung der Unionsbescheinigung über die Bewertung der technischen Dokumentation verweigert wird, besondere Erläuterungen zu den zum Trainieren des KI-Systems verwendeten Qualitätsdaten und insbesondere zu den Gründen für die Nichtkonformität.

4.7.

Jede Änderung des KI-Systems, die sich auf die Konformität des KI-Systems mit den Anforderungen oder auf seine Zweckbestimmung auswirken könnte, bedarf der Bewertung durch die notifizierte Stelle, die die Unionsbescheinigung über die Bewertung der technischen Dokumentation ausgestellt hat. Der Anbieter informiert die notifizierte Stelle über seine Absicht, eine der oben genannten Änderungen vorzunehmen, oder wenn er auf andere Weise Kenntnis vom Eintreten solcher Änderungen erhält. Die notifizierte Stelle bewertet die beabsichtigten Änderungen und entscheidet, ob diese Änderungen eine neue Konformitätsbewertung gemäß Artikel 43 Absatz 4 erforderlich machen oder ob ein Nachtrag zu der Unionsbescheinigung über die Bewertung der technischen Dokumentation ausgestellt werden könnte. In letzterem Fall bewertet die notifizierte Stelle die Änderungen, teilt dem Anbieter ihre Entscheidung mit und stellt ihm, sofern die Änderungen genehmigt wurden, einen Nachtrag zu der Unionsbescheinigung über die Bewertung der technischen Dokumentation aus.

5. Überwachung des genehmigten Qualitätsmanagementsystems

5.1.

Mit der unter Nummer 3 genannten Überwachung durch die notifizierte Stelle soll sichergestellt werden, dass der Anbieter sich ordnungsgemäß an die Anforderungen und Bedingungen des genehmigten Qualitätsmanagementsystems hält.

5.2.

Zu Bewertungszwecken gewährt der Anbieter der notifizierten Stelle Zugang zu den Räumlichkeiten, in denen die Konzeption, die Entwicklung und das Testen der KI-Systeme stattfindet. Außerdem übermittelt der Anbieter der notifizierten Stelle alle erforderlichen Informationen.

5.3.

Die notifizierte Stelle führt regelmäßig Audits durch, um sicherzustellen, dass der Anbieter das Qualitätsmanagementsystem pflegt und anwendet, und übermittelt ihm einen Prüfbericht. Im Rahmen dieser Audits kann die notifizierte Stelle die KI-Systeme, für die eine Unionsbescheinigung über die Bewertung der technischen Dokumentation ausgestellt wurde, zusätzlichen Tests unterziehen.

Anhang VIII Bei der Registrierung des Hochrisiko-KI-Systems gemäß Artikel 49 bereitzustellende Informationen

Abschnitt A – Von Anbietern von Hochrisiko-KI-Systemen gemäß Artikel 49 Absatz 1 bereitzustellende Informationen

Für Hochrisiko-KI-Systeme, die gemäß Artikel 49 Absatz 1 zu registrieren sind, werden folgende Informationen bereitgestellt und danach auf dem neuesten Stand gehalten:

1. der Name, die Anschrift und die Kontaktdaten des Anbieters;
2. bei Vorlage von Informationen durch eine andere Person im Namen des Anbieters: der Name, die Anschrift und die Kontaktdaten dieser Person;
3. gegebenenfalls der Name, die Anschrift und die Kontaktdaten des Bevollmächtigten;
4. der Handelsname des KI-Systems und etwaige zusätzliche eindeutige Angaben, die die Identifizierung und Rückverfolgbarkeit des KI-Systems ermöglichen;
5. eine Beschreibung der Zweckbestimmung des KI-Systems und der durch dieses KI-System unterstützten Komponenten und Funktionen;
6. eine grundlegende und knappe Beschreibung der vom System verwendeten Informationen (Daten, Eingaben) und seiner Betriebslogik;
7. der Status des KI-Systems (in Verkehr/in Betrieb; nicht mehr in Verkehr/in Betrieb, zurückgerufen);
8. die Art, die Nummer und das Ablaufdatum der von der notifizierten Stelle ausgestellten Bescheinigung und gegebenenfalls Name oder Identifizierungsnummer dieser notifizierten Stelle;

9. gegebenenfalls eine gescannte Kopie der in Nummer 8 genannten Bescheinigung;
10. alle Mitgliedstaaten, in denen das KI-System in Verkehr gebracht, in Betrieb genommen oder in der Union bereitgestellt wurde;
11. eine Kopie der in Artikel 47 genannten EU-Konformitätserklärung;
12. elektronische Betriebsanleitungen; dies gilt nicht für Hochrisiko-KI-Systeme in den Bereichen Strafverfolgung oder Migration, Asyl und Grenzkontrolle gemäß Anhang III Nummern 1, 6 und 7;
13. Eine URL-Adresse für zusätzliche Informationen (fakultativ).

Abschnitt B – Von Anbietern von Hochrisiko-KI-Systemen gemäß Artikel 49 Absatz 2 bereitzustellende Informationen

Für KI-Systeme, die gemäß Artikel 49 Absatz 2 zu registrieren sind, werden folgende Informationen bereitgestellt und danach auf dem neuesten Stand gehalten:
1. der Name, die Anschrift und die Kontaktdaten des Anbieters;
2. bei Vorlage von Informationen durch eine andere Person im Namen des Anbieters: Name, Anschrift und Kontaktdaten dieser Person;
3. gegebenenfalls der Name, die Anschrift und die Kontaktdaten des Bevollmächtigten;
4. der Handelsname des KI-Systems und etwaige zusätzliche eindeutige Angaben, die die Identifizierung und Rückverfolgbarkeit des KI-Systems ermöglichen;
5. eine Beschreibung der Zweckbestimmung des KI-Systems;
6. die Bedingung oder Bedingungen gemäß Artikel 6 Absatz 3, aufgrund derer das KI-System nicht als Hoch-Risiko-System eingestuft wird;
7. eine kurze Zusammenfassung der Gründe, aus denen das KI-System in Anwendung des Verfahrens gemäß Artikel 6 Absatz 3 nicht als Hoch-Risiko-System eingestuft wird;
8. der Status des KI-Systems (in Verkehr/in Betrieb; nicht mehr in Verkehr/in Betrieb, zurückgerufen)
9. alle Mitgliedstaaten, in denen das KI-System in der Union in Verkehr gebracht, in Betrieb genommen oder bereitgestellt wurde.

Abschnitt C – Von Betreibern von Hochrisiko-KI-Systemen gemäß Artikel 49 Absatz 3 bereitzustellende Informationen

Für Hochrisiko-KI-Systeme, die gemäß Artikel 49 Absatz 3 zu registrieren sind, werden folgende Informationen bereitgestellt und danach auf dem neuesten Stand gehalten:
1. der Name, die Anschrift und die Kontaktdaten des Betreibers;
2. der Name, die Anschrift und die Kontaktdaten der Person, die im Namen des Betreibers Informationen übermittelt;
3. die URL des Eintrags des KI-Systems in der EU-Datenbank durch seinen Anbieter;
4. eine Zusammenfassung der Ergebnisse der gemäß Artikel 27 durchgeführten Grundrechte-Folgenabschätzung;
5. gegebenenfalls eine Zusammenfassung der im Einklang mit Artikel 35 der Verordnung (EU) 2016/679 oder Artikel 27 der Richtlinie (EU) 2016/680 gemäß Artikel 26 Absatz 8 der vorliegenden Verordnung durchgeführten Datenschutz-Folgenabschätzung.

Anhang IX Bezüglich Tests unter Realbedingungen gemäß Artikel 60 bei der Registrierung von in Anhang III aufgeführten Hochrisiko-KI-Systemen bereitzustellende Informationen

Bezüglich Tests unter Realbedingungen, die gemäß Artikel 60 zu registrieren sind, werden folgende Informationen bereitgestellt und danach auf dem aktuellen Stand gehalten:
1. eine unionsweit einmalige Identifizierungsnummer des Tests unter Realbedingungen;
2. der Name und die Kontaktdaten des Anbieters oder zukünftigen Anbieters und der Betreiber, die an dem Test unter Realbedingungen teilgenommen haben;
3. eine kurze Beschreibung des KI-Systems, seine Zweckbestimmung und sonstige zu seiner Identifizierung erforderliche Informationen;
4. eine Übersicht über die Hauptmerkmale des Plans für den Test unter Realbedingungen;
5. Informationen über die Aussetzung oder den Abbruch des Tests unter Realbedingungen.

Anhang X Rechtsvorschriften der Union über IT-Großsysteme im Raum der Freiheit, der Sicherheit und des Rechts

1. Schengener Informationssystem

a) Verordnung (EU) 2018/1860 des Europäischen Parlaments und des Rates vom 28. November 2018 über die Nutzung des Schengener Informationssystems für die Rückkehr illegal aufhältiger Drittstaatsangehöriger (ABl. L 312 vom 7.12.2018, S. 1)
b) Verordnung (EU) 2018/1861 des Europäischen Parlaments und des Rates vom 28. November 2018 über die Einrichtung, den Betrieb und die Nutzung des Schengener Informationssystems (SIS) im Bereich der Grenzkontrollen, zur Änderung des Übereinkommens zur Durchführung des Übereinkommens von Schengen und zur Änderung und Aufhebung der Verordnung (EG) Nr. 1987/2006 (ABl. L 312 vom 7.12.2018, S. 14)
c) Verordnung (EU) 2018/1862 des Europäischen Parlaments und des Rates vom 28. November 2018 über die Einrichtung, den Betrieb und die Nutzung des Schengener Informationssystems (SIS) im Bereich der polizeilichen Zusammenarbeit und der justiziellen Zusammenarbeit in Strafsachen, zur Änderung und Aufhebung des Beschlusses 2007/533/JI des Rates und zur Aufhebung der Verordnung (EG) Nr. 1986/2006 des Europäischen Parlaments und des Rates und des Beschlusses 2010/261/EU der Kommission (ABl. L 312 vom 7.12.2018, S. 56)

2. Visa-Informationssystem

a) Verordnung (EU) 2021/1133 des Europäischen Parlaments und des Rates vom 7. Juli 2021 zur Änderung der Verordnungen (EU) Nr. 603/2013, (EU) 2016/794, (EU) 2018/1862, (EU) 2019/816 und (EU) 2019/818 hinsichtlich der Festlegung der Voraussetzungen für den Zugang zu anderen Informationssystemen der EU für Zwecke des Visa-Informationssystems (ABl. L 248 vom 13.7.2021, S. 1)
b) Verordnung (EU) 2021/1134 des Europäischen Parlaments und des Rates vom 7. Juli 2021 zur Änderung der Verordnungen (EG) Nr. 767/2008, (EG) Nr. 810/2009, (EU) 2016/399, (EU) 2017/2226, (EU) 2018/1240, (EU) 2018/1860, (EU) 2018/1861, (EU) 2019/817 und (EU) 2019/1896 des Europäischen Parlaments und des Rates und zur Aufhebung der Entscheidung 2004/512/EG und des Beschlusses 2008/633/JI des Rates zum Zwecke der Reform des Visa-Informationssystems (ABl. L 248 vom 13.7.2021, S. 11)

3. Eurodac

Verordnung (EU) 2024/1358 des Europäischen Parlaments und des Rates vom 14. Mai 2024 über die Einrichtung von Eurodac für den Abgleich biometrischer Daten zum Zwecke der effektiven Anwendung der Verordnungen (EU) 2024/1315 und (EU) 2024/1350 des Europäischen Parlaments und des Rates und der Richtlinie 2001/55/EG des Rates und zur Feststellung der Identität illegal aufhältiger Drittstaatsangehöriger und Staatenloser und über der Gefahrenabwehr und Strafverfolgung dienende Anträge der Gefahrenabwehr- und Strafverfolgungsbehörden der Mitgliedstaaten und Europols auf den Abgleich mit Eurodac-Daten sowie zur Änderung der Verordnungen (EU) 2018/1240 und (EU) 2019/818 des Europäischen Parlaments und des Rates und zur Aufhebung der Verordnung (EU) Nr. 603/2013 des Europäischen Parlaments und des Rates (ABl. L, 2024/1358, 22.5.2024, ELI:http://data.europa.eu/eli/reg/2024/1358/oj)

4. Einreise-/Ausreisesystem

Verordnung (EU) 2017/2226 des Europäischen Parlaments und des Rates vom 30. November 2017 über ein Einreise-/Ausreisesystem (EES) zur Erfassung der Ein- und Ausreisedaten sowie der Einreiseverweigerungsdaten von Drittstaatsangehörigen an den Außengrenzen der Mitgliedstaaten und zur Festlegung der Bedingungen für den Zugang zum EES zu Gefahrenabwehr- und Strafverfolgungszwecken und zur Änderung des Übereinkommens von Schengen sowie der Verordnungen (EG) Nr. 767/2008 und (EU) Nr. 1077/2011 (ABl. L 327 vom 9.12.2017, S. 20)

5. Europäisches Reiseinformations- und -genehmigungssystem

a) Verordnung (EU) 2018/1240 des Europäischen Parlaments und des Rates vom 12. September 2018 über die Einrichtung eines Europäischen Reiseinformations- und -genehmigungssystems (ETIAS) und zur Änderung der Verordnungen (EU) Nr. 1077/2011, (EU) Nr. 515/2014, (EU) 2016/399, (EU) 2016/1624 und (EU) 2017/2226 (ABl. L 236 vom 19.9.2018, S. 1)
b) Verordnung (EU) 2018/1241 des Europäischen Parlaments und des Rates vom 12. September 2018 zur Änderung der Verordnung (EU) 2016/794 für die Zwecke der Einrichtung eines Europäischen Reiseinformations- und -genehmigungssystems (ETIAS) (ABl. L 236 vom 19.9.2018, S. 72)

6. Europäisches Strafregisterinformationssystem über Drittstaatsangehörige und Staatenlose

Verordnung (EU) 2019/816 des Europäischen Parlaments und des Rates vom 17. April 2019 zur Einrichtung eines zentralisierten Systems für die Ermittlung der Mitgliedstaaten, in denen Informationen zu Verurteilungen von Drittstaatsangehörigen und Staatenlosen (ECRIS-TCN) vorliegen, zur Ergänzung des Europäischen Strafregisterinformationssystems und zur Änderung der Verordnung (EU) 2018/1726 (ABl. L 135 vom 22.5.2019, S. 1)

7. Interoperabilität

a) Verordnung (EU) 2019/817 des Europäischen Parlaments und des Rates vom 20. Mai 2019 zur Errichtung eines Rahmens für die Interoperabilität zwischen EU-Informationssystemen in den Bereichen Grenzen und Visa und zur Änderung der Verordnungen (EG) Nr. 767/2008, (EU) 2016/399, (EU) 2017/2226, (EU) 2018/1240, (EU) 2018/1726 und (EU) 2018/1861 des Europäischen Parlaments und des Rates, der Entscheidung 2004/512/EG des Rates und des Beschlusses 2008/633/JI des Rates (ABl. L 135 vom 22.5.2019, S. 27)
b) Verordnung (EU) 2019/818 des Europäischen Parlaments und des Rates vom 20. Mai 2019 zur Errichtung eines Rahmens für die Interoperabilität zwischen EU-Informationssystemen (polizeiliche und justizielle Zusammenarbeit, Asyl und Migration) und zur Änderung der Verordnungen (EU) 2018/1726, (EU) 2018/1862 und (EU) 2019/816 (ABl. L 135 vom 22.5.2019, S. 85).

Anhang XI Technische Dokumentation gemäß Artikel 53 Absatz 1 Buchstabe a – technische Dokumentation für Anbieter von KI-Modellen mit allgemeinem Verwendungszweck

Abschnitt 1 Von allen Anbietern von KI-Modellen mit allgemeinem Verwendungszweck bereitzustellende Informationen

Die in Artikel 53 Absatz 1 Buchstabe a genannte technische Dokumentation muss mindestens die folgenden Informationen enthalten, soweit es anhand der Größe und des Risikoprofils des betreffenden Modells angemessen ist:

1. Eine allgemeine Beschreibung des KI-Modells einschließlich
   a) der Aufgaben, die das Modell erfüllen soll, sowie der Art und des Wesens der KI-Systeme, in die es integriert werden kann;
   b) die anwendbaren Regelungen der akzeptablen Nutzung;
   c) das Datum der Freigabe und die Vertriebsmethoden;
   d) die Architektur und die Anzahl der Parameter;
   e) die Modalität (zum Beispiel Text, Bild) und das Format der Ein- und Ausgaben;
   f) die Lizenz.
2. Eine ausführliche Beschreibung der Elemente des Modells gemäß Nummer 1 und relevante Informationen zum Entwicklungsverfahren, einschließlich der folgenden Elemente:
   a) die technischen Mittel (zum Beispiel Betriebsanleitungen, Infrastruktur, Instrumente), die für die Integration des KI-Modells mit allgemeinem Verwendungszweck in KI-Systeme erforderlich sind;
   b) die Entwurfsspezifikationen des Modells und des Trainingsverfahrens einschließlich Trainingsmethoden und -techniken, die wichtigsten Entwurfsentscheidungen mit den Grün-

den und getroffenen Annahmen; gegebenenfalls, was das Modell optimieren soll und welche Bedeutung den verschiedenen Parametern dabei zukommt;

c) gegebenenfalls Informationen über die für das Trainieren, Testen und Validieren verwendeten Daten, einschließlich der Art und Herkunft der Daten und der Aufbereitungsmethoden (zum Beispiel Bereinigung, Filterung usw.), der Zahl der Datenpunkte, ihres Umfangs und ihrer Hauptmerkmale; gegebenenfalls die Art und Weise, wie die Daten erlangt und ausgewählt wurden, sowie alle anderen Maßnahmen zur Feststellung, ob Datenquellen ungeeignet sind, und Methoden zur Erkennung ermittelbarer Verzerrungen;
d) die für das Trainieren des Modells verwendeten Rechenressourcen (zum Beispiel Anzahl der Gleitkommaoperationen), die Trainingszeit und andere relevante Einzelheiten im Zusammenhang mit dem Trainieren;
e) bekannter oder geschätzter Energieverbrauch des Modells.

Wenn der Energieverbrauch des Modells nicht bekannt ist, kann für Buchstabe e der Energieverbrauch auf Informationen über die eingesetzten Rechenressourcen gestützt werden.

Abschnitt 2 Zusätzliche von Anbietern von KI-Modellen mit allgemeinem Verwendungszweck mit systemischem Risiko bereitzustellende Informationen

1. Eine ausführliche Beschreibung der Prüfstrategien, einschließlich der Prüfungsergebnisse, auf der Grundlage öffentlich verfügbarer Prüfprotokolle und -instrumente oder anderer Prüfmethoden. Die Prüfstrategien umfassen Prüfkriterien und -metrik sowie die Methodik zur Ermittlung von Einschränkungen.
2. Gegebenenfalls eine ausführliche Beschreibung der Maßnahmen, die ergriffen wurden, um interne und/oder externe Angriffstests durchzuführen (zum Beispiel Red Teaming), Modellanpassungen, einschließlich Ausrichtung und Feinabstimmung.
3. Gegebenenfalls eine ausführliche Beschreibung der Systemarchitektur, aus der hervorgeht, wie Softwarekomponenten aufeinander aufbauen oder einander zuarbeiten und in die Gesamtverarbeitung integriert sind.

Anhang XII Transparenzinformationen gemäß Artikel 53 Absatz 1 Buchstabe b – technische Dokumentation für Anbieter von KI-Modellen mit allgemeinem Verwendungszweck für nachgelagerte Anbieter, die das Modell in ihr KI-System integrieren

Die in Artikel 53 Absatz 1 Buchstabe b genannten Informationen enthalten mindestens Folgendes:

1. eine allgemeine Beschreibung des KI-Modells einschließlich
   a) der Aufgaben, die das Modell erfüllen soll, sowie der Art und des Wesens der KI-Systeme, in die es integriert werden kann;
   b) die anwendbaren Regelungen der akzeptablen Nutzung;
   c) das Datum der Freigabe und die Vertriebsmethoden;
   d) gegebenenfalls wie das Modell mit Hardware oder Software interagiert, die nicht Teil des Modells selbst ist, oder wie es zu einer solchen Interaktion verwendet werden kann;
   e) gegebenenfalls die Versionen der einschlägigen Software im Zusammenhang mit der Verwendung des KI-Modells mit allgemeinem Verwendungszweck;
   f) die Architektur und die Anzahl der Parameter;
   g) die Modalität (zum Beispiel Text, Bild) und das Format der Ein- und Ausgaben;
   h) die Lizenz für das Modell.
2. Eine Beschreibung der Bestandteile des Modells und seines Entwicklungsprozesses, einschließlich
   a) die technischen Mittel (zum Beispiel Betriebsanleitungen, Infrastruktur, Instrumente), die für die Integration des KI-Modells mit allgemeinem Verwendungszweck in KI-Systeme erforderlich sind;
   b) Modalität (zum Beispiel Text, Bild usw.) und Format der Ein- und Ausgaben und deren maximale Größe (zum Beispiel Länge des Kontextfensters usw.);
   c) gegebenenfalls Informationen über die für das Trainieren, Testen und Validieren verwendeten Daten, einschließlich der Art und Herkunft der Daten und der Aufbereitungsmethoden.

Anhang XIII Kriterien für die Benennung von KI-Modellen mit allgemeinem Verwendungszweck mit systemischem Risiko gemäß Artikel 51

Um festzustellen, ob ein KI-Modell mit allgemeinem Verwendungszweck über Fähigkeiten oder eine Wirkung verfügt, die den in Artikel 51 Absatz 1 Buchstabe a genannten gleichwertig sind, berücksichtigt die Kommission folgende Kriterien:

a) die Anzahl der Parameter des Modells;

b) die Qualität oder Größe des Datensatzes, zum Beispiel durch Tokens gemessen;

c) die Menge der für das Trainieren des Modells verwendeten Berechnungen, gemessen in Gleitkommaoperationen oder anhand einer Kombination anderer Variablen, wie geschätzte Trainingskosten, geschätzter Zeitaufwand für das Trainieren oder geschätzter Energieverbrauch für das Trainieren;

d) die Ein- und Ausgabemodalitäten des Modells, wie Text-Text (Große Sprachmodelle), Text-Bild, Multimodalität, Schwellenwerte auf dem Stand der Technik für die Bestimmung der Fähigkeiten mit hoher Wirkkraft für jede Modalität und die spezifische Art der Ein- und Ausgaben (zum Beispiel biologische Sequenzen);

e) die Benchmarks und Beurteilungen der Fähigkeiten des Modells, einschließlich unter Berücksichtigung der Zahl der Aufgaben ohne zusätzliches Training, der Anpassungsfähigkeit zum Erlernen neuer, unterschiedlicher Aufgaben, des Grades an Autonomie und Skalierbarkeit sowie der Instrumente, zu denen es Zugang hat;

f) ob es aufgrund seiner Reichweite große Auswirkungen auf den Binnenmarkt hat – davon wird ausgegangen, wenn es mindestens 10 000 in der Union niedergelassenen registrierten gewerblichen Nutzern zur Verfügung gestellt wurde;

g) die Zahl der registrierten Endnutzer.

Stichwortverzeichnis

Die **fetten** Zahlen verweisen auf den Paragrafen (Beitrag), die mageren auf die Randnummer.